普通高等学校纺织化学与染整工程专业研究生教材

染色物理化学

蔡再生　主　编

赵亚萍　副主编

U0162911

 中国纺织出版社有限公司

内 容 提 要

本书重点介绍了染色体系中各组分间的相互作用，纤维结构、亲疏水特性对染色性能的影响，染料上染纤维的过程，染色热力学和染色动力学，染色过程中的传质传热现象及其作用规律，染色过程的影响因素及其控制，染色产品质量评价与控制；同时扼要介绍了硅基非水介质染色，结构生色与生态染整等新的发展理念与研究成果。

本书可作为高等院校纺织化学与染整工程专业研究生的教学用书，也可供印染行业的工程技术人员、科研人员参考。

图书在版编目（CIP）数据

染色物理化学/蔡再生主编；赵亚萍副主编. --
北京：中国纺织出版社有限公司，2023.1
普通高等学校纺织化学与染整工程专业研究生教材
ISBN 978-7-5180-9691-6

Ⅰ. ①染… Ⅱ. ①蔡… ②赵… Ⅲ. ①染色（纺织品）
—物理化学—高等学校—教材 Ⅳ. ①TS193.1

中国版本图书馆 CIP 数据核字（2022）第 124251 号

责任编辑：范雨昕　责任校对：李泽巾　责任印制：王艳丽

中国纺织出版社有限公司出版发行
地址：北京市朝阳区百子湾东里 A407 号楼　邮政编码：100124
销售电话：010—87155894　传真：010—87155801
http://www.c-textilep.com
中国纺织出版社天猫旗舰店
官方微博 http://weibo.com/2119887771
三河市宏盛印务有限公司印刷　各地新华书店经销
2023 年 1 月第 1 版第 1 次印刷
开本：787×1092　1/16　印张：21.75
字数：512 千字　定价：68.00 元

前　言

染整（染化）工程的本科生培养始于20世纪50年代，《染色工艺原理》（染色部分）体系相对完善、教材建设已有较好的基础，而纺织化学与染整工程专业研究生的培养自1960年开始，60多年来，"染色物理化学"一直是研究生的专业课程，但至今还没有完整的教材。在10多年前的一次轻工类专业（纺织化学与染整工程方向）教学指导委员会会议上，多所设有纺织化学与染整工程硕士点的高校提议由东华大学牵头编写"染色物理化学"课程的研究生教材，以脱离该课程缺少主体教材的窘境。直到2019年，在各相关院校的支持下，《染色物理化学》的编写工作才正式启动，东华大学联合全国多所高校的10多位资深任课教师共同完成编纂工作。

在本书的编写过程中，编者以线上线下的方式多次沟通，统一编写思想：旨在引导纺织化学与染整工程专业的研究生在科研学术过程中，弘扬科学精神，完善学术人格，树立正确的科研道德和学术观念，注重科学思维方法的训练和思政教育；确定教材的内容：理解染料上染过程、影响因素及其控制，分析染料和纤维分子间作用力，讨论染料在纤维中的状态与染色介质的作用，掌握染色热力学和动力学基础理论，了解非水介质染色和结构生色等方面的最新发展。编者在编写过程中力求吐故纳新，着力打造精品教材，为培养学生探索未知、追求真理、勇攀科学高峰的责任感和使命感，树立坚定的科学精神、敢于挑战权威的质疑态度和勇敢创新的进取心，增强职业理想和职业道德等奠定基础。

受篇幅所限，本书突出原理，不涉及具体工艺与条件等细节的描述。

本书编写分工如下：第一章由浙江理工大学吴明华、东华大学侯爱芹编写；第二章由江南大学王潮霞、上海工程技术大学徐丽慧编写；第三章由江南大学周曼、东华大学蔡再生编写；第四章由东华大学赵亚萍编写；第五章由西安工程大学王纯燕编写；第六章由东华大学王炜编写；第七、第十章由东华大学蔡再生编写；第八章由北京服装学院王建明、东华大学蔡再生编写；第九章由上海工程技术大学裴刘军、王际平，浙江理工大学刘建强编写。赵亚萍审校了第五章，全书由蔡再生统编和定稿。东华大学的多届研究生参与了材料的收集工作。

在本书编写过程中，还得到了东华大学研究生院、化学与化工学院以及相关兄弟院校的领导、专家和老师的鼎力支持和帮助，在此一并表示由衷的感谢。

由于编者水平有限，书中的缺点、疏漏在所难免，恳请读者批评、指正。

本书得到"东华大学研究生课程（教材）建设项目"资助。

编者

2022 年 4 月 28 日

目　录

第一章　染色体系中各组分间的相互作用

本章重点

染色体系是一个包含染料、助剂、水及纤维制品的复杂体系，染色体系中各组分的相互作用直接决定着染色过程及染色产品的质量。本章详细介绍了染料在溶液中的状态，包括染料的溶解和影响因素、染料在染液中的分布状态：染料的电离与溶解、染料的聚集及其影响因素；染浴中染料与各组分的相互作用关系，包括染料与染料之间的相互作用、染料与染色助剂之间的相互作用、染料与纤维之间的相互作用以及水溶性染料染色体系中的盐效应。

关键词

染料溶解；染料聚集；类冰结构；表面活性剂；盐效应

染料上染纤维必须通过染料在染色介质（一般为水）中溶解成染料单分子或离子，再经在纤维表面吸附、扩散和纤维内固着来完成。因此，染料在水溶液中的溶解或聚集状态直接影响染料的上染性能（包括上染速率和平衡吸附量）。染料在染液中可呈单分子或离子状或其聚集体或分散悬浮状四种状态。因染料结构、染液温度、pH 值以及染液中其他组分如表面活性剂的不同，染料在染液中的溶解和聚集状态也不同。染料聚集体是不利于染色的，需要通过物理或化学的方法将染料溶解转变成溶解态染料（或单分子或离子）方可上染纤维。这是因为，染料分子尺寸与其在纤维可及度有很大关系。染料的染色对象是纤维，不管亲水性纤维和疏水性纤维，纤维中微隙很小，只有单分子染料或单分子染料离子才能顺利扩散到纤维内部而固着，实现上染的目的。研究表明，有效直径为 2.5nm 的染料分子在纤维内的可及区是有效直径为 5nm 的染料分子的 4 倍，由此说明染料聚集不利于染料在纤维内的扩散和上染。另外，染料对纤维的吸附和固着是借助于静电作用、或范德瓦尔斯力、或氢键、或共价键、或配位键，单分子或单分子离子

子的染料有利于染料与纤维发生这些作用力，有利于染料对纤维的吸附和固着；而染料聚集减弱染料分子与纤维之间的作用力，从而减弱染料对纤维的吸附和固着。

离子型水溶性染料，如直接染料、酸性染料、酸性媒介染料、活性染料、阳离子染料以及还原染料、硫化染料的隐色体以及不溶性偶氮染料的中间体色基盐和色酚盐在水中，由于染料离子（包括隐色体或不溶性偶氮染料的中间体的离子）与水分子离子化作用而溶解。不溶性染料在染色过程中其溶解方式有其特殊性。不含水溶性基团（离子基团）和亲水基团（极性基团）的染料，如还原染料或硫化染料等，不能溶于水，一般以微小颗粒状分散在水中形成染料的水分散液即悬浮液，再经过还原剂还原成隐色体钠盐溶解于水中。不含水溶性基团、含丰富亲水性基团（极性基团）的非离子型极性染料，如分散染料，因染料在水中的溶解度很低，染色时先将其制成以微细颗粒呈分散状存在的分散液，提高染色温度或改变染液 pH 值，染料会从染液分散相中不断溶出进入连续相——水相，从而上染纤维。

染色体系是一个复杂的体系，通过染料、

助剂及纤维之间的化学或物理化学作用，赋予纺织品颜色并具有一定的色牢度。在这个体系中，染料在染液中的状态及染料分子与染色体系各组分之间的相互作用，对染料在纤维上的上染起决定性作用。只有全面地了解染色体系中各组分之间的相互作用，才能根据不同染料及纤维制定合适的染色工艺，得到满意的染色产品。

第一节　水与染料的相互作用

一、染料的溶解和影响因素

由于水溶性染料中含有一定数量的磺酸基、羧基，在水中容易离解为阴离子，从而赋予染料一定的溶解性。染料溶于水，是由于受到极性水分子的作用，而使染料分子之间的范德瓦尔斯力或离子键作用力减弱或拆散。离子型染料主要通过染料分子（离子）与水的离子化作用而溶解以及染料分子上的极性基团与水分子发生氢键水合而增溶；非离子型染料主要通过非离子化的极性基团与水的氢键作用，形成染料亲水性基团—水的水合作用，减弱染料分子间的作用力而实现染料的溶解。

染料的溶解性能首先与染料分子中极性基团的性能和含量有关。极性基团包括离子基（—SO$_3$Na、—COONa、—OSO$_3$Na、—SSO$_3$Na、季铵盐等）和非离子型极性基（—OH、—NH$_2$、—CONH$_2$ 等）。离子基如直接染料、酸性染料和活性染料分子中所含的磺酸基（或其钠盐），可溶性还原染料和乙烯砜型活性染料的分子中所含的硫酸酯（钠盐或钾盐）基，缩聚染料的分子中所含的硫代硫酸（钠盐）基以及阳离子染料中所含的季铵盐等，这些离子基一般都是强电离基团，与水具有很强的离子化作用，形成水合离子使染料溶解。习惯上称它们为水溶性基团，其中以磺酸基应用最多。这些离子基团在水作为溶剂的染色条件下发生电离，产生染料阴离子或染料阳离子。染料阴离子或染料阳离子与水均有很强的离子水合

作用，因而染料具有良好的水溶性。非离子型极性基团如分散染料和中性染料分子中所含的—OH、—NH$_2$、—CONH$_2$ 等，与水通过氢键产生水合作用，因而染料产生一定的水溶性，但溶解度不高。

染料的水溶液是一个复杂的体系，它们的溶解情况除了受染料本身结构的影响外，还随染料浓度、染液温度以及盐类、助剂的性质和浓度等因素而变化。在溶液中，中性电解质的存在常使染料的溶解度降低。染料的溶解度一般随着温度的升高而增加，同时溶解速度加快。图 1-1 所示为用扩散方法测得的染液温度和电解质（元明粉或食盐）浓度对直接天蓝FF聚集的影响。降低温度和提高食盐浓度都会显著地增加染料的聚集。但是采用提高温度的方法来提高染料的溶解度和溶解速度时，必须注意染料的性质（例如活性染料活性基的反应性），因为有些染料性质在温度较高时容易被改变。

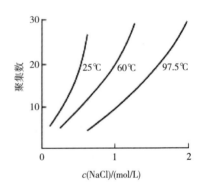

图 1-1　温度、食盐浓度对直接天蓝 FF 聚集的影响

在染液中加入助溶剂，通常可以使染料的溶解度增大，常用的助剂有尿素、醇类及表面活性剂等。大多增溶的助剂为能与染料形成氢键的小分子有机物，例如醇类、胺类、酰胺类小分子有机物，它们能与染料分子形成氢键等，使染料分子之间的作用力减弱，而容易溶解于水中。

表面活性剂分子是由亲水部分和疏水部分组成的，具有表面活性，即在界面富集和在溶

液内形成胶束。表面活性剂通过界面富集对细小的固体染料起着良好的分散作用；通过表面活性剂的胶束对染料增溶，从而影响染料的溶解度。例如，聚氧乙烯醚类非离子型表面活性剂通过分子结构中亲水部分与水分子形成氢键，从而获得水溶性；疏水部分则引起它们自身分子间的聚集，在水溶液里存在聚集和解聚的平衡。

$$mR—OC_2H_4(OC_2H_4)_nOH \Longrightarrow$$
$$[R—OC_2H_4(OC_2H_4)_nOH]_m \quad (1-1)$$

式中：R 为烷基或取代苯基；n 为正整数；m 为分子个数。

与此同时，非离子型表面活性剂分子 R—OC_2H_4(OC_2H_4)_nOH 通过它的疏水部分和染料分子（或离子）的疏水部分相互作用而发生染料与助剂分子之间的聚集。此外，离子型表面活性剂也会影响与其具有相反电荷的染料的溶解性能。

二、染料的电离

染料分子结构由亲水部分和疏水部分组成，通过亲水部分与水分子的作用赋予染料分子水溶性。一些不含有水溶性基团或极性基团的非离子型染料，如还原染料、硫化染料不溶于水，只能分散在水中形成染料的水悬浮液或分散液。对于一些含有极性基团的非离子型染料如分散染料，一部分染料在极性基团的作用下与水形成单分子的水合分子而溶解于水，但这一部分占染料分子总数的比例很小，因而这些染料在水中的溶解度很小。对于离子型染料，如活性染料、酸性染料、直接染料、阳离子染料等，染料的溶解与电离有直接关系。离子型染料入水后，在极性水分子的作用下，染料分子之间的作用力减弱或被水分子拆散，染料分子中的水溶性基团在水中电离，形成染料水合离子；同时染料分子中的极性基团如羟基、氨基等还可以与水分子以氢键结合，形成染料水合分子，赋予染料良好的水溶性。以含有磺酸基的离子型染料分子为例，其在

水中电离形成染料阴离子和金属阳离子，如式（1-2）所示。

$$D—SO_3Na \longrightarrow D—SO_3^- + Na^+ \quad (1-2)$$

式中：D 为染料母体；D—SO_3^- 为电离后的染料阴离子。

三、染料的聚集及其影响因素

（一）染料的聚集倾向

染料在水中除了溶解呈染料单分子或单分子离子状态外，由于染料分子之间疏水部分的范德瓦尔斯力、疏水力作用使染料发生不同程度的聚集。染料的聚集是一个非常普遍的现象，它与染料的电离和溶解实际上是可逆的过程。一方面，在染料结构中的亲水部分与水和其他物质的作用下，染料发生电离或水合而溶解，使染料能够以单分子状态分布在染液中；另一方面，在染料结构中的疏水部分之间相互作用，染料分子发生聚集。因此，染料在水溶液中存在着溶解与聚集之间的平衡，其状态主要取决于染料结构中的亲水部分与水分子之间的作用力及疏水部分之间的作用力的强弱，若亲水部分与水分子之间的作用力强于疏水部分之间的作用力，则染料易溶于水，反之，则染料易发生聚集。

染料聚集倾向的大小反映了染料分子之间吸引力的大小，也在一定程度上反映了染料亲水性的强弱和染料与纤维之间的吸引力的大小，因此，会影响染料的染色性能和染色牢度，如吸附速率、在纤维中的扩散速率、匀染性以及耐水洗色牢度等。染料亲疏水性的不同，造成染料在溶液中的溶解和聚集状态不同，不同的疏水性会产生不同的聚集方式和状态。

1. 染料的聚集方式 染料在溶液中发生聚集，其聚集形态与染料的分子结构有关。一般来讲，具有线性、芳环共平面性的染料分子往往发生片状聚集，含长脂肪链的染料分子易发生球形聚集。

以含有磺酸基的阴离子型染料为例，染料

的聚集反应可表示为：

$$D—SO_3Na \longrightarrow D—SO_3^- + Na^- \qquad (1-3)$$

式中：D 为染料母体；$D—SO_3^-$ 为电离的染料阴离子。

染料阴离子聚集成离子胶束，平均聚集数为 n，属于胶体电解质状态：

$$nD—SO_3^- \rightleftharpoons (D—SO_3^-)_n^{n-} \qquad (1-4)$$

离子胶束再与 m 个 Na^+ 结合：

$$(D—SO_3^-)_n^{n-} + mNa^+ \rightleftharpoons$$
$$\left[(D—SO_3^-)_n \cdot mNa^+\right]^{(n-m)-} \qquad (1-5)$$

$$nD—SO_3Na \rightleftharpoons (D—SO_3Na)_n \qquad (1-6)$$

n 个染料分子聚集成胶核，胶核吸附部分染料离子形成胶粒，在胶粒外再吸附电荷相反的离子形成胶团，形成胶体粒子，如下所示：

$$(D—SO_3Na)_n + mD—SO_3^- \rightleftharpoons$$
$$\left[(D—SO_3Na)_n \cdot mD—SO_3^-\right]^{m-} \qquad (1-7)$$

2. 染料的聚集程度　聚集程度可用聚集数来表示，聚集数是染料胶束或胶团中染料分子（离子）的数目。聚集数可用扩散、电导或吸收光谱等多种方法测定，各种方法所测得的绝对数值常不一致。但实际测定的通常是整个溶液的平均聚集数。

染料的不同聚集状态在吸收光谱上表现出不同的特征。利用吸收光谱的这种变化可以研究染料在溶液中聚集和解聚的动力学问题，如图 1-2 所示，其中图 1-2（a）为偶氮染料加热溶解配制的浓度为 $0.89×10^{-3}$mol/L 的溶液放置不同时间的吸收光谱变化，图 1-2（b）为上述染料溶液加水稀释成浓度为 $0.16×10^{-4}$mol/L 的溶液放置不同时间的吸收光谱变化。从这些吸收光谱的变化可以看到，加热配制的 $0.89×10^{-3}$mol/L 溶液的长波吸收带的 ε_{max} 随放置时间的推移而逐渐下降。放置 4h 后，在较短波长的波段上出现一个新的波峰，其 ε_{max} 4h 后还在继续增大。稀释后，情况则相反。随着放置时间的延长，长波波段的吸收 ε_{max} 重新上升，波长较短的波段的吸收 ε_{max} 则逐渐下降。上述变化表明了染料在染液里发生聚集和解聚的过程以及温度、染料浓度对染料聚集的影响。提高浓度、降低温度可使染料发生聚集；反之，降低染料溶液的浓度，提高温度可使染料聚集体发生解聚。两者随着条件的变化而相互转化，经过一定时间达到平衡。

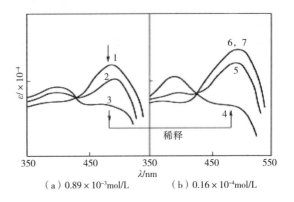

（a）$0.89×10^{-3}$mol/L　　（b）$0.16×10^{-4}$mol/L

图 1-2　染料聚集和解聚的吸收光谱变化

1—加热溶解新配溶液放置 3min

2—加热溶解新配溶液放置 4h

3—加热溶解新配溶液放置 24h　4—稀释后放置 3min

5—稀释后放置 23min　6—稀释后放置 50min

7—稀释后放置 90min

（二）影响染料聚集的因素

染料分子的聚集受染料分子结构及染料分子所处的体系环境等多方面因素的影响。

1. 染料分子结构　染料的聚集倾向首先取决于染料的分子结构。一般染料呈扁平状，其三维量度为 $(1~3)$nm×$(0.5~1)$nm×0.3nm。染料分子的结构越复杂，相对分子质量越大，线型、芳环共平面性越强，染料分子疏水成分占比越多，含有的水溶性基团越少或水溶性基团在染料分子中占比越小，聚集程度越高。

2. 染料分子间的超分子作用力　染料分子通常会由两个或两个以上染料分子依靠分子间的超分子作用力相互作用结合在一起，组装成复杂的、有组织的染料聚集体，并保持一定的完整性，使其具有明确的微观结构和宏观特性。其中超分子作用力是指非共价键作用力，如范德瓦尔斯力、氢键、静电作用力、疏水作用、偶极—偶极作用力、π—π 重叠作用等弱分子间作用力。

范德瓦尔斯力是一种普遍存在的染料分子间作用力，包括色散力、取向力和诱导力。范德瓦尔斯力的作用能一般只有每摩尔几千焦到几十千焦，比化学键的键能小 1~2 个数量级，但是它对染料的物理性质有较大影响。范德瓦尔斯力是导致染料分子聚集的原因之一，染料分子之间的范德瓦尔斯力越大，染料分子越容易聚集。一般具有线型平面结构的直接染料和酸性染料聚集程度较大，因为线型平面结构有利于染料分子之间相互靠近，范德瓦尔斯力较大。此外，染料分子中通常具有共平面的苯环或稠环等共轭体系，当苯环或稠环结构相互接近时会发生堆积，称为 π—π 重叠作用。环结构增多，π 共轭体系增大，则染料分子的聚集程度增大。

很多染料分子结构中含有—OH—、—NH、—CO—、—CONH—等基团，这些基团之间可以形成氢键。染料分子间氢键的形成有利于染料分子聚集和结合形成一定的超分子结构。氢键的键能一般是每摩尔几十千焦，与范德瓦尔斯力相近，是导致染料聚集并使聚集体稳定的重要原因之一。

静电作用力是指静止带电体之间的相互作用力。离子型染料一般含有磺酸基等水溶性基团，离子化的磺酸基之间存在静电排斥力，因此，染料分子结构中磺酸基的数目、位置、水合度及反离子结合度都会影响染料分子的聚集程度。当染料分子结构中磺酸基的数目较多，染料离子基团之间的静电排斥力较大时，染料分子聚集倾向减小。如果染料溶液中存在反离子，染料电离后与反离子的结合会减少染料离子所带的电荷量，从而使得离子之间的静电排斥力降低，聚集倾向增大。

疏水作用力是指水溶液染料分子中的疏水基团逃离水分子的一种作用力。当有机染料分子溶解在水中时，原有的水分子结构被破坏，水分子以高度有序的结构围绕在有机染料分子周围。这是一个熵不利的过程，因为水分子倾向于保持原有的结构，有机染料分子则倾向于聚集在一起以减小与水分子的接触面，从而使染料溶液体系的能量减小。聚集过程是一个熵有利的过程，从热力学不稳定的状态向热力学稳定状态转变的自发过程，其中疏水作用力是一个重要因素。染料的疏水性越大，染料分子间的疏水作用力越大，染料分子越容易聚集。染料分子中平面芳香环共轭体的部分极性使染料分子疏水的趋势减小，但是这个平面共轭体系结构也会有利于染料分子聚集体的形成，但聚集体一旦形成，其受分子间范德瓦尔斯力作用的影响很难解聚。一般情况下，染料的聚集数与染料分子的亲水亲油平衡值呈线性关系，其疏水性越大，聚集体所含染料分子数目越多，其聚集数越大。

3. 染液的环境因素 染料分子的聚集主要受染料分子结构的影响。除此之外，染料浓度、染液温度、pH 值、电解质及表面活性剂等都会影响染料分子的聚集程度。

（1）染料浓度。染料浓度是影响染料分子聚集程度的一个重要因素。当染液中染料浓度增大时，染料分子竞相与水分子发生作用，染料分子在水溶液中的电离并不完全，染料分子电离程度降低，从而使染料在溶液中的溶解度降低。随着染料浓度的增大，染料分子之间的距离减小，染料分子之间碰撞概率增大，相互作用力增大，从而使染料分子的聚集倾向增大。

（2）温度。染料分子在染液中的聚集状态并不是恒定不变的，在不同条件下染料分子存在聚集与解聚之间的动态平衡。染料分子在染液中的聚集是一个放热过程，当染液体系温度升高时，有利于动态平衡向解聚方向移动，此时，染料分子溶解度增大，聚集倾向降低。

（3）pH 值。对于离子型染料，染液的 pH 值对染料的溶解与聚集有很大影响。染料分子中的水溶性基团，如磺酸基、羧酸基等在碱性条件下电离成酸根离子，随着染液 pH 值的增大，酸根的电离程度增大，染料的溶解度增大，聚集倾向降低。研究表明，当 pH 值在 4~

7 之间变化时，染料分子的聚集情况变化较大，pH 值从 4 增大到 7，染液的吸光度明显提高，此后 pH 值继续增大，染液的吸光度不再明显变化。

（4）电解质。阴离子染料上染纤维时通常需要加入中性电解质，如氯化钠、元明粉，可以提高染料的上染率及平衡吸附量。但是中性电解质的存在，使染料的胶束或胶粒动电层受到电解质异电荷的挤压，造成染料胶束或胶粒动电层电位的降低，染料粒子之间的静电排斥力降低，从而使染料的聚集程度增大。当中性电解质在染液体系中的浓度超过一定范围以后，染料溶液的胶体状态遭到破坏，从而导致染料从溶液中析出。

（5）助溶剂（尿素、表面活性剂）。向染料中加入助溶剂，往往可以使染料的溶解度增加，尿素和表面活性剂等常用助溶剂能与染料分子形成氢键等，在染料分子表面形成很强的水化层，破坏染料聚集态之间的氢键，使染料分子之间的作用力减弱，提高染料溶解度。表面活性剂是染料商品化及染色过程中常用的添加剂，对染料的分散、增溶有重要作用，但是通常表面活性剂的作用是有选择性的，染料分子也有可能与表面活性剂之间相互作用生成凝胶或沉淀。

（三）染料聚集状态测试

水溶性染料由于磺酸基、羧基、酚羟基等可离子化亲水基的存在，染料在水中解离而生成带电荷的染料离子和反离子（如 Na^+ 和 Cl^-）。染料在水溶液中的状态，与其说是染料分子，不如说是染料阴离子或染料阳离子更准确。染料分子结构呈现明显的疏水和亲水两部分，与表面活性剂一样，离子型染料溶液中存在溶解的染料单分子离子、染料分子离子因疏水基作用而形成的染料离子缔合体。染料水溶液中的染料到底是以单分子或离子状态，还是缔合状态存在以及染料缔合状态占比，这些染料溶解和聚集状态信息会直接影响染料的染色效果。随着测试技术和手段的不断发展，比较

容易获得相应染料溶解和聚集状态的信息。目前，测定染料在溶液的缔合方法有扩散、电导、迁移率、透压、吸收光谱、光散射等。染料离子在水溶液中可能的聚集状态，见表 1-1。

表 1-1　染料离子可能的聚集状态

染料类别/染料离子聚集状态	I	II	III
阳离子染料	D^+	nD^{n+}	$(mDA \cdot nD)^{n+}$
阴离子染料	D^-	nD^{n-}	$(mCD \cdot nD)^{n-}$

表 1-1 中，D 表示染料离子；A，C 分别表示正和负的反离子。第 I 种形式表示染料完全解离而生成单分子离子；第 II 种形式表示染料离子的缔合体；第 III 种形式表示比较大的染料集合体，内部包含着反离子而粒子外围附着少量的染料离子。第 I 种为典型的电解质；第 II 种为离子胶束，是一种胶体电解质；第 III 种为典型的胶体粒子。在其中，除染料外还含有表面活性剂。

在过剩电解质的存在下，使用半透膜的渗透压法测定时，可以测定出第 I 种形式的真实的分子量。在测定第 II 种形式时，将导致分子量的激烈增加；而第 III 种形式时测试的渗透压极低，即测出的分子量是极高的。第 I 种的电导是正常的，而第 III 种的电导则非常低，第 II 种的电导比第 I 种的（正常者）稍高。但是，染料分子所带的电荷不同（有 2，3 或 4 的不同），溶液的浓度又不是非常稀薄，再加上染料离子间力的作用等，就使染料溶液体系变得更加复杂了。因此，利用渗透压、电导来测定染料离子的缔合度，似乎不大可能会得出正确的数据。但是，至少在无机盐溶液中，染料的大部分并不是以胶体粒子（III）的形式而存在的。

四、水的类冰结构

染料的溶解和聚集都伴随有热效应，溶解一般是吸热过程，聚集往往是放热过程，这些

变化必然会引起体系中熵（entropy）的变化。在液态水中，水分子不仅以单分子形式存在，而且还以双分子、三分子以及更多分子的缔合体存在，如图1-3所示。这种缔合形式温度越低缔合度越高，它们相互保持动态平衡。水分子间缔合主要通过氢键结合。一个水分子最多可形成四个氢键，即两个氢原子各与一分子水形成氢键，水分子中氧原子的两对孤对电子又可与两分子水形成两个氢键，每个水分子被四个紧邻的水分子包围，这种结合如图1-4所示。

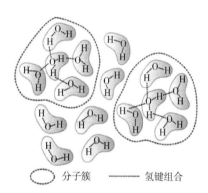

图1-3　水分子的缔合

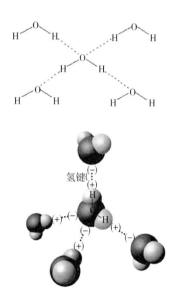

图1-4　水分子间的氢键结合

冰刚融化时，仍然存在四面体结构，温度越高，这种结构破坏越多。水的密度最大时的温度不是0℃而是3.98℃。温度进一步升高，

虽然水的规则结构进一步被破坏，但由于热膨胀增大，水的密度将不断变小。水中这种规则排列的结构称为簇状结构（clustered structure），也称类冰结构。在每个结构单元中，中间的水分子具有四个氢键，边缘的水分子有的是三个氢键，有的是两个或一个氢键。这些氢键结合的水和无氢键的水分子处在动态平衡中，随温度和水中其他物质而变化。

当水中溶入染料分子，部分水分子的结合力会发生变化，染料的疏水组分会通过色散力和形成簇状结构边缘的水分子发生作用，形成所谓的笼式结构，如图1-5所示。此外，疏水组分进入水中后，1~3个氢键水分子以及无氢键水分子会在疏水组分周围形成四个氢键水的笼式结构，形成一层所谓的固定水，如图1-6所示。

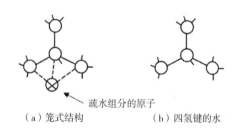

（a）笼式结构　　　　（b）四氢键的水

图1-5　四个氢键水分子的笼式结构

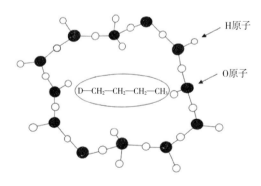

图1-6　单分子染料引起的类冰结构

具有不同氢键数的水分子的位能是不同的，水分子是典型的偶极子，呈氢键结合后能量降低。液态水中的水分子具有五种能阶，四氢键的水分子能阶最低，无氢键的水分子能阶最高，如图1-7所示。

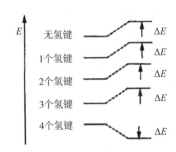

图 1-7　水中不同氢键的水分子能级情况

当水中溶解染料分子或离子后，染料分子会拆散水分子间的作用力，形成染料与水分子间作用力，从而引起水分子的能量变化，导致液态水的结构变化。任何染料分子可视为由亲水组分和疏水组分构成。无氢键和 1~3 个氢键的水分子间存在偶极力的结合，染料分子亲水组分拆散少于 4 个氢键的水分子间偶极力，形成亲水组分与水分子之间新的偶极力结合。疏水组分拆散水分子之间偶极力后，只能形成水与疏水组分间的色散结合。无氢键和 1~3 个氢键的水分子被染料疏水组分拆散后使水分子的能阶升高。4 个氢键的水分子间不存在偶极

作用力。由于类冰结构密度较低；另外，还可以通过色散力为主的范德瓦尔斯力和相近的染料分子疏水组分中的原子发生作用，形成笼式结构（图 1-5）。

从热力学角度看，具有 4 个氢键和上述笼式结构后，由于类冰结构中的水分子规则排列，体系混乱度降低，体系熵值降低。无氢键和 1~3 个氢键的水的结构混乱度较高，疏水组分进入水中引起水的结构变化，形成类冰结构，熵值减小，这个过程不能自发进行；相反，染料和助剂结合，或上染纤维，类冰水减少，熵值增加，这个过程是自发进行的。疏水组分离开水溶液即发生聚集。所以，水的熵值增加是聚集的原因（图 1-8）。这种疏水组分脱离溶液而聚集，引起熵值增加的作用称为疏水作用力。疏水作用力用来描述疏水基团间的聚集倾向，特别是烷基链聚集在一起来脱离水环境。这种效应是由两种原因同时起作用：疏水基团间的范德瓦尔斯力和水分子间的氢键。各部分的力会引起各自分子或基团的聚集变得更大来排斥另一种力。

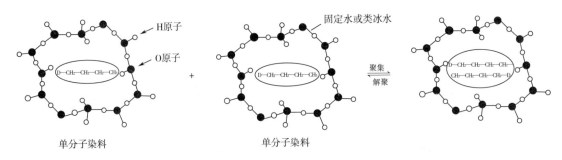

图 1-8　染料聚集引起类冰结构的变化

这就是染料或助剂的疏水组分含量越高溶解度越低，这主要归因于聚集程度或它们相互间的作用越强的原因。可以通过提高温度使水的结构性变弱；或采用尿素破坏水的结构，均可使染料分子难以发生聚集。

五、分散染料在水中的分散和溶解

分散染料是随着疏水性纤维的发展而发展

起来的一类染料。20 世纪 20 年代醋酯纤维出现后，用当时水溶性的染料很难染色，为解决这一问题，人们合成了疏水性较强的一类染料——分散染料。随着聚酯纤维的迅速发展，分散染料有了飞速发展。

不论是偶氮类或是蒽醌类等分散染料，它们的化学结构都不具有磺酸基（—SO_3H）、羧基（—COOH）等水溶性基团，而具有羟基

（—OH）、氨基（$—NH_2$）、硝基（$—NO_2$）、氰基（—CN）以及卤素等取代基（图 1-9），亲水性部分所占比例非常小，所以其在水中的溶解度很低。

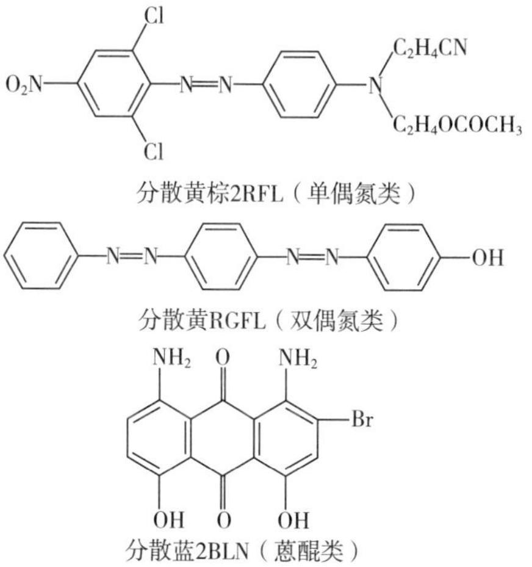

Cl
O_2N
N=N
C_2H_4CN
$C_2H_4OCOCH_3$
分散黄棕2RFL（单偶氮类）
N=N
OH
分散黄RGFL（双偶氮类）
NH_2
O
Br
OH
分散蓝2BLN（蒽醌类）

图 1-9　分散染料的结构

分散染料溶解度很低，染色时主要靠分散剂帮助以微小颗粒状分散存在。虽然商品分散染料在加工过程中已经加入大量的分散剂，但是染色时还需要在染浴中加入一定量的分散剂。分散剂使分散染料均匀地分散在染浴中，形成稳定的悬浮液。分散染料溶解的染料分子不带电荷，很容易聚集，由于存在大量分散剂，染料分子与分散剂分子发生结合，增溶在分散剂的胶团中，染料在胶团中的溶解度比在水中高得多。

影响分散染料溶解度的因素除分子结构外还有：染料颗粒的大小、染料晶型和其稳定性、砂磨后染料颗粒的活性及分散剂的性质和用量。

染料颗粒大小对其分散、溶解有明显的影响，最好在 1μm 左右。染料颗粒并不是越细越好，这是因为细小的颗粒有可能有助于结晶增长。颗粒小的染料溶解度高，颗粒大的染料溶解度小。如果染液温度降低，对于溶解度小的分散染料容易变成过饱和溶液，未溶解的大颗粒染料就会吸附过饱和溶液中的染料，结果致使染料晶体增大。如果染料能形成几种晶型，染料会发生晶型转变，由较不稳定的晶型转变成较稳定的晶型，从而影响染料的上染速率和平衡上染率。

六、还原染料与硫化染料的还原溶解

还原染料（vat dyes）分子中至少含有两个处于共轭系统中的羰基，不溶于水，可在碱性条件下被还原剂还原为可溶性的、对纤维素纤维有亲和力的隐色体钠盐（简称隐色体）上染纤维。

硫化染料（sulfur dyes）本身不溶于水和有机溶剂，但能溶解在硫化碱溶液中，溶解后可以直接染着纤维素纤维。其染色原理和还原染料相似，故将这两类染料的还原溶解一起进行论述。

（一）还原染料的还原和溶解

还原染料染色，是在碱性条件下被还原成可溶性的隐色体钠盐上染纤维的。最常用的还原剂是连二亚硫酸钠（$NaSO_2—SO_2Na$），俗称保险粉，最常用的碱剂是烧碱。

在碱性条件下，保险粉有较强的还原能力，分解产生具有还原性的物质：

$$Na_2S_2O_4+H_2O \longrightarrow 2NaHSO_3+2[H] \quad (1-8)$$

在保险粉的作用下，染料上的羰基被还原成羟基。还原反应如下：

$$>C=O+[H] \longrightarrow \;=C—OH \quad (1-9)$$

羟基化合物

反应生成的羟基化合物称为隐色酸，它不呈现染料原有的颜色，而且和染料同样不溶于水，但在碱性介质中形成可溶于水的钠盐：

$$=C—OH+NaOH \longrightarrow \;=C—ONa+H_2O \quad (1-10)$$

形成的隐色体钠盐在溶液中可离解为：

$$=C—ONa \rightleftharpoons \;=C—O^-+Na^+ \quad (1-11)$$

染料的隐色体钠盐可溶于水，对纤维有亲和力，能被纤维吸附，并在纤维上扩散上染。

可溶性还原染料是还原染料隐色体的硫酸酯盐，能溶于水，其水溶液具有一定的稳定性，能被纤维素纤维吸附，在纤维上的可溶性还原染料经酸性水解、氧化即形成还原染料而染色。以溶靛素蓝 O4B 为例，其还原过程的化学反应如图 1-10 所示。

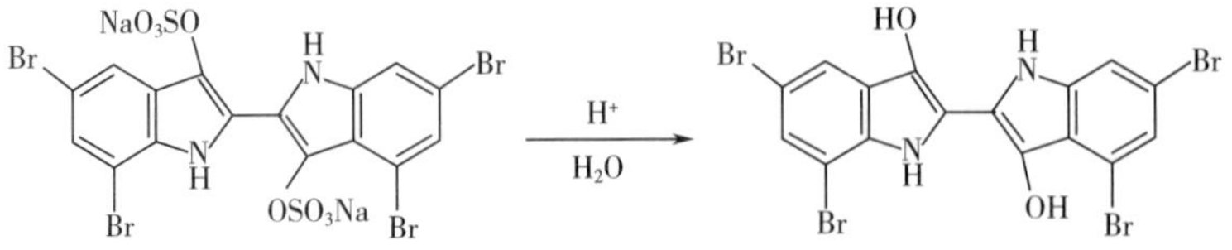

图 1-10 溶靛素蓝 O4B 的还原过程

（二）硫化染料的还原溶解

硫化染料的确切结构至今还不很清楚，硫化染料还原时，一般认为染料分子中的二硫（或多硫）键、亚砜基及醌基等都可被还原。

$$D{-}S{-}S{-}D' \underset{[O]}{\overset{[H]}{\rightleftharpoons}} D{-}SH + D'{-}SH \quad (1{-}12)$$

$$D{-} \overset{\overset{O}{\|}}{S} {-} \overset{\overset{O}{\|}}{S} {-}D' \underset{[O]}{\overset{[H]}{\rightleftharpoons}} D{-}SH + D'{-}SH + 2H_2O$$

$$(1{-}13)$$

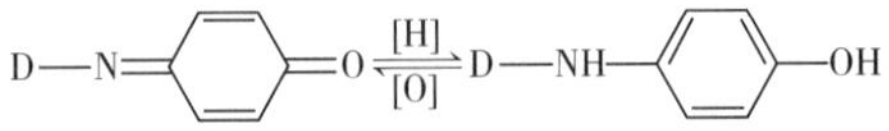

$$D{-}N{=}\bigcirc{=}O \overset{[H]}{\underset{[O]}{\rightleftharpoons}} D{-}NH{-}\bigcirc{-}OH$$

$$(1{-}14)$$

还原产物一般含巯基（—SH），可溶于碱性溶液中，以钠盐形式存在。

$$D{-}SH + NaOH \longrightarrow D{-}SNa + H_2O \quad (1{-}15)$$

硫化染料染色常用的还原剂是硫化钠，硫化钠价格便宜，具有足够的还原能力，同时它又是一种较强的碱，其碱性介于烧碱与纯碱之间。作为还原剂，其在染浴中可发生以下一些反应：

$$Na_2S + H_2O \longrightarrow NaSH + NaOH \quad (1{-}16)$$

$$2NaSH + 3H_2O \longrightarrow Na_2S_2O_3 + 8[H] \quad (1{-}17)$$

$$或\ 2NaSH \longrightarrow Na_2S + 2[H] \quad (1{-}18)$$

第二节 水与纤维的相互作用

一、水对纤维的润湿作用

水对纤维的润湿效果反映了纤维的亲水性。纤维的亲水性指的是纤维与水分子发生水合作用而吸收水分，然后把水分向周边纤维输送的能力。亲水性可以分为吸水性和吸湿性。吸水性是纤维吸收液相水分的性质，可以用保水率表示；吸湿性是纤维吸收气相水分的性质，可用回潮率表示。纤维的亲水性有如下几种情况：第一种，纤维内部吸收水，纤维中含有的亲水基团可与水分子缔合形成这种吸收水；第二种，纤维之间通过毛细管效应凝聚水；第三种，纤维表面吸附水，纤维表面和内部存在的微孔或孔隙的多少会影响纤维表面吸附水的量。由此可见，纤维的亲水性受纤维的化学结构、结晶结构和纤维形态等因素的影响。

（一）纤维化学结构中亲水基团的影响

纤维所含亲水基团的多少和极性强弱对于其吸湿能力的强弱起着非常重要的作用。一般来说，含有亲水性基团的数量越多，基团的极性越强，那么这种纤维的吸湿能力也就越强。无论是纤维素纤维，还是蛋白质纤维，或是合成纤维，它们的吸水性都受这些基团的影响。如果纤维大分子结构中存在亲水基团，这些基团对水分子有相当的亲和力，可以通过氢键和水分子的缔合作用，使水分子失去热运动能力，在纤维内或表面依存下来，与水分子形成化学结合水（吸收水）。纤维中的亲水基团越多，基团的极性越强，纤维的亲水能力就越强。常见的亲水基团有羧基（—COOH）、羟基（—OH）、氨基（—NH$_2$）、酰氨基（—CONH—）等。大多数合成纤维大分子由苯环、亚甲基和酯基等疏水性基团组成，这些基团对水分子的吸附能力较差，只能凭借纤维的微细结构对水和水蒸气进行吸附。

棉、黏胶等纤维素纤维，纤维大分子链段上的葡萄糖剩基含有 3 个—OH，羟基和水分子之间能够形成氢键，所以这种纤维的亲水性较好。

蛋白质纤维中大分子主链上含有羧基（—COOH）、酰氨基、氨基（—NH$_2$）等亲水性基团，因此亲水性很好。例如羊毛，分子链中亲水基团比蚕丝多，所以亲水性优于蚕丝。

涤纶大分子中的亲水性基团很少，吸湿性很差；丙纶不含亲水性基团，基本不吸湿；锦纶 6、锦纶 66 分子链中含有酰氨基（—CONH—），因而有一定的吸湿能力；腈纶大分子中含有极性基团氰基（—CN），有一定的亲水性；维纶大分子链含有丰富的—OH，但羟基缩醛化后被封闭，吸湿性会相应变弱，但在合成纤维中其亲水性较高。

（二）纤维结晶结构的影响

水分子难以渗入纤维的晶区，纤维的吸水主要发生在无定形区，因此纤维的结晶度越高，其亲水性越差；无定形区的含量直接影响纤维的吸湿能力。此外，晶粒的尺寸也影响纤维的吸湿性。一般来讲，吸湿率高的纤维，晶区小，晶粒的表面积大，晶粒表面亲水基团多。因此，纤维的结晶度越低，纤维的吸湿能力就越强。在相同结晶度下，微晶体的尺寸大小也会影响纤维的吸湿性。一般晶体尺寸小的纤维吸湿性较大。例如，棉纤维经丝光后，结晶度降低，吸湿量增加；棉和黏胶都属纤维素纤维，黏胶纤维的结晶度为 30% 左右，棉纤维的结晶度为 70% 左右，因此黏胶的吸湿率大于棉纤维。

（三）纤维形态的影响

纤维内部和纤维间的微孔缝隙、毛细孔对于纤维吸收液相水起决定作用。天然纤维的基原纤之间、原纤之间、微原纤之间、巨原纤之间存在大小为几纳米到几百纳米的微隙，这些多孔性的结构才能使纤维有高保水率。化学纤维中，采用湿法纺丝成型的合成纤维中大多存在微隙结构，而熔融纺丝成型的合成纤维中很少有微隙结构，因此湿法纺丝成型的合成纤维比熔融纺丝具有更高的保水率。另外，纤维表面的沟槽和断面异形化能够增大纤维的保水率。表面凹凸不平的纤维和异形截面纤维的保水率比表面光滑、圆形截面的纤维高。

二、纤维对水的结合方式

根据水分子在纤维中存在的方式不同，可分为以下三种。

（一）结合水/吸收水

吸收水是指由于纤维中极性基团的极化作用而吸附的水。吸收水是纤维吸湿的主要原因。吸收水属于化学吸着，是一种化学键力，因此必然伴随放热反应。

1. 直接吸收水 直接吸收水是指由于纤维中亲水基团的作用而吸着的水分子。如—OH、—NH$_2$、—CONH—、—COOH 结合力较强，主要是氢键力，放出热量较多。

2. 间接吸收水 间接吸收水有以下两类：

（1）由于水分子的极性再吸附的水分子。

（2）纤维中其他物质的亲水基团所吸引的水分子，其结合力较弱，通过范德瓦尔斯力作用吸附，放出热量较少。

（二）表面吸附水

表面吸附水是指纤维因表面能而吸附的水分子。表面吸附水属于物理吸着，是范德瓦尔斯力，没有明显的热反应，吸附也比较快。

（三）自由水/毛细水

自由水是指纤维无定形区或纤维间存在空隙，由于毛细管作用而吸收的水分，又称毛细水。与纤维结构（结晶度）和纤维形态有关。微毛细水为存在于纤维内部微隙中的水分子，大毛细水为存在于纤维内部较大间隙中的水分子。

三、纤维的溶胀

纤维中存在着结晶区和无定形区。结晶区纤维大分子排列紧密，微隙小而少；无定形区纤维分子排列疏松，微隙比较多。纤维被水或水蒸气润湿后，水分子沿着微隙进入纤维的无定形区，削弱纤维大分子之间的作用力，从而分子间的距离加大，孔隙变大，发生溶胀。各种纤维的结构不同，所以在水中的溶胀程度因而不同。常见纤维在水中的溶胀程度见表1-2。

表1-2　纤维在水中的溶胀程度

纤维	横向溶胀/%		纵向溶胀/%
	直径增加	横截面积增加	
棉	20~23	40~42	1.1~1.2
麻	20~21	40~41	0.35~0.38
黏胶	35~40	65~67	2.6~2.7
羊毛	14~15	25~26	1.2~2.0
蚕丝	16~19	19~22	1.3~1.6
锦纶	1.8~3.0	2~3.5	2.7~6.9

如棉纤维与黏胶纤维吸水和染色溶胀后直径都有不同程度的增加，且不匀率减小。黏胶纤维溶胀率>棉纤维，这是由于黏胶纤维无定型区含量更大，水分子更容易进入纤维内部，导致纤维发生溶胀，而且黏胶纤维横截面呈不规则锯齿形，比表面积大，容易吸水膨胀。

纤维溶胀后会形成诸多孔穴和孔隙（pore/void）。Jena根据流体可及度将这些孔隙分为封闭孔隙（closed pore）、盲孔隙（blind pore）和连通孔隙（through pore）三类，如图1-11所示。

流体无法进入的孔隙是封闭孔隙，可供流体通过的由若干孔隙相互连通而成的称为连通孔隙，而盲孔隙则是一端封闭的孔隙。孔隙的

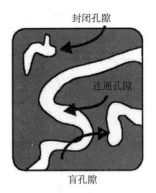

图1-11　纤维溶胀后的孔隙类型

大小、体积、表面积和其分布总称微隙结构（pore structure）。20世纪30年代，Frey-Wyssling等发现纤维素纤维中存在孔隙。Mark测得大孔隙长100nm（1000Å），直径约为20nm（200Å）。

Badyal和Tasker认为纤维微原纤之间的孔隙直径大小为2.5~7.5nm（25~75Å），原纤之间存在直径大小50~150nm（500~1500Å）的大孔。纤维素纤维微隙结构受溶胀的影响，如棉纤维干态表面积是0.6~0.9m²/g，而湿溶胀则变大为139~162m²/g；纤维素纤维孔径干态时是0.6nm（6Å），湿溶胀变大为4~6nm（40~60Å）。

四、纤维溶胀与染料染色性能的关系

染色包括染料在染浴中扩散和被纤维吸附、在纤维内扩散与固着等阶段。染色的实质就是染料从外部介质向纤维内部转移扩散而固着。多数情况下，染料从纤维表面向纤维内部扩散是决定染色速度的一步，因此许多学者关注染料分子在纤维内部的扩散。Morton和Valko于1935年提出直接染料染纤维素纤维的孔隙模型（the pore model），后来Ingamells和Weisz、Peters等继续发展，染料分子沿相互连通的孔隙（图1-12）在纤维内扩散。此模型也可以解释活性染料的染色过程，如图1-12所示。

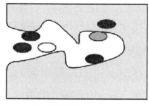

活性染料
水解的染料
固着的染料

图1-12　活性染料染色过程

Mikhalovska 和 Boulton 用图 1-13 表示染料在纤维孔隙内的扩散和吸附。

随着纤维微隙结构被越来越多人认知，人们了解到纤维的孔隙率和总内表面积对于染料的扩散和吸附起着重要作用，这使人们对织物染色的理解进一步加深。

纤维物理结构是影响纤维染色的重要因素，这就需要了解纤维内的孔隙大小。20世纪50年代，Vickerstaff 等通过氮气吸附法测定棉纤维孔隙，总结出棉纤维平均孔隙大小在 1.5~3nm（15~30Å），可以使染料分子通过；Кричевский 认为，染料分子与孔隙的空间大小应该相适应，就像钥匙和锁孔，双偶氮和三偶氮直接染料的尺寸与溶胀的纤维素纤维平均孔径很接近；Saafan 研究发现，纤维素纤维内直径在 2~6nm（20~60Å）的孔隙对于直接染料分子的吸附起着重要作用。研究证明直径在 2~5nm（20~50Å）孔隙对活性染料的扩散有影响。尽管测定方法和纤维品种不同，结论有一定的差异，但对孔隙大小会影响染料扩散这一结论基本达成共识，一般认为直径在 2~6nm（20~60Å）的孔隙对于染料的扩散起着重要作用。

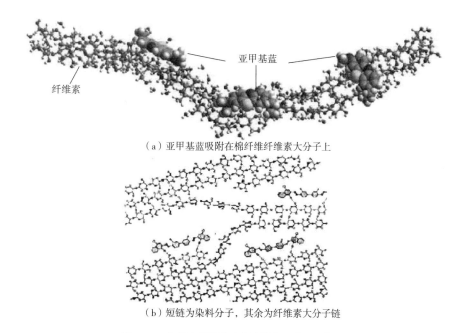

（a）亚甲基蓝吸附在棉纤维纤维素大分子上

（b）短链为染料分子，其余为纤维素大分子链

图1-13　染料在纤维孔隙内扩散和吸附的示意图

第三节　染色体系中非水成分间的相互作用

一、染料之间的相互作用

在染液中，水溶性染料离子之间或者染料离子与分子之间会发生不同程度的聚集，形成染料聚集体，使染料具有胶体的性质。染料分子结构越复杂，相对分子质量越大，具有同平面的共轭体系，则染料分子之间的相互作用越明显，染料分子越容易聚集。在染液中，染料离子、分子及其聚集体之间存

在着动态平衡关系；难溶性染料溶解度很小，在实际染浴中，水溶性差的染料在水中以分散状态存在，一部分染料以细小的晶体状态悬浮在染液里，另一部分染料则溶解在表面活性剂胶束中，小部分染料呈溶解状态，这三种状态保持动态平衡。

在染液体系中，染料之间的相互作用已在第一节中详细介绍，此处不再赘述。

二、染料与染色助剂之间的相互作用

（一）表面活性剂及其在染整中的作用

表面活性剂是两亲分子，使它在水溶液中具有界面（表面）吸附功能和胶束化功能。其一，通过"正吸附"可迅速降低水的表面张力，体现了表面活性剂的润湿、渗透作用；其二，通过"胶束化"可在水中形成大量胶束，并有效降低两相间的界面张力，使液体、固体、气体能在水中稳定存在，体现了表面活性剂的乳化、分散、发泡、增溶等作用。洗涤作用则是表面活性剂发挥润湿、乳化、分散、发泡、增溶等各种功能的综合体现。

下面简要介绍一下表面活性剂的润湿、乳化、分散、发泡、增溶、洗涤等作用原理以及其反作用原理。

1. 润湿和渗透作用 剪一块坯布轻放于水面，这块坯布会在水面上停留一段时间再慢慢沉入水底。若在水中加入少许表面活性剂JFC，我们发现放于水面的坯布会马上沉入水底，这是测试表面活性剂润湿能力的一个常见方法。

一般来讲，润湿（wetting）是固体表面上一种流体被另一种流体所取代的过程。因此，润湿作用至少涉及三相，其中两相是流体，一相是固体。染整加工中，多为纤维（固体）表面的气体（一种流体）被水（另一种流体）所取代的过程。

坯布在纯水中润湿速度较慢，是因为水的表面张力较大，不能在纤维表面迅速铺展，不能将坯布内的空气快速取代出去；水中加入表面活性剂之后，水的表面张力明显下降，使水

能在纤维表面迅速铺展并将空气迅速取代出去，从而加快了润湿过程。因此，能使润湿过程迅速发生的表面活性剂称为润湿剂或渗透剂，表面活性剂在这个过程所起的作用称为润湿作用或渗透（penetration）作用。

润湿作用与渗透作用并无本质上的区别，前者作用在固体表面，后者作用在固体内部，两者可使用相同的表面活性剂，因而润湿剂也可称为渗透剂。

表面活性剂之所以具有润湿和渗透作用，是由于它能显著地降低水的表面张力。如图1-14所示，以液滴在固体平面上达到平衡时的状态来分析表面活性剂的润湿渗透作用。

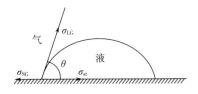

图1-14　液滴在固体平面上达到平衡时的状态

织物与一般固体平面不同，它是一个多孔体系，在纱线之间、纤维之间以及纤维内部的微细结构之间，均分布着无数相互贯通、大小不同的毛细管，因此在染整加工过程中，织物的润湿能力常用毛细管效应来衡量。

染整工作液中加入少量润湿、渗透剂之后，织物的毛细管效应就能明显提高，以保证染整加工的顺利进行。

作为润湿、渗透剂使用的表面活性剂，其分子链长度宜适中，HLB值宜适当，疏水基中含有支链的会明显提高其润湿能力，离子型表面活性剂其亲水基位于分子链中央者润湿性最好，表面活性剂分子引入第二个亲水基后润湿性会下降。聚氧乙烯型非离子表面活性剂在高温下用作渗透剂时，宜与阴离子型表面活性剂共用，以提高其热稳定性，在强酸、强碱条件下使用的润湿、渗透剂，要充分考虑其化学稳定性，以免分解失效。

在染整加工中经常作为润湿、渗透剂使用

的产品，有渗透剂 JFC、渗透剂 T、拉开粉BX、渗透剂 5881、丝光渗透剂 MP 等品牌。

2. 乳化作用 两种互不相溶的液体，其中一相以微滴状分散于另一相中，这种作用称为乳化作用（emulsification）。

乳化作用往往不会自动发生或长久存在。例如，将油和水放在一起进行剧烈搅拌，虽然也能形成暂时乳化状态，但搅拌一旦停止，油与水又马上分为上下两层，这是由于油—水间存在着较大的界面张力，油在搅拌作用下变成微滴之后，油—水间的接触面积会大幅增加，表面能迅速增大，成为一种热力学不稳定体系，以致一旦停止搅拌，便会分为两层，恢复成为两相接触面积最小的稳定状态。如果在油和水中加入一定量适当的表面活性剂，再进行搅拌，由于表面活性剂在油—水界面上有定向吸附的能力，亲水基伸向水，疏水基伸向油，从而降低了油—水间的界面张力，使体系的界面能下降。

在降低界面张力的同时，表面活性剂分子紧密地吸附在油滴周围，形成具有一定机械强度的吸附膜，当油滴相互接触、碰撞时，吸附膜能阻止油滴的聚集，从而使乳液稳定存在。这种能使乳化作用顺利发生的表面活性剂称为乳化剂。

如果选择离子型表面活性剂作为乳化剂，还会在油—水界面上形成双电层和水化层，都有进一步防止油滴聚集的作用。若使用非离子型表面活性剂作为乳化剂，则会在油滴周围形成比较牢固的水化层，起防凝聚作用。肥皂作为乳化剂使用时的乳液状态如图 1-15 所示。

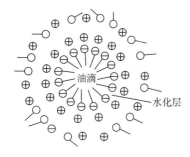

图 1-15 肥皂作为乳化剂使用时的乳液状态

经乳化作用形成的油-水分散体系叫作乳状液，乳状液有两种类型。

一种是水包油型（油/水型），以 O/W 表示，水包油型是油类液体以微粒状分散在水中，其中油是内相（不连续相）、水是外相（连续相）。

另一种是油包水型（水/油型），以 W/O表示，油包水型是水呈微粒状分散在油中，其中水是内相（不连续相）、油是外相（连续相）。

一般来讲，亲水性强的乳化剂易形成油/水型乳状液，而疏水性强的乳化剂易形成水/油型乳状液。图 1-16 表示亲水能力不同的乳化剂对乳液类型的影响。

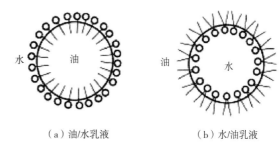

（a）油/水乳液　　　（b）水/油乳液

图 1-16 亲水能力不同的乳化剂形成的乳液状态

只有在水中能形成稳定胶束的表面活性剂才具有良好的乳化分散能力。乳化剂应有适当的 HLB 值，例如非离子表面活性剂，其 HLB值在 8~18 之间可形成油/水型乳液，在 3~6之间则可形成水/油型乳液；乳化剂与被乳化物应有相似的分子结构，应能显著地降低被乳化物与水之间的界面张力；乳化剂应具有强烈的水化作用，在乳化粒子周围形成水化层或使乳化粒子带有较高电荷，以阻止乳化粒子的聚集。

染整加工过程中经常使用一些乳化工作液，以油/水型乳状液居多。经常使用的乳化剂，如平平加 O 系列、Span - Tween 系列、EL 等。

3. 分散作用 将不溶性固体物质以微小的颗粒均匀地分散在液体中所形成的体系称为分

散体或悬浮体，这种作用称为分散作用（dispersion），能使分散作用顺利进行的表面活性剂称为分散剂。被分散的固体颗粒称为分散相（内相），分散的液体称为分散介质（外相）。乳化与分散这两种作用十分相似，其主要区别是乳状液的内相是液体，而分散液的内相是固体。

表面活性剂必须具有三种作用才能成为良好的分散剂。首先，它必须具有良好的润湿性能，使液体充分润湿每一个固体颗粒、取代颗粒中的空气，进一步使固体颗粒碎裂成更小的晶体。其次，它必须能显著地降低固—液之间的界面张力，增加固—液之间的吸附、相容的能力，使体系内存在的能量降低。最后，它必须以水化层或带电层的形式在固体颗粒周围形成机械强度较高的界面膜，以阻止固体颗粒间的聚集。

对于被分散的固体，必须尽量减小其颗粒体积，其颗粒体积越小，越有利于表面活性剂对其润湿、分散、吸附，在其周围形成界面膜。例如分散染料，必须经过预先加工研磨成 $2\mu m$ 以下的微小颗粒，才能在分散剂的作用下形成比较稳定的悬浮体染色工作液。尽管如此，分散体仍是一种热力学不稳定体系，与乳状液相比，其不稳定因素更多、不稳定性更大，更易产生凝聚、分层现象，影响正常使用。因此，分散体工作液不宜存放时间太长，最好现用现配。分散体在染整加工中应用较多，如分散染料、还原染料分散液或悬浮液的配制等。常用的分散剂有分散剂 NNO、分散剂 WA 等，其中阴离子型表面活性剂较多。

4. 发泡作用 气体分散在液体中的状态称为气泡，大量气泡聚集在一起形成的分散体系称为泡沫，能促使泡沫形成的能力称为发泡作用（foaming action）。泡沫类似于乳状液和悬浮体，所不同的是内相为气体，而不是液体和固体。

泡沫在表面活性剂的作用下更容易产生和稳定存在，能促进泡沫生成的表面活性剂称为发泡剂或起泡剂，能促使泡沫稳定存在的表面活性剂称为稳泡剂。

形成的泡沫同样是一个热力学不稳定体系，容易因为气泡间液膜层产生排液现象和小气泡穿透大气泡的合并作用，而使气泡不断破裂、泡沫消失。若液体中存在表面活性剂，由于气泡表面能吸附表面活性剂分子，这些定向排列的分子在气泡表面达到一定程度时，气泡壁就成为一层坚固的薄膜，从而使气泡间不易发生合并。

又由于表面活性剂在液体表面的定向排列，使液体的表面张力明显下降，并导致气泡间的内压差降低，因而排液速度减慢。表面活性剂的上述两方面作用，降低了气泡的破裂能力，有利于泡沫的形成和稳定存在。表面活性剂协助泡沫形成的过程如图 1-17 所示。

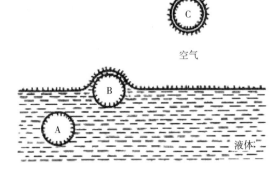

图 1-17　表面活性剂协助泡沫形成的过程

泡沫对于污垢的去除和悬浮有一定作用，染整加工中也有一些依靠发泡剂而完成的工艺，如泡沫染色、泡沫印花等新工艺。然而，在染整加工过程中，更多的场合要求低泡或无泡，因而如何抑泡和消泡更受人们的关注。

5. 增溶作用 在溶剂中完全不溶或微溶的物质进入表面活性剂形成的胶束中得到溶解，并成为热力学稳定溶液，这种现象称为增溶作用（solubilization），所形成的透明溶液称为增溶溶液或胶束溶液，被增溶的物质称为增溶溶解质，起增溶作用的表面活性剂称为增溶剂。增溶作用与乳化作用和分散作用既有区别又有联系。

（1）区别。

①乳化作用仅限于液体—液体之间形成的分散体系，分散作用仅限于固—液之间形成的分散体系，而增溶作用所溶解的物质，既可以是液体，也可以是固体。

②乳化作用和分散作用形成的是热力学不稳定多相分散体系，而增溶作用形成的是热力学稳定的均相体系。

③外观上明显不同，乳状液和分散液多为乳白状和悬浊状，而增溶溶液为透明状。

（2）联系。增溶作用可以看作是乳化作用或分散作用的极限阶段、理想状态，它们之间有相互转化的途径。例如，乳状液也可以成为微乳状液，外观由乳白色转为透明，已接近增溶溶液；向增溶溶液中继续加入增溶溶解质达到一定数量时，增溶溶液即转变为乳状液，外观由透明转为乳白色。

增溶溶液与真溶液也有本质区别，真溶液是有机物或无机物以分子或离子形式溶解于溶剂中，而增溶溶液"溶解"的增溶溶解质是以远比分子大得多的"分子集团"的形式存在于胶束中。

作为增溶剂而使用的表面活性剂，必须在溶液中达到足够的浓度，在溶液中形成足够多的胶束，才能保证增溶作用的顺利产生，而且形成的棒状、层状等高级胶束数量越多，增溶效果就会越明显。

增溶作用对于染整加工也有许多特殊作用，例如，分散染料经合适的增溶剂增溶处理，其在水中的溶解度会明显提高，有利于染料工作液稳定并提高染色效果；许多高档含硅类柔软整理剂需要调制成稳定性非常高的微乳液、增溶溶液才能产生优良的整理效果；在去除织物污垢的过程中，增溶也发挥了重要的去污作用。

6. 洗涤作用

（1）洗涤过程。从浸在某种介质（多为水）中的固体表面除去异物或污垢的过程称为洗涤（washing），能发挥洗涤作用的化学品称为洗涤剂，洗涤剂多以表面活性剂作为主要成分。

洗涤作用较复杂，是表面活性剂的润湿、乳化、分散、增溶等综合作用以及搅拌、揉搓、水流等机械作用的共同结果。以织物为例，洗涤过程表示如下：

织物·污垢+洗涤剂

织物·洗涤剂+污垢·洗涤剂

织物+洗涤剂

（2）洗涤过程中污垢的去除方式。

①洗涤剂向纤维表面和污垢表面做定向界面吸附，并进一步向纤维与污垢之间（相互接触处）润湿、渗透。

②在洗涤剂的分割、取代作用下，污垢与纤维之间的结合力减弱，并在机械或水流的作用下脱离纤维。

③脱离下来的污垢在水溶液中被洗涤剂乳化、分散或增溶，不使其再沉积到织物表面。

④污垢与洗涤剂随水溶液被冲洗除去，吸附于织物表面的残余洗涤剂也一同被冲洗除去。

织物的洗涤过程如图1-18所示。

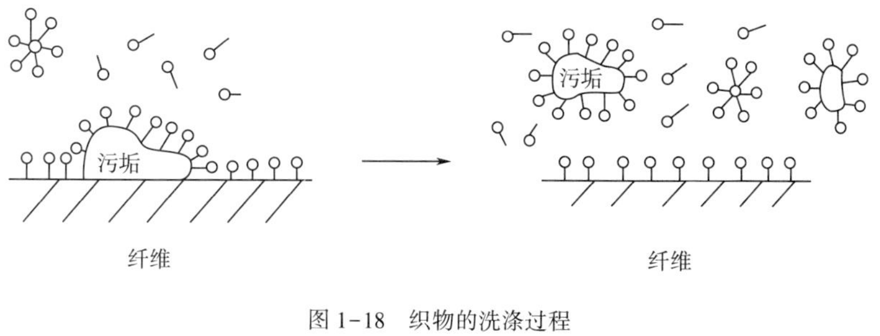

图1-18　织物的洗涤过程

污垢一般分为油性污垢和固体污垢两类，油性污垢多由动植物油、矿物油等组成，固体污垢主要是尘土、铁锈、炭黑等。油性污垢与织物间通过分子间引力以面粘接形式结合在一起，较不易清除，固体污垢与织物间以点粘接形式相连，较易去除。

实际上，油性污垢与固体污垢多以混杂形式掺合在一起形成混合污垢，因此只需采取措施将油性污垢清除，在油性污垢被有效清除的同时，固体污垢就被一并洗除。油性污垢的去除过程符合"卷缩"机理。油性污垢脱离纤维表面的过程如图1-19所示。

附着脂肪性污垢的纤维　　加水后纤维并不能充分润湿　　水中加洗涤剂后，浸入污垢的间隙

洗涤剂分子在污垢上附着并将污垢引离纤维　　污垢完全分散在洗涤剂溶液中

图1-19　油性污垢脱离纤维表面过程的示意图

作为洗涤剂而使用的表面活性剂，其HLB值应适当，通常分子结构为直链型，亲水基处于末端的表面活性剂洗涤作用更强。

由于纤维在水中多带负电荷，因此阴离子型表面活性剂对织物具有优良的洗涤效果，这是因为阴离子洗涤剂在污垢周围形成的界面层同样带有负电荷，这就使织物与污垢之间产生一定的排斥力，有利于污垢从织物表面脱离，并稳定地悬浮在水溶液中。

而阳离子型表面活性剂则会使污垢表面带正电荷，反而会加强污垢与织物间的吸附，故阳离子型表面活性剂不宜作为洗涤剂使用。非离子型表面活性剂的临界胶束浓度（critical micelle concentration，CMC）值很低，在低浓度下就有较强的去污能力，尤其对于疏水性的合成纤维，如涤纶织物，具有更好的洗涤效果，常作为洗涤剂使用。

洗涤剂的使用效果除与洗涤剂的分子结构、类型有关外，还与洗涤液的浓度、温度、pH值以及织物种类、机械作用等多方面因素密切相关。

适合于染整加工用的洗涤剂（detergent）品种很多，如净洗剂AS、净洗剂AES、净洗剂LS、净洗剂105、净洗剂LAS等产品。采用有机溶剂作为清洗介质的洗涤过程称为干洗。

染色体系中的表面活性剂有多种类别，包括分散剂、增溶剂、润湿剂、匀染剂（leveling agent）、缓染剂（retarding agent）、修色剂（color modifier）等。表面活性剂分子由两部分组成，极性部分及非极性部分。极性部分由极性基（离子型和非离子型）组成，具有一定的水溶性，非极性部分由脂肪烃、脂肪—芳香烃和芳香烃组成，不溶于水。所以说表面活性剂具有亲水和亲油双亲性，两者之间存在一定的平衡。

（二）染料与各类表面活性剂间的作用

在染液中，染料单分子或离子可以与表面活性剂（surfactant）作用，也可以与表面活性剂胶束（micelles）或反胶束（reverse micelles）、泡囊（vesicles）或聚合泡囊（polymeric vesicles）、双层类脂膜（bilayer lipid membranes）和多层铸膜（multilayer cast membranes）相互作用。在一些情况下，染料聚集体和晶粒也可直接与各种状态的表面活性剂发生作用。在大多数情况下，染料分子与表面活性剂分子间主要通过静电力、氢键、范德瓦尔斯力等作用力发生结合或分离。染料分子与表面活性剂分子作用后形成络合物，染料的溶解性、吸收光谱和染色性能会发生很大变化。基于表面活性剂和染料分子的离子基、极性基、疏水基组成各不相同，所以表面活性剂与染料分子间的作用强弱和作用位置各异，作用机理非常复杂。表面活性剂与染料的相互作用大致可以用以下反应式来表示：

①染料分子与表面活性剂分子相互作用：

$$mD_{分子}+nS_{分子}\longrightarrow D_m \cdot S_n \qquad (1-19)$$

②表面活性剂胶束形成和离解：

$$nS_{分子}\longrightarrow S_{n胶束} \qquad (1-20)$$

③染料分子与表面活性剂胶束相互作用：

$$mD_{分子}+S_{n胶束}\longrightarrow D_m \cdot S_{n胶束} \qquad (1-21)$$

事实上，在表面活性剂胶束中，染料分子也会发生聚集，所以染料分子与表面活性剂之间的相互作用过程非常复杂。

1. 染料与非离子型表面活性剂的相互作用 非离子型表面活性剂（nonionic surfactant）在染色加工中的应用最多，它与染料分子作用会引起染料吸光率发生变化，还可改变吸收光谱曲线，使最大吸收波长发生位移或形成新的吸收峰。这种变化随染料结构和表面活性剂的不同而异，包括偶氮染料的偶氮结构和腙结构的转变。染料分子的疏水性越强，它对表面活性剂胶束的亲和力越大。而当染料分子中含有带负电的阴离子取代基如磺酸基、羧基等时，染料分子对表面活性剂胶束的亲和力则减小。

2. 染料分子与阴离子型表面活性剂的相互作用 一般来说，阴离子型表面活性剂（anionic surfactant）对染料，特别是阴离子类染料作用较弱（由于存在较强的静电作用，阴离子表面活性剂对阳离子染料作用很强），因此，染料溶液的性能，如吸收光谱，受阴离子表面活性剂影响较小。但是，由于染料的疏水组分和极性基也会与表面活性剂发生作用，因此阴离子型表面活性剂在溶液中也会影响染料的性能，如染料对纤维的吸附性能。

3. 染料与阳离子型表面活性剂的相互作用 阳离子型表面活性剂（cationic surfactant）对阴离子染料吸收光谱影响很大。当阴离子染料溶液中加入阳离子型表面活性剂后，最大吸收波长处吸收峰一般会迅速减小，少量染料还会发生沉淀。但当表面活性剂浓度达到其CMC后，染料会被增溶。随着染料分子中水溶性离子基的数量和位置不同，染料分子在表面活性剂胶束中的结合状态不同，亲水性的离子基不能进入胶束的疏水性核心内部，只能处在外层的水化层中，且与表面活性剂中的阳离子发生静电吸引作用，而不含有亲水离子基的苯环可以渗入胶束的疏水核心内部。完全或大部分处在水化层的染料分子多半以腙式互变异构体存在，并与水建立较多的氢键结合。而萘环不论是否具有水溶性离子基，都比较难渗入胶束核心内部，而是处在表面层。

4. 染料与两性表面活性剂的相互作用 两性表面活性剂（amphoteric surfactant）的正负离子都是亲水性很强的基团，它们都处在胶束的水化层中，因此含有亲水性离子基的染料分子很难进入表面活性剂的疏水核心。染料分子在胶束中多数处在水化层，染料分子中的阴离子还会与表面活性剂中的阳离子基团发生静电吸引作用。染料是以偶氮还是腙式结构（hydrazone structures）互变异构体存在，与染料分子的结构及染料与表面活性剂的作用方式及体系的pH值都有关系。对两性表面活性剂来说，当其浓度超过CMC后，其作用非常类似非离子型表面活性剂。

三、染料与纤维之间的相互作用

染色时通过染料与纤维材料发生物理的、化学的或物理化学的结合，使纤维材料获得色泽的加工过程，因此，织物的染色过程，可以看作染料小分子与纤维大分子之间相互作用的过程。

当纤维材料投入染浴以后，由于染料与纤

维之间存在一定的结合力，染料逐渐地离开染液而向纤维表面转移，这个过程称为吸附。同时，吸附到纤维表面的染料也会转移到染液中，这个过程称为解吸。染料能吸附到纤维表面，主要是与纤维之间具有吸引力，这种吸引力主要是由分子间的作用力构成的，主要包括范德瓦尔斯力、氢键和库仑力等。

范德瓦尔斯力是分子间的引力，其大小取决于分子的结构和形态，并且和接触面积及分子间的距离有关。染料的相对分子质量越大，共轭系统越长，分子呈直线长链型，共平面性好，与纤维分子结构相适宜，则范德瓦尔斯力较大。这种引力在各种纤维染色时都是存在的，而分散染料对疏水性纤维染色，或中性浴染色的耐缩绒酸性染料对羊毛纤维的染色表现得尤为突出。

氢键是一种通过氢原子而产生的特殊形式的分子间引力，染料与纤维间通过羟基、氨基、酰氨基、偶氮基等产生氢键而结合，如直接染料与纤维素纤维的结合。

库仑力即静电荷间的引力或斥力，有些纤维在染液中带电荷，染料离子和纤维离子间存在库仑力，若染料离子与纤维所带电荷相同，则表现为静电斥力，若所带电荷相反，则表现为静电引力。如蛋白质纤维、聚酰胺纤维在酸性染液中带有正电荷，会与带负电荷的染料离子（如酸性染料离子）发生静电引力作用，使染料吸附在纤维上。纤维素纤维带负电荷，与阴离子染料如活性染料、直接染料等存在静电斥力，阻碍染料在纤维表面的吸附。

随着时间的延长，纤维上的染料浓度逐渐增大，而染液中的染料浓度逐渐减小，吸附速率逐渐变小，解吸速率逐渐增大，最终达到吸附与解吸的动态平衡。由于吸附在纤维表面的染料浓度大于纤维内部的染料浓度，纤维表面的染料会向纤维内部转移，称为染料的扩散。此时，由于染料的扩散破坏了体系中的吸附解吸平衡，染液中的染料又会不断地吸附到纤维表面，染色进行到一定时间后，吸附和扩散都

达到平衡。扩散到纤维内部的染料，通过染料与纤维之间的作用力固着在纤维上。染料与纤维的种类和结构不同，其结合方式也各不相同。一般来说，染料与纤维之间的结合有两种类型：化学作用力和物理化学作用力。化学作用力是指染料与纤维之间通过共价键、配位键或离子键的结合等化学反应，使染料固着在纤维上的过程，如活性染料上染纤维素纤维，染料与纤维之间通过形成醚键或酯键而结合。物理化学作用力是指染料与纤维之间通过范德瓦尔斯力、氢键力等方式进行结合，直接染料、硫化染料、还原染料等在纤维素纤维上的固着都是借助这种作用力。

四、水溶性染料染色体系中的盐效应

（一）盐对直接染料、活性染料染色的作用

直接染料、活性染料常用于纤维素纤维的染色或印花。由于直接染料、活性染料分子中的水溶性磺酸基基团，在水溶液中会电离出染料阴离子，使染料母体带负电，而纤维素纤维表面的羟基在碱性条件下也会电离，形成纤维素负离子，因此，在染色过程中染料分子与纤维素纤维之间存在静电斥力，从而阻碍了染料分子向纤维素纤维表面的扩散及吸附，大幅影响染料的上染率。因此，为了抑制染料分子与纤维素纤维之间的静电斥力，常需要在染液中加入大量的无机盐，以促进染料分子向纤维表面的扩散与吸附，提高染料上染率。

在直接染料、活性染料的染色过程中存在以下几个平衡过程：

染料的离解平衡：

$$D—SO_3^-Na^+ \Longleftrightarrow D—SO_3^- + Na^+ \quad (1-22)$$

纤维素纤维的离解平衡：

$$Cell—O^H + OH^- \Longleftrightarrow Cell—O^- + H_2O \quad (1-23)$$

$$Cell—O^- + Na^+ \Longleftrightarrow Cell—ONa \quad (1-24)$$

在染浴中加入无机盐后，纤维素纤维的离解平衡向右方向移动，有利于染料的上染。而钠离子浓度增加，染料的离解平衡向左方向移动，电中性的染料分子浓度增加，使染料分子

更容易向纤维内部扩散。同时，染浴中存在大量的钠离子，会抑制纤维的电离，降低纤维的电负性，从而降低了纤维与染料分子之间的静电斥力，使染料更容易上染。

（二）盐对酸性染料染色的作用

酸性染料是锦纶、丝、羊毛纤维染色时常用的一类染料，一般情况弱酸性染料用得比较多。弱酸性染料与锦纶、丝或羊毛的结合机理类似，除了染料负离子与纤维端氨基的正离子以库仑力结合或成键外，染料分子与纤维之间还存在较强的范德瓦尔斯力和氢键。若染色的 pH 值较低，即在强酸性条件下，染色速率过快，容易造成染色不匀。因此弱酸性染料染色一般在 pH 值 4~6 的弱酸性条件下进行。当染液的 pH 值为等电点时，纤维不带电荷，染料靠范德瓦尔斯力和氢键力上染纤维，上染后，染料阴离子再与纤维的—NH_3^+ 以离子键结合。在等电点条件下染色时，加入中性电解质，对染料的吸附影响较小，但能延缓染料阴离子与纤维中—NH_3^+ 的结合速率，起缓染作用，但是作用较小。中性浴染色的酸性染料与纤维间有较大的范德瓦尔斯力和氢键力作用，纤维在中性条件下带有较多的负电荷，染料与纤维间存在较大的静电斥力，染料阴离子通过范德瓦尔斯力和氢键作用力上染纤维。在染液中加入盐，可提高染料的上染速率和上染百分率，起促染作用。

思考题

1. 染料溶解的机理是什么？影响染料溶解因素有哪些？

2. 为什么染料在水溶液中有聚集的倾向，影响染料聚集的因素有哪些？

3. 试分析阴阳离子染料在水溶液中可能的聚集情况。

4. 从水熵变角度来说明染料具有聚集和上染纤维的原因。

5. 什么是水的类冰结构？类冰结构如何影响染料在水中的状态？

6. 试分析水对纤维的润湿作用，纤维的亲水性有哪几种形式？影响纤维亲水性的因素有哪些？

7. 试分析亲水性纤维的溶胀与水溶性染料染色性之间的关系。

8. 染色体系中非水成分间存在哪些相互作用？试分析这些相互作用的影响因素。

9. 试分析表面活性剂在染整加工过程中的重要性。说明表面活性剂的哪些作用对染色过程有重要的影响？

10. 试分析中性盐在水溶性染料染色体系中的作用情况。

参考文献

[1] HORI T, ZOLLINGER H. Role of water in the dyeing process [J]. Textile Chemist and Colorist, 1986, 18 (10): 19-25.

[2] ZOLLINGER H. Dyeing theories [J]. Textilveredlung, 1989, 24 (4): 133-142.

[3] DAVID M LEWIS. Wool dyeing [M]. Bradford: The Society of Dyers and Colourists, 1992.

[4] 王庆文，杨玉桓，高鸿宾. 有机化学中氢键问题 [M]. 天津：天津大学出版社，1993.

[5] 任友达. 溶剂效应 [J]. 化学通报，1985 (10): 31-38.

[6] 何瑾馨. 染料化学 [M]. 2版. 北京：中国纺织出版社，2016.

[7] 王世荣，李祥荣，刘东志. 表面活性剂化学 [M]. 北京：化学工业出版社，2005.

[8] 达泰纳. 表面活性剂在纺织染加工中的应用 [M]. 施予长，译. 北京：纺织工业出版社，1988.

[9] 赵晓. 有机染料聚集行为及其包覆研究 [D]. 上海：复旦大学，2009.

[10] 王菊生. 染整工艺原理 [M]. 北京：纺织工业出版社，1984.

[11] 黑木宣彦. 染色理论化学 [M]. 陈

水林，译．北京：纺织工业出版社，1981.

［12］後藤．染色加工讲座．1958（2）：82-103.

［13］宋心远．染色理论概述（二）［J］．印染，1984（2）：36-45.

［14］陈式明．染浴的基础物理化学（三）［J］．针织工业，1981（3）：31-38.

［15］许素新．分散染料染色机理及非水溶剂染色研究［D］．上海：东华大学，2015.

［16］沈永嘉，任绳武．分散染料的多晶性及其染色行为的研究［J］．华东化工学院学报，1986（1）：53-60.

［17］刘灿灿，高双凤，赵亚梅．硫化染料及其应用进展［J］．山东纺织科技，2012，53（3）：46-49.

［18］金郡潮，戴瑾瑾，陆望，等．丙纶薄膜等离子体表面改性处理的研究［J］．印染，2000，26（4）：11-13.

［19］谢洪德，王红卫，秦志忠，等．氩等离子体处理改性丙纶［J］．合成纤维工业，2003，6（12）：27-29.

［20］陈森．涤纶织物的低温等离子体表面亲水化改性［D］．北京：北京服装学院，2007.

［21］吴建华．纤维素纤维织物的染整［M］．北京：中国纺织出版社，2015.

［22］刘超，汪泽幸，戴承友．采用定点测量法分析棉纤维与粘胶纤维溶胀性能［J］．成都纺织高等专科学校学报，2017，34（3）：65-68.

［23］ROWLAND S P. Cellulose：Pores，Internal Surfaces，and the Water Interface［J］. Textile and Paper Chemistry and Technology. American Chemical Society，1977：20-45.

［24］JENA A，GUPTA K. Liquid extrusion techniques for pore structure evaluation of nonwovens［J］. International Nonwovens Journal，2003（4）：45-53.

［25］FREY-WYSSLING A，DER AUFBAU DER. Pflanzlichen Zellwände［J］. Protoplasma，1936，25（1）：261-300.

［26］MARK H. Intermicellar hole and tube system in fiber structure［J］. The Journal of Physical Chemistry，1940，44（6）：764-788.

［27］TASKER S，BADYAL J P S, Influence of Crosslinking upon the Macroscopic Pore Structure of Cellulose［J］. The Journal of Physical Chemistry，1994，98（31）：7599-7601.

［28］WARWICKER J O，JEFFRIES R，COLBRAN R L，et al，A Review of the literature on the effect of caustic soda and other swelling agents on the fine structure of cotton［M］. Manchester：Cotton，silk and man-made fibers research association，1966：219-247.

［29］ZERONIAN S H，NEVEL T P. Cellulose chemistry and its applications［M］. England：Ellis Horwood Ltd，1985.

［30］ROUETTE H K. Springe 纺织百科全书：注释本［M］. 中国纺织出版社专业辞书出版社，译．北京：中国纺织出版社，2008.

［31］ZOLLINGER H. 色素化学——有机染料和颜料的合成、性能和应用［M］. 吴望祖，程侣柏，张壮余，译．北京：化学工业出版社，2005.

［32］MORTON T H. The dyeing of cellulose with direct dyestuffs；the importance of the colloidal constitution of the dye solution and of the fine structure of the fibre［J］. Transactions of the Faraday Society，1935，31（1）：262-276.

［33］VALKO E. Measurements of the diffusion of dyestuffs［J］. Transactions of the Faraday Society，1935，31：230-245.

［34］FERUS-COMELO M，CLARK M. Physico-chemical modelling of the dyeing of cotton with reactive dyes［J］. Coloration Technology，2004，120（6）：301-306.

［35］BOULTON J. The Application of Direct Dyes to Viscose Rayon Yarn and Staple［J］. Journal of the Society of Dyers and Colourists，1951，

67（12）：522−538.

［36］MIKHALOVSKY S V，GUN'KO V M，BERSHTEIN V A，et al. A comparative study of air−dry and water swollen flax and cotton fibers ［J］. Royal society of chemistry advances，2012 （2）：2868−2874.

［37］MCGREGOR R，PETERS R H. Some observations on the relation between dyeing properties and fibre structure ［J］. Journal of the Society of Dyers and Colourists，1968，84（5）：267−276.

［38］КРИЧЕВСКНЙ Г Е. 染色和印花过程的吸附与扩散 ［M］. 高敬琮，译 . 北京：纺织工业出版社，1985.

［39］SAAFAN A，HABIB A. Significance of cellulosic fiber structure on dyes and adsorption ［J］. MelliandTextilberichte/International textile reports（German edition），1987，68（11）：845−856.

［40］SAAFAN A A，HABIB A M. Pore structure of modified cotton and its effects on fiber reactive dyeing properties ［J］. Colloids and surfaces，1988，34（1）：75−80.

［41］https://xueqiu.com/8157941849/135872031.

第二章 纤维结构、亲疏水特性对染色性能的影响

本章重点

棉、黏胶等纤维素纤维和羊毛、蚕丝等蛋白质纤维结构中富含吸湿性基团，具有较好的吸水溶胀性，可用水溶性染料染色；聚酯等合成纤维缺乏亲水性基团，呈现很强的疏水性，可以用分散染料染色。本章主要讨论纤维结构（包括化学结构、聚集态结构）对染色性能的影响；亲水性纤维的吸湿溶胀性及其对染色性能的影响；纤维在水溶液中的电化学性质；玻璃化温度与热塑性纤维染色性能的关系；载体对疏水性纤维的作用和涤纶载体染色。

关键词

纤维结构；吸湿溶胀；双电层；亲水性纤维；疏水性纤维；温度；载体

纤维根据吸湿性的不同、可分为亲水性纤维和疏水性纤维。纤维素纤维、蛋白质纤维等亲水性纤维具有较好的吸湿溶胀性，溶胀行为有利于染色；在水溶液中，纤维表面会聚集一定量的电荷，其带电现象也会影响染色性能；对于大多数吸湿性较弱的合成纤维，在水中难以发生吸湿和溶胀，不利于水溶性染料染色；玻璃化温度对合成纤维的分散染料染色性能具有重要影响，加入载体有助于合成纤维低温染色。

第一节 纤维结构对染色性能的影响

纤维染色过程主要包括：染料在染浴中（纤维外）扩散；纤维表面吸附染料；染料由纤维表面向纤维内部扩散并固着。从纤维染色过程来看，纤维结构对染色性能的影响主要可归纳为两部分：一是聚集态结构（物理结构），如结晶度、取向度的影响，二是化学结构，如反应性基团或极性基团的影响。物理结构通常决定纤维分子的可吸附空间以及染料分子在纤维内扩散的难易；化学结构会影响纤维对染料的反应性与亲和性。

一、纤维物理结构对染色性能的影响

纺织纤维是高分子聚合物，是由许多长链大分子集合排列而成。纤维大分子间的排列情况不同，纤维内部微细结构也不同，进而影响纤维的染色性。

一般而言，纤维都是由线型大分子组成的部分结晶的高聚物。高分子物分子链排列比较整齐的部分会形成结晶，称为结晶区，排列比较松散紊乱的部分称为非结晶区或无定形区。纤维的超分子结构中存在着结晶区和非结晶区。结晶区大分子排列紧密，孔隙小而少；非结晶区分子排列较疏松，微隙分布较多。每个大分子可能间隔地穿越几个结晶区和非结晶区，大分子之间的结合力以及大分子之间的缠结把其相互连接在一起，靠穿越两个以上结晶区的缚结分子把各结晶区联系起来，并由组织结构比较疏松紊乱的非结晶区把各结晶区间隔开来，使纤维形成一个疏密相间而又不散开的整体。纺织纤维中结晶区的大小占纤维的比例，通常用纤维的结晶度来表示。另外，纤维

中大分子的排列方向与纤维长度方向（轴向）也可呈现一定的取向，纤维长链大分子方向沿纤维轴向平行排列的程度，通常用纤维的取向度来表示。纤维的取向度常以光的双折射率表示。纤维的双折射率越大，其取向度越高。纤维的结晶及取向对纤维的染色性有一定的影响。

在纤维染色过程中，纤维的结晶度并不随染色过程而改变。染料分子不能渗透至结晶区内部，只能在非结晶区内被吸附。因此，纤维的结晶度增加时，则染料的最大吸附量将降低。一般来说，棉纤维比丝光棉、黏胶纤维结晶度高，但对染料的吸附量却较低。

此外，若纤维的结晶度增加时，则非结晶区部分的玻璃化温度将升高（图2-1），染料分子由纤维表面渗入纤维内部也将愈加困难，染色速率因而减慢。综上，若纤维的结晶度增加时，则染料的平衡上染百分率降低，同时染色速率也减慢。

纤维取向性对染色性能也有影响，在相同的结晶度下增加纤维的取向度会降低染料的上染量。此外，由于取向度的增加会降低纤维的润湿膨胀度，也导致染料分子扩散困难，因而降低染料的上染速率。

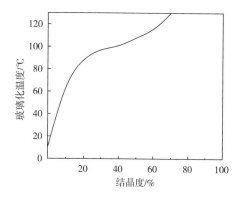

图2-1　聚酯纤维结晶度与玻璃化温度的关系

二、纤维化学结构对染色性能的影响

选用何种染料对纤维染色主要由两种化学结构决定。由于纤维分子基团与染料间的对应关系相当复杂，难以详细分类。常见纤维吸水性和适用染料见表2-1。

表2-1　纤维结构与水吸附性及其适用染料

纤维	反应性基团	水吸附性		适用染料
		回潮率（21℃，65%RH）/%	水膨胀度/%	
羊毛	—NH$_2$，—COOH，—CONH—	17.0	32~38	酸性染料、酸性含媒染料、酸性媒染染料、活性染料
蚕丝	—NH$_2$，—COOH，—CONH—	11.0	30~41	酸性染料、酸性含媒染料、阳离子染料、还原染料
铜氨纤维	—OH	11.0	99~134	直接染料、还原染料、硫化染料
黏胶纤维	—OH	11.5~16.6	45~82	直接染料、还原染料、硫化染料、活性染料
棉	—OH	8.5	44~49	直接染料、还原染料、硫化染料、活性染料
二醋酯纤维素	—OH，—OCOCH$_3$	6.3~6.5	6~30	分散染料
三醋酯纤维素	—OCOCH$_3$	4.5	很少	分散染料

续表

纤维	反应性基团	水吸附性		适用染料
		回潮率 (21℃，65%RH)/%	水膨胀度/%	
锦纶 66 及锦纶 6	—NH₂，—COOH，—CONH—	4.0~4.5	2	酸性染料、酸性含媒染料、直接染料、分散染料、活性染料
聚丙烯腈纤维	—COOH，—SO₃H，—OSO₃H	1~2	很少	阳离子染料、分散染料
聚酯纤维	—OH，—COOH，—COO—	0.4	近乎无	分散染料
聚丙烯纤维		0.01	无	分散染料

由表2-1可见，有些纤维的回潮率不大，但由于含有部分亲水性基团，如聚丙烯腈的—SO₃H等，能提供水溶性染料的亲水环境，因此，可以用水溶性染料染色。

三、热塑性纤维的玻璃化温度对染色性能的影响

涤纶、锦纶都属热塑性纤维，一些热性能参数见表2-2，涤纶的熔点比较高，而比热和导热系数都比较小，因而涤纶的耐热性和绝热性要高些。热塑性纤维在受热以后，随着温度的提高，将相继出现玻璃态、高弹态、黏流态三种物理状态，并相应地形成两个转变区：玻璃化转变区和黏弹转变区。玻璃化温度是由玻璃态向高弹态或者由后者向前者的转变温度，是大分子链段自由运动的最低温度，通常用 T_g 表示。

表2-2　涤纶和锦纶6的某些热性能物理常数

纤维	涤纶	锦纶6
熔点/℃	255~260	215~220
软化点/℃	238~240	180
比热/[cal/(g·℃)]	0.32	0.46 (25~200℃)
熔融潜热/(cal/℃)	11~16	18
导热系数/[cal/(cm·s·℃)]	2×10⁻⁴	4.2×10⁻⁴

续表

纤维	涤纶	锦纶6
体膨胀系数/(1/℃)	1.6×10⁻⁴ (<60℃) 3.7×10⁻⁴ (90~190℃)	1×10⁻⁸~3×10⁻⁴ (0~200℃)

热塑性纤维在染色时，与染料扩散率有关的热力学系数主要取决于玻璃化温度 T_g。T_g 的高低标志着无定形区大分子链段运动的难易，由于体系 T_g 的下降，在相同的染色温度下，分子的热运动加快，分子间空隙增大，染料分子容易渗透到纤维内部，这对于提高纤维的染色性是十分有利的。

为了说明这个问题，研究者测试了4种涤纶海岛纤维的动态热机械性能（DMTA），如图2-2所示。玻璃化温度见表2-3。

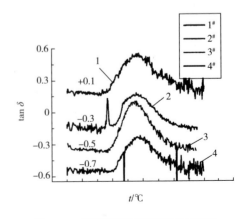

图2-2　4种海岛纤维的动态热机械性能

表2-3　4种海岛纤维的玻璃化温度

样品	1#	2#	3#	4#
$T_g/℃$	84	82	81	82

研究人员对4种海岛纤维进行高温高压染色法染色试验。染料是由3种分散性染料配制而成，其中分散黄棕S-2RFL、分散红玉S-2GFL和分散蓝S-BG的配比是2∶1∶0.5。染色过程染浴由醋酸来控制pH值4~5。海岛纤维于室温下浸入染浴，待温度升至70℃时以1℃/min的速度使染浴温度升到130℃。在2kg/cm²的条件下保温保压50min，而后以1.5℃/min的速度降温至70℃，水洗、干燥。海岛纤维经过高温高压染色所得的染色性能参数见表2-4。

表2-4　4种海岛纤维的染色性能参数

染色性能参数	a	b	L	ΔE
1#	1.88	8.90	33.75	
2#	1.90	8.87	32.86	0.89
3#	2.20	8.91	31.32	2.45
4#	2.05	8.67	31.08	2.69

由表2-3可见，1#海岛纤维的玻璃化温度84℃，高于其他3种海岛纤维。因为1#海岛纤维的玻璃化温度高，在同样的染色温度下，分子运动最慢，分子间空隙最小，染料分子最不容易渗透到纤维内部，染色性能最差。由表2-4可知，1#海岛纤维染料上染量最少，这与其玻璃化温度提高是有关的。

J. H. Dumbleton研究了分散染料在聚酯纤维（PET）中的扩散，认为扩散系数D主要受到T_g的控制。T_g的高低反映了链段中分子运动的空间（自由体积），而这个空间又受到晶粒数目的限制。当结晶度较低、晶粒尺寸不均匀时，T_g也较低，此时分子做微布朗运动的空间增大，染料分子可以容易地进入。

采用PC/PEG处理PET制备改性PET样品，聚乙二醇（PEG）不仅可以提供柔性链段，降低聚酯的玻璃化温度，而且醚键具有较好的吸水性。聚碳酸酯（PC）的分子主链中含有 ﹣O—R—O—CO﹦ 链节，分子链的刚性大，使分子间滑动相对困难，高聚物在受力下的形变小，尺寸稳定，阻碍大分子取向和结晶。PC通过酯交换破坏PET的规整性，降低结晶度，提高涤纶的染色性能。

按表2-5制备改性PET样品，由动态热机械法（DMTA）测定的PC/PEG改性PET的热性能，如图2-3所示。改性PET的损耗角正切峰位向低温移动，玻璃化温度T_g下降，峰宽变宽，说明改性PET的玻璃态向高弹态转变的温区变大。分散染料在PET纤维中的扩散主要受到T_g因素的控制，当结晶度较低，晶粒尺寸不均匀时，T_g也较低，此时分子做微布朗运动的空间增大，染料分子可以容易地进入。

表2-5　以不同PC/PEG比例制备改性PET

成分/%	0#	1#	2#	3#	4#	5#
PC	0	0.4	0.4	0.4	0.4	0.4
PEG	0	0.2	0.4	0.6	0.8	1.0
PET	100	99.4	99.2	99.0	98.8	98.6

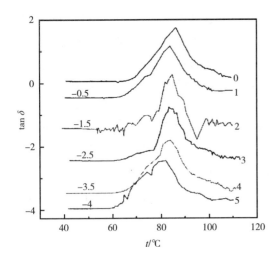

图 2-3　PC/PEG 改性涤纶动态热机械性能

研究者测试了表 2-5 中的 6 个样品的 T_g，其结果见表 2-6。

表 2-6　PC/PEG 改性 PET 的玻璃化温度

样品	0#	1#	2#	3#	4#	5#
T_g/℃	86.38	83.87	83.21	82.79	81.89	80.86

由表 2-6 可以看出，PC 和 PEG 对 PET 玻璃化温度的降低作用。

第二节　亲水性纤维的吸湿溶胀行为

大多数纺织纤维放置在大气中会不断与大气进行水分的交换，纺织纤维一方面不断地吸收大气中的水分，同时又不断地向大气放出水分。如果吸收水分占主导，则称为吸湿过程，其结果使纺织纤维的质量增加；如果放出水分占主导，则称为脱湿过程，其结果使纺织纤维的质量减轻。吸湿和脱湿是一个动态过程，随着时间的推移逐渐达到一种平衡状态，其含湿量趋于稳定值，这时单位时间内纺织纤维吸收大气中的水分等于放出或蒸发出的水分，这种现象称为吸湿平衡。

纤维能吸收空气中的气相水分，也能从水溶液中吸收液相水分，统称为纤维的吸湿性。有时把前者称为吸湿性，后者称为吸水性。纤维在吸湿的同时伴随体积的增大，这种现象称为溶胀（或膨化）。纺织纤维能吸收水分，不同结构的纺织纤维，吸收水分的能力不同。亲水性纤维，如天然纤维和再生纤维具有较高的吸湿能力；疏水性纤维，如大多数合成纤维吸湿能力较低。纺织纤维的吸湿性是一项重要特性，对纤维性能、纺织品染整加工以及纺织品服用舒适性等有较大影响。

一、纤维吸湿溶胀机理

纤维具有吸水性的主要原因是纤维大分子上的极性基团依靠氢键与水分子缔合形成水合物。一般亲水性纤维大分子上有较多极性基团，其具有较好的吸湿性。此外，通过实验发现，棉和黏胶纤维虽然都是纤维素纤维但两者在相同环境中吸湿率不同。在相对湿度 5%~80% 的条件下的黏胶纤维与棉纤维的吸湿率之比（又称吸湿比）约为 2，见表 2-7。因此，黏胶纤维的吸湿率比棉纤维大得多。黏胶纤维与棉纤维这两种纤维吸湿率的差异，显然是由于纤维超分子结构不同，而吸湿比恰好接近于这两种纤维的无定形部分含量比，并且在纤维吸湿时纤维的 X 射线衍射图不发生变化（这意味着吸湿并不影响纤维的结晶部分），因此可以概略地认为纤维的吸湿主要是发生在纤维的无定形区和结晶区的表面。

表 2-7　黏胶纤维与棉纤维的吸湿比

相对湿度/%	5	20	40	60	80
吸湿比（黏胶纤维的吸湿率/棉纤维的吸湿率）	1.99	2.13	2.08	2.03	1.98

一般认为，纤维吸湿时水分子先停留在纤维表面，此为吸附。产生吸附现象的条件是纤维表面存在分子相互作用的自由能。吸附水的数量与纤维的结构、表面积和周围环境有关。

吸附过程很快，只需数秒钟甚至不到一秒即可达到平衡状态。然后水分子向纤维内部扩散，与纤维内大分子上的亲水性基团结合，此为吸收。由于纤维中极性基团的极化作用而吸着的水分称为吸收水。吸收水与纤维的结合力比较大，吸收过程相当缓慢，有时需要数小时才能达到平衡状态。然后水分子进入纤维的缝隙孔洞，在纤维的毛细管壁凝聚，形成毛细凝聚作用，称为毛细管凝结水或毛细水。这种毛细凝聚过程，即便是在相对湿度较高的情况下，也要持续数十分钟，甚至数小时。从纺织材料吸着水分的本质上来划分，吸附水和毛细管凝结水属于物理吸着水，吸收水则属于化学吸着水。在物理吸着中，吸着水分的吸着力只有范德瓦尔斯力，吸着时没有明显的热反应，吸附也比较快。在化学吸着中，水分与纤维大分子之间的吸着力与一般原子之间的作用力很相似，即是一种化学键力，因此必然有放热反应。

对于纤维素纤维的吸湿机理，研究认为，存在于纤维素无定形区的亲水性基团（如棉纤维的羟基）是吸湿中心，干燥纤维开始吸湿时，水分子很快被纤维中的亲水性基团吸收，形成单分子层吸附，这种由亲水性基团直接吸收的水分子较牢固地与纤维羟基结合，主要是氢键力，较难从纤维上去除，故称为直接吸收水（图2-4）。它们紧靠在纤维大分子结构上，使纤维大分子间的结合键断裂，结合力发生变化，较大地影响了纤维的物理性能。当纤维吸湿达到饱和点后，已被吸收的水分子，由于本身也有极性，也可以与其他水分子结合，使后来被吸收的水分子积聚在上面，水分子继续进入纤维的细胞腔和各孔隙中，使水分子层加厚，形成多分子层吸附。这种被间接吸收的水分子称为间接吸收水，水分子结合较为松弛，结合力比较弱，主要是范德瓦尔斯力，较易从纤维上去除。间接吸收水分子的吸附热也较小，存在于纤维大分子内部的微小间隙中成为微毛细水；当湿度很高

时，间接吸收水可以填充到纤维内部较大的间隙中成为大毛细水。

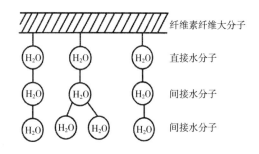

图2-4 纤维素纤维大分子上的直接吸收水和间接吸收水

在很高的相对湿度时，由于纤维表面张力的作用，液态水能够保持在毛细空隙内。据凯尔文（Kelvin）公式，可以得到：

$$\ln \frac{H}{100} = -\frac{2\sigma M}{\rho RTa} \qquad (2-1)$$

式中：H 为相对湿度；σ 为表面张力；M 为水的相对分子质量（取18）；ρ 为水的密度；R 为气体常数；T 为绝对温度；a 为毛细管中水面的曲率半径。

当水在20℃时，可求得毛细管的临界曲率半径 a_c 为：

$$a_c = \frac{0.47}{2 - \lg H} \qquad (2-2)$$

由式（2-2）可知，当相对湿度增加时，液态水可以保持在较大直径的毛细管（纤维空隙）中，使纤维回潮率增加。另外，当 a 增大时（$a > a_c$），液面平坦，水分容易蒸发；当 $a < a_c$ 时，水分被保持在毛细管中，不易蒸发。

羊毛纤维吸湿的三相理论认为，羊毛纤维吸湿的第一相水分子和角朊分子侧链中的亲水基紧密地相结合；水分子的第二相被吸着在主链的各个基团上，并取代大分子间的结合键；水分子的第三相较松散地被吸着，只有在高湿度时才值得重视，这是由毛细凝聚作用所致，可看作类似上述的间接吸收水。

纤维在吸湿的同时伴随着溶胀。当纤维与水或水蒸气接触时，水分子沿着纤维的微隙进入无定形区后，削弱了纤维大分子之间的作用

力，使分子间的距离加大，孔隙增大，纤维发生溶胀。纤维吸湿后发生溶胀，主要是由于纤维吸湿后削弱了无定形区分子间的相互联系，使无定形区的大分子链段运动范围增大所致。溶胀只发生在纤维无定形区部分，而结晶部分不发生溶胀，还限制纤维溶胀的作用，因此纤维在水中只发生有限的溶胀，而不发生无限的溶胀。纤维素纤维无限溶胀时即出现溶解。

纤维溶胀时体积增大，其纵向和横向均要发生膨胀，直径增大的程度远大于长度增大的程度，这种现象称为纤维溶胀的异向性。纤维的溶胀异向性如图 2-5 所示。

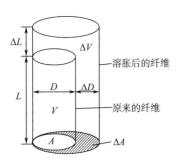

图 2-5　纤维吸湿溶胀示意图

纤维的溶胀程度可用直径、长度、截面积和体积的膨胀率来表示：

直径膨胀率：$S_D = \Delta D / D$　　（2-3）

长度膨胀率：$S_L = \Delta L / L$　　（2-4）

截面积膨胀率：$S_A = \Delta A / A$　　（2-5）

体积膨胀率：$S_V = \Delta V / V$　　（2-6）

式中：D，L，A，V 分别为纤维原来的直径、长度、截面积和体积；ΔD，ΔL，ΔA，ΔV 分别为纤维溶胀后的直径、长度、截面积和体积的增加值。

上述纤维的各膨胀率间的关系为：

$$S_V = \frac{\Delta V}{V} = \frac{(A + \Delta A)(L + \Delta L) - AL}{AL}$$

$$= \frac{\Delta L}{L} + \frac{\Delta A}{A} + \frac{\Delta A \cdot \Delta L}{AL} \quad (2-7)$$

$$= S_L + S_A + S_A \cdot S_L$$

对一圆形截面的纤维，则有：

$$S_A = 2S_D + S_D^2 \quad (2-8)$$

纤维的体积膨胀率可用以下方法求得：设 1g 干燥纤维样品，它吸收水分的质量为 mg，ρ_0 为纤维干燥时的密度；ρ_s 为吸湿膨胀后的密度；W 为回潮率；$V = 1/\rho_0$，则：

$$V + \Delta V = \frac{(1 + m)}{\rho_s} = \frac{(1 + W/100)}{\rho_s} \quad (2-9)$$

所以，

$$S_V = \frac{\Delta V}{V} = \frac{\rho_0}{\rho_s}\left(1 + \frac{W}{100}\right) - 1 \quad (2-10)$$

显然，只要测得纤维在干燥及吸湿膨胀后的密度及回潮率，就可计算体积膨胀率。

直径膨胀率和长度膨胀率可分别用显微镜和测长仪测得。表 2-8 列出常见各种纤维浸在水中时所得的膨胀率，但不同研究人员所测得的数据相差很大，除了纤维结构差异原因外，主要是测试方法有较大的实验误差。

表 2-8　常见各种纤维在水中的膨胀性能及膨胀率

纤维种类	S_D/%	S_L/%	S_A/%	S_V/%
棉	20~30	—	40~42	42~44
蚕丝	16.3~18.7	1.3~1.6	19	30~32
羊毛	15~17	—	25~26	36~41
黏胶纤维	25~52	3.7~4.8	50~114	74~127
铜氨纤维	32~53	2~6	56~62	68~107
醋酯纤维	9~14	0.1~0.3	6~8	—

各种纤维吸湿后溶胀的程度也是不同的，吸湿性高的纤维溶胀程度较大，见表 2-8。纤维由于吸湿而发生的溶胀现象基本上是可逆的，也就是说随着纤维吸湿的降低，溶胀程度也相应减小，最后会回复原状。纤维吸湿溶胀具有显著的各向异性，即 $S_L < S_D$。这是由于纤维中长链大分子的取向，水分子进入无定形区，打开长链分子间的联结点（氢键或范德瓦尔斯力），使长链分子间距离增加，使纤维横向容易变粗。至于纤维长度方向，由于大分子不完全取向，并存在卷曲构象，水分子进入大分子之间而导致构象改变，使纤维长度方向有一定程度的增加，但长度膨胀率远小于直径膨胀率。因此，织物吸水后，由于纱线直径变粗

会使织物产生收缩;也会使柔软的织物变得粗硬,如黏胶纤维织物。

纤维能在水中溶胀是一个非常重要的性质。染整加工中的许多工序是借助纤维的这个性质实现的。纤维在水中溶胀后,微隙增大,这样染料和相关化学助剂的分子能够扩散到纤维内部,使染整加工得以顺利进行。

二、纤维溶胀模型

纤维的吸湿溶胀是比较复杂的物理化学现象,如纤维的吸湿放热、膨胀会引起纤维结构和性能的变化,相关的理论很多,而建立的吸湿理论模型往往是基于一种纤维或一种机理,从某一局部特点考虑的。因此这些理论并不很完善。

1929 年,皮尔斯(Peirce)根据纤维吸湿后纤维的模量呈指数关系下降,提出了纤维吸收的水分子分成两类,一类是直接吸收水,即水分子通过氢键直接与纤维大分子上的亲水基团结合在一起,另一类是吸附在直接水分子上的间接吸收水。间接吸收水对纤维的力学性质影响不大,结合力较小,容易蒸发,它对纤维中水分的蒸发起主要作用。

如果设 C 为总吸着位置上具有的水分子的比数。其中,C_a 为总吸着位置上直接吸着水分子的比数,C_b 为总吸着位置上间接吸着水分子的比数,则:

$$C = C_a + C_b \qquad (2-11)$$

当 C 增加 dC 时,其中直接吸着水分子的增量应与未被直接吸着水分子的位置数成正比,即:

$$\frac{dC_a}{dC} = q(1 - C_a) \qquad (2-12)$$

式中:q 为比例常数。由积分式(2-12),可得:

$$\ln(1 - C_a) = -qC$$

即

$$C_a = 1 - e^{-qC} \qquad (2-13)$$

假设 $q = 1$,有:

$$C_a = 1 - e^{-C} \qquad (2-14)$$

$$C_b = C - C_a = C - 1 + e^{-C} \qquad (2-15)$$

由回潮率定义:

$$r = \frac{\text{吸收水的质量}}{\text{吸收水的纤维质量}} \times 100\% \qquad (2-16)$$

$$= \frac{M_w \cdot C}{k \cdot M_0} \times 100\%$$

式中:M_w 为水相对分子质量(取 18);M_0 为每一吸着位置相应的纤维质量 = 1/3 葡萄糖剩基质量(取 54);k = 纤维分子质量/纤维分子在无定形区的质量。

引入 k 是因为只有无定形区才能吸收水分子,使纤维回潮率相应降低。

因此,

$$C = \frac{3k \cdot r}{100} \qquad (2-17)$$

皮尔斯又假设,水分的蒸发主要与间接吸着水分子的位置有关,并且:

$$\frac{p}{p_0} = C_b \qquad (2-18)$$

式中:p 为水蒸气压;p_0 为饱和蒸汽压;而 p/p_0 即为相对湿度,当 p/p_0 增加 dp/p_0 时,C_b 应增加 dC_b,dC_b 即为间接吸着水的增量,它们只有吸附于尚未有间接水分子的位置的部分,即($1 - p/p_0$)位置上时,才能增加蒸发的有效面积。另外,考虑到由于间接吸着水的封堵,并不是所有尚未有间接水分子的位置部分都是有效的,因此

$$\frac{dp}{p_0} = \beta \left(1 - \frac{p}{p_0}\right) dC_b \qquad (2-19)$$

或

$$\frac{dp}{1 - \frac{p}{p_0}} = \beta p_0 dC_b \qquad (2-20)$$

式中:β 为修正位置($1 - p/p_0$)的常数。对上式积分,可得:

$$\frac{p}{p_0} = 1 - e^{-\beta C_b} \qquad (2-21)$$

式(2-21)即为相对湿度和吸湿之间的关系方程式,但皮尔斯考虑到在有直接吸着水但没有间接吸着水的位置上,也有一部分水分子会蒸发,这部分位置应等于($1 - p/p_0$),其上吸着的水分子应为:

$$C_a\left(1 - \frac{p}{p_0}\right) = C_a \cdot e^{-\beta C_b} \qquad (2-22)$$

则可得：

$$\frac{p}{p_0} = 1 - e^{-\beta C_b} + KC_a \cdot e^{-\beta C_b} \qquad (2-23)$$

式中：K 为常数。

式 (2-23) 可写成：

$$1 - \frac{p}{p_0} = (1 - KC_a)e^{-\beta C_b} \qquad (2-24)$$

将式 (2-14)、式 (2-15)、式 (2-17) 代入式 (2-24)，可得纤维回潮率与相对湿度间的理论关系为：

$$1 - \frac{p}{p_0} = \left[1 - K(1 - e^{-3kr/100})\right]e^{-\beta\left(e^{\frac{3kr}{100}} - 1 + \frac{3kr}{100}\right)}$$

$$(2-25)$$

对丝光棉的回潮率与相对湿度的理论关系为

$$1 - \frac{p}{p_0} = (1 - 0.40C_a)e^{-5.4C_b} \qquad (2-26)$$

通过对比皮尔斯理论计算值和实测值，如图 2-6 所示，图中实线为理论计算曲线，各点为实验值。理论关系与实验结果相当一致。

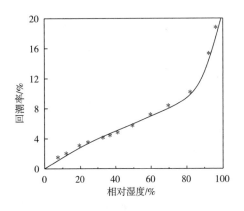

图 2-6 皮尔斯理论和实测值的比较

将棉、黏胶、铜氨等亲水性纤维浸在水里，几秒钟后水就会透入纤维内部，使它发生溶胀。许多学者发现纤维素纤维在水中溶胀后孔隙变大、表面积明显提高，如图 2-7 所示。人们认为这些溶胀的纤维里存在着许许多多曲折而互相连通的小孔道。纤维素纤维的染整加工常在其溶胀状态下进行。

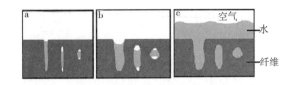

图 2-7 纤维素纤维在水中溶胀过程
纤维中孔径扩展示意图（a→b→c）

溶胀后的纤维素纤维纺织品中含有的水分子有三种状态：流动水、化学结合水和束缚水。流动水分布在纤维表面或纱线间的空隙内，它与外部水一样，和纤维分子不发生相互作用，又称自由水；化学结合水是靠分子间范德瓦斯力和氢键力与纤维结合的水，与纤维形成特殊的超分子实体，对亲水性纤维起溶胀作用；束缚水是指亲水性纤维溶胀后孔道中的水，其基本性能与流动水和化学结合水有明显不同，不仅不能流动，也不受纤维表面液体流动速度的影响，因为它们受纤维无定形区分子链和孔道壁的束缚作用很大。

三、影响纤维吸水性的主要因素

液态水分易在亲水性纤维表面扩散，被纤维中的孔隙、毛细管和纤维之间的孔隙吸收。纤维结构、周围环境都会影响纤维的吸水性。纤维结构是纤维材料具有吸水性的本质因素，是内因。但是，周围空气环境条件、吸湿放湿过程以及平衡时间长短等外界因素，对纤维的吸水性影响也很大。

（一）纤维结构对吸水性的影响

1. 亲水性基团 纤维的吸水性从本质上说，取决于其化学结构中有无可与水分子形成氢键的极性基团及其强弱和数量。亲水性基团有羟基（—OH）、氨基（—NH₂）、酰氨基（—CONH—）、羧基（—COOH）等，它们与水分子的亲和力很大，主要通过与水分子形成氢键和水分子的缔合作用，使水分子失去热运动的能力，留存在纤维中。因此，纤维高分子中亲水性基团越多，基团的极性越强，纤维的吸水能力越强。

常见各种纤维的亲水性见表2-9。天然纤维及再生纤维都含有较多的亲水性基团，使其具有较好的吸水性。纤维素纤维中，如棉、麻、黏胶等纤维，纤维大分子的每一个葡萄糖剩基中含有三个羟基，这些基团都可能与水分子形成氢键结合，具有较好的吸水性。蛋白质纤维的大分子主链上含有亲水性的酰胺键（—CONH—），侧链中还含有羟基、氨基、羧基等，使其吸水性好。一般合成纤维的亲水性基团不多，故吸水性一般较差。例如聚酰胺纤维大分子主链上每隔几个碳原子有一个亲水性的酰胺键，具有一定的吸水能力。腈纶大分子上带有极性较强的氰基（—CN），具有一定的吸水性。维纶大分子含有羟基，经缩醛化后一部分羟基被封闭，吸湿性减小，但在合成纤维中其吸湿能力比较好。而涤纶除了疏水性的苯环和亚乙基外，只含有吸水性不强的酯键，因此吸水性差。氯纶、丙纶等纤维几乎不具有吸水性。

表2-9　常见各种纤维的亲水性

纤维种类	相对湿度65%时对气相水的吸收（回潮率）/%	对液相水的吸收（保水率）/%
羊毛	14~16	42
棉	6~9	45~48
丝	8~9	—
黏胶纤维	12~14	60~110
聚酰胺4	7~9	—
聚酰胺6、聚酰胺66	4.5~5.5	10~13

2. 结晶区与非结晶区　纤维的吸水性还与其物理结构有关。天然纤维素纤维的X射线衍射图表明，纤维的吸水前后图像并无变化，说

明纤维吸水不影响其结晶区。一般认为，在结晶区，纤维大分子中的亲水基团在分子间形成交联键，如氢键、盐式键、双硫键等，分子排列紧密有序，水分子难以进入结晶区。由此，纤维吸水主要发生在纤维大分子不规则排列的非结晶区和结晶区表面。因此，同样化学结构的纤维，由于其物理结构不同，纤维的吸水性也不同。非结晶区比例越大，纤维的吸水性越强。如棉纤维经过丝光后，非结晶区比例增加，吸水性也随之提高；又如黏胶纤维和棉纤维虽然都是纤维素纤维，化学组成相同，它们的吸水性不同，这也是由于它们的结晶度不同，棉的结晶度约为70%，而黏胶纤维结晶度仅为30%左右，因此黏胶纤维的吸水能力比棉高得多。但是水分子并不是绝对不能进入结晶区，比如，水分子可以进入再生纤维素晶区，约占吸湿量的1%。

此外，在同样结晶度条件下，微晶体的大小对吸湿性也有影响。一般来说，晶体颗粒小的总表面积大，晶体表面纤维大分子的亲水基团吸收水使吸湿性较好。如黏胶纤维芯层回潮率一般为11%~12%，皮层的回潮率为13%~14%，就是由于皮层的晶体颗粒小而均匀分散，具有较大的晶区表面积的缘故。

纤维大分子的取向度一般认为对吸水性的影响很小，但聚合度对纤维吸水能力有一定的影响。大分子聚合度低的纤维，如果大分子端基是亲水基团，其吸水能力也较强，如黏胶纤维。

3. 纤维内部孔隙　亲水基团与水分子形成水合物，这种结合较为牢固，称直接吸附。当温度较高时纤维中的水分填充到较大的空隙中形成毛细水，故纤维中各种孔隙的多少对于纤维的吸水性起着重要作用。纤维内部大分子排列越不规则，使大分子间孔隙越多越大，水分子越容易进入，毛细凝结水增加，纤维吸水性越好。为了提高疏水性纤维的吸湿性，可在纤维成型加工过程中使纤维内部形成无数毛细孔。

4. 表面吸附 纤维表面具有吸附某种物质以降低自身表面能的特性，故纤维的表面能吸附大气中的水汽和其他气体，吸附量的多少与纤维的表面积及组成成分有关。纤维越细，比表面积越大，表面能也越高，表面吸附能力越强，则吸附水分子的能力越强，表现为吸湿性越好。因此通过适当的表面处理，以改善纤维的表面结构，是改善疏水性纤维吸湿性的有效方法。

5. 纤维伴生物和杂质 纤维的各种伴生物和杂质对其吸水性也有影响。如棉纤维中有含氮物质、蜡质、果胶、脂肪等，其中含氮物质、果胶比纤维素本身更能吸水，而蜡质、脂肪不易吸水，因此棉纤维脱脂程度越高，其吸水能力越好。麻纤维中的果胶和丝纤维中的丝胶有利于吸水。羊毛纤维表面油脂是拒水物质。合成纤维的表面油剂通常是亲水表面活性剂，使纤维吸水量增大。

天然纤维在采集和初步加工过程中还需留一定数量的杂质，这些杂质往往具有较高的吸湿能力，因此纤维中含杂多少也对纤维的回潮率有一定影响。

（二）环境因素对纤维吸水性的影响

空气环境条件主要有大气压力、温度和相对湿度三个方面，由于地球表面上大气压力变化不大，这里主要讨论相对湿度、温度与纤维吸水性间的关系。

1. 相对湿度的影响 在一定温度条件下，相对湿度越高，空气中水汽分压力越大，单位体积空气中的水分子数目越多，纤维的吸水机会也较多。

2. 温度的影响 温度对纤维的吸水性有一定的影响。主要从两方面起作用，一方面，在相对湿度相同的条件下，空气温度低时，水分子活动能量小，一旦水分子与纤维亲水基团结合后就不易再分离。空气温度高时，水分子活动能量大，纤维大分子的热振动能也随之增大，会削弱水分子与纤维大分子中亲水基团的结合力，使水分子易于从纤维内部逸出。同时，存在于纤维内部空隙中的液态水蒸发的蒸汽压也随之上升，使水分子容易逸出。因此，在一般情况下，随着空气和纤维温度的升高，纤维吸湿少，纤维的平衡回潮率就会下降。另一方面，温度较高时纤维膨胀，有些纤维内部孔隙增多，故吸水能力略有增加。

四、溶胀行为对亲水性纤维染色性能的影响

亲水性纤维中的—OH、—NH_2等与水分子形成氢键，使纤维在水中会发生溶胀。由于亲水性纤维在水中吸湿溶胀，在纤维无定形区中产生曲折而相互连通的、充满水的孔道，溶胀后纤维中的孔隙增大，在染色时，染料分子能较容易地进入这些溶胀的孔道，并扩散进入纤维内部。

在染色过程中，亲水性纤维溶胀程度对纤维染色性能具有重要影响。染料的上染量与纤维孔隙的数量、体积有关。随着纤维微细结构逐渐被认知，人们逐渐意识到纤维的孔隙率和总内表面积是决定染料扩散和吸附能力的特别重要的性质。研究表明纤维素纤维微隙结构受溶胀状态的影响，例如棉纤维干态比表面积为$0.6 \sim 0.9 m^2/g$，而湿溶胀状态下为$139 \sim 162 m^2/g$；纤维素纤维孔径干态时约为0.6nm（6Å），而湿溶胀状态下为$4 \sim 6nm$（$40 \sim 60$Å）。在相同条件下染色，纤维溶胀越充分，纤维孔隙的数量越多且体积也大，染料的上染量也越多。如未丝光棉纤维的孔隙体积为$0.22 \sim 0.33$L/kg纤维，丝光棉纤维为0.5L/kg纤维。若在同样条件下染色，丝光棉的上染百分率较高，得色较深。

Wakida等研究了碱丝光/液氨和液氨/碱丝光两步法对棉织物染色性能和机械性能的影响，见表2-10，与未处理棉纤维相比，丝光棉、液氨处理棉、丝光/液氨处理棉、液氨/丝光处理棉对直接染料的平衡吸附量明显提升，处理后的棉织物结晶度越低，无定形区增大，

纤维溶胀越充分，纤维孔隙的数量越多且体积也大，对染料的吸附量也大。液氨处理/碱丝光两步法能得到最佳的得色量，但是剪切性能和弯曲性能差。

表 2-10　碱丝光/液氨和液氨/碱丝光两步法对棉织物染色性能和机械性能的影响

结构及性能	未处理棉	丝光棉	液氨处理棉	丝光/液氨棉	液氨处理/丝光棉
结晶度/%	65.7	61.4	58.6	58.9	58.0
平衡吸附量/（mmol/g）	0.0179	0.0224	0.0208	0.0212	0.0236
剪切刚度 G/（cN/cm）	2.53	3.34	1.97	1.48	1.93
弯曲刚度 B/（cN·cm/cm）	0.07776	0.2628	0.1006	0.1137	0.2032

孔道扩散模型可用于分析亲水性纤维溶胀程度对其染色性能的影响。孔道扩散模型认为：纤维内部存在许多弯弯曲曲互相连通的小孔道，染色时，水会填充这些孔道，使纤维发生溶胀；染料分子（或离子）则随着水分子扩散进入这些曲折、互相连通的孔道中，并且在孔道中不断地发生吸附和解吸；最终，孔道里游离状态的染料和吸附状态的染料达到动态平衡。

按孔道模型的解释，染料分子结构越大，在孔道中扩散的过程中被孔道壁分子链吸附的概率越高，扩散就越困难。染料分子芳环共平面性越强，分子越大，吸附的概率也就越高，因此扩散也越困难。纤维无定形区含量越大，亲水性纤维溶胀越充分，扩散系数越大。为此，染色时使纤维充分溶胀可加快染料的扩散。黏胶等化学纤维在生产过程中受到的不同程度的拉伸会使纤维的孔道形状、大小发生相应的变化，从而影响染料在纤维上的扩散速率。增加拉伸使纤维大分子的取向度增高、孔道变窄，扩散速率降低。若纤维孔道的曲挠度越高，扩散系数变得越低。一般来说，在一定的温度下，影响染料扩散的因素主要是纤维的溶胀和染料对纤维的亲和力，而染料分子在溶液中的扩散系数影响较小。温度越高，染料在孔道溶液中的扩散变得容易，被孔道壁分子链吸附的概率降低，因此扩散系数增大。

在亲水性纤维染色时，溶胀后的纤维孔道里都充满着水，染料分子（或离子）通过这些曲折、互相连通的孔道扩散进入纤维内部。在扩散过程中，染料分子（或离子）会不断发生吸附和解吸。孔道里游离状态的染料和吸附状态的染料呈动平衡状态。一般认为，孔道的截面形状是椭圆形，其长轴和纤维轴的方向一致。为了扩散能够进行，孔隙的长轴大于等于染料分子的长轴。

第三节　纤维在水溶液中的电化学性质

纤维进入水溶液后被水润湿形成界面，界面上电荷的不均匀分布产生电位差。不同纤维产生电位差的大小和原因各不相同，也随水溶液的组成和温度等条件而不同。

在纺织品染整加工过程中，溶解或分散在水溶液中的化学试剂与纤维接触，不论是在吸附过程，还是在纤维上的固着过程或解吸过程，都存在电荷的相互作用，产生电荷效应。染色过程中，染料对纤维进行上染和固着，未固着的染料则发生解吸和洗除，在这些过程中，纤维表面的电荷起重要作用。

一、纤维在水溶液中的带电现象

纤维，尤其是亲水性纤维素纤维中含有大量的极性基团，当其与水溶液接触时，由于这些基团的电离或离子化，纤维表面会聚集一定量的电荷。例如纤维中的羧基或者因氧化生成的羧基会发生电离，H^+ 扩散至溶液中，剩下的—COO^- 留在纤维的分子链上使纤维带负电；带有氨基的纤维在溶液 pH 值较低时有可能发生离子化，使纤维带上正电，若此时纤维上还有羧基，由于 pH 值较低，羧基的电离会被抑制。像羊毛、蚕丝、锦纶等同时具有酸性基团（羧基）和碱性基团（氨基）的两性纤维，在溶液中带电荷种类与溶液的 pH 值相关。

通常情况下，若纤维自身没有极性基团 [图 2-8（a）]，纤维在水溶液中体现出疏水性，纤维表面的水分子会受纤维疏水性的影响。而 OH^- 比 H_3O^+ 和 H_2O 具有更强的亲水性，因而会替代纤维表面的水分子，最终纤维表面带上负电。当纤维表面含极性基团时 [图 2-8（b）]，这些极性基团会发生电离或者质子化，从而使纤维表面带电，然后继续吸附溶液中带异性电荷的离子。

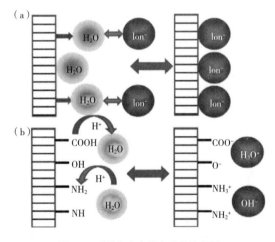

图 2-8　纤维在水中带电现象示意图

纤维也可以通过物理吸附的方式使其自身带电，例如聚乙烯和聚丙烯中虽然不含可电离的基团，但在水溶液中可以优先吸附水中的 OH^-，使其表面带负电。另外，当纤维自身的介电常数小于水溶液的介电常数时，纤维表面带负电。常见纤维在水溶液中的带电情况见表 2-11。

表 2-11　常见纤维在水溶液中的带电情况

纤维种类	带电情况
聚乙烯	负电
聚丙烯	负电
纤维素纤维	负电
聚丙烯腈	负电
带羧基的纤维	负电
带氨基的纤维	正电
绢丝	正电
锦纶	正电

纤维在水溶液中的这种带电现象也会影响染料对纤维的上染效果。像绢丝、锦纶等带有正电的织物能够在水溶液中与带有磺酸基的酸性染料通过离子键结合（表 2-11）；而纤维素能够与直接染料通过氢键或范德瓦尔斯力结合。当纤维表面对染料离子有着较大的静电斥力时，通过加入强电解质，可以降低纤维的表面电荷，减小纤维对染料离子的排斥力，从而使染色容易进行。例如氯唑天蓝 FF 含有四个阴离子基，电荷太多，无法克服纤维素纤维表面电位对其产生的静电斥力，因而完全不能上染，通过在染浴中加入食盐，可以减少纤维素的表面电荷，染色作用就能发生。

二、纤维在水溶液中的双电层与 ζ 电位

（一）双电层与 ζ 电位

不混溶相之间的界面（即固液、液液和气液）具有电荷，无论其起源如何，这种电荷对于胶体体系（如颗粒分散体或乳液）的稳定性起着重要作用。尽管该稳定性对于宏观固体并不是至关重要的，但固—液界面的表面和界面电荷决定了其与溶质的静电作用。此外，通过了解表面和界面电荷的来源，可以获得最外层固体表面官能团的化学信息。固体表面和界面电荷不仅有助于了解纤维在溶液中的染色，还可以拓展到膜技术中的盐排斥、生物材料的生物相容性等更多的应用。

为了保持整个体系的电荷平衡，纤维表面所带的电荷附近存在着电性相反的离子，这两种电性相反的电层组成双电层。在水溶液中纤维表面带负电荷，与其带相反电荷的正离子由于热运动距离纤维表面远近有一定的浓度分布，如图2-9所示。

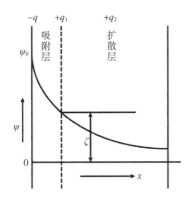

图 2-9　纤维表面双电层结构

图中纵坐标表示 ψ 电位，横坐标表示纤维表面向溶液深入的距离。纤维附近有一部分离子被纤维表面强烈吸附，随着离纤维界面距离的增大，静电引力会迅速降低，其电位绝对值也陡然减小，当纤维与水溶液发生相对运动时，它不随液相运动，这部分离子所在的液相区域称为吸附层或固定层；而其余离子则以一定的浓度梯度分布在溶液中，形成扩散层，它们随着液相的运动而运动。双电层的模型将这些反离子分离成两个水层：一个薄的固定层和一个更大的扩散层。

在外力的作用下，吸附层与扩散层之间发生相对运动，这种现象被称为界面动电现象。吸附层与固相纤维紧密联系，随着纤维的运动而运动，而扩散层仍受到溶液的影响，所以纤维与溶液相对运动的滑移面不是纤维与溶液的界面，而是吸附层与扩散层的界面。吸附层与扩散层之间形成动电层，吸附层与扩散层之间发生相对运动而产生的电位差（potential difference）称为动电层电位（electrokinetic layer potential）或 ζ 电位（zeta potential），可表示纤维表面在水溶液中的带电情况。由于固相和液相

之间的静电力或机械力，二者之间的相对运动会产生一种响应，这种响应以速度（在粒子分散的情况下）或电势（宏观固体的流动势）来测量，但这些较少用于推导 Zeta 电势。目前测量 Zeta 电位的方法主要有电泳法、电渗法、流动电位法以及超声波法。这里以流动电位法为例：在平行于滑动面的方向上施以压力差，扩散层中的反离子会在该压力的驱动下发生定向移动，形成流动电流（streaming current，I_S）。在低压侧得以积累的反离子随即产生一个新的反向电场，并对应着一个与流动电流方向相反的电导电流（conduction current，I_C）。当正反向电流趋于平衡时，即 $I_S = I_C$，便可以获得对应于该压力差所产生的电场电势，即流动电势。流动电位法常用来测定中空纤维表面 ζ 电位。由于纤维材料自身功能基团的解离或某些特性吸附，而引发的纤维表面荷电化，会导致纤维与溶液相接触的固—液界面处呈现出与主体溶液中完全不同的电荷分布，即双电层结构，位于固—液界面处的电位很难通过实验直接测定，而位于滑动面上的电位，即 Zeta 电位，可以通过流动电位法进行测量，Zeta 电位值的大小与纤维表面吸附离子的性质与数量有关，可以定量反映出纤维表面电荷性能，而Zeta 电位的测量已经广泛应用在纤维表面电荷状态的描述。通过实验测得纤维样品对应于不同压力差下的流动电势，可以计算得到 ζ 电位。常见纤维的动电层电位见表 2-12。

表 2-12　常见纤维的 ζ 电位

纤维种类	ζ 电位/mV	纤维种类	ζ 电位/mV
棉	$-50 \sim -40$	腈纶	-81
蚕丝	-20	涤纶	-95
羊毛	-40	维纶	$-125 \sim -114$
锦纶 6	$-66 \sim -59$	丙纶	$-150 \sim -140$

注　测定条件和方法不同，数值会有一定的差异。

ζ 电位的计算公式如下：

$$\zeta = \frac{dU_{str}}{d\Delta p} \cdot \frac{\eta}{\varepsilon_r \cdot \varepsilon_o} \cdot k_b \qquad (2-27)$$

式中：$\dfrac{\mathrm{d}U_{str}}{\mathrm{d}\Delta p}$ 为流动电势与压力的斜率（V/Pa）；η 为电解质黏度（Pa·s）；ε_r 为相对液体介电常数；ε_o 为真空介电常数，8.854×10^{-12} F/m；k_b 为整体电解质溶液的比电导率（S/m）。

式（2-27）的起源可以追溯到一百多年前，但它仍然被用于纤维表面的 Zeta 电位分析，实际上仅表示 Zeta 电势计算的近似值，因为测量的电解质电导率可能与测量单元内的实际电导率存在差异。另外，表面 Zeta 电位虽然可以通过测量流动电流来计算，然而这种计算需要有关流动通道尺寸的知识，因此仅限于分析具有平面的样品，这可能会与双电层模型的边界条件有很大的偏差。所以该计算公式适用于计算不导电、无孔和极光滑表面的 Zeta 电势，而大多数纤维是多孔而且粗糙的，并且有的纤维包括由于表面或块体材料膨胀引起的离子电导产生导电性。所以纤维的表面积、表面亲水性、粗糙度和复合纤维的结构组成都是计算 Zeta 电位时要考虑的因素。例如，天然棉纤维和人造改性腈纶制成的复合纤维中，棉纤维的相对密度对复合纤维的 Zeta 电位的影响更大，这是因为相同长度下，棉纤维增加的比表面积是腈纶的三倍。

ζ 电位表示距离纤维表面某一距离的电位，其符号一般与热力学电位 ψ_0（纤维表面对溶液内部的电位差）的符号相同（表 2-12）。ζ 电位的绝对值总是小于热力学电位 ψ_0 的绝对值，这是由于吸附层中同时存在反离子，因此纤维表面的负电荷会被部分抵消。当纤维表面吸附大量的反离子时，导致吸附层中存在着大量的正离子，此时动电层的电位符号可能与热力学电位符号相反，如图 2-10 所示。因此，ζ 电位并不能完全表示纤维表面的带电情况。

（二）影响纤维表面电荷的因素

目前广泛使用 ζ 电位作为衡量纤维表面电位的尺度，然而它并不表示表面的真正电位，而是表示离开实际表面某一距离的电位。固体表面的电位测定较困难，通常是测定其 ζ 电

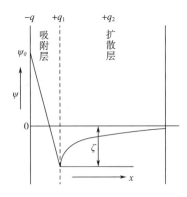

图 2-10 ζ 电位与总电位符号相反时的双电层电位

位。由于静止液面紧贴在固体表面，它基本上反映了固体表面的电位，测定纤维表面电位也即纤维表面静止液面的电位，染料吸附在纤维表面也会受此液面电位的作用。纤维的种类、溶液的 pH 值及溶液中的电解质、表面活性剂等对纤维表面电荷的影响都很大。纤维在溶液中的电荷效应不仅随纤维品种不同而变化，还随溶液组成和 pH 值不同而变化。因此，通过对纤维改性或改变溶液组成，可以改变或调节纤维的表面电荷，从而改善染色效果，提高固色率或上染率，改善匀染或透染效果，以达到节能或节水，减少污水排放以及提高各项色牢度的目的。

1. 纤维的种类与表面电荷 常见纤维在水溶液中的 ζ 电位见表 2-12。不同纤维表面所带的电荷强度不同，一些常见纤维表面电荷负值大小的次序如下：丙纶>维纶>涤纶>腈纶>锦纶>羊毛>棉>蚕丝。丙纶、维纶、涤纶、腈纶、锦纶等疏水性合成纤维的电位要比棉、蚕丝等亲水性纤维负得多。负电荷的强弱与纤维的化学结构和物理结构有关，影响因素很多。锦纶、羊毛、蚕丝和腈纶具有可电离的羧基或磺酸基。丙纶本身不具有离子基或极性基，但其疏水组成有可能从溶液中定向吸附一些阴离子，使其表面带负电荷，因为在两相接触时，介电常数小的一相带负电荷，介电常数大的一相则带正电荷，疏水性的碳氢组成介电常数小，故带负电荷。此外，阴离子水合能力较小，故优先被纤维界面吸着，使纤维带负电

荷，尽管其具有的负电荷稳定性较低，远不如带阴离子的纤维的负电荷。

2. 溶液 pH 值对纤维表面电荷的影响 溶液 pH 值对纤维的表面电位也有较大影响。不同种类纤维在离子强度为 0.001 的 NaOH—NaCl 混合溶液中的表面电位如图 2-11 所示。

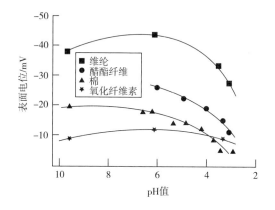

图 2-11 中性纤维在离子强度为 0.001 的 NaOH—NaCl 混合溶液中的表面电位

不同纤维的表面电位都随溶液的 pH 值而变化，pH 值越低，表面电位负值越小，而且变化斜率均不相同。维纶先略有增大，然后急速变小；醋酯纤维在酸性浴中也急速变小，这两种纤维的表面电荷与定向吸附 OH⁻阴离子关系密切。在弱碱性和中性溶液中，棉纤维表面电荷变化不大，在酸性浴中也急速变小，所以它也和定向吸附 OH⁻关系密切。对于氧化纤维素，在酸性介质中，其表面电位负值降低较慢，说明这种纤维的负电荷很大一部分是由—COOH 电离所致，而非 OH⁻阴离子定向吸附的结果。—COOH 的电离在酸性较强后缓慢变少，因此，—COO⁻离子基减少比 OH⁻定向吸附减少要慢得多。值得注意的是，在 pH>4 时，氧化纤维素比纤维素负的电位小很多，在−10mV 左右。对于这种现象，可作如下的说明：纤维非结晶部分存在的—COOH 转变为 COO⁻Na⁺之后，即使解离，接近表面的 Na⁺也都被固定住了，非结晶部分膨润而被结晶部分选择吸附的阴离子反而会使 ζ 电位减小。

另外，当溶液的 pH 值升高时，溶液中 OH⁻的浓度增加，增加了纤维中酸性基团的电离，同时也有利于纤维吸附氢氧根水合离子，最终使 ζ 电位的绝对值增高。当达到一定的 pH 值时，ζ 电位趋于一平衡值。继续增加 pH 值，ζ 电位的绝对值可能还会下降。当 pH 值降低时，纤维中酸性基团的电离受到抑制，同时减少纤维吸附氢氧根水合离子的量，因此 ζ 电位的绝对值下降，各种纤维在不同 pH 值水溶液中的 ζ 电位如图 2-12 所示。

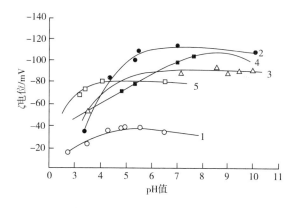

图 2-12 纤维在不同 pH 值水溶液中的 ζ 电位
1—棉 2—维纶 3—涤纶 4—聚乙烯纤维 5—腈纶

蛋白质纤维属于两性纤维，分子中既含有酸性基团（如—COOH），又含有碱性基团（如—NH₂），因为存在等电点，ζ 电位也会受到 pH 值的影响。当溶液的 pH 值在等电点以上时，羧基电离的数量>氨基，纤维表面带负电荷，ζ 电位为负值，随着 pH 值升高，ζ 电位的绝对值增大。当在等电点以下时，纤维中羟基电离被抑制，而氨基离子化，纤维表面带正电荷，此时 ζ 电位为正值。处于等电点时纤维呈电中性，此时 ζ 电位为零。

3. 表面活性剂对纤维表面电荷的影响 染色时，通常要加入不同的表面活性剂。表面活性剂的加入会明显改变纤维的表面电荷，进而改变上染速度、染料上染百分率及色牢度。图 2-13 是一些纤维在十二烷基氯化吡啶盐溶液中的表面电位。

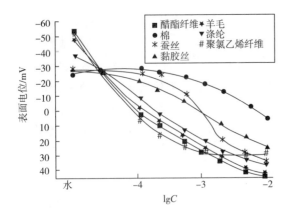

图 2-13　不同纤维在十二烷基氯化
吡啶盐溶液中的表面电位

不同纤维的表面电位差别很大。在水中，许多纤维的表面电位负值很高，而且几乎所有纤维表面都带负电荷，其中醋酯纤维、羊毛、涤纶的负电位均很高。这些纤维表面疏水性很强，从而定向吸附了阴离子和偶极分子。棉、黏胶丝和蚕丝纤维表面是亲水性的，它们表面产生负电荷的原因，除了少数基团电离形成阴离子基（如—COO^-、—O^- 等）外，也和它们定向吸附偶极分子（如水分子）有关。另外，所有纤维在阳离子表面活性剂溶液中，表面电位都是降低的，但随表面活性剂浓度的增加，其降低速度不同。表面电位较高的纤维，如聚氯乙烯、醋酯纤维、羊毛和涤纶降低很快，在阳离子表面活性剂浓度很低时，纤维的表面电位就转变为正电位。这主要是因为这些纤维表面疏水性很强，它们与阳离子表面活性剂的疏水组成（如十二烷基长链）结合能力强，吸附的阳离子表面活性剂量多，故纤维表面电位增加很快，带较多的正电荷。棉、蚕丝、黏胶丝三种纤维，表面是亲水性的，结合阳离子表面活性剂的能力相对较弱，所以表面电位只是在阳离子表面活性剂浓度足够高后才转变为正电位，特别是棉纤维。

4. 电解质的种类和浓度对纤维表面电荷的影响　电解质的种类和浓度对纤维 ζ 电位的影响也很大，如图 2-14 所示。电解质的浓度取决于反离子在双电层中的分布情况。因此，随

着电解质浓度的增加，会使反离子（如电解质阳离子）更多地分布于吸附层内，过剩的反离子则会减少，于是扩散层变薄，ζ 电位的绝对值降低。加入足够量的电解质，可使电位的绝对值变为零，甚至使 ζ 电位变为正值。在 ζ 电位为零时，扩散层的厚度也为零，此时纤维处于等电状态。另外，在电解质浓度很低时，电位的绝对值有升高的趋势，可能是此时纤维优先吸附电解质阴离子的缘故。

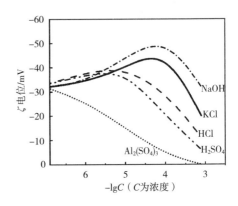

图 2-14　电解质对棉纤维 ζ 电位的影响

电解质阳离子对降低 ζ 电位的影响随阳离子的种类、电荷数而有很大不同。阳离子的电荷数越多，越易被纤维表面吸附，对降低 ζ 电位的影响越大。如 Al^{3+} 对 ζ 电位的影响＞Mg^{2+}，Mg^{2+} 对 ζ 电位的影响大于 Na^+。若阳离子所带电荷数相同，一般离子半径越大，水合能力越小，不易形成水合离子，越容易被纤维表面吸附，对 ζ 电位的降低越显著。电解质阴离子对 ζ 电位的影响较小，若纤维表面吸附电解质阴离子，会使电位的绝对值增加。其他阴离子物质，如阴离子染料、阴离子表面活性剂被纤维表面吸附后，会使 ζ 电位的绝对值增加。

5. 纤维的膨润度对纤维表面电荷的影响　研究认为，常见不同纤维在水中的 ζ 电位与其膨润度（膨润重量/干燥重量）之间关系很密切。纤维的膨润度越高，它的 ζ 电位就越小（表 2-13）。这种现象可以说明，表面电位与电荷密度 q，与膨润度的倒数成比例。

表 2-13　常见纤维在水中的 ζ 电位和膨润度

纤维	ζ/mV	膨润度	ζ 电位测定法
220℃热处理 PVA 纤维	−35	1.39	流动电位
200℃热处理 PVA 纤维	−23	1.58	
150℃热处理 PVA 纤维	−13	2.34	
棉纤维	−18	—	
棉纤维（25%NaOH 膨润后）	−13.8	—	
超高延伸黏胶纤维	−10.3	—	
高延伸黏胶纤维	−6.9	—	
标准延伸黏胶纤维	−2.9	—	
涤纶	−39	1.13	电渗法
醋酯纤维	−50	1.27	
羊毛	−47	1.42	
棉	−26	1.45	
黏胶丝	−22	1.95	

表面电荷密度与 N 价电解质水溶液中平面固体的表面电位 ψ_0 存在如下关系。

$$q = \frac{D}{4\pi}\left(\frac{\mathrm{d}\psi}{\mathrm{d}x}\right)_{\psi = \psi_0} \tag{2-28}$$

$$= 2\left(\frac{NDkTC}{2\pi}\right)^{1/2} \sinh\frac{\varepsilon\psi_0}{2kT}$$

式中：ψ 为距离表面 x 处的电位；C 为总溶液里每毫升中阳离子的当量浓度；N 为介电常数；D 为溶剂的介电常数。阳离子的价数为 Z_e，阴离子的价数为 Z_a 时，有如下关系式：

$$q = \left(\frac{NDkTC}{2\pi}\right)^{1/2}\left[Z_a\left\{\exp\left(\frac{-Z_e\varepsilon\psi_0}{kT}\right) - 1\right\} \right.$$
$$\left. + Z_e\left\{\exp\left(\frac{Z_a\varepsilon\psi_0}{kT}\right) - 1\right\} \right]^{1/2} \tag{2-29}$$

式中：C 为电解质分子的浓度（mol/mL）。

以流动电位法，使用赫尔姆霍茨（Helmholtz）式，即式（2-30）求得的 ζ 电位与真正的电位 ψ_0 被认为是相等的，以实测的 ζ 电位值作为 ψ_0 代入式（2-28）或式（2-29），即可以求得表面电荷密度 q。

$$\zeta = \frac{4\pi\eta}{D} \cdot \frac{H}{P} \cdot x_1 \tag{2-30}$$

式中：η 为溶剂的黏度；D 为溶剂的介电

常数；H 为加上压力差 P 时液体流动使在纤维中装设的电池产生的电位差；x_1 为电池中的电导率。

由式（2-31）求得表面电荷。

$$\sigma = \pm\left(\frac{KTD}{2\pi}\right)^{1/2}\left[\sum_j n_j\left\{\exp\left(-\frac{e_j\zeta}{kT}\right) - 1\right\} \right]^{1/2} \tag{2-31}$$

式中：n_j 为溶液内每单位容积中 j 阳离子或阴离子的数目；e_j 与 Z_je 相等（Z_j 为 j 阳离子或阴离子的价数）。

（三）纤维的电位与染色性能

纤维的 ζ 电位会对其染色性能产生很大的影响。棉纤维经一种超支化聚合物（HBP—NH_2）改性后 ζ 电位随不同 pH 值的变化情况，如图 2-15 所示。在不同 pH 值水溶液中未改性棉纤维表面的 ζ 电位均为负值，而经过 HBP—NH_2 改性后，棉纤维表面的 ζ 电位大幅提高，并且在中性和酸性条件下为正值；当 pH 值达到 7.5 后，纤维的 ζ 电位变为负，但仍高于相同 pH 值条件下未改性的棉纤维的 ζ 电位。因此，该棉纤维在经过 HBP—NH_2 改性之后，ζ 电位大幅提高，大幅降低了阴离子活性染料与纤维之间的电荷排斥力，有利于活性染料在棉纤维上的吸附。另外，等离子体的处理也会影响织物的 Zeta 电位，从而改善染料吸附能力。例如氮等离子体处理使棉纤维的 Zeta 电位接近于正值。Zeta 电位的增大降低了阴离子活性染料与纤维之间的电荷排斥力，有利于活性染料在棉纤维上的吸附，从而增加染料的固着。

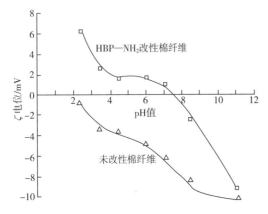

图 2-15　未改性棉纤维与 HBP—NH$_2$ 改性棉纤维的 ζ 电位

腈纶呈疏水性，纤维上有少量的活性基团，但染料很难渗入这个纤维体系，这一事实促使人们寻找提高腈纶染色性能的方法。如使用单宁酸提高腈纶的染料吸收量，随着单宁酸处理腈纶的量不断增加，Zeta 电位的负值也在增大，有利于纤维和阳离子染料的结合。

为了实现颜料对带负电荷的纤维的染色，应用阳离子黏合剂可赋予颜料阳离子性从而对纤维静电吸附，其稳定性、湿摩擦牢度和手感均优于阴离子黏合剂。同时，黏合剂的玻璃化温度对颜料粒子在纤维表面的固定也起着重要作用，一般来说，由相同原料共聚合成的黏合剂，通过改变其原料配比可以得到不同的玻璃化温度，温度越高，黏合剂的 ζ 电位越大，与纤维的静电吸引力越大，颜料吸附越多，染色越深。

1. 染色纤维表面离子分布　以水为介质的染色体系，溶液中的电解质及染料大多是离子化的，即使是非离子型染料，在水溶液中也主要借助离子性的分散剂或其他助剂而分散在水溶液中。并且染色的对象纤维表面也常带有电荷。因此，染色时电荷间的吸引或排斥对染色都起到重要作用。

由于离子的热运动和染液的循环驱动作用，使离子在溶液中逐渐呈均匀分布，电荷之间的作用力及离子热运动的综合效果使离子浓度分布随着与纤维表面的距离而变化，如图 2-16 所示。

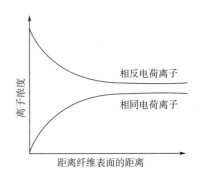

图 2-16　纤维表面附近的离子浓度分布

由图 2-16 可知，反电荷的离子浓度随与纤维表面的距离减小而增加，当距离足够近时，反电荷的离子浓度迅速增加，电荷吸引力随距离变小而迅速增加。离子与离子、离子与偶极力等不同电荷间的吸引力与距离的关系不同，离子电荷间的作用力与距离的平方成反比，离子与偶极力间的作用与距离的 4 次方成反比，而偶极力与偶极力间的作用与距离的 6 次方成反比。同性电荷间产生斥力，异性电荷间产生吸力，斥力和吸力随距离增加而减小，但不同作用力减小速度不同。对于和纤维具有一定直接性的染料离子而言，除了静电力以外，还有氢键结合力和范德瓦尔斯力等非静电力的作用，而后两者的作用距离较静电力小得多，因此只有当染料分子靠近纤维表面一定距离时，这两种分子间的作用力才会发生作用。

染料离子在纤维表面附近的分布情况如图 2-17 所示。染色用染料大多数是阴离子染料，纤维表面的负电荷对其产生斥力，因此，若染料离子带有负电荷，与纤维表面电荷相同，由于静电斥力在染料距离纤维表面较远的距离就发挥较大的作用，此时斥力大于引力，从本体溶液（远离 A—A 线）到靠近纤维表面的染料浓度不断减小。只有当染料分子靠近纤维一定距离时，由于染料离子与纤维分子间的范德瓦尔斯力和氢键作用力迅速增大（>电性斥力），分子间的引力起主要作用，染料离子浓度会迅速增大，染料才会被纤维表面吸附。在接近纤维表面的地方，染料离子的浓度非常高，而在稍稍远一点的地方，染料离子的浓度要比其余部分染料溶液中的总浓度低。在理论上分析时，可以假想平行于真实表面 OO 的平面 AA，这个平面把系统一分为二，而 AA 面处染料离子的浓度十分接近于溶液中的浓度。若染料离子带有正电荷（如阳离子染料），与纤维表面负电荷相反，则静电引力和分子间引力（氢键、范德瓦尔斯力）作用方向相同，染料易被纤维吸附。

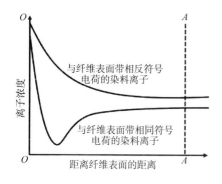

图 2-17 纤维表面染料离子的分布

染料阴离子在吸附过程中的位能变化如图 2-18 所示。当染料离子从无限远的距离靠近纤维表面时，由于静电斥力的作用，首先是位能增大，当达到某一距离时，引力发生作用，其位能随距离的减小而减小，直到染料离子被纤维表面所吸附，此时染料分子的位能比其在无限远处所具有的位能要小，其差值等于染料和纤维的反应热 ΔH。此外，染料分子要靠近纤维表面，必须具有一定的能量 ΔE，克服由于静电斥力而产生的能阻，该能量称为吸附活化能（adsorption activation energy）。因此增加纤维表面的负电荷或染料阴离子的负电荷，该活化能的值就会增大；相反，降低纤维

表面的负电荷或染料阴离子的负电荷，该活化能的值就会减小，即染色容易进行。如在直接染料、活性染料等染纤维素纤维时加入电解质染料位能变化曲线由 Ⅰ 变成 Ⅱ，吸附活化能 ΔE 明显降低。

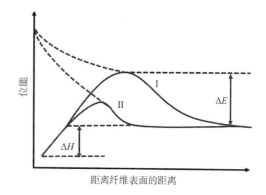

图 2-18 染料离子接近带电荷纤维表面过程中的位能变化
Ⅰ—未加入电解质　Ⅱ—加入电解质

2. 染色时克服电荷斥力的方法 如前所述，染料分子或离子从本体溶液靠近纤维表面，只有当与纤维表面的距离小到染料分子或离子与纤维间作用力足够大后才能迅速吸附纤维。由于纤维表面通常带负电荷，染料多半为阴离子型，它们之间产生斥力，所以电荷效应会阻止染料上染，使上染率降低，污水排放量增大。另外，这也使染色时需要升高温度，温度高则染料扩散速度快，克服电荷斥力的能力强，因此又同时增大了染色能耗。纤维与染料离子的这种斥力，还会降低染料与纤维的结合牢度，水洗、摩擦（特别是湿摩擦）牢度下降，增加污水排放。总之，染色的这种电荷效应会降低节能减排效率。

为了克服电荷斥力，染色时通常采取以下途径来提高效率：一方面，染色时选用合适的电解质和助剂，产生所谓的电解质效应来加速染料上染和固着，并严格控制染色过程；另一方面，对纤维改性，特别是对纤维进行所谓的阳离子改性，使纤维吸附或固着阳离子化合物，纤维的电荷性由负电荷性转变成正电荷性。这样在染色时，染料靠近纤

维受到的是吸引力，大幅加速上染，在纤维上还通过阴离子与阳离子间的电荷吸引力，增加染料对纤维的结合牢度，后者起固色剂的作用；此外，合成新染料或修饰改性传统染料，提高它们对纤维的直接性和结合牢度，其中重要的一点就是控制电荷数量和分布，控制水溶性。

（1）染色过程中添加中性电解质。克服电荷斥力最常用的方法，是在染色过程中添加中性电解质，利用电解效应促进阴离子染料上染。电解质的作用是多方面的，促染作用主要有两方面：一是有效减少纤维表面的负电荷，使阳离子靠近纤维表面来中和纤维表面的负电荷，使负电位减弱；二是处在溶液中的阳离子可以屏蔽纤维表面负电荷对染料阴离子的作用，减小斥力，使染料阴离子更易靠近纤维表面。

染色时在水溶液中添加强电解质如食盐或元明粉，可以有效地减少纤维表面电荷，或者是使其他离子大量存在而遮盖表面电荷，从而减弱表面电荷的作用，那么，染料离子受到静电斥力的作用之前就更易接近表面，进而降低纤维表面的负电荷即降低 ζ 电位，提高染料的上染速率。在实际染色过程中加入盐（如直接染料对纤维素纤维的染色），而使染色容易进行。含有四个阴离子基的氯唑天蓝 FF，在没有盐存在时对纤维素完全不能上染，这是由染于染料离子的电荷太多，不能克服表面电位所致。如果在染浴中加入食盐，就减少了纤维素的表面电荷，使染色易于进行。

也有人通过对染料溶液中纤维 ζ 电位和表面电荷密度的测定使上述情况得以确证。表 2-14 所示为刚果红、苯并红紫 4B、苯并红紫 10B 三种直接染料溶液对棉 A、棉 B 两种棉织物染色的 ζ 电位、表面电荷密度和染料吸附个数。刚果红、苯并红紫 4B、苯并红紫 10B 三种直接染料的化学结构如图 2-19 所示。表 2-14 中的 $-\Delta\sigma$ 为系统中加入染料以后纤维表面电荷密度与只有纤维存在时表面电荷密度之差，相当于纤维表面的上染量。单位面积染料离子的个数就是 $-\Delta\sigma$ 与染料离子个数之比。由于纤维结构不同，使 ζ 电位和表面电荷密度也不同，如果纤维保持不变，它们几乎是不变化的，这是因为所有染料的带电状态都相同。

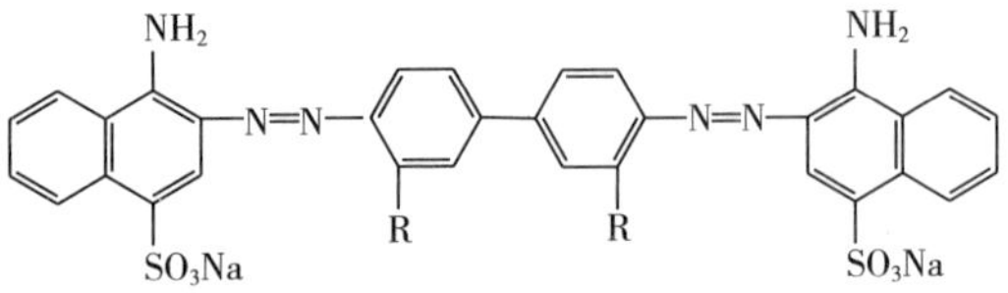

图 2-19　刚果红、苯并红紫 4B、苯并红紫 10B 的结构式

刚果红：R=H　苯并红紫 4B：R=CH₃

苯并红紫 10B：R=OCH₃

表 2-14　直接染料溶液对棉织物染色的 ζ 电位、表面电荷密度和染料吸附个数（染料浓度 10^{-4} mol/L，25℃）

染料	$-\zeta$/mV	$-\sigma$/(e.s.u./cm²)	$-\Delta\sigma$/(电子单位/cm²)	染料离子数/cm²	织物
刚果红（Ⅰ）	52.4	607.3	52.6	26	棉 A，pH=6
苯并红紫 4B（Ⅱ）	52.8	607.3	52.6	26	
苯并红紫 10B（Ⅲ）	52.4	607.3	52.6	26	
刚果红	36.7	406.5	24.2	12	棉 B（氧化度比棉 A 小），pH=6
苯并红紫 4B	35.6	390.4	20.9	11	
苯并红紫 10B	35.8	390.4	20.9	11	

在刚果红—棉 A 体系中加入硫酸钾、NaCl、Na_2SO_4、酒石酸钠、柠檬酸钠、硫酸镁等不同盐时，盐浓度对 $-\Delta\sigma$ 的影响为：随着盐浓度的增加，$-\Delta\sigma$ 也增加。这是盐类阴离子吸附的结果，染料阴离子吸附的作用也应予以考虑。由于盐类的添加，纤维—直接染料间的 ζ 电位降低，与纤维表面的染着量（指纤维表面的染料量，而不是真正的染着量）相对应的电荷密度增大，总的上染量增加。

酸性染料溶液中羊毛、锦纶 6 的 ζ 电位等也存在类似情况。羊毛、锦纶 6 在橙黄Ⅱ、橙黄ⅡR 溶液中 ζ 电位等的变化情况见表 2-15。橙黄Ⅱ有一个磺酸基。橙黄ⅡR 有两个磺酸基，而 ζ 电位、$-\Delta\sigma$ 的值以橙黄Ⅱ为大，总的上染量橙黄Ⅱ为橙黄ⅡR 的两倍左右。羊毛-橙黄ⅡR 系统除外，其他场合的 ζ 电位、表面电荷密度、染着量等都随染料浓度的增大而增大。

表 2-15　羊毛、锦纶 6 在橙黄Ⅱ、橙黄ⅡR 溶液中 ζ 电位等的变化情况

染料浓度/ ($\times10^{-4}$mol/L)	$-\zeta$/mV	$-\sigma$/ (e.s.u./cm²)	$-\Delta\sigma\times10^{-11}$ (电子单位/cm²)	(染料离子个数/ $\times10^{-11}$ cm²)	上染量/ (g/100g 纤维)	纤维	染料
0	25.0	235.0	0	0	0	羊毛	橙黄Ⅱ
1	29.2	268.9	2.8	2.8	0.36		
2	30.4	441.6	4.3	4.3	0.51		
3	30.7	498.4	5.5	5.5	0.49		
4	33.4	606.5	7.7	7.7	0.59		
0	25.0	235.0	0	0	0		橙黄ⅡR
1	20.0	298.0	1.3	0.71	0.23		
3	22.0	477.1	5.0	2.5	0.28		
5	19.0	509.0	5.7	2.9	0.27		
1	86.5	2366.2	7.8	7.8	0.67	锦纶 6	橙黄Ⅱ
2	107.1	3948.9	11.1	11.1	0.76		
3	105.0	3974.9	11.1	11.1	0.74		
5	113.6	5132.1	13.5	13.5	0.75		
0.5	43.0	832.8	4.6	2.3	0.34		橙黄ⅡR
1	73.1	1924.1	6.8	3.4	0.34		
2	77.7	2409.9	7.9	4.0	0.38		
3	80.5	2791.6	8.6	4.3	0.40		

（2）纤维阳离子化改性。不同纤维表面电位高低差别很大，通常情况下都带负电荷，因此对离子的斥力和吸引力各不相同。纤维阳离子化后，其表面带正电荷，对阴离子染料产生吸引力，因此，随着与纤维表面距离的缩短，染料颗粒浓度会迅速增加，加速对纤维表面的吸附，可大幅提高上染率和上染速率。纤维素

纤维阳离子化改性后不仅可以用直接染料、活性染料染色，还可以用酸性染料染色，因为阳离子化改性后纤维素纤维可以吸附所有阴离子染料，阳离子基成为分子组装的结合点。但是，不同的染料阴离子，其浓度变化不同，因此吸附速度也不同。这是因为不同染料阴离子的电荷数量和分布、染料离子与纤维分子间的

范德瓦尔斯力或疏水性作用力不同，所以用同一种改性剂对纤维改性后，对不同的染料有不同的改性增效作用。因此，对不同的染料，应选用不同的改性剂，只有在结构和电荷性能匹配时才能获得最佳效果。

阳离子改性纤维和仅用阳离子试剂处理的纤维，其染色行为也有根本的差别。前者阳离子是纤维的组成之一，不仅使纤维表面具有正电荷，使纤维附近的阴离子染料浓度增加，加快上染过程；同时，它又是纤维的染座，在纤维上可以通过库仑引力与染料结合，使染料固着在纤维上，提高染色牢度。非反应性纤维吸附阳离子试剂虽然也能使纤维表面带正电荷和使纤维附近的染料阴离子浓度增大，并加快染料对纤维表面的吸附，但阳离子试剂仅是吸附在纤维表面，它不是纤维的组成部分，因此不能使染料阴离子和纤维牢固结合。通常，这些阳离子试剂不能进入疏水性纤维内部，因而染料阴离子也不能真正进入纤维内部而固着，即染料阴离子并不会上染纤维。随着阳离子试剂的解吸和摩擦掉落，染料也随之脱离纤维。因此，两者有本质上的区别。

应该指出的是，由于阳离子试剂对纤维的吸附存在最高浓度，超过该值后，大量阳离子试剂残留在溶液中，溶液中的这些阳离子试剂也会和阴离子染料发生吸引作用。这种作用则会减慢或阻止染料上染，有时甚至会使染料发生沉淀，不利于染料上染。

纤维素纤维阳离子改性对活性染料、直接染料等阴离子染料染色研究已开展了很多年（详见第九章），近年来还开展用于还原染料和硫化染料的染色研究，研究表明，纤维素纤维阳离子改性也可提高染料上染率和颜色深度。靛蓝上染前需先还原成隐色体，溶于碱性水溶液后再染色。隐色体是阴离子，上染时和纤维表面产生静电斥力，会阻止隐色体上染，也难染成深色。采用阳离子改性剂环氧氯丙烷和乙二醇缩聚物的二甲胺季铵化产物对纤维素纤维阳离子化，纤维素阳离子化后则与隐色体发生

静电吸引作用，可提高隐色体的上染率和颜色深度。染色织物的 K/S 值随阳离子改性剂质量浓度的增加不断提高，但改性剂质量浓度达到一定水平后不会再增加，因为改性主要在纤维表面，如图 2-20 所示。还可见，两种还原剂还原的 K/S 值也有差别。此外，改性条件（还原剂和 NaOH 用量，温度和时间）也有影响，因为还原剂和改性条件不同时，静电吸引效应会不同。

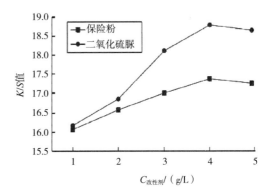

图 2-20　阳离子改性剂质量浓度对靛蓝染色织物的 K/S 值的影响

第四节　载体对疏水性纤维的作用与载体染色

众所周知，涤纶是一种疏水性合成纤维，涤纶分子结构中缺少活性基团，且其分子排列紧密，结晶度高，与染料分子结合的活泼基团少，可用于涤纶染色的染料品种较少；涤纶疏水性强、大分子排布紧密，自由运动困难，染料可上染区域小，因此，涤纶染色比较困难，染色性能差。涤纶常用的染色方法有高温高压染色（high temperature and high pressure dyeing）、热熔染色（thermosol dyeing）、载体染色（carrier dyeing）等。高温高压法和热熔法染色温度高，对设备要求高且能耗大。随着多元纤维复合织物，如羊毛、蚕丝、醋酯纤维、氨纶等与涤纶的混纺或交织织物的广泛应用，羊毛、蚕丝、醋酯纤维、氨纶等纤维不耐高温，

因此如何实现涤纶低温染色成为当前研究的热点。

载体染色法是指在染浴中加入载体助剂，使分散染料在100℃左右的条件下具有较高的上染速率和吸附量的一种低温染色法。这样的助剂（有机化合物）习惯上称为载体，又称染色促进剂。常用的载体一般是结构简单的芳香族有机化合物，如芳香族的酚类、酯类、醇类、酮类、烃类等。

载体染色是利用载体对涤纶的增塑膨化作用和对分散染料的增溶助溶作用，加快分散染料低温上染速率。不同载体对纤维和染料的作用方式也有所不同。有的载体侧重于对纤维膨化，有的着重使纤维增塑，还有的载体可能与染料形成一种复合物，易于上染涤纶纤维。载体染色织物色泽鲜艳，得色均匀，各项色牢度较高，载体和染料一浴染色，操作简单，对染色设备及染料性能要求较低，易于工业化大生产，可实现涤纶织物的低温常压染色，尤其适用于不耐高温的涤纶混纺织物的染色。

载体是随着涤纶的染色而发展起来的，也用于其他难染纤维的染色。在涤纶染色时载体的作用情况，如图2-21所示。可见，由于使用载体联苯而增大了上染量和染色速度。

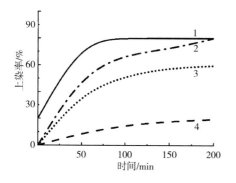

图2-21　联苯对分散染料涤纶染色
速率的影响（染料浓度为3%）
1—加入8%联苯（100℃染色）
2—加入8%联苯（85℃染色）
3—未加入联苯（100℃染色）
4—未加入联苯（85℃染色）

目前所用载体大多有一定毒性，部分载体味道较大，存在环境污染问题，部分载体不易脱载，残留载体不易洗净，影响染色牢度。因此研究无毒环保的新型载体是涤纶染色工艺的一个发展趋势。

一、载体的种类及其用量

（一）载体的种类

按化学结构分类，载体主要有苯酚衍生物类、苯衍生物类、吡咯烷酮类和酰胺类等，各类代表性产品见表2-16。

表2-16　载体种类及其代表性产品

载体种类	代表性产品
苯酚衍生物类	苯酚、邻苯基苯酚、对苯基苯酚、邻苯基苯酚钠盐、一氯邻苯基苯酚、苯甲酸甲酯、苯甲酸丁酯、苯甲酸苯酯、2-羟基-3-甲基苯甲酸甲酯
苯衍生物类	水杨酸甲酯、4-甲基水杨酸甲酯、联苯及联苯醚、氯代苯、对二氯代苯、全氯代苯、苯乙酮
吡咯烷酮类	N-辛基吡咯烷酮、N-甲基吡咯烷酮、N-环己基吡咯烷酮
酰胺类	N，N-二丁基甲酰胺、N，N-二乙基苯酰胺、N，N-二甲基辛酰胺、N，N-二甲基癸酰胺、N-甲基邻苯二甲酰亚胺、N-乙基邻苯二甲酰亚胺、N-异丙基邻苯二甲酰亚胺、N-正丁基邻苯二甲酰亚胺

根据载体在水溶液中的存在状态分类，可将载体可分为三类。

1. 乳化型载体　水杨酸甲酯、氯苯、甲基苯均属于乳化型载体。使用时需加入乳化剂，使其乳化成乳状液。这类载体种类较多，使用方便，但使用时必须保持乳液稳定，否则易生成载体斑，造成染疵，此外这种载体易因受热而挥发，以致载体与乳化剂及水的悬浮体系分离，浓度降低，如果挥发的载体再度回入染浴中，又易形成染斑。故需慎重选择乳化剂，否则影响分散染料的上染性能。

2. 分散型载体 对苯二甲酸二甲酯属于分散型载体。这类载体水溶性较小，用量不大即可维持载体溶液的饱和状态，匀染效果很好。无加热挥发的现象，且无异味，但价格较高，易升华，染深性较差。

3. 水溶性（暂溶性）载体 邻苯基苯酚钠盐属于水溶性载体。这类载体能溶于水，但缺乏导染性能，当染浴 pH 值降低时，则邻苯基苯酚钠盐逐渐与氢离子结合变成邻苯基苯酚析出而呈现出很好的导染性能。

（二）载体的用量

载体的用量应适当。研究表明，在纤维上吸附的载体，有的被牢固地固定在纤维上，本质上起促进剂的作用，有的被松松地吸附在纤维上，成为染料的溶剂。理想的载体用量应该是在染浴中刚达到饱和而不形成第三相。一旦形成第三相后将使较多的染料残留在染浴中降低染料上染量。应该指出，一些扩散速率很低的分散染料，载体染色时，要获得良好的染色效果还是比较困难的。各种载体的最适当浓度见表 2-17。

表 2-17 载体的最适当浓度

载体	最适当浓度（在 50：1 的浴比中）	上染率的增加/%	载体	最适当浓度（在 50：1 的浴比中）	上染率的增加/%
苯乙酮	12.6	63	二氯化苯	6.0	61
安息香酸	40.0	61	萘	2.0	64
水杨酸	40.0	60	α-萘酚	6.0	62
苯甲醇	60.0	48	β-萘酚	8.0	72
苯胺	66.0	76	硝基苯	6.0	65
安息香酸甲酯	7.4	65	邻苯基酚	3.3	61
联苯	1.0	52	水杨酸甲酯	4.8	64.5

（三）水的载体（增塑）作用

对于疏水性纤维，由于分子链中含有较少的亲水性基团，而且结合较紧密，在水中不会发生吸湿和溶胀。但是，随着温度升高，疏水性纤维大分子链发生运动，产生空穴，水分子会进入空穴，减弱分子链间的作用力，起到增塑作用，进而降低其玻璃化温度（表 2-18）。如涤纶在干态采用热熔法染色的温度为 150～220℃，而在水中就可以在 130℃ 染色。当然，水的增塑作用是有限的。

表 2-18 疏水性纤维的玻璃化温度

纤维	T_g/℃	水中 T_g/℃
涤纶	125	100～110
腈纶	85～100	70～88

续表

纤维	T_g/℃	水中 T_g/℃
PA66	50～90	50～60
PA6	40～80	50～60

研究者在研究 1-氨基-4-羟基蒽醌在异辛烷中对涤纶的染色速度时发现，此时染色速度极小，仅及在水中染色速度的若干分之一。但是，如果在异辛烷中加入水后，速度竟可提高 6 倍之多。水还可以促进载体向涤纶内的扩散速度。研究显示，水对苯基甲基甲醇的扩散速度可增加 3 倍之多。这些结果表明，水是良好的载体。

二、载体对纤维的作用效果

关于载体的作用说法不一，可以接受的事

实是：载体对纤维吸附能力很强；载体对纤维或是膨润，或是松弛分子链间的作用，或是起增塑剂的作用，总之，载体导致纤维内部结构的变化，玻璃化温度也下降达 20~25℃。因此可以将载体的作用机理描述为：作为分子润滑剂，载体分子比染料分子小，扩散速率高，染色时优先能进入纤维内部，并以氢键或范德瓦尔斯力的方式与纤维结合，削弱了纤维内分子链间的结合力，降低分子间的结合，从而使纤维分子链具有较大的移动自由性，无定形区的分子链段更加容易活动，增大了大空穴产生的概率，同时使晶状结构破坏，降低了染料分子进入纤维分子所必需的活化能，这样在分散染

料对涤纶织物常压下染色时也能使纤维产生足够大的空穴，使染料顺利进入纤维的概率增大，染料扩散速率提高，上染百分率增加。染色时，载体吸附在纤维表面形成一层液状载体层，又由于载体对染料的溶解能力较强，因此在纤维表面可形成一层浓度很高的染液层，提高了染料在纤维内外的浓度梯度，可加快染料的上染速率。

（一）载体对纤维的吸附

研究表明，载体对纤维的吸附相当强（表 2-19）。纤维可以吸收染浴中载体的 20%~40%，被吸附的载体与纤维的结合相当牢固，用通常的洗涤或温和的处理方法无法将其去除。

表 2-19　载体对纤维的吸附

纤维	载体	使用载体/%（owf）	洗涤条件	浴比	载体吸附/%	吸收率/%
醋酯纤维	磷酸三丙酯	3	精练，干燥	3：1卷染机	1.13	37.7
		9	精练，干燥	3：1	3.17	35.2
		10	水洗	25：1	3.70	37.0
		10	干洗	25：1	2.81	28.1
		10	水洗	50：1	2.36	23.6
		10	干洗	50：1	2.15	21.5
聚酯纤维		10	水洗	25：1	0.31	3.1
		10	干洗	25：1	0.29	2.9
		10	水洗	50：1	0.29	2.9
		10	干洗	50：1	0.21	2.0
醋酯纤维	三氯化苯	10	水洗	30：1	2.87	28.7
		10	水洗	50：1	2.21	22.1
聚酯纤维		10	水洗	30：1	3.77	37.7
		10	水洗	50：1	3.23	32.3
	邻苯基酚	10	温和地精练	20：1	3.8	38
		10	温和地精练	30：1	3.3	33

磷酸三丙酯对醋酯纤维有载体作用。但对聚酯纤维却无效果。从对纤维的吸附量来看，它能对醋酯纤维吸附而不能对聚酯纤维吸附，这表明纤维吸附与载体种类是有关的。

（二）载体对纤维结晶区的影响

载体与纤维结合时，如果纤维结晶区有了变化，纤维的 X 射线衍射图也会发生变化。然而，用水杨酸甲酯、硝基苯、苯基酚等处理的

涤纶，其 X 射线衍射图则看不出任何变化。因此，可以认为普通的载体是不能进入结晶区的。但可以认为 α-萘酚、β-萘酚、邻甲基苯酚等则能进入结晶区，部分载体也能影响结晶区。

（三）载体对纤维分子间作用力的影响

研究者证明，用非水溶性载体处理的纤维，其力学性质仅有微小的变化，而用载体邻甲苯酚处理的纤维，其延伸度就有明显增加，原因是邻甲苯酚这类载体有破坏纤维大分子氢键结合的倾向，削弱了纤维内分子链间的结合力。也有研究者测定了未经处理和用载体处理过的纤维的刚柔性（表 2-20）。处理之后的纤维刚性下降，认为其原因是载体的吸附，分子间的作用力减小，分子链易于运动。这样染料扩散所需的活化能就会降低。

表 2-20　载体处理前后纤维的刚柔性

纤维	刚柔性/$(g \cdot cm^2)$
未处理	1.096×10^{-2}
单用染料水溶液处理	1.068×10^{-2}
以 6%联苯处理	0.800×10^{-2}
以含 6%苯基酚的染料液处理	0.789×10^{-2}

（四）载体对纤维玻璃化温度的影响

大多数人认为载体主要是起增塑作用，纤维被增塑后，无定形区的分子链段更加容易活动，玻璃化温度降低。研究者测定了吸附相同摩尔数载体的纤维的玻璃化温度 T_g，无载体时纤维 T_g 为 86~90℃，吸附苯乙酮的纤维 T_g 为 64~68℃，吸附安息香酸甲酯的纤维 T_g 为 64℃，吸附邻苯基苯酚的纤维 T_g 为 70℃，吸附苯甲醇的纤维 T_g 为 64℃，吸附三氯化苯的纤维 T_g 为 63℃，由于载体的吸附，纤维的玻璃化温度下降了 20~25℃。

载体的用量对涤纶的玻璃化温度也有影响。随着载体用量的增加，涤纶的玻璃化温度 T_g 不断降低，染料上染量也不断增加，但增加到一定程度后，上染量不再随 T_g 的降低而增

加，甚至降低，见表 2-21。纤维被增塑后，上染速率大幅加快，吸附量也显著提高。例如，每千克未拉伸的涤纶吸附 0.5mol 的硝基苯后，分散橙 2R 的扩散系数可增加 1.5 倍（在 95℃染色）。

表 2-21　联苯浓度和涤纶 T_g 的关系

联苯浓度/%	涤纶 T_g/℃
0	85
2	83
4	77.5
6	72.5
8	69
10	66

（五）载体对纤维收缩性的影响

纤维结构的变化与纤维的收缩性有关。研究者测定结果见表 2-22。收缩度随载体的类型和浓度而变化。例如，邻苯基酚的浓度增大时，纤维收缩性也增大，而在水杨酸甲酯中则无甚变化。三氯化苯的浓度变化在 2%~9%时，纤维收缩性为一定值（11%）。由此事实可知，要获得良好的染色效果，至少要有 10%~12% 的收缩率。

表 2-22　涤纶在载体浴中的收缩

载体类型	有效载体/(g/L)	收缩/%	收缩 开始/℃	收缩 停止/℃
无	—	4~5	76.7	100
邻苯基酚	5	18~20	54.4	76.7
	2.5	10~11	65.6	82.2
水杨酸甲酯	7.5	12	65.6	87.8
	3.75	11.5	65.6	87.8
	1.825	8	65.6	87.8
三氯化苯	9.0	11	65.6	87.8
	4.5	11	65.6	87.8
	2.25	11	71.1	87.8
无（加压染色，132.2℃）	—	11~12	—	—

三、载体对纤维的作用及其机理研究

(一) 不同载体作用效果分析

载体种类繁多，不同载体对纤维和染料的作用方式不同，其作用效果也有差异。关于载体的作用机理较多，还没有形成统一的认识。

IK Soo Kim 等研究了邻苯甲酸乙二酯、1,2,4-三氯苯、苯甲醇、苯丙醇四种化合物对 PVC 纤维的促染作用，结果表明疏水性的邻苯甲酸乙二酯、1,2,4-氯苯的促染作用明显优于亲水性的苯甲醇和苯丙醇。载体的促染效果与载体的无机性/有机性比值（IOR）及纤维上吸附的载体量有关，载体在纤维上的吸附量越大，纤维的玻璃化温度（T_g）越低，载体与纤维的 IOR 越接近，载体的促染效果也越好。

Riggins 等研究了丁基甲酰胺、二丁基甲酰胺、二丁基乙酰胺、二丙基丙酰胺等一系列烷基酰胺类化合物对涤纶的促染作用，指出当氮原子上所连接的碳原子数为 8~13 时，其促染作用较好。

Ohara D 等研究了芳香族化合物的结构与载体有效性的关系，指出苯丙酮的有效性比二苯甲酮好，α-溴化萘比溴化苯的有效性差，与二苯二氯甲烷相比，三苯基氯甲烷的载体作用弱得多，这表明分子大小也是影响载体有效性的一个因素。

(二) 分散染料染色过程中载体的作用

1. 降低纤维 T_g 和促染作用　Lngamells 用自由体积原理解释了载体的作用原理：染料扩散依赖于高分子链段的运动，而后者又取决于 T_g，当温度升高到 T_g 时，纤维的高分子链段开始运动，一旦超过这个温度，其链段的运动会随着温度的升高而加快，从而促进染料扩散进入高分子结构中，因此，染料扩散速率的提高可以通过升高温度或加入载体以降低 T_g，此关系遵循 WLF 方程：

$$\lg\left(\frac{D_T}{D_{T_g}}\right) = -\lg(\alpha_T) = \frac{A(T - T_g)}{B + (T - T_g)}$$

$$(2-32)$$

式中：A，B 为高分子物的特性常数；D_T 为染色温度 T 时的扩散系数；D_{T_g} 为染色温度 T_g 时的扩散系数；$\lg\alpha_T$ 为温度 T 时的移动因子。

载体的加入恰好可以降低 T_g，起到增塑剂的作用，从而可实现涤纶低温染色。

此外，Moore 等认为载体改变纤维的取向并导致其结构中微细空缺的出现，而这些空缺的存在，明显地促进了织物的可染性。载体处理后，纤维结晶尺寸稍增加，结晶取向度降低。并发现随着载体处理时间的延长，上染率也逐步增加，说明纤维结构改变的程度同时受时间和温度的影响，而织物机械性能并不受其处理时间的影响。Stephen 通过广角 X 射线也发现载体处理后纤维结晶取向度发生变化，但在结晶区没有发生别的变化，溶剂作用主要集中在非结晶区；载体处理后纤维小角 X 射线的衍射图谱表明纤维中出现微孔结构。

2. 对纤维的增塑与促染作用　根据分散染料上染的过程，载体在染料的上染过程中起到如下作用。

(1) 对涤纶来讲，载体物质能使其增塑、膨化，从而减弱纤维之间的作用力，使涤纶大分子链段的运动能力增加，最终起到降低纤维玻璃化温度的作用。

(2) 对分散染料来讲，载体物质对不溶于水的分散染料可起到增溶、助溶的作用，从而减小染料颗粒在纤维中的扩散阻力，并且载体能把染料单分子带到涤纶表面，增加表面浓度，也减小了纤维的表面张力，使运动中的染料分子迅速地进入涤纶空隙区域，增强了染料分子的扩散率，促使与纤维分子结合，达到染色目的。

(3) 载体在染色初期，对纤维增塑，降低纤维的玻璃化温度，增加纤维大分子链段的活动能力，使纤维结构松弛，增大涤纶自由体积，主要为促染作用；染色后期，由于载体对染料有一定的溶解作用，载体加快纤维中染料的解吸，提高涤纶高温高压染色中分散染料的移染作用。

（三）载体对纤维的作用机理研究与学说

关于载体的研究很多，有关其作用机理也有许多学说。载体作用机理的学说大体上可分为载体在染浴中的作用和载体在纤维中的作用两类。载体在染浴中的作用学说主要有：染料溶解度增大说、染料皮膜生成说、输送体（载体）说，载体在纤维中的作用的学说包括：吸水量增大说、液状纤维说、染色座位增加说、纤维膨润说、纤维结构松弛说、润滑剂说。这些学说都有相应的实验支持，也各自有局限性。载体对纤维的作用学说具体如下。

1. 吸水量增大说　这种学说的出发点是，如安息香酸那样水溶性载体对纤维的吸附。即载体分子的疏水部分吸附于纤维，其亲水部分吸引水分子，从而使纤维的结构松弛以提高染料的上染性。然而，且不谈水溶性载体，这种说法并不能适用于所有的载体，因为在载体中也有联苯、萘之类的疏水性物质，即使载体被纤维吸收，纤维的吸水性也并不明显增大，见表 2-23。

表 2-23　吸附载体对吸水率的影响

序号	纤维	染浴：浴比 1∶30，90℃，1h	吸附/%（水+载体）	吸水率/%	差值/%（载体）
1	醋酯纤维	0.5g/L 胰加漂 T	9.01	8.44	
2	醋酯纤维	4.0g/L 磷酸三丙酯乳液	12.46	8.34	4.12
3	醋酯纤维	5.0g/L 三氯化苯乳液	11.23	9.25	2.08
4	聚酯纤维	0.5g/L 胰加漂 T	1.59	1.63	
5	聚酯纤维	5.0g/L 三氯化苯乳液	6.79	1.79	4.78
6	聚酯纤维	5.0g/L 邻苯基酚乳液	6.82	2.01	5.04

2. 液状纤维说　这一学说把载体看作是液状纤维。有人使用三氯化苯作为载体时，在上染 10% 时，载体在纤维上的吸附量为 3.0%~3.5%。多数染料在三氯化苯中的溶解度为 2%~5%。在载体中染料的总含量为布重的 0.5% 左右。这就难以说明使用载体时在 1~2h 内上染量的大量增加。

3. 染色座位增加说　载体把纤维结构变松，以增加染料的染色座位。也就是说，如果载体能够进入结晶区，便可以扩大非晶区。但是 X 射线测定结果表明，大部分的载体不能进入结晶区。而联苯、邻甲苯酚则能破坏结晶区。

4. 纤维膨润说　纤维结构松弛说、润滑剂说，这些学说均与纤维内弛部结构的变化有关。因为它们之间有些地方难以区别，故在此一并说明。载体小分子能比较快地向纤维内部扩散，并以范德瓦尔斯力或氢键的方式与纤维结合。结果纤维之间的结合转变为纤维与载体之间的结合。从而减弱了纤维间的结合力，增大了大空穴产生的概率，染料的扩散速度增加。此外，纤维间作用力减弱的结果，也导致膨润度的提高，纤维分子间的滑动性增加等。因此，从目前研究的结果来看，都能证明这种说法是比较合理的。

四、载体染色的优势、劣势及选取载体应考虑的因素

（一）载体染色的优势

载体染色具有以下优点：载体一般为分子质量小的化合物，导染能力强，可在较低温条件下促染；载体可改性涤纶或增大其溶胀程度，从而便于分散染料在涤纶内部的扩散；载体使分散染料对涤纶的亲和力增大，促进涤纶表面对分散染料的吸附；载体对分散染料有一定的增溶作用，可增加分散染料在染浴中的溶解度；载体使分散染料的分散稳定性得以提高，染色匀染性好。

（二）载体染色的劣势

载体染色具有以下缺点：高温条件下易降低染液分散稳定性，引起染料聚集而产生染疵；载体会增大染料初染率，易导致分散染料吸附不均匀，通常需要延长染色时间以获得匀染产品；由于载体对纤维有亲和力，染色后有些载体较难去除，载体残留导致染色织物染色牢度、织物强力下降以及织物对人体的刺激性，影响服用性能；部分载体有毒有味，生物降解性差，因而载体随印染废水的排放进入环境中后会对环境造成一定的污染。

（三）选取载体应考虑的因素

对纤维有增塑性的有机物很多，但有实用价值的不多，综合考虑载体的促染效果及环保要求，选择载体要考虑以下几个因素：导染性强，能在较低的温度下起作用；载体分散液稳定，不影响染料染色性能，最好能改善上染性；易洗去，用法简单，不需要特殊设备；无毒，价廉。

五、载体的发展

1950 年，Waters 首次用"载体"来定义在涤纶染色过程中对分散染料具有促进上染率作用的化合物，随后，众多学者陆续对染色载体开始研究。

苯酚及苯衍生物类载体是较早出现的一批载体，苯酚衍生物和苯环取代物都是小分子化合物，在染浴中，这些小分子化合物很容易扩散到纤维无定形区，增大纤维的自由体积，起到增塑剂的作用，因此，这类化合物可以用作染色载体。Roberts 等对不同化学结构载体在高温高压和沸染工艺染色中的作用进行了研究，发现邻苯基苯酚和甲苯在沸染工艺中，可显著提高染料的上染量，但在高温条件下的均染性不好；丁基苯甲酸钠、苯基苯甲酸钠用作染色载体时，对染料上染量提高不大，但是一种较好的高温均染剂；Dhara D 等发现联苯既是一

种良好的高温均染剂，又可在载体染色时提高上染量。Skelly J. K. 等研究表明，在 100℃ 染色时，苯酚能加快染料上染速率，最佳浓度为 2.5%；当染色温度为 130℃ 时，苯酚能增加染料上染量，这一方面是由于苯酚提高上染速率，另一方面是由于苯酚能提高分散染料的溶解度。Forschlrm 等以苯乙酮为载体，以 N-甲基-2-P-吡咯烷酮为膨胀剂对涤纶染色，可将染色温度降到 90～97℃，但载体用量较大。祝永红研制的涤纶膨化剂 ST-2 是卤代芳香化合物的混合物，具有很高的促染和匀染作用，是国产助剂中染色效果极好的载体，对分散染料日晒牢度无影响，但有毒，气味大，且不适合染黑色。Kim M K 将 5-磺基双（羟乙基）间苯二甲酸酯（SIP）与 2-甲基-1，3-丙二醇（MPD）按一定比例复配，应用于涤纶染色中，其上染率达到 90% 以上；Simal A L 将苯甲酸作为降低涤纶染色温度的载体，苯甲酸最佳用量为 13g/L，染料也获得了较好的扩散率和迁移率；蒋月亚探究了百里香酚在涤纶低温染色中的作用，结果表明：百里香酚质量浓度为 6g/L，100℃ 染色时间 40min，获得很好的促染效果，染色后的涤纶色牢度较好；崔淑玲将低分子芳香酯类与非离子表面活性剂复配，得到低温染色助剂 CWL，可明显降低染色温度；王娟娟等将丙烯酸苯酯应用于涤纶染色中，最佳工艺为丙烯酸苯酯用量为 4%，98℃ 染色 60min；姬海涛以苯乙烯、苯酚、聚氧乙烯醚和烷基磺酸盐为原料，制备出环保载体 CNS，其低温染深效果明显，最佳染色工艺为：CNS 用量 4%～6%（owf），染色温度 100～110℃，染色时间 60～90min，与同类染色载体的染色效果进行比较，CNS 具有上色率高、高温定形及无刺激气味等；贾梦莉等以苯甲酸苄酯为涤纶染色载体，结果表明：经载体苯甲酸苄酯处理后的涤纶玻璃化温度降至 51.8℃，明显降低染色温度的同时不会对涤纶造成损伤。

涤纶的化学结构是聚对苯二甲酸乙二酯，属于典型的酯类化合物。根据相似相溶原理，

酯类化合物对涤纶有增塑、膨化作用，有利于分散染料向纤维内部扩散，有较好的促染作用，有人研究了众多酯类化合物或其复配物对涤纶染色性能的影响，但能将载体具体结构公开的产品较少。纪佩珍等发现酯类化合物助染剂 SD，不仅能提高分散染料的上染率，而且织物色泽鲜艳、匀染性、渗透性好、无毒、易于洗除、使用方便，但这种助染剂对染料的选择性强。纪晋敏等研制的助剂 SJ 是酯类有机化合物与醚类等多种有机物的复配物，既对纤维起增塑作用，又对染料有增溶作用，在较低的染色温度下，仍有较高的上染速率，对低温染色有一定的适用性。

除酯类载体外，醚类、胺类化合物及其复配物或各种多组分复配型助剂也拥有染色载体的作用，可降低涤纶的染色温度。曹书梅研究了聚氧乙烯醚类载体 ED-1，其低毒无味，可使涤纶在常压 100℃条件下获得较好的染色效果；马正升研究了脂肪族醚类染色载体对涤纶微细涤纶染色的影响，其最大用量为 6%（owf），90℃时染料的移染率提升显著，将提高染色温度至 120℃时，染色效果与冬青油染色效果相当；李连举等发现低分子胺可进入涤纶内部使涤纶氨解，从而减低纤维结晶度，增大其自由体积数，达到低温染色的目的。

IK Soo Kim 团队发现双十二碳烯基二甲基溴化铵、双十二烷基二甲基溴化铵用于涤纶低温染色时，染色速率和上染率均大幅度提高。张子涛等研制的低毒无味的复配助剂 M，既可以与纤维发生作用，又可以与染料作用，在涤纶低温染色时可加快染料的吸附和扩散速度，加快上染速率，提高上染百分率，可用于涤纶低温染色。蔡翔等研究发现，复配助剂 LAB 在低温和高温染色时均具有显著的增溶作用，可降低涤纶的染色温度。吴赞敏研究了匀染剂 Palegal SF 对涤纶染色性能的影响，结果表明 Palegal SF 具有载体和表面活性剂的双重作用，适用于涤纶低温染色。贾梦莉探讨肉桂酸为载体对涤纶织物染色性能的影响，肉桂酸用量

7g/L，100℃染色 45min 时，可显著降低染色温度，染色后的涤纶色牢度与水杨酸甲酯载体染色法、高温高压染色效果相当；贾梦莉、毛靖等还探讨了香兰素对涤纶低温染色的影响，最佳染色工艺为：香兰素用量 20%（owf），100℃染色 35min 时的染色效果与高温高压染色效果相当，其作为染色载体可有效地降低染色温度；潘玲芳研究了苯甲醇对分散染料上涤纶染色性能的影响，结果表明：苯甲醇降低了涤纶的玻璃化温度，加快了染料的扩散速率，在涤纶常压染色中，苯甲醇可有效提高其上染百分率与 K/S 值。蔡润之研制了 N-烷基芳香酰胺类的环保型载体 N-9，探讨了其用于涤纶织物染色载体的染色工艺，最佳工艺为：载体用量 4%，染色温度 100~110℃，染色 1h；范云丽将 N-正丁基邻苯二甲酰亚胺、自制苯酯载体和 WLS 复配后应用于涤纶常压沸染色中，结果表明：N-正丁基邻苯二甲酰亚胺与苯酯载体显著降低染色温度，上染百分率、K/S 值、耐摩擦牢度及耐皂洗牢度与传统高温高压染色工艺效果相当；吴明华等以烷基邻苯二甲酰亚胺类化合物为涤纶低温染色载体，能有效降低涤织物分散染料的染色温度。

六、环保型载体开发

虽然染色载体经历了较长的发展历程，但是最初开发的载体如水杨酸甲酯、氯苯、甲基苯、联苯等大多气味难闻、有毒、难以生物降解。此外，该类载体易受热而挥发，导致载体与乳化剂及水的悬浮体系分离，若挥发的载体再度回到染浴中，又易使织物形成色斑。染色后残留在织物上的载体，会降低染色产品的日晒牢度和色泽鲜艳度，且残留在织物上的载体对人体有一定的伤害。随后研制的部分产品虽然低毒或无毒，但在低用量时效果差，要达到满意的色泽效果用量较大，成本较高。鉴于现有载体自身的缺点，其使用性受到很大的限制。研发高效、环保型染色载体成为涤纶染色工艺的新趋势。

环保型载体研究始于是在 20 世纪 90 年代，其优点为无毒、无味、易生物降解，易乳化且乳液储存稳定性好，易合成，价格低廉，且不会降低载体染色物日晒牢度，对纤维无损害或损害小，不影响织物手感。有关环保载体的研究涉及 N-烷基吡咯烷酮类（N-alkyl-pyr-rolidones）、二乙烯乙二醇（divinyl glycol）、烷基酰胺类（alkyl amides）、邻苯二甲酸甲基苯基酯（methyl phenyl phthalate）等。Edward W. W. 团队发现 N-烷基取代的酰胺类化合物对涤纶有增塑作用，以合适的乳化剂组合，可在低温条件下，获得满意的染色效果。Forsechlrm 团队研究对苯二甲酸二甲酯作为染色载体的应用性能，发现这类载体主要适用于聚卤代芳香族纤维的染色，水溶性小，只需少量即可维持载体溶液饱和状态，匀染效果很好，载体对纤维手感和强力的影响较小，无加热挥发的现象，但价格较高，易升华，染深性较差。Riggins 团队认为聚酰胺纤维经芳香酰胺化合物处理后，纤维的体积膨胀值不小于 1.5%，以这类化合物做染色载体所得染色产品的色泽较深。Calvin M. W. 团队研究邻苯二甲酰亚胺类化合物作为染色载体对涤纶染色的影响，发现载体物质与分散剂、匀染剂、黏度控制剂按一定的质量比复配，所得复配物能降低涤纶染色温度，提高分散染料的溶解性、分散性，染色产品色光较深，但复配载体稳定性较差。Marti 团队指出在染浴中加入卵磷脂后，分散染料在 100℃的竭染率可达到 93%，并且得色均匀。汪娇宁等合成了一种不含苯环结构的染色载体 1-环己基-2-吡咯烷酮，将其应用于涤纶染色中能明显降低染色温度，且摩擦牢度和皂洗牢度都能达 4 级以上。孔令红以无毒无味，易生物降解的异丙胺、正丁胺和苯酐为原料，合成了 N-异丙基邻苯二甲酰亚胺和 N-正丁基邻苯二甲酰亚胺，将二者按一定比例复配制得染色载体 BIP。100℃染色时间 60min 使涤纶获得较高的 K/S 值，且耐水洗色牢度和耐摩擦色牢度均在 4 级以上，移染效果优于冬青油。

此外，脂肪族酯类、醚类、胺类以及杂环类化合物因其环保低毒、价格低廉，也是目前研究较多的染色载体，如杨军合成了染色载体 ZT-ECO，可使涤纶能在常压 100℃内染色，且对色牢度和色光均无显著性影响；刘玉莉探讨了脂肪族酯类载体 SML 对涤纶低温染色的促染性能的影响，85℃时加入载体 SML 上染速率只有 38%，但温度高于 85℃时有较好的促染效果，85℃以下不会降低染料的上染百分率，增大载体用量染色深度略有增加；祁珍明研究了脂肪族酯类染色载体 DE-1 对涤纶织物染色的影响，结果表明：染色初期，载体 DE-1 的上染率不如冬青油载体染色，但上染一段时间后，其上染率可以接近冬青油，各项染色性能均较好；尚润玲研究了易于生物降解的有机脂类染色载体 AB 对涤纶织物染色的影响，加入载体 AB 可明显提高上染百分率；陈其亮将甲基丙烯酸甲酯（MMA）应用到涤纶染色试验中，结果表明 MMA 不仅使涤纶的玻璃化温度降低，而且能与溶解在单体 MMA 中的染料分子形成分子层薄膜，更利于染料分子扩散到涤纶内部。

还有 N，N-二丁基甲酰胺、二乙基苯酰胺、N，N-二甲基辛酰胺和 N，N-二甲基癸酰胺等环保型染色载体的研究。

思考题

1. 纤维的物理结构和化学结构分别对染色性能有何影响？

2. 什么是吸湿溶胀？简述纤维吸湿溶胀机理及纤维结构对吸水性的影响因素。

3. 试分析水溶性染料染亲水性纤维过程中溶胀作用的重要性。

4. 什么是双电层与 ζ 电位？试分析双电层和 ζ 电位对水溶性染料染色性能的影响。

5. 简述染料阴离子在吸附过程中的位能变化及纤维染色时克服电荷斥力的方法。

6. 试分析电解质对水溶性染料染色性能的

影响。

7. 玻璃化温度对热塑性纤维的染色性能的影响如何？

8. 涤纶染色中，载体对纤维聚集态结构和性能有什么影响？

9. 试分析载体对疏水性纤维的增塑作用和促染效果。

10. 试述载体对疏水性纤维玻璃化温度的影响。

参考文献

[1] 王菊生, 孙铠. 染整工艺原理: 第1册 [M]. 北京: 中国纺织出版社, 1982.

[2] 蔡再生. 纤维化学与物理 [M]. 北京: 中国纺织出版社, 2009.

[3] INGAMELLS W. The Effect of Benzyl Alcohol on the Physical and Dyeing Properties of Poly (ethyleneterephalate) Filaments [J]. Society fo Dyers and Colourists, 1977, 93 (8): 306-312.

[4] 刘森林, 马敬红, 梁伯润. PET结晶成核剂及促进剂活性的表征 [J]. 合成技术及应用, 1999 (2): 8-11.

[5] 刘景江, 唐功本, 周华荣. 稀土氧化物对聚丙烯晶型和动态力学性能的影响 [J]. 应用化学, 1993 (3): 20-23.

[6] 郭仁义, 危大福, 卢红, 等. 结晶促进剂和成核剂对PET结晶性能的影响 [J]. 高分子材料科学与工程, 2003 (4): 121-124.

[7] 于伟东, 储才元. 纺织物理 [M]. 2版. 上海: 东华大学出版社, 2009.

[8] 宗亚宁, 张海霞. 纺织材料学 [M]. 上海: 东华大学出版社, 2019.

[9] 吴建华. 纤维素纤维织物的染整 [M]. 北京: 中国纺织出版社, 2015.

[10] 孙中良. 纤维素纤维微隙结构与染色 [D]. 上海: 东华大学, 2014.

[11] WARWICKER J O, JEFFRIES R, COLBRAN R L, et al. A Review of the literature on the effect of caustic soda and other swelling agents on the fine structure of cotton [M]. Manchester: Cotton, silk and man-made fibers research association, 1966.

[12] ZERONIAN S H. Intercrystalline swelling of cellulose [M]. Chichester, England: Ellis Horwood Ltd, 1985.

[13] WAKIDA T, KIDA K, LEE M, et al. Dyeing and mechanical properties of cotton fabrics treated with sodium hydroxide/liquid ammonia and liquid ammonia/sodium hydroxide [J]. Textile Research Journal, 2000, 70 (4): 328-332.

[14] 陈英, 管永华. 染色原理与过程控制 [M]. 北京: 中国纺织出版社, 2018.

[15] 宋心远. 染整加工中的电荷效应与分子组装 (二) [J]. 印染, 2014, 40 (23): 45-48.

[16] 黑木宣彦. 染色理论化学 [M]. 陈水林, 译. 北京: 纺织工业出版社, 1981.

[17] 虞波. 活性染料染色代用盐及染色废水循环使用研究 [D]. 上海: 东华大学, 2014.

[18] 赵涛. 染整工艺与原理: 下册 [M]. 2版. 北京: 中国纺织出版社, 2020.

[19] 张峰, 陈宇岳, 张德锁, 等. HBP—NH$_2$改性棉织物活性染料无盐染色 [J]. 印染, 2007 (17): 1-4.

[20] 宋心远. 染整加工中的电荷效应与分子组装 (三) [J]. 印染, 2014, 40 (24): 40-43.

[21] 孔令红. 环保型酰酰亚胺类染色载体的制备及应用性能研究 [D]. 上海: 东华大学, 2009.

[22] 维克斯太夫. 染色物理化学: 下册 [M]. 董亨荣, 水佑人, 译. 北京: 中国财政经济出版社, 1962.

[23] 周玉莹. 涤纶及其混纺织物低温染色载体的研究 [D]. 吉林: 吉林化工学院, 2019.

[24] IK SOO KIM, HAN MOON CHO, et al. Low－Temperature Carrier Dyeing of Poly（vinylchloride）Fibers with Disperse Dyes［J］. Jorunal of Applied Polymer Science, 2003, 90: 3896-3904.

[25] RIGGINS P H, HANSEND J H. Dyeing Diffusion Promoting Agents for Aramids［P］. US: 6840967B 1, 2005-6-11.

[26] OHARA D, GULRAJANI M L. Role of Phenol in High Tmeperature of Polyester［J］. Textile Research Journal, 1987, 57（3）: 55.

[27] NECHWATAL A. The Carrier Effect in the m－Aramide Fiber/Cationic Dye/Benzyl AlcoholSystem［J］. Textile Research Journal, 1999, 69（9）: 635-641.

[28] MOORE R A F. WEIGMANN H D. Dyeability of Nomex Aramid Yarn［J］. Textile Research Journal, 1986, 56（4）: 254-260.

[29] STEPHEN P, CARTHY M. Interaction of Nonaqueous Solvents with Textile Fibers Part XI Nomex Shrinkage Behavior［J］. Textile Research Journal, 1981, 51（5）: 323-331.

[30] ROBERTS G A F, SOLANKI R K. Carrier Dyeing of Polyester Fibre Part I Studies of Carrier Diffusion［J］. Journal of the Society of Dyers and Colourists, 1979, 95（6）: 226.

[31] DHARA D, GULRAJANI M L. Role of Phenol in High Temperature Dyeing of Polyester［J］. Textile Research Journal, 1987, 57（3）: 155-161.

[32] SKELLY J K. Dyeing of Texturised Polyester Yarn［J］. Journal of the Society of Dyers and Colourists, 1973, 89（10）: 349.

[33] FORSECHLNN A S, LAKE HIAWATHA N J. Dyeing Halogenated Aromatic Polyester Fibrous Materials with Acetophenone［P］. US: 3969075, 1976-7-13.

[34] 祝永红. ST-2 膨化剂在涤纶染色中的应用［J］. 毛纺科技, 1997（5）: 60-62.

[35] KIM M K, YOON N S, KIM T K. Dyeing of Nylon/Cotton Blend with Acid Dyes Using Sodium 2－（2,3－dibromopropionylamino）－5－（4,6－dichloro－1,3,5－triazinylamino）－benzenesulfonate［J］. Fibers & Polymers, 2006, 7（4）: 352-357.

[36] SIMAL A L, BELL J P. Dye leveling in PET fibers. I. The effect of fiber morphology and carrier［J］. Journal of Applied Polymer Science, 2010, 30（3）: 1195-1209.

[37] 蒋月亚. 涤纶的百里香酚低温染色［J］. 印染助剂, 2017, 43（1）: 28-30.

[38] 崔淑玲, 吴焕岭, 魏赛男, 等. 低温染色助剂 CWL 对涤纶增塑的作用［J］. 纺织学报, 2008, 29（12）: 50-52.

[39] 王娟娟, 刘艳春, 米曦, 等. 甲基丙烯酸甲酯在涤纶常压染色中的作用及其机理［J］. 印染助剂, 2008, 25（10）: 17-20.

[40] 姬海涛, 马敦, 王亚超, 等. 新型环保载体 CNS［J］. 印染助剂, 2015（2）: 34-38.

[41] 贾梦莉, 王春梅. 涤纶环保型染色载体苯甲酸苄酯的应用性能［J］. 丝绸, 2016, 53（4）: 13-17.

[42] 纪佩珍. SD 助染剂对提高聚酯纤维染色性能的测定结果［J］, 浙江丝绸工学院学报, 1985（1）: 26-33.

[43] 纪晋敏, 张子涛, 宋心远. 助剂对微细涤纶低温染色的影响［J］. 丝绸, 2001（7）: 7-16.

[44] 曹书梅, 武绍学. 新型载体 ED-1 在分散染料常压染色中的应用［J］. 印染, 1999（8）: 17-19.

[45] 马正升, 宋心远. SML 染色载体对涤纶微细涤纶染色的影响［J］. 印染助剂, 2000, 17（2）: 7-10.

[46] 李连举, 安刚, 许志忠, 等. 小分子胺类在涤纶织物碱减量中的作用探讨［J］. 中原工学院学报, 1998（4）: 51-54.

［47］仲竹君，叶金鑫．双十二烷基二甲基溴化铵存在下涤纶和锦纶 6 纤维的分散染料低温染色［J］．丝绸，1998（10）：39-41.

［48］张子涛，纪晋敏．助剂 M 对涤纶微细纤维低温染色工艺研究［J］．上海纺织科技，2001，29（6）：39-42.

［49］蔡翔，宋心远．助剂 LAB 在羊毛/涤纶混纺织物分散染料一浴法染色中的应用［J］．印染助剂，2002，19（1）：16-19.

［50］吴赞敏．新型匀染剂在涤纶高温高压染色中作用机理的研究［J］，纺织学报，1999，20：42-44.

［51］贾梦莉，王春梅．涤纶织物的肉桂酸载体低温染色［J］．印染，2015，41（4）：16-20.

［52］贾梦莉，毛靖，魏昆仑，等．香兰素在涤纶低温分散染色中的应用［J］．印染，2014，40（10）：24-27.

［53］潘玲芳，王玲利，余鑫．苯甲醇存在下涤纶分散染料低温染色［J］．科技创新导报，2011（5）：47-49.

［54］蔡润之，涂胜宏，贾红军，等．环保载体 N-9 在涤纶织物染色中的应用［C］．"联胜杯"全国染色学术研讨会，2013.

［55］范云丽，王雪燕，王秋芬．载体复配对涤纶分散染料常压沸染的影响研究［J］．合成涤纶，2017（1）：41-45.

［56］吴明华，陈金辉，董建朋．以烷基邻苯二甲酰亚胺为载体的环保型涤纶低温染色助剂及其制备方法：CN101328687［P］．2008.

［57］DAVIDE J R. Midlothian Vacoloration of PEKK Fiber：US，530022［P］．1984-8-5.

［58］EDWARD W W，MICHAEL W E，FRANK M D. Composition for Dyeing Material of Sythetic Aromatic Polyamided Fibers：Cationic Dye and N-alkylphthalimide：US，4780105［P］.

1988-10-25.

［59］FORSECHLRM A S，LAKE H N J. Dyeing Halogenated Aromatic Polyester Fibrous Materials with Dimthylterephahalate：US，3973907［P］．1976-8-10.

［60］CALVIN M W，RICKY C P，ROBERT B L. Clay-containing Dispersing Composition for Carriers Used in the Disperse Dyeing of Hydrophobic Textiles：US，5972049［P］．1999-10-26.

［61］MARTI M，CODERCH L，PARRA J L，et al. Liposomes of Phosphatidyl-choline：A Biological natural Surfactant as A Dispering Agent［J］．Society of Dyers and Colourists，2007，123：237-241.

［62］汪娇宁，唐善发，纪俊玲．1-环己基-2-吡咯烷酮用于涤纶染色的初步探讨［J］．印染助剂，2007，24（9）：37-39.

［63］孔令红，刘玉勇，朱泉，等．环保载体 BIP 实现涤纶低温可染性的研究［J］．染料与染色，2009，46（2）：35-38.

［64］杨军，刘拥君，刘方，等．涤纶新型染色载体的开发和应用性能研究［J］．纺织科学研究，2003（3）：34-38.

［65］刘玉莉，马正升．新型载体对涤纶微细涤纶分散染料染色的影响［J］．印染，2000，26（3）：11-13.

［66］祁珍明．新型涤纶染色载体对常规涤纶织物染色的影响［J］．丝绸，2004，5：30-34.

［67］尚润玲，邢昆．新型染色载体对涤纶织物染色的影响［J］．染整技术，2012，34（9）：23-26.

［68］陈其亮，张淑芬，杨锦宗．聚酯涤纶染色方法的近期进展（Ⅱ）［J］．染料与染色，1999（1）：48-50.

第三章　染料上染纤维的过程

本章重点

上染过程是染浴中的染料向纤维转移、吸附并进入纤维内部的过程。本章主要介绍染料上染纤维的主要阶段；着重讨论直接染料、活性染料、酸性染料和阳离子染料等可溶性染料，还原染料、硫化染料和分散染料等不溶性染料的上染过程、影响因素和染色机理。

关键词

上染过程；动力边界层；扩散边界层；纤维外扩散；纤维内扩散（渗透）

随着新的染料、助剂和加工设备的不断出现，染色工艺不断在发展。总体来说，染色工艺仍可分为浸染（竭染）和轧染两类。所谓浸染是指将纺织品浸渍在染浴中，在染液和纺织品间不断发生相对运动的情况下，染料逐渐由染液转移到纤维上，并染着在纤维上。轧染是指纤维材料浸渍染液后，经过轧辊挤压，使染液透入纤维材料，并将多余的染液挤压去除，然后经过一定条件的处理，如汽蒸或焙烘，使染料进入纤维内部，并染着在纤维上。无论哪种方法，都要发生一个上染过程。染色加工时应该选用适当的染料、助剂和最优工艺条件，使上染过程得以顺利进行，获得均匀的色泽和良好的色牢度，并尽量避免或降低纤维材料在加工过程中的损伤。

上染过程和通常所指的染色过程不尽相同。大多数染料的染色过程基本上就是一个简单的上染过程，上染过程结束后，只需经过水洗等加工，染色过程也就完成了。例如一些直接染料、酸性染料、阳离子染料以及分散染料等的染色就是如此；另一些染料在上染过程结束后还需要经过一定的化学处理，染色过程才能完成，即上染过程不同于染色过程。例如还原染料、硫化染料对纤维发生上染的是染料的隐色体，上染过程结束后，纤维上的隐色体还

需经过氧化处理，使隐色体转变成染料母体，才能获得所需的色泽和牢度。又如暂溶性还原染料、直接铜盐染料、硫化缩聚染料以及后媒法染色的媒染染料，在上染过程完成后也都需要经过一定的处理，再经过水洗或皂煮，染色过程才能完成。还有的染料在上染过程中伴随发生一些反应，即上染过程和反应过程同时存在、相互影响，如活性染料染色。在活性染料上染的同时，有可能与纤维发生共价结合，特别是加入碱剂固色后，反应大为加快，在反应时还会有部分染料继续上染。又如预媒法和同浴法染色的酸性媒染染料，在染料上染的同时发生媒染作用，染料和重金属离子发生络合反应。

第一节　上染过程的主要阶段及其影响因素

一、染料上染过程的主要阶段

染料上染过程是染浴中的染料向纤维转移、吸附并进入纤维内部的过程。一般染料的上染过程分四个阶段，即染料在染液本体中移动（扩散，diffusion），染料在扩散边界层中扩散，染料被纤维表面吸附，染料从纤维表面向纤维内部扩散（渗透，penetration）

并固着，如图 3-1 所示，实质上包括染料的纤维外扩散（染浴本体、扩散边界层扩散），纤维内扩散的两个扩散过程。具体解释如下：

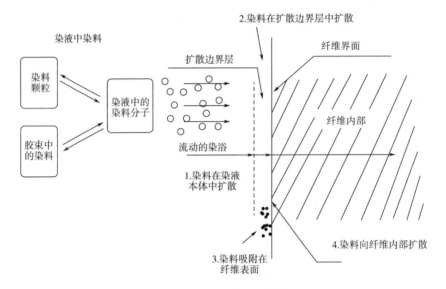

图 3-1　染料上染过程示意图

（一）染料在染液本体中的扩散（游动）

在浸染工艺中，染料分子（或离子）向纤维界面移动需先要经历染料在染液本体中的扩散阶段，这一阶段主要受染液流速的影响。由流体力学可知，流体在靠近固体表面流动存在一层动力边界层（dynamic boundary layer）。一般把染液本体到纤维表面流速降低的区域称为动力边界层，它是以流速变化为界线的，其厚度计算式如下：

$$\delta_{h} = 5.2 \times \left(\frac{\nu L}{V_{0}}\right)^{1/2} \qquad (3-1)$$

式中：δ_{h} 为动力边界层厚度；ν 为流体动力黏度，$\nu = \eta/\rho$，其中 η 为流体牛顿黏度；ρ 为流体密度；V_{0} 为流体流速；L 为流体在固体（纤维）界面流经的距离。

式（3-1）表明，动力边界层厚度与流体流速成反比，流速越快，厚度越薄；与流体动力黏度及流经距离成正比，黏度越大，边界层越厚，动力边界层越厚，流经距离就越长。

在动力边界层内越是靠近纤维界面，染液的流速越低，在纤维界面上的流速基本上等于零，从而形成溶液本体与纤维界面之间的染料浓度梯度。动力边界层厚度虽小，但在染色的传质传热过程中起着至关重要的作用。另外，因动力边界层厚度与染浴流速成反比，因此可以通过搅动加速染料的流动速率来降低动力边界层厚度。染色时，有的是纤维材料不动，而是染液在循环泵驱动下发生流动，例如散纤维、毛条、筒子纱以及经轴染色机染色等；有的是染液不循环流动，而是纤维材料发生运动，例如绳状染色机、卷染机、轧染机染色，在纤维材料运动时也带动染液流动；有的是纤维材料和染液都运动，例如溢流、喷射、液流染色机染色。

（二）染料在扩散边界层中扩散

在浸染过程中，染料分子或离子一直在不停地运动，从浓度高的地方向浓度低的地方扩散。靠近纤维表面的染料溶液几乎是静止的，此时，染料主要通过浓度梯度使染料分子保持一定的扩散速率，自身的扩散接近纤维表面。将染料浓度为本体溶液的99%处至纤维界面的厚度层称为扩散边界层（diffusion boundary layer）。可以认为，从浓度为本体溶液的99%处起，染料浓度不断降低，直至纤维界面处降为零，浓度梯度使染料分子保持一定的扩散速率。扩散边界层厚度有以下近似关系：

$$\delta_d \approx 3\left(\frac{D_s}{\nu}\right) \times \left(\frac{\nu \cdot L}{V_0}\right)^{1/2} \text{ 或 } \delta_d \approx 0.6\left(\frac{D_s}{\nu}\right) \cdot \delta_h$$

$$(3-2)$$

式中：δ_d 为扩散边界层厚度；D_s 为染料在染液中的扩散系数。

式（3-2）表明，扩散边界层厚度与动力边界层厚度一样，与染液的流速成反比，与流体动力黏度和流经距离成正比，还与染料在染液中的扩散系数成正比。染料的扩散与染料分子结构有直接关系，一般染料分子结构小，扩散系数大，但染料对纤维的亲和力低，导致扩散边界层相对较大；反之，染料分子结构较大，对纤维亲和力高，扩散边界层相对较小。

扩散边界层中的染料浓度从染液本体到纤维表面是逐渐降低的，存在着浓度梯度，染料的扩散方向从染液本体指向纤维表面。扩散边界层是动力边界层的一部分，其厚度约为动力边界层厚度的1/10，因此与动力边界层的厚度有关。

扩散边界层会阻碍或降低纤维对染料的吸附速率或解析速率，并且这种影响会随着扩散边界层厚度的增加而增加。因此，在染色过程中，如果染液流速不同，纤维表面扩散边界层的厚度就会不均匀，导致染料吸附速率或上染速率不均匀，造成染色不均匀。提高染液的流速，减小扩散边界层厚度，是提高染色速率、获得匀染效果的重要途径之一。实际染色时可通过提高染液和被染物之间的相对运动速率来减小扩散边界层的厚度，以达到加快染料扩散和匀染的效果。这也是喷射、液流、溢流染色机动力设计的基础。

（三）染料被纤维表面吸附

在这个阶段中，当染料分子距离纤维表面有一定距离时，染料与纤维表面所带的电荷间存在着库仑斥力和分子间的吸引力，只有当分子间的吸引力>库仑斥力时，染料才能向纤维表面靠近。当染料靠近至纤维表面一定距离以内后，染料在扩散边界层中靠近纤维界面到一定程度，染料分子和纤维分子间的作用力足够大后，染料分子迅速被纤维表面分子所吸附。并与纤维表面分子间发生氢键、范德瓦尔斯力甚至离子键结合。氢键和范德瓦尔斯力属于近程力，随着距离缩短而迅速增大；库仑力是静电力，属于远程力，只在较远距离拥有较强作用力。因此，只有那些动能很高的染料扩散到纤维表面一定距离时，此时分子间引力>斥力，染料才能被纤维表面吸附，吸附是瞬时发生的。其中染料在扩散边界层中的扩散速率是影响吸附速率的主要因素。染料在扩散边界层内扩散速率越大，到达纤维表面一定距离时的速度越大，动能也随之越大，染料数量也更多，吸附也越快。除此之外，纤维的带电情况和染料的溶解性也是影响染料吸附的因素。

（四）染料从纤维表面向纤维内部扩散并固着

染料吸附到纤维表面后，在纤维内、外形成染料浓度差，扩散到纤维中，固定在纤维内。这一阶段的扩散是在纤维固相介质中进行的，染料分子在扩散过程中受到纤维分子的机械阻力、化学吸引力和染料分子间吸引力的阻碍，扩散速率仅为在溶液中扩散速率的千分之一到百万分之一，这通常是决定上染速率的阶段。这种扩散直到纤维和溶液之间的染料浓度达到平衡，并且纤维内外表面的染料浓度相等即纤维染透为止。在纤维内的扩散过程中，染料主要呈单分子状态吸附在纤维分子链上，也有少数染料呈多分子状态吸附在纤维分子链段上，有的分布于纤维的无定形区内，有的存在于纤维内的孔道溶液中，且都与外部染料浓度保持平衡。扩散进入纤维的染料与纤维内部分子间发生固着，从而完成上染过程。

必须指出的是，上述各阶段都是可逆过程，即染料既能向纤维内部扩散和吸附上纤维，也会解吸脱离纤维，由内向外扩散。染料的上染过程中，染料的吸附与解吸是一个可逆的过程，随着上染不断进行，两者的速率不断变化。在达到上染平衡前，染料的上染速率>解吸速率；随着解吸速度的增加，染料的上染速率等于解吸速率，处于动态平衡。

上染过程中的不同时刻染料在纤维的径向断面浓度分布如图3-2所示，纤维表面吸附染料的速率及染料向纤维内部的扩散速率决定曲线的形状。上染初期，染液中的染料浓度最高，纤维上的染料浓度最低，吸附速率远高于解吸速率，主要是染液中的染料上染纤维（如图3-2中曲线a所示），此时纤维表面上具有较高的染料浓度；随着时间的延长，染液中的染料浓度越来越低，纤维上的染料浓度越来越高，吸附速率逐渐变慢，解吸速率却不断加快（如图3-2中曲线b所示），染色中期纤维表面的染料浓度不断减少，内部浓度不断增加；随着时间进一步延长，吸附和解吸速率相等，这时染液和纤维上的染料浓度都不变化，纤维内外的染料浓度相等，染色达到了平衡（如图3-2中曲线c所示）。吸附平衡后上染过程虽已结束，但染料的吸附和解吸并未停止。因此上染过程是大量染料分子运动的结果，常以染料在染液中和纤维中的浓度变化来衡量。另外，由于染料达到最终染色平衡需要很长时间，在实际染色中，只要在一定时间内保证染料具有理想的上染百分率和优异的耐日晒和耐水洗牢度即可。

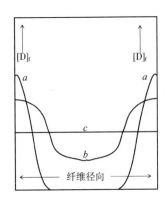

图3-2 不同染色阶段纤维径向断面染料浓度分布示意图
a—上染初期 b—上染中期
c—染色平衡 $[D]_f$—纤维上的染料浓度

二、上染过程的主要影响因素

浸染工艺过程染料上染情况可以通过染色快慢和上染到纤维上多少来判断，即可以用上染速率和平衡上染百分率来表示，涉及染色热力学和染色动力学内容，在本书第四、第五章将分别详细讨论。上染速率以纤维上染料浓度对时间的变化率来表示，或者以达到一定上染程度所需时间来表示。通常是测定在一定温度条件下的上染百分率，即吸附上纤维的染料量占投入的染料量的百分率，简称上染率。上染率对时间的变化曲线或者测定纤维上染料浓度对时间的变化曲线称为上染速率曲线，如图3-3（a）所示，它是研究染色动力学的基础。上染程度则通常以上染百分率表示，达到吸附平衡后的上染百分率称为平衡上染百分率，表示在一定温度条件下最大的上染程度。染料对纤维的上染能力则常用达到平衡后染料在纤维上的浓度对在染液中的浓度比，即分配率来表示。将平衡时纤维上的染料浓度对染液中的染料浓度作图，可得到所谓的吸附等温线，如图3-3（b）所示，它是研究染色热力学的基础。

图3-3中$[D]_f$和$[D]_s$分别表示纤维上和染液中的染料浓度，纤维上的染料浓度常以单位质量（例如克或千克）纤维上的染料摩尔数或质量表示溶液中的染料浓度，常以每升溶液中的摩尔数表示；[S]表示染色饱和值。达到染色饱和值后再增加染液中的染料浓度，纤维上的染料浓度也不会进一步增加，有些纤维有一定的染色饱和值，而有些纤维没有明确的染色饱和值，随着染色条件改变，最大上染程度会变化。如图3-3（a）所示，在一定温度条件下，改变染液中染料的浓度，上染速度曲线会发生变化，在上染初期纤维上染料浓度都增加得很快，染液浓度越高，增加越快，随着上染时间延长，增加越来越慢，最后纤维上的染料浓度不随染液浓度而增加，即达到了上染平衡。染液中染料浓度不同，纤维上平衡吸附

浓度也不同。将各条上染速率曲线达到平衡后纤维上的染料浓度和平衡时染液中的染料浓度作图，就可得到对应的吸附等温线。它表示染料在达到平衡后纤维上和染液间的分配关系，表示染料在一定温度下对纤维的上染能力。不同的染料上染不同的纤维有不同的吸附等温线，而不同的吸附等温线又是由于上染或吸附机理不同引起的。

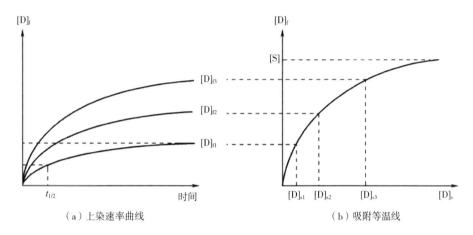

（a）上染速率曲线   （b）吸附等温线

图3-3 上染速率曲线与吸附等温线

由上述分析可知，上染过程中最慢的阶段是染料在纤维内部的扩散阶段，所以在大多数情况下，提高上染速率的关键在于如何加快染料在纤维中的扩散。不过，当溶液流动速度很慢，例如散纤维、纱线、经轴、筒子纱染色机染色时，如果不配备足够大功率的循环泵驱动染液循环，染液在纤维材料空隙间的流动是非常慢的，这时上染速率往往取决于染料在染浴中的转移速率，特别是在扩散边界层中的扩散速率，故这些染色机染液的循环速率就显得非常重要了。必须指出的是，实际染色时，染色匀染性是非常重要的一个因素，上染所需要的时间长短不仅取决于纤维上的染料浓度或上染率的高低，还要考虑匀染性，即尽量减少色差。所以当纤维上的染料浓度已经达到足够高后，还要延长一定的时间，其目的在于使纤维各处上染比较均匀，有时提高匀染性所需要的时间甚至长于达到一定上染率所需的时间。由此可见，上染速率、平衡吸附量以及匀染、透染性是研究上染过程最为重要的几个内容，它们和染料在上染各阶段的行为以及有关影响因素的关系是非常密切的。上染过程的主要影响因素分析如下。

（一）染料在水溶液中的状态及其对染料扩散的影响

以水为染色介质的体系中，纤维微隙很小，即使被水溶胀后，也只有染料单分子或离子才能顺利扩散进去，因此染料在水溶液中的状态，例如溶解度、聚集程度和水分子以及各种助剂的相互作用与上染速率、平衡吸附量以及匀染性有密切的关系。染料溶解度高，聚集程度低，在溶液中分子或离子的浓度就高，上染速率就快，匀染性也好，平衡吸附量则往往较低。相反聚集程度高的染料上染速率较慢，匀染性较差，平衡吸附量则较高。例如强酸性浴染色的酸性染料上染羊毛属于前面的情况，弱酸性和中性浴染色的酸性染料上染羊毛属于后面的情况。染料分子和水分子作用越强，溶解度越高，聚集程度越低，特别是当染料分子具有离子基后，不但水化作用强，而且由于染料分子或离子间存在电性斥力，使其更加不易聚集。

通常，在染料分子中引进磺酸基—SO_3H可以提高其水溶性。相反，在染料分子中若具有较多的疏水性组分,溶解度就低,聚集度则高。此外,染料分子的溶解度大小还和染料分子大小和结构有关,分子小,溶解度较高,分子芳环共平面性强,则溶解度低,聚集程度高。染料在溶液中的状态还与溶液的温度、pH值、电解质的性质和浓度、助剂的性质等因素有关。

染液温度越高染料溶解度越高,上染速度越快,平衡吸附量则越低,匀染性越好。对于溶解度很低的分散染料,低温染色上染速率很慢,除了低温染料在合成纤维中扩散速率很慢外,还和染料在溶液中的溶解度很低有关。溶解度低,吸附速率慢,上染速率也慢,提高染色温度,染料溶解度增加,上染就加快,而且匀染性也大为改善。染料在溶液中的状态还与pH值有关,当pH值降到一定范围后,某些染料的聚集程度急速增高,甚至引起沉淀。染色时染液pH值应控制在一定范围。

染液中电解质浓度越高,特别是存在多价重金属离子时,染料极易聚集,甚至引起沉淀,这是染色应该用软水溶解染料的主要原因。另外,许多阴离子染料上染纤维时需要加入电解质,不但可提高上染速率还可提高平衡吸附量,不过匀染性则会降低,因此用量不能太高。

在大多数染色条件下,染料的溶解是不成问题的,但在某些条件下,例如轧染汽蒸固色和涤棉织物用分散活性染料、采用热熔或常压高温蒸汽固色时,染料的溶解往往是决定固色是否充分的重要因素,在此时加入某些助剂使染料在高温固色时充分溶解,可大幅加快染料的上染。已有证明,在上述固色条件下加入尿素等化合物,可在高温下吸湿或者与染料形成低熔共熔物,可提高上染速率。在染料水溶液中加入一些助剂可提高染料的溶解度,这些助剂称为助溶剂,而另一些助剂则会降低染料的溶解度,增加聚集程度,前者如尿素等,后者如许多非离子表面活性剂等。通常用这些非离子表面活性剂延缓染料上染来达到匀染效果。

某些助剂还会加快染料从纤维表面解吸,从而使染料从上染多的地方解吸下来,再吸附到上染少的地方,加快染料在纤维表面的转移,这种助剂称为移染剂,通过移染作用,同样可提高匀染性。

(二)染料在扩散边界层中扩散的影响因素

染料在扩散边界层中扩散主要取决于扩散边界层的厚度。扩散边界层厚度与染液流速、染液的性质、纤维的表面形态及染液温度等有关。在一些染色条件下,染液的流动速率对整个上染有非常大的影响,染液流动速率快,不但加速了染料向纤维的靠近,而且可减薄纤维表面的扩散边界层的厚度。扩散边界层越薄,上染就越快。因此一些新式染色机,如溢流、液流和喷射染色机,不但织物不断运动,染液通过溢流管或喷射器作快速流动,上染速率和匀染性均较好。此外,染液黏度越小,染浴中染料的流动性越大,到达扩散边界层的染料量越多,上染速率越快。纤维表面积越大,染液流过纤维的流速越慢,扩散边界层越厚。如散纤维的表面积较大,在染浴中染料难以通过容器充分循环染色,扩散边界层较厚,上染速率慢,匀染性差,一般要通过外加机械搅拌(如循环泵)加速染液的流动,才能获得较好的上染速率和匀染效果。另外,升高温度有助于边界层厚度的降低,从而提高上染速率,但上染是放热过程,温度的升高导致染料对纤维亲和力的降低,使染料的吸附量降低。

(三)染料在纤维表面吸附的影响因素

染料分子在纤维表面的吸附是非常快速的,吸附强弱取决于染料分子结构,也与纤维分子结构和表面形态紧密相关,还与纤维界面所带电荷、染液中的电解质、助剂以及染色温度、pH值等外界因素有关。对大多数染料来说,染料和纤维分子间发生氢键和范德瓦尔斯引力结合是比较重要的,因此染料分子和纤维分子间具有形成氢键的基团越多,结合就越强。同理,染料分子芳环共平面性越强,分子越大,与纤维分子间的范德瓦尔斯力结合也越强。范德瓦尔斯力结合强弱对染色湿牢度关系十分密切，这种结合力越强，湿牢度越好。若染料和纤维分子带有相反电荷则存在静电吸引力，例如在酸性浴中用酸性染料染蛋白质纤维或阳离子染料染腈纶。纤维表面的电荷强弱固然主要取决于纤维的结构，但也和染液中的pH值、电解质浓度以及助剂的性质有关。在大多数染色条件下，纤维素纤维和不含离子基的合成纤维表面都带负电荷，染料电离所带的负电荷越多，与带同等电荷的纤维之间静电斥力越大，因此会阻止阴离子染料接近纤维表面，染料的吸附速率和吸附量越低；同样，纤维界面所带负电荷越多，与染料之间静电斥力的增强也会降低染料的吸附上染量和速率。调整pH值、加入电解质或阳离子助剂可降低纤维表面的负电位，促进染料阴离子吸附到纤维表面。染液中电解质浓度越高，降低染料离子与纤维界面处静电斥力的能力越强，越有利于染料在边界层中的扩散以及对纤维表面的吸附。染液中助剂和染料分子结合越强，染料吸附纤维的速率就越慢。纤维表面越大，或织物越蓬松，吸附表面越大，吸附率也越快，反之较慢。染色温度越高，吸附速率也越快，但平衡吸附量则越低。

（四）染料在纤维内部扩散的影响因素

染料在纤维内部的扩散通常是上染过程中最慢的一个阶段。影响染料在纤维内扩散的主要因素是纤维的分子结构以及其微观结构、染料的结构和类型及染浴温度等。扩散快慢与染料分子结构紧密相关。染料分子结构越简单，其在染浴中的扩散越容易，与纤维分子之间的作用力越小，即对纤维的直接性越低，使染料在纤维中的扩散越快；反之，分子越大，结构越复杂，扩散越慢。此外，纤维分子结构和物理结构也对扩散快慢影响很大。纤维无定形区含量越高，纤维的溶胀性能越好，水溶液中溶胀越充分，纤维内部形成相互连通的孔道越多，染料的扩散越快；纤维吸湿溶胀性越差，纤维微结构越紧密，染料扩散就越困难，所以

染料在纤维素、蛋白质纤维中扩散，一般要比在疏水性的合成纤维中容易。涤纶的亲水性很差，纤维结构也很紧密，所以染料扩散很缓慢，常需要通过提高温度或加入适当助剂，例如载体来加速染料扩散。因为温度越高，染料分子的动能增加、运动加快，更重要的是纤维分子链运动加快后，提高纤维溶胀，纤维中可形成更多和更大的孔隙，无定形区体积增大，更利于染料扩散。载体等助剂可先于染料扩散进纤维，降低纤维分子链间的作用力，起增塑作用，使纤维形成更多和更大的孔隙，加快染料的扩散。一些不能进入纤维内部的助剂，对染料的扩散不会直接发生影响，只对染料在溶液中的状态和纤维表面的吸附有影响，间接影响染料在纤维内部的扩散。

总体来说，上染是一个相当复杂的过程，这个过程不但取决于染料和纤维的结构，还与溶剂、助剂、电解质、pH值、温度等因素有关。因此在实际染色时，既要根据纤维材料的性质合理选用染料，选用适当的染色方法和染色设备，还应仔细制订染色工艺、染料浓度或浴比、温度、pH值、助剂、电解质以及升温速率、加料次序等工艺参数。

第二节 可溶性染料的上染过程

一般而言，一种纤维制品对应一个染色体系，染料种类和纤维品种繁多，它们的染色过程和上染机理也各不相同。本节主要讨论以直接染料、活性染料、酸性染料和阳离子染料为代表的可溶性染料的上染过程。

直接染料是指在不加任何助剂的情况下即能对纤维直接上染的一类染料。直接染料由于具备线性、芳环共平面性及分子结构中含有可与纤维素纤维上的羟基形成氢键的基团（例如—N＝N—、—OH、—NH₂、—CONH—等），与纤维间通过氢键和范德瓦尔斯力结合，具有很高的直接性。染料的溶解及上染无须借助酸、碱、氧化剂、还原剂、媒染剂等的作用，

染色工艺简单。直接染料除了对纤维素纤维具有亲和力外，还具有类似酸性染料的性质，可以在弱酸性和中性介质中上染蚕丝等蛋白质纤维，某些直接染料也是蚕丝染色的常用染料。除此之外，在皮革、造纸等行业也有应用。

一、直接染料的上染过程

按染料浸（竭）染时的匀染性及其对染色温度和中性电解质的敏感性等染色性能的不同，直接染料主要可分为匀染性直接染料（A）、盐效应直接染料（B）、温度效应直接染料（C）三类，详见第七章。

（一）直接染料的扩散

直接染料在纤维素纤维内的扩散机理可以用孔道扩散模型来解释。亲水性纤维的扩散均符合孔道扩散模型。该模型认为：亲水性纤维在染液中发生了溶胀，溶胀后的纤维内部存在许多曲折而相互连通的孔道，孔道内充满水，染料分子或离子就是在水溶液中扩散，并通过这些曲折而相互连接的孔道进入纤维内部。

在染色过程中，染浴温度的提高为染料提供了活化能，染料运动加剧，降低染料的聚集度，且溶胀纤维内孔道平均直径增大，染料向纤维内部扩散的阻力减小，扩散速率提高，半染时间缩短。对于分子结构较为复杂的温度效应型直接染料来说，染料扩散阻力大，扩散所需活化能高，扩散速率慢，升温有利于染色速率的提高。而对于分子结构较为简单的匀染型直接染料来说，其染料扩散阻力小，扩散所需活化能较低，纤维本身就比较容易向纤维内部扩散，升温对匀染性直接染料的促染作用并不是很明显；相反，会降低平衡上染百分率。对于此类染料来说，在相对较低温度条件的染浴中进行染色既能保证染料在纤维内的顺利扩散，也能获得较高的上染百分率，因此，匀染性直接染料的上染温度一般较低。

（二）直接染料染色吸附等温线

一般认为，直接染料上染过程的吸附符合弗莱因德利胥（Frendlich）型吸附模型，即吸附等温线（adsorption isotherm）的斜率随上染量的增加而逐渐变小，但斜率减小很慢，而且不存在染色饱和值，属于多分子层吸附。

纤维素纤维在水中溶胀后，孔道中充满水，直接染料在溶液中被纤维吸附到表面，然后不断向纤维的无定形区扩散，与纤维大分子形成氢键和范德瓦尔斯力的结合。直接染料的直接性往往随芳环、酰胺等偶极基团以及共轭双键的增加而提高，因此，除氢键以外，偶极引力和色散力也起着重要作用。此外，和其他许多水溶性染料一样，直接染料也具有一定的表面活性剂性质，使染料在纤维、染液界面上发生某种程度的吸附。

（三）温度效应

在染色加工过程中，染色温度包括始染温度、升温速度和最终染色温度。根据染色动力学原理可知，随着染浴温度的升高，染料的溶解性增大，扩散速率提高，纤维溶胀性能也得到提高，纤维膨胀后，其内部的孔道平均直径增大，更利用染料向纤维内部扩散，从而有利于上染速率的提高。但根据染色热力学原理可知，染料的吸附上染过程为放热反应，升温导致染料亲和力下降，使最终达到染色平衡时的上染百分率降低。图3-4为同一染料在不同染浴温度条件下的上染速率曲线。由图3-4可见，在染色达到上染平衡前，相同时间内，染浴温度的升高有助于上染百分率的提高，温度越高，达到上染平衡所需时间越短，但染色达到上染平衡后，染浴温度高的其上染百分率反而较低，不利于上染百分率的提高。

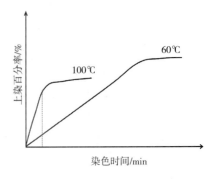

图3-4　同一染料在不同温度下的上染速率曲线

在相同的时间内，达到最高上染百分率，不同染料所需的最佳染色温度不同，如图 3-5 所示。在常规染色时间内，达到最高上染百分率的染色温度称为最高上染温度。根据最高上染温度的不同，常把直接染料分为最高上染温度在 70℃ 以下的低温染料，最高上染温度为 70~80℃ 的中温染料和最高上染温度为 90~100℃ 的高温染料。对于染料分子结构简单的染料，如直接黄 GC，其上染速率快，相同时间内，在较低温度下（40℃）即可获得最高上染百分率并达到上染平衡；当染浴未达到 40℃ 时，在同样的时间内，染色不能达到平衡，上染百分率也不能达到最大值；当染浴温度 >40℃ 时，在同样的时间内，染色达到平衡，但此时的上染百分率低于最大上染百分率。同样的现象也会在分子结构相对复杂的直接红 4B 和直接绿 BB 的染色过程中出现。温度对不同染料上染百分率的影响说明温度的选择对直接染料的染色非常重要，在选择温度时要兼顾染料向纤维内扩散快慢和生产过程中染料利用率的问题。此外，最终的染色质量、纤维损伤、染料的保存稳定性、染后成品的色光、染色牢度、生产成本、废水处理、环境问题等都需要考虑。

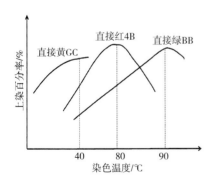

图 3-5　温度对不同染料上染百分率的影响

扩散速率高的染料，上染速率快，半染时间短；扩散速率低的染料，上染速率慢，半染时间长。因此，对于分子结构更为简单的匀染型直接染料来说，染料分子对纤维的亲和力更小，扩散速率较大，染料较容易向纤维内部扩

散，但平衡上染百分率较低，温度过高容易发生解吸。为提高此类染料的平衡上染百分率，应保证染浴温度较低。对于结构比较复杂的染料，染料与纤维分子间的亲和力较大，染料在染浴中的扩散较为困难，染料聚集度大，不易向纤维内部扩散，为了缩短染色时间和提高染色速率，必须通过升高温度，提高染料在染液中和纤维内的扩散速率来提高染色速率，所以温度效应型直接染料通常在较高温度的染浴中进行染色。而对于分子结构介于两者之间的盐效应型直接染料，则通过适当升高温度和加入电解质来提高上染速率，从而获得较好的染色效果。

（四）盐效应

盐效应又称电解质效应，电解质在直接染料上染过程中起促染作用，增加染料—纤维之间的吸附性，获得较高的上染率，但电解质的用量也不能过高，否则会由于染料大量聚集而降低上染速度。无机盐的促染机理主要有以下方面。

1. 屏蔽纤维表面阴离子，降低纤维表面位能（ζ 电位）　直接染料在溶液中离解成色素阴离子，纤维素纤维在水溶液中带负电，两者之间存在着静电斥力的作用，不利于直接染料对纤维的上染。当染料随机械搅动或染液循环向纤维表面扩散时，两者之间的静电斥力会阻碍染料的扩散。无机盐（如 $NaCl$、Na_2SO_4）的加入，带来的阳离子（如 Na^+）会中和纤维素纤维表面的一部分负电荷，屏蔽阴离子，降低纤维表面的位能，进而降低由于库仑斥力而产生的能阻 ΔE（参见第二章图 2-18）。

纤维素纤维的结构种类不同也会导致无机盐的促染效果不同，如图 3-6 所示，直接染料对黏胶纤维、丝光棉以及氧化纤维素三种不同纤维素纤维进行上染时，在无机盐浓度较低的范围内，直接染料上染黏胶纤维的上染百分率低于丝光棉，随着无机盐用量的增加，黏胶纤维的上染百分率逐渐高于丝光棉。由于黏胶纤维属于再生纤维素纤维，其结构和棉纤维等纤维素纤维有所不同，黏胶纤维的无定形区大于普通纤维素纤维，存在皮芯结构，表面负电荷大，导致动电层电位绝对值更大，与纤维分子之间的静电斥力更大，这些性能直接影响了黏胶纤维的染色特性，也影响了无机盐的促染效果。当无机盐含量较少时，其促染作用较小；当无机盐含量较多时，黏胶纤维表面动电层电位绝对值降低幅度剧增，且由于黏胶纤维内的无定形区比一般纤维素纤维更多，因此，无机盐对黏胶纤维的促染比一般纤维素纤维效果更明显。

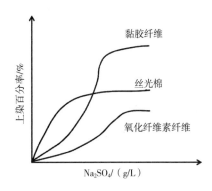

图 3-6　无机盐对不同纤维上染百分率的影响

2. 染料活度增加，提高上染速率　染料 Na_zD 分子在染液中的电离表达式为：

$$Na_zD \Longrightarrow zNa^+ + D^{-z} \tag{3-3}$$

染料在染浴中的活度 a_s 为：

$$a_s = [Na^+]_s^z [D^{z-}]_s \tag{3-4}$$

染浴中无机盐离子电离出，与染料中电离的没有区别，在染浴中加入无机盐后，由于 $[Na^+]_s$ 增大，导致染料在染浴中的活度增大。

染料对纤维的亲和力为：

$$-\Delta\mu^\ominus = RT\ln\frac{a_f}{a_s} \tag{3-5}$$

亲和力只是温度和压力的函数，在等温条件下，亲和力为定值，染料在染浴中的活度 a_s 的增大会导致染料在纤维上的活度 a_f 的增大，从而提高上染速率。

3. 降低染料胶体电位，增加染料吸附性，提高上染率　加入电解质，会使染料胶体的动

电层电位的绝对值降低，染料在水中的溶解度降低，提高了染料的吸附密度，从而提高平衡上染百分率。直接染料上染纤维素纤维的吸附等温线符合弗莱因德利胥型吸附等温线。由图 3-7 可见，无机盐对不同结构的染料促染效果不同。直接天蓝 FF 染料分子中含有四个 $-SO_3Na$，与纤维分子间的静电斥力大，无盐条件下难以上染，加盐后，上染百分率显著提高，无机盐对此类染料的促染效果明显。同时表明，该染料属于盐效应型直接染料（B 类）。直接大红 4BS 的相对分子质量较大，且染料结构较为复杂，染料分子中含有两个 $-SO_3Na$，与纤维分子间静电斥力小，即使不加盐，上染百分率也较高，加盐后上染百分率有所提高，但提高程度不如盐控型直接染料明显，反而对温度更为敏感，该类染料属于温度效应型直接染料（C 类）。

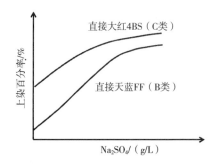

图 3-7　无机盐对不同染料的上染百分率影响

因此，无机盐的用量要依据染料结构、纤维种类以及产品的颜色深浅来决定。采用盐控型直接染料（盐效应直接染料）进行染色时，要适当加入较多的电解质来促染，并且盐的加入不能一次进行，要等盐溶解后分批分量加入，盐的加入用量要适当，以获得更好的匀染效果，过量盐的加入会使染料聚集程度增加，甚至发生盐析从而导致染色不匀。

采用温控型直接染料（温度效应直接染料）进行染色时，应少加或者不加入电解质来进行染色，否则会使匀染性下降，甚至会发生染料聚集或聚沉。染色中，染浅淡色时，宜少

加盐；染深浓色时，为提高染料的上染百分率，宜多加盐促染。与此同时，无机盐带来的水体污染问题也不容忽视。

二、活性染料的染色过程

活性染料又称反应性染料，它的分子结构主要由三部分组成，详见第七章。

活性染料分子结构简单，含有磺酸基水溶性基团，在水中电离成染料阴离子，对硬水有较高的稳定性，扩散性和匀染性较好。和纤维反应的同时，还能与水发生水解反应，水解产物一般不能再与纤维发生反应，因而降低染料的利用率，因此固色是活性染料染色过程中不可或缺的一部分。染料分子与纤维分子间的共价键作用力主要与染料结构中的活性基团有关，当然染料母体和连接基也对活性染料反应性起一定的作用，不同的活性基与纤维的反应历程有所不同，活性基在不同 pH 值的染浴中与纤维的反应历程也有所不同。

（一）活性染料上染纤维素纤维

活性染料上染时，首先染料在染液本体向纤维界面方向扩散；染料在扩散边界层中扩散；当染料在扩散边界层中靠近纤维到一定距离后，染料迅速被纤维表面所吸附，染料和纤维表面通过氢键、范德瓦尔斯引力结合；染料被吸附到纤维表面，在纤维内外形成一个浓度差，驱使染料向纤维内扩散，直到纤维和溶液间的染料浓度达到平衡。上染基本结束后，纤维中的染料分子在碱性或高温条件下与纤维分子中有关基团发生反应形成共价键结合固着在纤维上。上述各过程是交叉进行或相互联系的。染料在吸附到纤维表面后，也有可能立即与纤维反应形成共价键结合，或在向纤维内部扩散的同时发生反应，一旦形成共价键结合就失去了扩散能力。一般来说，上染阶段不应有过多的染料与纤维发生共价反应，否则匀染和透染效果较差。

活性染料除最后一步外，染色过程基本上和其他水溶性染料的上染过程相同。在固着阶段活性染料与纤维发生键合反应，习惯上称为固色，而把固色前的过程称为上染，以示区别。除了固色阶段外，前几个过程基本上都是可逆的。由于染料一直处在水溶液中，在纤维内部也主要是处在孔道溶液中，因此染料在上染的同时，还有可能与水反应，形成水解染料。即染料从溶液向纤维表面靠近的同时，也有可能远离纤维表面；吸附上纤维的同时，也有可能发生解吸；向纤维内扩散的同时，也有可能从纤维内部向纤维外层扩散。在未达到上染平衡时，上染速率大于解吸速率，但随着纤维上染料浓度不断增加，解吸速率也不断增加，最后上染速率和解吸速率相等，达到上染平衡状态。从理论上说，吸附过程可以不断进行，直到所有染料都与纤维形成共价键结合为止（假定纤维足够多）。但由于在通常条件下，染料固色速率很低，故一般只可以达到近似的上染平衡。另外，染料在上染或与纤维反应的同时，还会与水反应形成失去结合能力的水解染料。所以随着时间的延长，不仅吸附在纤维上的染料浓度不会增加，固着在纤维上的染料量也不会增加，相反，已固着在纤维上的染料，其共价键还有可能发生水解，使纤维上以共价键结合的染料量降低。

（二）活性染料与纤维的固色反应

当染料上染接近平衡时，如果染液 pH 值仍为中性，那么纤维素纤维与活性染料之间只存在吸附与解吸的关系。只有当碱剂加入使染浴的 pH 值呈现较强的碱性时，纤维素纤维负离子 Cell—O⁻ 才能与染料活性基团发生共价结合。

1. 纤维素纤维的离子化　纤维素纤维在一般介质中是不活泼的，它与活性染料和与其他染料一样，只是一种吸附关系，不可能产生牢固的结合。只有当纤维素纤维在碱性介质中时，才能发生共价结合。这是因为纤维素纤维在此时形成了 Cell—O⁻，其浓度随着 pH 值的增加而增加，也可解释为纤维素纤维作为一种弱酸而与碱剂发生了中和反应 [式 (3-6)]。

$$CellOH + OH^- \longrightarrow Cell-O^- + H_2O \quad (3-6)$$

2. 活性染料的反应性和反应历程 所有活性染料的染色是基于纤维素纤维、蛋白质纤维及聚酰胺纤维分子中含有可与活性染料发生反应的亲核基团，如羟基、氨基及硫醇基等。活性染料的反应性主要取决于分子中的活性基，此外也和母体染料及连接基有关。活性染料和纤维有关基团的反应历程随活性基结构的不同而异。

（1）亲核取代反应。含有卤代均三嗪、卤代嘧啶、卤代喹噁啉等卤代氮（或硫氮）杂环活性基的活性染料与纤维素纤维的羟基阴离子、蛋白质纤维和聚酰胺纤维的氨基以及水、醇等亲核试剂的反应都可以用亲核取代（nucleophilic substitution）反应来表示：

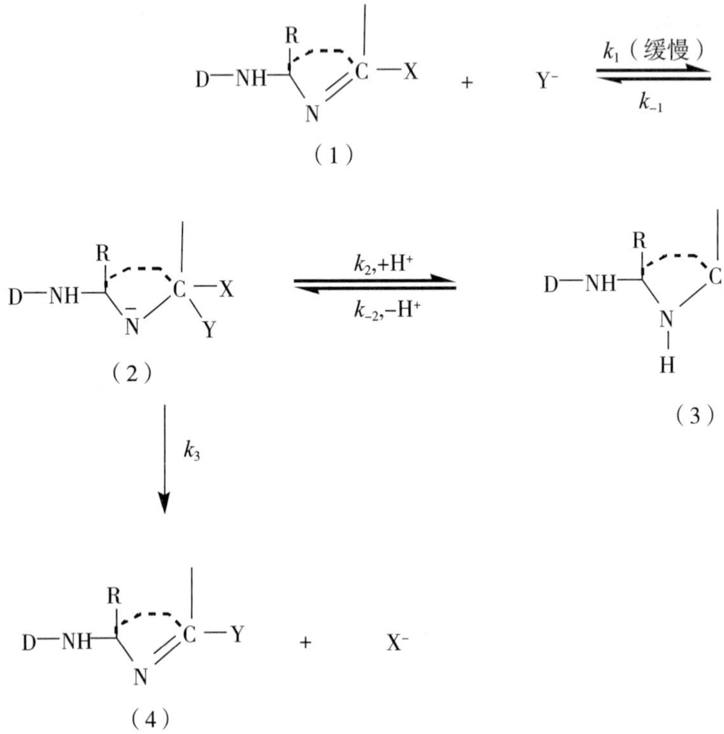

$$\begin{array}{c} \text{(反应式 (3-7))} \end{array}$$

（1）

（2） $\xrightarrow[k_{-2},-H^+]{k_2,+H^+}$ （3）

$\downarrow k_3$

（4） $+$ X^-

式中：Y^- 为亲核试剂；X 为杂环上的离去基。

式（3-7）是双分子（S_N2）亲核取代反应，和饱和碳原子上的 S_N2 反应有所不同的地方是第一步优先发生亲核加成反应。Y^- 先攻击电子云密度较低的碳原子，负电荷集中地分布在氮原子上，形成氮原子带负电荷的中间产物（2），加成产物还可结合质子形成产物（3），（3）失去质子后又可恢复成（2），当离去基 X 消除后，便形成最终产物（4）。

卤代杂环类活性基亲核取代反应的强弱与杂环上的 π 电子云密度分布有关，杂环中氮原子越多，碳原子的电子云密度就越低，同时是与碳原子连接的卤素原子的强电负性

电子诱导的结果，例如：具有三个氮原子的均三嗪环比两个氮原子的嘧啶和吡嗪环反应性强，而嘧啶环中两个氮原子中间的碳原子电子密度又比其他碳原子的低，最容易发生反应。另外，还与杂环上的取代基种类数目及所处位置有关，与连接基的性能以及杂环上离去基的离去倾向有关。在杂环上引入吸电子取代基，会导致邻位碳原子的电子云密度降低而带正电，活性基团的反应性增强，且引入吸电子取代基的数目越多，卤素的电负性越强，碳原子电子密度就越低，导致活性染料的反应性也越强。大多数染料的连接基是—NH—，是供电子基，会降低活性基的反应性，而如果连接基换成—CONH—，由于共轭

效应吸电子，可大幅提高杂环中某些碳原子的反应性。即在杂环上具有供电子基，则反应性被降低，一氯均三嗪染料就是由于一个—NH—Ar基代替了二氯均三嗪中的一个氯原子，故反应性大为降低。均三嗪活性染料活性基中 R 取代基对水解反应的影响较大，见表3-1。

表3-1　均三嗪类活性染料中 R 取代基对水解反应的影响

染料					
取代基	—O—⟨◯⟩—NO	—O—⟨◯⟩	—OCH$_3$	$\overset{H}{N}$—⟨◯⟩	—N（CH$_3$）$_2$
假一级水解速率常数/min^{-1}	1.04×10^{-1}	3.65×10^{-2}	1.40×10^{-2}	5×10^{-4}	6.7×10^{-5}
相对水解速率	208	73	28	1	0.13

连接基—NH—、—CO—NH—等在一定酸性条件下能结合质子而带正电，从而提高染料的反应活性。但在一定碱性条件下，—NH—则会失去质子带负电，这将大幅度降低染料的反应活性，甚至可以降低几十分之一。其反应历程如下：

$$D—NH—\underset{N}{\overset{N}{\bigcirc}}—Cl \underset{+H^+}{\overset{-H^+}{\rightleftharpoons}} \left[D—N^-—\underset{N}{\overset{N}{\bigcirc}}—Cl \longleftrightarrow D—N=\underset{N^-}{\overset{N}{\bigcirc}}—Cl \right] \tag{3-8}$$

此外，卤代杂环活性基的反应性强弱也与离去基有关。离去基也是取代基，因此也会对染料的活性产生影响。离去基的离去倾向越大，取代反应越快，这是由于离去基不同，使杂环上碳原子的电子云密度也不同，从而改变了染料中碳原子的反应性。一般情况下，离去基的电负性越强，越容易获得电子形成阴离子而离去。离去倾向越大，则取代反应越快，反之则慢。卤素原子既是吸电子基，又是较强的离去基，其中氟原子的离去倾向小于氯原子（同属原子半径越大越易离去），但是氟原子的吸电子能力要强于氯原子，使杂环活性基上的电子云密度降低程度比氯原子更大。因此，含氟原子杂环的活性基反应性比含氯原子杂环的活性基要强得多。

（2）亲核加成反应。乙烯砜型活性染料与纤维素纤维的反应是亲核加成反应。这是因为这类活性染料的活性基中都具有碳碳双键（—C≡C—）结构，这种碳碳双键是在染色过程中形成的。它们与染浴中的亲核试剂（水中的 OH$^-$、纤维素纤维的阴离子等）可以发生亲核加成（nucleophilic addition）反应，其反应历程如下：

$$\underset{(1)}{D—Z—CH_2—CH_2—X} \underset{k_{-1}}{\overset{k_1\,(-HX)}{\rightleftharpoons}} \underset{(2)}{D—Z—CH=CH_2} \underset{k_{-2}}{\overset{k_2\,(+Y^-)}{\rightleftharpoons}}$$

$$\underset{(3)}{D—Z—CH^-—CH_2—Y} \underset{k_{-3}}{\overset{k_3\,(+H^+)}{\rightleftharpoons}} \underset{(4)}{D—Z—CH_2—CH_2—Y} \tag{3-9}$$

式中：Z 为吸电子连接基；X 为—SO₃Na 等离去基；Y⁻ 为纤维素阴离子等亲核试剂。

以上反应分两步进行，第一步染料首先发生消除反应，形成碳碳双键，第二步与亲核试剂发生亲核加成反应。

乙烯砜型活性染料的主要代表是 β-羟基乙烯砜硫酸酯，这类染料在中性介质中具有较好的溶解性和化学稳定性，在染色过程中，强碱浴条件下，首先发生的是消除反应生成碳碳双键乙烯砜基（—SO₂—CH＝CH₂—），其中—SO₂—为吸电子基。由于电子诱导效应使 β-碳原子呈现出更强的正电性，从而与纤维素亲核阴离子发生加成反应，反应历程如下：

$$D-\overset{\overset{O}{\|}}{\underset{\underset{O}{\|}}{S}}-CH_2CH_2-O-SO_3Na \rightleftharpoons D-\overset{\overset{O}{\|}}{\underset{\underset{O}{\|}}{S}}-\overset{-}{C}H\,CH_2-O-SO_3Na \longrightarrow$$

$$D-\overset{\overset{O}{\|}}{\underset{\underset{O}{\|}}{S}}-CH=CH_2 \underset{H^+}{\overset{OH^-}{\rightleftharpoons}} D-\overset{\overset{O}{\|}}{\underset{\underset{O}{\|}}{S}}-\overset{-}{C}H-CH_2-OH \xrightarrow{H^+} D-\overset{\overset{O}{\|}}{\underset{\underset{O}{\|}}{S}}-CH_2\cdot CH_2-OH \qquad (3-10)$$

$$\Updownarrow Cell—CH_2—O^-$$

$$D-\overset{\overset{O}{\|}}{\underset{\underset{O}{\|}}{S}}-\overset{-}{C}H-CH_2-O-CH_2-Cell \xrightarrow{H^+} D-\overset{\overset{O}{\|}}{\underset{\underset{O}{\|}}{S}}-CH_2\cdot CH_2-O-CH_2-Cell$$

这种染料与纤维的共价键结合，可视为醚键式结合，即 R—O—R′。第一阶段的消除反应对整个亲核加成反应过程起着决定性的作用。除发生上述反应历程外，某些染料也可以发生亲核取代反应：

$$D-Z-CH_2-CH_2-X + Y^- \rightleftharpoons \left[D-Z-CH_2-\overset{X}{\underset{Y}{\overset{\diagup}{CH_2}}}\right]^- \longrightarrow D-CH_2-CH_2-Y+X^- \qquad (3-11)$$

第一步的消除反应对整个过程的速率起着极其重要的作用，对在第二步反应历程中脱去 X⁻ 起决定性作用。染料结构中连接基和离去基（X 和 Z）的吸电子能力越强，亲核试剂（Y⁻）的碱性越强，反应就越快，反之则越慢。如磺酰氨基的吸电子能力比乙烯砜弱，所以 β-羟基乙磺酰胺硫酸酯的消除反应速率慢，和纤维（或水）的反应性低，而硫酸酯基的碱性弱于二乙胺基，所以硫酸酯的反应性较二乙胺基强。

（3）多次加成和取代。这类活性基由碳碳双键和卤素两类活性基组成，如 α-溴代丙烯酰胺和 α-氯乙烯砜活性基。

$$-NH-\overset{\overset{}{C}}{\underset{\underset{O}{\|}}{}}-\overset{}{\underset{\underset{Br}{|}}{C}}=CH_2$$

α-溴代丙烯酰胺

$$-\overset{\overset{O}{\|}}{\underset{\underset{O}{\|}}{S}}-CH=CH-Cl$$

α-氯乙烯砜活性基

上述活性基中的卤素增强了活性基的活性，可同时发生亲核取代和亲核加成反应。其反应历程如下：

$$D-NH-\underset{O}{C}-\underset{Br}{\overset{C}{C}}=CH_2 \quad + \quad H_2NP \quad \xrightarrow[\text{亲核加成}]{-H^+}$$

$$\left. \begin{array}{l} D-NH-\underset{O}{C}-\underset{NH-P}{\overset{C}{C}}=CH_2 \\[2em] D-NH-\underset{O}{C}-\underset{Br}{\overset{H}{C}}-CH_2-NH-P \end{array} \right\} \xrightarrow{-HBr} \quad D-NH-\underset{O}{C}-\underset{\underset{P}{N}}{\overset{H}{\underset{|}{C}}}\diagdown CH_2 \qquad (3-12)$$

总体比较，各类染料的相对反应性见表 3-2。

表 3-2 各类活性染料的相对反应性
（pH=11，40℃）

染料结构	反应速率 （水解常数）/min⁻¹	代表性染料
二氯均三嗪	3.3×10^{-1}	国产 X 型，普施安 M
二氟一氯嘧啶	2.61×10^{-2}	戴绵丽 K/R
二氯喹噁啉	1.7×10^{-2}	丽华实 E
一氟均三嗪	0.65×10^{-2}	汽巴克隆 F
乙烯砜	4×10^{-3}	国产 KN 型，雷马素
一氯均三嗪	4.7×10^{-4}	国产 K 型
三氯嘧啶	4.3×10^{-5}	戴绵丽 X

（三）活性染料水解反应

活性染料在染色时，与纤维反应的同时，也可与水发生水解反应，它们的反应历程与纤维的反应历程基本相同。

在上染过程中，染料同时也发生了水解反应。因为水中的 OH⁻ 是一种亲核试剂，所以纤维素纤维和水在反应中都充当亲核试剂，能同时与染料发生亲核取代或亲核加成反应。活性染料与纤维素形成的共价键在含有二氯均三嗪活性基时易发生酸性水解，在含有乙烯砜活性基时易发生碱性水解。其过程如下：

$$(3-13)$$

由反应历程式（3-13）可知，活性染料的固色反应和水解反应都是二级反应。固色是在碱性水溶液中进行的，因而固色和水解反应是相竞争的。为了方便，将纤维素纤维看成是一种多元醇，如果假定它们和小分子醇一样是在均相中和染料反应，固色和水解反应的速率可表示如下：

$$\frac{d[D]_f}{dt}=k_f[D][Cell-O^-] \qquad (3-14)$$

$$\frac{d[D]_h}{dt}=k_h[D][OH^-] \qquad (3-15)$$

式中：$[D]_f$，$[D]_h$ 分别表示固色和水解

染料浓度；k_f^{II} 和 k_h^{II} 为它们的二级反应速率常数；$[D]$ 为未反应的活性染料浓度；$[Cell-O^-]$，$[OH^-]$ 分别为参加反应的两种亲核试剂染料的醇解产物和氢氧根的浓度。

实际上，$[Cell-O^-]$ 不但和 $[OH^-]$ 有关，还取决于纤维这种多元醇的羟基离解常数 K_{cell}。

$$K_{cell}=\frac{[Cell-O^-][H^+]}{[Cell-OH]} \qquad (3-16)$$

或 $$K_{cell}=\frac{[Cell-O^-]\,K_w}{[Cell-OH][OH^-]} \qquad (3-17)$$

式中：K_w 为水的离解常数。

染料固色和水解程度取决于上述两个反

应的速率，因而固色效率可用两个反应的相对速率来表示，即固色效率 E_d 等于两个反应速率常数比和两个亲核试剂的相对浓度比之积。

$$E_d = \frac{k_f[D][Cell-O^-]}{k_h[D][OH^-]} = \frac{k_f[Cell-O^-]}{k_h[OH^-]}$$

$$= \frac{k_f}{k_h} \frac{K_{cell}}{K_w}[Cell-OH] \qquad (3-18)$$

上述方程是假定在均相介质中进行的，而实际固色反应是多相反应。染料既可在外相染液中水解，也会在内相水溶液中水解；染料和纤维素的反应是在固液相之间进行的，染料对纤维存在直接性，染料在纤维上和外相染液的浓度相差很大；纤维内只有部分区域（无定形区或可及区）才能和染料接触；染料在和纤维反应的过程中不断向纤维内部扩散，扩散快慢和固色及水解速率有关；纤维表面带负电荷，存在唐能平衡，纤维内外相反应离子浓度不相等，实际固色反应的情况要比上述复杂得多。在假定染料的扩散系数 D 不随纤维上的染料浓度而变化，内相 $[OH^-]$、$[Cell-O^-]$ 和染液染料浓度恒定，但考虑染料的扩散、纤维的结构以及内外相溶液中离子分配等因素的影响，可得到如下所示的固色反应速率方程式。

$$\frac{d[D]_f^i/P}{dt} = k_f \cdot K \cdot [Cell-O^-][D]_i$$

$$\left[\frac{D}{r^2(k_f \cdot K \cdot [Cell-O^-] + k_h^i[OH^-]_i)}\right]^{1/2} \qquad (3-19)$$

式中：$[D]_f^i$ 为与纤维发生反应的染料浓度；P 为每千克纤维所具有的扩散孔道体积；r 为纤维的半径；K 为染料吸附平衡时的 $[D]_a/[D]_i$（$[D]_a$ 和 $[D]_i$ 分别为染料吸附在纤维上和在内相溶液中的浓度）；k_f 为染料和纤维的反应速率常数；k_h^i 为内相溶液染料的水解速率常数。类似的可求得染料在纤维孔道溶液中的水解速率方程式。

$$\frac{d[D]_h^i}{dt} = k_h^i \cdot [OH^-]_i[D]_i$$

$$\left[\frac{D}{r^2(k_f \cdot K \cdot [Cell-O^-] + k_h^i[OH^-]_i)}\right]^{1/2} \qquad (3-20)$$

式中：$[D]_h^i$ 为内相溶液中水解染料浓度。而染料在外相溶液中的水解速率为：

$$\frac{d[D]_h^s}{dt} = k_h^s \cdot [OH^-]_s[D]_s \qquad (3-21)$$

$$= k_h^s \cdot \frac{1}{n_d \cdot n_h} \cdot [OH^-]_i[D]_i$$

式中：$[D]_h^s$ 为染浴中水解染料浓度；k_h^s 为染浴中染料水解速率常数；n_d 为内相和外相溶液中染料的浓度比值；n_h 为内相和外相溶液中 $[OH^-]$ 的浓度比值。

和醇解反应效率类似，将固色速率和水解速率相比，可得到固色效率 E_d。

$$E_d = \frac{d[D]_f^i/P}{d[D]_h^i + d[D]_h^s V/P} = \frac{k_f}{k_h^i} \cdot$$

$$K \cdot \frac{[Cell-O^-]}{[OH^-]_i}\left(\frac{1}{1+\phi}\right) \qquad (3-22)$$

$$\phi = \frac{Vm}{Pn_d \cdot n_h}$$

$$\left[\frac{r^2\{(k_f \cdot K \cdot [Cell-O^-] + k_h^i[OH^-]_i)\}}{D}\right]^{1/2} \qquad (3-23)$$

由式（3-23）可见，固色效率不仅与反应性比、直接性（或平衡吸附常数）、纤维素阴离子浓度和氢氧根离子浓度比值有关，还和纤维的结构与半径 r 及孔道体积 P、染料的扩散系数、浴比以及纤维内外相溶液中的染料离子与氢氧根离子浓度的比值有关。这些因素都会随染色工艺条件而变化。因此，温度、pH 值、电解质浓度以及助剂性质等因素都会影响固色效率及固色速率。

活性染料与纤维发生固色反应速度要比水解反应快得多，但是染料的水解反应仍需重视。活性染料在染色过程中因为水解而引起的利用率不高是其主要缺点。同时，活性染料在染色时的水解反应还引起了另一个问题，就是水解后的染料分子会吸附在纤维上，形成浮色。水解的染料不能再通过共价键连接在纤维上，这将对染料的上染率产生直接影响。此外，染色后虽然可以通过水洗去除水解染料，但是这种处理并不能将这些水解染料完全移除。这些未与纤维形成共价键的染料分子还可通过范德瓦尔斯力、氢键作用结合在纤维上，对染料的固色性能产生影响。

活性染料水解后，虽然可继续发生吸附扩散，但是失去了与纤维共价结合的能力，使染料的固色率降低，影响染色物的湿处理牢度。因此，纤维素纤维染色时，应在近中性上染，待达到或接近吸附平衡后再加碱剂（通常将这些碱剂称为活性染料的固色剂），提高染液的pH，使纤维素纤维的羟基容易离解成阴离子，加快染料和纤维间的固色反应。这样不但可以降低染料在水浴中水解的概率，提高固色率，而且还会获得良好的匀染及透染效果。

（四）活性染料染色特征曲线

活性染料染色特征曲线分为上染和固色两个阶段，如图3-8所示，每个阶段显示活性染料的上染、固色曲线及染色特征值。

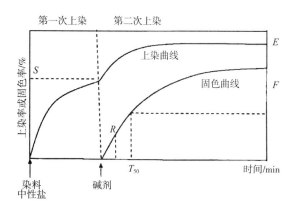

图3-8　活性染料上染特征曲线及染色特征值

由图3-8可见，上染曲线分两阶段，加碱前，染料很少与纤维反应，主要发生吸附上染，此阶段的上染称为第一次上染。随着上染时间的延长，曲线逐渐走向平坦，接近达到上染平衡。在接近达到上染平衡时加入碱剂，碱剂加入后，随着纤维内外相溶液pH值的提高，

活性染料与纤维的反应速度提高，固着在纤维上的染料量增加，固色曲线短时间内拉升得很高，并逐渐趋向平坦。随着纤维上染料被固着，打破了平衡，纤维上染料的掉落速度小于共价反应的速率，因此上染曲线又迅速增高，出现了所谓的第二次上染，最终也趋向平坦，使上染曲线呈阶梯状。

为了更好地研究中性上染阶段和碱性固色阶段的情况，引入 S.E.R.F. 值的概念。S.E.R.F. 值就是浸染时用上染曲线和固色曲线中一些点的数值来表示活性染料的染色性质。S 值表示在中性盐存在下染料达到第一次平衡的上染率，反映染料对纤维的亲和力或直接性高低。E 值表示加碱后染色最终时染料的上染率，第二次上染率可以从 $E-S$ 求得，S 和 $E-S$ 值的大小关系到第一次上染和第二次上染的匀染性和上染量。R 值表示加入碱剂 10min（或5min）时的固色率与最终固色率的比值，表示染料与纤维发生反应的固着速率。T_{50} 表示达到最终固色率一半所需的时间，也常用来表示染料的固色速率。F 值表示洗去浮色后染料的固着率，它反映染料的固色率高低。

活性染料染色宜选用 S 值中等的染料（即 S 值约等于50%，$E-S<30\%$ 的染料）。S 值大，$E-S$ 值小的染料，上染阶段易发生染色不匀；S 值小，$E-S$ 值大的染料，固色阶段易发生固色不匀。S 值大的染料，染料的直接性大，温度效应明显，所以要严格控制升温速度；S 值小，$E-S$ 值大的染料，染料的上染主要靠加碱之后的第二次染色，所以必须严格控制加碱方式，缓慢加入碱剂，又称碱控型染料；S 值中等的染料，称为盐控型染料，此类染料染色时，必须控制好电解质的加入方式，缓慢线性加入电解质。若要拼染，必须选择 S.E.R.F. 值在 ±15% 左右的染料，若 S.E.R.F. >20%，则不能拼染。

（五）活性染料上染的影响因素

1. 染料的影响

（1）染料的反应性。活性染料的结构与活

性染料上染纤维的反应性关系密切，染料活性基决定染料与纤维反应达到的反应速率，还在一定程度上决定了染料在纤维上的固色率，从而决定了活性染料染纤维素纤维印染加工过程中的性质和条件，如染浴温度、pH 值、助剂、浴比、时间等。

活性染料的反应性既包括与纤维素纤维的反应，也包括与染色介质如水的反应，即水解反应。通常用水解反应速率常数来间接的代表染料和纤维的反应速率常数。因此染料的反应性越强，其与纤维的反应速率常数往往越大，但其水解速率常数也会增大。由上述固色速率及固色效率方程式可以看到，染料的固色反应性及反应性比（k_f/k_h^i）是影响固色速率及固色效率的重要因素。反应速率常数大（即反应性强），固色反应速率快，但固色效率不一定提高。反应性比值越大，固色效率才越高。因此为了提高固色效率，应该提高染料与纤维的反应速率，降低染料的水解速率。也就是说，既要保证染料具有一定的反应性，又要具有高的固色效率。这往往是由活性染料的结构及染色条件等因素综合决定的。

（2）染料的直接性与固色性。由于活性染料的母体与酸性染料或直接染料相似，大多数染料母体结构简单，因此其直接性较低，而扩散性能好。染料的直接性与连接基和活性基也有一定的关系。如果在卤代杂环活性基中引入芳基，则由于芳环的共平面性作用，增大了卤代杂环的共平面性，染料的直接性得到提高，扩散性有所降低。甚至有的取代基的引入使卤代杂环的共平面性降低，染料的直接性降低。活性染料的亲和力或直接性越高，在一定条件下吸附到纤维上的染料浓度越高，越有利于染料和纤维的反应，固色效率和固色速率都可提高。

在实际染色条件下，活性染料吸附平衡不断随染料与纤维反应而变化，因此 $[D]_f/[D]_s$ 不能准确求得（特别是一些反应性较强的染料），可用竭染常数 SR 来代替直接性 $[D]_f/$

$[D]_s$，它被定义为纤维上固着与吸附的染料浓度之和与染液中残存的染料浓度之比：

$$SR=([D]_{固}+[D]_{吸})/[D]_s \quad (3-24)$$

通常情况下，固色率随直接性和竭染常数的增加而增高，开始阶段升高很快，以后逐渐变慢，说明直接性过高没有必要。此外，直接性过高会使染料的扩散性及匀染性降低，水解染料难以洗除。

染料的直接性、反应性或反应性比（k_f/k_h）与固色率 F 之间的关系可用下式来表示：

$$F = E \times \frac{k_f/k_h}{k_f/k_h + 1} \times 100\% \quad (3-25)$$

式中：E 为上染百分率，可表示直接性的高低。

（3）染料的扩散性。影响活性染料与纤维素分子反应的另一个因素是染料的扩散性能，染料的扩散性能指染料向纤维内部扩散的能力。染料的扩散能力取决于染料的结构和相对分子量的大小，染料分子越大，染料越难以向纤维内部扩散。在相同的染色条件下，染料母体结构影响其扩散性能，快慢如下：母体不含金属离子的染料>1∶1 型金属络合染料>酞菁结构的染料。染料扩散快，说明在一定时间内，染料和纤维素纤维的羟基阴离子接触的概率高，一定程度上反应速率得到加快，固色率也相应提高。这对反应性强的染料来说显得尤为重要。因为染料在向纤维内部扩散的过程中同时会与纤维发生反应，如果此时染料的扩散速率小于其反应速率，那么染料还未扩散到纤维内部就过早地与纤维发生键合反应而失去继续向纤维内部扩散的能力，从而影响染料的匀染性和透染性，导致固色率降低。对于具有皮层结构的黏胶纤维的染色，更需要染料具有良好的扩散性能以达到优良的染色效果。

2. 其他影响因素

（1）染浴温度。上染过程中，温度的提高会使染料与纤维反应的速率和染料自身的水解速率都得到提高，甚至水解速率提高得更快，因而导致固色效率降低。如二氯喹噁啉活性染料活性艳红 E-2B 水解反应的反应活化能为 $1.03×10^5 J/mol$，对棉和再生纤维素纤维的反应活化能分别为 $9.58×10^4 J/mol$ 和 $9.12×10^4 J/mol$。另外，温度越高，染料的亲和力或直接性就越低，染料的平衡吸附量也会降低，也间接地降低固色效率。总体来说，尽管升高温度有利于扩散速率的加快从而加速固色反应，但反应性降低比直接性降低的影响更显著，所以固色效率是降低的。温度变化还会引起纤维内外相溶液中离子浓度分配的变化，对纤维溶胀性能也有影响。总之，温度越高，固色速率越高，而固色效率越低；实际染色过程中，在保证一定固色速率的情况下，固色温度不宜太高。

对反应性高的如 X 型活性染料，随着温度的升高，染料的水解速率显著提高，故不宜在高温下染色。而且，温度升高时，染料直接性显著降低，又导致上染百分率和固色率降低。因此染色温度要根据不同染料的性能制订。对于 K 型活性染料，可以在较高的温度下染色，提高上染百分率、扩散速率和固色率。温度的升高无疑会大幅加快反应速度，因此研究耐高温的活性染料成为人们关注的重点，虽然已经采取了种种手段提高活性染料在高温下的染色效果，但它们仍具有各种缺陷，制约着在高温染色中的实际应用。目前活性染料在高温染色中普遍存在的问题主要有：染料在高温下的稳定性差，高温染色得色量不高，染料提升力不够，染深性差以及拼色染色的重现性差等。解决这些问题需要对活性染料在高温下的反应性和稳定性，高温下活性染料染色热力学和动力学的变化关键问题进行深入研究。

（2）染浴 pH 值。染浴的 pH 值对染料和纤维反应的速率、固色率影响非常大。随着pH 值的升高，纤维素纤维的羟基阴离子浓度随染浴中而有所提高，纤维带负电荷也多，对染料阴离子的斥力增加，因而使阴离子染料的亲和力（或直接性）降低；另外，某些染料的连接基被阴离子化，从而使染料的反

应性有所降低。如图 3-9 所示，当 pH>10.5 后，染料的直接性快速下降，与此同时，染料水解反应的假一级水解速率常数随 pH 值升高迅速增加。

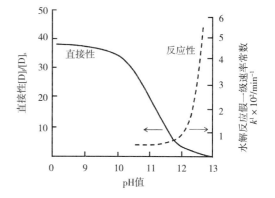

图 3-9 活性染料反应性、直接性与 pH 值的关系

提高染液 pH 值，虽然可以提高染料和纤维素纤维的反应速率。但在碱性过强的条件下，水解速率增加得更快，k_f/k_h 减小，因而固色效率降低，如图 3-10 所示。

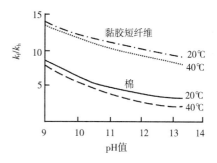

图 3-10 染液 pH 值与染料固色反应和
水解反应假一级速率常数比的关系

以 β-羟基乙烯砜硫酸酯类活性染料为例，在 100℃，加热 60min 条件下，在不同 pH 值条件下的存在形式不同，如图 3-11 所示。

由图 3-11 可见，在 pH＝3~6 时，主要以 β-羟基乙烯砜硫酸酯的形式存在；在 pH>9 时，大部分染料被水解为 $D—SO_2—CH_2—CH_2—OH$。可见，β-羟基乙烯砜硫酸酯活性染料在弱碱性条件下主要以活化的乙烯砜基结构存在。也就是说，这类活性染料在弱碱性介质

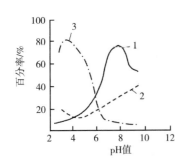

图 3-11　不同 pH 值条件下 β-羟基乙烯
砜硫酸酯类染料的存在形式

1—D—SO_2—CH=CH_2　2—D—SO_2—CH_2—CH_2—OH

3—D—SO_2—CH_2—CH_2—OSO_3H

中与纤维素反应，其反应速率最高。

因此，活性染料的固色应在碱性溶液中进行，但碱性不要太强，否则水解染料增多，而且反应太快还容易引起染色不匀和不透等问题。此外，碱性太强的染浴稳定性差，染色重现性低。一些纤维（例如蛋白质纤维）和染料（例如与活性染料一浴法染色的分散染料）在碱性染浴中均不稳定，会遭到水解破坏，即使

是纤维素纤维，在碱性高温焙烘时，也会发生泛黄和氧化损伤。

（3）电解质。活性染料是阴离子染料，与直接染料上染过程中盐的促染机理类似，加入中性电解质可起盐效应作用，提高染料的上染速率和平衡吸附百分率。另外，如前所述，活性染料固色主要受纤维内相溶液 pH 值的影响，根据唐能膜平衡原理，在碱性溶液中，纤维素纤维孔隙中溶液的 pH 值低于外相溶液的 pH 值，加入盐可缩小内外相 pH 值差别，提高内相溶液的 OH^- 浓度，提高了外相溶液的 [Cell—O^-]/[OH^-]。在不同 pH 值的情况下，[Cell—O^-]/[OH^-] 比值都不同程度地随盐浓度的增高而增大，固色速率和固色效率也会因此而提高，见表 3-3。另外，由于活性染料和纤维素离子都带有负电荷，无机盐的加入会提高溶液的离子强度，从而加速反应。因此，在电解质的浓度不至于使染料在溶液中发生聚集而生成沉淀的程度下，适量电解质对活性染料染色的固色速率及固色效率都有促进作用。

表 3-3　电解质浓度和 [Cell—O^-]/[OH^-] 的关系

pH 值	[OH^-]/(mol/L)	[Cell—O^-]/[OH^-]				
		$X=0.001$	$X=0.01$	$X=0.1$	$X=0.6$	$X=1$
7	10^{-7}	0.59	5.8	20	26	26
8	10^{-6}	0.59	5.8	20	26	26
9	10^{-5}	0.59	5.8	20	26	26
10	10^{-4}	0.59	5.5	19	26	26
11	10^{-3}	0.58	3.2	19	26	26
12	10^{-2}	—	—	12	21	23
13	10^{-1}	—	—	4.8	10	13
14	1	—	—	—	—	4.0

注　X 表示电解质总物质的量浓度。

（4）助剂。活性染料染色时需加入适当匀染剂。匀染剂的匀染能力是移染性、分散性、缓染性的综合反映，此外，匀染剂还必须具备

起泡性低，抗电解质和硬水能力强等性能。常用的匀染剂为非离子表面活性剂，其原因是非离子表面活性剂的聚醚作为路易斯碱发生作

用,破坏染料的水合和非离子表面活性剂的水合作用,而形成新的染料与非离子表面活性剂的结合。一个性能优异的活性染料匀染剂应该对染料有增溶作用和较好的润湿性,并且具有一定的缓冲作用。同时对于同一种染料,动力学因素将会对匀染起重要作用。活性染料常用匀染剂在染色过程中主要起到亲染料性的匀染作用,即匀染剂对染料的亲和力大于染料对纤维的亲和力,这类匀染剂通常为非离子表面活性剂,在染料被纤维吸附之前,先与染料结合生成某种稳定的缔合体,在染色过程中,这种缔合体逐步释放出染料,再与纤维结合。活性染料中,即使采用上染温度为60℃左右的乙烯砜型活性染料,若上染速度快的染料与上染速度慢的染料拼混使用,也常会出现染色不匀现象。

(5)浴比。染料浓度随着浴比减小会成倍增加,特别是染深浓色时,染液中染料浓度有可能很高,超过溶解度,对于配液槽中的染料来说,浓度会更高。降低浴比可增加活性染料的直接性,从而增加纤维上的染料浓度,因而可提高固色速率及固色效率。近年来,活性染料染色在小浴比设备方面有了很大发展,这更有效地提高固色效率,降低染料、盐和碱的用量。浴比主要与染色设备有关,一般来说,选用较小浴比,染料利用率高,但会影响匀染效果。

(6)时间。随着染色、固色时间的延长,染料和纤维充分反应,可以提高固色率但是与纤维已成键的染料,也可能水解断键。

综上所述,活性染料与其他染料在上染过程中的最大不同之处就是在吸附和扩散的同时还会发生与纤维的键合反应(固色)及水解反应。如果染料过早发生固色反应,将会影响染色织物的匀染及透染效果。一般来说,活性染料的反应性越强,直接性越高,扩散性越低,匀染和透染性就越差;反之就较好。此外,染料水解后虽可继续发生吸附和扩散,但却失去了与纤维共价结合的能力,

使染料的固色率降低,影响染色物的湿处理牢度。因此纤维素纤维染色时,应在近中性上染,待达到或接近吸附平衡后再加碱剂(通常将这些碱剂称为活性染料的固色剂)。随后提高染液的pH值,使纤维素纤维的羟基容易离解成阴离子,加快染料和纤维间的固色反应。这样不但可以减少染料在染浴中水解的概率,提高固色率,而且还会获得良好的匀染及透染效果。另外,活性染料的水洗后处理是整个染色工艺过程的重要环节,水洗的目的是去除未固着的染料、盐及碱,使染色织物的pH接近中性。因为所有活性染料都存在固着不充分、在纤维上留下大量水解染料的缺点,水解的活性染料对纤维素纤维的亲和性影响了它的易洗涤性,水洗过程直接决定了染色牢度。

三、酸性染料的上染过程

酸性染料结构比较简单,通常以芳香族的磺酸钠盐形式存在,多数为单偶氮结构,少数为双偶氮结构,染料分子中缺乏较长的共轭双键体系,分子芳环共平面性或线性特征不强。早期这些染料在酸性条件下染色,故称为酸性染料。其实,按照酸性染料的化学结构和染色条件的差异性,酸性染料又可以分为:强酸性浴酸性染料、弱酸性浴酸性染料和中性浴酸性染料等(详见第七章)。酸性染料主要用于蛋白质纤维(如羊毛、蚕丝等)和聚酰胺纤维的染色。

(一)酸性染料上染

羊毛和蚕丝等蛋白质纤维是由氨基酸通过肽键相结合的天然聚酰胺纤维,锦纶属于合成聚酰胺纤维。羊毛和蚕丝等蛋白质纤维大分子链上含有大量的氨基和羧基,锦纶的纤维分子链两端分别为氨基和羧基,氨基和羧基使这些纤维具有两性性质。以 H_2N—F—COOH 代表纤维,则在水溶液中氨基和羧基发生离解,形成两性离子 ^+H_3N—F—COO$^-$。随着溶液 pH 值的变化,氨基和羧基的离解程度不同,纤维净

电荷也不同。当 pH<纤维等电点时，质子化氨基的数量>离子化羧基的数量，随着 pH 值的升高，质子化氨基的数量减小，离子化羧基数量增加；当 pH>纤维等电点时，离子化羧基的数量>质子化氨基的数量。当溶液的 pH 值在某一值时，纤维中质子化的氨基和离子化的羧基数量相等，此时纤维大分子上的正、负离子数目相等，纤维的净电荷为零，处于等电点状态，此时溶液的 pH 值称为纤维的等电点（pI）。蛋白质纤维和聚酰胺纤维随溶液 pH 值不同，其带电情况如下所示：

$$
\begin{array}{ccccc}
+NH_3 & & +NH_3 & & +NH_2 \\
| & \underset{H^+}{\overset{OH^-}{\rightleftharpoons}} & | & \underset{H^+}{\overset{OH^-}{\rightleftharpoons}} & | \\
F & & F & & F \\
| & & | & & | \\
COOH & & COO^- & & COO^- \\
_{pH<pI} & & _{pH=pI} & & _{pH>pI}
\end{array}
\tag{3-26}
$$

不同 pH 值下，蛋白质纤维和聚酰胺纤维

$$
\begin{array}{ccccccccc}
COO^- & & COOH & & COOH & & COOH & & \\
| & \overset{H^+}{\rightleftharpoons} & | & \overset{Cl^-}{\rightleftharpoons} & | & \overset{D^-}{\rightleftharpoons} & | & +Cl^- & \\
W & & W & & W & & W & & \\
| & & | & & | & & | & & \\
NH_3^+ & & NH_3^+ & & NH_3Cl & & NH_3D & &
\end{array}
\tag{3-27}
$$

当染液 pH<pI 时，酸性染料阴离子被蛋白质纤维和聚酰胺纤维上带正电荷的氨基吸引，或者说酸性染料常借助于离子键的结合而染着于纤维上。酸性染料阴离子较氯离子或硫酸根离子对纤维有更高的亲和力，能在很大程度上将氯离子从纤维上取代下来，然而这种较大的亲和力是不可能由离子本身的电性所产生，而是因为染料分子和纤维之间除离子键结合外，还存在其他形式的结合力，如范德瓦尔斯力和氢键，特别是范德瓦尔斯力的作用往往是非常重要的。

酸性染料在 pH<pI 时的上染过程中，加入食盐或硫酸钠，必然会延缓染料离子与氯离子或硫酸根离子的交换，从而起到缓染作用，提高匀染性。如果染料阴离子对纤维的亲和力不是十分大，例如强酸性浴染色的酸性染料对羊毛的亲和力就相对较低，则加入氯化钠或硫化钠等中性电解质就足以获得良好的匀染效果，另外加入中性电解质还能促使已吸附的染料从

所带净电荷的性质对其他离子（包括染料离子）在纤维上的吸附影响很大。随染液 pH 值的不同，酸性染料可与蛋白质纤维和聚酰胺纤维分别以离子键或范德瓦尔斯力和氢键的结合方式而上染纤维。

酸性染料对蛋白质和聚酰胺纤维的染色绝大多数是在酸性条件下进行的。在染液中酸性染料 NaD 解离成 Na$^+$ 和 D$^-$，染液中还有 H$^+$、Cl$^-$（或 SO$_4^{2-}$）（如加入盐酸和硫酸调节染液 pH 值，加入氯化钠和硫酸钠调节染色速率）。H$^+$ 在纤维上发生吸附时，必然伴随着相当数量的阴离子一起进入纤维中，阴离子 Cl$^-$ 与 D$^-$ 可对纤维上的 NH$_3^+$ 发生吸附。由于对纤维的亲和力和扩散速率不同，它们在染液中的浓度随时间变化的情况也就不同，但染料对纤维的吸附过程可简单表示如下：

纤维上解吸下来，从而有利于增进染料移染，提高匀染效果。对于弱酸性浴和中性浴染色的酸性染料而言，如果在 pH<pI 时染色，由于其亲和力强于强酸性浴染色的酸性染料，因此往往要选用对纤维亲和力更大的离子有机物作匀染剂。

强酸性浴酸性染料、弱酸性浴酸性染料与中性浴酸性染料的结构不同，它们的染色条件也有差异，染浴的 pH 值视染料品种、染色对象、染色深度和染色加工要求等有所不同。其中，强酸性浴酸性染料染羊毛是在强酸性染浴中进行的。

中性浴染色的酸性染料在近中性条件下染色，由于具有两性性质的纤维带有较多的负电荷，酸性染料阴离子必须克服较大的静电斥力才能上染纤维，因此染色过程中染浴中各离子浓度随时间的变化类似于直接染料染纤维素纤维。染料也依靠范德瓦尔斯力和氢键与纤维发生结合。在染浴中加入中性电解质，可起到促

染作用，促染机理与直接染料上染纤维素纤维时中性电解质的促染机理相同。

弱酸性浴染色的酸性染料常在 pH 值为 4~5 的弱酸性浴中染色，该 pH 值与羊毛和蚕丝的等电点非常接近，染料除了与纤维发生离子键结合外，还能与纤维发生较强的范德瓦尔斯力和氢键结合。即使在纤维的等电点时染色，染料与纤维之间也能发生离子键结合，因为此时纤维仍带较多的正电荷，只不过总的净电荷为零。

聚酰胺纤维含有的氨基与羧基含量较少，可通过调节染色过程中的 pH 值提高其上染性，对 pH 值的控制通常采用以下三种方法：一是保持相当高的酸度，二是将 pH 值控制在很小的误差范围内，三是染色过程逐渐向酸性方向滑行。目前第三种方法是提高酸性染料上染聚酰胺纤维最常用的方法，主要依靠染色过程中温度的升高，添加硫酸盐使其分解生成酸性化合物使 pH 值降低。在沸点下，硫酸铵逐渐分解生成氨和硫酸，使染色体系 pH 值降低，反应方程式如下所示：

$$(NH_4)_2SO_4 + 2H_2O \Longleftrightarrow H_2SO_4 + 2NH_4OH$$

$$(3-28)$$

一种新替代的方法通过有机酯在一定过程中水解生成醇和酸，可使 pH 值向酸性滑移。用酯水解的方法可追溯到 1953 年 Brotherton 公司介绍的 Estrocon 工艺。这种工艺是一浴法中用酸性染料和铬媒染料染羊毛时加入酒石酸二乙酯或乳酸乙酯。20 多年前 Sandoz 首次使用的 Sandacid V 工艺涉及一种化合物分解生成酸，其中 γ-丁内酯经水解后生成丁酸。尽管这种方法在理论上是可行的，但并未得到广泛的应用，可能因为酯水解的方法成本太高。然而此工艺最近再度受到关注，尤其在高牢度染料和循环染浴染色中。

（二）酸性染料上染过程中的饱和值、超当量吸附

染色时，蛋白质纤维、聚酰胺纤维与酸性染料的结合量与其可质子化的氨基数量有关，取决于染液的 pH 值或 H^+ 浓度。当 pH<pI，纤维与酸性染料发生离子键结合，结合量随 pH 值的降低而增加；当 pH 值降低到某一数值或一定数值范围时，染料吸附量为一恒定值。该恒定值相当于纤维上的氨基含量，通常称为纤维的染色饱和值。此时，染料在纤维上的最大吸附量与纤维上的氨基含量彼此成当量的关系。酸性染料与纤维上的氨基以当量关系吸附的现象，称为染料的当量吸附。

但在实际染色过程中，除了一些典型的强酸性染料外，只要染料数量足够，经常发现染料的吸附量会超过纤维的染色饱和值，即发生超当量吸附，俗称"过染"。酸性染料在羊毛、蚕丝、锦纶上发生的超当量吸附在很多研究工作中得到了证实，很多研究人员在进行酸性染料吸附等温线实验时，观察到了这一现象。当用弱酸性浴和中性浴染色的酸性染料染色时以及染液 pH 值较低时，这种情况尤其容易发生。超当量吸附的原因一方面是染料与纤维之间范德瓦尔斯力和氢键的结合。此外，在某些情况下，染料在纤维上可能发生的聚集和疏水性组分引起的水的"类冰"结构变化也是促使染料上染纤维的重要原因。另一方面，在 pH 值较低的情况下，发生超当量吸附的主要原因是氢离子吸附在酰氨基上，使酰氨基成为第二种染座，甚至在当 pH 值很低时，酰氨基发生水解，并生成新的氨基，新的氨基也能吸附氢离子，这也是过染的原因之一。

（三）酸性染料上染的影响因素

酸性染料主要用于蛋白质纤维以及聚酰胺纤维的染色，合理的染色工艺条件必须能使染料以适当的上染速率对纤维均匀上染，而又不损伤纤维本身，同时还要能保证足够的染色坚牢度，影响因素包括多方面。

1. 染料扩散性能和染液的流动 染料的扩散性能是酸性染料上染的重要影响因素。如果染液搅拌充分，而染液浓度又足以使纤维表面的吸附保持平衡，那么上染速率便取决于染料在纤维上的扩散速率。扩散系数是随着纤维上的染料浓度变化而变化的，当纤维上的染料浓度超过一定范围后，扩散系数随着染料浓度的增加而急速增大。若始染时染液浓度比较高，这时一旦吸附不匀，扩散速率便产生很大差异，匀染性将受到严重影响。因染料亲和力较高（尤其是弱酸性和中性浴染色的酸性染料）而造成的染色不匀后，用延长染色时间的办法是较难补救的。因此，为了使染料均匀上染，染料的上染速率必须与染液的流动速率相适应，以便使织物各部位的纤维处在温度、浓度比较均匀一致的染液中上染。

2. 染液 pH 值 染液的 pH 值对酸性染料染色有着极其重要的影响。染料的结构不同，染料对纤维的亲和力和平衡上染百分率也不同，上染所需要的 pH 值也不一样（详见第七章）。以上染羊毛为例，根据染料应用分类，匀染性酸性染料对羊毛的亲和力低，移染性好，在较低的 pH 值下才能获得很高的上染率，pH 值可控制在 2.5～4。但是，由于匀染性酸性染料的湿处理牢度较差，这类染料在羊毛染色中已较少使用。弱酸性浴染色的酸性染料的移染性比较差，亲和力较高。如果在比较强的酸性染浴中上染，它们在羊毛表面很快被吸附，甚至在纤维表面发生超当量吸附，染料分子发生聚集，难以扩散进入纤维内部。因此，用它们染羊毛必须很好地控制弱酸性（一般用醋酸调节），上染接近完毕时，为了增加上染量，可以再加一些酸。中性浴染色的耐缩绒性酸性染料对羊毛的亲和力更高，移染性更差，一般在加有硫酸铵或醋酸铵的染液中染色，随着染液温度的升高，铵盐逐渐水解，放出氨气，缓慢地降低染液 pH 值，使上染率缓慢增加。为了获得匀透的上染效果，染液中除了加硫酸铵外，始时可酌情加入少量氨水使染液呈微弱碱性。

3. 染色温度 酸性染料染色的温度控制除了要考虑不同类型酸性染料在染液中的状态外，还需要结合所染对象纤维的特点进行。

（1）羊毛的外层是结构紧密的鳞片层，鳞片层对染料的扩散有很大的阻力。羊毛在 50℃ 以下在染浴中的溶胀度较小，染料的扩散速率较低，所以羊毛的始染温度可设定在 50℃。当温度超过 50℃ 后，羊毛的溶胀随着温度的升高而不断增加，且在酸性条件下纤维间的氢键被打开，纤维中空隙变大，染料可顺利地进入纤维内。为了获得匀透的染色效果，往往需要采用延长高温保温时间来进一步提高染料的移染性和染料在羊毛纤维中的扩散速率，所以羊毛需要长时间沸染。但是，长时间沸染对羊毛的损伤比较严重，尤其是深浓色染色需要更多的酸剂和更长的染色时间，这更加重了羊毛的损伤。因此，采用低温染色法或等电点染色法对减少羊毛的损伤是极为有利的。

（2）蚕丝纤维比较娇嫩，真丝绸质地轻薄，长时间沸染后因表面擦伤而失去光泽，容易出现灰伤疵病，因此一般宜采用 95℃ 左右染色。

（3）酸性染料对锦纶的亲和力较之对羊毛等蛋白质纤维的亲和力高，故锦纶的初始上染量比羊毛高得多，很容易产生染色不匀的现象，这就需要控制与染色速度有关的染色温度。根据锦纶的玻璃化温度低（为 50～60℃）和弱酸性染料匀染性差的特点，锦纶的始染温度设定应低一些，一般不超过 50℃。同时，升温速度可慢一些，也可以采用分段升温，即在升温过程中设定几个温度点，在这些温度下让锦纶保温一段时间再升温。

4. 匀染剂 为了促进匀染，匀染性酸性染料染色时，可用元明粉作缓染剂。元明粉可延缓染料的上染，还可促进染料的移染，提高匀染效果。元明粉的匀染作用与染料亲和力的大小及染料的磺酸基数目有关，对亲和力低和磺酸基数目多的染料的匀染作用更大。虽然氯离子对酸性染料也有明显的缓染作用，但是由于硫酸根离子的缓染作用更大，故实际生产中一般采用元明粉作缓染剂。

对于耐缩绒性酸性染料而言，中性盐所起的作用与 pH 值有很大的关系。若 pH＜羊毛的等电点，中性盐起缓染作用；若 pH>羊毛的等电点，中性盐起促染作用。即使起缓染作用，对耐缩绒性酸性染料的缓染作用也较小。因此，对于耐缩绒性酸性染料需要选用其他缓染剂。经常使用的主要有阴离子、非离子和阳离子类的缓染剂。

锦纶染色用匀染剂可以分为亲纤维型和亲染料型两大类。有代表性的亲纤维型匀染剂是阴离子表面活性剂。阴离子匀染剂对锦纶具有亲和力，能与染料阴离子竞争纤维上带正电荷的染座。如果 pH 值较低，阴离子匀染剂很快被锦纶吸附，匀染作用也较明显。但在中性浴或近中性浴中染色时，匀染作用不大。有代表性的亲染料型匀染剂是阳离子表面活性剂，它能与染料作用形成结构松弛的复合物，其匀染作用不容易受 pH 值的影响，这类匀染剂对酸性染料在锦纶上的最终上染量影响较大，实际生产中使用效果较好的锦纶匀染剂多为亲染料型与亲纤维型助剂的复配物。

5. 其他影响因素　除了上述影响因素外，如羊毛的尖染效应、蚕丝的脱胶和锦纶的热定型等也都对酸性染料上染具有较大影响，此处不做详细讨论。

（四）酸性媒染染料上染过程

酸性媒染染料染羊毛，需要用重金属盐进行媒染，提高染色牢度。根据媒染方法的不同，可分为预媒染法、后媒染法和同浴媒染法等。

1. 预媒染上染　预媒染法（pro-mordanting method）是指羊毛先用媒染剂预处理，再用酸性媒染染料染色的方法。在媒染过程中，加入还原性的有机酸，同时可防止羊毛被过度氧化而损伤。预媒法的优点是可及时控制颜色浓度，仿色比较方便，特别适合于染淡色和中等色。其缺点是染色过程繁复，工艺流程较长，而且羊毛经铬媒处理后，媒介染料上染太快，容易染花，染色产品的耐摩擦色牢度偏低。

2. 同浴媒染上染　同浴媒染法（meta-mordanting method）是指酸性媒染染料和媒染剂在同一染浴中染色，因染料和媒染剂同时存在，故对染料选择有较高要求。同浴媒染法最大的优点是将染色和媒染两个过程合并为一个过程，工艺简单，流程短，染色时间短，色光容易控制，对羊毛的损伤小。其缺点是适用的染料品种受到限制，给拼色带来麻烦；同时完成上染和络合，染料在纤维内的扩散不够充分，染深浓色时耐摩擦色牢度较后媒法差。

3. 后媒染法上染　后媒染法（post-mordanting method）是先按酸性染料染色方法染色，再用媒染剂进行媒染处理。其优点是匀染和透染性好，耐缩绒、煮呢效果好，耐皂洗色牢度好，整理时色光变化小，适合深浓色染色。其缺点是染色流程长，能源消耗多；最终颜色要在媒染后才能表现出来，色光和仿色不易控制。

（五）酸性含媒染料上染过程

1. 1∶1 型酸性含媒染料上染　1∶1 型酸性含媒染料主要用于羊毛染色，染色方法与强酸性染料类似。与强酸性染料相比，这种酸性含媒染料染色时用酸量较大，沸染时间长，元明粉的匀染作用小；能与羊毛上的氨基和羧基发生络合反应，pH 值对染色的影响与强酸性染料不完全相同。这种酸性含媒染料的上染率在 pH 值为 3~4.5 时最高，在 pH<3 时上染率反而有所下降。主要原因是，当 pH 值低于羊毛等电点，羊毛纤维上的氨基全部离子化，不能与染料上的金属离子发生络合反应，通过络合作用上染羊毛的量减少，尽管染料与羊毛纤维之间的离子键结合不变，上染率还是有所下降。通常染色时，用硫酸调节 pH 至 2.2~2.4。可在染浴中添加非离子型聚氧乙烯醚类的匀染剂以增强匀染效果。

2. 1∶2 型酸性含媒染料上染　1∶2 型酸性含媒染料分子结构复杂，相对分子质量大，对纤维的亲和力强，初染速度快，在纤维内的扩散速度慢，移染性差，对由纤维微细结构差别引起的染色疵病的遮盖性差。这类染料的染色原理与中性浴染色的酸性染料很相似，由于染料分子中的金属离子已与染料完全络合，故它不能再与羊毛、蚕丝和锦纶上的供电子基发生配位键结合。除了纤维与染料间存在范德瓦尔斯力和氢键结合外，在染液中，1：2型酸性含媒染料上磺酸基团电离后形成带负电荷的染料阴离子，可与纤维上的离子化氨基通过离子键结合。当温度较低时，染料的聚集程度较高。因此，如何使染料上染均匀和透染是制订染色工艺的关键。

四、阳离子染料的上染过程

阳离子染料具有与酸反应的游离碱性氨基，最初被称为碱性染料，这类染料是有机阳离子化合物，后来统称为阳离子染料。阳离子染料在水中电离成色素阳离子，通过电荷引力与腈纶中的酸性基团结合上染。阳离子染料色谱齐全，具有鲜艳的颜色和高发色强度，有些甚至有荧光；染色性能优良，各项色牢度好，尤其是耐日晒色牢度高。

（一）阳离子染料上染腈纶

不像涤纶、锦纶有明显的结晶区和无定形区，聚丙烯腈只存在不同侧序度区，没有明显的熔点，软化温度为 $190 \sim 240 ℃$，$250 ℃$ 以上发生热分解。聚丙烯腈有两个玻璃化温度，分别为低侧序区的 T_{g1}（$80 \sim 100 ℃$）和高侧序区的 T_{g2}（$140 \sim 150 ℃$）。但引入第二、第三单体后，丙烯腈共聚物玻璃化温度下降为 $75 \sim 80 ℃$。

$$\text{COOH} + D^+X^- \longrightarrow$$
$$\text{SO}_3H + D^+X^-$$

染料离子主要借助于与纤维上的酸性基团以离子键的作用上染，此外，同时纤维上的极性基团（如氰基）以及染料分子结构中的多种极性取代基等，使染料与纤维间存在着如偶极之间、偶极与诱导偶极间的分子间作用以及染

阳离子染料对腈纶染色主要靠染料阳离子与纤维上的酸性基团（阴离子）之间的库仑引力。带正电荷的阳离子染料在腈纶上吸附上染，发生在纤维中特定的酸性基团上属于定位的化学吸附，符合朗缪尔吸附等温线，其吸附等温线如图 3-12 所示。

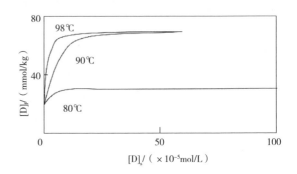

图 3-12　阳离子染料染腈纶吸附等温线

由图 3-12 可见，腈纶用阳离子染料染色时纤维具备饱和值（$[S]_f$），其与纤维上酸性基团的含量相对应，阳离子染料的上染，实际上是溶液中染料与纤维上的酸性基团进行离子交换的过程，反应如下所示：

$$F\text{—}SO_3\text{—}H^+ + D^+ \Longrightarrow F\text{—}SO_3\text{—}D^+ + H^+$$
$$(3\text{-}29)$$

实际染色过程中，染浴中除了存在染料离子 D^+ 及氢离子 H^+，还有 Na^+、Cl^- 等参与，同时纤维上酸性基团也有强弱之分，情况就更为复杂。

从腈纶阳离子染料染色饱和值及其吸附等温线的研究可知，阳离子染料对腈纶的上染实质上是一个离子交换过程，反应如下所示：

$$\text{COOD} + 2HX \qquad (3\text{-}30)$$
$$\text{SO}_3D$$

浴中纤维表面负的双电层点位（Zeta 电位），都使阳离子对纤维具有较高的亲和力，从而被吸附上染纤维。

吸附在腈纶表面的阳离子染料，随着染色温度升高，尤其达到或超过纤维玻璃化温度后

时，表面吸附的染料很快向纤维内相扩散。一般认为阳离子染料在腈纶内相的扩散模型为自由体积模型，即阳离子染料从一个染座上解吸下来，再吸附到另一个染座，并逐渐向纤维内部扩散，在各染座间呈跳跃式地传递。最后主要以离子键的形式在纤维的染座上固着。

（二）阳离子染料上染腈纶的影响因素

影响阳离子上染速率的因素有很多，既有纤维化学结构与微细结构对染色的影响、阳离子染料本身的化学结构，又有染色工艺条件等的影响。

1. 纤维结构　由于酸性基团的引入，纤维大分子链上具有阴离子染座，因而可采用阳离子染料在常压下染色。腈纶中含有酸性基团的种类和数目对染料染色有重要影响，阳离子染料在纤维表面的表观扩散系数随纤维中酸性基团（磺酸基）含量增多而增大。强酸性基团电离程度高，染色初期有更多的染座提供染料吸附，故其上染率更高，特别是当两类不同酸性强度的酸性基团上染纤维时，含强酸性基团的纤维其上染率明显大于含弱酸性基团的纤维。此外，腈纶在加工过程中的热处理以及外力拉伸对染料在纤维中的扩散也会产生较大影响。

2. 染料的结构与浓度　由于阳离子染料与腈纶之间强离子键作用，以及偶极之间，偶极与诱导偶极之间的作用，疏水作用等，导致阳离子染料在腈纶上有较高的直接性，染料吸附快，初染速率高，移染性差，故容易引起匀染性差等问题。尤其是分子结构复杂、亲和力高的阳离子染料，染色初期染料在纤维表面吸附快，但在纤维内相中扩散较慢，因此透染性差，易产生环染。

染浴中染料浓度的变化对染料的上染速率也会产生不同的影响。其他条件相同时，当染浴中染料浓度小于某一临界值时，随着染浴中染料浓度的增加，染料的上染速率急剧增大；而当染浴中染料浓度超过此临界浓度后，染料上染速率不再增大，此时上染速率与染浴浓度无关。这是由于染浴超过临界浓度以后，染料在纤维表面的吸附呈饱和状态，表面浓度维持动态平衡，因而上染速率完全受纤维内相中染料的扩散过程控制。Cegarra的研究证实，在染色初期，染色速率常数增加很快，当进一步增加染料浓度时，染色速率常数保持为常数。

3. pH 值　染浴 pH 值可通过对染浴中的纤维和染料两方面对染色产生影响。阳离子染料的平衡上染量随染浴 pH 值的升高而增大，其中仅含弱酸性基团（如—COOH）的纤维，由于弱酸性基团的电离受染浴 H^+ 浓度影响大，因而 pH 值升高，更加有利于纤维染色饱和值的提高，故其平衡上染量增加明显；而强酸性基团（如—SO_3H）的电离几乎不受染浴 pH 值的影响，其平衡上染量不如前者明显。

4. 温度　染色温度对阳离子染料的染色速率及上染量影响显著。当染色温度低于纤维玻璃化温度（湿态 70~85℃）时，纤维大分子链自由运动几乎为零，纤维结构紧密，染浴中染料分子仅吸附于纤维表面。当染浴温度接近其玻璃化温度时，腈纶大分子链的自由运动对温度变得敏感，进一步升高染浴温度，纤维大分子链运动更为剧烈，其自由体积呈指数形式增长，大量染座暴露给染浴中的染料，同时染料的扩散速率也加快，因而此时染料的上染速率发生突变。染色温度处于纤维玻璃化温度以上 10~15℃时，大部分染料都在此范围内完成上染，故为染料的集中上染区。但通常染色温度对纤维的染色饱和值影响不显著。

5. 缓染剂　由于常规阳离子染料对腈纶具有较高的亲和力，在纤维上的染色速率高，尤其在染色温度高于玻璃化温度（T_g）10~15℃的较窄温度范围内，染料上染速率发生突变，容易发生集中上染，同时由于其低的移染性，故极易产生染色不匀。如仅通过控制染色温度的途径来提高产品的匀染性还往往不够。实际生产中，通常采用在染浴中加入缓染剂的方法来改善阳离子染料的匀染性能。

第三节　不溶性染料的上染过程

一、还原染料的上染过程

还原染料（vat dyes）是一类不溶性染料，但染料分子上通常含有两个或者多个共轭的羰基，染色时可以在碱性条件下被还原剂还原为可溶性的、对纤维素纤维有亲和力的隐色体钠盐（简称隐色体）而上染纤维，染色后再经过氧化，恢复为原来不溶性的染料色淀固着在纤维上。还原染料的化学结构类型多，也比较复杂，但多为靛类和蒽醌类。

（一）还原染料上染纤维素纤维的机理

还原染料染色是在碱性条件下被还原成可溶性的隐色体钠盐上染纤维的，常用的还原剂为保险粉。在碱性条件下，染料上的羰基被还原成羟基，反应生成的羟基化合物不呈现原来的颜色，且和染料一样不溶于水，但在碱性介质中形成的钠盐，溶于水，形成的隐色体钠盐，简称隐色体。染料的隐色体溶于水，对纤维素纤维有亲和力，能被纤维吸附，并在纤维上扩散染。染料的还原氧化过程可表示如下，在酸性介质中，隐色体转变为隐色酸，隐色酸不溶于水。

$$\tag{3-31}$$

$$\tag{3-32}$$

还原染料隐色体溶于水，其上染机理与直接染料上染纤维素纤维相似，以色素阴离子通过范德瓦尔斯力和氢键等吸附于纤维表面，向纤维内部扩散，并与纤维结合。染料在纤维中扩散的模型属于孔道扩散模型，吸附等温线符合弗莱因德利胥型。

由于隐色体染液中的 Na^+ 浓度以及隐色体在染液中的初始化学位高，使隐色体初染率很高，染色开始的 10min 有 80%~90% 的染料隐色体被吸附、聚集在纤维表面，使染料向纤维内的扩散速率被降低，延长了达到染色平衡所需要的时间，有时甚至需要一周。因此，还原染料隐色体对纤维素纤维染色亲和力的测定较困难，但还原染料对棉纤维的亲和力小于直接染料对棉纤维的亲和力。

一般对于亲和力大，初染速率高，而扩散速率又很慢的染料是最难匀染的，拼色时选用的染料初染率应大致相近，否则容易造成前后

色泽不一致。还原染料隐色体的聚集性随染料的结构不同而异。分子结构简单的，如靛蓝和硫靛类隐色体在染液中聚集很少。其衍生物倾向于形成几个分子的聚集体，它们对纤维的亲和力较低；而结构复杂、相对分子质量大、同平面共轭性好的隐色体，在染液中的聚集显著，如蒽醌类比靛类更容易聚集，甚至可以形成 3000 个分子以上的聚集体，这类隐色体对纤维的亲和力高，而且电解质的存在和温度低都会引起聚集增加。提高匀染性，可采取控制或降低上染速率及增进移染的方法（具体见第八章）。

（二）还原染料的分类和染色方法

按染料的还原性能和隐色体的直接性、溶解性及稳定性等通常把还原染料分为甲、乙、丙三类。隐色体上染性能不同，染色方法也不同，所对应的染色方法分别称为甲法、乙法及丙法等，见表 3-4。

表3-4 还原染料的染色方法、特点和染色条件

染色方法	特点	染料	染色温度/℃	烧碱浓度/(g/L)	保险粉浓度/(g/L)	元明粉浓度/(g/L)
甲法(IN)	分子结构较复杂，隐色体的聚集倾向较大，亲和力较高，扩散速率较低	蓝蒽酮、紫蒽酮、异紫蒽酮、咔唑蒽醌等（如还原蓝RSN、还原黄GCN等）	50~60	10~16	4~12	—
乙法(IW)	介于甲类和丙类染料之间	还原棕BR、还原灰BG等	40~50	5~9	3~10	8~12
丙法(IK)	结构较简单，亲和力较低，聚集倾向较小，扩散性较好	酰氨基蒽醌、吖啶酮蒽醌、稠环烃蒽醌（如缔蒽酮艳橙）、二苯并芘醌金黄及咔唑类蒽醌（还原黄FFRK）、还原黄5GK、还原黄7GK、还原艳桃红R等	20~30	4~8	2.5~9	10~15

（三）隐色体浸染

染料先被还原为隐色体，然后隐色体吸附上染，再经氧化、皂洗完成染色的方法，常称为隐色体染色法（leuco exhaust dyeing）。

1. 染色方法 前已叙及，根据染料隐色体的染色性能不同，染色方法主要分为：甲法、乙法、丙法三种。有的染料，如还原艳绿FFB，甲、乙、丙三种方法都可以用；含酰氨基的不能用较高温度染色，以防酰氨基水解，一般用乙法染色；特别容易聚集的、扩散性能差的隐色体宜用甲法染色，即较高的温度染色；不容易聚集的可用丙法染色；靛系还原染料，宜在高温还原、低温染色（表3-4）。

2. 还原方法

（1）干缸法。干缸法是染料及助剂不直接加入染槽，而是先在另一较小的容器中，用较浓的碱性还原液还原，然后再将隐色体钠盐的溶液加入染浴中。

（2）全浴法。全浴法是染料直接在染浴中还原的方法，也称染缸还原法。染料被还原后马上开始染色，染料、保险粉及烧碱的浓度都相对比较低，适用于还原速率比较高的染料。

实际上许多还原染料，既可用干缸法，也可用全浴法还原。

3. 隐色体染色影响因素 还原染料、硫化染料隐色体浸染时，和直接染料相似，可用食盐等电解质促染。但还原染料的上染百分率及上染速率都较高，特别是初染率很高。染色时，吸附在纤维表面的还原染料隐色体，不易扩散进入纤维内部，容易产生环染白芯现象。产生白芯现象的原因，一是由于染料分子体的分子较大、平面性好、对纤维的亲和力高；且为了提高染料上百分率、减少保险粉的损耗、避免过度还原、脱卤、水解等不正常现象，染色温度通常较低，因此隐色体容易聚集，在纤维内的扩散速率低，移染和透染性差；另外染浴中含有保险粉、烧碱等大量电解质，对隐色体上染起促染作用，使初染速率很高、匀染性下降，即使延长上染时间，也难获得匀染。一般初染速率高，而扩散速率又很慢的染料是难匀染的，这与直接染料因染色温度高，染色初期的不匀，可通过延长染色时间来补救有较大的不同，因此，容易造成环染白芯现象。提高匀染性，可以采取控制或降低上染速率及增进移染的方法。对于初染率高的染料，除通过控制上染温度、降低上染速率外，还可以选用适当的缓染剂，能和染料隐色体形成不稳定的染料—助剂结合体，再慢慢分解，逐渐释放出游

离的隐色体,以降低初始吸附速率和上染速率,对苯嵌蒽酮稠环酮类和蓝蒽酮类等染料的缓染效果较显著。也可用阳离子型表面活性剂控制初染率以提高染料的匀染性,但会降低上染百分率。总体来讲,对于染料隐色体染色性能主要包括以下影响因素。

(1)隐色体溶解性。还原染料隐色体的聚集性随染料的结构不同而异。分子结构简单的加靛蓝和硫靛类隐色体在染液中聚集很少。靛蓝和硫靛的衍生物倾向于形成几个分子的聚集体,它们对纤维的亲和力较低。而结构复杂、相对分子质量大、同平面共轭性好的隐色体,在染液中的聚集显著,如蒽醌类比靛类更容易聚集。甚至可以形成 3000 个分子以上的聚集体,这类隐色体对纤维的亲和力高,而且电解质的存在和温度低都会引起聚集增加。

(2)染色温度。适合的染色温度既能获得较高的上染百分率,又能获得很好的染色匀透性,但当染色温度过低时,染料隐色体向纤维内部扩散速率低且透染性较差,影响染品的染色牢度。为了提高染料隐色体盐的移染性,可以采用高温染色。其中,还原染料的移染性与染色温度的关系见表 3-5,染色温度高时还原染料的移染性能好。高温染色的温度以 70~80℃ 为宜。但由图 3-13 可见,高温染色会降低还原染料的染着率,此外,还会加速保险粉的分解。因此,在染色过程中需要添加保险粉,若同时使用高温稳定剂染色效果更好。

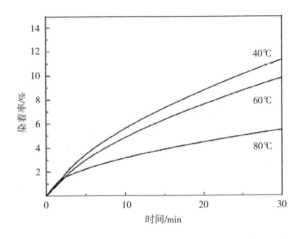

图 3-13　还原金橙 G 在不同染色温度时的上染率曲线

(3)染色时间。染色时间对于匀染、染色牢度及上染率等有较大影响。染色时间短,上染百分率低,匀染不足,染色牢度也不良;但染色时间过长,虽匀染性和染色牢度好,但也增加了保险粉的消耗。染色时间一般为 30~45min。

(4)浴比。浴比的大小与上染率和染化料的用量、染色设备有关。浴比大有助于匀染,但上染率降低,染化料耗用量大。染色浴比小,浓度过高,使部分染料溶解不良,形成色淀,沾污纤维表面,容易造成条花。

(5)碱剂用量。隐色体上染时,为了防止染料隐色体过早氧化,增强还原剂还原作用,在染液中可加入碱剂。但加入量过多,会促使硫化染料隐色体聚集,使隐色体不易扩散进入纤维内部,染品透染性变差,白芯现象严重,耐摩擦色牢度降低,所以加入碱剂应适量。

(6)电解质用量。隐色体聚集倾向不同,对食盐或元明粉的效应也不同。聚集度小的,染浴中可加食盐,提高上染率,但用量不宜过多,一般为染物重的 10%~15%;聚集度较大的,亲和力和上染率一般也高,不需再加食盐。乙法和丙法染色的隐色体,对纤维的亲和力低,可加适量的电解质。

(7)隐色体的氧化剂。染料隐色体上染纤维后,必须经过氧化使其恢复为原来不溶性还原染料固着在纤维上。在染料隐色体氧化过程

表 3-5　还原染料的移染性与
染色温度的影响（中色）

染料	染色温度	
	50℃	80℃
还原黄 GCN	1~2	4~5
还原橙 RRTS	1	2~3
还原红 FBB	2~3	5
还原蓝 RSN	1	3~4
还原艳绿 FTB	1~2	4

中，必须使其充分氧化发色。氧化不足，会造成染色物在皂洗过程中发生色浅和色花现象。但对于易氧化的染料也要防止过度氧化，以免造成染料结构破坏，产生晶粒，引起色泽变化，耐摩擦色牢度降低，色差变大，影响染色质量。一般还原染料隐色体的氧化速率较快，可不用氧化剂，只要进行水洗，去除纤维上多余的染液，用空气（透风）就能氧化，对纤维亲和力高的隐色体采取水洗后空气氧化的方法。对于氧化速率较慢、对纤维亲和力较低、溶解度大的染料隐色体，要用氧化剂氧化，使氧化充分。氧化前不宜水洗，用氧化剂带碱氧化后再水洗，否则隐色体容易溶落在水中造成染料损失，降低染料的利用率。对于氧化速率特别慢的染料隐色体，宜用重铬酸盐的酸性溶液作氧化剂。

氧化条件应该慎重选择，氧化条件过于剧烈，可能会导致过度氧化，除了对色光有所影响外，在硫化染料染色的反应如下式所示，还产生新的水溶性基团，降低染品的湿处理牢度。

$$\mathrm{Dye} \begin{matrix} \mathrm{S} \\ | \\ | \\ \mathrm{S} \end{matrix} \xrightarrow{[O]} \mathrm{Dye-SO_2^-} \xrightarrow{[O]} \mathrm{Dye-SO_3^-}$$

$$(3-33)$$

（四）悬浮体轧染

悬浮体轧染法是指将织物直接浸轧还原染料配成的悬浮体溶液，再浸轧还原液，在汽蒸等条件下使染料还原成隐色体，上染纤维的方法。由于染料悬浮体对纤维无亲和力，均匀分布在纤维与纱线的表面，还原后隐色体被纤维吸附，并向纤维内扩散，具有较好的匀染性和透染性。悬浮体轧染对染料的适应性较强，工艺产量高，不受染料上染率不同的限制，因此上染率不同的染料可拼染。

通常在室温下进行悬浮体轧染，要求轧槽要小、轧液率适当，应适量添加渗透剂和分散剂、及时更染料颗粒越小，染料悬浮液越稳定，对织物的透染性越好，还原速率快。如染料颗粒太大，会影响得色量，甚至会造成色点等疵病。

采用无接触式烘干设备，如红外、热风烘干，烘干时先高温，再逐渐降低。烘干后的织物应先冷却，再进入还原液，谨防布面过热，使还原液温度升高，导致保险粉分解损耗。浸轧含 NaOH、保险粉、染料等组成的还原液，以防止织物上的染料脱落。开始时还原液浓度要高，浸轧还原液的织物立即进入含有饱和蒸汽（102~105℃）的还原蒸箱内汽蒸 50s 左右，使染料还原、上染。还原蒸箱进布及出布口应采用液封或汽封，防止空气进入蒸箱，过多地消耗保险粉，影响染料的正常还原。蒸箱不能滴水，汽蒸完毕，再进行水洗、氧化和皂洗等后处理。

还原染料悬浮体轧染时，由于悬浮体颗粒的疏水性及染液中含有一定量的分散剂，烘燥时染料颗粒易发生泳移。若产生不规则泳移时，会造成织物局部浓度差异，出现染斑，并形成阴阳面。在进行隐色体轧染时，尽量降低带液率至低于 30%；在染液中加入防泳移剂，如海藻酸钠，结合非接触烘干设备，防止泳移导致的不匀。

二、硫化染料的上染过程

硫化染料是另一类不溶性染料，是以某些芳香胺类化合物或酚类化合物为原料，与硫黄或多硫化钠一起共热硫化而制成一类含硫的染料。它不溶于水和有机溶剂，但能溶解在硫化碱溶液中，溶解后可直接染着纤维素纤维，故称为硫化染料。除了有不溶性的硫化染料，现在还有暂溶性硫化染料，它是由硫化染料加亚硫酸氢钠制成的一种染料，其结构上含有硫代硫酸钠基，能溶于水。另外，也可将硫化染料预先还原成硫化染料隐色体溶液，制成隐色体硫化染料。

硫化染料分子结构比较大，是由二硫键连接若干发色体单元而成的聚合物。母体本身不溶于水，对纤维素纤维没有亲和力，染色时，在碱性硫化碱等还原剂作用下，染料被还原，染料中的二硫键断裂，生成—NaS，染料即转化为溶于水的隐色体形式。

一般认为在还原剂作用下，硫化染料分子的还原主要是染料中的二硫键和多硫键被还原成硫醇基（硫酚基），在碱性溶液中生成隐色体钠盐而溶解。硫化钠反应过程表示如下：

$$Na_2S+H_2O \longrightarrow NaOH+NaHS \quad (3-34)$$

$$2NaHS+3H_2O \longrightarrow Na_2S_2O_3+8H^++8e \quad (3-35)$$

$$2NaHS \longrightarrow Na_2S+S+2H^++2e \quad (3-36)$$

硫氢化钠对染料发生还原作用如下：

$$4D—S—S—D'+2NaHS+3H_2O \longrightarrow$$
$$4D—SH+4D'—SH+Na_2S_2O_3 \quad (3-37)$$

$$D—SH+NaOH \longrightarrow D—SNa+H_2O \quad (3-38)$$

其中，硫化染料还原成隐色体是一个还原降解的过程，这和还原染料不同。硫化染料还原溶解工艺条件由染料结构中链状硫的化学反应性决定。硫化染料隐色体电位（一般为负值）的绝对值较低，所以硫化染料比还原染料容易还原，无须采用保险粉等强还原剂还原，通常多采用还原能力较弱、价格较低的硫化钠作为还原剂将染料还原溶解。在还原过程中，除上述染料中的二硫键被还原外，还有多硫键也可以被还原，亚磺基可被还原成硫醇基；醌结构被还原成酚结构等。

隐色体对纤维有亲和力，能上染纤维，染毕染料隐色体又重新被氧化为不溶于水的硫化染料母体形式，二硫键又重新连接，形成不溶于水的染料沉积在纤维上，因此硫化染料上染过程与还原染料相似。硫化染料的染色原理可用下式表示。

$$R—S—S—R' \xrightarrow{[H]} R—SNa+Na—R' \xrightarrow{上染} R—SNa$$
$$—f+f—NaS—R' \xrightarrow{O} R—S—S—R'—f \quad (3-39)$$

三、分散染料的上染过程

分散染料是一类水溶性很低的非离子染料，借助分散剂以细小的微粒分散悬浮在染液中，染色时在水中主要以微细颗粒呈分散状态存在。分散染料分子较小、结构简单，不含磺酸基等强亲水基团，仅含有一些羟基、氨基、硝基等弱极性基，它是合成纤维特别是聚酯纤维染色和印花的主要染料。瑞士科莱恩公司把分散染料分为 E 型、SE 型和 S 型三类，其中，S 型分散染料升华牢度很好，E 型分散染料匀染性好，升华牢度不高，SE 型分散染料升华牢度比较好，匀染性中等。

（一）分散染料上染涤纶

分散染料属于非离子染料，在水中的溶解度很小。虽然商品分散染料在加工过程中已经加入了大量的分散剂，但是染色时还需要在染浴中加入一定量的分散剂。分散剂使分散染料均匀地分散在染浴中，形成稳定的悬浮液，如果分散剂的浓度超过其临界胶束浓度，会有一部分染料溶解在胶束中。所以分散染料在染浴中一般会有三种状态存在：溶解在染浴中呈单分子状态的染料、溶解在分散剂胶束中的染料以及悬浮在染浴中的分散染料颗粒（晶体），三种状态互为平衡。染色时，染料颗粒不能上染纤维，只有溶解在水中的染料分子才能上染纤维。随着染液中染料分子不断上染纤维，染液中的染料颗粒不断溶解，分散剂胶束中的染料也不断释放出染料单分子。在染色过程中，染料的溶解、上染（吸附、扩散）处于动态平衡中，这一过程可简单表示如下：

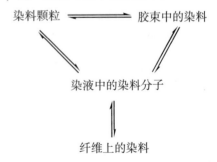

染料在溶液中还可能发生结晶增长或晶型转变。上述几个平衡过程是相互关联的。染料最终转移是由溶液中的晶体转移到纤维上，水溶液主要起转移介质的作用。

染料吸附上纤维和从纤维表面向纤维内部扩散都是以单分子形式来完成的。染料分子从溶液接近纤维，进入扩散边界层后，当离纤维表面很近时，很快被纤维吸附，在纤维内外形成一个浓度梯度，使染料不断由表面向中心扩散（可逆过程），直到达到染色平衡。与染料饱和溶液保持平衡的纤维上的染料浓度就是此时的染色饱和值。

目前分散染料水相染色理论认为，分散染料染色时，染料首先溶解在水中形成单分子状态，溶解的染料吸附并扩散进入纤维内部。典型的分散染料在纤维和水中的分布符合分配原则，吸附等温线为能斯特型，是较简单的一种吸附类型，可以看作染料对纤维具有亲和力而溶解在其中。

在染色平衡情况下，染料在纤维上的浓度 $[D]_f$ 与在染液中的浓度 $[D]_s$ 之比为一常数，即 $\dfrac{[D]_f}{[D]_s}=K$，纤维上的染料浓度随着染液浓度的增大而增大，当纤维上的染料浓度不随染浴中染液浓度增大而继续增大时，即直线的顶点位置，纤维上染料的浓度到达了染色饱和值。直线的斜率代表了染料在纤维和染浴中的分配系数，因此可将分散染料染色看作染料分别溶解在染浴及纤维的过程。

染色亲和力取决于染料和纤维的结构和性质。当染料的结构和性质与纤维的结构和性质相接近时，两者容易相容，染色亲和力很高。此外还和染色工艺条件，特别是染色温度有关。染色温度升高，染色饱和值增大，而吸附等温线斜率则降低，即亲和力随着温度的升高而下降。其原因是随温度的升高，分散染料在水中溶解度增加比在纤维中增加得快。染色亲和力还受染浴中其他组分，例如分散剂、匀染剂和载体等的影响。这些助剂如果增加其在染液中的溶解度，便会使分配系数下降。涤纶染色时，加入亲水性低的载体，分配系数会随着载体的用量增大而增大。分配系数的变化是由于载体改变了染料在染液中和纤维中的溶解度，亲水性低的载体增加纤维中的溶解度比较多而亲水性高的载体增加染浴中的溶解度比较多。

分散染料上染聚酯纤维、聚酰胺纤维以及聚丙烯腈纤维时，基本符合这种吸附等温线。但实践中发现，有些染料的吸附等温线并不是直线，而是具有部分朗缪尔吸附曲线的吸附特征。产生这种现象的原因比较复杂，一方面是染料在溶液中的状态比较复杂，另一方面染料在纤维无定形区中的状态与真正的溶解也有差异，它们可能发生定位吸附，染料分子间也有可能发生相互作用，而在纤维的空隙中发生聚集，这些都会使吸附等温线发生偏离直线的特征。

如上所述，分散染料的上染过程包括：染料晶体的溶解、染料扩散通过晶体周围的扩散边界层、染料分子随染液流动到达纤维周围的扩散边界层，再扩散，通过这个扩散边界层并在纤维表面发生吸附，在纤维内外产生浓度差后，染料分子不断向纤维内部扩散，最后达到平衡。上染速率曲线如图 3-14 所示，在染色开始阶段，上染速率接近常数，不随染液中的染料用量增加而变快，因为这阶段的染液都是处在饱和状态，只有当染液不能维持饱和状态时，上染速率才开始下降。这种现象在染液中染料含量较低时出现得较早（曲线 A），反之较晚（曲线 C）。

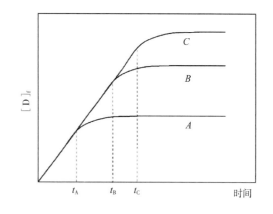

图 3-14　不同含量分散染料对涤纶的
上染速率曲线（染料浓度：$C>B>A$）

（二）分散染料上染涤纶的影响因素

由于合成纤维的结构特点，分散染料染涤纶时平均扩散活化能比较大，达 126kJ/mol（直接染料染黏胶纤维时平均扩散活化能为 63kJ/mol，酸性染料染羊毛时平均扩散活化能为 84kJ/mol）。扩散边界层厚度与染液的流动速率和染色温度有关。采用浴比小、染液和织物间相对运动速度大的染色设备，在高温下染色，染料就较容易通过扩散边界层。染料向纤维内部的扩散速率则取决于纤维内外层的浓度梯度和扩散系数。纤维表层吸附的染料浓度取决于染料的分配系数和染液浓度。如果染液中的染料在充分搅拌下，足以使纤维表面的吸附呈饱和状态，染料对纤维的上染速率取决于染料分子的扩散速率。分散染料在涤纶中的扩散速率和纤维在生产过程中所受拉伸比的大小、热定形的温度等条件有关。染液温度在纤维玻璃化温度以下时，染料上染速率是很低的。染液温度超过纤维玻璃化温度后，上染速率迅速增高，对温度的差异很敏感。除了染色温度外，染料在染浴中的状态对染色性能有很大影响，而染料在染浴中的状态与染料的结构及染色工艺条件等都有很大关系。

分散染料在水中的溶解度不高，但溶解度过低，上染速率太慢，因此染料还应具有一定的溶解度。分散染料在水中的溶解度与染料的分子结构、物理状态以及染浴条件有关。分散染料的溶解度随染料结构不同而有较大差异，具有—OH 等极性取代基的染料溶解度较高一些。相对分子质量较大、含极性基团少的染料溶解度很低。升高温度是提高染料溶解度最简捷的办法，但各种染料之间差异较大，一般来说，溶解度大的，随温度的升高溶解度提高得多一些，反之则较少。在商品分散染料中通常含有大量的分散剂等助剂，分散剂除了能使染料以细小晶体分散在染液中呈稳定的悬浮液外，当超过临界胶束浓度后，还会形成微小的胶束，将部分染料溶解在胶束中，发生所谓的增溶现象，从而增加染料在溶液中的表观浓度。

分散染料的溶解度高低除了和染料分子的大小、极性基团的性质和数量以及分散剂的性质和用量有关外，还和染料的晶格结构和颗粒大小有关。在上染过程中染液中还可能发生晶体增长。如果一种染料能形成几种晶型，则染料还会发生晶型转变，由较不稳定的晶型转变成较稳定的晶型。变成稳定晶型后，染料的上染速率和平衡上染百分率都会下降。

在染料厂加工染料时，一方面使染料颗粒尽量变小，并且加了足量的助剂增溶，以加速染料的溶解。加入载体可大幅加快上染速率，载体的作用主要在于对纤维起增塑作用，降低纤维的玻璃化温度（更确切来说，应为降低上染速率转变温度），提高扩散速率以及提高染料在纤维中的可及度。在上染过程中载体吸附在纤维表面并溶解染料后，形成一层高浓度的染料溶液，提高了纤维表面和内部的浓度梯度，也将使上染速率加快。例如，当涤纶中含有 0.55mol/kg 三氯苯后，一些染料的扩散系数可增加 4~300 倍，在 100℃ 以下用普通设备就有较快的上染速率，可染得深色产品。

（三）分散染料上染涤纶的方法

由于分散染料在水中的溶解度很低，涤纶的吸水性又低，在水中不易溶胀，为了提高染料平衡吸附量和加快上染速率，目前分散染料上染涤纶的染色方法主要有三类：第一，在高温高压的密闭容器中利用水分子的增塑作用和高温条件，使染料在不加载体的情况下提高上染速率和染料吸附量，称为高温高压染色法；第二，选用载体作为助剂，使染料上染速率和吸附量都得以提高，在 100℃ 左右的条件下有较快的上染速率，称为载体染色法；第三，干态纤维在足够高的温度情况下，例如在 180~220℃ 的情况下，纤维无定形区分子链段运动非常剧烈，可以产生瞬间空穴，同时染料分子的热运动也很快，所以染料能够上染纤维，这种染色方法称为热熔染色法。

1. 高温高压法染色 涤纶用分散染料在温

度130℃左右，压力>10.3kPa 中进行染色的方法称为高温高压染色法。高温高压染色可选用 SE 型和 S 型分散染料，影响染色的因素有染色温度、染色时间、染色 pH 等。

结构中含有酯基、酰氨基、氰基等基团的分散染料，在高温、碱性条件下，染料会发生水解；在高温、酸性较强的条件下，分散染料会酸化水解，影响染色织物的色光和染色性能。因此分散染料染色时，染浴 pH 控制在 5~6。

高温高压染色分三个阶段：

（1）初染阶段。染液升温到达纤维的 T_g，有 20% 的染料被纤维吸附。

（2）吸附阶段。继续升温至 T_g~染色温度，再保温一段时间，这个阶段有 80% 染料被吸附，并有部分染料扩散进入纤维内部。

（3）保温染色阶段。在染色温度（常规涤纶为 130℃，超细涤纶为 110~120℃）保持适当时间，染料分子扩散（渗透）进入纤维内部透染纤维。

温度是高温高压染色的最主要因素，随着染液温度的升高，染料染液上染速率大为加快，染料吸附量也大幅提高。高温高压染色可以获得匀染性和透染性好的产品，但该方法对设备要求高，染色时间长，能耗大。分散染料在涤纶中的扩散系数随着染色温度的提高迅速增大，见表 3-6。随着温度的继续增加，对设备的要求也逐渐提高，且会对纤维造成损伤。

表 3-6　分散染料染涤纶温度和扩散系数之间的关系

温度/℃	扩散系数/（cm²/min）	相对倍数
100	4.972×10^{-10}	1
120	0.877×10^{-8}	17.6
130	2.367×10^{-8}	47.6
140	8.499×10^{-8}	171

染色时间一般控制在 30~90min，确保染料向纤维内部扩散，并通过染料的移染，把纤维染透、染匀。染色时间由染料的扩散性能、染色温度、织物的组织结构和染色深度决定，扩散性能差、染色温度低、织物紧密或染深色时，保温时间应长些，反之则可短些。

2. 载体法染色　载体染色是利用载体助剂对涤纶的增塑膨化性能，使分散染料能在常压100℃以下对涤纶进行上染的方法。载体可导致纤维内部结构变化，使涤纶 T_g 降低 20~25℃，因此载体染色一般采用 100℃沸染 30~90min。常用的载体一般是一些结构比较简单的芳香族有机化合物，如芳香族的酚类、酮类、酯类等（详见第二章）。

适合于毛涤、涤腈混纺织物的染色。因为羊毛不耐高温，染色温度>110℃纤维强力容易损伤，用载体染色法可按羊毛染色的常规工艺进行加工。载体染色选用 E 型分散染料，影响染色的因素主要是载体、染色温度和时间、染液 pH 值等。

它们是通过以小分子的状态进入纤维内部，并且以氢键与范德瓦尔斯力的方式和纤维结合，削弱了纤维内分子链间的结合力，增大空穴产生的概率，染料扩散速度增加，上染百分率提高。染色时，载体又可在纤维表面形成一层液状载体层，又由于载体对染料的溶解作用强，使纤维表面形成一层浓度很高的染液层，增加了纤维内外的浓度梯度，可加快染料的上染速率。

载体用量要适当。载体对染料的玻璃化温度降低会随着载体用量增加而不断提高，待到达一定程度后不再发生变化，见表 3-7。研究还表明：随着载体用量增加，涤纶的 T_g 降低，载体对染料的溶解性增加，染料上染量增加，但到一定程度后，载体用量增加会导致染料更多地溶解在染液中，染料的平衡上染量降低。染色后必须充分皂洗，去除残余的载体，否则会降低染料的耐日晒色牢度。

表 3-7　联苯浓度和涤纶玻璃化温度的关系

联苯浓度/%	0	2	4	6	8	10
涤纶 T_g/℃	85	83	77.5	72.5	69	66

理想的载体应该是无毒、无味、易生物降解、不降低染料对纤维的亲和力、不影响染色的色泽和牢度、易于洗除和成本低廉。曾作为分散染料染色载体的有水杨酸酯、联苯、卤代苯、甲基萘等，但这些载体气味大或有一定毒性，已被淘汰。近年来开发的一些环保型载体，易被涤纶吸收，对纤维有膨化、增塑作用，有些载体兼有对染料的增溶作用。

3. 热熔法染色　热熔染色是一种干态高温固色的染色方法，多用于平幅织物连续染色，工艺流程包括浸轧、红外线预烘、热风（或烘筒）烘干、高温焙烘固色和水洗（还原清洗）。加热达到固色所需温度后，对涤纶发生吸附，形成环染，在纤维表层和纤维内部形成一个浓度梯度，使染料不断向纤维内部扩散。热熔染色优选升华牢度高的 S 型分散染料，也可选用 SE 型分散染料。适用于涤纶织物及涤棉混纺织物染色。

热熔染色第一步浸轧染液，染液组分包括染料、润湿剂和防泳移剂等，室温条件下浸轧。因热熔染色焙烘固色温度高，要求染料的升华牢度好，加入适量的润湿剂提高染液对织物的润湿性，有利于浸轧时染料颗粒渗透进织物内部，使得色均匀。常用防泳移剂为天然高分子物质，如海藻酸钠、羧甲基纤维素钠盐，也有合成高分子物，如丙烯酸酯和丙烯酰胺共聚物。高分子防泳移剂可以通过吸附染料颗粒，使细小颗粒松散地聚集并黏附在防泳移剂大分子链上，使染料颗粒在烘干过程中难以泳移。由于这种结构很松散，在高温焙烘固色时染料分子上染纤维不受影响。浸轧染液后织物含水分多，烘干时消耗热能就多，因此控制带液率尽可能低。一般涤纶织物带液率 40% 左右，涤棉织物带液率 50%~60%。浸轧压力要均匀，防止织物两边和中间带液不一致引起色差。

为了防止或减少染料泳移，浸轧后织物采用红外线预烘和热风烘干相结合的烘干方式。红外线加热穿透性强，可使织物内外同时受热，水分蒸发均衡。红外线预烘使织物带液率降低到 20% 左右，再进行热风烘干或烘筒烘干，就不会发生明显的泳移现象。浸轧液中防泳移剂的加入，将更有效地防止染料的泳移。

分散染料上染涤纶主要是在焙烘阶段完成，浸轧烘干后织物表面吸附染料，进入焙烘箱，当温度 $> T_g$ 时，纤维大分子链运动加剧，原来分散的微小空穴合并成较大的空穴，这些"瞬时空穴"的存在，有利于染料分子跳跃式进入纤维内部，完成扩散过程，从而染透纤维。根据染料的升华牢度不同而确定固色所需温度，一般在 190~225℃。升华牢度高的染料固色温度比较高，升华牢度低的染料固色温度比较低。低温型（E 型）分散染料在 180~195℃，高温型（S 型）分散染料在 200~220℃，中温型（SE 型）分散染料介于两者之间。焙烘时间通常为 90s。升华牢度低的染料（如 E 型）在高温焙烘时会升华损失，固色率降低，同时升华的染料会沾污焙烘设备，造成设备清洗的困难，因此不建议选择低温型分散染料。

焙烘固色后织物需要水洗和还原清洗，目的是去除未固着的染料，提高染色织物的各项色牢度。由于分散染料水溶性低，必须采用还原清洗去除未固着的染料。还原清洗通常采用保险粉和烧碱，在一定温度条件下保险粉还原分解分散染料或使染料结构发生变化，对纤维的亲和力显著降低，以去除之。还原清洗时保险粉和烧碱用量较低，清洗温度要考虑保险粉的稳定性，一般为 70~80℃，温度过高保险粉会分解。还原清洗后要再进行水洗至织物表面达到中性。

热熔染色为连续化生产，固色快，加工效率高，与高温高压染色相比，固色率稍低，色泽鲜艳度和织物手感稍差，适合于大批量加工。

思考题

1. 试分析什么情形下上染过程和染色过程

有相同的本质，什么情况下上染过程与染色过程有本质不同。

2. 一般而言，上染过程分为哪四个阶段？每个阶段的影响因素是什么？

3. 什么是动力边界层？什么是扩散边界层？扩散边界层对上染过程有什么重要影响？

4. 试分析染料在扩散边界层中的扩散及其影响因素。

5. 染料在纤维表面的吸附受什么因素制约？水溶性染料染亲水性纤维时为什么需要加中性电解质？

6. 影响上染速度的是哪个阶段？为什么？

7. 染料在纤维外和纤维内扩散（渗透）分别受哪些因素制约？在实际染色过程中如何提高纤维内外的扩散速度？

8. 简述直接染料的温度效应和盐效应。

9. 试分析酸性染料染蛋白质纤维时等电点的意义，并讨论酸性染料染色饱和值和超当量吸附情况。

10. 试分析分散染料的上染过程及其影响因素。

参考文献

［1］ETTERS J N. Kinetics of Dye Sorption：Effect of Dyebath Flow on Dyeing Uniformity［J］. American dyestuff reporter，1995，84（1）：38-43.

［2］宋心远，沈煜如. 活性染料染色的理论和实践［M］. 北京：纺织工业出版社，1991.

［3］陈英，管永华. 染色原理与过程控制［M］. 北京：中国纺织出版社，2018.

［4］蔡再生，沈勇. 染整工艺原理：第三分册［M］. 北京：中国纺织出版社，2009.

［5］JOHNSON A. The Theory of Coloration of Textiles［M］. 2nd ed. Bradford：The Society of Dyers and Colourists，1989.

［6］ZOLLINGER T H H. Role of water in the dyeing process［J］. Textile Chemist and Colorist 1986，18（10）：19-25.

［7］ZOLLINGER H. Dyeing theories［J］. Textilveredlung，1989，24（4）：133-142.

［8］LEWIS D M. Wool dyeing［M］. Bradford：The Society of Dyers and Colourists，1992.

［9］王菊生. 染整工艺原理（第三册）［M］. 北京：中国纺织出版社，1984.

［10］KRANSE J. Colour index［M］. 3rd ed. Society of Dyes and Colourist，1971.

［11］ETTERS. The influence of the diffusional boundary layer on dye sorption from finite baths［J］. Journal of the Society of Dyers & Colourists，1991，107（3）：114-116.

［12］PORTER J J. Dyeing equilibria：Interaction of direct dyes with cellulose substrates［J］. Coloration Technology，2006，118（5）：238-243.

［13］SEKAR N. Reactive Dyes for Textile Fibres［J］. Colourage，2000，12：99.

［14］LEWIS D M. The dyeing of wool with reactive dyes［J］. J S D C 1982，98：165-175.

［15］HUNTER A，RENFREW M. Reactive dyes for textile fibers［M］. Bradford：The Society of Dyers and Colourists，1999.

［16］ASPLAND J R. Reactive dyes and their application［J］. Textile Chemist and Colorist，1992，24（5）：18-23.

［17］赵涛. 染整工艺学教程（第二分册）［M］. 北京：中国纺织出版社，2005.

［18］宋心远，沈煜如. 新型染整技术［M］. 北京：中国纺织出版社，1999.

［19］吴祖望，王德云. 近十年活性染料的理论与实践的进展［J］. 染料工业，1998，35（2）：1-7.

［20］BRADBURY M，COLLISHAW P，MOORHOUSE S. Dynamic responsendasprocess optimisation in the exhaust dyeing of cellulose［J］. Journal of the Society of Dyers & Colourists，1995，111（5）：130-134.

［21］ ULRICH, MEYER, JIAN－ZIONG, et al. Dye－Fibre Bond Stabilities of Some Reactive Dyes on Silk ［J］. Journal of the Society of Dyers & Colourists, 1986, 102 (1): 6-11.

［22］ BALL P, MEYER U, ZOLLINGER H. Crosslinking Effects in Reactive Dyeing of Protein Fibers ［J］. Textile Research Journal, 1986, 56 (7): 447-56.

［23］陶乃杰. 染整工程（第二册）［M］. 北京：中国纺织出版社, 1990.

［24］章杰, 晓琴. 还原染料现状和发展［J］. 印染, 2005, 20: 43-47.

［25］刘辅庭. 酸性染料染色［J］. 现代丝绸科学与技术, 2017, 32 (2): 36-40.

［26］赵涛. 染整工艺与原理（下册）［M］. 北京：中国纺织出版社, 2009.

［27］宋心远. 染色理论概述（四）［J］. 印染, 1984, 10 (3): 36-44.

［28］苏州丝绸工学院染整教研室. 丝织物染整工艺学（下册）［M］. 苏州：苏州丝绸工学院, 1992.

［29］宋心远. 染色理论概述（四）［J］. 印染, 1984, 4: 37-45, 60.

［30］何瑾馨. 染料化学［M］.2 版. 北京：中国纺织出版社, 2006.

［31］J. KEH, 李新貌. 聚酰胺纤维酸性染料染色中 pH 值的控制［J］. 国外纺织技术, 2002, 4: 16-20.

［32］加藤弘. 絹纖維の加工技術とその應用［M］. 东京：纖維研究社株式會社, 1987.

［33］矢部章彦. 新染色加工讲座4——染色/坚ろぅ性の理论［M］. 东京：共立出版株式会社, 1971.

［34］黑木宣彦, 陈水林. 染色理论化学（下册）［M］. 北京：纺织工业出版社, 1981.

［35］M B S. Chemical principles of synthetic fibre dyeing ［M］. London UK: Chapman Hall, 1995.

［36］Kunihiro Hamada, Masaru Mitsuishi. Sorption behaviour of fluorinated azo sulphonated dyes by silk fibre ［J］. Dyes & Pigments, 1993, 21 (4): 255-263.

［37］RAZAFIMAHEFA L V I, VIALLIER P. Mechanisms of fixation of dyestuffs in polyamide 6. 6 fibres ［J］. Coloration Technology, 2003, 119 (1): 10-14.

［38］TAK T, KOMIYAMA J, IIJIMA T. Dual sorption and diffusion of acid dyes in nylon ［J］. Sen I Gakkaishi, 1979, 35 (11): 486-491.

［39］S B C L B W. The theory of coloration of textiles ［M］. Bradford: The Dyers Company Publications Trust, 1975.

［40］滑钧凯. 毛和仿毛产品的染色与印花［M］. 北京：中国纺织出版社, 1996.

［41］孔繁超, 吕淑霖, 袁柏耕. 毛织物染整理论与实践［M］. 北京：纺织工业出版社, 1990.

［42］DATYNER. A. 表面活性剂在纺织染加工中的应用［M］. 施予长, 译. 北京：纺织工业出版社, 1988.

［43］R. A J. Chapter 10: The application of ionic dyes to ionic fibers: Nylon, silk and wool and their sorption of anions ［J］. American Dyestuff Reporter, 1993, 25 (2): 22-6.

［44］上海市纺织工业局《染料应用手册》编写组. 染料应用手册（第四分册：阳离子染料）［M］. 北京：纺织工业出版社, 1984.

［45］《最新染料使用大全》编写组. 最新染料使用大全［M］. 北京：中国纺织出版社, 1996.

［46］张壮余, 吴祖望. 染料应用［M］. 北京：化学工业出版社, 1991.

［47］Tesoro G. Chemical processing of synthetic fibers and blends ［J］. Journal of Polymer Science Polymer Letters Edition, 1984, 22 (12): 675.

［48］赵涛. 染整工艺与原理［M］. 北京：

中国纺织出版社, 2009.

[49] 杨薇, 杨新玮. 腈纶及碱性(阳离子)染料的现状及发展(二)[J]. 上海染料, 2003, 31 (5): 6.

[50] Vogel T, Debruyne J MA, Zimmerman CL. The mechanism of dyeing Orlon 42 acrylic fiber [J]. AmerDyest Rep, 1958, 47: 581.

[51] Datye, Keshav V. Chemical processing of synthetic fibers and blends [M]. New York: John Wiley and Sons, 1984: 284-292.

[52] 蒲宗耀. 阳离子染料移染率 tanγ 的仪器测试法 [J]. 印染, 1987 (5): 47-50, 43.

[53] 林福海, 徐德增. 分散染料与阳离子染料可染型聚丙烯纤维的研究 [J]. 大连工业大学学报, 1997 (3): 8-12.

[54] 邬国铭, 梅千芳. 阻燃剂对共混腈纶结构和性能的影响 [J]. 合成纤维工业, 1991, 14 (1): 29-34.

[55] 章殷, 王逸君. 远红外腈纶的研制 [J]. 金山油化纤, 2001, 20 (1): 43-45.

[56] 祝章莹. 吸湿腈纶结构特征, 机理及其应用探讨 [J]. 上海毛麻科技, 1990, 3: 1-3.

[57] 邬国铭, 方军. 磷氮阻燃腈纶结构性能及阻燃机理研究 [J]. 合成纤维工业, 1997, 3: 8-12.

[58] ROSENBAUM S. Role of Sites in Dyeing: Part I: Equilibria, Rates, and Their Interdependence [J]. Textile Research Journal, 1964, 34 (2): 159-167.

[59] ROSENBAUM S. Dyeing of polyacrylonitrile fibers: I. Rates of diffusion with malachite green and diffusion model [J]. Journal of Applied Polymer Science, 1963, 7 (4): 1225-1242.

[60] BECKMANN W. Dyeing Polyacrylonitrile Fibres with Cationic Dyes: A Survey and Evaluation of Published Work [J] . 1961, 77 (12): 616-625.

[61] 陈荣圻. 还原染料百年发展史话 [J]. 染料与染色, 2015, 52 (5): 1-16, 20.

[62] 涉尺崇男, 阳健斌. 分散染料对不同聚合物的吸附等温线 [J]. 成都纺织高等专科学校学报, 1995, 2: 39-43.

第四章　染色热力学

本章重点

染料上染纤维都会涉及染料吸附、染色平衡等热力学问题，也会涉及染色达到平衡的时间（染色速率）等动力学问题。本章主要讨论染色热力学的相关概念、吸附与平衡及其相关原理模型等，重点介绍染色过程中染色热、染色熵、化学位、亲和力和直接性等基本参数，染料与纤维的吸附类型及其各种作用力的区分，以及弗莱因德利胥、朗缪尔、能斯特型三种经典吸附等温线及其在染料上染纤维模型中的具体应用。

关键词

染色热；染色熵；化学位；亲和力；直接性；吸附作用力；吸附等温线

不论何种染料染什么纤维都会涉及染料吸附与平衡以及染色快慢和达到染色平衡的时间等问题，前者属于染色热力学（dyeing thermodynamics）的范畴，后者隶属染色动力学（dyeing dynamics）。本章主要讨论染色系统的平衡特性即染色热力学基本理论。经典热力学中所说的状态，指的都是热力学平衡状态；所说的热力学过程，指的是由一系列平衡状态构成的过程。热力学中用于描述、分析状态和过程的热力学状态参数也都只在平衡状态下才有意义和定义。

染色热力学是将染料、纤维和染液（或染色介质，如水）作为研究体系，研究染色体系的热现象与其他形式能量之间的转换关系，重点为染料在染色各过程中能量的转换规律；研究染色过程进行的方向和限度问题，即染料能否上染纤维并达到染色平衡、染料在染色介质相及纤维相的分配趋势和量度，包括染料对纤维的亲和力和直接性、染色热和染色熵，以及染色平衡时染料对纤维的吸附等温线。

第一节　染料吸附与染色平衡

一、吸附与吸附平衡

表面物理化学中对固体表面的吸附定义是：当液相（或气相）中的粒子（分子、原子或离子）碰撞在固体表面，由于它们之间的互相作用，使一些粒子停留在固体表面上，造成这些粒子在固体表面上的浓度比在液相（或气相）中的浓度大。吸附现象的发生是由于在相界面处异相分子之间的作用力与同相分子间的作用力不同。

被吸附的物质称为吸附质，具有吸附作用的物质称为吸附剂，在染色体系研究中，染料作为吸附质，纤维作为吸附剂。吸附质离开界面引起吸附量减少的现象称为解吸（或脱附）。吸附质分子或离子在界面上不断地进行吸附和解吸，当吸附速率和解吸速率相等时，可认为达到吸附平衡。不同的体系达到吸附平衡所需的时间各不相同，但其共同的特点是平衡后系统中各物质的数量均不再随时间而改变。平衡状态从宏观上看表现为静态，而实际上是一种动态平衡。

二、上染与染色平衡

染料上染是染液离开染液向纤维表面转移，被纤维表面吸附并进一步渗入纤维无定形区的过程。在与吸附相同的物理、化学条件下，让被吸附的物质发生解吸，解吸量与吸附量相等时处于动态平衡，这种情况属于可逆吸附；稍微提高温度就发生脱附，属于准可逆吸附；即使温度升高（在吸附剂不发生变化的温度范围内），吸附质也不脱附，属于不可逆吸附。必须指出，上染的各阶段都是可逆的。染料从溶液向纤维表面靠近的同时，也有可能远离纤维表面；吸附于纤维的同时，也有可能发生解吸；向纤维内扩散的同时，也有可能从纤维内向纤维外层扩散。上染一开始，逆过程也同时开始，随着上染的不断进行，两者的速率不断变化。

染色热力学实质上是纤维吸附染料过程的热力学。若染色过程只是上染过程则容易建立吸附平衡，如直接染料上染纤维素纤维，分散染料上染聚酯纤维等。然而，有的染料上染过程结束后还要经过化学反应后才能完成染色过程，则还要考虑到染料在纤维和染液中间的动态分配平衡，如活性染料上染纤维素纤维后还要发生固色反应，酸性媒介染料上染蛋白质纤维还会发生络合反应等。这些反应可以将吸附平衡发生正向移动，促进染料进一步上染，较难实现真正的可逆平衡。总之，染色平衡不是静止的平衡，实质上是染料在纤维和染料之间的动态分配平衡。

三、染色平衡研究

在研究染色热力学、讨论染色可逆平衡体系时，需要控制染色条件：染料要经过提纯才能使用，因为商品染料中含有添加剂与合成产生的副产品；纺织品尽量避免使用紧密织物，并充分清洗去除杂质，确保每根纤维与染液充分接触；染液体积与纺织物质量的比例（浴比）往往大于 100∶1（极稀染液），避免染液

中其他成分的影响；染液搅拌充分，严格控制恒温状态，防止染液蒸发；建立平衡的时间足够长等。建立染色平衡的方法一般有吸附法和解吸法两种。

吸附法又称为直接法，将纤维放入染液中进行染色，直接测定染料在纤维与染液中的浓度，当浓度不随时间变化，判断上染达到平衡。由于浴比较大，染液中染料的浓度变化比较小，测定误差比较大，因此纤维上染料的浓度不能用染液中染料的浓度推算得到，可采用以下方法测得。

（1）从染液中取出染色物，尽量挤出纤维上的染液并称重 m_1，染色物继续烘干至恒重，称重 m_2。

（2）计算纤维烘干前后质量差得到染色物的带液量（$m_2 - m_1$），已知染料浓度 C_0，计算这部分带液中染料的质量 w_0。

（3）采用一定量合适的溶剂 V_1 将染色物纤维上的染料萃取出来，得到的液体用分光光度法确定其浓度 C_1，计算染料在纤维上的总质量 w_1。

（4）计算染料上染到纤维上的染料量为 $w = w_1 - w_0$，与纤维质量之比得到染料在纤维上的浓度 C_f 或 $[D]_f$。

通常为了减少工作量，可测定染料在染液中的浓度 C_s，再根据浴比 L、染料总量推算出染料在纤维上的浓度 $C_f = (C_0 - C_s) \times L$，或仅通过以上步骤（3）和（4）得到染料在纤维上的浓度 C_f。

解析法是将纤维染色到所需的染料浓度，充分淋洗并烘干，将染色物在所需恒定温度下放入空白染液中，充分搅拌后染料从纤维上解析到染液中达到平衡，测定染料在纤维与染液中的浓度。目前采用吸附法进行染色平衡研究较为多见。

第二节　热力学定律概述

一、热力学第一定律

热力学第一定律（first law of thermodynamics）是能量衡算的基础。热力学第一定律的本质是能量守恒原理，即隔离系统无论经历何种变化，其能量守恒。这一原则早在 17 世纪就被提出，经大量的实践后直到 19 世纪中叶才成为一条公认的定律。

在热力学第一定律确定之前，有人幻想制造一种不消耗能量而能不断对外做功的机器，这就是第一类永动机。第一类永动机显然违背能量守恒原理，故热力学第一定律可以表述为：第一类永动机是不可能制造成功的。历史上曾有人付出许多艰辛的努力试图制造这样的机器，实践证明一切努力都是徒劳的。

1775 年，法国科学院就决定不再刊载有关永动机的通信。1917 年美国专利局决定不再受理永动机专利的申请。

封闭系统热力学第一定律的数学形式：

$$\Delta U = Q + W \tag{4-1}$$

式中：ΔU 为系统热力学能（内能）的增量；Q 为系统与环境交换的热；W 为系统与环境交换的功。

若系统发生微小变化，则：

$$dU = \delta Q + \delta W \tag{4-2}$$

热力学第一定律是热力学体系上的能量守恒与转化，数学表达式中明确地将热与功分为两部分，体现了体系中的能量交换只有这两种在本质上不同的方式。在染色过程应用时热力学第一定律主要解决能量转化规律，通过其来计算变化中的热效应。

二、热力学第二定律

前已叙及，热力学第一定律即能量守恒原理，违背热力学第一定律的变化与过程一定不能发生。不违背热力学第一定律过程却未必能自动发生，例如温度不同的两个物体相接触，高温物体向低温物体传热，平衡后两物体具有相同的温度。但其逆过程是不可能的，尽管该逆过程不违背热力学第一定律。利用热力学第一定律并不能判断一定条件下什么过程不可能自动进行，什么过程可能进行，进行的最大限度是什么。要解决此类过程方向与限度的判断问题，就需要用到热力学第二定律（the second law of thermodynamics）。

热力学第二定律是随着蒸汽机的发明、应用及热机效率的理论研究逐步发展完善并建立起来的。卡诺、克劳修斯、开尔文等在热力学第二定律的建立过程中做出了重要贡献。

热力学第二定律是经验定律，不能通过数学逻辑证明，但由它出发推演出的各种结论是正确的。热力学第二定律关于某过程能或不能发生的断言是肯定的，这种肯定仅指发生的可能性，例如常温下不加入功（如不电解、不光照等），水分解为氢氧是不可能的，其逆过程即氢氧混合生成水是可能的。虽说一个火花就足以引起适当比例的氢氧混合物爆炸（反应生成水），但如无明火或催化剂等的存在，不发生可觉察的反应。大量事例表明，自然界中的任何一个局部（隔离系统）的天然过程总是自动地趋向平衡态，而其逆过程不会自动发生，要使逆过程进行必然要引起其他变化作为代价才能实现，这就是所谓的过程的方向性与限度问题，或者说过程的不可逆性。

热力学第二定律的数学表达：

$$\Delta_1^2 S \geq \int_1^2 \frac{\delta Q}{T} \tag{4-3}$$

$$dS \geq \frac{\delta Q}{T} \tag{4-4}$$

当 $dS > \frac{\delta Q}{T}$ 时，过程不可逆；当 $dS = \frac{\delta Q}{T}$ 时，过程可逆。

热力学第二定律讨论变化方向和限度问题，应用于染色过程，主要研究上染过程进行的方向和程度，染料能不能上染以及上染达到平衡时染料在纤维上与染液中分配比例的问题。显然，与热力学第一定律相比，热力学第二定律在上染过程研究中更具有指导意义。下面扼要演绎有关热力学第二定律情况。

（一）卡诺定理

1824 年，法国工程师卡诺为研究热转化为功的效率问题设计了一种在两个热源间工作的理想热机。热机完成由两个定温可逆过程和两个绝热可逆过程组成一个循环过程，即"卡诺循环"，如图 4-1 所示，其中：

（1）恒温可逆膨胀：热机对外做最大功 $W_1 = -RT_2 \ln \dfrac{V_2}{V_1}$；

（2）恒温可逆压缩：环境对系统做最小功 $W_2 = -RT_1 \ln \dfrac{V_4}{V_3}$；

（3）两个绝热可逆过程：功数值相等，符号相反（W_2 和 W_4）。

$$W_2 = \Delta U_2 = nC_{v,m}(T_2 - T_1) \tag{4-5}$$

$$W_4 = \Delta U_4 = nC_{v,m}(T_1 - T_2) \tag{4-6}$$

卡诺循环过程总结果是热机以极限的做功能力向外界提供了最大功，因而其效率是最大的。卡诺通过对卡诺热机的研究找到了热转化为功的最大极限，得到卡诺定理：在两个不同温度的热源之间工作的所有热机，以可逆热机效率最大；在两个不同热源之间工作的所有可逆热机中，其效率都相等，且与工作介质、变化的种类无关。

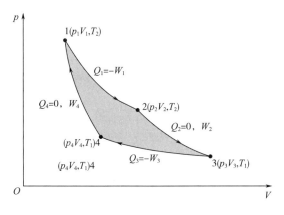

图 4-1　卡诺循环图

（二）热力学第二定律的数学表达式

基于卡诺定理，工作于两个热源间的任意热机 i 与可逆热机 r，任意热机 i 经历的是任意循环，可逆热机 r 经历的是可逆循环，热机效率间关系：

$$\eta_i \leqslant \eta_r \tag{4-7}$$

当 $\eta_i < \eta_r$ 时，循环过程不可逆；当 $\eta_i = \eta_r$ 时，循环过程可逆。

$$\frac{Q_1 + Q_2}{Q_1} \leqslant \frac{T_1 - T_2}{T_1} \tag{4-8}$$

$$\frac{Q_2}{Q_1} \leqslant \frac{-T_2}{T_1} \tag{4-9}$$

$$\frac{Q_1}{T_1} + \frac{Q_2}{T_2} \leqslant 0 \tag{4-10}$$

$$\frac{\delta Q_1}{T_1} + \frac{\delta Q_2}{T_2} \leqslant 0 \tag{4-11}$$

当 $\dfrac{\delta Q_1}{T_1} + \dfrac{\delta Q_2}{T_2} < 0$，为不可逆循环过程；当 $\dfrac{\delta Q_1}{T_1} + \dfrac{\delta Q_2}{T_2} = 0$，为可逆循环过程。

将任意的一个不可逆循环看作由不可逆途径 α 和可逆途径 β 组成，如图 4-2 所示。

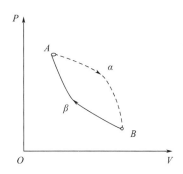

图 4-2　不可逆循环示意图

对于不可逆循环过程，则：

$$\int_1^2 \frac{\delta Q_{ir}}{T} + \int_2^1 \frac{\delta Q_r}{T} < 0 \tag{4-12}$$

对于可逆途径 β，则：

$$\int_2^1 \frac{\delta Q_r}{T} = -\int_1^2 \frac{\delta Q_r}{T} = -\Delta_1^2 S \tag{4-13}$$

将式（4-13）代入式（4-12）中，则：

$$\int_1^2 \frac{\delta Q_{ir}}{T} < \Delta_1^2 S \tag{4-14}$$

合并式（4-13）和式（4-14），则：

$$\Delta_1^2 S \geqslant \int_1^2 \frac{\delta Q}{T} \tag{4-15}$$

$$dS \geqslant \frac{\delta Q}{T} \qquad (4-16)$$

当 $dS > \frac{\delta Q}{T}$ 时，过程不可逆；当 $dS = \frac{\delta Q}{T}$ 时，过程可逆。

若过程的热温商小于熵（entropy）差，则过程不可逆；若过程的热温商等于熵差，则过程可逆。由克劳修斯不等式可导出熵增原理。

第三节 染色热力学基本概念和参数

一、染色热

染料上染纤维必然引起纤维—染液体系中物质分子间力的作用而产生能量变化，例如要拆散"染料—水""纤维—水"等分子间作用力需要吸热，重建"染料—纤维"的分子间作用力会放热，因此产生染色热效应（dyeing heat effect）或引起体系焓（enthalpy）的变化。

染色热（heat of dyeing，$\Delta H^{\ominus}$）又称染色的标准焓变，是无限小量染料从含有染料标准状态的染液中（$a_s = 1$）转移到染有染料也呈标准状态的纤维上（$a_f = 1$），每摩尔染料转移所吸收的热量。

$$\Delta H^{\ominus} = \frac{\partial H}{\partial n} \qquad (4-17)$$

式中：$\Delta H^{\ominus}$ 为染色热；∂H 为无限小量染料（∂n）从染液转移到纤维所吸收的热（kJ/mol）。

根据吉布斯-亥姆赫兹（Gibbs–Helmholtz）公式，可以得出亲和力（$-\Delta\mu^{\ominus}$）、温度（T）和染色热（$\Delta H^{\ominus}$）的关系式：

$$\left[\frac{\partial\left(\frac{\Delta\mu^{\ominus}}{T}\right)}{\partial T}\right]_p = -\frac{\Delta H^{\ominus}}{T^2} \qquad (4-18)$$

因 $d\left(\frac{1}{T}\right) = -\left(\frac{1}{T^2}\right)dT$，则上式可写成：

$$\left[\frac{\partial\left(\frac{\Delta\mu^{\ominus}}{T}\right)}{\partial\left(\frac{1}{T}\right)}\right]_p = \Delta H^{\ominus} \qquad (4-19)$$

如果温度范围变化不大，$\frac{\Delta\mu^{\ominus}}{T}$ 对 $\frac{1}{T}$ 呈直线关系，$\Delta H^{\ominus}$ 可以作为常数处理。这样便可对式（4-19）进行积分得：

$$\frac{\Delta H^{\ominus}}{T} = \frac{\Delta\mu^{\ominus}}{T} + C \qquad (4-20)$$

式中：C 为积分常数。

设 T_1、T_2 时的染色亲和力分别为 $-\Delta\mu_1^{\ominus}$ 和 $-\Delta\mu_2^{\ominus}$，则可由式（4-21）、式（4-22），通过不同温度下的亲和力计算求得 $\Delta H^{\ominus}$：

$$\Delta H^{\ominus}\left(\frac{1}{T_1} - \frac{1}{T_2}\right) = \frac{\Delta\mu_1^{\ominus}}{T_1} - \frac{\Delta\mu_2^{\ominus}}{T_2} \qquad (4-21)$$

$$\Delta H^{\ominus} = \frac{T_2\Delta\mu_1^{\ominus} - T_1\Delta\mu_2^{\ominus}}{T_2 - T_1} \qquad (4-22)$$

另外，也可以由式（4-20），通过 $\frac{\Delta\mu^{\ominus}}{T}$ 对 $\frac{1}{T}$ 作图，并由直线的斜率求得 $\Delta H^{\ominus}$。无论采用何种方法，要计算 $\Delta H^{\ominus}$，必须已知亲和力，然而亲和力计算难度较大，染色平衡时染料在纤维和在染液中的活度难以确定，用摩尔浓度 $[D]$ 来替代，代入式（4-23）中，并假设在 T_1、T_2 温度下达到染色平衡时，纤维上染料摩尔浓度相等，即 $[D]_{f,1} = [D]_{f,2}$，得到式（4-24），通过测定在 T_1、T_2 温度下上染达到平衡时的染料在溶液中的摩尔浓度 $[D]_{s,1}$、$[D]_{s,2}$ 就可计算得到 $\Delta H^{\ominus}$。

$$-\Delta\mu^{\ominus} = RT\ln\frac{a_f}{a_s} \qquad (4-23)$$

$$\Delta H^{\ominus}\frac{(T_2 - T_1)}{RT_2T_1} = \ln\frac{[D]_{s,1}}{[D]_{s,2}} \qquad (4-24)$$

染色热具有两方面的实际意义：第一，若已知某染料对纤维某一温度下的亲和力和染色热，则可计算出任意温度下此染料对纤维的亲和力；第二，染色热可认为是存在于染料及纤维间各种键的生成热的总和，由此可进一步探讨染料与纤维间键合的具体情况。

当变化过程是吸热的则 $\Delta H^{\ominus}$ 为正值，是放热的则 $\Delta H^{\ominus}$ 为负值。就目前所知，染料的上染过程是放热过程，因此染色热为负值，这意味着染料对纤维的键合比它与外部水溶液中水的键合强。染色温度升高会使染色平衡向吸热反应方向移动，即向解吸反应方向移动，平衡吸附量降低，亲和力降低。染色热负值绝对值越大，表示染料被吸附上于纤维与纤维分子间作用力越强，染色亲和力越大，反之亲和力越小。从表4-1可见，纤维越细即线密度越小，比表面积越大，可直接吸附的染料就越多，与染料的亲和力越大，染色热负值绝对值也越大，表明染料与纤维分子间作用力越强。

表4-1 不同线密度聚酯纤维的染色热力学参数

纤维线密度/dtex	$-\Delta\mu^{\ominus}$/(kJ/mol)		$\Delta H^{\ominus}$/(kJ/mol)	$\Delta S^{\ominus}$/[J/(K·mol)]
	98℃	130℃		
0.174	28.4	24.6	-72.6	-11.93
0.520	26.2	23.9	-52.9	-7.20
3.000	24.4	22.3	-48.7	-6.53
0.625	23.2	22.0	-37.8	-3.93

二、染色熵

熵是度量研究体系内部大量质点混乱度的状态函数。所谓混乱度是指在一定宏观状态下可能出现的微观状态数。体系可能出现的微观状态数越多，物系的混乱就越大，熵也就越大。

染料从染液上染到纤维上也会引起体系状态发生变化。染色熵（entropy of dyeing）是指无限小量的染料从标准状态的染液中（$a_s=1$）转移到标准状态的纤维上（$a_f=1$），1mol染料转移所引起的物系熵变，单位为J/（℃·mol）或J/（K·mol）。染色熵$\Delta S^{\ominus}$为正值，表示染料上染纤维引起体系混乱程度增大，反之$\Delta S^{\ominus}$为负值，表示染料上染纤维引起体系混乱度减小。通常染色熵为负值。染色熵不仅与染料本身混乱度变化有关，还与上染过程中引起体系中其他组成（如水）的混乱度变化有关。

与染色热相同，染色熵表征染液（染色介质）与纤维中发生熵变的总和。因为当从较低有序状态过渡到较高有序状态时熵值减小，而在染料被纤维吸附的情况下，染料—纤维体系发生有序化（染料上染使染料分子丧失活动性），熵值减小，染色熵为负值。但在有些情况下，如具有较多疏水基的染料上染纤维，其染色熵可能为正值，主要是由于染料分子上染引起水的熵变。染料分子中的疏水部分有促使水分子生成簇状结构或类冰结构（即较规整排列）的倾向，疏水部分越大，这种倾向也越大。染料从溶液转移到纤维上后，这种作用消失，水的混乱度增加，则熵值增大。当水的熵值的增大大于染料熵值的减小时，就有可能使整个体系的熵增加，即$\Delta S^{\ominus}$为正值。$\Delta S^{\ominus}$为正值时，随着染色温度的提高，亲和力增大，但这种现象在染色中出现得较少。因为，在所有实际情况下染料吸附的熵变计算值均为负值，故可作出结论：造成染色熵的总变化中，贡献最大的变化发生在纤维本身。

熵是体系有序度的度量，它不仅表征纤维中染料分子活动性（自由度）的丧失，而且也表征染料分子在纤维内部结构中的取向。染料分子沿纤维长轴的取向程度（用着色的二色性来定量评价）与染料化学结构的关系是众所周知的事实。具有比较伸直的共平面结构的染料（偶氮染料）比几何结构不确定的染料（蒽醌染料）表现出更高的取向程度，染色纤维的拉伸倍数使染料在纤维中的取向程度增加，而加热染色的纤维，则降低染料在纤维中的取向度。遗憾的是，文献中还没有涉及纤维中染料的取向程度与这些染色熵的数据，因而不能判断取向作用在染色体系熵变中的贡献。

由于染料在染液中的流动体积大，所以，染料上染纤维后，染料的紊乱程度是降低的，即染色熵$\Delta S^{\ominus}<0$。显然，以熵的角度看，染料不能自发地上染纤维，染料能上染纤维是由于染料与纤维分子间作用力大于染料与水分子间的作用力。根据热力学第二定律可知，亲和力（$-\Delta\mu^{\ominus}$）可以由染色热（$\Delta H^{\ominus}$）和染色熵（$\Delta S^{\ominus}$）得到，其关系式如下：

$$-\Delta\mu^{\ominus}=T\Delta S^{\ominus}-\Delta H^{\ominus} \qquad (4-25)$$

从式（4-25）可见，染色熵绝对值越大

（染色熵一般为负值），表示染料在纤维上的取向程度越高，被纤维吸附的可能性越小，亲和力就越低；染色熵绝对值越小，甚至为正值时，亲和力就越高。染色热负值绝对值越大（染色放热越多），染料与纤维的结合程度越高，亲和力也就越高，反之越低。

由于熵变没有直接实验方法测量，只能通过亲和力（$-\Delta\mu^\ominus$）和染色热（$\Delta H^\ominus$）计算出染色熵。已知：

$$\frac{\Delta H^\ominus}{T} = \frac{\Delta\mu^\ominus}{T} + C \qquad (4-26)$$

也可写成：

$$-\Delta\mu^\ominus = TC - \Delta H^\ominus \qquad (4-27)$$

对比式（4-25），积分常数 C 等于 $\Delta S^\ominus$，以亲和力对温度作图（图4-3），可得斜率为 $\Delta S^\ominus$。

无论是通过亲和力（$-\Delta\mu^\ominus$）、染色热（$\Delta H^\ominus$）计算，还是通过 $-\Delta\mu^\ominus$ 对 T 作图，得到的 $\Delta S^\ominus$ 都有较大的不确定性。因为在测定 $-\Delta\mu^\ominus$ 及 $\Delta H^\ominus$ 时产生的轻微误差都会导致结果出现较大的误差，见表4-2。

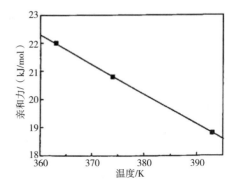

图4-3　亲和力与温度的关系

表4-2　$\Delta H^\ominus$ 与 $\Delta S^\ominus$ 的不确定性（$-\Delta\mu^\ominus$ 误差在 ±1%）

$-\Delta\mu^\ominus/$（kJ/mol）		$\Delta H^\ominus/$（kJ/mol）	$\Delta S^\ominus/$ [J/（K·mol）]	$\Delta H^\ominus$ 的不确定性（±5.9kJ/mol）/%	$\Delta S^\ominus$ 的不确定性 [±16.8J/（K·mol）]/%
60℃	80℃				
25.2	21.8	-81.0	-168.0	±7.3	±10.0
25.2	22.7	-67.2	-126.0	±8.8	±13.3
25.2	23.5	-53.3	-84.0	±11.0	±20.0
25.2	24.4	-34.1	-42.0	±15.1	±40.0

由于染料上染纤维后，染料的紊乱程度降低，所以一般染色过程 $\Delta S^\ominus < 0$。但是，染色熵不仅与染料的紊乱程度变化有关，还与染色体系中其他组分的紊乱程度的变化有关，尤其与水的紊乱程度的变化有关。

前已叙及，染料溶于水，在其疏水组分周围会形成四个氢，具有笼式结构的类冰水。当然，疏水的纤维表面也会形成一层类冰水。染料吸附到纤维表面，类冰水减少，则水的紊乱程度增加，水的熵增加。因此，对疏水组分较

多的染料上染纤维，引起类冰水的减少，水的紊乱程度增加，使染色熵减少的较少，甚至增加，即 $\Delta S^\ominus > 0$。

表4-3为氨基蒽醌酸性染料上染羊毛的热力学参数，上染条件为50℃、pH值为4.6。由表4-3中数据可知，亲和力（$-\Delta\mu^\ominus$）为正值；染色热（$\Delta H^\ominus$）为负值，说明是放热反应；染色熵 $\Delta S^\ominus$ 随1,4-二氨基蒽醌染料结构的变化而变化，当 R 为苯环结构，其疏水性增加，染料表面易形成类冰结构，因此染色熵 $\Delta S^\ominus$ 为正值。

表4-3 氨基蒽醌酸性染料上染羊毛的热力学参数

染料	R	$-\Delta\mu^{\ominus}/$ (kJ/mol)	$\Delta H^{\ominus}/$ (kJ/mol)	$\Delta S^{\ominus}/$ [J/(K·mol)]
	—CH₃	22.2	−31.8	−30.1
	—C₄H₉	24.3	−29.7	−17.2
		25.1	−23.4	5.0

从表4-4可见，四种不同纤维的染色热力学性质有差异，纤维化学结构以及线密度都会影响热力学性质。染色热的大小可反映染料和纤维分子间结合力的强弱，结合越强，放热越多，不仅染料上染纤维的倾向大，而且被纤维吸附后也不易解吸下来。染色熵可以看作是与溶液中相比，染料在纤维内部配向约束的尺度，可看作染料在纤维中受约制情况的一种表达。用同一种染料对不同纤维染色时，如果染料对一种纤维的熵变比另一种纤维的大，则说明该种纤维内部配向染着性即染料在纤维内的取向程度就更高，复合超细纤维的染色熵变比复合超细纤维的要大，说明染料在复合超细纤维的配向染着性要高，取向程度高。

表4-4 四种纤维的热力学数值

纤维	$-\Delta\mu^{\ominus}/$(kJ/mol)		$\Delta H^{\ominus}/$ (kJ/mol)	$\Delta S^{\ominus}/$ [J/(K·mol)]
	105℃	120℃		
普通PTT	22.59	23.10	−36.12	−33.99
超细PET	23.36	24.73	−59.25	−91.32
PTT/PA6	22.87	22.44	−33.70	−28.65
PET/PA6	23.11	23.03	−25.13	−15.34

三、化学位、亲和力和直接性

（一）化学位

由物理化学理论可知，当体系仅发生简单的物理变化，而不发生化学变化或相变时，每一相中的物质数量或摩尔数不发生变化，体系的热力学量中的容量性质，如内能 U、焓 H、熵 S 和吉布斯自由焓 G（即吉布斯自由能）等只受温度、压力的影响。而当体系发生化学变化或者相变时，虽然体系的总摩尔数一定，但其中每一相中各组分的摩尔数会发生变化；由于同一相中的各组分容量性质不同，或同一组分在不同相中的容量性质不同，即使温度、压力不变，体系的容量性质也要发生变化，故容量性质除了受温度、压力影响外，还受体系内部各相中摩尔数的变化影响。

化学平衡通常用吉布斯自由焓 G 判据来判断过程能否自发进行。在上染过程中，染料离开染色介质相（即染液）转移到纤维上，染料在染液中和纤维上的摩尔数不断发生变化，体系的吉布斯自由焓 G 不仅受温度、压力的影响，还随染料在染液中和纤维上的摩尔数变化而变化。无论在染液中或在纤维上，G 不等于各组分自由焓的简单相加，而等于各组分的偏摩尔自由焓 G_B 与其物质的量乘积之和（即物理化学中偏摩尔量的加和公式），可以认为 G_B 是1mol某组分在体系中对 G 的贡献。

在染色体系中，染液中染料的偏摩尔自由焓，又称为染料在染液中的化学位（chemical potential）或化学势，等于在温度、压力以及其他组分浓度不变的情况下，加入无限小量的染料组分（组分 i）dn_s^i 到染液中引起染液自由焓 G_s 的变化，或者说加入 1mol 染料到无限量的染液中引起染液自由焓的变化。如果以 μ_s 表示染料在染液中的化学位，可表示为：

$$\mu_s = \left(\frac{\partial G_s}{\partial n_s^i}\right)_{T, p, n_{j\neq i}} \qquad (4-28)$$

式中：T 为绝对温度；p 为压力；n_j 为除组分 i 以外的其他组分。

同理，染料在纤维中的化学位 μ_f 可表示为：

$$\mu_f = \left(\frac{\partial G_f}{\partial n_f^i}\right)_{T, p, n_{j\neq i}} \qquad (4-29)$$

染料在纤维上的偏摩尔自由焓等于在温度、压力和除组分 i 以外的其他组分数量保持不变的条件下，无限小量染料（组分 i）dn_f^i 到纤维上引起纤维偏摩尔自由焓 G_f 的变化，或者说 1mol 染料上染到无限量纤维上所引起的自由焓的变化。

由此可见，化学位（μ_s 和 μ_f）是染料在染液（或纤维）中自由焓随染料量的变化率。它和热力学中的温度、压强等变量一样，是一种强度性质，而不是容量性质，它和摩尔数的乘积才是容量性质。根据化学位的大小可以判断染料能否由染液中转移到纤维上（即变化过程进行的方向）以及进行的程度（即染料对纤维的上染能力）。自发变化的方向是物质 i 由高化学位态向低化学位态转移，如同热量由高温状态自动转移到低温状态一样。两种状态的化学位差值越大，转移的倾向越大。由此可见，若上染过程能够发生，染料在染液中化学位必定高于其在纤维上的化学位，即 $\mu_s > \mu_f$，当达到 $\mu_s = \mu_f$ 时，染色达到平衡。

（二）亲和力

研究染色热力学参数 $-\Delta\mu^{\ominus}$、$\Delta H^{\ominus}$ 和 $\Delta S^{\ominus}$，关键是亲和力 $-\Delta\mu^{\ominus}$，可以通过亲和力（affinity）的大小来判断上染过程进行的方向和程度。已知亲和力可求得染色热和染色熵，并根据这些参数的大小，获得温度对亲和力的影响规律和亲和力的本质。

1. 亲和力的概念 染色体系为非理想体系，染料在染液中或在纤维上的化学位 μ_s 和 μ_f 都与活度有关。染料在染液中的化学位与活度 a_s 的关系函数如式（4-30），设标准状态 $a_s=1$ 的化学位为 $\mu_s^{\ominus}$，则：

$$\mu_s = \mu_s^{\ominus} + RT\ln a_s \qquad (4-30)$$

设 a_f 为纤维上的染料活度，标准状态下 $a_f=1$ 的化学位为 $\mu_f^{\ominus}$，则纤维上的染料化学位 μ_f 为：

$$\mu_f = \mu_f^{\ominus} + RT\ln a_f \qquad (4-31)$$

式中：R 为气体常数；T 为绝对温度。

在染色刚开始时，染料在染液中的活度大，染料在染液中的化学位也大，染料从染液吸附到纤维上的倾向也大，纤维上染料活度很小，解吸倾向也小。随着上染过程的进行，染料在染液中的化学位逐渐减小，染料在纤维上的活度增大，染料在纤维上的化学位增大，染料吸附到纤维的倾向不断减小，解吸倾向不断增大。

当达到染色平衡时，染料在染液中的化学位与在纤维上的化学位相等，即 $\mu_s=\mu_f$，则：

$$\mu_s^{\ominus} - \mu_f^{\ominus} = RT\ln\frac{a_f}{a_s} \qquad (4-32)$$

令：$-\Delta\mu^{\ominus} = -(\mu_f^{\ominus} - \mu_s^{\ominus}) = \mu_s^{\ominus} - \mu_f^{\ominus} \qquad (4-33)$

则：$-\Delta\mu^{\ominus} = RT\ln\frac{a_f}{a_s} = RT\ln K \qquad (4-34)$

式中：$-\Delta\mu^{\ominus}$ 为染料对纤维的染色（标准）亲和力；K 为染色（标准）平衡常数，又称分配系数。

标准亲和力（standard affinity，$-\Delta\mu^{\ominus}$）是标准状态下染料在染液中与纤维上的化学位之差，是染料从染液中的标准状态向其纤维中的标准状态转移倾向的度量，即染料上染纤维的能力。和标准化学位一样，亲和力是温度和压力的函数，它的数值随温度和压力而有所不同，单位为 kJ/mol。亲和力与染料和纤维的结构与性质有关，与染色平衡时染料在纤维上与染液中的活度有关，与体系的组成、浓度无关。

由式（4-34）可知，在一定温度下达到染色平衡时，亲和力可以由纤维上与染液中的染料活度之比，即染料在纤维上与染料的染色平衡常数或分配系数来求得。对于平衡常数较大的染料上染纤维过程，染料在溶液中的标准化学位比在纤维中大，即 $\mu_s^{\ominus} > \mu_f^{\ominus}$，且当 $K>1$ 时，亲和力 $-\Delta\mu^{\ominus}>0$。

准确来说，判断染料上染纤维的必要条件

是 $\mu_s > \mu_f$，虽然化学位的绝对值难以确定，但在一定的条件下可以计算其变化：

$$\mu_s - \mu_f = \mu_s^\ominus + RT\ln a_s - (\mu_f^\ominus + RT\ln a_f)$$

$$= -\Delta\mu^\ominus - RT\ln\frac{a_f}{a_s} \qquad (4-35)$$

通常用亲和力 $-\Delta\mu^\ominus$ 来近似估计染料从溶液中到纤维上的趋势和量度，但染色平衡时染料在纤维和在染液中的活度难以确定，往往用摩尔浓度 [D] 来替代活度计算亲和力：

$$-\Delta\mu^\ominus = RT\ln\frac{[D]_f}{[D]_s} \qquad (4-36)$$

亲和力越大，表示染料从染液向纤维转移的趋势越大，即推动力越大。亲和力是热力学参数，是染料对纤维上染的一个特性指标，也是染料对纤维具有直接性的定量表示方式。

2. 亲和力的本质 上染过程是一个扩散、吸附过程，染料对纤维之所以具有亲和力，是由于染色热和染色熵。染色热的本质是分子间的作用力，由于染料—纤维分子间的作用力大于染料—水分子间的作用力，所以染料能吸附到纤维上。染色熵的本质是染色体系紊乱程度的变化，染料上染纤维，染料的紊乱程度降低，$\Delta S^\ominus < 0$，但是疏水组分较多的染料吸附到纤维上，类冰水会减少，水的熵增加，使染色熵减少得较少，甚至增加。

因此，亲和力的本质是由染料分子结构决定的。染料与纤维分子间作用力增加导致 $-\Delta H^\ominus$ 增加，$-\Delta\mu^\ominus$ 增加。染料疏水组分比例增加导致 $\Delta S^\ominus$ 增加，$-\Delta\mu^\ominus$ 增加。因此，针对不同的纤维，有必要针对性考虑和设计染料分子结构。

3. 亲和力与温度的关系 由式（4-25）可知，当温度变化幅度不大时，$\Delta H^\ominus$ 为常数，$\Delta S^\ominus$ 为常数。

当 $\Delta S^\ominus < 0$，温度升高，亲和力（$-\Delta\mu^\ominus$）下降。一般情况下，升高温度亲和力减小，并呈线性关系（图4-3）。

当 $\Delta S^\ominus > 0$，温度提高，亲和力（$-\Delta\mu^\ominus$）提

高，主要表现在疏水组分比例比较大的染料，尤其是弱酸性染料见表4-5，不同烷基的1-氨基-4-烷基氨蒽醌-2-磺酸染料上染羊毛过程的熵变为正值，随着温度升高亲和力（$-\Delta\mu^\ominus$）提高。

表4-5 1-氨基-4-烷基氨蒽醌-2-磺酸上染羊毛的热力学参数

烷基	温度/℃	$-\Delta\mu^\ominus$/（kJ/mol）	$\Delta H^\ominus$/（kJ/mol）	$\Delta S^\ominus$/[J/（K·mol）]
甲基	50	46.6	17.2	197.5
	60	48.4	9.9	175.0
	70	49.6	-6.3	126.5
	80	50.3	-26.4	67.8
丁基	50	47.7	29.0	230.0
	60	49.8	21.8	214.5
	70	50.9	-14.8	106.0
	80	51.3	-35.1	44.8

当 $\quad -\Delta\mu^\ominus = RT\ln\frac{a_f}{a_s}$

$$RT\ln\frac{a_f}{a_s} = T\Delta S^\ominus - \Delta H^\ominus \qquad (4-37)$$

$$\ln\frac{a_f}{a_s} = \frac{\Delta S}{R} - \frac{\Delta H^\ominus}{RT} \qquad (4-38)$$

$\Delta H^\ominus < 0$，温度升高，$\dfrac{a_f}{a_s}$ 下降，使 $\dfrac{[D]_f}{[D]_s}$ 下降，分配系数 K 下降。

$$E = \frac{K}{K+L} \times 100\% \qquad (4-39)$$

式中：L 为染色时浴比。由式（4-40）可知，L 增加 E 会随之减小，因此染色条件会对直接性产生影响。

由式（4-40）可知，K 下降，上染率 E 下降。

因此，升高温度，平衡上染率下降。这是因为上染是一个放热过程，升温不利于染料进一步上染，平衡上染率降低。

（三）直接性

一般技术资料和染料使用说明书中常用直接性（substantivity）这个名词来笼统地说明染

料对纤维的上染能力。直接性是指在一定条件下染料离开染液上染纤维的性能。直接性不是热力学参数，一般可用染色平衡时染料的上染百分率 E 来表示。在相同条件下染色，上染百分率高的，称为直接性高；反之，上染百分率低，称为直接性低。

直接性没有明确的定量概念，常用作亲和力的定性描述，说明染料对纤维的上染能力，两者不能作为同义词。因直接性的高低（上染百分率的大小）随染料浓度、浴比、电解质性质与用量、助剂性质与用量等因素而变化，具有工艺特性。例如，其他条件相同，染浴中染料浓度高或浴比大的，所达到的平衡上染百分率就较低。亲和力则取决于染料和纤维的染色性质，它具有严格的热力学概念，对于指定的纤维，亲和力是温度和压力的函数，是染料的属性，不受其他条件影响，具有精确的热力学特性。

第四节　染料上染过程中的主要作用力

一、染料与纤维的吸附类型及其各种作用力

根据分子在固体表面吸附时的结合力不同，吸附可以分为物理吸附和化学吸附。物理吸附（physisorption）指吸附质与吸附剂之间由于分子间力（范德瓦尔斯力）而产生的吸附。它具有无选择性、可吸附多层分子层、吸附热低与吸附速度快等特点。由于这种作用力较弱，可以看成是凝聚现象。

化学吸附（chemisorption）指吸附质与吸附剂发生化学反应，形成牢固的吸附化学键和表面络合物。化学吸附一般包含实质的电子共享或电子转移，而不是简单的微扰或弱极化作用。由于物理吸附和化学吸附的作用力本质不同，它们在许多性质上有明显差异，见表4-6。

表4-6　物理吸附与化学吸附的不同点

性质	物理吸附	化学吸附
吸附热	$0 \sim 42 kJ/mol$	$>42 kJ/mol$
活化能	≈凝聚热	≥化学吸附热
吸附速率	无须活化，速率快	需克服能垒，吸附慢
选择性	无选择性	有选择性
吸附层数	单层或多层	单分子层
可逆性	可逆	可逆或不可逆

分子间相互作用是物理吸附的基础，作为化学吸附的基础是染料与纤维之间的化学反应。不可逆吸附是由染料与纤维的共价键所保证，而可逆吸附则由分子间相互作用以及离子键和配价键来保证。

染料的聚集、溶解和吸附都有各种分子（或离子）间力在起作用。染料溶解在水里，要拆散一部分水分子间的结合和染料分子间的结合，以染料和水分子间的结合取而代之。染料从染液中上染到纤维上则要拆散染料和水分子以及纤维及水分子的结合，生成染料和纤维分子间以及水分子和水分子间结合。解吸的情况则相反。在这些过程中，起作用的分子（或离子）间力包括：库仑力、范德瓦尔斯力、氢键、疏水键、电荷转移分子间引力、共价键和配位键等。

（一）物理吸附中的分子间作用力

物理吸附中的分子间作用力主要包括库仑力（coulomb force）、范德瓦尔斯力（Van der Waals force）[包括静电力（electrostatic force）、诱导力（induction force）和色散力（dispersion force）、氢键（hydrogen bond）]、疏水相互作用和电荷转移分子间引力，其作用力比化学吸附中的键能要弱得多，但在染色中却起着极其重要的作用。

1. 库仑力　库仑力是两个带电粒子之间的作用力，库仑力 f 和电荷 q、q' 的乘积成正比，和 q、q' 间距 r 的平方、介质的介电常数 ε 成反比：

$$f = \frac{qq'}{\varepsilon r^2} \tag{4-40}$$

同性电荷相斥，异性电荷相吸。带有同性电荷的染料离子，由于所带电荷多少、电荷所在位置不同，它们之间便会产生不同程度的斥力，因而聚集的倾向也就不同。例如，直接橘黄 G 的相对分子质量不很大，两个磺酸基在分子间的中段，聚集倾向就比较小；反之，如果相对分子质量比较大，磺酸基在分子的两端，聚集倾向就比较大。染料溶液里加入食盐之类的中性电解质，增加溶液的离子强度，会降低染料离子间的斥力，聚集倾向就减小。

离子通过电荷的诱导效应，会使离子周围的非极性分子产生诱导偶极，从而对它们产生引力，其位能表示如下：

$$E = \frac{qq'}{\varepsilon r}$$

E 与距离 r 成反比。离子和水分子偶极间会产生离子—偶极引力，它对染料的水溶液起着十分重要的作用。

纤维在染液中会带有电荷，在界面上形成双电层，例如蛋白质纤维、聚酰胺纤维在酸性溶液中带正电荷，会对阴离子染料产生库仑引力；聚丙烯腈纤维在染液中则带有负电荷，会对染料阳离子产生引力；纤维素纤维在中性和碱性溶液中带有一定的负电荷，会对染料阴离子产生斥力，妨碍阴离子染料的上染。为了减少或消除这种斥力，染色时可在染液中加入食盐。

2. 范德瓦尔斯力　分子是由原子靠化学键结合而成的，这种化学键又称主价键，或称主价力，是分子内原子之间的作用力。化学键完全饱和的原子尚有吸附其他分子中饱和原子的能力，这种力称为范德瓦尔斯力，又称为次价力，属于分子间作用力。物理吸附是靠范德瓦尔斯力在电中性粒子之间实现的，其吸附能大小在 $1 \sim 10 \mathrm{kJ/mol}$。范德瓦尔斯力分为极性和非极性两种，其分类与作用分子的极性有关。同样，极性力可分为静电力和诱导力。

（1）静电力。静电力，又称定向力（directional force）或取向力（orientation force），是极性分子之间的固有偶极之间的静电引力。因为两个极性分子相互接近时，同极相斥，异极相吸，使分子发生相对转动，极性分子按一定方向排列，并由静电引力互相吸引。当分子之间接近到一定距离后，排斥和吸引达到相对平衡，从而使体系能量达到最小值。静电力的大小与极性分子的偶极矩及分子间的距离有关，其相互作用能以下式表示：

$$U_\mathrm{d} = -\frac{2}{3kT}\frac{u_\mathrm{a}^2 u_\mathrm{b}^2}{r^6} \tag{4-41}$$

式中：u_a 和 u_b 为两种分子的偶极矩；r 为分子间距离；k 为常数；T 为绝对温度。

（2）诱导力。诱导力同样具有静电性质，但这种力通常产生于永久偶极矩（极性分子）和非极性分子之间，极性分子之间也存在诱导力。在第一个极性分子影响下，诱导产生非极性分子的偶极矩。诱导相互作用能等于：

$$U_\mathrm{i} = -\frac{2u_\mathrm{a} a_\mathrm{b}}{r^6} \tag{4-42}$$

式中：a_b 为第二个分子的极化度。

诱导力与静电力不同，它与温度无关。

（3）色散力。色散力产生于非极性分子之间，具有更为复杂的量子力学性质。在非极性分子中可以分离出一个电子来考虑其相对于原子核的运动。由于电子在距离核的一定距离上运动，在分子中，每个时刻都会发生偶极子，这个偶极子诱导相邻分子，产生另一个偶极子。也就是由于电子的运动，瞬间电子的位置对原子核是不对称的，正电荷重心和负电荷重心发生瞬间的不重合，产生瞬间偶极，对于两球形分子的非极性相互作用以下式表示：

$$U_\mathrm{m} = -\frac{c}{r^6} \tag{4-43}$$

式中：c 为色散力系数，与分子极性及相互作用分子的电离势有关。

如上所见，所有范德瓦尔斯力都反比于分子间距离的六次方，即具有 "r^{-6} 规律" 的特性，式（4-41）至式（4-43）前面的负号表示；当分子接近时能量降低而相互引力增强。极性分子之间，取向力、诱导力、色散力都存在；极性分子与非极性分子之间，则存在诱导力和色散力；非极性分子之间，则只存在色散力。这三种类型的力的比例大小取决于相互作用分子的极性和变形性。极性越大，取向力的作用越重要；变形性越大，色散力就越重要；诱导力则与这两种因素都有关。

许多染料分子不带电（如分散染料、氧化态的还原染料、硫化染料、不溶性偶氮染料），但其结构中含有极性基团以及特别显著的非极性（疏水）结构单元（苯环、萘环和更复杂的芳环和烷基基团）。高分子纤维同样地以具有极性基团和疏水性非极性链段为特征（如蛋白质纤维和聚酰胺纤维中的亚甲基链段，聚烯烃纤维的烃链和聚酯纤维的苯环）。

染料和纤维高分子的这种结构，决定了它们之间可以发生所有类型的范德瓦尔斯结合。水溶性染料中除了带电基团外，还含有极性基团和疏水性结构单元，这类染料也属于能产生类似的范德瓦尔斯相互作用的物质。要估计三种类型的范德瓦尔斯相互作用中的每一种在纤维吸附染料中的贡献是复杂的。但是，可以有把握地预言，染料分子或纤维高分子的疏水性增加（可以用计算分子的亲水疏水平衡值来估计），色散非极性力的作用会增强，而随着染料分子或纤维高分子极性的提高（可以用偶极矩估计），就会增加取向或诱导作用的贡献。

基于以上规律，直接染料与纤维素纤维之间极有可能发生明显的诱导相互作用：在纤维素的强极性羟基影响下，长链共轭双键的非定域 π 电子云将被极化，并加强直接染料极性分子所固有的起始偶极矩。这是直接染料和还原染料对纤维素纤维的亲和力和直接性随共轭长度的增加而提高的原因之一，因此此时使 π 电子云极化容易。

结合以上认识可以解释下述熟知的事实：随着纤维素纤维分子失去其平面结构，直接染料的直接性会降低，因为共轭体系 π 电子云的极化在共平面结构中容易进行。分散染料吸附在醋酯纤维上的情况，也观察到有同样的规律性相反，具有特别显著的疏水结构的型金属络合染料与毛纤维和聚酰胺纤维表现出非极性色散相互作用。

3. 氢键　对于氢键的定义有两种不同的理解。一种是指 X—H⋯Y 的整个结构，氢键的键长是指从 X 到 Y 之间的距离；另一种是指 H⋯Y 之间的结合键，氢键的键能是指打开 H⋯Y 结合所需的能量。生成氢键必须具备两个条件。

（1）必须有氢的供体（X—H），X 原子必须是电负性较大、半径较小的原子，如 N、O、F、Cl。

（2）必须有氢的受体（Y），Y 原子必须是电负性较大、半径较小、含孤对原子的电子，如 N、O、F、Cl。

与电负性较大的 X 原子以共价键结合的 H 原子，由于其本身带有正电荷，没有内层电子，半径较小，不被其他原子排斥，因而能与另一个电负性较大、半径较小的 Y 原子的孤对电子互相吸引，形成氢键，即 X—H⋯Y。

氢键的强弱和氢原子两边所连接原子的电负性大小有关。电负性越大，氢键越强。氢键的强度大小顺序如下：

$$F—H\cdots F > —OH\cdots O > —OH\cdots N \!\!\equiv\; > —NH_2\cdots N \!\!\equiv\; > \;\diagup\!\!\!\!\diagdown NH \cdots N \!\!\equiv$$

染料和水、染料和纤维间能产生分子间氢键，染料分子本身的偶氮基和邻位的羟基或氨基间也都会产生氢键，如下所示：

共轭系统的 π 键和氢原子也能产生氢键。例如，苯和醇间能产生如下所示的氢键。这类氢键有时称为 π—H 键。

$$\langle\!\!\!\bigcirc\!\!\!\rangle \cdots H\!-\!O\!-\!R$$

氢键对于染料的溶解、吸附及其稳定性（例如偶氮基和邻位羟基间的氢键使染料的反式异构趋于稳定，并具有较好的酸碱稳定性）都有重要的作用。

4. 疏水相互作用 第一章有关水的结构和染料聚集介绍时已明确了疏水相互作用（hydrophobic interaction）的热力学解释，这种相互作用的实现和非极性分子或分子间部分存在的非极性范德瓦尔斯作用一样。但是，疏水相互作用有明显的熵促进原因，这种促进原因与水或其他极性液体结构的改建、重排相联系。水（或其他极性液体）对于被染色的纤维是外部介质。被溶解在水中的染料分子以确定的方式改变其结构形式，而且染料分子的非极性部分处于取向更紧密堆积的水分子区的包围之中。这些高密度和定向区能够重排形成簇状结构，按热力学第二定律，体系熵增加，将自动趋于紊乱，即趋于过渡纤维—水介质体系到较小有序态。若存在上述情况，染色的作用是把染料分子的疏水部分吸附到纤维表面上去。

在以上情况下，体系的熵由于水结构的破坏而升高，同时由于纤维表面对染料的有序吸附而降低。根据体系中这两种现象对熵的贡献，将以染色熵的正、负变化来表征。应该指出，发生疏水键熵的热力学原因仅为这种类型的键所固有。而在有了疏水键之后，染料被纤维保留就靠非极性范德瓦尔斯力了，显示了疏水相互作用的标志乃是 $\Delta S^{\ominus}$ 为正值。因此，$-\Delta\mu^{\ominus}$ 随温度升高而增加（吸热过程）。但是，在具体染料上染条件下，大多出现相反的情况，即 $-\Delta\mu^{\ominus}$ 随温度升高而减小（放热过程）。

5. 电荷转移分子间引力 从具有供电子体的分子（如供电子体 D）向具有受体性质的分子（如受电子体 A）转移了一个电子，在 D 与 A 之间会形成分子间的结合，这种结合具有路易斯酸碱结合的性质，被称为电荷转移（charge transfer）结合。

$$D+A \longrightarrow D^{+}+A^{-}$$

供电子体的电离能越低（即容易释放电子），受电子体的亲电性越强（即容易吸收电子），两者之间则越容易发生电子转移。作为供电子体的常见化合物有胺类、酸类化合物或含氨基、酯基的化合物（称为孤对电子供电体）以及含双键的化合物（称为 π 电子供电体）；作为受电子体的常见化合物有卤素化合物（称为 σ 受电子体）及含双键的化合物（π 轨道容纳电子）。例如，分散染料中的氨基与聚酯纤维的苯环，或聚酯纤维中的酯基与分散染料中的芳环发生电荷转移，产生电荷转移分子间引力。

（二）化学吸附中的化学键

化学键是分子或晶体中微粒（原子或离子）间的相互作用力，和上述物理吸附中的分子间作用力有着不同的概念。所有类型的化学键的特点都是两个原子共享一个电子对，同时，共有程度的变化与化学键性质有关。在染色中参与反应的化学键有：共价键、离子键和配位键。这三种化学键各有不同的特性，其中以离子键与共价键的区别为最大，配位键则居于两者之间。

1. 共价键 由两个或多个原子共用其外层电子，在理想情况下达到电子饱和的状态，由此组成稳定化学结构形成的化学键称为共价键（covalent bond），即共价键是原子间通过共用电子对所形成的相互作用。在前面讨论过的所有类型的键中以共价键键能最大，这是染色的湿牢度较高的主要原因。活性染料与含亲核基团的纤维能形成共价键。根据活化中心的性质，活性染料与纤维素纤维会形成两种类型的键。其中，X_p 为发色基团。

$$Cell\!-\!\overset{|}{\underset{|}{C}}\!-\!O\!-\!\overset{|}{\underset{|}{C}}\!-\!X_p$$

(a)

$$\text{Cell—} \overset{|}{\underset{|}{C}} \text{—O—} \overset{\overset{N}{\|}}{C} \text{—X}_p$$

(b)

这些键的化学稳定性是不同的。例如，对于加酸水解，醚键更稳定，而甲酯键则对加碱水解更稳定。具有氨基的蛋白质纤维和聚酰胺纤维可与活性染料形成两种类型的共价键：

$$\text{纤维—NH—CH}_2\text{—X}_p$$

(a)

$$\text{纤维—NH—} \overset{\overset{N}{\|}}{C} \text{—X}_p$$

(b)

不仅是活性染料，酸性媒染染料和金属络合（1∶2型）染料的金属原子与蛋白质纤维和聚酰胺纤维的羧基也能形成共价键。酸性媒染染料与羊毛之间形成共价键，这是染色后获得较高湿摩擦牢度的一个原因。

染料和纤维发生共价键结合，主要发生在含有反应性基团的染料和具有可反应基团的纤维之间。例如活性染料和纤维素纤维之间可在一定条件下发生反应而生成共价键结合。

2. 离子键　离子键（ionic bound）是带相反电荷离子之间的相互作用。离子键的特征与共价键不同，其成键是由原子间电子得失并随后靠阴阳离子间的静电作用而形成的，而共价键则是原子间形成一对或几对共用电子对而形成。离子键在极性液体介质（例如水）中容易被极化和离解，从而导致较低的湿处理牢度。用酸性染料染蛋白质和聚酰胺纤维，形成离子键是其特征，相应的图示为：

$$\text{HOOC—纤维—NH}_3^+ {}^- \text{O}_3\text{S—染料}$$

对于阳离子染料和聚丙烯腈纤维，相应的图示为：

$$\text{染料—NH}_3^+ {}^- \text{OOC—纤维}$$

当然，酸性染料和阳离子染料上染聚酰胺、聚丙烯腈纤维时不仅是离子键参与，多种结合力共同作用才能确保染色牢度。

3. 配位键　配位键（coordinate bond）又称配位共价键，或简称配键，是一种特殊的共价键，当共价键中共用的电子对是由其中一原子独自供应，另一原子提供空轨道时就形成配位键。配位键属于非化合价轨道的化学键，其中有一个中心原子，其周围有配位体。作为中心原子的是有空电子轨道（受体）的中心原子，而作为配位体的是有自由电子的中心原子（受体）。电子对的受体是纤维的不带电氨基和染料的偶氮基。如1∶1型的金属络合染料上染羊毛时，与羊毛产生配位键结合。

二、上染过程中分子间作用力

在染液水分子间原来存在比较强的氢键和偶极引力的结合。染料分子中的磺酸基、季铵基等带有电荷的基团，一方面相互之间发生库仑斥力，另一方面引起水分子的极化，和水分子发生引力而溶于水。染料分子还能通过氢键、范德瓦尔斯引力和水分子发生结合获得不同程度的水溶性。染料本身分子间也能通过分子间各种引力的作用发生聚集。由于染料分子具有较大的芳环共轭体系，染料分子聚集的主要制约因素是色散力。另外，聚集还与染料分子的空间阻碍有关。许多染料具有平面分子结构，可以面对面靠拢，容易发生层状聚集。

可以通过观察纤维的模型化合物（选择纤维素二糖作为纤维素分子的模型）来研究染料和分子间的结合问题；可以通过观察物理现象的变化（吸收光谱、折光率、单分子层面积等）来研究不同结构的染料模型发生分子结合的问题。

直接染料分子具有直线、共平面和共轭体系贯通的结构特点，因而容易与线型长链纤维素大分子接触，其间产生较强的范德瓦尔斯力。此外，染料分子结构中所含的—NH_2、—N＝N—等基团能与纤维素大分子上的羟基形成氢键，尤其是当染料中能形成氢键基团之间的距离等于纤维素分子中相邻两个葡萄糖环上羟基距离1.03nm（10.3Å）的整倍数时，氢键作用力将增大。因此，直接染料上染纤维素纤维的重要作用力为物理结合力：范德瓦尔斯力和氢键，其吸附等温线为弗莱因德利胥型。所以，直接染料能自发地离开染液而上染纤维素纤维。但不同结构的直接染料上染纤维的作用力大小不同，染色匀染性及染料向纤维内部扩散速率不同，染色工艺条件选择不同。染料的共轭体系越长，直接性越好，平面性越好，能形成氢键的基团越多，则染料与纤维之间的作用力越大。有人认为，直接染料上染纤维素的过程中，范德瓦尔斯力起着主要作用。另外有人认为，染料在纤维微隙里发生自身分子聚集是染料上染纤维素纤维的主要原因。

羊毛等蛋白质纤维和聚酰胺纤维在酸性染液中染色时，除了库仑引力外，染料与纤维间必然还有其他分子间引力起着重要作用。对于某些酸性染料来说，上染过程中体系的熵有所提高，是染料具有染色亲和力的一个重要因素，有时甚至是主要因素。

聚丙烯腈纤维（分子链上有磺酸基或羟基基团）带有负电荷，对阳离子染料离子存在库仑引力作用，同时也存在其他分子间引力。

对分散染料来说，染料分子间以及和纤维分子间存在多种分子间作用力，包括氢键、偶极力、色散力等。醋酯纤维、涤纶和锦纶分子中存在大量羰基，醋酯纤维和锦纶分子中还分别存在一定数量的羟基和氨基。这些基团都可与染料相关基团形成氢键。羰基的氧原子可和染料的供质子基（—OH、$—NH_2$ 等）形成氢键。

此外，聚酯纤维的苯环也可以和染料的供质子基形成氢键。实验发现，在一定范围内，分散染料分子中供质子基数量越多，在醋酯等纤维中染色饱和值就越高。在一定范围内染料分子中的羟基和氨基数量越多，在涤纶中的饱和值也越高。当然，这些基团过多，染料亲水性变得太高，则会降低染料的亲和力。

范德瓦尔斯力是分散染料和纤维结合的一种重要结合力。随着染料和纤维结构不同，范德瓦尔斯力的性质也不同。有的主要靠偶极力或诱导力结合。例如醋酯纤维的羰基和染料间可形成偶极力结合；有的则主要靠色散力结合，例如聚酯纤维和分散染料间的作用就是这样。

分散染料和醋酯或聚酯纤维的分子间结合，极性引力（包括氢键）和非极性引力（色散力）都起着重要作用。有人认为氢键对染料、纤维的分子间结合起着主要作用，也有人认为起主要作用的是范德瓦尔斯力。不同合成纤维的染色、对分散染料的结构要求是不一样的。

吉尔斯等研究表明，分散染料分子和三醋酯纤维分子会发生面对面的结合。如果染料带有磺酸基，由于三醋酯纤维分子高度水化，会阻碍这种结合，因而使染料难以上染或不能上染三醋酯纤维。

第五节 吸附等温线类型及其意义

在某一温度下，溶质分子在两相之间（如固—气、固—液、液—液、液—气）达到平衡状态，其在两相中的溶解—吸附就会达到一个动态平衡（dynamic equilibrium），描述其在两相中的分配关系曲线称为吸附等温线（adsorption isotherm）。对于固—液两相来说，这种分配关系主要为物质在固相上的吸附量与其在液相中的平衡浓度的关系。吸附等温线可以直观地描述吸附过程特征，判断吸附类型、固相的表面信息等。等温吸附平衡过程用数学来描述可得到吸附等温方程。

Giles 等对 1961 年以前的文献中有机溶质在固体表面的吸附数据进行了整理，将稀溶液中吸附等温线分为 4 大类和 18 个小类，4 大类等温线分别为 S 型、L 型、H 型和 C 型，如图 4-4 所示。S 型等温线在起始斜率小，其特征是曲线凸向横坐标，其后曲线急剧上升；L 型［朗缪尔（Langmuir）］等温线在起始斜率大，其特征是几乎呈线性变化，其后曲线向横坐标平行方向弯曲；H 型（高亲和力，high affinity）等温线在起始斜率较大，其特征是在极低浓度接近于零时就出现很大的吸附量；C 型

（恒定分配，constant partion）等温线其实斜率很大，其特征是这部分变化呈线性增大。这四种类型的等温线在后阶段的变化中极大部分都随着浓度升高到某个值并出现一个平台，表明固体表面吸附单层已饱和，当浓度再增加时，有的等温线继续上升，有的等温线下降后又上升，这可能是因吸附的分子在固体表面形成更紧密排列或重排后继续发生吸附形成的。

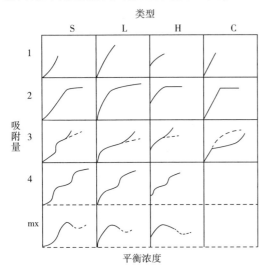

图 4-4　固—液吸附等温线类型

以上介绍的吸附等温线针对的范围很广，几乎涉及所有有机溶质向固体表面吸附的应用。在研究染色平衡时，一定温度下，纤维和染料溶液系统达到平衡状态，吸附等温线是指纤维上被吸附染料的浓度（$[D]_f$，单位为 g/kg 或 mol/kg）和染液中的染料浓度（$[D]_s$，单位为 g/L 或 mol/L）的关系曲线。换句话来说，在某一温度条件下的平衡状态，染液中的染料浓度和纤维上的染料浓度之间存在一定的分配关系，这种分配关系曲线称为染料吸附等温线。根据染料的吸附等温线可以判别染料上染纤维的能力和分配特征，因此吸附等温线是研究染色热力学的基础。

从亲和力计算公式（4-35）可见，若已知纤维上和染液中的染料活度，亲和力的计算就是比较简单的，但实际并非如此。染液中染料活度是能求得的，至少理论上如此。理论上，

如果溶液浓度很低，可以将活度系数视为 1。对非离子型染料（如分散染料、不溶性偶氮染料等）来说，可以用染料浓度 $[D]_s$（mol/L）代替活度 a_s；对于离子型染料，它会在染液中电离为阴阳离子，它的活度可以通过该式计算：

$$a_s = [M^{n+}]_s^z \times [D^{z-}]_s$$

式中：M^{n+} 为电离出的 n^+ 价的阳离子；D^{z-} 为电离出的 z 价的阴离子。一般来说，染料电离出的阳离子为 Na^+，故该式可简化为：

$$a_s = [Na^+]_s^z \times [D^{z-}]_s$$

纤维上活度的处理是一个十分困难的问题，在运算时不得不对纤维上的染料状态做一定的假设。这些假设一般是以染料的吸附等温线为依据的。吸附等温线是在一定温度下，达到染色平衡时，纤维上的染料浓度和染液中的染料浓度的关系曲线。研究发现，染色等温吸附主要有三种类型，即能斯特（Nernst）型、朗缪尔（Langmuir）型和弗莱因德利胥（Freundlich），如图 4-5 所示。大多数只有吸附的染色系统是完全可逆的，即染料从染液中向初始未染色的纤维吸附建立的等温平衡，与染料从已染色的纤维上向初始空白的染液中解吸得到的结果是完全相同的。

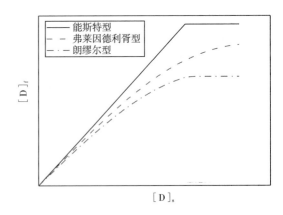

图 4-5　染色吸附等温线类型

一、吸附等温线的主要类型

（一）弗莱因德利胥型吸附

1. 弗莱因德利胥型吸附方程　弗莱因德利

胥型吸附等温线的特征是纤维上的染料浓度随染液中的染料浓度的增加而不断增加，但增加速率越来越慢，没有明显的极限。该类吸附等温类型应用于染料向纤维的吸附不受特定吸附部位的限制和纤维中的染料不会饱和的情况。染料吸附在纤维上是以扩散吸附层存在的，染料分子除了吸附到纤维的无定形区外，还有一些染料分子分布在孔道染液中，在染液中浓度呈扩散状分布。起初染料分子吸附在最易接近的孔洞表面，但后续染料必须渗入较不易接近的区域，吸附就变得更困难。如图 4-6 所示，横坐标为距纤维表面的距离，纵坐标为染料浓度，曲线为染料浓度随距界面距离变化的示意图，染料在距离纤维表面（包括纤维内部微晶的表面）越近的浓度越高，距离纤维越远的浓度越低，距离超过 $A—A$ 处，浓度已经基本与染液本体浓度相同。

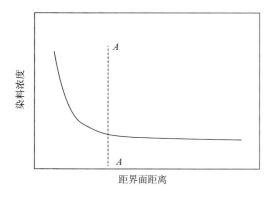

图 4-6　染料在纤维—染液界面的扩散吸附层

弗莱因德利胥吸附等温线的经验方程式为：

$$[D]_f = K[D]_s^n \qquad (4-44)$$

式中：$[D]_f$ 为染色平衡时纤维上的染料浓度，可用单位质量纤维上的染料质量或物质的量表示，单位为 g/kg 或 mol/kg；$[D]_s$ 为染色平衡时染液中的染料浓度，单位为 g/L 或 mol/L；K 为常数；n 为指数，一般 $0 < n < 1$。它们的对数关系为：

$$\lg[D]_f = \lg K + n\lg[D]_s \qquad (4-45)$$

即 $\lg[D]_f$ 和 $\lg[D]_s$ 呈直线关系，其斜率为 n。对于阴离子染料在纤维素纤维上的吸附

经常有 0.5 左右的值。对于类似棉的纤维素纤维吸附的染料量，取决于可利用的孔洞表面积。

假设每千克干纤维的吸附层容积为 V（各种纤维素纤维的无定形区所占比例不同，V 的数值也不一样），阴离子型染料 Na_zD 离解为：

$$Na_zD \Longrightarrow zNa^+ + D^{z-} \qquad (4-46)$$

Na^+ 和 D^{z-} 分布在扩散吸附层，染料在溶液中和纤维上的活度可表示如下（活度系数都假定为 1）：

$$a_s = [Na^+]_s^z [D^{z-}]_s \qquad (4-47)$$

$$a_f = \left(\frac{[Na^+]_f}{V}\right)^z \frac{[D^{z-}]_f}{V} \qquad (4-48)$$

则亲和力：

$$-\Delta\mu^\ominus = RT\ln\frac{[Na^+]_f^z [D^{z-}]_f}{V^{z+1}} - RT\ln[Na^+]_s^z [D^{z-}]_s \qquad (4-49)$$

$\ln[Na^+]_f^z [D^{z-}]_f$ 对 $\ln[Na^+]_s^z [D^{z-}]_s$ 作图呈直线关系，则式（4-49）可写成：

$$\frac{[Na^+]_f^z [D^{z-}]_f}{[Na^+]_s^z [D^{z-}]_s} = V^{z+1} e^{-\frac{\Delta\mu^\ominus}{RT}} \qquad (4-50)$$

染液中加一定量的食盐使 $[Na^+]$ 恒定，纤维上除了染料阴离子以外，其他阴离子浓度很低，可以忽略不计，则 $[Na^+]_f \approx z[D^{z-}]_f$，对某一染料以不同浓度在等温条件下上染指定的纤维来说，V 和 $-\Delta\mu^\ominus$ 都是常数，则式（4-50）可写成：

$$\frac{[D^{z-}]_f^{z+1}}{[D^{z-}]_s} = 常数 \qquad (4-51)$$

该式为典型的弗莱因德利胥方程式。

2. 电荷效应　符合弗莱因德利胥模型的吸附属于物理吸附，即非定位吸附。直接染料、还原染料隐色体、未反应的活性染料、不溶性偶氮染料的色酚钠盐、硫化染料隐色体等阴离子型染料以范德瓦尔斯力和氢键吸附固着于纤维，且染液中有其他电解质存在时，其吸附等温线符合这种类型。直接染料上染纤维素纤维的染色理论研究得较多。

第四节也已述及，在纤维/染液界面主要

存在纤维与染液两相中剩余电荷所引起的静电作用以及纤维和染液中各种粒子（离子、染料分子和溶剂分子等）之间的短程作用，如特性吸附、偶极子定向排列等，这些相互作用决定纤维/染液界面的结构和性质。静电作用是一种长程性质的相互作用，它使染液中符号相反的剩余电荷力图相互靠近，趋近于紧贴着纤维表面排列。

纤维素纤维在水中吸湿溶胀，在无定形区形成许多曲折并相互连通的孔道，形成极大的内表面，纤维的表面及其大量的内表面在中性或弱碱性染液中均带负电荷。1853年亥姆霍兹（Helmholtz）提出平行板双电层模型。纤维素纤维浸入水中，其表面 ξ 电位为负值，阴离子染料 Na_2D 染液离解为 Na^+ 和 D^{2-} 色素离子，上染过程中在静电引力的作用下纤维上的负电荷会吸引染液中带相反电荷的离子（Na^+），使 Na^+ 向纤维表面靠拢而集聚在距纤维表面一定距离的染液一侧界面区内，而对带相同符号的染料阴离子（D^{2-}）产生库仑斥力，形成纤维表面附近有一层反离子占主导地位的现象。

然而染液中离子不是静止不动的，不停的热运动促使离子均匀分布。20世纪初古依（Gouy）和恰帕曼（Chapman）提出了由反荷离子组成的扩散层学说，斯特恩（Stern）对古依和查普曼双电层模型作了进一步修正。考虑到被吸附离子的大小对双电层的影响，提出了斯特恩双电层模型（又称GCS分散层模型）。如图4-7所示，Na^+ 的浓度随着离纤维的距离增加而降低最后趋于不变与染液本体浓度相同，这便引起纤维周围染液中的电位发生变化，如图4-7中的 ψ 电位分布情况（与 Na^+ 的浓度变化趋势相同）。染料阴离子 D^{2-} 在接近纤维界面时，受到纤维所带电荷的斥力，只有在瞬间获得更高动能的有效分子碰撞的 D^{2-} 离子，才能克服能阻接近纤维，使其与纤维间的范德瓦尔斯力在近距离时发生作用，染料阴离子才能吸附到纤维表面。D^{2-} 的浓度分布如图4-7

中 D^- 曲线所示。染料阴离子受到的电荷斥力与分子本身所带的电荷数有关，即电荷效应与染料分子所含磺酸基多少有关，例如直接红紫4B分子结构中只有两个磺酸基，斥力较小，即使染液中不加入食盐也能上染纤维素纤维，然而直接天蓝FF分子结构中含有四个磺酸基，若不加入食盐则难以上染。

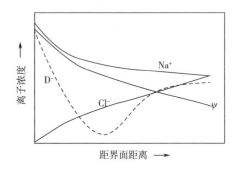

图4-7　纤维界面附近离子浓度和电位分布示意图

前已叙及，在染液中加入中性电解质（如食盐或元明粉）对直接染料所起的增进上染的作用称为促染。这时染液中增加了额外的 Na^+，纤维界面 ξ 电位负值减小，甚至为正值，有效屏蔽了纤维表面的负电荷，减小了染料阴离子与纤维间的库仑斥力而减小了能阻（参见第二章图2-16），有利于染料阴离子的吸附上染，这就是电荷效应（又称盐效应，如图4-8所示）。染液中性电解质的阴离子（如 Cl^-）为了平衡电荷，其浓度分布如图4-7中的 Cl^- 曲线所示。

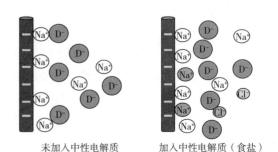

未加入中性电解质　　加入中性电解质（食盐）

图4-8　电荷效应引起双电层变化的示意图

3. 纤维内外离子分布及其平衡　根据电荷效应，染液中距离纤维表面某一点的电位 ψ 和其离纤维表面的垂直距离 r 的关系如下：

$$\psi_r = \psi_0 e^{-kr} \quad (4-52)$$

式中：ψ_0 为纤维表面的总电位；k 在某一固定条件（包括介质的介电常数、温度、离子所带电荷）下为常数。

唐能（Donnan）假设在某一距离 R 内电位 ψ 恒定，当 $r>R$，则 $\psi=0$，这个恒定的电位称为 Donnan 电位 ψ_D。图 4-9 中 PQR 为一个等电位的双电层，QR 是等电位双电层与溶液本体的交界线，它可作为一个"半透膜"（a semi-penneable membrane）处理，又称唐能膜。溶液中的离子可以透过唐能膜，纤维表面上固定的电荷被认为在膜内溶液中。唐能膜内外离子浓度的分布如图 4-10 所示。

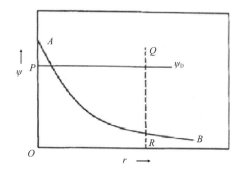

图 4-9　表面电位的唐能膜模型

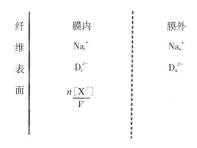

图 4-10　唐能膜内外离子分布

唐能膜内外钠离子浓度为 $[Na^+]_i$、$[Na^+]_s$，相应的染料阴离子浓度为 $[D^{z-}]_i$、$[D^{z-}]_s$，n 为纤维所带电荷数，$[X^-]$ 为带负电荷，V 为单位质量纤维中唐能膜内体积。膜内离子位能除有化学位外，还有唐能电位，统称为电化学位。膜内 Na^+ 的电化学位为 $(\mu_i)_{Na^+}$，膜外本体

溶液中 Na^+ 的电化学位为 $(\mu_s)_{Na^+}$，稀溶液中浓度代替活度，F 为法拉第电量。则：

$$(\mu_i)_{Na^+} = \mu_{Na^+}^{\ominus} + RT\ln[Na^+]_i + \psi_D F \quad (4-53)$$

$$(\mu_s)_{Na^+} = \mu_{Na^+}^{\ominus} + RT\ln[Na^+]_s, \ \psi=0 \quad (4-54)$$

膜内外达平衡时，

$$(\mu_i)_{Na^+} = (\mu_s)_{Na^+}$$

$$RT\ln[Na^+]_s = RT\ln[Na^+]_i + \psi_D F \quad (4-55)$$

$$RT\ln\frac{[Na^+]_s}{[Na^+]_i} = \psi_D F \quad (4-56)$$

$$\frac{[Na^+]_s}{[Na^+]_i} = \exp\frac{\psi_D F}{RT} \quad (4-57)$$

ψ_D 为负值，$[Na^+]_i > [Na^+]_s$

同时，D^{z-} 在膜内外的电化学位为：

$$(\mu_i)_{D^{z-}} = \mu_{D^{z-}}^{\ominus} + RT\ln[D^{z-}]_i - z\psi_D F \quad (4-58)$$

$$(\mu_s)_{D^{z-}} = \mu_{D^{z-}}^{\ominus} + RT\ln[D^{z-}]_s \quad (4-59)$$

达到唐能膜平衡时，$(\mu_i)_{D^{z-}} = (\mu_s)_{D^{z-}}$

则

$$RT\ln\frac{[D^{z-}]_s}{[D^{z-}]_i} = -z\psi_D F \quad (4-60)$$

由式（4-57）和式（4-60）可知：

$$\frac{[Na^+]_s^z}{[Na^+]_i^z} = \frac{[D^{z-}]_i}{[D^{z-}]_s} = \exp\frac{z\psi_D F}{RT} \quad (4-61)$$

达到唐能膜平衡时，膜内成电中性。

$$[Na^+] = z[D^{z-}]_i + \frac{n[X^-]}{V} \quad (4-62)$$

式（4-61）和式（4-62）是求各种离子浓度的重要方程式。

4. 直接染料染棉纤维的亲和力　在建立上染平衡，测定吸附等温线时，由于大浴比染色时染料是在稀染液中上染纤维，直接染料在水中发生电离：

$$Na_z D \Longleftrightarrow zNa^+ + D^{z-} \quad (4-63)$$

因此，$a_s = [Na^+]_s^z \cdot [D^{z-}]_s$

直接染料在纤维素纤维内外表面吸附符合 Freundilich 型吸附，在纤维内外表面形成扩散吸附层，其体积为每千克纤维 VL，则：

$$a_f = \left(\frac{[Na^+]_f}{V}\right)^z \frac{[D^{z-}]_f}{V} \quad (4-64)$$

$$-\Delta\mu^{\ominus} = RT\ln\frac{a_f}{a_s} = RT\ln\left(\frac{[Na^+]_f^z[D^{z-}]_f}{[Na^+]_s^z[D^{z-}]_s \cdot V^{z+1}}\right)$$

$$(4-65)$$

$$-\Delta\mu^{\ominus}=RT\ln\frac{[Na^+]_f^z[D^{z-}]_f}{V^{z+1}}-RT\ln[Na^+]_s^z[D^{z-}]_s$$
$$(4-66)$$

$$-\Delta\mu^{\ominus}=RT\ln[Na^+]_f^z[D^{z-}]_f-RT\ln[Na^+]_s^z[D^{z-}]_s-(z+1)V$$
$$(4-67)$$

式中：$[D^{z-}]_s$、$[D^{z-}]_f$ 可以测得，在加有 NaCl 的情况下，根据电性中和原则：

$$[Na^+]_s=z[D^{z-}]_s+[Cl^-]_s \quad (4-68)$$

因此，亲和力的计算公式中只剩 $[Na^+]_f$ 及 V 值未知。

（1）$[Na^+]_f$。根据唐能膜平衡原理：

$$NaCl \rightleftharpoons Na^+ + Cl^-$$

$$\frac{[Na^+]_s}{[Na^+]_i}=\frac{[Cl^-]_i}{[Cl^-]_s}=\exp\frac{\psi_D F}{RT} \quad (4-69)$$

即　　$[Na^+]_s[Cl^-]_s=[Na^+]_i[Cl^-]_i$

将 $[Na^+]_i=\dfrac{[Na^+]_f}{V}$，$[Cl^-]_i=\dfrac{[Cl^-]_f}{V}$代入，

可得：

$$\frac{[Na^+]_f[Cl^-]_f}{V^2}=[Na^+]_s\cdot[Cl^-]_s \quad (4-70)$$

根据内项电荷为 0 的原则可知：

$$[Na^+]_f=[Cl^-]_f+z[D^{z-}]_f \quad (4-71)$$

$$[Cl^-]_f=[Na^+]_f-z[D^{z-}]_f \quad (4-72)$$

结合式（4-72）可得：

$$[Na^+]_f^2-z[Na^+]_f[D^{z-}]_f-[Na^+]_s[Cl^-]_s V^2=0$$
$$(4-73)$$

$$[Na^+]_f=\frac{1}{2}\left\{z[D^{z-}]_f+\left(\frac{1}{4}z^2[D^{z-}]_f^2+[Na^+]_s[Cl^-]_s V^2\right)^{1/2}\right\}$$
$$(4-74)$$

（2）V 值。即每千克纤维内相体积。

$-\Delta\mu^{\ominus}$ 在一定温度下，对于同种染料和纤维来说是一个定值。由式（4-67）可知，$\lg\left(\dfrac{[Na^+]_f}{V}\right)^z\left(\dfrac{[D^{z-}]_f}{V}\right)$ 对 $\lg[Na^+]_s^z[D^{z-}]_s$ 作图（或 $\ln\left(\dfrac{[Na^+]_f}{V}\right)^z\left(\dfrac{[D^{z-}]_f}{V}\right)$ 对 $\ln[Na^+]_s^z[D^{z-}]_s$）应该呈线性关系，其直线斜率为 1。

1949 年，马歇尔（Marshall）和彼得斯（Peters）在 J. S. D. C（*Journal of Society of Dyers and Colourists*）上报道了根据这一规律通过染色（或染料吸附）方法得到直接天蓝 FF（C. I. Direct Blue I）上染棉纤维的 V。首先选择不同假设的 V 值计算 $\dfrac{[Na^+]_f}{V}$、$\dfrac{[D^{z-}]_f}{V}$ 及 $-\Delta\mu^{\ominus}$，见表 4-7，并采用这一结果用 $\lg\left(\dfrac{[Na^+]_f}{V}\right)^z\left(\dfrac{[D^{z-}]_f}{V}\right)$ 对 $\lg[Na^+]_s^z[D^{z-}]_s$ 作图（图 4-11）。

表 4-7　直接天蓝 FF 在 90℃上染棉纤维（用不同的 V 值计算亲和力）

$[D]_s$	$[Na]_s$	$[D]_{ad}$	参数	$V=0.10$	$V=0.20$	$V=0.22$	$V=0.30$
0.0958	8.55	2.58	$[D]_f$	2.58	1.29	1.17	0.86
			$[Na]_f$	1.51	1.15	1.12	1.14
			$-\Delta\mu^{\ominus}$	30.7	25.3	24.7	22.9
0.252	8.56	3.79	$[D]_f$	3.79	1.90	1.72	1.26
			$[Na]_f$	1.90	1.32	1.27	1.14
			$-\Delta\mu^{\ominus}$	31.7	25.2	24.4	22.2
0.504	8.57	4.95	$[D]_f$	4.95	2.48	2.25	1.65
			$[Na]_f$	2.30	1.49	1.42	1.25
			$-\Delta\mu^{\ominus}$	32.7	25.4	24.5	22.0

续表

$[D]_s$	$[Na]_s$	$[D]_{ad}$	参数	$V=0.10$	$V=0.20$	$V=0.22$	$V=0.30$
1.01	8.59	6.19	$[D]_f$	6.19	3.09	2.181	2.06
			$[Na]_f$	2.74	1.66	1.59	1.36
			$-\Delta\mu^{\ominus}$	33.4	25.2	24.4	21.6
2.02	8.63	7.60	$[D]_f$	7.60	3.80	3.45	2.63
			$[Na]_f$	3.27	1.91	1.79	1.50
			$-\Delta\mu^{\ominus}$	33.9	25.4	24.3	21.2
4.04	8.71	8.84	$[D]_f$	8.84	4.42	4.02	2.95
			$[Na]_f$	3.74	2.12	1.98	1.64
			$-\Delta\mu^{\ominus}$	33.8	24.9	23.8	20.6
$-\Delta\mu^{\ominus}$平均值				32.8±1.20	25.2±0.17	24.4±0.17	21.8±0.59

注 $[D]_s$ 单位为 10^{-4} mol/kg；$[Na]_s$ 单位为 10^{-2} mol/L；$[D]_{ad}$ 为达到平衡时的 $[D]_f$，单位为 10^{-3} mol/L；$[D]_f$ 单位为 10^{-2} mol/L；$[Na]_f$ 单位为 10^{-1} mol/L；$-\Delta\mu^{\ominus}$ 单位为 kJ/mol，$[NaCl]_s=8.55\times10^{-2}$ mol/L；V 单位为 L/kg。

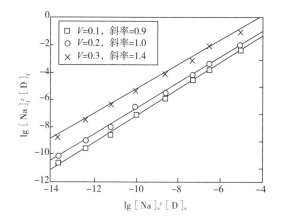

图 4-11　直接天蓝 FF 在 90℃ 染棉时染液
中和纤维上离子浓度分配
（$[D]_s=5.04\times10^{-5}$ mol/L，盐浓度可变）

由图 4-11 可知，当 $V=0.20$ L/kg 时，直线的斜率为 1。从表 4-7 也可以看到 $V=0.10$ 时，$-\Delta\mu^{\ominus}$ 随着染料浓度的增加而增大；$V=0.30$ 时，$-\Delta\mu^{\ominus}$ 随着染料浓度的增加而减小，误差范围都较大，这与 $-\Delta\mu^{\ominus}$ 在一定温度下对于同种染料和纤维来说是一个定值相悖。在该报道之前的研究者一般选用 $V=0.22$，从表 4-7 中与图 4-11 所示 $-\Delta\mu^{\ominus}$ 数据的误差范围可判断

$V=0.22$ 也较为适用，对应直接天蓝 FF 对棉纤维的亲和力 $-\Delta\mu^{\ominus}=24.4$ kJ/mol。马歇尔等利用

$$\lg\left(\frac{[Na^+]_f}{V}\right)^z\left(\frac{[D^{z-}]_f}{V}\right) \text{ 对 } \lg[Na^+]_s^z[D^{z-}]_s$$ 呈线性

关系用直接菊黄 G 对棉、黏胶丝和铜氨纤维等染色也求出了适当的 V 值。此外，马歇尔等利用这个方法得到了其他直接染料对棉、黏胶丝和铜氨纤维上染的亲和力，结果表明在同一温度下同种染料对不同的纤维素纤维上染亲和力基本上是一样的。

另一种确定 V 值的方法是在相对湿度 RH 为 100% 时测定纤维的吸水量（也称回潮率）。因为在 90℃ 时，棉纤维在 RH 为 100% 时，回潮率正好为 0.22 L/kg，但其他纤维素纤维的回潮率数据只能在 25℃ 下得到。马歇尔等将染色方法与回潮率测定得到的 V 值进行比较，见表 4-8，两种方法获得的 V 值会有差异，这是由于纤维内相对水分子（结构小）的吸附和对染料分子（结构大）的吸附是不同的。此外，利用回潮率测定得到的直接天蓝 FF 在棉、纤维素片及铜氨纤维上的亲和力分别为 24.4kJ/mol、24.5kJ/mol 和 31.4kJ/mol，不为

常数。

表4-8　纤维素纤维内相的 V 值（两种方法比较）

纤维	通过回潮率获得 V/ (L/kg)	通过染料吸附获得 V/ (L/kg)	
		直接天蓝FF	直接黄G
棉	0.22	0.22	0.30
丝光棉	0.26	—	0.50
黏胶丝	0.46	0.45	0.45
黏胶纤维素片	0.33	0.45	0.45
铜氨纤维	0.37	0.60	0.65

推算直接染料对纤维素纤维的亲和力还有一些其他处理方法，但以马歇尔等的利用 $\lg\left(\dfrac{[Na^+]_f}{V}\right)^z\left(\dfrac{[D^{z-}]_f}{V}\right)\sim\lg[Na^+]_s^z[D^{z-}]_s$ 的直线斜率为1的规律确定 V 值，进而推算亲和力的方法较为简便而常用。

（二）朗缪尔吸附

1. 朗缪尔吸附方程　符合朗缪尔吸附等温线的吸附属于化学吸附。1918年，朗缪尔从动力学理论推导出的单分子层吸附等温式，他认为在固体表面存在像剧院座位那样的能够吸附分子或原子的吸附位。吸附位可以均匀地分布在整个表面，但更多的是非均匀分布，这时吸附质分子并不是吸附在整个表面，而只是吸附在表面的特定位置，称为定位、特异吸附或特定吸附。

根据定位吸附的理论，纤维上的吸附位置一定，一旦吸附饱和，就不吸附染料，存在一个吸附饱和值，具有这样吸附机理的有：酸性染料上染蛋白质纤维及聚酰胺纤维，阳离子染料上染聚丙烯腈纤维。其实质就是染料离子上染具有相反电荷的纤维。

朗缪尔吸附等温式理论的建立是基于以下假定：

（1）吸附剂表面是均匀的，各吸附中心能量相同。

（2）吸附质分子间互不作用。

（3）一个分子只占据一个吸附中心，吸附是单分子层吸附。

（4）一定条件下，吸附与解吸可建立动态平衡。

满足上述条件的吸附就是朗缪尔吸附，其吸附热与覆盖度无关。

通常将染料分子或离子在纤维上的特定吸附位置称为染座。所有染座都能同样地吸附染料而不发生相互干扰。一个染座上吸附了一个染料分子后便饱和而不能发生进一步的吸附，即吸附是单分子层的。所有染座都被染料占据时，吸附就达到了饱和，此饱和值称为纤维染色饱和值，其大小取决于纤维上染座数量。

假设纤维上有许多性质一样的染座，如蛋白质纤维分子上的 $-\overset{+}{N}H_3$ 或聚丙烯腈纤维分子上的 $-SO_3^-$，其含量为每千克 $[S]$ 个位置，每一个位置都能同样吸附一个染料分子而不互相干扰。染液中的染料浓度为 $[D]_s$ (mol/L)，染色平衡时纤维上染料浓度为 $[D]_f$ (mol/kg)，按照质量定律，解吸速率和纤维上的染料浓度 $[D]_f$ 成正比：

$$-\frac{d[D]_f}{dt}=k_1[D]_f \qquad (4-75)$$

式中：k_1 为解吸速率常数。

吸附速率与染液中的染料浓度（$[D]_s$）和纤维上未占据位置数量（$[S]-[D]_s$）的乘积成正比：

$$\frac{d[D]_f}{dt}=k_2[D]_s([S]-[D]_s) \qquad (4-76)$$

式中：k_2 为解吸速率常数。

染色平衡时吸附速率与解吸速率相等，可得：

$$k_2[D]_s([S]-[D]_f)=k_1[D]_f \qquad (4-77)$$

令 $K=k_2/k_1$，则：

$$K[D]_s([S]-[D]_f)=[D]_f \qquad (4-78)$$

移项，得：

$$[D]_f(1+K[D]_s)=K[D]_s[S] \qquad (4-79)$$

$$\frac{1}{[D]_f}=\frac{1}{K[D]_s[S]}+\frac{1}{[S]} \qquad (4-80)$$

在温度恒定的条件下，利用平衡时 1/

[D]$_s$和1/[D]$_f$的关系作图就可以得到一条直线，如图4-12所示。图中纵轴表示1/[D]$_f$，横轴表示1/[D]$_s$，直线的斜率为1/(K[S])，将这条直线延长与纵坐标相交于C点。在C点处的1/[D]$_s$=0，从纵坐标轴上读得的1/[D]$_f$即为1/[S]，这样就可以推算得到该纤维的染色饱和值[S]$_f$。

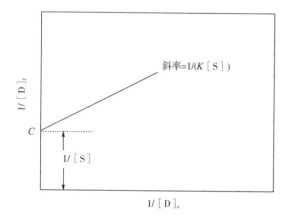

图4-12 朗缪尔吸附中1/[D]$_s$和1/[D]$_f$的关系曲线

在符合朗缪尔吸附等温线的染色过程中，纤维上的染料活度a_f可以粗略表示为：

$$a_f = \frac{[D]_f}{[S]-[D]_f} \qquad (4-81)$$

令θ=[D]$_f$/[S]，则上式可简化为：

$$a_f = \frac{\theta}{1-\theta} \qquad (4-82)$$

标准状态下，a_f=1，θ=0.5，染料在纤维中的化学位μ_f为：

$$\mu_f = \mu_f^{\ominus} + RT\ln\frac{\theta}{1-\theta} \qquad (4-83)$$

一般商品化酸性染料为钠盐，假设其染料分子为Na$_z$D，在水中能离解出Na$^+$和D^{z-}这两种离子，与之相对应的纤维在染液中也能够呈现出一定量的阴离子，染料离子和纤维上的阴离子染座结合，并且这些位置和染料发生吸附时彼此之间都是互相不干扰的，Na$^+$在纤维上的活度$a_{f(Na^+)}$和D^{z-}在纤维上的活度$a_{f(D^{z-})}$分别可以表示为：

$$a_{f(Na^+)} = \frac{\theta_{Na^+}}{1-\theta_{Na^+}} \qquad (4-84)$$

$$a_{f(D^{z-})} = \frac{\theta_{D^{z-}}}{1-\theta_{D^{z-}}} \qquad (4-85)$$

进一步，Na$^+$和D^{z-}对纤维的亲和力-$\Delta\mu_{Na^+}^{\ominus}$、-$\Delta\mu_{D^{z-}}^{\ominus}$分别为：

$$-\Delta\mu_{Na^+}^{\ominus} = RT\ln\frac{\theta_{Na^+}}{1-\theta_{Na^+}} - RT\ln[Na^+]_s \quad (4-86)$$

$$-\Delta\mu_{D^{z-}}^{\ominus} = RT\ln\frac{\theta_{D^{z-}}}{1-\theta_{D^{z-}}} - RT\ln[D^{z-}]_s \quad (4-87)$$

则染料Na$_z$D对纤维的亲和力-$\Delta\mu^{\ominus}$为：

$$-\Delta\mu^{\ominus} = -(z\Delta\mu_{Na^+}^{\ominus} + \Delta\mu_{D^{z-}}^{\ominus}) \qquad (4-88)$$

$$-\Delta\mu^{\ominus} = RT\ln\left[\frac{\theta_{Na^+}}{1-\theta_{Na^+}}\right]^z\left[\frac{\theta_{D^{z-}}}{1-\theta_{D^{z-}}}\right] -$$
$$RT\ln[Na^+]_s^z[D^{z-}]_s \qquad (4-89)$$

纤维中含有相等数量的正负吸附位置，若染料为NaD时，[D]$_s$=[Na]$_s$，则上面的计算还可做如下简化：

$$-\Delta\mu^{\ominus} = 2RT\ln\frac{[D]_f}{[S]-[D]_f} - 2RT\ln[D]_s \qquad (4-90)$$

朗缪尔型吸附等温线的特征是在低浓度区时，纤维上染料浓度增加很快，以后随染液中染料浓度的增加逐渐变慢，最后不再增加，达到吸附饱和值。

离子型染料主要靠静电引力与纤维结合，所以大部分离子型染料上染在染液中能够电离出染座的纤维的吸附等温线，基本上都符合朗缪尔型吸附等温线。

2. 朗缪尔型吸附等温线的适应性 强酸性的染料染羊毛纤维，酸性染料染锦纶等，基本上都符合这种吸附等温线类型。研究证实，带正电荷的阳离子染料在腈纶（聚丙烯腈纤维）上的吸附上染，发生在纤维中特定的酸性基团上，属于定位的化学吸附，也符合朗缪尔型吸附模型。

据电位滴定可知，一些常见的腈纶含有强酸性（相当于磺酸基）和弱酸性（相当于羧基）两种酸性基团，阳离子能上染腈纶是由于纤维大分子具有酸性基团的缘故。图4-13为阳离子染料上染腈纶的吸附等温线，图中可见腈纶用阳离子染料染色时纤维具有饱和值（$[S]_f$），该值是标志纤维用某一指定染料在规定的条件下染色所能上染的数量限度。根据染色饱和值和纤维所含酸性基团的含量关系来看，阳离子染料对腈纶的上染可以看作是一个离子交换过程。

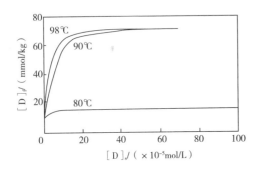

图 4-13　阳离子染料在腈纶上的吸附等温线
(C. I. Basic Blue 3 Courtelle S pH = 4.5)

阳离子染料离子 D^+ 和纤维 FSO_3H 发生离子交换反应可写成下式：

$$FSO_3H + D^+ \rightleftharpoons FSO_3^- D^+ + H^+ \qquad (4-91)$$

平衡常数 K 为：

$$K = \frac{[H^+]_s [D^+]_f}{[D^+]_s [H^+]_f} \qquad (4-92)$$

式中：$[D^+]_f$，$[H^+]_f$ 分别表示纤维上的染料阳离子和质子浓度；$[D^+]_s$，$[H^+]_s$ 分别代表染液中的染料阳离子和质子浓度。因此可得：

$$-\Delta\mu_{HD}^{\ominus} = RT \ln K \qquad (4-93)$$

为了维持电中性，则：

$$[S] = [H^+]_f + [D^+]_f \qquad (4-94)$$

式中：$[S]$ 为纤维的酸性基团含量（或染色饱和值 $[S]_f$，将式（4-94）代入式（4-92）得：

$$K = \frac{[H^+]_s [D^+]_f}{[D^+]_s ([S] - [D^+]_f)} \qquad (4-95)$$

如将染液 pH 值恒定，上式可写成：

$$K' = \frac{[D^+]_f}{[D^+]_s ([S] - [D^+]_f)} \qquad (4-96)$$

移项，重排可得朗缪尔等温吸附方程式：

$$\frac{1}{[D^+]_f} = \frac{1}{K' [D^+]_s [S]} + \frac{1}{[S]} \qquad (4-97)$$

该式与式（4-80）形式相同，再将式（4-97）两边乘以 $K' [S][D^+]_f$，移项可得：

$$\frac{[D^+]_f}{[D^+]_s} = K'([S] - [D^+]_f) \qquad (4-98)$$

将 $\dfrac{[D^+]_f}{[D^+]_s}$ 对 $[D^+]_f$ 作图得到直线关系，斜率即 K'，可用截距除以 K' 获得 $[S]$，即 $[S]_f$。

3. 吉尔伯特—赖迪尔（Gilbert - Rideal）假设　羊毛是蛋白质纤维，蛋白质上既有能释放质子 H^+，离解为 —COO$^-$ 的酸性基团 —COOH，又有能接受质子形成铵盐的碱性基团 —NH$_2$，可用 NH$_2$—W—COOH 代表羊毛，在水中形成两性离子（NH$_3^+$—W—COO$^-$）。羊毛既可与酸结合又可与碱结合，至于对酸或碱的结合量，则取决于酸性或碱性基团的数量、溶液的 pH 值和离子总浓度等。羊毛纤维中氨基（碱性基团）和羧基（酸性基团）的含量分别为 820mmol/kg 和 770mmol/kg，近视相等。作为两性电解质，在某个 pH 值下具有等量的 —NH$_3^+$ 和 —COO$^-$，羊毛内相呈电性中和，该 pH 值被称为等电点（isoelectric point，pI）。当 pH>pI，羊毛吸碱，纤维带负电（NH$_2$—W—COO$^-$）；当 pH< pI，羊毛吸酸，纤维带正电（NH$_3^+$—W—COOH）。酸性染料色素离子为阴离子，发生定位吸附。羊毛纤维等电点 pH 值约为 4.5，酸性染料上染羊毛纤维通常在酸性条件下染色。

目前对于典型酸性染料上染的热力学研究有两种理论，一种是由吉尔伯特（Gilbert）和赖迪尔（Rideal）提出的理论；另一种是在唐能平衡理论基础上发展起来的理论。二者都是假设质子吸附在纤维分子的—COO$^-$ 上，但对于阴离子吸附采用不同的处理方法。

对酸性染料上染羊毛纤维，吉尔伯特和赖迪尔根据朗缪尔吸附机理做如下假设：

（1）纤维吸附染料阴离子只发生在纤维特定的位置上，一个位置吸附一个相反电荷离子后饱和。

（2）纤维为一种等电位的均匀介质，吸附

位置各自独立而互不干扰。

（3）吸附热和吸附的染料量无关。

（4）阴离子和阳离子吸附到纤维上分别获得和消耗一定的静电功，对整个染料来说，阳离子和阴离子获得和消耗的静电功相等，染料分子的吸附静电功等于零。

根据以上假设，羊毛纤维浸入酸性染料染液中，扩散较快的 H^+ 首先吸附并扩散到纤维内相的 —COO$^-$ 上形成 —COOH，抑制纤维上的羧基离解，纤维成 HOOC—W—NH$_3^+$ 形式使纤维带有净的正电荷。为了保持纤维内相电性中和，将有等量的染料阴离子吸附到纤维内的 —NH$_3^+$ 上。

4. 强酸性染料上染羊毛纤维的亲和力

（1）基于定位吸附理论亲和力的计算。设纤维吸附 H^+ 的量为 $[H^+]_f$，可以吸附 H^+ 的总位置数为 $[S]$，则纤维上质子活度为：

$$a_{Hf} = \frac{[H^+]_f}{[S] - [H^+]_f} \tag{4-99}$$

因此，被吸附的质子的电化学位为：

$$\bar{\mu}_{Hf} = \mu_{Hf}^{\ominus} + RT\ln\frac{[H^+]_f}{[S] - [H^+]_f} + \psi F \tag{4-100}$$

式中：$\mu_{Hf}^{\ominus}$ 为纤维中质子的标准化学位；ψ 为纤维内外相电位差；F 为法拉第常数。设 H^+ 吸附饱和分数：

$$\theta_H = \frac{[H^+]_f}{[S]} \tag{4-101}$$

则

$$\bar{\mu}_{H_f} = \mu_{H_f}^{\ominus} + RT\ln\frac{\theta_H}{1-\theta_H} + \psi F \tag{4-102}$$

同理，纤维上的染料阴离子 D^- 的电化学位为：

$$\bar{\mu}_{D_f} = \mu_{D_f}^{\ominus} + RT\ln\frac{[D^-]_f}{[S] - [D^-]_f} - \psi F \tag{4-103}$$

或

$$\bar{\mu}_{D_f} = \mu_{D_f}^{\ominus} + RT\ln\frac{\theta_D}{1-\theta_D} - \psi F \tag{4-104}$$

式中：θ_D 为染料阴离子的吸附饱和分数，即：

$$\theta_D = \frac{[D^-]_f}{[S]} \tag{4-105}$$

将式（4-102）与式（4-104）相加，则

染料一元酸 HD 在纤维上的化学位为：

$$\mu_{HD_f} = \bar{\mu}_{H_f} + \bar{\mu}_{D_f} \tag{4-106}$$

$$\mu_{HD_f} = \mu_{HD_f}^{\ominus} + RT\ln\frac{\theta_H}{1-\theta_H} \cdot \frac{\theta_D}{1-\theta_D} \tag{4-107}$$

$$\mu_{HD_f}^{\ominus} = \mu_{H_f}^{\ominus} + \mu_{D_f}^{\ominus} \tag{4-108}$$

一元酸染料 HD 在染液中的化学位为（假设染液为理想溶液）：

$$\mu_{HD_s} = \mu_{HD_s}^{\ominus} + RT\ln[H^+]_s[D^-]_s \tag{4-109}$$

式中：$[H^+]_s$ 与 $[D^-]_s$ 分别表示溶液中的氢离子和染料阴离子的浓度（假定活度系数为 1），吸附达到平衡时：

$$\mu_{HD_f} = \mu_{HD_s}$$

$$\mu_{HD_f}^{\ominus} + RT\ln\frac{\theta_H}{1-\theta_H} \cdot \frac{\theta_D}{1-\theta_D} =$$

$$\mu_{HD_s}^{\ominus} + RT\ln[H^+]_s[D^-]_s \tag{4-110}$$

故：

$$-\Delta\mu_{HD}^{\ominus} = -(\mu_{HD_f}^{\ominus} - \mu_{HD_s}^{\ominus}) \tag{4-111}$$

$$-\Delta\mu_{HD}^{\ominus} = RT\ln\frac{\theta_H}{1-\theta_H} \cdot \frac{\theta_D}{1-\theta_D} - RT\ln[H^+]_s[D^-]_s \tag{4-112}$$

式中：$-\Delta\mu_{HD}^{\ominus}$ 表示染料一元酸对纤维的染料亲和力。

已知羊毛上 —NH$_2$、—COOH 含量基本相等，所以 $\theta_H \approx \theta_D = \theta$，因此：

$$\frac{-\Delta\mu_{HD}^{\ominus}}{RT} = \ln\left(\frac{\theta}{1-\theta}\right)^2 - \ln[H^+]_s[D^-]_s \tag{4-113}$$

因此，从 θ、$[H^+]_s$、$[D^-]_f$ 即可求得 $-\Delta\mu_{HD}^{\ominus}$。

式（4-113）可进一步表示为：

$$\left(\frac{\theta}{1-\theta}\right)^2 = [H^+]_s[D^-]_s\exp\frac{-\Delta\mu_{HD}^{\ominus}}{RT} \tag{4-114}$$

设：

$$K = \exp\frac{-\Delta\mu_{HD}^{\ominus}}{2RT} \tag{4-115}$$

则：

$$\frac{1-\theta}{\theta} = \frac{K}{([H^+]_s[D^-]_s)^{1/2}} \tag{4-116}$$

因为

$$\theta = \theta_H = \frac{[H^+]_f}{[S]} \tag{4-117}$$

所以

$$\frac{1}{\theta} - 1 = \frac{[S]}{[H^+]_f} - 1 = \frac{K}{([H^+]_s[D^-]_s)^{1/2}} \tag{4-118}$$

$$\frac{1}{[H^+]_f} = \frac{K}{[S]}\left[\frac{1}{([H^+]_s[D^-]_s)^{1/2}}\right] + \frac{1}{[S]}$$

$$(4-119)$$

可见，$\dfrac{1}{[H^+]_f}$ 与 $\dfrac{1}{([H^+]_s[D^-]_s)^{1/2}}$ 呈线性关系。

因为 $\theta_H \approx \theta_D$，所以 $\dfrac{1}{[D^-]_f}$ 与 $\dfrac{1}{([H^+]_s[D^-]_s)^{1/2}}$ 同样保持线性关系，如图 4-14 所示。

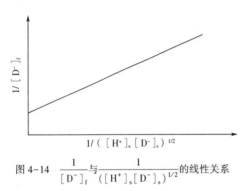

图 4-14 $\dfrac{1}{[D^-]_f}$ 与 $\dfrac{1}{([H^+]_s[D^-]_s)^{1/2}}$ 的线性关系

许多强酸性染料如酸性黄 4R 的一元酸上染羊毛的情况就是如此。直接的截距为 $\dfrac{1}{[S]}$，可求得吸附饱和值为 [S]。

按此法求得的吸附饱和值 [S] = 900mmol/kg，这个值与盐酸滴定的吸酸饱和值 $[S]_H$ = 820mmol/kg 十分接近。通过直线斜率得到 $\dfrac{K}{[S]}$，根据 [S] 和斜率可以求得 K 值，而 $K = \exp\dfrac{-\Delta\mu_{HD}^{\ominus}}{2RT}$，可以进一步计算得到染料一元酸对羊毛的染色亲和力 $-\Delta\mu_{HD}^{\ominus}$。莱明（Lemin）和维克斯达夫（Vickstaff）曾采用该方法，求得四个染料一元酸的染色亲和力见表 4-9。

表 4-9 染料一元酸 HD 在 60℃染羊毛的染色亲和力

染料	$-\Delta\mu^{\ominus}/(\text{kJ/mol})$	染料	$-\Delta\mu^{\ominus}/(\text{kJ/mol})$
酸性黄 4R	47.7±0.84	酸性深蓝 R	52.7±0.84
酸性红 G3B	54.0±1.26	酸性橙 II	42.7±0.84

然而染料分子结构中，往往不只含有一个

—SO_3^-，因此，对多元酸 H_zD 来说，定位吸附机理可能出现两种情况：

①如果一个染料分子具有 z 个—SO_3^- 基团，若每个染料分子占据一个吸附位置，即 $z\theta_D = \theta_H$，从式（4-113）可得：

$$-\Delta\mu_{H_zD}^{\ominus} = -(z\Delta\mu_H^{\ominus} + \Delta\mu_D^{\ominus}) \qquad (4-120)$$

$$-\Delta\mu_{H_zD}^{\ominus} = RT\ln\left(\frac{\theta_H}{1-\theta_H}\right)^z \cdot \frac{\theta_D}{z-\theta_D} - RT\ln[H^+]_s^z[D^-]_s$$

$$(4-121)$$

②假如染料分子占据等当量的吸附位置，即一个染料分子占据 z 个吸附位置，即 $\theta_D = \theta_H$，式（4-113）结合式（4-121）可得：

$$-\Delta\mu_{H_zD}^{\ominus} = (z+1)RT\ln\left(\frac{\theta_H}{1-\theta_H}\right) - RT\ln[H^+]_s^z[D^{z-}]_s$$

$$(4-122)$$

从羊毛纤维微结构来看，第一种情况可能性较大，但是研究者用含 3 个—SO_3^- 的酸性红 4R 做不同浓度的染色试验发现，按第二种情况计算得到的染色亲和力的数值比较一致（表 4-10），3 个吸附位置的亲和力误差较小，较为理想。

表 4-10 酸性红 4R 在 60℃染羊毛的染色亲和力

θ_H	$-\Delta\mu_{H_3D}^{\ominus}/(\text{kJ/mol})$	
	一个位置	三个位置
0.080	110.0	113.0
0.166	106.3	108.8
0.523	99.1	102.5
0.855	95.3	102.9
0.945	95.3	105.4
平均值	101.2±5.9	106.7±3.9

（2）基于唐能膜平衡理论的亲和力计算。以上染色亲和力计算方法是基于吉尔伯特和赖迪尔假设，假定阳离子和阴离子都靠库仑引力发生定位吸附。事实上，染料阴离子与羊毛纤维大分子链间的作用力除了库仑引力外，还有氢键、范德瓦尔斯力、疏水键力，尤其靠范德

瓦尔斯力吸附不是定位吸附。因此，酸性染料对羊毛的亲和力计算还可以依据另一种理论来处理，该理论即前面提到过的唐能膜平衡理论，图4-15为保持电中性的纤维内相离子分布图。

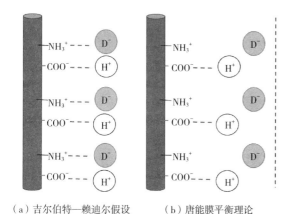

(a) 吉尔伯特—赖迪尔假设　(b) 唐能膜平衡理论

图4-15　羊毛纤维表面离子分布示意图

按照唐能膜平衡理论的假定前提有：

①羊毛和染液本体溶液的交界处可看作半透膜，膜内外有个电位差。

②整个纤维作为一个等电位体。

③染料阴离子 D^- 不发生定位吸附，而只是出现在半透膜内，阴离子在纤维中的标准状态和在染液本体中一样。假设为一元酸染料 HD，将 $[D^-]_f$ 替换 D^- 在半透膜内的活度（假设活度系数为1），代入式（4-112），可得：

$$-\Delta\mu_{HD}^{\ominus}=RT\ln\frac{\theta_H}{1-\theta_H}\cdot[D^-]_f-RT\ln[H^+]_s[D^-]_s$$

$$(4-123)$$

为了保持纤维内相的电中性，

$$[D^-]_f=\frac{[H^+]_f}{V}$$

式中：$[H^+]_f$ 的单位是 mol/kg，换算为以 mol/L 为单位，需要除以 V，代入式（4-123）：

$$-\Delta\mu_{HD}^{\ominus}=RT\ln\left(\frac{\theta_H}{1-\theta_H}\cdot\frac{[H^+]_f}{V}\right)-RT\ln[H^+]_s[D^-]_s$$

$$(4-124)$$

由于 $[H^+]_f=\theta_H[S]$，可得：

所以

$$-\Delta\mu^{\ominus}=RT\ln\left(\frac{\theta_H}{1-\theta_H}\cdot\frac{\theta_H[S]}{V}\right)-RT\ln[H^+]_s[D^-]_s$$

$$(4-125)$$

$$-\Delta\mu^{\ominus}-RT\ln[S]+RT\ln V=RT\ln\frac{\theta_H^2}{1-\theta_H}-RT\ln[H^+]_s[D^-]_s$$

$$(4-126)$$

在不存在其他电解质的条件下，

$$[H^+]_s=[D^-]_s$$

$$\frac{-\Delta\mu^{\ominus}}{2.303RT}-\lg\frac{[S]}{V}=\lg\frac{\theta_H^2}{1-\theta_H}+2\lg[H^+]$$

$$(4-127)$$

在解释试剂染色情况时，用上述两种理论都只有近似的结果，假定条件与实际情况都有较大差距，但总体来说，对酸性染料上染羊毛的染色亲和力用吉尔伯特—赖迪尔方法比唐能法处理取得的结果更为满意。

值得注意的是，上述讨论中染料是自由酸或游离酸（free dye acids），事实上商品染料都是染料的钠盐，而且含有大量的电解质。此外，酸性染料的染色并不总是在等电点，弱酸性及中性染料染色，其 pH 值接近中性，这些都使染色热力学处理变得更为复杂，其亲和力的计算就不再进一步讨论。

5. 酸性染料染聚酰胺纤维的亲和力　对酸性染料上染聚酰胺纤维的染色亲和力计算，不能直接套用羊毛的关系式。聚酰胺分子 $NH_2-W-COOH$ 或 $NH_3^+-W-COO^-$ 在水中主要也是以两性离子形式存在，和羊毛不同的是羧基含量>氨基，在等电点时，氨基全部以 $-NH_3^+$ 形式存在，羧基只是部分以 $-COO^-$ 形式存在，此外聚酰胺纤维疏水部分含量比羊毛高，由于聚酰胺大分子无侧链，分子间也不存在盐式键等交键结合。因此需要进行修正（表4-9）。

$$-\Delta\mu_{HD}^{\ominus}=RT\ln K$$

$$=\ln\frac{[H^+]_f}{[A]-[H^+]_f}\cdot\frac{[D^-]_f}{[B]-[D^-]_f}-RT\ln[H^+]_s[D^-]_s$$

$$(4-128)$$

式中：$[A]$ 为 $-COOH$ 的含量；$[B]$ 为

—NH$_2$ 的含量。

当纤维处于等电点时，多余的—COOH 含量为 $\delta = [A] - [B]$，因此染料一元酸 HD 上染后，纤维上 H$^+$ 的总量为：

$$[H^+]_f = [H^+]_{ad} + \delta \qquad (4-129)$$

为保证纤维内电性中和：$[H^+]_{ad} = [D^-]_f$

$$[H^+]_f = [D^-]_f + \delta \qquad (4-130)$$

$$-\Delta\mu_{HD}^{\ominus} = RT\ln \frac{[D^-]_f + \delta}{[A] - [D^-]_f - \delta} \cdot$$

$$\frac{[D^-]_f}{[B] - [D^-]_f} - RT\ln[H^+]_s[D^-]_s \qquad (4-131)$$

$$-\Delta\mu_{HD}^{\ominus} = RT\ln \frac{([D^-]_f + \delta) \cdot [D^-]_f}{([B] - [D^-]_f)^2 [H^+]_s[D^-]_s}$$

$$= RT\ln K \qquad (4-132)$$

$$K = \frac{([D^-]_f + \delta) \cdot [D^-]_f}{([B] - [D^-]_f)^2 [H^+]_s[D^-]_s} \qquad (4-133)$$

设

$$r = \sqrt{\frac{([D^-]_f + \delta) \cdot [D^-]_f}{[H^+]_s[D^-]_s}}$$

则

$$r^2 = K([B] - [D^-]_f)^2 \qquad (4-134)$$

所以

$$r = [B]\sqrt{K} - [D^-]_f\sqrt{K} \qquad (4-135)$$

以 r 对 $[D^-]_f$ 作图得到斜率为 $\sqrt{K}$，截距为 $[B]\sqrt{K}$ 的直线，得到 K 值可以计算亲和力 $-\Delta\mu_{HD}^{\ominus} = RT\ln K$，并得到最大上染量 $[B]$。

1950 年，瑞米尼托（W. R. Reminyton）和格拉蒂（E. K. Gladding）在 *J. Amer. chem. sol* 上发表文章，测得酸性黄 4R 在 80℃上染锦纶 66 的 r 与 $[D^-]_f$ 的关系曲线如图 4-16 所示，通过该方法得到部分染料一元酸的亲和力（表 4-11）。

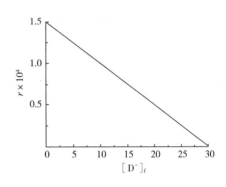

图 4-16 酸性黄 4R 在 80℃上染锦纶 66 的 r 与 $[D^-]_f$ 的关系

表 4-11 酸性染料上染聚酰胺纤维的亲和力

染料	温度/℃	饱和值 [B]/（mmol/kg）	$K \times 10^{-11}$	$-\Delta\mu_{HD}^{\ominus}$/（kJ/mol）	$\Delta H^{\ominus}$/（kJ/mol）	$\Delta S^{\ominus}$/［J/（mol·K）］
酸性黄 4R	21	30.3	40.0	71.2	-38.2	113.4
(C. I. Acid Yellow 36)	80	29.2	3.0	78.0		
酸性耐晒紫 2BL	21	28.0	31.0	70.6	-38.2	109.2
(C. I. Acid Violet 43)	80	28.3	2.3	77.1		

从表 4-11 求得的 $\Delta S^{\ominus} > 0$，说明染料一元酸的疏水组分比例较大，且聚酰胺纤维分子链中含有大量的—CH$_2$—，属于疏水性纤维。染料上染后，类冰水减少，染色熵值增加，$\Delta S^{\ominus} > 0$，显示疏水组分较多的染料一元酸上染聚酰胺纤维的疏水键力较强。

（三）能斯特型吸附

1. 能斯特型吸附方程 能斯特型吸附等温线又被称作分配型吸附等温线或亨利（Henry）型吸附等温线，是染色吸附等温线中最简单的一种吸附类型，可以看作染料对纤维具有的亲和力使其溶解在纤维中，即把染料对纤维的吸附认为是染料在纤维中的溶解，并形成固体溶液，具有这种吸附机理的是非离子的分散染料上染疏水性纤维，如聚酯纤维（polyester fiber）、醋酯纤维（acetate fibre）［二醋酯纤维（diacetate fiber）、三醋酯纤维（triacetate fiber）］、聚酰胺纤维（polyamide）、聚丙烯腈纤维（polyacrylonitrile）、芳纶（aramid）等。该类型的吸附特点就是几乎完全符合分配定律，在染色平衡的情况下染料在纤维上的浓度与染料在染液中的浓度之比始终为一常数，即纤维上的染料浓度与染液中的染料浓度成正比关系，染料在纤维上的浓度随着染液浓度的升高而增大，直到饱和为止，饱和后纤维上的染料浓度不再随染液浓度的增加而变化。

能斯特型吸附等温线可用线性关系式表示，即：

$$\frac{[D]_f}{[D]_s} = K \qquad (4-136)$$

式中：$[D]_f$ 为染色平衡时纤维上的染料浓度，可用单位质量纤维上的染料质量或物质的量表示，g/kg 或 mol/kg；$[D]_s$ 为染色平衡时染液中的染料浓度，g/L 或 mol/L；K 为比例常数，称为分配系数。

染料的分配就像溶解的物质在两种不互溶的相间分配，或与一种物质溶解在两种互不相溶的溶剂中的分配关系相似，服从能斯特分配关系。这种情况下，一般假设染料是溶解在纤维中，把染料作为溶质，纤维作为溶剂来处理，并假设活度系数为 1，以浓度代替活度。则亲和力计算公式如下：

$$-\Delta\mu^{\ominus} = RT\ln\frac{[D]_f}{[D]_s} \qquad (4-137)$$

分散染料对合成纤维染色就遵循这种等温吸附类型，当达到染色平衡时，将纤维上的染料浓度 $[D]_f$ 对染液中的染料浓度 $[D]_s$ 作图，所得吸附等温线为斜率 K 的直线（图 4-17）。

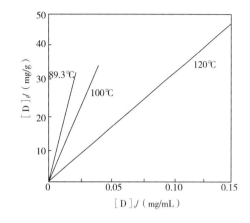

图 4-17　能斯特型吸附等温线
（1-氨基-4-羟基蒽醌上染涤纶）

黑木宣彦认为，分散染料对芳纶的染色也基本上符合 Nernst 型吸附等温线。近期研究也验证了分散染料对芳纶与芳砜纶的染色符合 Nernst 吸附模型，图 4-18 中（a）和（b）分别为在不同温度和低浓度下，分散黄 S-4G 上染芳纶与芳砜纶的吸附等温线。

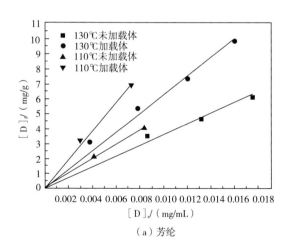

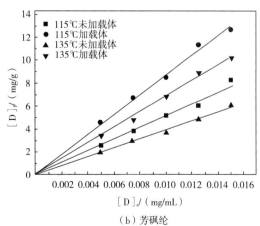

图 4-18　分散黄 S-4G 上染纤维的吸附等温线

2. 分散染料上染涤纶的亲和力　结合式（4-136）与式（4-137）计算得到亲和力适合许多应用情况，如比较一系列分散染料对同一种疏水性纤维的亲和力大小；在研究时把

染液的密度假定为 1kg/L，这样的染液 1mol/L =
1mol/kg。实际上，分散染料上染疏水性纤维，
只能上染到纤维的无定形区（染料的可及区），
也即分散染料只能溶解到纤维的无定形区中，
最后形成的是无定形区的固体溶液。疏水纤维
（如涤纶）的吸附饱和值可以认为是分散染料
在纤维中的"溶解度"，设每千克纤维所具有
的无定形区体积为 V（L），则：

$$-\Delta\mu^{\ominus}=RT\ln\frac{[D]_f}{V\cdot[D]_s}=RT\ln K \quad (4-138)$$

因此，$K=\dfrac{[D]_f}{V\cdot[D]_s}$，应用$-\Delta\mu^{\ominus}$可以比较
同一染料在不同纤维上的亲和力。纤维不同，
V 值不同。

**3. 影响分散染料溶解度及吸附平衡的主要
因素** 分散染料几乎不含有水溶性基团，仅具
有—OH、—NH$_2$、—CN、—NO$_2$ 等极性基团，
故在水中溶解度较小，属于难溶性染料，在水
中的溶解度为 7~240mg/L（表4-12）。

表4-12 分散染料在水中的溶解度

染料	C.I.分散红60	C.I.分散红121	C.I.分散红166	C.I.分散蓝152	C.I.分散黄42	C.I.分散黄68
温度/℃	130	130	125	125	130	125
溶解度/(mg/L)	7.4	8.8	34.5	33.5	239.2	16.6

染液吸附上纤维和从纤维表面向纤维内相
扩散都是由单分子染料来完成，达到的平衡是
指染料在纤维上的浓度与染料在染液中真溶液
的浓度之间的平衡。因此，式（4-136）、
式（4-137）和式（4-138）中的 $[D]_s$ 是指
染料在染液中真溶液中的浓度，分散染料是非
离子染料，在水溶液中以溶解态染料分子、胶
束中染料和结晶态染料等形式存在（图4-19），
影响分散染料溶解度及吸附平衡的主要因素
有：温度、固体染料颗粒、染料晶型、稳定
性、分散剂和匀染剂等。

由能斯特吸附等温线（图4-17）可见，
染色温度升高，吸附等温线斜率减小，亲和
力也随着温度升高而下降，主要原因是分散
染料在水中的溶解度随温度升高比在纤维中
增加得快。另一个影响染料溶解的因素是染
料结晶颗粒大小，商品分散染料的颗粒大小
都有一定的分布范围，大多数在 0.1~
1.0μm，在染料中其悬浮颗粒的大小与溶解
度有下述近似关系：

$$RT\ln\frac{S_r}{S_0}=\frac{2\gamma\widetilde{V}}{r} \quad (4-139)$$

式中：γ 为颗粒的界面张力；$\widetilde{V}$ 为颗粒的

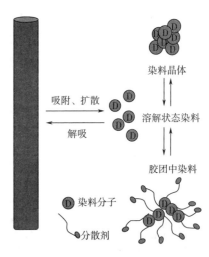

图4-19 分散染料上染示意图

摩尔体积；S_r、S_0 分别是半径为 r 及半径为无
限大时的溶解度。

由式（4-140）可知，r 减小则 S_r 增加，
粒径较小的染料晶体形成的饱和溶液对粒径较
大的染料晶体而言为过饱和溶液，其结果是粒
径小的染料晶体溶解，粒径大的染料晶体增
长，即粒径小的染料晶体消失，粒径大的染料
晶体增加，溶解度减小。

固体染料的晶型对溶解度也有影响，分散
染料固体颗粒往往具有不同的晶型。在高温染

色条件下，达到某一临界温度会发生晶型转变。染料晶型越稳定则溶解度越小，因此不稳定晶型颗粒形成的饱和溶液对稳定的晶型而言就是过饱和溶液，因而不稳定的晶型溶解消失，稳定的晶型增加。晶体增长及晶型转变会降低染料的溶解度，从而降低 $[D]_s$ 并影响上染平衡，导致 $[D]_f$ 降低。如果染料的吸附速率大于晶体增长速率，这种影响较小。若采用大浴比并确保初始染液中染料完全溶解，没有晶体颗粒存在，并允许溶解在大浴比染液中的染料足够多地吸附到纤维上，可以消除这种影响。

商品分散染料中含有大量的分散剂，它们的主要作用是能使染料以细小晶体分散在染液中形成稳定悬浮液，在溶液中超过临界胶束浓度（CMC）后形成微小胶束，将部分染料溶解在胶束中，发生所谓增溶现象，从而增加染液在溶液中的表观浓度。分散染料染色时有时还会加入匀染剂，无论分散剂还是匀染剂均为表面活性剂，当表面活性剂浓度大于 CMC，染料分子会进入表面活性剂胶束中，从而具有增溶作用，实测的 $[D]_s$ 比较大，K 值偏小，$-\Delta\mu^{\ominus}$ 也会偏低，而使吸附等温线发生偏离，因此进行染色平衡研究时，染料需进行提纯即采用纯染料。此外，采用大浴比不仅可以消除其他杂质的影响，也可以确保染料的充分溶解状态。

（四）几种吸附等温线的比较

对比三种吸附等温线，从曲线的上升过程可见，能斯特型吸附等温线是呈线性上升的，上升速率为常数，而弗莱因德利胥型吸附等温线和朗缪尔型吸附等温线的上升速度则随着 $[D]_s$ 增加而降低。这可以由纤维上的带电情况进行解释。由于后两者使用的模型均为离子型染料对纤维的上染。在这些上染过程中，总是使染料和纤维（包括纤维本身和已经与纤维结合的染料）同种电荷的斥力增加，或是使所带异种电荷减少。

对弗莱因德利胥型吸附等温线而言，以直接染料上染纤维素纤维为例，直接染料和纤维素纤维在水溶液中都呈负电，两者之间存在斥力。虽然直接染料由于直接性可以上染纤维素纤维，但是随着纤维上染料浓度的增加，纤维整体带的负电增加，染料与纤维的斥力增加，使接下来染料分子与纤维的结合变得更加困难，所以吸附等温线的上升速率会降低。

对朗缪尔型吸附等温线而言，以强酸性染料上染羊毛纤维为例，染料带负电，纤维带正电，两者之间存在静电引力。随着染料上染纤维，羊毛上所带部分正电荷被已吸附的染料中和，整体上所带正电荷数量减少，染料与纤维的静电引力减弱，使染料与纤维结合的趋向变弱，吸附等温线的上升速率降低。而能斯特型吸附等温线由于不涉及静电力，而是完全符合分配定律，所以呈一条直线。

此外，从饱和值来看，弗莱因德利胥型吸附等温线没有明显的饱和值，而能斯特型吸附等温线与朗缪尔型吸附等温线却存在饱和值。能斯特型吸附等温线存在饱和值的机理可以通过自由体积模型来进行解释。在一定温度下，纤维大分子链运动而产生"自由体积"的大小是一定的，当这些自由体积完全被染料分子占据后，再增加染料用量对于 $[D]_f$ 的提升没有影响。朗缪尔型吸附等温线的饱和值则是通过"染座"来解释的。在一定染色条件（温度、pH 值等）下的染座数量是一定的，所以染料分子与纤维大分子之间的结合存在上限，当纤维大分子上的染座都被染料分子占据后，就达到了饱和，纤维与染料不再结合。

以上所有的讨论都是基于温度恒定。当温度发生改变时，吸附等温线也会发生一定变化。理论上，染料要上染纤维，必须要与纤维形成一定的结合，而结合的过程一般是放热的。所以温度升高，虽然有利于染料更快上染纤维，但是对于达到平衡时的吸附量是不利的，体现在吸附等温线上就是吸附等温线会整体下移。实际过程比较复杂，还需要考虑到温度对纤维、染料的影响，不能只考虑两者之间作用力的影响，如对于分散染料染涤纶，随着温度等升高，自由体积增加，饱和值也会上升。又如对酸性染料染羊毛纤维，理论上温度降低利于提高平衡时的染料吸附量，但是由于羊毛的鳞片层结构，如果染色温度过低，鳞片层膨化程度则会受到影响，进而影响染料上

染，使曲线下降。

二、复合型吸附等温线

许多实际染色过程的吸附等温线并不是单一的，仅用上面三种吸附等温线难以解释。例如在一定染色条件下（染色温度为80℃，中性浴）利用活性染料 Eriofast 活性红 2B 和 Eriofast 活性蓝 3R 对生物基尼龙 PA56 进行染色，所得到的吸附等温线如图 4-20 所示。

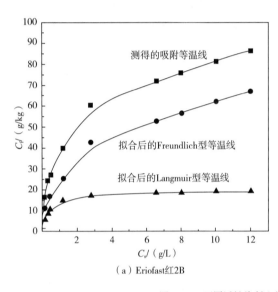
（a）Eriofast红2B

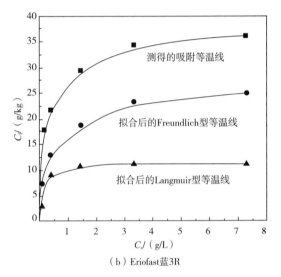
（b）Eriofast蓝3R

图 4-20　不同活性染料上染生物基尼龙的吸附等温线

表 4-13 列出了相关拟合度数据，若只以弗莱因德利胥型吸附等温线或朗缪尔型吸附等温线进行拟合，所得到的拟合度均不高，但以两者复合型吸附等温线来进行拟合时，就可以得到较高的拟合度。可见，Eriofast 活性红 2B 和 Eriofast

活性蓝 3R 对 PA56 的上染机理符合弗莱因德利胥型和朗缪尔型混合模型吸附机理。即有：

$$[D]_f = K_F[D]_s^n + \frac{K_L[D]_s[S]_f}{1 + K_L[D]_s} \quad (4-140)$$

式中：K_F、n、K_L、$[S]_f$ 的值见表 4-12。

表 4-13　利用不同吸附等温模型拟合实验数据情况

染料	吸附等温线类型	K_F	n	K_L	$[S]_f$	R^2
Eriofast 活性红 2B	Freundlich	37.1382	0.3788	—	—	0.9788
	Langmuir	—	—	1.2197	78.4065	0.9757
	Freundlich/Langmuir	24.0419	0.4406	2.4351	20.2127	0.9919
Eriofast 活性蓝 3R	Freundlich	25.5446	0.2094	—	—	0.9498
	Langmuir	—	—	6.3167	35.0647	0.9540
	Freundlich/Langmuir	16.7050	0.2189	9.6870	11.5029	0.9932

从理论上分析，由于该染色过程是在中性浴中进行的，故 Eriofast 活性染料与 PA56 的结合主要是以范德瓦尔斯力和氢键形式存在的，所以其染色机理一定包含多分子层吸附机理（朗缪尔型吸附等温线）。此外，PA56 为聚己二酸戊二胺（结构式如图 4-21 所示），在中性浴的条件下，有部分—NH_2 会质子化形成—NH_3^+，从而可以与染料形成以部分离子键的结合，但是由于 PA56 的等电点 $pI = 5 \sim 6$，形成—NH_3^+ 的数量少，故化学定位吸附为次要部分。

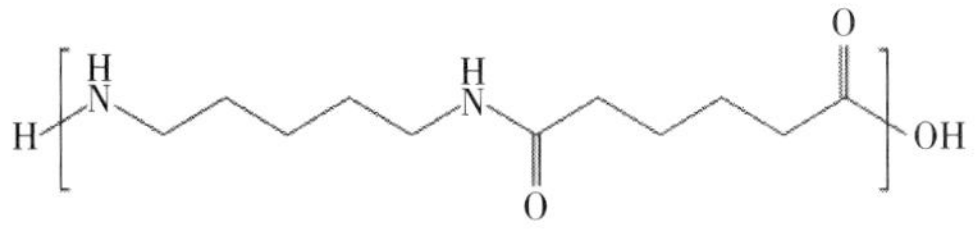

图 4-21　PA56 的结构式

三、其他吸附等温线

能斯特型吸附等温线、弗莱因德利胥型吸附等温线及朗缪尔型吸附等温线是最常见、最简单的三种吸附等温线模型。除这三种模型外，还有许多类型的吸附等温线，但由于其他吸附等温线的主要应用领域不在染色方面，故在此仅简单介绍 Frumkin 等温线。

Frumkin 等温线又称 Frumkin-Fowler-Guggenheim（FFG）等温线，形式如式（4-136）所示：

$$c = \frac{1}{b} \frac{\theta}{1-\theta} e^{\frac{2w\theta}{RT}} \qquad (4-141)$$

式中：b、w、R 为常数；T 为温度；θ 为吸附量 q 与吸附饱和值 q_m 的比值，即 $\theta = q/q_m$；w 代表吸附位点与被吸附物质结合时的相互作用力，$w > 0$ 代表相互吸引，$w < 0$ 代表相互排斥。当 $w = 0$，即无相互作用时，式（4-141）简化为：

$$c = \frac{1}{b} \frac{\theta}{1-\theta} \qquad (4-142)$$

再将 $\theta = q/q_m$ 代入式（4-137），可得：

$$c = \frac{1}{b} \frac{\dfrac{q}{q_m}}{1 - \dfrac{q}{q_m}} \qquad (4-143)$$

化简可得：

$$b \cdot c = \frac{q}{q_m - q} \qquad (4-144)$$

两边同乘以 $q_m - q$，并加上 qbc，再除以 $1 + bc$，可得：

$$q = \frac{bcq_m}{1 + bc} \qquad (4-145)$$

该形式与朗缪尔型吸附等温线的形式一致。实际上，朗缪尔型吸附等温线是 Frumkin 吸附的一种特殊形式。

思考题

1. 简述染色热力学研究的主要内容。

2. 染色平衡时染料吸附与解吸的速度相等且不变，该表述是否正确？

3. 染色热是什么？就目前所知，染色热一般为正值还是负值？染色热具有哪方面的实际意义？

4. 什么是染色熵？说明它与染色亲和力的关系，比较染料从水和有机溶剂染液中上染纤维时体系中熵的变化，并分析纤维及染料化学结构与染色熵的关系。

5. 简述化学位与染色亲和力的概念，写出染色亲和力与染料活度的关系，分析染色温度与染色亲和力的关系，并举例说明。

6. 概述染料与纤维的吸附类型及其各种作用力，试举例说明上染过程中主要的分子间作用力。

7. 什么是吸附等温线？通常有几种类型？写出它们的数学关系式，并说明不同类型吸附等温线的物理意义。分析阳离子染料上染腈纶的吸附等温线，简述其特点。

8. 试分析直接染料上染棉织物时的吸附情况，并讨论纤维内外离子分布及其平衡，解释 NaCl 的促染作用。

9. 分散染料上染合成纤维属于哪类吸附等温线？解释其吸附物理意义，分析温度对其吸附等温线的影响。

10. 试述在计算酸性染料上染羊毛的亲和

力时，吉尔伯特—赖迪尔假设与唐能膜平衡理论应用的基本前提的相同点与不同点。

参考文献

[1] 滕新荣.表面物理化学 [M].北京：化学工业出版社，2009.

[2] 近藤精一，石川达雄，安部郁夫.吸附科学 [M].北京：化学工业出版社，2005.

[3] 陈英，管永华.染色原理与过程控制 [M].北京：中国纺织出版社，2018.

[4] HONG LI, DEFENG ZHAO, RUI LIU. Dyeing kinetics of henna natural dyestuff on protein fabric [J]. Advanced Materials Research, 2011, 332-334：1276-1279.

[5] 傅献彩，沈文霞，姚天扬，等.物理化学：上册 [M].北京：高等教育出版社，2005.

[6] 高执棣.化学热力学基础 [M].北京：北京大学出版社，2006.

[7] 印永嘉，奚正楷，张树永.物理化学简明教程 [M].北京：高等教育出版社，2007.

[8] 宋新远，赵涛，沈煜如.聚酯超细纤维染色性能和理论研究 [J].中国纺织大学学报，1997，23（7）：1-7.

[9] 王斌.PTT/PA6复合超细纤维染色性能研究 [D].青岛：青岛大学，2009.

[10] SIVARAJA LYER S R, SRINIVASAN D. The influence of temperature on the thermodynamics of acid dye adsorption on wool fibers [J]. Journal of Society of Dyers and Colourists, 1984, 100：64.

[11] LAIDLER K J, MERISER J M. Physical chemistry [M]. New York：Benjamin Cummings, 1982.

[12] 李荻.电化学原理 [M].北京：北京航空航天大学出版社，2008.

[13] 王菊生.染整工艺原理：第三册 [M].北京：中国纺织出版社，1984.

[14] 阿瑟·D.布罗德贝特.纺织品染色 [M].北京：中国纺织出版社，2003.

[15] 黑木宣彦.染色理论化学：下册 [M].北京：纺织工业出版社，1981.

[16] 梁萍，芳纶织物分散染料染色技术及其机理研究 [D].杭州：浙江理工大学，2010.

[17] 何云.芳砜纶织物分散染料载体法染色及其机理研究 [D].上海：东华大学，2014.

[18] 马雪松，徐晓晨，陈英.生物基化学纤维PA56的性能与应用 [J].纺织导报，2019（8）：43-46.

[19] 于维才.尼龙56的物理性能及可纺性探析 [J].聚酯工业，2014，27（1）：38-39.

[20] 甄少同.PA56活性染料染色性能研究 [D].上海：东华大学，2018.

[21] CHU K H, TAN B C. Is the Frumkin (Fowler-Guggenheim) adsorption isotherm a two- or three-parameter equation [J]. Colloid and Interface Science Communications, 2021, 45：100519.

第五章　染色动力学

本章重点

染色机理主要涉及动力学和热力学。染色热力学主要研究染色平衡，判断染料上染纤维的趋势和程度；染色动力学主要研究上染速率及所经历的过程。本章主要讨论染色动力学的有关概念、原理和评价染色速率的动力学指标及动力学参数测定方法，涉及染色速率、扩散边界层及染料的扩散等，重点分析影响上染速度的因素、关键步骤及上染过程的控制，并介绍染色动力学研究的意义。

关键词

染色动力学；上染速率；扩散系数；上染速率常数；半染时间；初染速率；扩散活化能；扩散模型；扩散速率；孔道模型；自由体积模型

有关染色机理的研究主要涉及热力学理论和动力学理论。染色热力学研究染色平衡问题，其只能判断染料上染纤维的趋势和程度，而不能判断染料上染速度的快慢，即上染速率。染色动力学主要研究上染速率以及所经历的过程，即研究染料的传递与反应的特征。对于实际生产，人们更关心染色速率，染色动力学就显得更为重要，实际染色不一定必须达到染色平衡。在染料上染过程中，控制好有关因素，可以获得最合理的上染速率和良好的匀染、透染效果，同时获得较高的上染百分率，进而可以提高生产效率、合格品率和降低生产成本。

实际加工中影响染色动力学性能和染色效果的因素很多，许多因素又是很难控制的，例如商品染料的组成和染料实际含量、纺织品的组成和结构、染色介质水的质量等。此外，一些可控因素，如温度、浴比、pH 值、染液循环流速，甚至包括染化料的称量和添加时间等也往往很难精确控制。总体来说，染色加工时，一些参数是很难精确控制的，这些不可控参数只能依靠经验来判断。这些年来为了提高

染色的重现性，开发了许多所谓受控染色方法，即对上染过程中的一些重要参数进行控制。研究染色动力学性能有利于更好地选择染色助剂和合适的染色工艺条件，从而实现对染色过程进行控制，因此染色动力学研究具有实际应用意义，其为受控染色提供了理论基础。

第一节　染色速率及其主要影响因素

一、染色速率的评价指标

染色速率可以用一定时间内纤维上所上染的染料量来衡量，或用单位时间内纤维上所上染的染料量来衡量（dC/dt），或用半染时间（用 $t_{1/2}$ 表示）长短来衡量。半染时间是表示染料上染过程中趋向平衡的一个常用速率指标，它是指纤维上吸附染料量达到平衡吸附量一半所需的染色时间。染色速率还可以用染料吸附上染速率常数 k 和染料在染浴中及在纤维内部的扩散系数 D 来表征。初染速率是指染色最初几分钟内纤维上所上染的染料量，初染速率对染色匀染性有很大影响，所以初染速率也是评价染色速率的一个指标。

二、染料上染过程

为了评价染料的上染速率，需要了解染料染色过程的基本阶段，分析各阶段对染色速率影响的主要因素。

第三章已述及，染色是染料自发地离开染液向纤维表面吸附，再向纤维内部扩散，将纤维染透，并牢固地固着在纤维上，使纤维获得鲜艳坚牢色泽的过程。

（一）四个基本阶段

在采用浸渍工艺染色时，通常染料上染过程经历以下四个基本阶段：

第一阶段：染料在染液中向纤维表面扩散。在此阶段，染料的扩散速度主要由染液循环流速决定。

第二阶段：染料在扩散边界层中扩散。在此阶段，染料已经扩散到离纤维表面很近，染液流速已经降至为零，染料浓度开始急剧降低，此时染料只能通过自身运动继续向纤维表面扩散，此层为扩散边界层。

第三阶段：染料吸附在纤维表面。对于离子型水溶性染料，包括还原染料的隐色体阴离子染料、硫化染料的隐色体阴离子染料、色酚的钠盐等，若纤维表面与染料离子带相同电荷，染料向纤维表面扩散的过程中先受到静电斥力（由于静电力作用的距离较范德瓦尔斯力和氢键远）的排斥作用，只有具有一定能量（能量>活化能）的染料分子（称为活化染料分子）才能继续向纤维表面扩散，直到染料扩散到离纤维表面很近时，染料与纤维之间的范德瓦尔斯力和氢键作用力等大于静电斥力，此时染料依靠与纤维之间的作用力（亲和力），很快吸附到纤维表面的活性位置上。若染料与纤维带异种电荷，如强酸浴酸性染料染羊毛，阳离子染料染腈纶，则染料向纤维表面扩散的过程中，先受到有利于染料吸附上染纤维的静电引力作用，然后再受到有利于染料吸附上染纤维的范德瓦尔斯力和氢键作用，因此，在这种染色体系中染料吸附上染纤维表面的速度

快。而对于非离子分散染料在向纤维表面扩散的过程中，不存在静电斥力，染料靠范德瓦尔斯力和氢键等物理作用力而吸附上染到纤维表面，但分散染料染液中存在分散染料阴离子胶束，由于涤纶在染浴中带负电荷，分散染料阴离子胶束向涤纶表面扩散过程中，与带负电荷的涤纶之间也会先存在静电斥力，不利于分散染料阴离子胶束向纤维表面扩散和吸附。

第四阶段：染料向纤维内部扩散，也是决定染色速度的关键阶段。当染料吸附到纤维表面后，纤维内外就存在染料浓度差（浓度梯度），这就是染料向纤维内部扩散的动力，促使染料继续向纤维内部扩散，纤维内外染料浓度差越大，扩散动力越大；扩散速率除了与染料浓度差有关外，还与染料及纤维结构有关。

对于分散染料来说，通常认为：只有溶解的单分子分散染料才能继续向结构紧密的涤纶无定形区内部扩散，将纤维染透，而分散染料聚集体向纤维内部扩散阻力很大，会阻塞扩散通道，影响染料继续扩散，降低染色速率；当单分子分散染料向纤维内部扩散后，染液中溶解在水中的单分子分散染料浓度降低，分散染料在染液中的三种平衡状态（溶解的单分子分散染料、分散染料聚集体及阴离子胶束中的分散染料）被破坏，从分散染料聚集体及分散染料阴离子胶束中会不断释放出单分子分散染料，单分子分散染料不断向纤维内部扩散，直到织物染至满意的色泽，染料与纤维发生牢固结合。在活性染料的染色过程中，除了伴随着染料的吸附和解吸之外，还伴随着染料的固色和水解；活性染料能够与纤维发生化学反应，形成共价键而固色，活性染料也能与水发生反应而水解。与纤维固色的活性染料失去向纤维内部继续扩散的能力；水解的活性染料仍能够吸附上染纤维，并存在解吸现象和向纤维内部扩散现象。

（二）染料扩散速率的影响因素

染料的扩散速率与扩散介质有关，染料在不同介质中具有不同的扩散速率，纤维是复杂的多孔基质，可作为染料和化学助剂作用的对

象，由于固体纤维大分子间距离比液体分子间距离小得多，染料在纤维内部扩散速率比在染液中扩散阻力大得多。

染料向纤维内部扩散不仅受染料聚集度和纤维内部紧密的超分子结构（称为空阻）的影响，而且受染料与纤维之间作用力（称为能阻）的影响，由于染料向纤维内部扩散的空阻和能阻大，染料向纤维内部扩散为受制动扩散，所以在染色过程各步骤中，通常染料在纤维内部的扩散速率远远低于染料在染液中的扩散速率（包括染料靠染液流动向纤维表面扩散以及染料通过扩散边界层向纤维表面扩散），而且染料向纤维内部的扩散速率也远远低于染料向纤维表面吸附的速率。染料由纤维表面向纤维内部的扩散是染色过程中最慢的一步，该步骤为染色速率快慢的决定性步骤。

为了提高染色速率，缩短染色时间，必须提高染料向纤维内部的扩散速率。当然实际染色速率的影响因素是非常复杂的，无论扩散速率如何，亲和力高的染料，一般初染速率快，瞬染量大，纤维表面吸附上染的染料量大，此时，不能用扩散速率评价染色的初染速率；当染料与纤维亲和力很大，吸附速率很快，而染料向纤维内部扩散阻力增大，染料向纤维内部扩散速率变慢；但若吸附在纤维表面的染料量足够多，纤维表面与纤维内部的染料浓度差增大，扩散动力增加，染料向纤维内部扩散速率也会增加；染色时，若染料与纤维亲和力较小，染料向纤维内部扩散能阻较小，染料容易向纤维内部扩散，扩散速率较快；但染料亲和力很小，染料吸附在纤维表面的速率很慢，吸附在纤维表面的染料量少，纤维表面与纤维内部的染料浓度差较小，扩散动力小，染料向纤维内部扩散速率降低，此时染料在染浴中的扩散速率对染色速率影响也很大，染色时需要加强织物与染液之间的相对运动，降低扩散边界层厚度，增加吸附在纤维表面的染料量，提高扩散动力，提高扩散速度。总之，在织物与染液之间循环良好的前提下，纤维表面与纤维内部的染料浓度差足够大，此时，染料向纤维内部的扩散是染色速率快慢的决定性步骤。

必须指出的是染色过程每一个染色阶段并不是相互独立的，而是交叉进行。

三、染色速率的主要影响因素

（一）扩散边界层

在浸染染色时，纤维和染液之间必须有相对运动，染料先靠染液流动向纤维表面扩散，由于纤维表面的粗糙性，离纤维表面一定距离时，只有层流而没有湍流，最终染液的流速降至零，染液流速迅速降低的这一层称为动力学边界层（染液流速的99%是在动力学边界层中丧失的），如图5-1所示。当染料扩散到离纤维表面很近时，染料只能靠自身的分子运动继续向纤维表面扩散，这一层染料浓度迅速降低（染液浓度的99%是在这层中丧失的），称为扩散边界层，如图5-2所示。通常扩散边界层厚度为动力边界层厚度的1/10（图5-3），只有当染料扩散到距纤维表面很近时，染料才能靠与纤维之间的作用力（范德瓦尔斯力和氢键、静电引力等）被纤维所吸附。

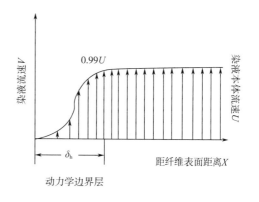

图5-1　染液流速与距纤维表面距离的关系图（确定动力学边界层）

扩散边界层阻碍染料向纤维内部扩散，扩散边界层厚度影响染料向纤维表面扩散的时间，扩散边界层厚度越大，染料通过扩散边界层所需要的时间越长，在一定时间内吸附在纤维表面的染料量越少，直接影响纤维表面与纤维内部的染料

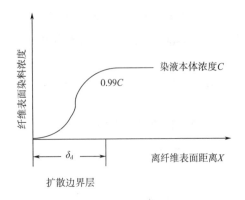

图 5-2 染料浓度与离纤维表面距离的
关系图（确定扩散边界层）

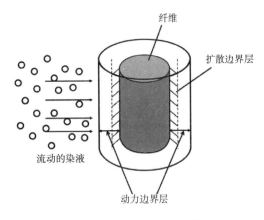

图 5-3 染料上染过程中经历的纤维表面的
动力学边界层和扩散边界层示意图

浓度差，从而影响染料向纤维内部扩散的动力，影响染色速率。降低扩散边界层厚度的最有效办法是加强染液循环，提高染液搅拌速度或织物运行速度，即增加织物与染液之间的相对运动速度，如溢流喷射染色设备，织物与染液均运动，进而能够有效提高织物与染液之间的相对运动速度，保证织物各个部分所接触到的染液浓度和温度相同，有利于染料均匀地吸附到织物的各个部分，而且可以降低扩散边界层厚度，促进染料吸附上染，提高染色速率，缩短染色时间。

如图 5-4 和图 5-5 所示，增加染液流速（或提高染液搅拌速度）能够提高染料向纤维内部的扩散系数，缩短半染时间；但搅拌速度对染色速率的影响程度与染液浓度和染液温度有关；提高搅拌速度，对于稀染液、高温染色

体系半染时间的降低程度比浓染液、低温染色体系更大，染色速率提高更大。然而搅拌速度提高到一定程度后，扩散边界层厚度变化不大，半染时间不会进一步显著降低，同时搅拌速度太快会增加动力消耗。

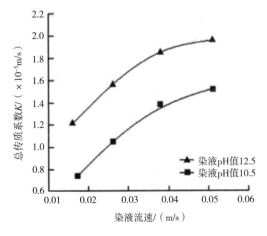

图 5-4 染液流速对总传质系数的影响

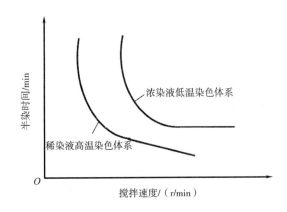

图 5-5 染液搅拌速度对半染时间的影响

按照 Wilson 和 Crank 的有关染色动力学关系式，无限长的圆柱形纤维在有限染液（是指接近于实际染色的染液，染液体积有限，染色过程中，染液浓度随时间而变化的染液）中的上染速率与下列参数有关：

$$\frac{C_t}{C_\infty} = F\left(\frac{Dt}{r^2}, E_\infty, L\right) \quad (5-1)$$

式中：t 为染色时间；C_t 为染色 t 时刻纤维上的染料浓度；C_∞ 为吸附达到平衡时，纤维上的染料浓度；Dt 为染料在纤维内部扩散的表

观扩散系数（通常假定扩散系数不随纤维上染料的浓度而变化，其为平均扩散系数）；r 为纤维半径；E_∞ 为染色平衡上染百分率（达到染色平衡时，上染到纤维上的染料质量占染色初期向染浴中投入的染料质量的百分比）；L 为与扩散边界层厚度有关的参数，量纲为 1，L 与下列参数有关：

$$L = \frac{D_b r}{D_f K \delta} \qquad (5-2)$$

式中：D_b 为染料在染液中的扩散系数；D_f 为染料在纤维内部的扩散系数；K 为染料在纤维和染液间的分配系数；δ 为扩散边界层的厚度。

由式（5-1）可见，染色 t 时刻，纤维上的染料量 C_t，或染色速率 $\dfrac{C_t}{C_\infty}$ 与 $\dfrac{Dt}{r^2}$、E_∞、L 有关。平衡上染百分率 E_∞ 与染料对纤维的亲和力及纤维的无定形区含量、染色条件等有关；L 不仅和染料结构性质、纤维结构性质、染料与纤维的亲和力及纤维的半径有关，而且还与扩散边界层厚度 δ 有密切关系。

由此可见，染色速率 $\dfrac{C_t}{C_\infty}$ 与染料的结构性质、纤维的结构性质、纤维的半径、平衡上染百分率 E_∞、染料对纤维的亲和力、染色条件及扩散边界层厚度等因素有关。其中，扩散边界层厚度 δ 是影响染色速率的一个因素。在扩散边界层中，染液几乎静止，染料只能靠自身的分子运动向纤维表面扩散，扩散边界层是动力学边界层的一部分。但实际上，在流体中是无法直接观察到动力边界层的厚度和扩散边界层厚度的，它们都是数学上的概念。动力学边界层厚度 δ_h 可以近似地用式（5-3）计算，扩散边界层厚度 δ_d 可以近似地用式（5-4）计算。

可见，扩散边界层厚度<动力边界层厚度，通常扩散边界层厚度约为动力边界层厚度的 1/10。

$$\delta_h = 5.2 \left(\frac{\nu L}{u} \right)^{1/2} \qquad (5-3)$$

$$\delta_d = 3 \left(\frac{D_s}{\nu} \right)^{1/3} \left(\frac{\nu L}{u} \right)^{1/2} = 0.6 \left(\frac{D_s}{\nu} \right)^{1/3} \delta_h \qquad (5-4)$$

式中：u 为染液本体流速；D_s 为染料在染液中的扩散系数；ν 为染液的动力黏度 [$\nu = \eta$（牛顿黏度）$/\rho$（流体密度）]；L 为染液流经固体纤维的边界长度。

通常染料在染液中的扩散速率低于染液流速。尤其在染液充分搅拌，染液流速较快的情况下，染液流动速率远远大于染料在染液中的扩散速率。在扩散边界层之外，染料向纤维表面扩散主要靠染液流动；当进入扩散边界层后，染料只能靠自身分子运动继续向纤维表面扩散，此时的扩散速度比染料在染液中靠染液流动向纤维表面扩散的速度慢得多，因此扩散边界层会阻碍或降低染料向纤维表面扩散的速率，从而影响染色速率。

为了提高染色速率，需要减小扩散边界层厚度，由式（5-4）看出，扩散边界层厚度 δ_d（为了简化，用 δ 表示扩散边界层厚度）很大程度上取决于染液的流速，加强织物与染液之间的循环，染液本体流速 u 增大，扩散边界层的厚度减小。此外，由式（3-2）还可见，扩散边界层厚度 δ 与染液流经固体纤维的边界长度 L 有关，说明织物的物理形态、纤维表面的粗糙程度、表面积、纤维总长度等对扩散边界层厚度有影响。

相同搅拌速度下，薄织物表面光滑更有利于降低扩散边界层厚度。散纤维染色时，散纤维之间相互交叉以及散纤维堆砌的密度不同，造成其间孔隙的数量、表面平整度、染液流经纤维的长度以及扩散边界层厚度不同。相同搅拌速度下，与织物相比，散纤维表面粗糙度大，染液流经纤维的长度 L 增加，扩散边界层厚度较大，染料向纤维表面扩散的时间延长，因此，散纤维染色时，更需要加强泵的抽吸作用，增大染液流速，以便降低扩散边界层厚度，提高染色速度。

另外，相同环境体系和相同搅拌速度，升高染液温度，染液动力黏度 ν 降低，染料扩散动能提高，或经超声波等处理，驱除纤维内部的空气流，有利于降低扩散边界厚度，提高染色速率。染料在染液中的扩散系数 D_s 对扩散边界层厚度 δ 也有影响。总之，影响扩散边界层厚度的因素均会影响染色速率。

（二）染料和纤维在染液中的结构状态

由于染料之间有作用力，染料在染液中存在不同程度的聚集，染料的聚集度除与染料结构、染色体系组成有关外，还与染色工艺条件等因素有关。含有可电离基团的染料在染浴中还存在带电染料离子及其聚集体；染液中还含有各种助剂，染色助剂也会与染料作用，以上情况都会影响染料在染液中的结构状态，而染料在染液中的状态将影响染色速率。

不同种类纤维在染浴中的结构状态（溶胀性和带电性）不同，纤维在染液中的结构状态也受多种因素影响，如纤维本身结构、染色介质、染色助剂、染浴 pH 值、染色温度等，纤维在染液中的状态也将影响染色速率。

（三）染料和纤维的物理化学结构

染色过程中存在染料、纤维、染色介质、染色助剂各组分之间的物理化学作用（详见第一章），也存在复杂的流体动力学及热物理条件下的相间传质。因此，染色是一个复杂的过程，影响染色速率的因素很多。

由染色过程可见，染色速率与染料的物理化学结构有关，不同结构的染料在染浴中的状态不同，与染色体系中各组分之间的作用力不同。染色体系中，各组分之间作用力相互竞争，影响染色速率；平面性好、共轭体系长、与纤维结合基团多的染料与纤维之间的亲和力大，染料吸附上染纤维表面的速度快，如共轭体系长、分子结构复杂的温控性直接染料吸附上染纤维表面的速度明显大于共轭体系短、分子结构简单、匀染性好的直接染料；平面性好、共轭体系长的温控性直接染料之间作用力也会增大，在同样染色条件下，该类染料在染液中聚集度大，一旦染料吸附在纤维表面，由于染料与纤维之间存在较大的亲和力，染料不容易从织物上解吸下来，而重新吸附到纤维的其他部分，因此该类染料移染性差；同时这类亲和力大、聚集度大的染料向纤维内部扩散存在较大能量阻力和空间阻力，染料向纤维内部扩散速率慢，不易染匀染透，因此平面性好、共轭体系长、分子结构复杂的染料移染性差、匀染性差。该类染料染色过程中需要严格控制升温速率，或加入缓染剂、移染剂，以保证染料开始就能够均匀地吸附在织物的各个部分，同时，增加染料的移染性，此外，需要较高的染色温度，以便提高染料向纤维内部的扩散速率，缩短染色时间。

又如分子结构不同的酸性染料，在相同染色条件下，吸附羊毛纤维的速度不同。在中性浴条件下，结构简单的匀染性酸性染料与羊毛纤维之间的范德瓦尔斯力和氢键作用力小，此时羊毛纤维处于等电点以上，带负电荷，羊毛纤维与阴离子酸性染料之间存在静电斥力，染料吸附上染羊毛纤维的速度很慢。因此，结构简单的匀染性酸性染料染色时必须加酸，将染液 pH 值调节至羊毛纤维等电点以下，使羊毛纤维带正电荷，从而增大羊毛纤维与阴离子酸性染料之间的静电引力，提高染料的吸附上染速率。而共轭体系较长、结构复杂的耐缩绒性酸性染料与羊毛纤维之间的范德瓦尔斯力和氢键作用力大，在中性浴条件下，虽然羊毛纤维在等电点以上，带负电荷，羊毛与阴离子酸性染料之间存在静电斥力，但由于该类染料与羊毛纤维之间的亲和力大，染料仍然能较快地吸附上染羊毛纤维；若染色初期向染浴中加入酸，将染液 pH 值调节至羊毛纤维等电点以下，使羊毛纤维带正电荷，则羊毛纤维与该类阴离子酸性染料之间除了有较大的范德瓦尔斯力和氢键作用力之外，还有静电引力作用，致使染料吸附上染羊毛的速率太快，容易造成染色不均匀，所以该类染料不能在强酸浴条件下染色，而应依据染料结构选择中性浴，或弱酸浴条件下染色。可见，不同结构的染料，染色速率不同，染色性能不同，染色工艺条件控制不同。

纤维结构会影响其在染浴中的带电性、带电量、溶胀程度以及影响其与染色体系各组分之间的作用力，进而影响染料吸附上染纤维的速率、染料解吸速率和染料向纤维内部的扩散速率，影响染色助剂的选择和染色工艺条件的选择，如阴离子活性染料上染棉纤维，由于染料与纤维均带负电荷，染料吸附上染时，染料与纤维之间存在静电斥力，染料难于上染，染色时，需要向染液中加入电解质盐，降低纤维表面的动电层电位的绝对值，降低染料与纤维之间的静电斥力，提高染料的吸附上染速率。而阳离子化改性的棉纤维由于其结构发生改变，染色性能显著变化，阳离子化改性棉纤维与阴离子活性染料之间亲和力显著提高，染色速率显著提高，如图5-6所示。

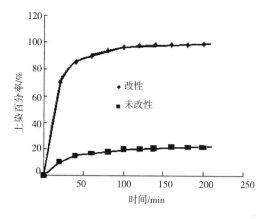

图5-6 阳离子蛋白助剂改性与未改性棉织物活性染料上染速率曲线（无盐染色）

（四）染色助剂与染色条件

此外，染色速率与染色助剂、染色条件有关，染色助剂和染色条件会影响染料和纤维在染浴中的结构状态，影响染色体系各组分之间的相互作用力，影响染料的吸附速率及向纤维内部的扩散速率，从而影响染色速率。如染料助溶剂可提高染料在染浴中的溶解度，纤维溶胀剂或增塑剂可提高纤维内部孔道或自由容积，从而降低染料向纤维内部的扩散阻力，提高染色速率。又如促染剂能够促进染料吸附上染，提高染色速率；缓染剂能够降低染料的吸附上染速率；染浴 pH 值影响染料和纤维上可电离基团的解离程度，进而影响染料和纤维在染浴中的带电性及带电量，改变染料与纤维之间的作用力，影响染料的吸附上染速率。

（五）染色温度

染色温度对染色速率有很大影响，升高染色温度能降低染料聚集度，提高染料溶解度及扩散动能，增加能够扩散进入纤维内部的活性染料分子数目，降低染液动力黏度，并有利于降低扩散边界层厚度；升高染色温度，增大亲水性纤维内部的孔道，增大疏水性纤维内部的自由容积，降低染料向纤维内部扩散的能阻和空阻，提高染料向纤维内部的扩散速率，缩短染色时间。

（六）染液与织物间的相对运动速度

染色速率与染色时染液与织物间的相对运动速度有关，如溢流喷射染色机，适当提高染色泵功率，增大喷射器喷出的染液流速，提高染液与织物之间的相对运动速度，或通过提高对染液的搅拌速度，降低扩散边界层厚度，提高染料向纤维表面扩散的速度，有利于更多染料吸附在纤维表面，增大纤维内外染料浓度差，提高染料向纤维内部的扩散动力，从而提高染色速率。

总之，在染色体系中的各组分结构影响染料在染液中的扩散速率、染料吸附到纤维表面的速率及染料向纤维内部扩散的速率，所以纤维材料的化学结构和物理结构状态（织物、散纤维、毛条等）、染料的物理化学结构（溶解、聚集和带电性等）、染色介质、染料上染纤维的亲和力、染色浴比、染料浓度、染浴中助剂种类及其用量（如盐种类及其用量）、加助剂方式和速度、染浴 pH 值、染色温度、染色升温速率及染液流速等因素均会影响染色速率，而且每个因素变化对不同结构染料、不同结构纤维的染色速率影响程度不同（如存在不同的盐效应和温度效应）。此外，染色速率还与染色工艺方法、助剂加入顺序、染色设备结构、染色泵功率或染液搅拌速度等有关。为了提高染色速率，必须了解在染色过程中，哪一步是最慢的一步，染色速率决定性步骤是由染色速率最慢的一步所决定。

第二节　上染速率曲线与染色动力学方程

一、上染速率曲线

以上染百分率或以纤维上吸附染料量 C_t 为纵坐标，以染色时间 t 为横坐标，作图，所绘制的曲线为上染速率曲线（dyeing rate curve）。纤维上染料吸附量 C_t 为染色 t 时刻纤维上所上染的染料量与染色纤维质量的比值，单位为 g/kg 或 mg/g。上染速率曲线包括：恒温上染速率曲线（如图 5-7 所示，其为在染色温度不变条件下，所测定的上染速率曲线）和逐步升温上染速率曲线（如图 5-8 所示，其为按实际染色时，逐步升温条件下所测定的上染速率曲线）。要研究不同温度对染色速率的影响，需要测定恒温上染速率曲线。上染速率曲线是研究染色动力学性能的基础，所有的动力学参数指标均可以由上染速率曲线所获得的基础数据计算得出。因此，染料上染速率曲线的测定对实际生产非常重要。

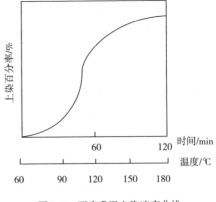

图 5-8　逐步升温上染速率曲线

上染速率曲线的测定有重要的实际应用意义，由上染速率曲线可见：染料走向平衡的速率、平衡上染百分率、平衡染色时间、半染时间 $t_{1/2}$（其为达到平衡上染百分率一半所需要的染色时间，如图 5-9 所示），并可以计算出染色任何 t 时刻，纤维上染料的上染百分率（或染料吸附量 C_t）以及纤维上的平衡上染百分率（或染料平衡吸附量 C_∞，其为染色达到平衡时，纤维上染料的吸附量），还可以确定出染色任何 t 时刻的 dC_t/dt 值（单位时间所上染的染料量），进而拟合出染料吸附上染纤维的速率方程：

$$v = \frac{dC}{dt} = f(t) \qquad (5-5)$$

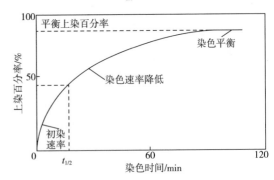

图 5-9　上染速率曲线

由此可以进一步判别染色动力学速率方程的类型（本节随后将详细介绍）；进一步计算出染料吸附上染纤维的速率常数 k、扩散系数 D 等表征染色速率快慢的动力学参数。

另外，由上染速率曲线还能看出染料的初

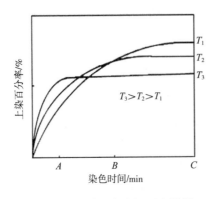

图 5-7　恒温上染速率曲线（相同染料）

染速率，了解染料染色的匀染性以及各染料之间能否适合拼色。实际染色时，为了生产出消费者满意的色泽，需要采用两种及两种以上的染料进行拼色。拼色时选择的几只染料的上染速率必须相等或相近。此外，若测定出几个温度下的扩散系数 D，则可以利用阿罗尼乌斯方程式（Arrhenius equation）［式（5-6）］计算出染料扩散活化能等。

$$D = D_0 e^{-E/RT} \qquad (5\text{-}6)$$

式中：D 为染料绝对温度 T 时染料的扩散系数；D_0 为常数（称为指前因子，或称频率因子，其是一个仅由系统物质性能决定，而与反应温度及系统中物质浓度无关的常数，与 D 具有相同的量纲）；E 为扩散活化能。

由染料扩散活化能的数值能够了解染料向纤维内部扩散阻力的大小。若扩散活化能高，表明染料向纤维内部扩散阻力大，染色时需要考虑适当升高染色温度，或在染液中加入纤维膨化剂或增塑剂，以降低染料向纤维内部扩散的阻力，提高染料向纤维内部的扩散速率。可见，由计算出的染料扩散活化能数值可以为选择适宜染色温度或染色助剂提供理论依据。

染色温度对染色速率曲线有很大影响，测定染料在不同温度下的上染速率曲线，可以为实际生产中确定控温区（上染速率很快的温度区间），选择合适的升温速率（控温区，升温速率应该慢一点）及保温染色温度（扩散活化能高、扩散阻力大的染色体系，染色保温温度应该适当升高）提供依据。

实际染色必须考虑产品质量及生产效率，在确保产品质量（匀染性、色牢度、损伤程度等）的前提下，尽可能地缩短染色时间，实际染色时不一定必须达到染色平衡。

通常升高染色温度，染色速率提高，染色时间缩短；一般而言，染料吸附上染为放热反应，升高染色温度，染料解吸速率提高更大，致使平衡上染百分率降低，如图 5-7 所示。采用同一只染料染同一种纤维，升高染色温度，染料的上染速率增大，半染时间缩短，平衡上染百分率降低；而降低染色温度，染料的上染速率降低，半染时间延长，平衡上染百分率提高；当染色时间短，没有达到染色平衡以前，温度高，上染百分率高，而染色时间足够长，都达到染色平衡后，染色温度低，平衡上染百分率高。

在图 5-7 中，染色温度 $T_1 < T_2 < T_3$。因此实际染色时，应依据染料向纤维内部扩散阻力的大小，选择合适的染色温度。若染料向纤维内部扩散阻力大，扩散速率慢，则需要适当升高染色温度，降低染料向纤维内部的扩散阻力，提高染色速率，缩短染色时间。对于向纤维内部扩散速率慢的染料（通常为结构复杂、扩散活化能高的染料），在一定染色时间内（如图 5-7 中 A 点），高温时基本达到染色平衡，而染色温度降低，达不到染色平衡，则选择高温染色（T_3），此时高温上染百分率高；也可以高温染色一段时间后，再降温保温一段时间，使染液中残留的染料继续上染，以获得更高的上染百分率；对于向纤维内部扩散速率快的染料（通常为结构较简单、扩散活化能低的染料），在一定染色时间内（如图 5-7 中 C 点），不同温度下染色，均达到染色平衡，则选择较低染色温度（T_1），此时平衡上染百分率高，而且染色温度低，具有节能优势；对于染料向纤维内部扩散速率介于其间的染料，在一定染色时间内（如图 5-7 中 B 点），高温和较高温度染色基本达到染色平衡，而低温未达到染色平衡，则选择较高染色温度（T_2），此时染料上染百分率高，而且染色时间适宜，不必选择更高的染色温度（注意：此处 A、B、C 只是表示染料在不同温度下上染百分率的相关关系，并不确切表示染色时间的长短）。

以上现象适合于染料吸附上染为放热反应的情形，若染料（或助剂）的吸附上染为吸热反应，则升高染色（处理）温度，染料（助剂）的平衡上染百分率升高，而不是降低。

因此，染色时需依据染色系统中染料、纤维、染色介质、染色助剂等各组分的结构，染料向纤维内部扩散阻力的大小、扩散活化能高低、吸附上染机理等因素，选择合适的染色温度，以达到上染百分率高、染色时间短和节能减排的效果，同时为了保证织物染色均匀，需要选择合适的染色升温工艺曲线。染色初染温度不同，升温速率不同，染料的上染速率不同，上染速率曲线形状不同，需要的染色时间不同；通过控制升温速率，能够控制染料上染速率。此外，通过控制加入助剂种类、用量和方式等也能够控制染料的上染速率。

二、染色速率方程类型

染色的实质是染料与纤维上特异性基团结合的过程，通常纤维上能被染料占据的位置数量是有限的，染色速率与纤维上未被占据的空位数量有关，染色初期纤维上未被占据的空位数量多，染色速率快，随着染色时间延长，纤维上未被占据的空位数量逐渐减少，染色速率逐渐降低，直到吸附速率等于解吸速率，达到染色平衡。染色速率方程的一般表达式见式（5-7）。

$$\frac{dC}{dt} = k(q_e - q_t)^n \qquad (5-7)$$

式中：k 为染色速率常数，随染色温度而变化，同时与染色体系各组分结构有关（与染料结构、纤维结构、助剂结构、染色介质种类等有关）；q_t 为染色 t 时刻，纤维上染料的吸附量，也可用 C_t 表示，单位为 mg/g；q_e 为染色达到平衡时，纤维上染料的吸附量，也可用 C_∞ 表示，单位为 mg/g；n 为指数因子，由染色机理决定。

一般染色动力学方程包括：准一级动力学方程和准二级动力学方程，当式（5-7）中 $n=1$ 时，为准一级动力学吸附方程，见式（5-8）。

$$\frac{dq_t}{dt} = k_1(q_e - q_t) \qquad (5-8)$$

式中：k_1 为一级反应速率常数；$q_e - q_t$ 为染色 t 时刻，纤维上未被占满的空位数量。

准一级动力学模型认为，染色速率与纤维

上未被占满的位置（空位）数量的一次方成正比。

当式（5-7）中 $n=2$ 时，为准二级动力学吸附方程，见式（5-9）。

$$\frac{dq_t}{dt} = k_2(q_e - q_t)^2 \qquad (5-9)$$

式中：k_2 为二级反应速率常数。准二级动力学模型认为，染色速率与纤维上未被占满的位置（空位）数量的平方成正比。

依据染料上染速率曲线可以拟合出染料吸附上染纤维的动力学方程，判断染料吸附上染纤维的动力学模型是符合准一级动力学模型，还是符合准二级动力学模型（或符合准一级动力学方程，还是符合准二级动力学方程）。

判别染料吸附上染纤维的动力学模型（动力学方程）类型的一般步骤如下：

（1）测定一定温度下（必须恒温染色）染料上染纤维的上染速率曲线。将需要染色的织物放在一定温度（如 80℃）烘箱中，烘至恒重，再放入干燥器内，平衡 48h，准确称取 1.0000g 织物多块。配制一定浓度的染液，如配制染料用量为 2%（owf），浴比为 1∶30 的相同染液多份，先在恒温振荡水浴锅中于设定温度下将配制的染液保温处理 10min 左右，使染浴温度达到设定温度。然后，将准确称量的织物分别投入各个染浴中进行染色，以设定的时间间隔将试样依次取出。依据朗伯比尔定律，用紫外—可见分光光度计在染料的最大吸收波长处分别测定各染色残液的吸光度 A_i，同时，测定染色空白液（未加织物的染液）在染料最大吸收波长处的吸光度值 A_0，计算出上染百分率 E［见式（5-10）］，再按式（5-11）计算染色 t 时刻，在纤维上吸附的染料量 q_t，绘制出上染百分率或纤维上吸附的染料量 q_t（或用 C_t 表示）与染色时间 t 之间的曲线，即为恒温上染速率曲线。

$$E = \left(1 - \frac{A_i}{A_0}\right) \times 100\% \qquad (5-10)$$

$$q_t = \frac{M_1 \times E}{M_2} \text{ 或 } q_t = \frac{(C_0 - C_t)V}{M_2} \qquad (5-11)$$

式中：M_1 为染色初期染浴中投入的染料质量；M_2 为染色织物的质量；E 为染料的上染百分率；C_0 为染色初期染液浓度；C_t 为染色 t 时刻，染液中残留的染料浓度，单位为 g/L；V 为染液的体积，单位为 L。

（2）由上染速率曲线，可以得到染色任何 t 时刻，织物上所上染的染料量（q_t）；并可见，吸附达到平衡时，织物上吸附的染料量（q_e）。

（3）分别将不同染色 t 时刻的 q_t（或 C_t）及染色平衡时的 q_e（或 C_e，或 C_∞ 表示）带入已经过变换后的准一级和准二级线性方程中（下面会具体介绍），并进行线性拟合，由拟合度 R^2 大小，判断染料（也可以是助剂，助剂看作是无色的染料）吸附上染纤维是符合准一级动力学方程，还是符合准二级动力学方程。

三、准（假）一级动力学方程拟合及其染色速率常数测定

准一级动力学方程（pseudo-first-order kinetic equation）假设染料（或助剂）吸附上染纤维（或其他材料）的速率与纤维（或其他材料）表面没有被占据的吸附空位数量的一次方成正比。将准一级动力学吸附方程式（5-8）变换后，得到式（5-12）方程。

$$\ln(q_e - q_t) = \ln q_e - k_1 t \qquad (5-12)$$

图 5-10 为一种改性活性染料在 80℃ 和 90℃ 时上染棉织物的上染速率曲线，由上染速率曲线获得的基础数据（染色任何 t 时刻，染料吸附量 q_t 和平衡染料吸附量 q_e），然后按照式（5-12），以 $\ln(q_e - q_t)$ 为纵坐标，t 为横坐标，作图（图 5-11），对该实验数据点进行线性拟合，斜率 k_1 为染料对纤维的一级动力学吸附速率常数（单位为 $\min^{-1}$），由截距可以计算出平衡吸附量 q_e。由线性拟合度 R^2 数值确定吸附上染动力学过程是否符合准一级吸附动力学方程，R^2 越接近 1，说明染料吸附上染越符合准一级动力学模型；若 R^2 偏离 1 的程度越明显，说明染料吸附上染越不符合准一级动力学模型。

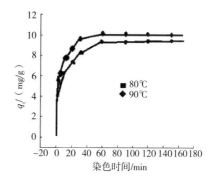

图 5-10　一种改性活性染料上染棉织物的上染速率曲线

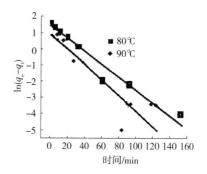

图 5-11　一种改性活性染料上染棉织物的 $\ln(q_e - q_t)$ 与染色时间的关系曲线

表 5-1 为这种改性活性染料在 80℃ 和 90℃ 时上染棉织物的准一级动力学模型拟合数据，结果表明，R^2 不高，而且计算的平衡吸附量 q_{cal} 和实际测定的平衡吸附量 q_{exp} 相差很大，表明该改性活性染料吸附上染棉织物的动力学行为不符合准一级动力学模型。

表 5-1　改性活性染料吸附棉织物准一级动力学相关参数

温度/℃	拟合方程	R^2	$k_1/\min^{-1}$	$q_{exp}/(\text{mg/g})$	$q_{cal}/(\text{mg/g})$
80	$Y = 0.0397X + 1.4510$	0.9509	1.086×10^{-3}	9.4612	25.1889
90	$Y = 0.0482X + 0.9627$	0.6608	2.413×10^{-3}	10.0539	20.7469

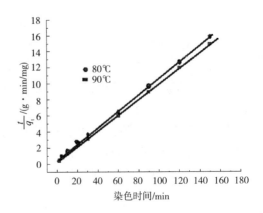

四、准（假）二级动力学方程拟合及其染色速率常数测定

准二级动力学方程（pseudo-second-order kinetic equation）假设染料（或助剂）吸附速率与纤维表面没有被占据的吸附空位数量的平方成正比。对准二级动力学吸附方程式（5-9）进行定积分，并将初始条件代入，即 $t = 0$ 时，$q_t = 0$；$t = t$ 时，$q_t = q_t$；准二级动力学吸附方程变换成式（5-13）。

$$\frac{t}{q_t} = \frac{1}{k_2 q_e^2} + \frac{1}{q_e}t \qquad (5-13)$$

由图 5-10 上染速率曲线所获得的基础数据，按照式（5-13），以 t/q_t 为因变量，t 为自变量作图，得一条直线（图 5-12），并对该直线进行线性拟合，由斜率求出平衡吸附量 q_e，由截距求出染料对纤维的准二级动力学吸附速率常数 k_2，k_2 单位为 g·mg/min。由 R^2 接近 1 的程度，确定染料吸附上染纤维是否符合准二级吸附动力学方程（模型）。

将 $q_t = \dfrac{q_e}{2}$ 代入式（5-13），求出半染时间 $t_{1/2}$：

$$t_{1/2} = \frac{1}{k_2 \times q_e} \qquad (5-14)$$

由式（5-14）可见，半染时间与平衡吸附量及染色速率常数成反比，平衡吸附量及染色

图 5-12 一种改性活性染料上染棉织物的 $\dfrac{t}{q_t}$ 与染色时间的关系曲线

速率常数增大，则上染速率增大，半染时间缩短。可以计算出染料初始吸附速率 $V_{初}$，染料初染速率与染色速率常数及平衡吸附量的平方成正比，见式（5-15）：

$$V_{初} = k_2 q_e^2 \qquad (5-15)$$

表 5-2 列出这种改性活性染料吸附上染棉织物的准二级动力学相关参数。由表 5-2 可见，该改性活性染料在 80℃ 和 90℃ 上染棉织物时，准二级动力学方程线性拟合度高，R^2 接近 1，而且计算的平衡吸附量 q_{cal} 和实际测定的平衡吸附量 q_{exp} 相近，表明该改性活性染料吸附上染棉织物符合准二级动力学模型，温度升高，初染速率提高，吸附速率常数增大，半染时间缩短。

表 5-2 改性活性染料吸附棉织物准二级动力学相关参数

温度/℃	拟合方程	R^2	k_2/ [g/(mg·min)]	q_{exp}/ (mg/g)	q_{cal}/ (mg/g)	$t_{1/2}$/min	初始吸附速率/ [mg/(g·min)]
80	$Y = 0.1021X + 0.4781$	0.9994	0.0218	9.4612	9.7943	4.6827	2.0916
90	$Y = 0.0975X + 0.2479$	0.9997	0.0383	10.0539	10.2564	2.5426	4.0339

五、其他染色速率常数的简单测定方法

除了由准一级动力学方程和准二级动力学方程计算吸附速率常数之外，还有许多计算吸附速率常数的经验式，如 Vickerstaff 推导出的一种动力学速率方程，见式（5-16）。

$$kt = \frac{1}{A_\infty - A_t} - \frac{1}{A_\infty} \qquad (5-16)$$

式中：A_t 为染色 t 时刻内，染料的上染百分率；A_∞ 为平衡上染百分率；k 为任意速率常数。

所以，由上染速率曲线可以计算出任意速

率常数 k。

该速率方程适合于分析分散染料染涤纶和醋酯纤维以及直接染料等染棉纤维的染色速率。式中任意速率常数 k 没有严格的科学意义，但这个速率方程简单，而且比精确的复杂速率方程的实际应用更为方便和实用。该速率方程的意义是：

（1）将 $t=t_{1/2}$，即 $A_t=A_\infty/2$，代入式（5-16），则任意速率常数 k 的表达式为：

$$k=\frac{1}{A_\infty t_{1/2}} \qquad (5-17)$$

将上式代入式（5-16），则可以计算出染色任何 t 时刻，染料的上染百分率 A_t：

$$A_t=\frac{A_\infty t}{t+t_{1/2}} \qquad (5-18)$$

即可以计算染色任何 t 时刻染料在纤维上的吸附量。说明染料在纤维上的吸附量不仅与染色时间和半染时间有关，还与平衡上染百分率有关。

（2）由式（5-18）可见，若两只染料的半染时间相同，则平衡上染百分率高的染料，初染速率高，染色短时间（相同染色时间）内，上染百分率高。若两只染料的平衡上染百分率相同，则半染时间短的染料，初染速率高，染色短时间（相同染色时间）内，上染百分率高。可见，Vickerstaff 推导出的式（5-16）简单速率方程具有很好的实际应用意义。

此外，还有一种求速率常数的经验方程是指数形式的方程式，见式（5-19）。

$$A_t=A_\infty(1-e^{-kt}) \qquad (5-19)$$

式中：k 也为任意速率常数。由式（5-19）可见，染色任何时间，纤维吸附的染料量除与染色时间 t 和平衡上染百分率 A_∞ 有关外，还与速率常数 k 有关。

式（5-20）是测定比速率常数 k' 的经验方程式，由此公式可见，比速率常数与半染时间 $t_{1/2}$、平衡吸附量 C_∞ 及纤维直径 d 有关。

$$k'=0.5C_\infty\left(\frac{d}{t_{1/2}}\right)^{1/2} \qquad (5-20)$$

六、研究染色动力学方程及染色速率常数的意义

确定染料上染纤维的动力学方程（模型），了解染料吸附上染速率符合准一级动力学方程，还是准二级动力学方程；了解染料上染纤维的机理，测定染料吸附上染速率常数，并由此计算出半染时间、初染速率；同时了解初染速率与半染时间、平衡吸附量之间的关系，清楚影响染色性能的因素，进而可以为提高染色速率、选择适宜的染色工艺条件、染色助剂提供理论依据。

李玲等研究，经不同结构的壳聚糖改性棉织物和未改性棉织物在不同温度下经活性染料染色时的动力学模型的相关参数见表5-3。

表5-3　不同改性棉织物不同温度下活性染料的染色动力学模型数据

布样	温度/℃	准一级动力学模型		准二级动力学模型	
		k_1/min^{-1}	R^2	$k_2/[\text{g}/(\text{mg}\cdot\text{min})]$	R^2
CAT-CTS 改性	30	0.0145	0.9635	3.149×10^{-3}	0.9997
	60	0.0179	0.9586	8.483×10^{-3}	0.9990
AE-CTS 改性	30	0.0127	0.9481	2.712×10^{-3}	0.9953
	60	0.0201	0.9424	9.400×10^{-3}	0.9945
未改性	30	0.0159	0.9596	3.529×10^{-3}	0.9995
	60	0.0240	0.9741	5.388×10^{-3}	0.9848

由表 5-3 可见，在 30℃和 60℃下，不同结构的壳聚糖改性棉织物和未改性棉织物采用活性染料染色时均符合准二级动力学模型，表明染料上染纤维的速率与纤维上未被占据的吸附空位数量的平方成正比，染色初期，纤维上未被占满的空位数多，上染速率快；当染色接近饱和，纤维上空位接近占满，上染速率显著降低，直到纤维上空位被完全占满。温度不同，染色速率常数不同，不同改性与未改性的棉织物染色速率常数不同。因此，研究染色动力学方程（模型），计算吸附速率常数，能为提高染色速率、制订合理染色工艺条件及选择适宜的染色助剂提供理论依据和措施，所以对染色动力学方程（模型）的研究具有重要的实际应用意义。

此外，若测定出不同温度下的染色速率常数 k，则可以利用阿罗尼乌斯方程式（5-21）计算染料扩散的活化能 E。活化能 E 计算方法如下：

$$k = k_0 e^{-E/RT} \tag{5-21}$$

将式（5-21）两边取对数，则式（5-21）变换为式（5-22）。

$$\ln k = \ln k_0 - \frac{E}{RT} \tag{5-22}$$

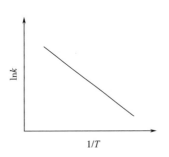

图 5-13 $\ln k$ 与 $1/T$ 关系曲线

然后，以 $\ln k$ 为纵坐标，$1/T$ 为横坐标作图，如图 5-13 所示。在一定温度范围内，活化能 E 认为不变，E 看作常数，绘制一条直线。由直线斜率可以求出染料的扩散活化能 E。E 越大，表示染料分子扩散时，需要克服的能阻和空阻越大，温度对扩散速率的影响越大。扩散活化能的数值反映温度对扩散速率影响程度的大小。温度升高，活化能高的染料扩散速率提高程度更为明显；温度升高，达到活化能的活化分子数目增多，染料分子扩散动能增大，有效碰撞增大，染色速率增大。升高染色温度，实际上纤维内部孔道大小或自由容积大小发生变化，扩散活化能并不是常数，所以温度超过一定范围，图 5-13 中 $\ln k$ 与 $1/T$ 不一定完全呈直线关系。当染色温度达到合成纤维的玻璃化温度时，纤维大分子链段开始运动，纤维许多性能会发生突变，其中扩散活化能也会发生改变（有所减小）。

第三节　扩散定律

一、染料的扩散

扩散是一种分子或离子的运动，染料的扩散是从化学位高的部位向化学位低的区域扩散。在各向同性的介质中，染料浓度越高，化学位就越高。上染初期，染料在染浴中的化学位高于在纤维上的化学位，因此，染料可自发地从染液向纤维表面转移；染料吸附在纤维表面后，纤维表面比纤维内部的染料浓度高，染料会自发地从纤维表面向纤维内部扩散，扩散的动力是浓度梯度。理论上来说，单个染料分子是随机运动的，向周围任何方向运动的机会是均等的；当有大量染料分子运动时，所有随机性都消失了，看起来就像有系统地、顺畅地从高浓度的区域向低浓度区域流动（扩散）。第三章详细讨论的染料的上染过程，在上染的四个阶段中，染料在纤维外扩散（包括染料在染浴中移动和在扩散边界层中扩散）相对容易，由于染料对纤维有亲和力，染料被纤维吸附的速率也较快（与亲和力大小有关），只有染料在纤维内的扩散是在固体相中扩散，扩散阻力大，扩散速度慢，这是上染速度快慢的决定性阶段。因此，染色动力学研究重点之一是关注染料在纤维内的扩散。

菲克定律（Fick's law）适用于上染过程染料的扩散研究，染料在染浴和纤维中的扩散过程可通过菲克定律来理解。根据扩散过程中扩散物质的浓度梯度变化可将扩散分为稳态扩散（steady-state diffusion）和非稳态扩散（non-steady state diffusion）。稳态扩散是指扩散过程中扩散物质的浓度分布不随时间变化的扩散过程，扩散性能符合菲克第一定律。实际上，大多数扩散过程都是在非稳态条件下进行的。非稳态扩散是指扩散过程中扩散物质的浓度分布随时间变化的扩散过程，扩散性能符合菲克第二定律。

二、菲克第一定律（稳态扩散）

菲克第一定律建立了描述物质从高浓度区向低浓度区迁移的扩散方程。在单位时间内通过垂直于扩散方向的单位截面积的染料量（diffusion flux，称为扩散通量，用 F_x 表示）与该截面处的浓度梯度（concentration gradient，是指扩散方向单位距离内的浓度变化，用 $\frac{\partial C}{\partial x}$ 表示）成正比，即 $\frac{\partial C}{\partial x}$ 越大，F_x 越大。扩散通量 F_x 可通过式（5-23）计算：

$$F_x = -D\frac{\partial C}{\partial x} \qquad (5-23)$$

式中：F_x 单位为 kg/（m²·s）；$\frac{\partial C}{\partial x}$ 单位为 kg/m⁴；D 为扩散系数（表示单位时间内，浓度梯度为 1kg/m⁴ 时扩散经过单位面积的染料量，单位：m²/s）。

式（5-23）前的"负号"表示扩散方向与浓度梯度 $\frac{\partial C}{\partial x}$ 的方向相反，即扩散从高浓度区域向低浓度区域进行。

上述公式也可转换为扩散速率 $\frac{dC}{dt}$，其为单位时间扩散通过 A 面积的染料量，如式（5-24）所示：

$$\frac{dC}{dt} = -AD\frac{\partial C}{\partial x} \qquad (5-24)$$

式中：$\frac{dC}{dt}$ 单位为 kg/s；A 为垂直于扩散方向的面积（m²）。

具体来说，半径为 r，长度为 L 的圆柱体纤维，其表面积 A 可用式（5-25）计算：

$$A = 2\pi rL \qquad (5-25)$$

若纤维细度为 1tex，则其密度 ρ（单位为 g/m³）可用式（5-26）计算：

$$\rho = \frac{1}{1000\pi r^2} \qquad (5-26)$$

那么 1000m 该纤维的表面积可用式（5-27）计算：

$$A = 2\pi r \times 1000 = \frac{2}{\rho r} \qquad (5-27)$$

将式（5-27）代入式（5-24），可得到式（5-28）。

$$\frac{dC}{dt} = -2\pi rLD\frac{\partial C}{\partial x} = -\frac{2}{\rho r}D\frac{\partial C}{\partial x} \qquad (5-28)$$

由式（5-28）可见，扩散速率与染料的浓度梯度、扩散通过的面积和扩散系数成正比，而且扩散速率与纤维的半径和密度有关，纤维的密度与纤维的细度和半径有关，说明扩散速率与纤维的结构有关，密度相同的纤维，纤维半径减小，纤维比表面积增大，染料向纤维表面的扩散速率增大；而纤维半径相同，密度小的纤维扩散速率增大。因此，扩散速率影响因素多，扩散速率除了与染料和纤维的物理化学结构有关之外，还与染色助剂的种类及其用量、染色温度等因素有关，而扩散系数影响因素相对较少。

三、菲克第二定律（非稳态扩散）

在实际上染过程中，染液中和纤维上染料浓度随着染色时间延长而不断变化，即浓度梯度 $\frac{\partial C}{\partial x}$ 并非常数。这种情况下，染料在纤维中的扩散过程为非稳态扩散而不是稳态扩散，因此应用菲克第二定律进行研究。

菲克第二定律是在菲克第一定律的基础上推导出来的。菲克第二定律指出，在非稳态扩散过程中，在距离 x 处，浓度随时间的变化率等于该处的扩散通量随距离变化率的负值。为了更好地理解菲克第二定律，沿着扩散方向 X 轴取扩散介质中一个长方形单元为研究对象，它的两个面 $ABCD$、$A^*B^*C^*D^*$ 互相平行且垂直于 X 轴，两者面积均为 $\Delta y\Delta z$，如图 5-14 所示。$ABCD$ 和 $A^*B^*C^*D^*$ 离原点的距离分别为 x 和 $x+\Delta x$，两者的距离为 Δx。

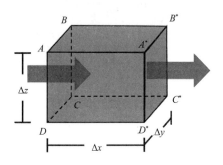

图 5-14 扩散容积单元

假设通过 $ABCD$ 平面的扩散通量为 F_X，$\mathrm{d}t$ 时间内通过的扩散物质的数量为 $F_X\mathrm{d}t$；通过 $A^*B^*D^*D^*$ 平面的扩散通量为 $F_{X+\Delta X}$，$\mathrm{d}t$ 时间内通过的扩散物质的数量为 $F_{X+\Delta X}\mathrm{d}t$。在非稳态扩散条件下，通过 $A^*B^*D^*D^*$ 平面的扩散通量 $F_{X+\Delta X}$ 为：

$$F_{X+\mathrm{d}X} = F_X + \left(\frac{\partial F_X}{\partial x}\right)\mathrm{d}x \qquad (5\text{-}29)$$

$\mathrm{d}t$ 时间内，扩散容积单元增加的染料量为：

$$\Delta N = \mathrm{d}y\mathrm{d}zF_X\mathrm{d}t - \mathrm{d}y\mathrm{d}zF_{X+\mathrm{d}X}\mathrm{d}t \qquad (5\text{-}30)$$

将式（5-29）代入式（5-30），得：

$$\Delta N = -\mathrm{d}y\mathrm{d}z\left(\frac{\partial F_X}{\partial x}\mathrm{d}x\right)\mathrm{d}t \qquad (5\text{-}31)$$

则 $\mathrm{d}t$ 时间扩散容积单元增加的染料浓度为：

$$\mathrm{d}C = \frac{\Delta N}{\mathrm{d}x\mathrm{d}y\mathrm{d}z} \qquad (5\text{-}32)$$

将 ΔN 的表达式（5-31）代入式（5-32），则：

$$\mathrm{d}C = -\left(\frac{\partial F_X}{\partial x}\right)\mathrm{d}t \qquad (5\text{-}33)$$

那么扩散介质中单位时间内染料浓度的变化 $\frac{\partial C}{\partial t}$ 应为：

$$\frac{\mathrm{d}C}{\mathrm{d}t} = -\frac{\partial F_X}{\partial x} \qquad (5\text{-}34)$$

将式（5-23）代入式（5-34），则推导出染料沿 x 轴方向扩散的速率方程式（5-35）。这是染料（或其他扩散物质）只沿一个方向扩散的菲克第二扩散定律速率方程。

$$\frac{\partial C}{\partial t} = \frac{\partial}{\partial x}\left(D\frac{\partial C}{\partial x}\right) \qquad (5\text{-}35)$$

若扩散系数 D 为常数，则式（5-35）变换为式（5-36）。

$$\frac{\partial C}{\partial t} = D\frac{\partial^2 C}{\partial x^2} \qquad (5\text{-}36)$$

同理，由菲克第二定律，可推导出染料等扩散物质在三维空间体积内的扩散速率方程式（5-37），式中扩散系数 D 看作常数。

$$\frac{\mathrm{d}C}{\mathrm{d}t} = D\left(\frac{\partial^2 C}{\partial x^2} + \frac{\partial^2 C}{\partial y^2} + \frac{\partial^2 C}{\partial z^2}\right) \qquad (5\text{-}37)$$

但实际染色过程，扩散系数 D 不是常数，其随纤维上染料浓度变化而变化，则由菲克扩散第二定律求出染料在三维空间体积内扩散速率方程式见式（5-38）。

$$\frac{\mathrm{d}C}{\mathrm{d}t} = \frac{\partial}{\partial x}\left(D\frac{\partial C}{\partial x}\right) + \frac{\partial}{\partial y}\left(D\frac{\partial C}{\partial y}\right) + \frac{\partial}{\partial z}\left(D\frac{\partial C}{\partial z}\right) \qquad (5\text{-}38)$$

将纤维看作圆柱体，将 X、Y、Z 三维空间坐标转换成圆柱坐标，则推导出菲克扩散第二定律速率方程（5-39）。

$$\frac{\mathrm{d}C}{\mathrm{d}t} = \frac{1}{r}\left[\frac{\partial}{\partial r}\left(rD\frac{\partial C}{\partial r}\right) + \frac{\partial}{\partial \theta}\left(\frac{D}{r}\frac{\partial C}{\partial \theta}\right) + \frac{\partial}{\partial z}\left(rD\frac{\partial C}{\partial z}\right)\right] \qquad (5\text{-}39)$$

式中：r 为纤维径向方向坐标；θ 为方位角；z 为纤维长度方向坐标。

假设纤维无限长，则 $\frac{\partial^2 C}{\partial z^2}=0$，纤维看作圆柱体，则染料扩散过程与方位角无关，只与 r 有关，最终将式（5-39）简化为式（5-40）（扩散系数 D 不是常数）或式（5-41）（扩散系数 D 看作常数），但式（5-41）不适于非圆形截面的纤维。

$$\frac{\partial C}{\partial t} = \frac{1}{r} \cdot \frac{\partial}{\partial r}\left(rD\frac{\partial C}{\partial r}\right) \tag{5-40}$$

$$\frac{\mathrm{d}C}{\mathrm{d}t} = D\frac{\partial^2 C}{\partial r^2} \tag{5-41}$$

第四节　染料在纤维内的扩散规律

一、染料在纤维内的扩散模型

建立染料在纤维内的扩散模型（diffusion model），有利于分析其扩散机制，了解影响扩散速率的因素，为提高扩散速率、缩短染色时间、提高生产效率提供有效措施；并为制定合理的染色工艺条件提供理论依据。

扩散速率随扩散介质及扩散物质的物理化学状态而变化。同一扩散物质在气体、液体、固体、超临界体系等不同介质中的扩散系数不同。图5-15列出扩散物质在不同介质中的扩散系数大致范围：气体 $10^{-2} \sim 10^{0}\,\mathrm{cm^2/s}$，液体 $10^{-7} \sim 10^{-5}\,\mathrm{cm^2/s}$，固体 $10^{-12} \sim 10^{-8}\,\mathrm{cm^2/s}$；同一扩散物质在不同结构的同一类扩散介质中的扩散系数也不同，如一种染料在不同结构的纤维内部扩散的系数不同；一种染料在不同温度的染液中的扩散系数也不同。可见，扩散介质的种类和结构性能对扩散物质在其内部的扩散性能有很大影响。此外，不同结构的扩散物质（如不同种类的染料）在同一扩散介质中的扩散速度也有差异。

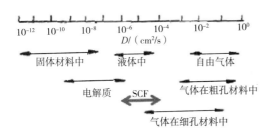

图5-15　扩散物质在不同介质中的扩散系数大致范围

染料向纤维内部的扩散是一个复杂的扩散过程。由于染料与纤维之间存在作用力（亲和力），染料向纤维内部扩散不仅存在空阻，而且存在能阻；染料在扩散过程中还伴随着可逆或不可逆的吸附和解吸。在活性染料染色过程中，伴随反应的扩散，活性染料能与纤维发生化学反应，形成共价，固色的染料将失去扩散和解吸的能力，同时活性染料染色时还伴随着染料的水解反应。

染料向纤维内部的扩散速率主要由染料和纤维结构决定。不同种类染料上染不同种类的纤维时，扩散机理不同。由于染料只能向纤维的无定形区内部扩散，不能向纤维的结晶区内部扩散，所以染料向固体纤维内部的扩散性能、扩散系数主要取决于纤维的结构性能，纤维的结构性能对扩散性能的影响更为显著，纤维结构发生微小变化，将会引起染料扩散速率发生显著变化。例如，染色助剂的加入和染色条件的变化会引起纤维结构的变化，其实，此时染料在染浴中的结构状态也会发生变化，进而引起扩散速率显著变化。随着纤维形态结构的复杂化，如复合纤维、超细纤维等的出现，影响染色速率和染料扩散性能的因素更多，为了准确地研究染料向纤维内部的扩散性能，应对菲克扩散定律进行适当修正。

为了更好地研究染料向纤维内部的扩散行为，根据纤维的结构特点及染料在纤维内部扩散机理不同，建立了两种典型的扩散模型，孔道扩散模型和自由容积扩散模型。

（一）孔道扩散模型

孔道扩散模型（channel diffusion model）主要适用于研究水溶性染料在水中溶胀性好的亲水性纤维（如棉、黏胶纤维、蚕丝、铜氨纤维等）内部扩散的机理。该模型假设：

（1）纤维内部存在许多弯弯曲曲互相连通的小孔道，染色时，水会填充这些孔道，使纤维发生溶胀。

（2）染料分子（或离子）则随着水分子扩散进入这些弯弯曲曲互相连通的孔道内部。

（3）在扩散进程中，染料分子在孔道中会不断发生吸附和解吸，最终孔道里游离状态的染料和吸附状态的染料达到动态平衡。

（4）孔道内径大于染料分子长轴，为有效孔道。

（5）孔道溶液中的水保持电中性。

染料在溶胀后的纤维孔道中的扩散模型如图 5-16 所示。

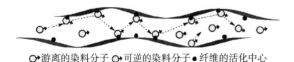

○◦游离的染料分子　○◦可逆的染料分子　●纤维的活化中心

图 5-16　染料在溶胀后纤维孔道中的扩散模型

根据孔道模型和扩散定律，染料（主要是游离的染料，因为吸附到纤维壁上的染料很难扩散）在纤维上的扩散通量 F_x 可通过式（5-42）计算。染料浓度梯度是扩散的动力。

$$F_x = -D \frac{\partial C_f}{\partial x} \qquad (5-42)$$

式中：D 为染料在纤维内部扩散的实测扩散系数，其为表观扩散系数，是平均扩散系数；C_f 为纤维上染料的总浓度，其包括吸附在纤维壁上的染料浓度 C_a 和纤维孔道内游离染料的浓度 C_p，由于染料对纤维有亲和力，$C_a \gg C_p$，因此，$C_f \approx C_a$，式（5-42）可以变换成式（5-43）。

$$F_x = -D \frac{\partial C_a}{\partial x} \qquad (5-43)$$

按照孔道扩散模型的假设，染料是沿着孔道扩散到纤维内部，并吸附到纤维上，由于染料对纤维有亲和力，吸附在纤维上的染料虽然会发生解吸，并随着染色时间的延长吸附速率逐渐减小，解吸速率逐渐增加；达到染色平衡时，吸附速率等于解吸速率，由染色速率曲线可见，达到染色平衡时的吸附速率很低，因此，总体来说，在整个扩散过程中，染料解吸的扩散比较缓慢，可以忽略不计，所以染料在纤维孔道内的扩散主要是游离染料的扩散。而且染料在纤维内孔道中的扩散与纤维内孔道的结构及孔道所占的比例有关，对菲克定律进行修正，游离状态染料沿孔道 X 轴方向的扩散通量的表达用式（5-44）计算：

$$F_x = -\frac{\alpha}{\tau} D_p \frac{\partial C_p}{\partial x} \qquad (5-44)$$

式中：τ 为纤维内孔道的绕折比（两点之间孔道曲线的总长度/两点直线间距离）；α 为纤维中孔道所占的体积分数（纤维内空隙体积/纤维总体积）；D_p 为游离染料在孔道溶液中的扩散系数。

比较式（5-43）和式（5-44），染料在纤维内部扩散和染料在纤维内孔道中的扩散通量 F_x 相等，则推导出染料在纤维内部的实测扩散系数 D 与染料在纤维孔道内的扩散系数 D_p 之间关系的表达式见式（5-45）。

$$D = \frac{\alpha}{\tau} \cdot D_p \frac{dC_p}{dC_a} \qquad (5-45)$$

由式（5-45）可见，影响染料扩散的因素及提高扩散系数 D 的措施。α、τ 与纤维结构及染色条件有关，所以扩散系数与纤维结构和染色条件等因素有关。纤维无定形区增大，纤维孔道增大，α 增大，D 提高；绕折比 τ 减小，D 增大；$\frac{dC_p}{dC_a}$ 越小（此比值与染料在纤维与染液间的分配系数成反比，与染料与纤维的亲和力成反比），染料对纤维的亲和力越大，染料向纤维内部扩散的能阻增大，D 减小；染色时，当染料和纤维确定，升高染色温度，或在染液中加入助溶剂或膨化剂，染料溶解性提高，纤维吸湿溶胀性提高，纤维中孔道增大，纤维中孔道所占的体积分数 α 增大，纤维孔道内的绕折比 τ 降低，染料向纤维内部扩散的空阻降低；并且对于染料吸附为放热反应的染色体系，升高染色温度，降低染料的亲和力，增大 dC_p/dC_a 比值，降低染料向纤维内部扩散的能阻，从而提高染料向纤维内部的扩散系数 D。式（5-45）为提高染料向纤维内部的扩散速率、缩短染色时间提供理论依据。

孔道扩散模型是一种大为简化的扩散模型，孔道扩散模型中水起了非常重要的作用，该模型适合于研究水溶性染料在亲水性纤维中的扩散机理，但该扩散模型没有考虑纤维的皮芯结构（如黏胶纤维的皮芯结构）以及羊毛表面紧密的鳞片层结构对染料扩散性能的影响，其实染料在纤维的皮层和芯层中的扩散系数显然不同。

（二）自由容积（体积）扩散模型

疏水性纤维（如涤纶、腈纶等）难以在水中溶胀，且内部孔道很小，在玻璃化温度以下，染料难以向纤维内部扩散，所以孔道扩散模型不能解释染料在疏水性纤维内的扩散，为了描述染料在疏水性纤维内的扩散，提出了自由容积扩散模型（free volume diffusion model）。

纤维的自由容积是指未被分子链占据的那部分体积，其以微小空穴形式分布在纤维中。当染色温度低于纤维的玻璃化温度，纤维大分子链处于冻结状态，纤维内仅存在微小空穴，染料难以扩散。当染色温度高于玻璃化温度，纤维大分子链中的部分共价键克服了纤维大分子之间的能阻，冻结的大分子链段开始转动，发生连锁扰动，原来微小的空穴合并成为较大的空穴，染料沿着这些不断变化的空穴，逐个"跳跃"扩散，直到将纤维染透，达到所需的染色深度。图5-17为染料在疏水性纤维自由容积中的扩散模型示意图。

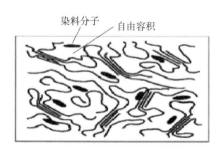

染料分子　　自由容积

图5-17　染料在疏水性纤维自由容积中的扩散模型示意图

按照自由容积扩散模型的假设，染料是在纤维产生的足够大的空穴中进行跳跃式扩散，纤维内部自由容积增大，跳跃概率增大，扩散速率将增大。而跳跃概率、纤维内部自由容积与纤维大分子结构、纤维大分子链段的柔顺性

能、染色助剂种类及用量、染色温度有关。纤维内自由容积 V_f 与纤维结构性能（结构影响玻璃化温度 T_g）和染色温度的关系见式（5-46）。

$$V_f = V_{T_g} + \alpha(T - T_g) \qquad (5-46)$$

由式（5-46）可见，染色温度升高，超过 T_g 越大，纤维内无定形区分子链段运动越剧烈，不断产生合并的大孔穴概率增大，纤维内部自由容积增大，从而使染料在纤维内部发生"跳跃"的概率增大，扩散速率增大；或加入纤维的增塑剂或膨化剂（称为载体），使纤维大分子链段柔顺性提高，降低纤维的玻璃化温度，相同染色温度下，纤维内部的自由容积增加，染料在纤维内部的扩散速率也会增加。因此，式（5-46）能够了解提高染料向疏水性合成纤维（如涤纶、腈纶等）内部扩散速率的措施。

升高染色温度除了能够增大纤维大分子链段的运动之外，纤维的结构会发生变化，纤维的力学性能也会发生变化。威廉士（Williams）、兰代尔（Landel）和弗莱（Ferry）得出了一个材料物理性能与处理温度的半经验方程式，称为WLF方程，见式（5-47）。

$$\lg \frac{\eta_T}{\eta_{T_g}} = \lg \alpha_T = -\frac{A(T - T_g)}{B + (T - T_g)} \qquad (T > T_g)$$

$$(5-47)$$

式中：A 和 B 为与高分子材料结构有关的特性常数；$\lg \alpha_T$ 为温度 T 时的移动因子；η_T 和 η_{T_g} 分别是温度 T、T_g 时的高分子聚合物的黏度等力学性能。

由式（5-47）可见，温度将影响纤维等高分子聚合物的黏度等力学性能。温度升高，分子链段"跳跃"概率增高，材料黏度降低；或通过改变材料结构（加载体，或在合成纤维纺丝原液中加入增塑剂等）降低纤维等高分子材料的 T_g，也可降低材料的黏度。

温度升高，或材料增塑，可降低材料的黏度，其原因是材料的大分子链段运动加剧，链段跳跃概率增加，进而能够提高染料在其内部的扩散系数。因此，黏度与扩散系数有负相关性，可将WLF方程式进行修正，得到温度为 T

时的扩散系数 D_T 与温度为 T_g 时的扩散系数 D_g 的关系式（5-48）。

$$\lg \frac{D_T}{D_{T_g}} = -\lg\alpha_T = \frac{A(T - T_g)}{B + (T - T_g)} \quad (5\text{-}48)$$

由式（5-48）可见，升高染色温度或加入能使纤维增塑、膨化的助剂（载体）是提高染料向疏水性纤维内部的扩散系数、提高染色速率、缩短染色时间的最有效方法。

但是，实际染色时，并不是染色温度一超过纤维玻璃化温度 T_g，染色速率就迅速提高。染料向纤维内部的扩散速率显著提高的温度通常有滞后现象，存在染色转变温度 T_d，只有染色温度超过 T_d（$T_d > T_g$），染料上染纤维的速率才迅速提高。纤维在不同温度下恒温染色，得到染色温度对织物染色 K/S 值或上染百分率的关系曲线（图5-18和图5-19），由该曲线可以确定出 T_d。由图5-18可见，染色温度<某温度，织物染色深度 K/S 值上升较慢，当染色温度超过某一温度后，织物 K/S 值迅速增大，该拐点对应的温度即为染色转变温度 T_d。

纤维材料的结构对染色转变温度 T_d 也有较大影响。图5-19为普通涤纶和迭代涤纶（涤纶的升级产品，简称 NEDPET）在不同温度染色10min后的上染百分率的变化情况（普通涤纶染色加入载体，迭代涤纶染色不加载体）。由图5-19可见，普通涤纶染色时，当染色温度超过90℃后，上染百分率大幅度提升，故普通涤纶染色转变温度为90℃左右。迭代涤纶染色温度超过80℃后，上染百分率大幅度提高，说明迭代涤纶的染色转变温度为80℃左右。说明迭代涤纶在纺丝原液中加入的特殊单体，能够促进涤纶大分子链段运动，使纤维增塑，降低涤纶纤维的玻璃化温度，也降低染色转变温度，因此迭代涤纶的染色性能得到了改善。

Zhao 等的研究表明，虽然PBT（聚对苯二甲酸丁二醇酯）纤维的玻璃化温度约为45℃，但当染色温度低于80℃时，采用分散红167染色的PBT织物的 K/S 值非常低。只有当染色温度高于80℃后，织物的 K/S 值才会显著增加（图5-20）。

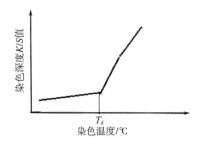

图5-18　染色温度对织物染色 K/S 值的影响

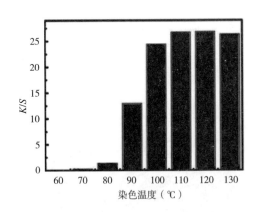

图5-20　染色温度对 C. I. 分散红167上染 PBT 织物染色 K/S 值的影响

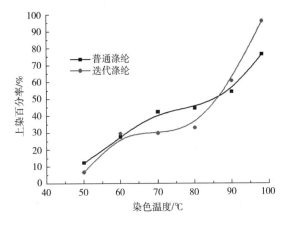

图5-19　染色温度对上染百分率的影响

实际染色时，染料向纤维内部的扩散机理远比上述两种扩散模型复杂得多，两种扩散模型不能绝对分开。进入20世纪70年代后，人们开始研究"溶剂染色"，该方法利用溶剂促进合成纤维溶胀，溶剂进入纤维内部，拆散纤维大分子间作用力，增大纤维内部的孔道；同时，溶剂促进纤维增塑，降低纤维的玻璃化温度，从而有效提高染色速率，降低染色温度。由此，提出了孔道扩散和自由容积扩散的组合扩散模型。但溶剂染色存在溶剂回收问题以及上染百分率不能显著提高（由于分散染料与溶剂作用力大，导致染料在纤维上的分配率降低）等问题，至今未能实际应用。

（三）孔道扩散模型和自由容积扩散模型的比较

孔道扩散模型和自由容积扩散模型的适用对象、染色时纤维内部的结构特点、染料的扩散运动方式及扩散方程均不同，表5-4 总结了孔道扩散模型和自由容积扩散模型的不同点。

表 5-4　孔道扩散模型和自由容积扩散模型不同点比较

扩散模型	孔道扩散模型	自由容积扩散模型
适用纤维	亲水纤维	疏水纤维
染色时纤维内部的结构特点	溶胀的纤维内部存在许多弯弯曲曲、互相连通的孔道	玻璃化温度 T_g 以上，纤维内部分散的微小空穴合并成为较大的空穴，致使自由容积增大，大分子链段发生连锁的扰动，发生所谓"链段跳跃"
染料的扩散运动方式	染料分子（或离子）在水中，通过这些曲折、互相连通的孔道扩散进入纤维内部，并且在孔道中不断地发生吸附和解吸，最终孔道里游离状态的染料和吸附状态的染料达到动态平衡	染料分子由一个空穴跳跃到另一个空穴中，直到将纤维染透，达到需要的染色深度
扩散方程	$D = \dfrac{a}{\tau} \cdot D_p \dfrac{dC_p}{dC_a}$	$\lg \dfrac{D_T}{D_{T_g}} = -\lg \alpha_T$ $= \dfrac{A\,(T-T_g)}{B+\,(T-T_g)}$

这两种模型提高扩散速率的措施相近。如升高染色温度，可增大亲水性纤维内部的孔道，增大疏水性纤维内部的自由容积，均可增大扩散系数，提高扩散速率。

二、染料在纤维内的扩散性能及其影响因素

（一）染料向纤维内部扩散速率的影响因素

染料向纤维内部的扩散存在较大的空阻和能阻，其不同于染料在染液中的扩散，该阶段是染色速度快慢的决定性步骤。染料在纤维内部的扩散速率遵循菲克扩散定律。式（5-49）为染料在纤维内部的扩散速率计算公式，式中 $[D]_f$ 为每千克纤维中的染料总质量，D_A 为表观扩散系数，是整个扩散过程的平均扩散系数。可见染料在纤维内部的扩散速率与扩散系数和浓度梯度有关。

$$\frac{ds}{dt} = -D_A \frac{d[D]_f}{dx} \qquad (5-49)$$

纤维结构对扩散系数有很大影响。纤维结构决定染料在纤维内部扩散的模型，包括孔道扩散模型和自由容积扩散模型。对于符合孔道扩散模型的纤维，染料在纤维内的扩散遵循菲克定律，扩散速率与纤维内部的有效容积 V（即每千克纤维内染料可及的小孔道体积，单位为 L）和纤维孔道内染液浓度梯度 $d[D]_i/dx$ 成正比，可用式（5-50）表示：

$$\frac{ds}{dt} = -VD_0 \frac{d[D]_i}{dx} \qquad (5-50)$$

式中：D_0 为染料在纤维孔道染液中的扩散系数，假设其与浓度无关。

式（5-50）中，孔道内游离的染料浓度 $[D]_i$ 很难测定，将式（5-50）进行变换，得到式（5-51）。

$$\frac{ds}{dt} = -VD_0 \frac{d[D]_i}{d[D]_f} \frac{d[D]_f}{dx} \qquad (5-51)$$

式（5-49）与式（5-51）相等，则得到式（5-52）。

$$D_A = VD_0 \frac{d[D]_i}{d[D]_f} \qquad (5-52)$$

由式（5-52）可见，即使染料在纤维孔道

染液中扩散系数 D_0 与浓度无关，但表观扩散系数 D_A 与染料浓度有关。

由以上分析可见，染料向纤维内部扩散速率受染料结构、纤维结构、染料与纤维之间亲和力、染色条件以及染色设备等内外因的影响。

1. 内因

（1）纤维内部超分子结构。若纤维结晶度高，取向度高，则染料向纤维内部扩散的空阻大，不利于染料在其内部扩散；而且该类纤维无定形区少，微隙少，有效容积 V 小，或相同温度下，自由容积少，染料扩散系数低。例如，芳香族聚酰胺纤维（芳纶）比脂肪族聚酰胺纤维（锦纶）结晶度高、取向度高、玻璃化温度高，相同染色条件下，染料在芳纶内部扩散空阻更大、扩散速率更低，芳纶难以染色，必须加入纤维膨化剂、增塑剂（载体），同时采用高温高压染色。

（2）染料分子结构。分子量大、结构复杂、共轭体系长、共平面性好的染料与纤维之间的作用力大（亲和力大），染料向纤维内部扩散的能阻大，则 $\dfrac{d[D]_i}{d[D]_f}$ 降低；同时，该类染料自聚能力大，染液中染料聚集度高，体积大，染料向纤维内部扩散的空阻大，扩散系数低，扩散速率低。

2. 外因

（1）染色助剂。染色助剂会影响染浴中染料的结构状态和染浴中纤维的结构状态，从而影响染料向纤维内部的扩散系数。助溶剂对染料分子有一定的解聚作用，同时对纤维有一定的溶胀作用（如尿素、甘油、苄醇等助溶剂），增大纤维内部的有效容积 V 或自由容积，从而减小染料向纤维内部扩散的空阻，提高扩散速率；活性染料染浴中加入的电解质盐可降低染料和棉纤维之间的静电斥力，增大染料在纤维表面的吸附量，进而增大纤维表面与纤维内部的染料浓度梯度，提高扩散速率；但电解质盐会增加染料的聚集度，提高染料向纤维内部扩散的空间阻力，降低扩散系数。各种作用相互竞争、相互影响，需要全面综合考虑，选择合适的盐（或助剂）的用量，而且盐用量增大，染色污染也会增大。

（2）染色温度。染色温度影响染浴中染料的结构状态和染浴中纤维的结构状态，从而影响染料向纤维内部的扩散系数。

① 温度对染料性能的影响。温度升高，染料的自聚作用减弱，染料溶解度提高，而且染料分子本身的扩散动能增加，达到活化能的染料分子数增多，更多的染料分子能克服阻力向纤维内部扩散，提高扩散速率。

② 温度对纤维性能的影响。温度升高，亲水性纤维溶胀程度提高，纤维中孔道体积增大，有效容积 V 增大，染料在孔道中的扩散系数增大；温度升高，疏水性纤维大分子链段运动剧烈，自由体积增大，扩散速率增加。

同时，温度升高，对于吸附为放热的染色体系，染料解吸速率增大，染料亲和力降低，$d[D]_i/d[D]_f$ 增大，进而提高染料向纤维内部的扩散系数，提高染色速率。但必须考虑染色温度太高存在的问题：有可能导致染料结构破坏、活性染料水解，纤维损伤、纤维强力下降以及带来的能耗大、污染大的问题。

（3）染色设备。染色设备循环良好（如溢流喷射染色设备），织物与染液之间的相对运动速度增加，动力学边界层厚度和扩散边界层厚度降低，有利于更多染料吸附在纤维表面，从而增大纤维表面与纤维内部的染料浓度差，提高扩散速率。

（二）提高染料向纤维内部扩散速率的措施

减少染料向纤维内部扩散阻力（空阻和能阻），提高纤维内部的有效容积以及增大纤维表面与纤维内部的染料浓度梯度，可提高染料向纤维内部的扩散系数，提高染色速率。提高染料向纤维内部扩散速率的措施如下：

1. 纤维结构改性　对纤维进行物理改性，如等离子体预处理改性等，可使纤维化学结构、表面形态结构或内部超分子结构发生改变；对纤维进行化学改性，如阳离子化改性等，可在纤维表面引入更多能与染料结合的基团，增加染料吸附活性中心，降低染料吸附上染纤维的静电斥力，增大纤维与染料之间的亲和力，使更多染料吸附上染到纤维表面，提高纤维表面和内部的染料浓度梯度，扩散速率增大。例如，对羊毛纤维进行预处理，破坏羊毛纤维表面紧密的鳞片层结构，消除染料向纤维内部扩散的屏障，有利于羊毛纤维在染色过程中吸湿溶胀，增大纤维内部的孔道体积，减小染料向纤维内部扩散的空间阻力，进而提高染料向纤维内部的扩散速率，提高染色速率；棉织物经阳离子化改性后，对阴离子活性染料的染色速率显著提高。

2. 染料结构改性　增大染料共轭体系、保持良好的平面性、引入极性基团，可提高染料与纤维之间的亲和力，提高染料向纤维表面的吸附速率，增大纤维表面与内部的染料浓度差，提高扩散速率；但是，染料与纤维亲和力增大的同时，染料之间的作用力也会增大，染料的聚集度增大。由此可见，若染料与纤维之间的亲和力太大，染料向纤维内部扩散的能阻和空阻均会增大，不利于染料向纤维内部扩散，同时染料对纤维亲和力太大，染料的移染性和扩散性太差，染色的匀染性很难控制，因此，应该选择亲和力适当的染料对纤维染色。染料的结构对染色性能有很大影响，除了应用合成染料之外，近年来，对天然染料应用研究也很多。

3. 升高染色温度　温度是染色的一个重要工艺条件，其对染色速率影响很大。温度升高，纤维大分子链段的热振动加剧，可提高亲水性纤维的溶胀程度或增大疏水性纤维内部的空穴，纤维中孔道体积或自由容积增大，有利于提高染料向纤维内部扩散速率；同时，温度升高，染料聚集度降低，染料扩散动能增加，染料活化分子数目增多，染料向纤维内部扩散的空阻和能阻降低，有利于提高染料的扩散速率。温度和扩散系数之间符合阿累尼乌斯

（Arrhenius）方程式：

$$D_T = D_0 e^{-\frac{E}{RT}} \qquad (5-53)$$

或

$$\ln D_T = \ln D_0 - \frac{E}{RT} \qquad (5-54)$$

式中：D_T 为绝对温度为 T 时，测得的扩散系数；D_0 为常数；E 为染料分子的扩散活化能（activation energy of diffusion），即染料分子克服能阻扩散所必须具有的能量，单位是 kJ/mol；R 为气体常数，其值为 8.314J/（mol·K）。

由式（5-54）可见，以不同温度下测得的扩散系数的自然对数（$\ln D_T$）对绝对温度的倒数（$1/T$）作图，可得到一条斜率为 $-E/R$ 的直线，由此可计算出扩散活化能。扩散活化能 E 越大，表示染料等分子扩散时遇到的阻力越大，所需的能量越高，扩散速率越低，温度对扩散系数影响也越大，升高染色温度更有利于提高染色速率。由表 5-5 可见，活化能为 63kJ/mol 和 84kJ/mol 的两个染色体系，染色温度从 60℃ 升高到 125℃，活化能低的染色体系，染色速率提高 40 倍，而活化能高的染色体系，染色速率提高 1590 倍。因此扩散活化能高的染料染色温度应适当提高，以利于染料更快地扩散到纤维内部，缩短染色时间。

表 5-5　温度对不同扩散活化能染料
相对扩散速率的影响

扩散活化能/（kJ/mol）	60℃	100℃	125℃	200℃
63	1	10	40	800
84	1	125	1590	61700

但是，染色温度不是越高越好，温度过高，可能导致染料结构变化，或纤维损伤增大；同时，温度越高，耗能越大。实际生产中应该依据染料和纤维结构与性能选择合适的染色条件（包括染色助剂、染色温度等）。

4. 利用染色助剂　染浴中加入助溶剂或载

体，改变染料和纤维在染浴中的结构状态，增大纤维空穴，或降低纤维玻璃化温度 T_g，增大纤维内部自由容积，降低染料向纤维内部扩散的空阻，提高扩散系数，提高染色速率；加入促染剂，可减小纤维和染料之间的静电斥力，提高染料吸附上染纤维的速率，增大纤维表面及纤维内部的染料浓度差，提高浓度梯度，提高扩散系数，提高染色速率。染色助剂结构不同，对染色性能的影响不同。

5. 应用新型染色设备　采用新型染色设备，如气流染色机、溢流染色机等，通过降低染色浴比，加强织物与染液之间的相对运动速度，强化染液与织物的接触频率，降低扩散边界层厚度和动力学边界层厚度，有利于更多染料吸附上染到纤维表面，增大纤维表面染料吸附量，提高纤维内外染料浓度梯度，提高扩散系数，增大染色速率，缩短染色时间。

6. 应用新型染色介质和染色方法　利用新型染色介质，采用气相染色、喷染染色、超临界二氧化碳流体染色、反胶束染色、泡沫染色以及合并工序、短流程染色（轧碱湿蒸工艺）等新染色方法，通过提高染料在染浴中和纤维上的化学位差，增大染料吸附于纤维表面的速率，增大纤维表面与内部的染料浓度差，减小染料向纤维内部的扩散阻力，提高扩散动力，进而达到提高扩散系数和染色速率的目的。

第五节　扩散系数的测定原理和方法

测定染料在纤维内部的扩散系数（diffusion coefficient）具有重要实际应用意义。影响染色速率的因素众多，而扩散系数的影响因素相对较少，扩散系数更能反映上染速率。扩散系数大，表示染料上染速率快，可以缩短染色时间。

扩散系数是反映染料在纤维内部扩散性能的一个动力学参数。有许多经验公式可用于计算扩散系数，但是需依据扩散体系和环境条

件，如无限染浴（infinite dyebaths）、有限染浴（limted dyebath）、稳态扩散、非稳态扩散、平板中扩散、圆柱体中扩散等扩散体系，采用不同的假设条件，代入合适的初始条件，推导出符合实际的扩散动力学经验方程。例如，无限染浴、有限染浴的染色速率方程至今仍被广泛用于计算扩散系数。

扩散系数包括：纤维上染料浓度为 C 时的真实扩散系数（D_c）和表观扩散系数（D_A）；D_A 是整个扩散过程的平均扩散系数，D_A 近似于 $C=0$ 到 $C=C_t$ 间各浓度下的真实扩散系数 D_c 的平均值，可用式（5-55）计算：

$$D_A = \frac{1}{C_t}\int_0^{C_t} D_c \mathrm{d}C \qquad (5-55)$$

下面介绍不同染色体系的扩散系数的求法。

一、稳态扩散体系下的扩散系数测定方法

Carvie 和 Neale 搭建了一个模拟稳态扩散的实验装置，用于测定染料在赛璐玢薄膜中的扩散系数（图 5-21）。分别配制好研究用的染液和空白染液，然后倒入薄膜两边的实验装置中均匀搅拌，且不断更换两边溶液，保证溶液两边浓度不再随时间而发生显著变化，直至薄膜两边建立恒定的浓度梯度为止，即形成稳态扩散。

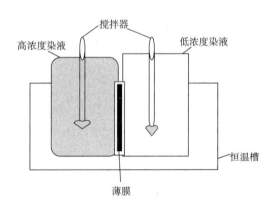

图 5-21　测定染料在赛璐玢薄膜中扩散系数的实验装置

快速取出试液并立即加入预热的染液，以保证薄膜两边染料浓度梯度不变，用比色法测

定一定时间内通过薄膜的染料量（dC/dt），按照菲克第一定律计算扩散系数：

$$\frac{dC}{dt} = -DA\frac{\Delta C}{x} \qquad (5-56)$$

式中：dC/dt 为单位时间内扩散通过薄膜的染料质量；A 为薄膜的面积；ΔC 为薄膜两边的染料浓度差；x 为薄膜厚度。

已知薄膜厚度 x、薄膜两表面的染料浓度差 ΔC 和薄膜面积 A，若能测定 Δt 时间内，通过薄膜上的染料量 dC，则能确定扩散速率 dC/dt，从而可以计算出稳态扩散系数 D。

Carvie 和 Neale 测定直接染料在赛璐玢薄膜中的扩散系数时，发现染料的扩散系数并不是一个常数，染料浓度和电解质浓度会影响扩散系数，所以实验所测定的扩散系数为表观扩散系数。

二、非稳态扩散体系下的扩散系数测定方法

稳态扩散为理想状态下的扩散模式，而实际染色时，染液中和纤维上染料浓度梯度会随染色时间而变化，浓度梯度并非常数，扩散为非稳态扩散。非稳态扩散的扩散系数通过菲克第二定律计算；同时，不同染色体系的环境条件不同，假设条件不同，推导出的扩散速率经验方程不同，扩散系数计算方程不同。例如，环境条件包括无限染浴和有限染浴，染色材料有平板片状（薄膜状）和圆柱体状（纤维状）等。

（一）扩散系数的求法

实际染色时，纺织品内部各点的染料浓度随染色时间而变化，扩散系数 D_c 随染料浓度发生变化。浓度为 C 时的扩散系数 D_c 可由菲克第二定律求解：

$$D_c = -\frac{1}{2t}\frac{\partial X}{\partial C}\int_0^C xdC \qquad (5-57)$$

由式（5-57）可见，扩散系数 D_c 与染色时间 t、浓度梯度的倒数 $\frac{\partial X}{\partial C}$ 和积分项 $\int_0^C xdC$ 的数值有关。已知染色时间 t，只需求出染色 t 时

刻，纤维上染料浓度 C 处的浓度梯度倒数 $\frac{\partial X}{\partial C}$ 的数值及积分项 $\int_0^C xdC$ 的数值，就能计算出扩散系数 D_c。为了计算 $\frac{\partial X}{\partial C}$ 和 $\int_0^C xdC$，需要测定染料在纤维上的浓度分布曲线，具体步骤如下。

1. 平板状或圆柱状多层染色材料的制备及染色 将 n 层薄膜压实可制成平板状染色材料（平板四周的扩散忽略）；也可将薄膜或织物紧密地缠绕在玻璃棒上（保证各层之间无空气），两端用绳子缠紧制成圆柱状染色材料。然后将平板状或圆柱状染色材料投入染浴，染液从平板两侧向平板中心扩散；或从圆柱外层向中心扩散。染色 t min 后，取出多层染色材料，放入冷水中冷却，再拆开或展开多层染色材料。

2. 浓度分布曲线的绘制 采用比色法或使用配制有色滤色片的显微光度计测定染料在每层薄膜或织物中的染料浓度，以靠近染液面的最外层为 0 点，绘制染料浓度与染色距离的关系曲线，即可以绘制出一定染色时间时，染料在薄膜内部浓度分布的曲线。图 5-22 为染色 3min、5min 和 9min 时，直接天蓝 FF 在黏胶薄膜各点上的染料浓度分布曲线。

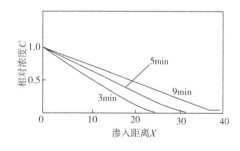

图 5-22 直接天蓝 FF 在黏胶薄膜
各点处的浓度分布曲线

3. $\frac{\partial X}{\partial C}$ 的计算 由浓度分布曲线可以得到一定染色时间时，薄膜上任何一点的斜率 $\frac{dC}{dX}$ 数值，而 $\frac{\partial X}{\partial C}$ 的数值为该点对应浓度梯度的倒数。

4. $\int_0^C x\mathrm{d}C$ **的计算** 交换浓度分布曲线的纵、横坐标，进一步计算曲线积分面积，即为 $\int_0^C x\mathrm{d}C$ 的数值。图5-23中阴影部分的面积为染色3min时，$\int_0^C x\mathrm{d}C$ 的数值。

将上述各数值代入式（5-57），即可计算实际浓度 C 时的扩散系数 D_c，但需要测定出染料在薄膜各层（或织物内部各点）的浓度才能求解扩散系数，因此该方法较烦琐。

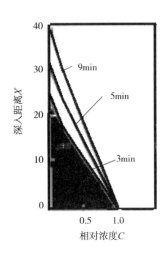

图5-23　染料渗入距离与其对应浓度的关系曲线

波顿和摩顿应用微米显微镜研究还原染料在赛璐玢薄膜中的扩散，测定出染色一定时间，染料渗透进入薄膜层中的极限距离 x，发现由 x^2/t 计算出的数值正比于表观扩散系数 D_A。因此，x^2/t 的数值可以粗略比较不同结构染料在相同纤维内部扩散速率的大小，或粗略比较相同结构染料在不同结构纤维（如不同种类纤维素纤维，或不同改性处理的同类纤维）内部扩散速率的大小。这是一种评价染料向纤维内部扩散系数的便捷方法，不需要烦琐的方法测定染料在薄膜各层（或织物内部各点）的浓度，但需要尽量准确地测定出染色 t 时刻，染料渗透进入薄膜层中的极限距离 X 的值。

（二）表观扩散系数的求法

由式（5-55）可知，表观扩散系数（ap-parent diffusion coefficient，D_A）近似于 $C=0$ 到 $C=C_t$ 间各浓度下扩散系数 D_c 的平均值。依据染色体系和染色材料的类型，选择适宜的假设条件，求解菲克第二定律，可以推导出不同的扩散速率经验方程。

1. 染料在无限染浴平板中扩散 扩散系数与一定时间内（t 时刻）进入薄膜中的染料总量 C_t 有关系。上染速率曲线的测定是求扩散系数的基础，由上染速率曲线可以测定出染色任何 t 时刻，薄膜上吸附的染料量 C_t。若能建立出扩散系数与一定时间内进入薄膜的染料总量之间的动力学方程式，并假设在此扩散时间内，扩散系数为常数（为表观扩散系数、平均扩散系数），则很容易计算出表观扩散系数 D_A（为了简化，用 D 表示表观扩散系数）。

假设将少量薄膜投入大量染浴中进行染色，在染色过程中染液浓度基本保持不变，这种染浴接近无限染浴。最早这种染色环境条件对于数学处理菲克扩散定律方程大为简便，适用于解释实验结果。

麦克拜因（Mc Bain）在研究染料吸附薄膜时，将薄膜投入类似无限染浴的染液中进行染色，该染液体积很大、浴比很大，且组成恒定，在这种染色体系中，染料浓度几乎不随染色时间变化。假设薄膜厚度为 l，薄膜四周边缘扩散忽略不计，薄膜类似于无限平板，则表观扩散系数 D 可由式（5-58）求出：

$$\frac{C_t}{C_\infty} = 1 - \frac{8}{\pi^2}\sum_{m=0}^{\infty}\frac{1}{(2m+1)^2}$$

$$\exp\left[-D\frac{(2m+1)\pi^2 t}{l^2}\right] \quad (5\text{-}58)$$

式中：C_t 为染色 t 时间内进入薄膜（平板）内扩散物质（染料）的量；C_∞ 为达到染色平衡时（无限长染色时间），进入薄膜（平板）中的扩散物质（染料）的总量。

2. 染料在无限染浴圆柱体纤维中扩散 动力学扩散速率方程与染色材料的状态有关。对于半径为 r 的圆柱体材料（适合于纤维）的染色，假设染液浓度在染色过程中保持不变（类似无限染浴），表观扩散系数不变，Hill 推出适合于该染色体系的动力学方程式（5-59）。

$$\frac{C_t}{C_\infty} = 1 - 0.692(e^{-5.785Dt/r^2} + 0.190e^{-30.5Dt/r^2} +$$

$$0.0772e^{-74.9Dt/r^2} + 0.0415e^{-139Dt/r^2}$$

$$+ 0.0258e^{-233Dt/r^2} + \cdots) \quad (5-59)$$

3. 染料在有限染浴圆柱体纤维中扩散　最早研究无限染浴的染色速率方程的目的是简化数学处理菲克扩散定律方程，但实际染色的染浴并非无限染浴，而是有限染浴，在染色过程中染液浓度随时间变化。现在人们已经能够推导出适合于极复杂体系的扩散速率动力学方程，包括实际染色时，染液浓度随染色时间变化的有限染浴的情形，推导出的动力学方程更符合实际情况。由克拉克（Crank）推导出的染料在有限染浴、纤维状圆柱体中扩散的动力学速率方程见式（5-60）：

$$\frac{C_t}{C_\infty} = 1 - \frac{4\alpha(1+\alpha)}{4+4\alpha+\alpha^2 q_1^2}e^{-q_1^2 Dt/r^2}$$

$$- \frac{4\alpha+(1+\alpha)}{4+4\alpha+\alpha^2 q_2^2}e^{-q_2^2 Dt/r^2} - \cdots \quad (5-60)$$

式中：q_1、q_2 为染料平衡上染百分率的函数；α 为因数，其与染料的平衡上染百分率 E 有关，由式（5-61）计算出：

$$\alpha = \frac{100-E}{E} \quad (5-61)$$

4. 扩散动力学方程的共同点　由式（5-58）~式（5-60）动力学速率方程可见，不同染色环境条件，可推导出不同的扩散动力学速率方程。由动力学速率方程直接计算扩散系数比较困难，但从不同扩散速率方程中可见，扩散速率方程均可写成通式（5-62）。

$$\frac{C_t}{C_\infty} = 1 - Ae^{-BK} - Ce^{-FK} - Ge^{-HK} - \cdots$$

$$(5-62)$$

式中：A，B，C，$\cdots$，为与染色体系及环境条件有关的常数；平板状染色材料（通常为薄膜）和圆柱体状染色材料（如纤维）的 K 分别为 $\frac{Dt}{l^2}$ 和 $\frac{Dt}{r^2}$。由扩散速率动力学方程式（5-58）~式（5-60）可见，若能确定出不同扩散速率动力学方程中 $\frac{C_t}{C_\infty}$ 与 $\frac{Dt}{l^2}$ 或 $\frac{Dt}{r^2}$ 之间的函数关系式，或对其进行拟合，构建出较为准确和易于计算的数学模型，则可简化扩散系数的求解，已有较多相关研究成果发表（表5-6~表5-8），由表中数据，绘制出 $\frac{C_t}{C_\infty}$ 与 $\frac{Dt}{l^2}$ 或与 $\frac{Dt}{r^2}$ 之间的相应关系曲线，如图5-24所示。

表5-6　无限染浴染料在平板中扩散，$\frac{C_t}{C_\infty}$ 与 $\frac{Dt}{l^2}$ 之间的关系

$\frac{C_t}{C_\infty}$	$\frac{Dt}{l^2}$	$\frac{C_t}{C_\infty}$	$\frac{Dt}{l^2}$	$\frac{C_t}{C_\infty}$	$\frac{Dt}{l^2}$
0.980	0.40	0.666	0.09	0.215	0.009
0.958	0.30	0.631	0.08	0.202	0.008
0.887	0.20	0.593	0.07	0.189	0.007
0.816	0.15	0.552	0.06	0.176	0.006
0.796	0.14	0.504	0.05	0.159	0.005
0.776	0.13	0.450	0.04	0.142	0.004
0.752	0.12	0.391	0.03	0.124	0.003
0.729	0.11	0.319	0.02	0.102	0.002
0.698	0.10	0.225	0.01	0.071	0.001

表 5-7　无限染浴染料在圆柱体纤维中扩散，$\frac{C_t}{C_\infty}$ 与 $\frac{Dt}{r^2}$ 之间的关系

$\frac{C_t}{C_\infty}$	$\frac{Dt}{r^2}$	$\frac{C_t}{C_\infty}$	$\frac{Dt}{r^2}$	$\frac{C_t}{C_\infty}$	$\frac{Dt}{r^2}$
0.980	1.000	0.708	0.150	0.299	0.020
0.988	0.700	0.606	0.100	0.216	0.010
0.961	0.500	0.524	0.070	0.183	0.007
0.932	0.400	0.453	0.050	0.159	0.005
0.878	0.300	0.410	0.040	0.130	0.003
0.782	0.200	0.361	0.030	—	—

表 5-8　有限染浴染料在圆柱体纤维中扩散，平衡吸附百分率与 $\frac{Dt}{r^2}$ 之间的关系 *

%**	C_t/C_∞									
	0.1	0.2	0.3	0.4	0.5	0.6	0.7	0.8	0.9	>0.9
30	0.000977	0.00427	0.0110	0.0209	0.0363	0.0575	0.0933	0.145	0.240	0.339
40	0.000776	0.00331	0.00851	0.0170	0.0295	0.0501	0.0794	0.126	0.214	0.309
50	0.000550	0.00240	0.0603	0.0120	0.0229	0.0389	0.646	0.105	0.186	0.275
60	0.000363	0.00158	0.00417	0.00830	0.0158	0.0275	0.0457	0.0776	0.140	0.219
70	0.000204	0.000871	0.00245	0.00479	0.00912	0.0166	0.0288	0.0513	0.105	0.174
80	0.000912	0.000417	0.00115	0.00234	0.00468	0.00832	0.0155	0.0288	0.0676	0.120
90	0.000229	0.000110	0.000309	0.000676	0.00129	0.00251	0.00501	0.0100	0.0316	0.0661

注　* 数据来源于克拉克的资料［Thomas Vickerstaff（英国）著，*Physical Chemistry of Dyeing*］；** 指平衡上染百分率。

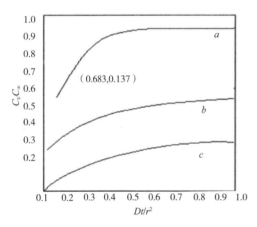

图 5-24　无限染浴中圆柱体染物中扩散，

$\frac{Dt}{r^2}$ 与 $\frac{C_t}{C_\infty}$ 之间关系曲线

（a、b、c 曲线横坐标

$\frac{Dt}{r^2}$ 数值分别为 0~1、0~0.1、0~0.01）

5. 表观扩散系数 D_A 的测定　首先测定上染速率曲线，由上染速率曲线可以得到染色 t 时刻的 C_t 值，以及染色达到平衡时的 C_∞ 值，可以计算出染色任何 t 时刻的 $\frac{C_t}{C_\infty}$ 数值；然后，在对应的表或图中，根据染色条件、染色材料类型找到对应的 $\frac{Dt}{l^2}$（平板状薄膜）或 $\frac{Dt}{r^2}$（圆柱体纤维）的数值，且已知染色时间 t 和平板状薄膜厚度 l 或圆柱体纤维半径 r，则可计算出表观扩散系数 D。一般平板状薄膜的厚度易准确测定，但由于纤维横截面不一定是圆形，纤维半径不易准确测定。但是，若仅比较不同种类染料在相同纤维内部的相对扩散速率，则横截面为非圆柱体的纤维仍能够使用圆柱体纤维

的扩散速率动力学方程，计算扩散系数 D。对于同种纤维，$\frac{C_t}{C_\infty}$ 增大，则 $\frac{Dt}{r^2}$ 增大，当染色时间 t 及纤维半径 r 相同，则说明扩散系数 D 增大。当染色 t 时刻的上染百分率相同，而且平衡上染百分率也相同，即 $\frac{C_t}{C_\infty}$ 相同，则 $\frac{Dt}{r^2}$ 相同，若纤维半径 r 增大，则扩散系数 D 也会增大，说明纤维半径影响染料在其内部的扩散系数。若纤维半径相同，在充分搅拌、无限染浴条件下（图5-24），当 $\frac{C_t}{C_\infty}$ 确定（如当 $t=t_{1/2}$，$C_t/C_\infty=0.5$ 时），则 $\frac{Dt}{r^2}$ 的数值确定，半染时间 $t_{1/2}$ 和扩散系数 D 成反比，即半染时间 $t_{1/2}$ 越短，则扩散系数 D 越大。对于有限染浴，半染时间 $t_{1/2}$ 除了与扩散系数 D 有关之外，还与平衡上染百分率有关，见式（5-60），其他条件相同的情况下，平衡上染率越高，半染时间越短，扩散系数越大。当染料吸附上染量达到平衡吸附量一半时，即当 $t=t_{1/2}$，$C_t/C_\infty=0.5$ 时，$\frac{Dt_{1/2}}{r^2}$ 对应一个定值，查相关表，得知 $\frac{Dt_{1/2}}{r^2}=0.06292$；假定纤维的结构均匀，纤维是圆柱体，纤维半径 r 已知，如果半染时间 $t_{1/2}$ 已知，则可计算出扩散系数 D。

（三）纤维中近似扩散系数的测定

对于染液中染料浓度大，若上染时间较短，染料远没有扩散到纤维中心，Vickerstaff 推导出适用于该种情况的关系式（5-63）：

$$\frac{C_t}{C_\infty}=2\sqrt{\frac{Dt}{\pi}} \qquad (5-63)$$

绘制以 $\frac{C_t}{C_\infty}$ 为纵坐标，$\sqrt{t}$ 为横坐标的直线，由直线斜率 $2\sqrt{\frac{D}{\pi}}$，可求出扩散系数 D。或将式（5-63）简化为式（5-64），由直线斜率也可求出扩散系数 D^*，D^* 与式（5-63）计算出的扩散系数 D 在数值上成正比，D^* 中包含了

染料平衡吸附量 C_∞、常数 $2/\sqrt{\pi}$，此外，扩散系数还与纤维比表面积等结构因素有关。

$$C_t=D^*\sqrt{t} \qquad (5-64)$$

若不需要计算染料的绝对扩散系数，只是想比较不同种类染料在相同纤维内部的扩散速率，或相同结构染料在不同结构纤维内部的扩散（如酸性染料在不同预处理羊毛内部的扩散，或活性染料在不同改性处理的棉织物内部的扩散）速率时，则式（5-64）就是一个简单而适用的公式。

另外，对于染料浓度小的染液，染色后期，Frensdorff 推导出式（5-65）。

$$\frac{\mathrm{dln}(C_\infty-C_t)}{\mathrm{d}t}=-\frac{D\pi^2}{t} \qquad (5-65)$$

由上染速率曲线得到的数据，求解式（5-65），可以计算出扩散系数 D。

因此，求扩散系数时，首先需要测定染料的上染速率，即染色不同 t 时刻纤维上的染料吸附量 C_t 值，以及染色达到平衡时，纤维上的染料吸附量 C_∞ 值；同时综合染色体系的环境条件，选择适宜的假设条件和初始条件，然后求解菲克第二定律方程，得到较为准确的数学模型，得到直观反映染色速率的动力学方程；并借助前人的研究成果，确定扩散动力学方程中 $\frac{C_t}{C_\infty}$ 与扩散系数 D 之间对应的函数关系（对应的数据表格或图），由此计算出符合实际的扩散系数 D。

三、扩散系数求解的应用意义

由以上分析可知，经验方程均在一定假设条件下推导出来。所以计算扩散系数时，必须考虑染色体系的环境条件，选择合适的动力学经验方程或确定相适应的图和表格，从而计算出符合实际的扩散系数。了解扩散动力学方程，确定扩散系数有以下意义。

（1）了解温度、助剂等条件对扩散系数的影响。

（2）了解影响扩散系数的因素和提高扩散

系数的措施。

（3）依据扩散系数与温度之间的关系符合阿罗尼乌斯方程式（5-66），通过确定不同温度下染料的扩散系数，以 $\ln D_T$ 为纵坐标，绝对温度的倒数（$1/T$）为横坐标作图，可得到一条斜率为 $-E/R$ 的直线，由此可计算出染料的扩散活化能。但需要清楚在一定温度范围内，扩散活化能保持不变，$\ln D_T$ 与 $1/T$ 成直线关系。实际上温度会影响染料的结构和纤维的结构，温度变化，活化能并不是始终不变。尤其在纤维的玻璃化温度前后，染料的扩散阻力有较大的改变，染料的扩散性能也有较大的变化，进而也会引起扩散活化能的变化。

图 5-25 为孔雀绿上染聚丙烯腈纤维 $\lg D$ 与 $1/T$ 的关系图。此图不成完全的直线关系，图中的拐点对应着聚丙烯腈纤维的玻璃化温度。玻璃化温度以上的合适的温度区间 $\lg D$ 与 $1/T$ 之间是有良好的线性关系的。因此，确定出合适的温度区间内几个温度下染料（或其他助剂）的扩散系数，可以计算出染料（或助剂）的扩散活化能，可以了解染料（或助剂）向纤维（或其他材料）内部扩散阻力的大小。进而为制订合理的染色工艺条件及选择适宜的染色助剂提供理论依据。对于扩散阻力大，扩散活化能高的染色体系，则应该适当升高染色温度，或向染浴中加入膨化剂或增塑剂（载体），提高染料向纤维内部的扩散系数。

$$\ln D_T = \ln D_0 - E/RT \qquad (5-66)$$

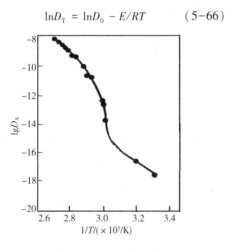

图 5-25　孔雀绿上染聚丙烯腈纤维 $\lg D$ 与 $1/T$ 的关系

必须注意，虽然动力学参数能够反映染料的上染速率，但不同动力学参数的测定方法不同、意义不同，而且动力学参数之间不一定有完全一致的关系。通常，半染时间越短，扩散速率越高。但是，染料向纤维内部扩散系数 D 相同，半染时间 $t_{1/2}$ 也不一定相同。若染料向纤维内部扩散系数相同，对于亲和力小、平衡上染百分率低的染料，半染时间较长；对于亲和力大、平衡上染百分率高的染料，半染时间较短。半染时间相同，平衡上染百分率不一定相同（图 5-26），扩散系数 D 不一定相同，初速率不一定相同。值得注意的是：这些动力学性能指标的测定方法和研究意义，不仅仅应用于染料吸附上染纤维的动力学研究，而且可以推广应用于任何助剂对任何材料的吸附动力学研究，如李闻欣等研究预处理羊毛对三价铬的吸附机理和动力学性能。

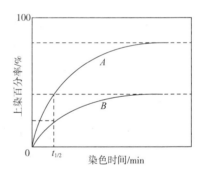

图 5-26　半染时间相同的两个染料的上染百分率曲线

第六节　染色速率的控制方法和途径

一、控制上染速率的方法

染色速率不仅影响生产效率，而且影响染色产品的质量。若染料上染速率过慢，染色时间过长，则生产效率降低；但若染色速率过快，容易造成染色不匀。上染速度的控制对染色效率及染色产品的质量至关重要。亲和力大的染料，初染速率很快，移染性能很差，染料向纤维内部扩散阻力（空阻和能阻）大、扩散速率慢，更易造成染色不匀、不透，因此，应用这类染料染色时，染色速率的严格控制尤为重要。

影响染色速率的因素众多，如纤维结构、染料结构及其染色热力学性能和染色动力学性能等。可以通过改变纤维结构、染料结构，或通过选择合适的染色助剂、控制助剂用量、助剂加入顺序、助剂加入方式和加入速度以及控制升温速率，以达到控制染料上染速率的目的，生产匀染性良好的染色产品。

二、控制上染速率的途径

当染色体系中染料和纤维的结构确定之后，可以通过严格控制升温速率或分批分次加入助剂，来控制染料的上染速率，获得匀染效果。但是，通常等速升温或分 2~3 次加促染剂的方式并不能实现染料等速上染。染色过程中，可以采用非线性升温或非线性加入助剂的方式，控制染料按照一定上染速率等速上染。具体步骤如下：首先测定出不同染色温度下的恒温染色速率曲线或加入不同用量染色助剂时的上染速率曲线（图 5-27）；然后由上染速率曲线可以确定出不同染色温度下的染色速率方程或加入不同用量助剂的染色速率方程，即可以得到染色任何 t 时刻的上染速率 dC/dt 的数值（单位为%/min），并可进一步绘制出染料上染速率 dC/dt 与染色时间 t 的关系曲线（图 5-28）；再进一步绘制出不同染色温度或加入不同用量染色助剂时的上染速率与对应的上染百分率的关系曲线，分别如图 5-29 和图 5-30 所示。

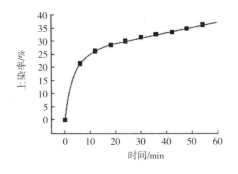

图 5-27　常规活性染料恒温染色速率曲线

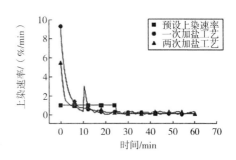

图 5-28　不同加盐方式下活性染料染色的上染速率与染色时间的关系曲线

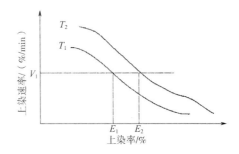

图 5-29　不同染色温度下染料上染速率与上染百分率的关系曲线

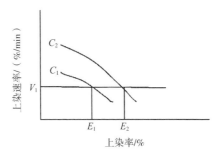

图 5-30　不同促染剂用量下染料上染速率与上染百分率的关系曲线

为了使染料以恒定的速率上染，首先需要预设一个恒定的上染速率 V_1，由图 5-29 和图 5-30 可以确定出保持这种恒定的上染速率 V_1 下，两个温度区间或两个助剂用量变化区间的上染百分率的差值（E_2-E_1）；由此可以计算出，两个温度区间升温所需时间 Δt，或助剂用量变化区间所需时间 Δt，可由式（5-67）计算出 Δt。

$$\Delta t = \frac{E_2 - E_1}{V_1} \qquad (5-67)$$

非线性控制升温速率或非线性控制加入助剂速率的本质就是控制染料的上染速率，通过这种方法可以达到染料等速定量化上染的目标，最终获得理想的上染百分率与染色时间的关系曲线和上染速率–染色时间的关系曲线，进而达到匀染染色效果。东华大学屠天民教授及其团队做了较多相关研究，并取得较好成果。

屠天民团队对酸性染料等速上染锦纶织物展开研究。他们分别设定酸性染料以 1%/min 和 1.5%/min 的速率上染锦纶织物，并通过非线性控制升温速率来控制染料按预设速率等速上染，图 5-31 为设定上染速率与实际染色速率的关系曲线。由图 5-31 可见，实际染色速率能够较好地控制在预设上染速率要求的范围之内。可见以非线性控制升温程序，或非线性控制加入助剂的速率为主要控制因素，以染料等速上染为目标，探索染料上染速率定量化控制，最终能够得到理想的上染百分率与染色时间的关系曲线和上染速率与染色时间的关系曲线。

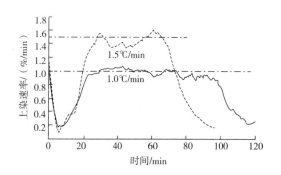

图 5-31　设定等速上染速率与实际染色速率的关系曲线

但控制染料上染速率太慢，加入助剂速率太慢，或升温速率太慢，虽然保证了染色产品的匀染性，但染色时间会延长，染色生产效率降低。张璇等通过非线性控制加入盐的速率，控制活性染料等速上染棉织物，为了获得较低的上染速率，加盐速度慢，加盐时间长，染色时间长，如图 5-32 所示。因此，在保证染色产品匀染性良好的前提下，

设定的染料等速上染的速率可以适当提高，以达到既能缩短染色时间，又能保证染色产品匀染性的目的。

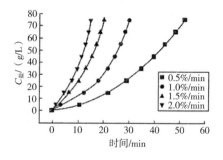

图 5-32　染浴中加盐浓度与染色时间的关系曲线

此外，由上染速率曲线可以确定染料上染速率最快的温度区间，称为控温区 ΔT，其由纤维结构、染料结构及染色助剂结构所决定。用 T_B 表示控温区的起始温度，T_E 表示控温区的结束温度，以上染百分率从 20% 升至 90% 的温度区间设定为控温区（图 5-33）。通过控制控温区的升温速率（$H = \Delta T/t$，单位为℃/min），则可以控制控温区的平均上染速率 v_0，其单位为 %/min，见式（5-68）。

$$v_0 = \frac{90 - 20}{(T_E - T_B)/H} \quad (5-68)$$

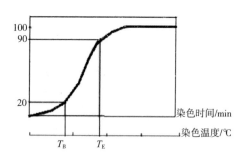

图 5-33　上染控温区的确定图示

由式（5-68）可见，降低升温速率 H，可以降低染料的上染速率 v_0。在染色过程中，除了严格控制控温区升温速率之外，其他染色温度区间可以加快升温速率，同时提高染色后染浴的降温速率，进而达到快速染色，并保证染色产品获得良好匀染性的目的。

由此可见，影响染色速率的因素很多，导致染色不匀的原因也很多，通过严格控制染料的上染速率，尤其是严格控制染料上染速率很快的控温区的上染速率，是获得匀染性的关键所在。为了控制染料的上染速率，除了选择合适种类和用量的染色助剂、适宜的加助剂速度以及合适的升温速率外，还需要考虑纤维的结构均匀性、纤维的前处理助剂和工艺、染色前纤维所经历的改性工艺和方法、染色pH值、染色浴比、染色方法、染色设备的性能等因素，必须综合考虑各因素，以达到染色均匀，生产高质量染色产品的目的，同时考虑节能减排。

思考题

1. 为什么染料向纤维内部扩散是染色速率快慢的决定步骤？

2. 染色速率方程对解决实际应用问题有何意义？如何判别染料吸附上染符合准一级还是准二级动力学模型？

3. 依据菲克扩散定律分析影响扩散速率的因素。

4. 依据染料向纤维内部扩散机理（扩散模型），论述提高染料向纤维内部扩散速率的措施。

5. 分析扩散边界层厚度对染色速率的影响以及分析降低扩散边界层厚度的措施。

6. 写出测定扩散系数的一般步骤。

7. 如何测定扩散活化能？扩散活化能测定有何实际应用意义？

8. 如何表征染料的上染速率？

9. 动力学研究有何意义？如何研究一种染料上染一种纤维的染色动力学性能？

10. 请你设计一个较为合理的实验方案来研究一种新型低温染色助剂对涤纶分散染料染色动力学性能的影响。如何计算反映染色动力学性能的主要参数指标？

11. 如何研究芳纶的染色动力学性能？采取哪些措施可以提高染料对芳纶纤维的染色

速率。

12. 设计出合理的实验步骤，以控制阳离子染料上染腈纶以设定 1%/min 速率恒速上染。

13. 染料扩散的动力是什么？你学习的动力是什么？

参考文献

［1］王菊生．染整工艺原理（第三册）［M］．北京：纺织工业出版社，1984.

［2］赵涛．染整工艺与原理（下册）［M］. 2版．北京：中国纺织出版社，2021.

［3］ETTERS J N. Sorption of Disperse Dye by Polyester Fibers：Boundary Layer Transitional Kinetics［J］. Textile Res. J.，1994，64（7）：406-413.

［4］王百慧，王雪燕．阳离子明胶蛋白助剂改性棉织物的染色动力学性能研究［J］．印染助剂，2014，31（9）：23-26.

［5］THOMAS VICKERSTAFF. 染色物理化学［M］．董亨荣，水佑人，译．北京：纺织工业出版社，1959.

［6］柴丽琴，邵建中，周岚，等．栀子黄在棉织物上的染色动力学研究［J］．纺织学报，2010，31（9）：56-61.

［7］黄柯柯．水解活性染料的改性及应用性能研究［D］．西安：西安工程大学，2018.

［8］MAO Y H，GUAN Y，ZHENG Q K，et al. Adsorption thermodynamic and kinetic of disperse dye on cotton fiber modified with tolylene diisocyanate derivative［J］. Cellulose，2011，18（2）：271-279.

［9］黑木宣彦．染色理论化学（上册）［M］．陈水林，译．北京：纺织工业出版社，1983.

［10］李玲．壳聚糖衍生物在棉织物活性染料无盐染色中的应用研究［D］．上海：东华大学，2009.

［11］CEGARRA J，PUENTE P. Theory of

Absolute Rates of Dyeing [J]. Textile Res. J., 1971, 41 (2): 170-173.

[12] MOORE R A F, PETERS R H. Structure–property relationships in polytetramethylene terephthalate/polytetramethylene isophthalate co-polyesters part ii: relationships between dyeability and the glass–transition temperature [J]. Textile Research Journal, 1979, 47 (12): 710-716.

[13] ZHAO S, GAO Z, JIANG G, et al. Effect of the dyeing process on thermal and dyeing properties of poly (butylene terephthalate) fibers [J]. Textile Research Journal, 2021, 91 (5-6): 580-588.

[14] 王强, 范雪荣, 陈琦. 壳聚糖改性棉织物染色动力学研究 [J]. 纺织学报, 2004, 25 (6): 23-29.

[15] ZHANG F X, CHEN C, ZHANG G X, et al. The accelerating effect of a small cationic quaternary ammonium compound and the adsorption kinetics in the dyeing of silk with reactive dyes [J]. Coloration Technology, 2015, 131: 259-267.

[16] DASHJARGAL A, AMARZAYA B, SARANGEREL D. Thermodynamics and kinetics of cashmere dyeing with metal complex dye [J]. Indian Journal of Fibre & Textile Research, 2019, 44 (2): 230-237.

[17] 黄利利, 徐小茗, 钟毅, 等. 分散染料微胶囊染色动力学 [J]. 染料与染色, 2008, 45 (6): 24-27.

[18] VINOD K N, PUTTASWAMY, GOWDA K N N, et al. Natural colorant from the bark of Macaranga peltata: kinetic and adsorption studies on silk [J]. Coloration Technology, 2010, 126: 48-53.

[19] HAMDAAOU M, LANOUAR A. A new kinetic model for cotton reactive dyeing at different temperatures [J]. Indian Journal of Fibre & Textile Research, 2014, 39: 310-313.

[20] 许晓锋, 郑庆康, 郑进渠, 等. 芳纶纤维的 DEET 载体染色 [J]. 印染, 2014 (4): 1-6.

[21] EBADI AHSAN F, MONTAZER M, AMIRSHAHI S H, et al. Influence of Nano Colloidal Silver in Dyeing of Wool with Acid Blue 92: Isotherm Adsorption, Kinetic Studies and Dyed Wool Characterization [J]. Journal of Natural Fibers, 2016, 13 (2): 204-214.

[22] TANG B, YAO Y, CHEN W, et al. Kinetics of dyeing natural protein fibers with silver nanoparticles [J]. Dyes & Pigments, 2018, 148: 224-235.

[23] 黄钢, 左津梁, 邢彦军, 等. 分散红60在超临界 CO_2 染色中的动力学及热力学 [J]. 纺织学报, 2010, 31 (11): 67-72.

[24] GIORGI M R D, CADONI E, MARICCA D, PIRAS A. Dyeing polyester fibres with disperse dyes in supercritical CO_2 [J]. Dyes & Pigments, 2000, 45 (1): 75-79.

[25] PAWAR S S, MAITI S, BIRANJE S, et al. A novel green approach for dyeing polyester using glycerine based eutectic solvent as a dyeing medium [J]. Heliyon, 2019, 5 (5): e01606.

[26] 李闻欣, 许吉君. 预处理羊毛对三价铬的吸附机理和动力学研究 [J]. 中国皮革, 2010, 39 (19): 10-12, 16.

[27] 张璇, 屠天民, 傅菊荪. 棉织物活性染料上染率的量化控制 [J]. 印染, 2015 (2): 1-5.

[28] 项亚, 屠天民, 陆洪波, 等. 锦纶小浴比染色的上染速率量化控制 [J]. 印染, 2015 (24): 1-5.

[29] 高琼琼, 屠天民, 唐晓婷, 等. 羊毛/锦纶织物的上染速率量化控制染色同色性 [J]. 印染, 2016 (18): 1-5.

[30] 宋心远. 染色理论概述 (一) [J]. 印染, 1984 (1): 48-53.

[31] 宋心远. 染色理论概述 (三) [J].

印染, 1984 (3): 42-50.

[32] 宋心远. 染色理论概述 (五) [J]. 印染, 1984 (5): 39-48.

[33] 顾春香. 提高锦纶染色匀染效果的途径 [J]. 染整技术, 2002, 24 (5): 21-23.

[34] 马燕, 邢建伟, 贺江平, 等. 提高锦纶超细纤维匀染性的方法研究 [J]. 西安工程大学学报, 2012 (1): 22-26.

第六章　染色体系中的传质传热过程

本章重点

染料上染是质量传递过程，染液升温过程遵循热量传递规律，而对液流流速、流向的控制属于动量传递内容。本章主要讨论染色时传质传热过程、染色吸附扩散的机理；介绍染色过程中的传质、传热基本规律，阐释染色过程工艺参数设定机理和工程化应用；简要介绍数学模型，举例说明利用数学模型求解最优参数，预测、调节和控制工艺过程。

关键词

传质；传热；动力学计算；数学模型；层流；湍流；传导；对流；辐射

以物理化学的观点看，染料上染是质量传递过程，染液升温过程遵循热量传递规律，而对液流流速、流向的控制属于动量传递内容，因此化工原理中经典的"三传"理论仍然是理解和掌握上染过程的基础，制定合理的染色工艺的理论基础，就是要控制好染料、染色介质与纤维相界面的质量传递速率和热量传递速率。研究掌握染色过程中物理化学原理和计算方法，了解其规律，实现过程的强化与可控，在理论上和实践上都具有重要意义。

以分子尺度，微元尺度和宏观尺度讨论染色过程质量、热量和动量传递，研究基础是统计力学和流体力学。一般而言，传质（mass transfer）、传热（heat transfer）现象存在类似的机理、数学模型（mathematic model）和类似规律，用类比的方法有助于理解和掌握传热和质量传递问题的解决方法。用化工原理学科传递学中的一些基本概念和机理，可以描述大多数染色单元过程，建立相应的数学模型。从微团尺度（由众多分子组成）上研究考察流体微元，也可以从控制染色过程的角度考察染液的浓度分布，进而理解包括液流染色、气流染色以及热熔染色的理论和实践。

以前对于染色过程的传质传热研究偏重于经验事实的描述，属于经验科学，大多靠量纲分析和归纳实验数据完成工程设计。近 30 年来，计算机仿真与数学建模取得巨大进展，借助数学模型就能可靠地预测、调节和控制工艺过程，再通过实验检验数学模型的准确性，加深对传质、传热现象的理解。作为染整专业研究生、研发技术人员，更应学会从基本原理出发进行推理，指导工作实践。工程问题变量多，情况复杂，对过程数学模型直接求解非常困难，需要引入边界概念和初始值对问题等加以简化，便于理解和解决问题。对染色过程建立数学模型，还可以优化设备设计和指导设备的改进，降低资源能源的消耗，也可以根据设备的结构修改工艺，实现对纺织品产品质量、织物风格的精准把控。

第一节　传质现象与机制

一、传质的内涵与外延

物质以某种方式从一处转移到另外位置的过程称为质量传递过程，简称传质。纺织品的染色和印花，本质上是染料分子溶解或分散到外部介质，再转移到纤维内部，可被视为是染料在两种介质中的传质过程，传质过程的终点就是染料在纤维内部固着。染色过程也需要热量，染料分子在不同温度下转移的效率是不同的，因此热量从热源传递到染液是传热过程。染色是借助染色设备完成的，了解传质和传热规律，才能对机械设备设计和设备选择合理与否做出有根据的评价；能使染色过程平稳可控，使织物得色均匀以及在保证产品质量的前提下实现节能减排；这些实际上都是工程化问题，是由实验过渡到实际生产的基础，是管控生产调整工艺所必备的知识。这需要从理论上理解传质、传热基本规律，进而对染色过程做到知其然，也知其所以然。

连续介质模型认为，流体是由相对于分子是足够大、相对设备尺寸又充分小的连续微元组成，可以忽略分子随机运动所导致的微元质量变化，并可以应用微积分求解微元物理量的空间分布。在连续介质模型基础上，对恒温单组分或组成恒定的混合物流体，选取流场中一个微元体为控制体，进行微分质量衡算，可获得流体流动时通用微分衡算方程。

如图6-1所示，流体在M点（x，y，z）的速度u沿x、y、z三个方向上的分量分别为u_x、u_y、u_z，流体密度为ρ，ρ为x、y、z和时间θ的函数。在流场中选取微元体，其边长为dx、dy、dz，分别与x轴、y轴、z轴平行，则该微元体质量为$\rho dxdydz$，在该点的质量通量为ρu，在各方向上的质量通量为ρu_x、ρu_y、ρu_z，根据质量守恒定律，可获得连续性方程。

$$\frac{\partial(\rho u_x)}{\partial x} + \frac{\partial(\rho u_y)}{\partial y} + \frac{\partial(\rho u_z)}{\partial z} + \frac{\partial \rho}{\partial \theta} = 0 \quad (6-1)$$

连续性方程是研究动量、热量和质量传递过程中最基本、最重要的微分方程之一，在传质和能量方程推导简化和分析中起重要作用。有助于在宏观尺度上研究考察流体在设备中的整体运动等，如搅拌桨轮会使染液形成的大尺度环流，以守恒原理为基础，在一定范围内进行衡算，建立相应的函数关系。

从连续性方程研究传递过程，可以构建数

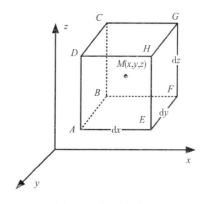

图6-1　微元体示意图

学模型，测算染色设备的有关性能，为染整设备设计、结构改进和性能优化提供理论依据。掌握热量传递规律，可以为强化换热器、调节温度场找到途径。

二、染色过程中的传质机制

传递过程以研究动量、热量和质量传递的速度与相关影响因素间的关系为主，从研究的尺度看，分子无规则热运动产生的传递与主体运动无关，称为分子传递，固体或静止流体内发生的传递均属于分子传递。处于层流流动的传递由于相邻流层间没有流体的穿插交换，其传递机理仍属于分子传递；而作为流体湍动所导致的传递称为对流传递，房间一端摆放的香水，在静止空气中从一端仅靠分子热运动传递到另一端需要很长时间，如果有微风，香味的传递会快得多。这是因为流体分子微元能携带它所具有的物理化学性质，并传递这些性质给相遇的流体，即发生了对流传递。处于湍流状态的流体主要发生对流传递，传递机理主要依靠涡流，分子传递虽然存在，但其贡献与涡流传递相比则很小，可以忽略不计。分子传递的数学模型简单易建立，涡流传递却复杂困难得多，需要借助大量假设、近似以及辅助条件，使求解过程简化。

上染开始以前，纤维以外的介质中不同尺寸的染料粒子间处于平衡状态。当染色介质与纤维接触时，染料开始向纤维表面扩散并吸附，虽然在纤维表面，染料单分子或多分子聚集体吸附行为有差异，但一般是以单分子形式扩散进入纤维内表面，在内表面同样发生聚集，固着在纤维内部结构中。纤维表面起到像筛子一样的作用，只允许单分子透过表面，破坏了外部体系间存在的平衡，平衡的恢复要靠染料多聚集体分散为较小的聚集体，直到分散为单个分子或单个离子为止。然后，单个分子或离子再向纤维表面扩散。外部多尺寸分散体系间平衡不断被破坏和恢复。一直要进行到纤维中各种形式上染的染料与外部介质中的多分散染料之间建立起真正的平衡为止，纤维参与了染料在外部染色介质中的染料分布（图6-2）。

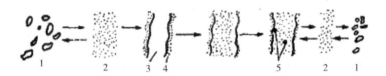

图6-2　纤维与染色介质对染料多分散体系的相互作用
1—染色介质中的染料粒子和聚集体　2—染料分子或离子　3—纤维
4—在纤维表面的多分子吸附　5—纤维中的染料聚集体

因为纤维仅可通过单分子染料进行扩散，所以染料在染色介质中的多分散状态，即染料单分子数、染料粒径分布性质、聚集体和粒子分散稳定性、纤维结构和性质对染料的传质产生重大影响。

从传递角度看，染色全过程包括四个阶段，传递速率存在较大差异。第一阶段，染料在染浴中扩散、越过扩散边界层向纤维表面的扩散（又称外扩散），在染色介质中扩散，以对流传递为主。染料在水溶液或其液体介质中扩散，传质速度快。例如，直接染料在水中传递要比在纤维素纤维中传递快一万多倍；但染料传质要通过纤维表面的扩散边界层，染液流动的滞留底层流速近乎为零，传递以分子传递为主，制约了传递的发生。第二阶段，染料向纤维表面的吸附。第三阶段，吸附在纤维表面的染料扩散进入纤维内部，染料在两相间传递，两相间浓度分布规律影响染料扩散速率。从染料对纤维吸附的本质来看，即吸附容易发生，要比第一、第三阶段都快，几乎是瞬间完成的。第四阶段，染料由纤维表面向中心扩散，是在纤维固体中扩散。分子传递主导，传递很慢，染色过程中决定染色快慢的是第四阶段，即染料在纤维内部扩散的过程。

表征传递过程速率的参数主要是动量通量、热量通量和质量通量。求解传递问题，可以获取速度、温度、浓度的时空分布，即温度场、浓度场，并进一步求解传递通量或传递速度。

传质的速率一般以染料浓度的变化呈现，染料在染色介质中浓度的改变或者是在纤维中浓度的改变。染色过程中，上染到纤维上的染料量随时间改变，在某一时间，染色速率 $\dfrac{d[D]_f}{dt}$ 表示为 dt 时间内上染到纤维上的染料量。当上染达到平衡时，$\dfrac{d[D]_f}{dt}=0$。

（一）染料与染色介质

染料传质的介质可以是水、溶剂、抑或是固体（如热熔染色、转移印花等），染料的分散状态可以是单分子、分子团簇、聚集体胶束、固体粒子等多分散状态的并存，染料粒子尺寸变化范围广。这种多分散体系的性质取决于染料与分散介质的性质。

1. 染色介质　染色过程中，最常见的介质是水，而无水染色的介质目前研究较多的是溶剂或是超临界流体，在热熔染色时则是熔融体。在间歇染色法中，最常见的传递介质是水。连续轧染时，传递介质是靠织物表面吸附的水分形成的染料溶液或染料分散体。在轧染汽蒸过程中，传递介质是靠织物表面吸湿剂，如尿素吸收蒸汽中的水分形成的染料溶液或染料分散体。在气流染色过程中，染色介质仍然是水，区别于液流染色的是纤维表面扩散边界层，也就是染料到达纤维表面的方式不同。分散染料热熔染色，介质是升华的染料蒸气。上述情况本质上都发生染料传质。传质的速度取决于介质的性质与染料相互作用以及对染料聚集的影响。染料的扩散速度将按气态—液态—固态外部介质的次序而降低。若再考虑到由于流体的搅动有加速液体和气体传递的作用，相当于分子扩散，则利用气态外部介质就有明显的优势，如气流染色，染色速度明显加快。理解了介质在染色过程中的作用，有助于进行节水染色，指导无水和少水染色的实践。

染色介质一般有三种类型，染料水溶液、染料水分散体系和染料的有机溶剂体系。水溶性染料聚集和解聚的基础是带电粒子之间的相互作用，正负粒子间存在相互排斥或者吸引，无论解离还是集聚，介质水的作用影响巨大。

一般情况下，极性水分子促进染料粒子的解离，而在某些情况下，极性水分子阻碍染料的聚集。一般来看，水溶性染料的聚集倾向会受到染料与纤维吸附强弱的影响，如对于直接染料染纤维素纤维而言，直接红 4B 在 25℃ 下，电解质浓度为 0.05g/L 时，聚集度为 1350，而其间位异构体的聚集度只有 10。相应的这些染料的直接性差异也表现出，直接红 4B 直接性高，其间位异构体染料则直接性差很多。主要原因是由水溶性染料解离形成的离子和极性水分子的结构决定的。

2. 染料的聚集　实际生产中染液中含有大量电解质、表面活性剂等，染料则很可能与极性分子形成包含染料分子和离子的胶束、离子对，甚至是多个阴阳离子形成的集合体等。如含磺酸基的阴离子染料，其胶束结构为：

$[(DSO_3H)_n (DSO_3^-)_m (m-p) Na^+]^{-p}$ 水溶性染料的溶液，其分散性很大程度上受染料浓度的影响。在稀溶液中（$10^{-6} \sim 10^{-4}$mol/L）染料很少发生聚集，仅有二聚体的倾向。浓度增大时，聚集体变大，形成四聚、甚至是六聚体（图 6-3）。

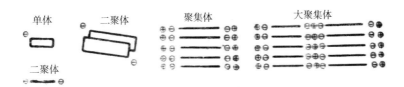

图 6-3　具有一个电荷中心的染料聚集体示意图

在实际生产中，染料溶液（$10^{-3} \sim 10^{-1}$mol/L）中含有不等量的集聚体，聚集度与染料结构和溶液所处条件，如温度、电解质种类浓度、纺织助剂等有关。影响水溶液中染料状态的基本因素包括染料结构和染料浓度。随着染料浓度的加大，单个离子和小尺寸集聚体的碰撞概率增大，从而促进染料的进一步聚集。对于某染料，根据其结构、染料溶液的制备和放置条件不同，有一个临界浓度，浓度达到此值时，聚集现象明显增加。主要影响因素如下：

（1）染料溶液的温度。提高温度，增加了处于聚集体和胶束中染料离子和分子的振动动能，自然也会使染料解聚，温度对染料聚集体影响强烈，作用趋势明显。

（2）染浴中助剂的性质和浓度。助剂影响水的结构，并且直接影响染料的聚集体。

（3）电解质。染液中加入电解质会促进染料的聚集，当浓度高时，还会导致染料的沉淀。

（4）有机物。某些有机物加入会对染料溶解起到促进作用。例如尿素在染整中的作用比较特殊，通常对染料溶液起到解聚集作用，其作用机理是影响水的结构，提高了水的介电常数，破坏了聚集体中染料离子的氢键，在活性染料染色时，尿素的解聚作用特别明显。此外，乙二醇、聚乙二醇、乙醇、苯酚、吡啶等都对染料分散形态造成影响。可能的解释是：这些有机小分子加入后，可与水和染料形成氢键，对水分子缔结结构形成了破坏。

（二）水分散染料体系

从染料结构看，分散染料缺乏水溶性基团，难溶于水中，但由于存在诸如—NO_2、—OH、—NH_2等极性基团，决定了它在水中有一定的溶解度。一般商品分散染料在100℃时溶解度为0.1~150mg/L。染料在水溶液中溶解度虽然很小，染液中仍然有部分以染料单分子的形式存在，且在适当条件下，可以扩散进入纤维内部。染料粒子的尺寸对其溶解度的影响可以表达为：

$$\ln \frac{S_r}{S} = \frac{2GM}{r\rho RT} \quad (6-2)$$

式中：S_r为粒子半径为r的染料溶解度；S为最小溶解度；G为表面能；ρ为固体染料密度。

可见当研磨尺寸变小时，如r为$10^{-2}\mu m$以下时，分散染料的溶解度加速升高，大幅提高分散染料的溶解度。在制备商品染料的过程中，提高分散度可以提高染料的溶解度。

分散染料和还原染料颗粒都存在多晶现象，即存在不同相态，这同样会影响其溶解度，因而会影响纤维饱和吸附量。

（三）染料在有机溶剂中的状态

近年来，保护资源、低碳环保成为行业准入条件，少水、无水染色技术取得实用性进步。使用有机溶剂或者超临界流体替代水作为染色介质获得产业化推广。

在有机溶剂中染料更容易与纤维结合，以有机溶剂作为染色介质，染色温度比传统工艺低，可减少热量消耗，节省能源。染色介质采用有机溶剂，染色时不需水，节约染色过程水消耗；溶剂与水不相溶，染色后废液易于回收。

1908年，德国发明人就申请过无水染色的专利。早期用于染色的溶剂多为氯代烯烃，因其无法使纤维素纤维溶胀、溶解染料，比较适用于分散染料染合成纤维，但易发生氧化还原反应，对环境和健康也有严重危害。常见的溶剂有全氯乙烯、三氯乙烯、二氯乙烯、氟代乙烯和十甲基环五硅氧烷（D5）。80年代，日本做过很多研究，但都不够成功。研究表明，这些染料在有机溶剂中的溶解状态取决于染料和助剂的结构，溶解度参数可以表征单位体积物质所具有分子间相互作用的大小，染料与溶剂间溶解度参数值越接近，表明两者相溶性越好。溶解度参数（solubility parameter，SP）是衡量液体材料相溶性的一项物理常数。其值等于材料内聚能密度的平方根，两种材料的溶解度参数越相近，则表明溶解效果越好。如果两者的差值超过0.5，则一般难以共混均匀，需要增加增溶剂才可以。增溶剂的作用是降低两相的表面张力，使界面处的表面能相近，从而提高相容的程度。另外，染料与助剂间相互作用对染料传质有较大影响。

从结构来看，分散染料是有颜色的极性物，染料在溶剂中的溶解特性可通过比色法分析测算，两只染料的溶解度参数越接近，两者越容易混合。分配系数取决于固体染料的内聚能大小。

$$平衡上染率 = \frac{分配系数}{分配系数+浴比} \times 100\% \quad (6-3)$$

溶剂染色的核心问题还包括，溶剂如何高效回收，对于挥发性溶剂，逸散和排放问题都要在产业化以前找到有效的解决方案，即回收也要考虑在染色过程中，如图6-4所示。

图6-4　溶剂染色过程示意图

近年来，超临界二氧化碳染色逐渐获得产业化规模的应用。超临界流体（supercritical fluid，SCF）是指流体的温度和压力处于它的临界温度和临界压力以上，即处于超临界状态，其性质介于气体和液体之间，既具有液体一样的密度、溶解能力、传热系数等物性，又具有气体的低黏度和高扩散性，常见的有超临界 CO_2、超临界乙烯、超临界水等，当前，用于染色的是超临界 CO_2。

超临界 CO_2 临界温度为 304K（31℃），压力 7.14MPa。最常见是用作萃取剂。超临界 CO_2 的扩散系数比液态大数百倍，见表 6-1，其向固体基质中的渗透比液体快得多。而其密度又接近于液态时的密度，所以有较好的溶解性，与有机溶剂相比，无毒、阻燃，无溶剂残余，廉价易得，使用安全，不会污染环境。

表 6-1　CO_2 在不同状态下的物理性能

参数	气相	液相	超临界相
密度 $\delta/(g/cm^3)$	10^{-3}	1	0.60
扩散系数 $D/(cm^2/s)$	10^{-1}	$5×10^{-6}$	10^{-3}
黏度 $\nu/[g/(cm·s)]$	10^{-4}	10^{-2}	10^{-4}

溶于超临界 CO_2 的染料多呈单分子分散状态，染料分子间力小，CO_2 分子黏度低，具有极高的扩散系数，染料分子快速地扩散到纤维的空隙中均匀染色。

超临界染色技术缺点是设备昂贵，染色过程中不能搅拌，染料残存对设备的管道清理造成麻烦，另外，工作在高温和超高压条件下，设备具有潜在的危险性。

近年来，超临界 CO_2 流体作为染色新介质受到重视，由于其环境友好、生产工艺绿色成为研究热点，在保护环境，实现"碳达峰""碳中和"目标的新形势下，展现出其独特优势。

三、染料在染浴中的扩散机制

染料在介质中扩散实际上是染料浓度在体系中自发的均衡。浓度梯度推动染料传递，染料上染时外部介质大多数是水、有机溶剂等液体，也有少数情况是气体。气体中物质扩散系数为 $10^{-2}\sim10^{0}$，液体中扩散系数为 $10^{-7}\sim10^{-5}$，固体中扩散系数为 $10^{-12}\sim10^{-8}cm^2/s$，参见图 6-5，在大多数情况下，染料在纤维内部的扩散最慢，是决定染色速率的关键步骤。不过在特定条件下，染料在外部介质中传递也可能决定染料上染的总速度。例如在染液循环速度很低的时候，或者是分散染料溶解速度很低的时候。

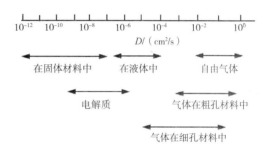

图 6-5　染料扩散系数数量级

一般而言，传质的速度正比于推动力，反比于阻力。也就是说，在某处溶质浓度差高，传质推动力就大，传质速度就快；当传质推动力一定时，则需要减少传质阻力来提高传质速度，因此对传质阻力进行分析，确定控制传质阻力的主要因素。染色过程中，上染是染料在外部介质—纤维簇体系中进行扩散吸附现象的结果。对于某一组分，如染液中的染料，质量传递的推动力就是在两个位置上的浓度差，传递的阻力因具体条件而异，如果使染色过程可控，获得均匀一致的上色速度，必须要分析发生在染色过程中的传质阻力。在染色浴中，染料的传递机理则主要为分子传递与涡流传递，分子传递是由分子热运动引起的，对流传质依靠染液在湍流状态形成的涡流传递。在静止的水中，滴入一滴染液，靠分子热运动，染料从一端到另一端需要很长时间，如果通过搅拌就很容易达到染缸的各处分布均匀。这是因流体微元—水溶液可以携带染料迅速传递给相遇的流体。静止或者是处于层流状态的染液中的传递机理为分子传递；处于湍流状态的染液发生涡流传递，虽然也有分子扩散，但比起对流传递，其贡献小得多，可以忽略不计。

染料在染液中发生的是靠对流传递，在染缸内流动基本是湍流，传递到纤维的染料的扩散速度很快，维持了整个染缸的浓度均匀。但无论搅拌多么剧烈，在纤维表面总存在薄层处于静止状态，称为扩散底层，发生在滞留底层的染料传递是分子传递，染料由纤维表面向内的传递速度是染色控制因素，染液循环越剧烈，滞留底层越薄，上色越快，上染速度快则意味着扩散底层的染料浓度快速变小。要及时补充新的染料，维持扩散边界层的浓度，染液发生对流传递的速度一定要与之相适应。因此，染缸设计决定了染液的循环速度。因此，液流循环速度与染缸结构对染色均匀性非常重要，控制不好会出现"染花"。

(一) 分子与分子微团的扩散规律

分子运动理论认为，分子总是处于杂乱无章的热运动之中，从微观角度来看，所有粒子也在进行永不停息的无规则的热运动。所谓微元，即是由众多分子组成的微小集合体，其传递规律仍遵循分子扩散理论。

从分子尺度研究扩散，可以把扩散流看作是两种相反的作用力作用的结果，即把扩散粒子（分子、离子或者分子离子团簇）推向前进的动力和阻碍这种运动的阻力。理论研究中把液体看作是连续的介质分子聚集体，染料分子在介质分子包围中，介质中产生瞬时空穴，扩散粒子从一个空穴跳到另一个空穴，同时要经过活化中间状态并克服势垒而进行扩散。染料粒子比水分子大得多，为了给染料挤出空穴，必须空出100多个水分子所占据的容积。水分子更容易在染料粒子的周边挤过，而积累小位移，所涉及的理论运算非常复杂，但理论推算的扩散动力学揭示扩散系数与介质黏度和扩散粒子的形状、大小有明显关系。可以预见，计算式非常复杂。

研究分子扩散的基本理论是菲克 Fick 定律，即单位时间内通过垂直于扩散方向的单位截面积的扩散物质流量（称为扩散通量 diffusion flux，用 F 表示）与该截面处的浓度梯度（concentration gradient）成正比，也就是说，浓度梯度越大，扩散通量越大。菲克第一定律的数学表达式如下：

$$F = -D\frac{dC}{dx} \qquad (6-4)$$

式中：F 为扩散通量 $[kg/(m^2 \cdot s)]$；D 为扩散系数（m^2/s）；C 为扩散物质的浓度（原子数/m^3 或 kg/m^3）；$\frac{dC}{dx}$ 为浓度梯度；负号表示扩散方向为浓度梯度的反方向，即扩散组分由高浓度区向低浓度区扩散。

扩散系数 D（diffusion coefficient）是描述扩散速度的重要物理量，它相当于浓度梯度为 1 时的扩散通量，D 值越大则扩散越快。由于扩散系数差距巨大，以指数坐标进行展示，如图 6-5 所示。

菲克定律还区分了稳态扩散和非稳态扩散。菲克第一定律只适用于 F 和 C 不随时间变化的稳态扩散（steady-state diffusion）的场合。所谓的稳定态，又称稳定过程，是指在某个单元过程中，任一点物理量如温度、压力、流量等都不随时间发生改变。对于稳态扩散也可以描述为：在扩散过程中，各处的扩散组分的浓度 C 只随距离 x 变化，而不随时间 t 变化，每一时刻从前边扩散来多少原子，就向后边扩散走多少原子，没有增减，所以浓度不随时间变化。如果各处流体都是静止的，浓度梯度方向与截面相垂直的简单扩散的问题，可以套用菲克第一定律，这是理想化的分子扩散，条件仅限于实验室，获得的规律对工程问题不具广泛意义。

在实际染色条件下，染料的扩散是由变化的浓度梯度决定的，即过程是在非稳态条件进行的。在稳态和非稳态下的扩散，数学描述方法是有众多差别的。

对于非稳态扩散，就要应用菲克第二定律。非稳态扩散（non – steady-state diffusion）的特点是：在扩散过程中，通过各处的扩散通量 F 随时间和随着距离 x 在变化。菲克第二定律指出，在非稳态扩散过程中，在距离 x 处，浓度随时间的变化率等于该处的扩散通量随距离变化率的负值，即将代入上式，得：

$$\frac{\partial C}{\partial t} = \frac{\partial}{\partial x}\left(D\,\frac{\partial C}{\partial x}\right) \qquad (6-5)$$

这就是菲克第二定律的数学表达式。如果扩散系数 D 与浓度无关，则该式可以写成：

$$\frac{\partial C}{\partial t} = D\,\frac{\partial^2 C}{\partial x^2} \qquad (6-6)$$

式中：C 为扩散物质的体积浓度（kg/m³）；t 为扩散时间（s）；x 为距离（m）。

实际上，固溶体中溶质原子的扩散系数 D 也是随浓度变化的，但为了使求解扩散方程简单些，往往近似地把 D 看作恒量处理。

通过下面计算过程加深理解稳态扩散和非稳态扩散系数之间的差别。

例：试计算稳态条件下，在 80℃ 时染料直接蓝 K 通过纤维素薄膜的扩散系数，一组纤维素薄膜厚度为 $x = 30\mu m$，扩散通过的表面积为 9.62cm^2，薄膜两侧的浓度差 dC 为 0.197g/L，图 6-6 是直接天蓝 K 上染纤维素膜获得的实验数据。

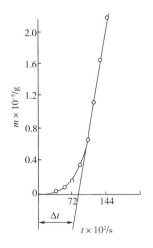

图6-6　透过纤维素膜的染料量与染色时间的关系

解：可以根据图 6-6 估算读数，并测算切线倾角的正切值 dm/dt 为 1.77×10^{-4}。

根据定义，F 为单位时间内通过垂直于扩散方向的单位截面积的扩散物质流量：

$$故 \qquad F = \frac{\dfrac{\mathrm{d}m}{\mathrm{d}t}}{S} \qquad (6-7)$$

将所得数值及已知数据代入式（6-4），可得：

$$D = \frac{\dfrac{\mathrm{d}m}{\mathrm{d}t}}{s \cdot \dfrac{\mathrm{d}C}{\mathrm{d}x}} = \frac{1.77 \times 10^{-4}}{9.62 \times (0.197/30 \times 10^{-4})}$$

$$= 4.67 \times 10^{-9}\ \text{cm}^{-2}/\text{s}$$

$$(6-8)$$

根据图 6-6 所列薄膜染色数据，如果是在非稳态下扩散，计算在非稳态条件下染料直接天蓝 K 通过纤维素膜的扩散系数。

直接求解式（6-6），需要有边界条件，非常复杂，本章后面会给出一些假设条件下的精确解，但可用式（6-8），进行估算：

$$D = \frac{x^2}{6\Delta t} = \frac{(30 \times 10^{-4})^2}{6 \times 9 \times 10^3} = 1.67 \times 10^{-10}\ \text{cm}^{-2}/\text{s}$$

$$(6-9)$$

从以上计算可见，稳态扩散与非稳态扩散所测算的差异比较大。

像瑞士科学家 H. Zoilinger 在其色素化学里谈的那样，尽管染色工艺比染色化学成熟得多，但是，人们仍未能对控制这些过程的诸多要素做出解释。虽然染液搅拌对染色速率有很大影响，但以往的研究中还是忽略了搅拌的影响。染色过程中，染液被高速搅拌或经泵送循环的强制对流，搅动被染物。质量和能量就会既通过位势梯度又通过流体本身运动进行输送。能量和质量既通过分子传递又通过流体运动两种方式传递到另一表面，对流传质是主导。对流传质理论对之描述可归纳如下。

首先是通过引入无因次参数——雷诺数，使过程简化。

$$Re = \frac{U_0 \ell}{\mu} \qquad (6-10)$$

式中：U_0，ℓ 分别为流场的特征速度和特征长度；μ 为流体动力学黏度。

雷诺数较小时，黏滞力对流场的影响大于惯性力，流场中流速的扰动会因黏滞力而衰减，流体流动稳定，为层流；反之，若雷诺数较大时，惯性力对流场的影响大于黏滞力，流体流动较不稳定，流速的微小变化容易发展、增强，形成紊乱、不规则的湍流流场。Re 在 2000~4000 正好是流体由层流向湍流转变的过渡区，工程上为了简便起见，便把 $Re=2000$ 作为流态是层流还是湍流的判别条件。在液体介质中染色与水洗过程中，染液或洗液发生层流和端流。

所谓层流即流体在染缸内流动时，分子聚集体沿着与缸壁或者纺织品表面平行的方向作平滑直线运动，此种流动称为层流或滞流。流体的流速在管中心处最大，其近壁处最小。当 $Re<2320$ 时，流体的流动状态为层流。在边界层内的黏滞力使液体产生滞留，这种阻滞作用在运动液体的其余区域内不起作用。

界面流体边界层虽然很薄，但在传质过程（包括染色和水洗过程）中却起着非常重要的作用。界面流体动力边界层的厚度为：

$$\delta_{\mathrm{h}} = \sqrt{\frac{\ell}{\mu U_0}} \approx \sqrt{\frac{\ell^2}{Re}} \qquad (6\text{-}11)$$

在边界层以外，液流的速度为 U_0，假如把表面上液体流速达到主体流速的 99% 的距离作为边界层厚度，则布拉休斯对平板层流边界层求得的精确解为：

$$\delta_{\mathrm{h}} = 5.2\sqrt{\frac{\mu_{\mathrm{x}}}{U_0}} \qquad (6\text{-}12)$$

计算得出层流底层厚度，即可估算在染色介质中控制过程时长以及层流态传质研究染色的快慢。为保证染色均匀，染液循环一定要在湍流状态下进行。

（二）染料在层流状态的传递

依据能斯特和朗缪尔提出的最初的传质理论，被染物界面附近形成不动的稳定层，层中发生溶质分子扩散。按照"薄层"理论，在表面传质或传热过程中，反应物质的数量 Q 与液体经界面层扩散系数以及溶质浓度差成正比，可用能斯特方程表示。

$$Q = DS\frac{C_{\mathrm{v}} - C_{\mathrm{s}}}{\delta_{\mathrm{d}}} \qquad (6\text{-}13)$$

式中：S 为固体与液体的接触面积；C_{v}，C_{s} 分别为总体积中和染料表面上的溶质浓度；δ_{d} 为扩散边界层厚度。

染料经液体界面层的扩散阶段以及控制物质从液体向固体表面传递速度慢，是染色过程的控制关键。也有人认为，把固体表面附近的液体当作绝对静止不动的模型存在缺陷。

在运动液体中，传质按两种不同的机理进行。浓度差作用下的分子扩散以及溶解于运动液体中的粒子在其运动中和分子扩散一起传递。综合这两个过握，就构成了对流扩散。

在传质过程中，扩散边界层的厚度极为重要。因为正是在薄薄的液体区域内，对液体中物质向固体表面扩散的阻力有很大影响。在最粗略的近似情况下：

$$\delta_{\mathrm{d}} \approx \frac{1}{\nu_0^n} \qquad (6\text{-}14)$$

式中：ν_0 为初始黏度；n 为某个自然数。

计算中，更精确的方程式为：

$$\delta_{\mathrm{d}} = \left(\frac{D}{\nu}\right)^{\frac{1}{3}}\delta_{\mathrm{h}} = \frac{\delta_{\mathrm{h}}}{Pr^{\frac{1}{3}}} \qquad (6\text{-}15)$$

$$\delta_{\mathrm{d}} = (D_{\mathrm{v}})^{\frac{1}{6}}\sqrt{\frac{x}{\nu_0}} \qquad (6\text{-}16)$$

式中：Pr 为普朗特数（Prandtl number）是由流体物性参数组成，表明温度边界层和流动边界层的关系，反映流体物理性质对对流传热过程的影响，是组合成无量纲数，简记为 Pr：

$$Pr = \frac{\nu}{\alpha} = \frac{\mu c_{\mathrm{p}}}{k} \qquad (6\text{-}17)$$

式中：μ——黏度，Pa·s；

c_{p}——等压比热容；

k——热导率；

α——热扩散系数（$\alpha = \lambda/\rho c$）；

ν——运动黏度，m^2/s。

其中 ν 和 α 分别表示分子传递过程中动量传递和热量传递的特性。

在考虑传质传热的黏性流动问题中，流动控制方程中包含有关传输动量、能量的输运系数，即动力黏性系数 μ、热导率 k 和表征热力学性质的参量定压比热 c_p。

普朗特常数是流体力学中表征流体流动中动量交换与热交换相对重要性的一个无量纲参数，表明温度边界层和流动边界层的关系，反映流体物理性质对对流传热过程的影响。

由式（6-15）、式（6-16）可见，扩散边界层厚度不仅与流体动力学条件有关，而且与染料在溶液中的分子扩散系数有关。

$Pr = 10^4$ 时，扩散边界层厚度约为流体动力层厚度的 1%。扩散边界层厚度与液体黏度及扩散系数有关，与流速 V_0 的平方根成反比；δ_d 与 $\sqrt{x}$ 成比例地增加。在稳定扩散动力学中，扩散到薄层表面的扩散流量与其表面的制动量相等。

（三）染料在湍流中的扩散

在大多数情况下，染色和水洗时，染液或水是湍流（turbulence）状态。这种湍流状态是由高速循环液体或高速移动纺织材料及其复杂的几何形状决定的。湍流以强烈的无规则的液体搅拌为特征，扩散边界层的厚度比层流的扩散边界层小，湍流状态下的扩散流量将比层流状态下的扩散流量要大。

如果湍流运动传质的扩散系数为 D_T，则扩散到固体表面的湍流流量为 I_T。

$$I_T = D_T \frac{\partial C}{\partial y} \qquad (6-18)$$

式中：$\dfrac{\partial C}{\partial y}$ 为平均浓度梯度。

D_T 比分子扩散系数大得多，$D_T \gg D$（约百万倍），这意味着当由层流状态过渡到湍流状态时，传质过程大幅加快了。意味着为了强化液相法染色和水洗过程，建立湍流状态的重要性。

在液相法染色和水洗中，一定要保证染液处于湍流状态。

固体表面附近形成结构复杂的湍流边界层，层中的湍流运动平均速度呈对数分布；相应地，该层中物质平均浓度的分布也服从对数规律：

$$C_T = \frac{I_T}{\beta V}\ln y + \alpha \qquad (6-19)$$

式中：β 和 α 为常数。

湍流结构图示如图 6-7 所示。

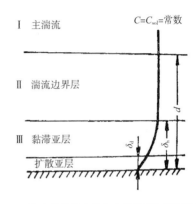

图 6-7　湍流结构及在湍流中扩散的染料浓度分布

$y < \delta_h$ 的区域称为黏滞亚层，流动保持黏滞性质，在 $\delta_h < y < d$（此处 d 为湍流边界层厚度，δ_h 为黏滞亚层厚度）时，浓度分布呈对数曲线的形态。

在边界条件：$y = d$，$C = C_{sol}$ 为常数时，湍流边界层中的浓度分布可用下列方程表示：

$$C = \frac{I_T}{\beta V_0}\ln\frac{y}{d} + C_{sol} \qquad (6-20)$$

在离表面的距离很小时，$y < \delta_h$，即在黏滞亚层中，浓度不再按对数规律分布了。在黏滞亚层中，浓度的变化与亚层中液体的运动性质有关。至于哪一种扩散占据主导，在湍流结构中可以分为四层，参见图 6-7。

（1）主湍流区，$C = C_s$，$L =$ 常数。

（2）湍流边界层。在此层中，速度和浓度以对数规律逐渐减小。分子的黏度和分子扩散不起重要作用，而物质以湍流脉动而传递。

（3）黏滞亚层。此层中湍流脉动逐步衰减，而主要表现出分子黏性，但湍流扩散仍大幅超过分子扩散。

（4）扩散亚层。仅在黏滞亚层的最深处，$y < \delta_h$（扩散亚层），分子扩散机理才开始较湍流扩散占优势。

实际的被染物有复杂的几何形状，也有复杂的组织结构。例如，织物可以由单纱组成也可以由股纱组成。纱线之间空隙不同，加上纱线密度、纱线中单根纤维的捻度和拉伸度以及织物的经纬密度不同。上面所述流体动力学的一般原理不能简单移植到实际织物的染色加工中。在织物之间空隙中的染液的流量，决定染色速度和染色均匀度，而纤维之间空隙中的流量，决定纱线中纤维染色的速度和均匀度。因此，织物在染液中的循环染色需要引入大量近似的流体动力学综合条件，使问题变得简单并可控。

（四）染料在纤维内的扩散

染料在纤维内部传质可视为染料分子在多孔固体介质中的传递。通常有两种模型描述染料在纤维中的扩散运动。

第一种是孔隙（道）模型，溶解在染液中的染料在扩散到充满水的纤维孔隙中。在该模型中，扩散系数取决于染色条件下纤维孔的数量和大小。该模型假设：与染料分子尺寸相比，被染物纤维的孔很大，染料接触到孔网络，可以在孔隙行扩散进程中不断吸附和解吸。孔隙模型比较适合染料从明显膨胀纤维的水溶液中扩散到亲水纤维。纤维的充水通道为染料分子到达其吸附位点提供了一条转移途径。

第二种是自由体积模型，染料扩散发生在纤维的非晶体区域的空隙体积中。这个空隙体积是由聚合物的链段运动形成的，这一过程始于纤维的玻璃化温度。非晶体区域的自由体积的变化促使分子的扩散。自由体积机制主要适用于疏水性纤维染色。

对相对简单的染料染色研究比较多，如酸性和直接染料等带磺酸基的偶氮染料。纤维素的染色多被认为是以多孔矩阵模型来理解，而羊毛和丝绸的行为最接近自由体积模型。

此外，对活性染料染色的研究也比较多，尽管它们最终被与纤维的化学反应固定不动，染料停止扩散同时改变了纤维的浓度梯度。而其余染料，特别是那些分子量大的染料，对扩散行为的研究更加复杂。因此，还原染料、络合染料、硫化染料和不溶性偶氮染料的研究很少见。

总体而言，染料在液体中的扩散速度处在 $10^{-6} \sim 10^{-5} \, \text{cm}^2/\text{s}$ 数量级，而染料在纤维中的扩散速度大概在 $10^{-12} \sim 10^{-7} \, \text{cm}^2/\text{s}$。由于染料在纤维中的扩散系数比染液中的扩散系数小很多，早期研究都认为上染速度是由染料在纤维中的扩散所决定的，以在纤维中的扩散速度表征上染速度。染料在纤维中的扩散速度受到以下两因素影响。

（1）空间因素。纤维的结构密度关系着染料运动的空间阻滞，染料分子的大小与纤维中存在的，或上染条件下产生的空穴和孔隙的大小应相适应。

（2）吸附因素。纤维上带有一些特定的基团或染座，染料与纤维上的染座或是吸附中心相互吸附。一定量的染料从扩散流中不断地被纤维吸附而失去活性，结果阻挡了一定量的染料，其量和染料与纤维的亲和力成比例。

因此染料上染的基本动力学阶段上染速率为：

$$\frac{\partial C}{\partial t} = D \left(\frac{\partial^2 C}{\partial r^2} + \frac{1}{r} \frac{\partial C}{\partial r} \right) - kC^n \quad (6-21)$$

式中：k 为吸附速率常数。

解二次微分方程比较复杂，要为使方程式有解，假设：纤维是圆柱体结构，染色是在有限体积内染缸中，被搅拌溶液中染料在圆柱体中的扩散，若在表面上保持恒定浓度 C_0，而在纤维圆柱体中有起始浓度分布 C_1，圆柱纤维半径为 α，在纤维 $r = \alpha$，$C = C_0$，$0 < r < \alpha$，$C = f(r)$，则对于长时间的扩散，求解基本动力学

方程，获得如下表达式：

$$\frac{C - C_1}{C_0 - C_1} = 1 - \frac{2}{a} \sum_{n=1}^{\infty} \frac{\exp(-D\alpha_n t) J_0(\alpha_n)}{\alpha_n J_1(a\alpha_n)}$$
(6-22)

如果以 M_t 表示在 t 时间内进入纤维内的染料总量，以 M_∞ 表示对应于无限长时间进入纤维内扩散染料的量。$\frac{M_t}{M_\infty}$ 描述为某一时间 t 时，染料扩散完成度。

$$\frac{M_t}{M_\infty} = 1 - \sum_{n=1}^{\infty} \frac{4}{a^2 \alpha_n^2} \exp(-D\alpha_n^2 t)$$ (6-23)

由于该公式是由希尔 Hill 首先推导出的，所以式（6-23）又称为希尔公式。

通过一系列的假设，有学者进一步得出以级数形式的解。

$$\frac{M_t}{M_\infty} = 1 - \sum_{n=1}^{\infty} \frac{4\alpha(1 + \alpha)}{4 + 4\alpha + \alpha^2 q_n^2} \exp(-Dq_n^2 t / v^2)$$
(6-24)

$$\frac{M_t}{M_\infty} =$$

$$2\left[\frac{2}{\pi^{1/2}}\left(\frac{Dt}{a^2}\right)^{1/2} - \frac{1}{2}\frac{Dt}{a^2} - \frac{1}{b\pi^{1/2}}\left(\frac{Dt}{a}\right)^{3/2} + \cdots\right]$$
(6-25)

以上公式依然复杂，早期有学者 Vickerstaff 在发表的文献中，简化了上面的公式，将 M_t/M_∞ 与 Dt/a^2 相对应关系（a 为圆柱纤维半径）列在表6-2中。

表6-2 染料由无限染浴中向有限体积的圆柱状纤维的扩散

M_t/M_∞	Dt/a^2	M_t/M_∞	Dt/a^2	M_t/M_∞	Dt/a^2
0.998	1.000	0.708	0.150	0.299	0.020
0.961	0.500	0.524	0.070	0.183	0.007
0.878	0.300	0.361	0.030	0.130	0.003

例：以酸性红 X3B 对尼龙长丝（43D/17f）进行染色，于80℃染色20min后，测得 M_t 为6.0%，M_∞ 为7.5%，$M_t/M_\infty = 0.8$。

查表6-1，通过插值可得：$Dt/a^2 = 0.215$，锦纶的密度为 1.14g/cm³，1旦（旦尼尔）为

9000m 纤维的重量，由此可知：

$$\frac{43}{17} = \pi \times \alpha^2 \times 9000 \times 1.14$$ (6-26)

$$\alpha^2 = 8 \times 10^{-7}$$ (6-27)

因而

$$D = \frac{0.215 \times 8 \times 10^{-7}}{20 \times 60}$$

$$= 1.4 \times 10^{-10} \ (\text{cm}^2/\text{s})$$

应当注意到，水溶性染料染色，活性染料染色，分散染料染色，三者染料与纤维间的相互作用力，存在巨大差异。考虑染料与纤维相互作用的类型包括：物理吸附，如库仑引力、分子间力、静电作用、配位键以及氢键的影响，有学者对表达式进行了补充：

$$\frac{\partial C_0}{\partial t} = D_f\left(\frac{\partial^2 C_e}{\partial r^2} + \frac{1}{r}\frac{\partial C_0}{\partial r}\right) + q_f(t),$$
$$R < r < \infty, \ t > 0$$ (6-28)

$$\frac{\partial C_f}{\partial t} = D_f\left(\frac{\partial^2 C_f}{\partial r^2} + \frac{1}{r}\frac{\partial C_f}{\partial t}\right) + q_f(r, t),$$
$$0 < r < R, \ t > t_0$$ (6-29)

对不同的染料上染不同纤维，虽所列动力学方程形式相近，但其边界条件会有差别，致使最终结果差别大。如果想对求解过程有更深的理解，请参照推荐阅读的文献。

四、染料在染浴和纤维两相间传递与平衡

在染色过程中，达到平衡前，染液和纤维表面染料浓度一直处于变化状态，为使过程便于理解，有必要更清楚地讨论染料浓度在纤维表面的浓度变化。为了模拟染色过程，需要借助纤维表面吸附的染料量与染液中残留的染料量的热力学概念以及染料间分配关系的一般表达式。染料分子在基质上的吸附行为通常使用等温模型来描述。与吸附相关的标准亲和力（$-\Delta\mu^\ominus$）被用来解释特定系统中的不同染料或同一染料在不同基质上的行为。

染料随染液吸附在纤维表面，在纤维内外形成染料浓度差，推动染料从纤维表面向纤维内部扩散，慢慢地达到内外平衡。染料在相之间的传质过程，通过相界面的物质传递称为相间传递，相间传递是指染液中的染料 D 在具有

浓度差的两相间，由高浓度相向低浓度相转移的现象（图6-8）。但这里所说的浓度差，并非染料在两相的绝对浓度差，而是指相平衡意义上的浓度差，也即化学位之差。

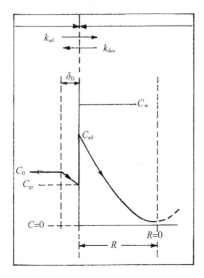

图6-8 染料在两相界面的浓度分布示意图

染色的终点是扩散相在染色介质与纤维间达到了相平衡，染色过程中，纤维上和染液中都含有染料，且在染液中化学位与纤维固相的化学位分别为 μ_D^s、μ_D^f，若 $\mu_D^s \neq \mu_D^f$ 时，两相接触时，就会发生化学位迁移现象，直至达到平衡，即 $\mu_D^s = \mu_D^f$。化学位 μ_D 与浓度 C_D 之间的关系可依据热力学理论关联起来。对于在纤维相中任一浓度值 C_D^f，在液相中都对应着一个与之相平衡的浓度 C_D^{s*}，即：

$$C_D^{s*} = KC_D^f \qquad (6\text{-}30)$$

式中：K 为平衡常数，与温度、压力及系统组分有关。

如果两相起始浓度分别为 $C_{D_0}^s$、$C_{D_0}^f$，染料在两相间是否发生了相间传质，可以根据式（6-30）判断如下：

（1）若满足 $\mu_D^s = \mu_D^f$，则两相处于动态平衡中，染料 D 在两相间没有净质量传递。

（2）若 $C_{D_0}^s > KC_{D_0}^f$，染料在两相间发生传质，传质的方向为从溶液向纤维的转移。

（3）若 $C_{D_0}^s < KC_{D_0}^f$，染料在两相间也将发生

净质量传递，传质方向为从纤维向溶液转移。

质量传递的终点就是染色体系达到染色平衡点。对平衡的讨论固然重要，而讨论达到平衡的过程也很重要。在实际染色生产过程中，很少达到染色平衡，因为达到平衡的时间会太长，实际生产染色速度则更为重要。

第二节 传质过程相关的数学模型

虽然染色平衡对理解上色过程很重要，但对于实际生产，染色速度更为重要，因为一般的染色过程很少能够达到平衡，达到平衡的时间太长。然而，染色速度对诸多工艺因素的变化太过敏感，包括染浴的流动状态、浴比，纺织品种类和结构，染浴温度和 pH，助剂的浓度，染料量，这也就是为什么，染色动力学基础研究进展要远远少于染色平衡的原因之一。

一、染色过程的动力学

在一定染色条件下，设定染色温度不变，探讨染色速度随时间的变化率，可以表征某一染料的性能，对筛选上色速率相同染料有实用价值。典型的上染率曲线（dye uptake curve）如图6-9所示，上染率曲线还可以反映出初染率，染料上染速度变化以及达到染色平衡所需要的时间。

通过上染速率曲线，还可以比较染料的扩散性能，扩散性是指染料向纤维内部移动的能力，温度有利于染料分子的扩散。扩散系数大的染料，反应速率和固色效率高，匀染和透染程度也好。扩散性能的好坏，取决于染料的结构和大小，分子越大越难扩散。对纤维亲和力大的染料被纤维吸附的作用力强，扩散也就困难，通常靠提高温度来加速染料扩散。

上染百分率曲线可以概括为半染时间和平衡上染量。半染时间是反映上染速率的常用指标，即吸尽率达到平衡值的一半时所用的时间。

测定染料的扩散性能通常采用薄膜法。经典的方法是取黏胶薄膜浸入蒸馏水中，浸前厚度为 2.4×10^{-2} mm，浸渍 24h 后厚度为 4.5×10^{-2} mm。测定时将此薄膜根据需要叠成一定厚度，压在玻璃板下去除气泡。然后夹在中间有橡皮垫圈的两块夹板中，其中有一块夹板中间有一圆孔，染液只能通过此孔向薄膜层里扩散，将夹板薄膜浸没在 20℃ 的染液中静置 1h，然后取出用水冲洗，观察染液透染薄膜的层数和各层染料色泽。扩散层数与半染时间存在一定相关性，半染时间短，扩散层数多。

即使是这些数据也不够准确，与更为复杂的染色条件相比，液流更简单。况且，并不是总能够获得所有纤维薄膜，所以至今尚无法测定染色速率常数的准确数值，与染色速率曲线相吻合的经验式有很多，可获得染色速率常数。

对染色过程建立数学模型，即采用数学模拟方法对染料在溶液和纤维中的扩散传质进行分析，把染色过程理论化、定量化，其目的使人能够可靠预测，调节和控制工艺过程。

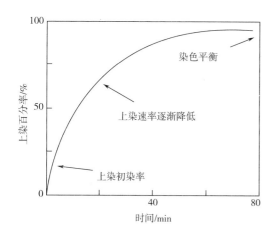

图 6-9　上染百分率与时间的关系

二、染色动力学数学模型

一些学者在研究染色过程基础上提出了多种模型。如有的是着眼于对染色过程的在线控制，依赖大量假设以使模型尽可能简单；还有的考察各种工艺参数对染色的影响，分析染料

在染色介质和被染物间分配规律。对间歇（浸染）染色的建模可分为两种类型：

第一种，一般数学模型。在这些模型中，对各种染色参数的影响进行分析，考察包括体积和浓度分布以及流体流速这些参数对染色过程的影响，并导出微分方程。但是，想要解微分方程，还需要对模型进行重大的简化才能得到数值解。

第二种，简化数学模型。基于描述染色过程的定律模型，模拟无染料迁移和流体流动的染色条件的模型。考察染液在机器隔成的空间和被染物内的流动，获得限定变量的数学方程，确定极端染色条件下的被染物均匀染色的极限条件。由于在模型中使用了许多简化因子，这些模型所定义的方程通常更简单。

本节将介绍染色过程的几种建模方法和相应的数学模型及其应用效果。基于过程动力学分析和传质计算的机理建模方法，辅以染色机的稳态操作数据即可得到模型参数，这样的模型不仅包括输入输出变量，而且包含具有物理意义的中间变量，如定量和水分，可用于染色机的质量预报和控制。

染料从溶液转移到纤维内部的过程，由于影响因素多、非常复杂，研究时需要简单化处理，需简化或设置许多条件，以使它们能够接受数学处理。

为使建立的模型不至于太过复杂而无解，在研究染料上染的扩散过程中，对初始化和边界条件进行一定的假设：纤维一般被看作是圆柱形高分子固体，染料在纤维表面和纤维内部视为无限体系的自由扩散，使用染料的 Fick 扩散方程式来讨论向纤维内部的染料扩散速度，染浴则被视为半无限平板或圆柱等体系的无限浴以及有限浴进行数学处理。

设圆截面纤维截面半径为 a，$C = C_0$，在 t 时间内纤维扩散染料总量 M_t 即为：

$$\frac{M_t}{M_\infty} = 1 - \sum_{n=1}^{\infty} \frac{4}{\alpha_n^n} \exp\left(-\frac{D\alpha_n^2 t}{a^2}\right) \quad (6-31)$$

式中：M_∞ 为无限长时间后，纤维上染料的总量。

对于有限染浴，Carman 和 Haul 研究染料在纤维上扩散，解菲克第二定律得到如下解：

$$\frac{C_t}{C_\infty} = 1 - \sum_{n=1}^{\infty} \frac{4\alpha(1+\alpha)}{4+4\alpha+\alpha^2 q_n^2} \exp\left(\frac{4Dq_n^2 t}{r^2}\right) \tag{6-32}$$

20 世纪 50~60 年代，对染色动力学研究比较多，也发表了不少经典模型并被沿用至今，虽然远不能模拟生产过程的一些因素对染色上色率的影响，但对理解染色基本原理很有帮助。表 6-3 列出一些经典的数学模型以及前提条件。

表 6-3　一些经典染色动力学数学模型

序号	假定	数学模型	公式名称
1	以纤维视为薄膜在无限染浴中染色，忽略薄膜的边缘扩散，积分	$\frac{M_t}{M_\infty} = 1 - \frac{8}{\pi^2}\left(e^{-\frac{\pi^2 Dt}{\alpha^2}} + \frac{1}{9}e^{-9\pi^2\frac{Dt}{\alpha^2}} + \frac{1}{25}e^{-25\pi^2\frac{Dt}{\alpha^2}} + \cdots\right)$	Mc Bain 方程
2	纤维在无限染浴，染液浓度不随上染过程变化，纤维看作圆柱，忽略两端扩散	$\frac{M_t}{M_\infty} = 1 - 0.692\left(e^{3.765\frac{Dt}{r^2}} + 0.190e^{30.5\frac{Dt}{r^2}}\right)$	Hill 方程
3	假定非无限染浴，浓度自始至终一直变化	$\frac{M_t}{M_\infty} = 1 - \frac{4\alpha_1(1+\alpha)}{4+4\alpha_1+\alpha_1^2 q_2^2}e^{-q_1^2\frac{Dt}{r^2}} - \frac{4\alpha_1^*(1+\alpha_1)}{4+4\alpha_1+\alpha_1^2 q_2^2}e^{-q_2^2\frac{Dt}{r^2}}$	Crank 方程
4	染料浓度大，染色初始阶段为前提	$\frac{M_t}{M_\infty} = 2\sqrt{\frac{Dt}{\pi}}$	Vickerstaff 方程
5	染料浓度较小，染色最后阶段为前提	$\frac{\mathrm{dln}(M_\infty - M_t)}{\mathrm{d}t} = -\frac{D\pi^2}{t}$	Frensdorff 方程

注　M_t 为 t 时刻染料的上染量；M_∞ 为平衡吸附量；b 为纤维薄膜的厚度；r 为纤维半径；a 为平衡吸附率 E 的函数；q_1、q_2 与 a 相同，为 E 的函数。

近年来，对于不同条件下的染色速率求解，研究者有过许多探索，并发表了相关的研究成果，从报道的文献看，有如下几种数学模型在相应的应用环境下与实验结果相符，下面予以简单介绍，便于有兴趣的同学深入研究。

1. McGregor 数学模型　McGregor 最早提出可以把染色过程简化表达成二维对流扩散方程，其中染料浓度的变化率取决于溶质扩散和染液对流扩散之和，并决定瞬时浓度。考虑到液流流速是有方向的，引入矢量后对流扩散方程形式为：

$$\frac{\partial C}{\partial t} + (v \cdot grad)C = D\nabla^2 C \tag{6-33}$$

式中：C 为溶液中染料的浓度；t 为时间；D 为扩散系数；v 为表示流体运动速度的矢量。

研究方法类似于将多层平板薄膜浸入稳定流动的染液中，维持染液流速不变，初始浓度 C_0，恒定流速是 v_0，仅考虑两个方向的扩散模型，在这个模型中的 y 坐标垂直于纤维表面，而 x 坐标平行于其表面，在初始染色时，取坐标系位于薄膜边缘。认为 $\partial^2 C/\partial x^2 \ll \partial^2 C/\partial y^2$，即扩散主要发生在朝向或离开纤维的表面，$y$

轴方向，所以等式可以进一步简化。此外，还进一步假定染料浓度不随时间而变，等式就简化为：

$$D \frac{\partial^2 c}{\partial y^2} = v_x \frac{\partial c}{\partial x} + v_y \frac{\partial c}{\partial y} \qquad (6-34)$$

对应的边界条件：当 $y \to \infty$，$C \to C_0$，当 $y = 0$，$C = 0$。

$$v_x \frac{\partial v_x}{\partial x} + v_y \frac{\partial v_x}{\partial y} = -\frac{1}{\rho} \frac{\partial p}{\partial x} + \mu \frac{\partial^2 v_x}{\partial y^2} \quad (6-35)$$

然而，正如 McGregor 所指出的那样，只有预设条件才能得到解。即预设 v_x 和 v_y 为已知。则此动力学方程有解，或者是一组特定解。

McGregor 进一步的研究还涉及纳维尔—斯托克斯方程的解。在上述的对流扩散问题中，莱维奇求解了这一组方程式，给出了 v 表达式，可以 v_x 和 v_y 进行替代，并最终获得流扩散问题有效的解。McGregor 的工作表明了严格预测流量对染色速率的影响非常复杂。然而以扩散边界层模型对染色问题建模求解是非常有效的。

2. Hoffman and Mueller 模型 Hoffman and Mueller 则设计了一个简单的数学模型，这个模型考虑了液流穿过被染物的均匀流动和染料在纤维内的菲克扩散。在进行简化后，计算染料在被染物内的分布和均匀度。在其研究中，运用被染物内的质量守恒原理，将液体对流及纤维中扩散的染料助剂各个组分联系起来，公式如下：

$$\left(1 - \frac{S_P}{S_F}\right) \frac{\partial C_L}{\partial t} = -q \frac{\partial C_L(x, t)}{\partial x} - S_P \frac{\partial M_F}{\partial t}$$

$$(6-36)$$

式中：C_L 为被染物内平面 x 处、t 时刻染料液中的体积浓度；M_F 为染料在时间 t、距离为 x 平面的染料总量；S_P 为被染物密度；S_F 为纤维密度；q 为单位时间通过被染物中单位面积的流量。

染料从表面扩散到纤维内部遵循菲克的第二个方程，染料径向扩散到均匀纤维圆柱体内芯，公式如下：

$$\frac{\partial C_F(r, x, t)}{\partial t} = D(t) \left[\frac{\partial C_F}{\partial r^2} + \frac{1}{r} \frac{\partial C_F}{\partial r} \right]$$

$$(6-37)$$

纤维在时间 t 和位置 x 时吸收的染料质量由如下式给出：

$$M_F(x, t) = \frac{2}{r_F^2 \rho_F} \int_0^{r_F} C_F(r, X, t) r dr$$

$$(6-38)$$

为解此方程，作者进一步假设溶液中染料的浓度 C_L 和纤维上的染料的浓度 C_F 之间吸附是线性关系，最终获得有效解。显示了染料在不同时间的分布，在整个被染物的厚度上以及在被染物中不同位置的单个纤维的整个半径上的分布。因此，根据模型的仿真结果可以对染色过程进行清晰的分析。

可见，尽管 Hoffman 和 Mueller 的工作是基于一种动态描述系统中每个位置染料分布的良好方法，但假设染液的均匀性、吸附关系是线性相关、忽略对流传质项对染料传质的贡献，条件太理想化，这限制了其模型应用的范围和有效性。

3. Nobbs and Ren 模型 诺布斯和任团队搭建了特殊的染色装置，并设计了可量化总吸附误差的染色法模型。此数学模型采用了一个对流传质方程，用以描述未上染的染料量，在纤维染色的初始阶段，在一个给定的时间和给定位置上存在如下关系式：

$$\xi \frac{\partial C(r, t)}{\partial t} = D \frac{\partial^2 C(r, t)}{\partial r^2} -$$

$$\frac{F}{2\pi rL} \frac{\partial C(r, t)}{\partial r} - (1 - \xi) \frac{\partial M(r, t)}{\partial t}$$

$$(6-39)$$

式中：$C(r、t)$ 和 $M(r、t)$ 为染液中在距离纤维 r 距离处染料的浓度和染料量；L 为高度；ξ 为被染物的空隙度；F 为体积流量；D 为液体在被染物中运动的分散系数。

任和其团队考察了被染物中的液流流动状态对染色过程的影响。在被染物中加大强制对流，降低染料液的浓度梯度，对染液流过被染物的状态进行调整，可以控制染料的分布更为均匀，该模型虽然不够完美，却解释了加大流速可获得均匀染色效果的实验事实。

不过该研究对对流状态进行假设，该模型的运算结果中，运算出的染料分布不均匀度更大，色差比实际染色更严重。此外，该模型还假设染料的吸附速率遵循一阶动力学，而扩散常数也可能随时间而变化。

$$\left(\frac{1-\xi}{\xi}\right)\frac{\partial M(r, t)}{\partial t} = K(t)C(r, t) \quad (6-40)$$

预设 $K(t)$ 是时间的函数，即染料浓度 C 和 F 对其不造成影响。该方程还可进一步被简化为：

$$\frac{\partial C(r, t)}{\partial t} = -\frac{F}{2\pi rL\xi}\frac{\partial C(r, t)}{\partial r} - K(t)C(r, t)$$
$$(6-41)$$

尽管，这一假设在实际情况下可能不是严格正确的，但该模型在用阳离子染料染色的腈纶纱的特殊情况下，染色结果跟实验结果高度相符。

Nobbs 等继续努力优化整个染色过程，包括控制其变量，如流量、流量逆转和控制添加染料和辅助剂。此方法控制装置和算法非常灵活，并能自动对生产情况作出判断和调整，而不是简单地按照预设程序按部就班地运行。

4. Burley 和 Wai 模型   伯利和韦团队提出了用于描述筒子纱染色系统中染料转移的模型。包括染料对纱线络筒的筒子纱内层外层的分散、对流、吸收和解吸附的机理。描述筒子中染料分布的控制方程由一对微分方程组成：

$$\varepsilon\left(\frac{\partial C}{\partial T} + U\frac{\partial C}{\partial X} - D\frac{\partial^2 C}{\partial X^2}\right) = (1-\varepsilon)\frac{\partial Q}{\partial T}$$
$$(6-42)$$

$$(1-\varepsilon)\frac{\partial Q}{\partial T} = \varepsilon k_a(Q_M - Q)C - (1-\varepsilon)k_d Q$$
$$(6-43)$$

式中：ε 为染色底物的空隙度；U 为体积速度；D 为在染色介质和中的扩散系数。式（6-42）来自染料在被染物上的质量平衡，并且假设这个过程是等温的，流动是均匀的和轴向的，同时也考虑到流动的体积、轴向分散和

染料从染液中分离的过程。

方程式（6-43）用 k 量化了纤维表面的吸收和解吸过程，a 和 k_d 为吸收和解吸系数，Q_M 为纤维的最大染色饱和值。这个方程推导过程，同样以染色过程遵循朗缪尔吸收等温线的基础。

在筒子纱的入口和出口，染料的质量平衡给出了所定义的边界条件。

在 X_0 处，$d_{cX} = U(C-C_{in})$；在 X_1 处，$d_{cX} = U(C-C_{out})$，在这些方程的推导中，假设染液的体积在进入、穿过和离开筒子时是守恒的。C_{in} 和 C_{out} 是进入筒子纱管前和离开后的染液浓度值。

Burlee 等用有限元分析求解了上述方程组，并以有限元图形象地展示了结果，表示染料浓度随时间的变化。人们试图展示一些机器设计和操作条件对染色结果的影响。伯利等的模型，单就它所考虑的影响因子的数量而言，这是全面的。它处理一些实际复杂情况的工程分析的系统方法已得到公认，但该模型难以适用于多种染料吸附动力学，如那些与线性吸附或弗莱因德利胥等温线相关的动力学。此外，也没有定义等式中的间隙流体速度 U。

5. Telegin 模型   泰林为了模拟染色过程中的传质过程，将纤维视为圆柱形多孔固体，所列方程式（6-44）还需要补充一个被染物中染液的对流转移方程：

$$\frac{\partial C}{\partial t} + \frac{1-\varepsilon}{\varepsilon}\frac{\partial A}{\partial t} = -\frac{1}{X_0 + X}\frac{\partial}{\partial X}[(X_0 + X)UC]$$
$$(6-44)$$

$$U = \frac{U_0 X_0}{X_0 + X} \quad (6-45)$$

式中：U 为沿 X 的任何点的液体流动速度；C 和 A 分别是液体中和纤维上染料的浓度。

应该指出的是，在这里也忽略了染液是多分散体系，染液的成分中还有其他助剂。虽然泰林的研究认识到，对流在流体系统中的染料转移中起着至关重要的作用，但未能定义染色

过程中自由通道和多孔固体中的流速，以便使用良好的数学形式。为了研究纺织材料的对流传质过程，Telegin 提出了单纤维和纤维表面滞留底层中溶液流动过程中对流传质过程的数学表达，在扩散边界层中，溶解的染料向圆柱形纤维扩散。该模型以极坐标系建模较为简单，设纤维圆柱体表面薄边界层只发生稳态扩散，染料传质速度表达式如下：

$$V_r \frac{\partial C}{\partial r} + \frac{D}{r} \frac{\partial}{\partial r}\left(r\frac{\partial C}{\partial r}\right) + \frac{V_\theta}{r} \frac{\partial C}{\partial \theta} = 0 \quad (6-46)$$

式中：V_r 为单个纤维周围液体流动传质方程的解；V_θ 为单个纤维周围染液静止态的解。

$$V_r \frac{\partial \varphi}{\partial r} + \frac{v}{U} \frac{\partial \chi}{\partial r} - \chi\cos\theta,$$

$$V_\theta = \frac{1}{r} \frac{\partial \varphi}{\partial \theta} + \frac{v}{U_r} \frac{\partial \chi}{\partial \theta} + \chi\sin\theta \quad (6-47)$$

并作相应的假设获得传质速度，染液的动力学压力 P：

$$P = -\rho U \frac{\partial \varphi}{\partial r}\cos\theta \quad (6-48)$$

其中，

$$\varphi = A_0\ln r + A_1 \frac{\cos\theta}{r} + A_2 \frac{\cos2\theta}{r^2} + \cdots \quad (6-49)$$

而

$$\chi = -U + \exp\left(\frac{Ur}{2v}\cos\theta\right) \quad (6-50)$$

则

$$\left[B_0 K_0\left(\frac{Ur}{2v}\right) + B_1 \frac{\partial}{\partial x}K_0\left(\frac{Ur}{2v}\right) + B_2 \frac{\partial^2}{\partial x^2}\left(\frac{Ur}{2v}\right) + \cdots\right] \quad (6-51)$$

式中：A_0，A_1，$\cdots$，B_0，B_1，是在边界条件下必须满足的常数。

可推算出流体动力学压力：

$$P(R, \theta) = 2\mu \frac{\partial V_r(R, \theta)}{\partial r} \quad (6-52)$$

为使研究简单，采用柱坐标描述圆柱体表面附近的液体运动。利用函数 K 的性质，采用亚科诺夫法及对式（6-50）进行必要的转换，并考虑到式（6-51），得到以下表达式：

$$V_r = \frac{U\cos\theta}{\gamma - 2\ln(Re)}\left[-1 + 2\ln\left(\frac{r}{R}\right) + \left(\frac{R}{r}\right)^2\right] \quad (6-53)$$

$$V_\theta = \frac{U\sin\theta}{\gamma - 2\ln(Re)}\left[-1 - 2\ln\left(\frac{r}{R}\right) + \left(\frac{R}{r}\right)^2\right] \quad (6-54)$$

式中：$C \approx 0.5772$（欧拉常数）。

Telegin 等的模型尝试利用合理的数学模型描述流速，对对流传质方程式（6-54）对流因子的影响进行了研究。然而，由于作者为使解析式获得解，假设了染液以稳定且恒定的速度流过规整圆柱状的纤维，才得到被染物表面浓度的精确解。这个假设显然过于理想化，与实际情况仍有差异。

第三节　传热方式及其计算

染整过程中湿态加工，但干态流转，热传递现象非常普遍，在烘燥、定型、染色过程都需要热量传递给织物或者传递给染色介质，使水分蒸发。半制品在各道工序间流转大多需要烘干，以免引起后道加工液浓度的变化；染色升温过程中，水蒸气通过染缸排管与染液热交换间接加热或蒸汽直接加热染浴；印花后快速烘干以防止搭色；定型机拉幅后快速升温促进大分子不平衡的内应力消除稳定尺寸以及免烫整理中树脂与纤维大分子反应等。一般传热现象分成传导、对流、辐射三种基本形式。下面简单讨论有关情况。

一、传导传热及计算

高温物体与低温物体直接接触时，热量由高温物体向低温物体传递，或者在同一物体中，一部分温度高，一部分温度低，热量会由高温向低温部分传递，称为传导传热（conduction heat transfer）。温度是表征大量分子热运动剧烈程度的宏观物理量，是分子的热运动宏观结果。热量是表征分子内能变化的物理量，温度场是指某个瞬间，某个空间各点温度的分布。等温线是在温度场中，同一时刻温度相同的各个点连成的线，由等温线构成的面称为等温面。沿等温面法线方向的温度增量称为温度梯度，即沿等温面法线方向的温度增量与法线方向的距离之比的极限。

$$\mathrm{grad}\,t = \lim\left(\frac{\Delta t}{\Delta n}\right)_{\Delta n \to 0} = \frac{\partial t}{\partial n}\vec{n}_0 \quad (6\text{-}55)$$

式中：$\mathrm{grad}\,t$ 为空间某点的温度梯度（temperature gradient）；n 为通过该点的等温线上的法向单位矢量，温度升高的方向为正；$\frac{\partial t}{\partial n}$ 为与面垂直的温度变化率。

当系统内存在温度梯度时，热量将依靠分子热运动、自由电子等微观粒子从高温区传递到低温区，这种热量传递称为传热。导热是固体中传热的主要方式，液体在流动情况传导与热对流同时发生。热传导实质是由物质中大量的分子热运动互相撞击，而使能量从物体的高温部分传至低温部分，或由高温物体传给低温物体的过程。换言之，单纯导热的发生必须具备两个条件，一个是温度差，另一个则是相互接触。

在最一般的热传导中，温度随时间和三个空间坐标而变化，且伴有热量产生或者消耗（例如，反应热）。这时的热传导称为三维非定态热传导，可用热扩散方程（heat equation）描述：

$$\frac{DT}{D\theta} = \alpha\left(\frac{\partial^2 T}{\partial x^2} + \frac{\partial^2 T}{\partial y^2} + \frac{\partial^2 T}{\partial z^2}\right) \quad (6\text{-}56)$$

式中：$\alpha = \dfrac{\kappa}{\rho c_{\mathrm{p}}}$。

式中：κ 为导热系数；ρ 为密度；c_{p} 为定压比热容。

热扩散方程表明：在介质中任意一点处，由传导进入单位体积的净导热速率加上单位体积的热能产生速率必定等于单位体积内所贮存的能量变化速率。

如果热导率 k 是一个常数，热扩散系数 α 则表示，在非稳态热传导过程中，物体内部各处温度趋于一致的能力，即热扩散系数越大，则温度趋于均匀一致越快。

式（6-56）形式上很简单，但通常求

解很复杂，一般要结合一定的初始条件、边界条件求解，而得到的解往往以无穷级数形式表示。为便于应用，常将这些结果以图线呈现。

对当物体内的温度场只有一个方向，而且温度分布不随时间而变化时，热量只沿温度降低的一个方向传递，此时，导热发生在稳定温度场，称为一维稳态热传导。此时的热传导通过垂直于热流方向的面积 $\mathrm{d}A$ 的热流量 $\mathrm{d}q$ 与该处温度梯度成正比，方向与温度梯度相反。引入坐标系中，可用下式描述：

$$\frac{q}{A} = -k\frac{\mathrm{d}t}{\mathrm{d}x} \quad (6\text{-}57)$$

式中：q 为导热速率（J/s）；A 为传热面积，与导热方向垂直（m²）；k 为材料传热系数 [W/(m·K)]；$\dfrac{q}{A}$ 为热流密度，即在与传输方向相垂直的单位面积上，在 x 方向上的传热速率；t 为温度；x 为沿热传递方向上的传热热程。

式（6-57）表明，q 正比于温度梯度 $\mathrm{d}t/\mathrm{d}x$，但热流方向与温度梯度方向相反。此规律由法国物理学家 Fourier 首先提出，故称为傅里叶定律（Fourier's law）。

传热系数值是指在稳定传热条件下，围护结构两侧空气温差为 1℃，1s 内通过 1m² 面积传递的热量，单位为 W/(m²·℃) 或 [W/(m²·K) 一般 K 可用℃代替]。不同材料的导热系数差别很大，材料的导热系数会随组成成分、物理结构、物质状态、温度、压力等而变化。不同成分的导热率差异较大，导致由不同成分构成的物料的导热率差异较大。空气为热的不良导体，单物料的导热性能好于堆积物料。常见材料的导热系数见表6-4。

实际情况下，还存在有多孔、多层、多结构、各向异性材料，材料获得的导热系数实际上是一种综合导热性能的表现，又称为平均导热系数。

表6-4　常见材料的导热系数（20℃）

材料种类	λ 数值范围/ $[\mathrm{W}/(\mathrm{m}\cdot\mathrm{K})]$	常见材料的值 λ $[\mathrm{W}/(\mathrm{m}\cdot\mathrm{K})]$
纯金属	$20\sim400$	银427，铜398，铝236，铁81
合金	$10\sim130$	黄铜110，碳钢45，不锈钢15，铸铁40
建材	$0.2\sim2.0$	耐火砖1.0，混凝土1.3
液体	$0.1\sim0.7$	水0.6，乙醇0.3，甘油0.28
绝热材料	$0.02\sim0.2$	保温砖0.15，石棉0.16
气体	$0.01\sim0.6$	空气0.0244，二氧化碳0.0137，甲烷0.03

染整加工中遇到的热传导，大多是热量从物体的一面传递到另一面，假设一个传热面壁两侧温度均匀、恒定，根据傅里叶公式可得：

$$Q = -\lambda A \frac{\mathrm{d}t}{\mathrm{d}x} \qquad (6\text{-}58)$$

如图6-10所示，当 x 由 $0\to\delta$，则 t 由 $t_1\to t_2$，两边积分得：

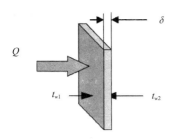

图6-10　单层壁稳定传热示意图

$$Q\int_0^\delta \mathrm{d}x = -\lambda A \int_{t_1}^{t_2}\mathrm{d}t \qquad (6\text{-}59)$$

式中：A 为面积，一般为常数，式（6-59）积分可得：

$$Q = \frac{t_1 - t_2}{\dfrac{\delta}{\lambda A}} \qquad (6\text{-}60)$$

（一）单层平壁稳定传热

设传导导热量为 Q，稳定传热系数为 k。

$$Q = \frac{kA}{\delta}(t_{w1} - t_{w2}) \qquad (6\text{-}61)$$

$$R = \frac{\delta}{kA} = \frac{t_{w1} - t_{w2}}{Q} \qquad (6\text{-}62)$$

式中：Q 为通过固体壁传导的热量；R 为平壁传热热阻。

例：有一紫铜烘筒烘干机，共计20只烘筒，其烘筒直径为570mm，烘筒的工作幅度为1200mm，烘筒的厚度为2.4mm，织物在烘筒上的烘燥包角为240°，蒸汽压力为0.15MPa（1.5kgf/cm²），烘房室内温度为27℃，求该烘燥机对织物每小时的传导热量及单位面积上的传导热量各为多少？

解：烘筒表面是圆柱形，但烘筒直径比烘筒厚度大非常多，为简化运算，可看成是平壁传热。查表，得 $k = 340\mathrm{kcal}/(\mathrm{m}^2\cdot\mathrm{h}\cdot℃)$：

$$A = 20\times\frac{240°}{360°}\times0.57\times3.14\times1.2 \approx 28.64\mathrm{m}^2$$

$$\qquad (6\text{-}63)$$

根据蒸汽压力为0.15MPa（1.5kgf/cm²），查饱和水蒸气表，得 $t_{w1} = 127℃$，已知 $\delta = 2.4\mathrm{mm} = 0.0024\mathrm{m}$，$t_{w2} = 27℃$，则每小时传热：

$$Q = \frac{kA}{\delta}(t_{w1} - t_{w2}) = 340\times28.64\times\frac{127-27}{0.0024}$$

$$= 4.0573\times10^8 \ (\mathrm{kcal/h})$$

$$\qquad (6\text{-}64)$$

单位面积上的传热：

$$q = \frac{Q}{A} = \frac{4.0573\times10^8}{28.64} \qquad (6\text{-}65)$$

$$= 1.417\times10^7 \ [\mathrm{kcal}/(\mathrm{m}^2\cdot\mathrm{h})]$$

（二）多层平壁材料稳定热传导

当材料多层复合（图6-11）时，在垂直面上多层平壁传热规律，热阻是多层的热阻之和。

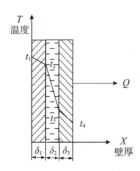

图 6-11 多层平壁稳态热传导

$$R = R_1 + R_2 + R_i + \cdots + R_n \qquad (6\text{-}66)$$

所以 n 层平壁热传导的公式为：

$$Q = \frac{t_{w1} - t_{wi+1}}{\sum_{i=1}^{n} \dfrac{\delta_i}{k_i A_i}} \qquad (6\text{-}67)$$

例：有一台烘箱长 15m，宽 3m，高 3m，烘箱四周隔热板的结构如图 6-12 所示，烘箱内部温度 120℃，车间温度 20℃，求该烘箱隔热板热损耗量和单位面积上损耗的热量。

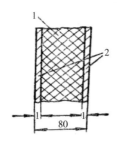

图 6-12 烘箱隔热板结构示意图（单位：mm）
1—石棉隔热层 2—钢板

解：根据多层平壁热传导公式，烘箱热量为 Q，单位面积上热损耗为 Q/A；如图 6-12 所示，该计算为钢板—石棉—钢板三层平壁导热的应用。

传热面积即为烘箱四壁与顶面积，为：

传热面积 = 2(长×高+宽×高) + 长×宽

λ_1、λ_3 为钢板导热系数，查表 6-4 导热系数在 40~50，取 $\lambda_1 \lambda_3 = 45$ [kcal/(m² · h · ℃)] 为石棉的导热系数，查表 6-4 导热系数在 0.05~0.15，取 $\lambda_2 = 0.1$ [kcal/(m² · h · ℃)]

$$Q = \frac{(t_1 - t_2) + (t_2 - t_3) + (t_3 - t_4)}{\dfrac{1}{A}\left(\dfrac{\delta_1}{\lambda_1} + \dfrac{\delta_2}{\lambda_2} + \dfrac{\delta_3}{\lambda_3}\right)}$$

$$= \frac{t_1 - t_4}{\dfrac{1}{A}\left(\dfrac{\delta_1}{\lambda_1} + \dfrac{\delta_2}{\lambda_2} + \dfrac{\delta_3}{\lambda_3}\right)}$$

$$\qquad (6\text{-}68)$$

δ_1、δ_2、δ_3 分别为各壁层厚度。

$$Q = \frac{(120-20) \times \left[2(15\times3+3\times3) + (15\times3) \right]}{\dfrac{0.001}{45} + \dfrac{0.078}{0.1} + \dfrac{0.001}{45}}$$

$$= 19614.4 \ (\text{kcal/h})$$

$$\qquad (6\text{-}69)$$

$$q = \frac{Q}{A} = \frac{19614}{153} = 128 [\text{kcal/(m}^2 \cdot \text{h)}] \ (6\text{-}70)$$

（三）圆筒壁稳定传热传导计算

圆管或圆筒壁传热如示意图 6-12 所示，比平壁复杂，其传热面积是个变量。

如图 6-13 所示，设有一个长度为 L，内径为 r_1，内壁温度为 t_1，外径为 r_2，外壁温度为 t_2 的圆筒，如下导出其传热速率的表达式。

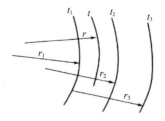

图 6-13 圆筒壁热传导示意图

在圆筒中取一个半径为 r，长度为 L 的圆周筒面，根据傅里叶定律可得：

$$Q \int_{r_1}^{r_2} \frac{dr}{r} = -\lambda(2\pi L)\int_{t_1}^{t_2} dt \qquad (6\text{-}71)$$

$$Q = \frac{2\pi L \lambda_1 (t_1 - t_2)}{\ln \dfrac{r_2}{r_1}} \qquad (6\text{-}72)$$

同理，对于第二层，可得：

$$Q = \frac{2\pi L \lambda_2 (t_2 - t_3)}{\ln \dfrac{r_3}{r_2}} \qquad (6\text{-}73)$$

利用数学中的加比定律得：

$$Q = \frac{2\pi L(t_1 - t_2) + 2\pi L(t_2 - t_3)}{\frac{1}{\lambda_1}\ln\frac{r_2}{r_1} + \frac{1}{\lambda_2}\ln\frac{r_3}{r_2}} \quad (6-74)$$

推广到 n 层圆筒的传热速率公式为：

$$Q = \frac{2\pi L\sum_{i=1}^{n}(t_i - t_{i+1})}{\sum_{i=1}^{n}\frac{1}{\lambda_i}\ln\frac{r_{i+1}}{r_i}} \quad (6-75)$$

例：在 ϕ60mm×3.5mm 的钢管外包两层绝热材料，里层为 40mm 的氧化镁粉，平均导热系数 $\lambda = 0.07$W/（m・K），外层为 20mm 的石棉层，其平均导热率 $\lambda = 0.15$W/（m・K），测得内壁温度为 500℃，最外层表面温度为 80℃，管壁的热导率 $\lambda = 45$W/（m・K）。试求每米管长的热损失以及保温层的界面温度。

解：（1）每米管长的热损失。

$$q = \frac{2\pi(t_1 - t_2)}{\frac{1}{\lambda_1}\ln\frac{r_2}{r_1} + \frac{1}{\lambda_2}\ln\frac{r_3}{r_2} + \frac{1}{\lambda_3}\ln\frac{r_4}{r_3}} \quad (6-76)$$

此处　　$r_1 = \frac{0.06-2\times0.0035}{2} = 0.025$（m）　(6-77)

$$r_2 = 0.0265 + 0.0035 = 0.03$$
$$r_3 = 0.03 + 0.04 = 0.07$$
$$r_4 = 0.07 + 0.02 = 0.09$$

$$q_1 = \frac{2\times3.14\times（500-80）}{\frac{1}{45}\ln\frac{0.03}{0.0265} + \frac{1}{0.07}\ln\frac{0.07}{0.03} + \frac{1}{0.15}\ln\frac{0.09}{0.07}}$$
$$= 191（\text{W/m}）$$

$$(6-78)$$

（2）保温层界面温度 t_3。

$$q_1 = \frac{2\pi(t_1 - t_3)}{\frac{1}{\lambda_1}\ln\frac{r_2}{r_1} + \frac{1}{\lambda_2}\ln\frac{r_3}{r_2}},$$

$$191 = \frac{2\times3.14\times(500 - t_3)}{\frac{1}{45}\ln\frac{0.03}{0.0265} + \frac{1}{0.07}\ln\frac{0.07}{0.03}} \quad (6-79)$$

$$t_3 = 132（℃）$$

二、对流传热及计算

当流体的一部分被加热时，其受热部分流体温度升高，密度降低。这样，在整个流体中，因密度的不同而产生了流动，从而引起热量的传递称为对流传热（convective heat transfer）。由于流体本身各部分密度不同而引起的流动称为自然对流。若流体的流动是由风机或风泵等作用所引起的，而且在流体流动的进口与出口之间有一定的压力差，此时的对流称为强制对流。强制对流速度比自然对流大很多，因此其传热比自然对流强度大很多。

通过流体内质点的定向流动和混合而导致的热量传递称为对流传热。当流体（液体或气体）与固体壁直接接触时，流体与固体壁面存在温度差，其传热机理就与流体宏观运动相关，当流体为层流流动时，相邻流体间以导热为主；而当流体为湍流状态时，湍流体则以涡流传热为主，此时涡流引起流体微元以流线方式运动，导致了流体微元在流体内部的快速传递，运动流体的传热传质机理非常复杂，为方便起见，通常把它们总称为对流传热。过程中传导和对流同时发生，这种传导和对流的总作用称为对流换热。当流体接触固体壁，若流体的温度高于固体壁的温度，则热量由流体传至固体壁；若固体壁的温度高于流体的温度，则热量由固体壁传至流体。

由流体力学可知，流体流经圆体壁面时，染液在靠近壁面处总有一薄层流体顺着壁面做层流流动，即层流底层。当流体做层流流动时，在垂直于流动方向的热量传递，主要以热传导方式进行。由于大多数流体的导热系数较小，故传热热阻主要集中在层流底层中，温差也主要集中在该层中。而在湍流主体中，由于流体质点剧烈混合，可近似地认为无传热热阻，即湍流主体中基本上没有温差。在层流底层与湍流主体之间存在着一个过渡区，在过渡区内，热传导与热对流均起作用，使该区的温度发生缓慢的变化（图6-14）。

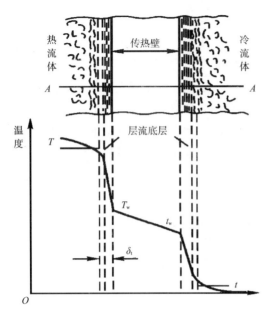

图 6-14 对流传热的温度分布图

表 6-5 常见流体对流传热系数 α 的数值

流体及流动状态	传热系数 α 的数值/ [kcal/(m² · h · ℃)]
气体仅自然对流时	5~30
气体强制流动时	10~100
水仅自然对流时	100~1000
水强制流动时	500~10000
沸腾水	2000~10000
凝结中的蒸汽	4000~15000

所以，层流底层的温度梯度较大，传热的主要热阻即在此层中，因此，减薄层流底层的厚度 δ 是强化对流传热的重要途径。在传热学中，该层又称为传热边界层（thermal boundary layer）。从对流传热过程的分析可知这一个复杂的传热过程影响对流传热速率的因素很多，为了方便起见，工程上采用一种简化的方法，即将流体的全部温差集中在厚度为 δ 的一层薄膜内，层流、过渡流、湍流全部传热阻力集中在 δ 层内进行处理。但流体薄膜厚度难以测定，所以用 α 代替传热系数将对流传热速率写成如下形式，此式称为对流传热速率方程式，又称牛顿冷却定律。

$$Q = \alpha A(T - T_w) = \frac{T - T_w}{\frac{1}{\alpha A}} = \frac{\Delta T}{R} \quad (6\text{-}80)$$

式中：Q 为对流传热速率（热流量 W）；A 为传热面积（m²）；ΔT 为对流传热温度差（℃/K）；T_w 为与流体接触的壁面温度（℃）；T 为流体的平均温度；α 为对流传热系数 [kcal/(m · h · ℃)]（常见流体散热系数见表 6-5）；R 为对流传热热阻（℃/W）。

这实际上是对流传热和热传导两种基本传热方式共同作用的传热过程。染缸升温降温都是这种传热过程。流体的宏观运动使流体各部分之间发生相对位移而导致的热量传递过程。由于流体间各部分是相互接触的，除了流体的整体运动所带来的热对流之外，还伴生由于流体的微观粒子运动造成的热传导。在求解实际问题时，往往对不同问题采用不同的坐标系，以减少导热方程中的变量数，使边界条件更加简化。

在湍流主体内，由于流体质点湍动剧烈，所以在传热方向上，流体的温度差极小，各处的温度基本相同，热量传递主要依靠对流进行，传导所起的作用很小。在过渡层内，流体的温度发生缓慢变化，传导和对流同时起作用。在滞流内层中，流体仅沿壁面平行流动，在传热方向上没有质点位移，所以热量传递主要依靠传导进行，由于流体的导热系数很小，使滞流内层中的导热热阻很大，因此在该层内流体温度差较大。计算设备向四周散失的热量可由下式算得：

$$Q_d = \sum F\alpha_T(t_w - t) \cdot \tau \quad (6\text{-}81)$$

式中：F 为设备散热表面积（m²）；α_T 为散热表面向四周介质的联合给热系数 [kJ/(m² · h · ℃) 或 kcal/(m · h · ℃)]。

α_T 是对流和辐射两种给热系数的综合，可由经验公式（6-82）~式（6-86）等求取。一般绝热层外表温度取 50℃。由于湍流流体与固体壁面之间，在高进壁面处有一层层流内层，传热依靠导热，而湍流主体则主要依靠涡流传热。就热阻而言，层流的内层将占据总对流传热热阻的主要部分，它虽然很薄，但热阻很大，温度梯度也比较大，湍流核心热阻却很小，如图6-15所示。

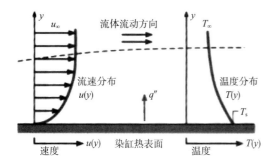

图6-15 染缸表面对流换热示意图

对流传热系数与许多因素有关，求取十分复杂，一般通过量纲分析法在大量实验的基础上得到一些针对特定应用范围的经验公式。对于设备外壁，通过实验数据归纳如下经验公式。

1. 绝热层外空气自然对流 当 $t_w < 150℃$ 时，平壁隔热层外：

$$\alpha = 9.8 + 0.07 \ (t_w - t) \tag{6-82}$$

管或圆筒壁隔热层外：

$$\alpha = 9.4 + 0.052 \ (t_w - t) \tag{6-83}$$

若周围介质是自然对流，且壁温在 50～355℃时，

$$\alpha = 8.0 + 0.05 t_w \tag{6-84}$$

2. 空气沿粗糙面强制对流 当空气流速 $u \leqslant 5m/s$，

$$\alpha = 5.3 + 3.6u \tag{6-85}$$

当空气流速 $u > 5m/s$，

$$\alpha = 6.7u^{0.7} \tag{6-86}$$

例：有一块热风烘箱壁，长10m，高2.5m，与烘房内热空气接触，由鼓风机打入烘房的热空气温度为140℃，烘箱壁的温度为20℃，也是求该烘房壁的对流换热热量及固体壁每单位面积上的对流换热热量各为多少？

解：热空气是用鼓风机压力输送的，属于强迫对流，查表6-4得 α 为 10～100kcal/（m²·h·℃），取 $\alpha = 50$kcal/（m²·h·℃）；$A = 10 \times 2.5 = 25$m²；$t_1 = 140℃$；因为车间室温为20℃；则烘房固体壁的温度近似为 20℃，故取 $t_2 = 20℃$，

则

$$Q = a \times A \times (t_1 - t_2) = 50 \times 25 \ (140 - 20)$$
$$= 1.5 \times 10 \ (kcal/h) \tag{6-87}$$

$$q = \frac{Q}{A} = \frac{1.5 \times 10^5}{25} = 6 \times 10^3 \ [kcal/(m^2 \cdot h)] \tag{6-88}$$

对于二维、三维等更复杂的热传导，难以用解析法求解，一般可用数值法求解，或者采用 Ansys，或者 Comsol 等数值模拟软件进行计算。仍采用膜理论，即在流体流动的一侧，由于流体流动，会出现湍流区与层流区，膜理论认为对流传热过程主要受层流区阻力所控制。

具体根据实际情况，设定系统的边界所处的物理条件和初始状态列出的定解条件。由以上分析可知，在对流传热时，热阻主要集中在滞流内层，因此，减薄滞流内层的厚度或破坏滞流内层是强化对流传热的重要途径。

三、辐射传热与计算

一切发热的物体都能借电磁波的传播，而向各方放射出热的辐射线，太阳热能传播到地球上是靠辐射传热（radiative heat transfer）。自然界中一切物体都在不停地发射辐射能，同时又不断地吸收来自其他物体的辐射能，并将其转化为热能。物体之间相互辐射和吸收能量的总结果，称为辐射传热。由于高温物体发射的能量比吸收的多，而低温物体则相反，从而使净热量从高温物体传递向低温物体。这种因热的原因而产生的电磁波在空间的热量传递称为辐射传热。

红外线烘干及其他电磁波干燥也是借助辐射传热的加工过程，它不需要其他物质作为媒介把能量直接传递给织物，并由于电磁辐射直接透过表面进入织物内部，使织物温度内外同

时上升，能在很短时间内进行烘燥，比对流传热和传导传热方式效率高。

红外线是波长在 $0.76 \sim 400\mu m$。红外烘燥使用的是波长在 $1 \sim 15\mu m$ 之间一段。被辐射材料对红外线的吸收、反射、透射率随波长变化而变化，对红外线吸收等特性也不一样。织物中水膜对不同波长红外线吸收特性如图 6-16 所示。

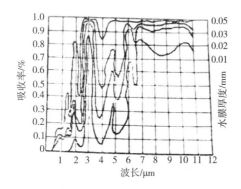

图 6-16　织物中薄水膜对红外线的吸收特性曲线

从图 6-15 可见，织物中的水分仅对波长 >$2.5\mu m$ 的红外线才表现出较高的吸收率，在波长 <$2.5\mu m$ 的区域，吸收波带更窄，对传热贡献不大，棉纤维对波长 >$2.5\mu m$ 的部分红外线表现出较高的吸收率，因此为了提高烘燥效率，必须控制红外线波长 >$2.5\mu m$ 的分量，使用中可通过调整辐射温度，改变辐射强度分布情况，实践中发现，辐射体温度下降后，辐射功率显著增加，一般辐射体温度在 550℃。红外烘燥加工中，辐射强度正比于蒸发量，但进一步增加辐射强度，则可能会损伤纤维强度。

红外线烘燥的优点是烘燥温度高，车速快，产量高，织物受热均匀，可防止染料泳移，并且设备简单，造价低，操作方便，占地面积小，但也存在烘燥成本高，有过烘损伤的风险。

根据斯蒂芬-玻尔兹曼定律：灰体的辐射能力 E 与热力学温度的四次方成正比。

$$E = \varepsilon C_0 \left(\frac{T}{100} \right)^4 \qquad (6\text{-}89)$$

式中：灰体辐射能力 E，实质为热通量；

ε 为热表面的黑度系数；C_0 为黑体的辐射系数，其数值为 $5.669\text{W}/(\text{m} \cdot \text{K})$；$T$ 为热源绝对温度。

辐射传热的传热速率 q 由下式计算：

$$q = C_{1\text{-}2}A\Phi\left[\left(\frac{T_1}{100}\right)^4 + \left(\frac{T_2}{100}\right)^4\right] \quad (6\text{-}90)$$

式中：T_1、T_2 分别为热、冷物体的温度（K）；$C_{1\text{-}2}$ 为辐射系数；A 为基准传热面积，也与相对位置有关（m）；Φ 为角系数，与投影角度有关。

近年来，采用射频烘干机对筒子纱干燥技术已获得广泛应用。筒子纱由于湿纺纱锭缠绕紧密，很容易造成内外干燥程度不一致，色纱沾色严重，同时管纱选择白度的工作非常繁重，消耗人力、物力且效益低。

高频烘干是将纱线置于超高频电磁波辐射场中，筒子纱在上下极板间缓慢运行，经交变电场对烘干物中的水分子极化运动，由于水分子具有极性，它在电场力的作用下不断碰撞从而使待烘干物能量增加，高频电场使水分子获得能量汽化，由风机排出，纱线内外同时烘干，由于电磁线分布均匀、内外一致，使物料得到均匀烘干。其具有低温、快速、湿度均匀等优点；射频技术仅针对潮湿部分进行选择性加热，令残余水分湿度分布可控，在 ±1% 内，同时可改善纤维质量和柔软性，干燥水平可保持一致。

四、综合传热计算

烘燥机中不论是散热器，还是烘筒壁的散热等情况，一般流体能放热，一种流体吸收热量，热流体经过固体壁传向冷流体，简称为热交换。在热交换过程中，不但要考虑经过壁层的传导传热，而且要考虑壁层两边流体的对流传热，有时还须考虑到辐射传热。虽然过程复杂，其传热速率仍可由传热基本方程式决定：

$$Q = KA(t_1 - t_2) = KA\Delta t (\text{kcal/h}) \quad (6\text{-}91)$$
$$q = K (t_1 - t_2) = KAt \left[\text{kcal/(m}^2 \cdot \text{h)} \right]$$
$$(6\text{-}92)$$

式中：Q 为通过固体壁热交换的热量；A 为传热面积（m^2）；$\Delta t = (t_1 - t_2)$ 为固体壁两侧介质的温差（℃）；K 为几层不同材料复合在一起的传热系数 [kcal/（$m^2 \cdot h \cdot$℃）]；q 为通过固体壁每单位面积上热交换的热量 [kcal/（$m^2 \cdot h$）]。

K 值是总传热系数，问题的关键是如何用固体壁两边的散热系数和固体壁的导热系数 λ 来计算 K 值。

设固体壁的一边为热流体 H，另一边为冷流体 C，如图 6-17 所示，从流体 H 到壁面 I 的热量传递为：

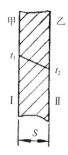

图 6-17　平壁两侧换热传热示意图

$$Q_1 = \alpha_1 A_1 (t_1 - t_1') \qquad (6-93)$$

从壁面 I 到壁面 II 的热量传递为：

$$Q_2 = \frac{\lambda}{S} A_2 (t_1' - t_2') \qquad (6-94)$$

从壁面 II 到流体乙的热量传递为：

$$Q_3 = \alpha_2 A_3 (t_2' - t_2) \qquad (6-95)$$

式中：α_1、α_2 分别为流体 H、C 对壁面 I 和 II 的散热系数 [kcal/（$m^2 \cdot h \cdot$℃）]；A 为壁层材料导热系数 [kcal/（$m \cdot h \cdot$℃）]（可查表 6-4）；t_1'、t_2' 分别为表示壁面 I 和 II 的温度（℃）；S 为壁层厚度（m）；A_1、A_2、A_3 分别为各层的传热面积（m^2）。

实际应用中出现水垢等问题后，换热效率变低，如图 6-18 所示。

对于平面壁 $A_1 = A_2 = A_3 = A$，或对于管子外表面积 A，管子内表面积 A_3，管子壁的平均面积 A_2，在稳定传热的情况下 $Q_1 = Q_2 = Q_3 = Q$，于是：

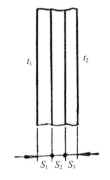

图 6-18　多层平壁换热

$$(t_1 - t_1') + (t_1' - t_2') + (t_2' - t_2) =$$
$$Q\left(\frac{1}{\alpha_1 A_1} + \frac{1}{\dfrac{\lambda}{\delta} A_2} + \frac{1}{\alpha_2 A_2} \right) \qquad (6-96)$$

将 $Q = kA (t_1 - t_2)$，$A_1 = A_2 = A_3 = A$ 代入，公式可以简化成：

$$K = \frac{1}{\dfrac{1}{\alpha_1} + \sum \dfrac{\delta_i}{\lambda_i} + \dfrac{1}{\alpha_2}} \qquad (6-97)$$

式中：λ 为各层的导热系数；δ 为各层的厚度（m）。

例：有一台长 15m，宽 2.8m，高 2.5m 的热风烘房，烘房四周隔热板结构如图 6-12 所示，用离心风机送入烘房的热风温度为 120℃，车间温度为 20℃，求该烘房隔热板传热热量及隔热板每单位面积上热交换的热量各为多少？

解：据固体壁换热以及固体壁单位面积热传递的热量公式：

$$Q = kA(t_1 - t_2)，\quad q = \frac{Q}{A} \qquad (6-98)$$

$$K = \frac{1}{\dfrac{1}{\alpha_1} + \sum \dfrac{\delta_i}{\lambda_i} + \dfrac{1}{\alpha_2}}$$
$$= \frac{1}{\dfrac{1}{\alpha_1} + \left(\dfrac{\delta_1}{\lambda_1} + \dfrac{\delta_2}{\lambda_2} + \dfrac{\delta_3}{\lambda_3} \right) + \dfrac{1}{\alpha_2}} \qquad (6-99)$$

式中：α_1 为高温区流体的传热系数，为强制对流，查表得 α_1 为 10～100，依传热情况取 60kcal/（$m^2 \cdot h \cdot$℃）；α_2 为低温区流体传热系数，为自然对流，查表 6-5，依情况取 20kcal/（$m^2 \cdot h \cdot$℃）；δ_1、δ_2、δ_3 为隔热板以及石棉层厚

度，$\delta_1\delta_2$ 为 0.001m，δ_3 为 0.078m；$\lambda_1\lambda_3$ 为钢板的导热系数，查表，依情况取 45，λ_2 为石棉导热系数，查表得 0.05~0.15，取 0.1kcal/(m·h·℃)：

$$K = \cfrac{1}{\cfrac{1}{60} + \left(\cfrac{0.001}{45} + \cfrac{0.078}{0.1} + \cfrac{0.001}{45}\right) + \cfrac{1}{20}}$$
$$= 1.181 \left[kcal/(m^2 \cdot h \cdot ℃)\right]$$

$$(6-100)$$

已知 $t_1 = 120℃$，$t_2 = 20℃$，烘箱表面积为：

$$A = 2(长\times高 + 宽\times高) + 长\times宽 = 131m^2$$

则 $Q = KA(t_1 - t_2) = 1.181 \times 131 \times 100 = 15471.1$（kcal/h）

$$q = \frac{Q}{A} = \frac{15471.1}{131} = 118.1 \left[kcal/(m^2 \cdot h)\right]$$

例：拉幅定型机导热油加热排管共有 5 排，每排由外径 60mm 内径 50mm，长 2500mm，共 12 根无缝钢管组成，用油泵将 280℃ 热油加入换热器，并加热 30℃ 的空气，并送入烘箱，求该散热器热传递的热量以及单位面积的热交换量为多少？

解：先求管壁的 $K = \cfrac{1}{\cfrac{A_1}{\alpha_1 A_1} + \cfrac{\delta}{\lambda} + \cfrac{A_2}{\alpha_2 A_2}}$

$$(6-101)$$

式中：α_1 为高温区流体的传热系数，为强制对流，查表得 α_1 为 2000~10000，依传热情况取为 5000kcal/(m²·h·℃)；α_2 为低温区流体传热系数，也是为强制对流，查表为 10~100，依情况取 80kcal/(m²·h·℃)；δ 为无缝合金钢管壁厚度，$\delta = \dfrac{60-50}{2} = 5mm$，即 δ 为 0.005m；λ 为合金钢管的导热系数，查表为 15~30，依情况取 25kcal/(m²·h·℃)；A_1 和 A_2 分别为钢管的外、内表面积：

$$A_1 = \pi D_1 L \times n \times m$$

$$A_2 = \pi D_2 L \times n \times m$$

式中：L 为管长度；n 为管数；m 为排数。即：

$$A_1 = 3.14 \times 0.06 \times 2.5 \times 12 \times 5 = 28.27m^2$$

$$A_2 = 3.14 \times 0.05 \times 2.5 \times 12 \times 5 = 23.56m^2$$

估算 $A = $ 钢管的平均面积，为 25.9m²；

$$k = \cfrac{1}{\cfrac{25.9}{5000 \times 28.27} + \cfrac{0.005}{25} + \cfrac{25.9}{80 \times 23.55}}$$
$$\approx 71 \left[kcal/(m^2 \cdot h \cdot ℃)\right]$$

$$(6-102)$$

已知 $t_1 = 280℃$，$t_2 = 30℃$，则：

$$Q = KA(t_1 - t_2) = 71 \times 25.9 \times (280 - 30)$$
$$= 459725（kcal/h）$$

$$q = \frac{Q}{A} = \frac{459725}{25.9} = 17750 \left[kcal/(m^2 \cdot h)\right]$$

五、加热方式的比较

烘燥是给织物一定的热能，使被烘织物上的水分汽化蒸发。因为无论是含湿织物干燥或织物热定型，有水从液态变成气态，需要提供较大的汽化潜热，染整加工中，烘干是能量消耗最大工序之一（表 6-6）。评估比较各种烘干设备的干燥效能，对设备的优化设计和定型生产，提高干燥质量和减少能耗，对行业发展和早日实现"双碳"目标都有重要意义。

表 6-6　各道工序的蒸汽消耗　　单位：kg/h

工序	蒸汽消耗
烧毛机	260
平幅碱退浆	1300
平幅氧漂	1300
烘筒烘干机	600
布夹丝光机	1040
烘筒烘干机	600
连续轧染	1210
烘筒烘干机	600
热风拉幅机	700（其中烘筒烘干机 250）
合计	7610

蒸发效率和蒸发强度是衡量烘干设备的重要技术经济指标。印染厂多以蒸汽作为热源，蒸发效率是指 1kg 蒸汽可以蒸发织物中的水量，用 kg 水/kg 汽表示。

汽化热是在一定温度下，单位质量的液体物质完全变成相同温度的气态物质时所需热量。不同温度下汽化热也不同。水的汽化热是2260kJ/kg，1kcal 等于 4.18kJ，所以 1kg 水的汽化热为 540.67kcal。烘干过程中，需要把织物中所含的水分从 20℃加热到 100℃的水蒸气，所需热量为 $100-20=80kcal$，$80+540=620kcal/kg$。最常见的烘筒烘干机，大多数采用间接蒸汽为传热介质。如果蒸汽压力是 0.3MPa（$3kgf/cm^2$）表压的饱和蒸汽，所携带的汽化热 510kcal/kg，假定没有任何其他热量损失，则汽化织物内 1kg 水分所消耗的蒸汽质量为 $\frac{620}{510} \approx 1.22kg$。因为过程中存在损耗，实际上这个指标是不可能达到的。

蒸发强度是单位时间单位面积蒸发的水量。如果面积、时间、传热系数一定时，那么烘干设备蒸发水量可通过下式求算：

$$E = k\frac{\Delta t \times T}{q} \qquad (6-103)$$

式中：E 为蒸发强度 $[kg/(m^2 \cdot h)]$；k 为传热系数 $[kcal/(m^2 \cdot h \cdot ℃)]$；$\Delta t$ 为有效传热温差（℃）；T 为换热时间（h）；q 为二次蒸汽汽化潜热（kcal/kg）。

如果面积、时间、传热系数一定时，蒸发水量与换热温差 Δt 有关系，提高换热温差，那么蒸发水量高，意味着蒸发强度就大。

烘干设备的能量利用率或热效率是衡量一个烘干过程在能量利用上优劣的一项重要指标，通过对过程设备热效率的计算，可以发现操作过程能耗的分配情况，从而采取相应措施降低能耗。

烘干设备的热效率 η 是指脱去水分所需要的热量 Q_1 与消耗能量 Q_2 之比，计算公式如下：

$$\eta = \frac{Q_1}{Q_2} \times 100\% \qquad (6-104)$$

热源消耗包括水分蒸发需要的热量、织物升温需要的热量和热损失热量。通常印染厂把烘干过程中蒸发 1kg 水分所消耗的能量称为单位能耗，也有以烘干蒸发 1kg 水所消耗的蒸汽量来衡量。

印染加工中，烘筒烘干机因为烘燥能力强，烘燥的效率高，织物烘燥时间短，应用最为普遍。平幅湿织物以一定包角紧贴于每只主动回转的热筒面，随之运行过程中，吸收筒面传导的热能汽化水分。烘筒烘燥机就是利用加热金属表面，热传导使被烘织物与高温金属表面接触获得热量，汽化其中的水分，水分从织物表面蒸发逸出。由于被烘织物与金属间的热阻很小，且热量传递方向与水分蒸发方向相同，因此，它具有热效率高、烘燥速度快、机械结构简单等优点。不过从烘干效率角度观察，在考虑汽水比一定的情况下，烘燥能力的大小还要取决于烘筒的表面温度、有效烘燥面积、被烘织物结构和织物上蒸发出水分的逸散条件等因素。

织物带水分进入烘燥可以分为吸热升温、恒温烘燥与减速烘燥三个阶段，比较烘筒烘燥机的烘干效率，首先要确定被烘织物有多少水分要烘干，而烘筒烘燥机的车速则与被烘织物含水量和烘燥时间及轧余率等有关。对于不同的织物，其烘燥效率是不相同的，一般来说，当织物含水量与轧余率恒定时，烘燥速度与烘燥效率成正比，而效率越高，车速越快，确定烘筒数量时首先要考虑车速。烘筒烘燥机的车速还取决于烘筒的表面温度、有效烘燥面积及加工织物的状况。由于热传导的热阻较小，烘筒筒面向织物传热速度较对流传热的热风烘燥机高，故其汽水比值较小。供涤棉混纺织物水洗后烘燥，落布前应有 2~3 只冷水滚筒以降低出机织物温度至 50℃以下，以防产生折皱印和减少静电。烘筒的表面温度取决于烘筒内蒸汽压力、烘筒材料，紫铜烘筒比不锈钢烘筒效率高，其他条件相同的情况下，紫铜烘筒比不锈钢车速可以提高 10%。但若控制不当，传热剧烈，对织物加工质量不利，特别是用于预烘时容易产生染料、树脂初缩体、浆料等泳移现象；且被烘织物在筒面上必须保持一定的经向张力，适应性受到局限。纺织品与烘筒的接触方式大多为双面接触，极少数为单面接触。

通常以每小时每只烘筒汽化织物内的水分量来衡量烘干效率，一般情况下，每小时汽化织物内水分可以达到 11kg/（m² · h）。

热风烘燥机、焙烘机及热定型机是应用对流传热，加热的气体吹向织物表面传递热量。织物热处理时，同时也会改变织物大分子结构，消解内应力。热风烘燥机以高温导热油、中压蒸汽、天然气燃烧烟道气或电为热源。热风烘燥机载湿体是空气，因而在排出湿气的同时损失热量。蒸发 1kg 所需热能消耗比烘筒烘燥机多。热风烘燥的生产率可用单位时间内烘燥织物的长度或重量（m/min，kg/h），或每小时从织物内汽化水分的重量（kg/h）来表示。

含有水分的织物吸收了热风的热量，并随同热风最终作为废气排出，热风烘干机的保温效能、风力效能和综合干燥效率均为热风干燥设备干燥效能评估依据。

由于热风烘燥所利用的载热体与载湿体都是热空气，排出湿气的同时也带走了热量。热定型机、烘干机等设备尾气的温度在 100～130℃ 之间。由于排放量很大，因此余热量也很可观，为提高热效率，热定型机和烘干机尾气的都会有余热利用装置。热风烘燥机的主要优点是利用气体加热织物，烘燥作用比较均匀缓和，织物所受张力小。烘筒烘燥则张力大，烘燥不均匀。

红外烘燥机的红外辐射具有加热温度高，烘燥质量好，结构简单，占地面积小，操作方便等优点。但也存在耗能高，温度不易控制，容易过热损失纤维的弊端，一般只在轧染生产线上作为预烘干使用。

射频烘干机是最近几年投入使用的新型烘干设备，用于筒子纱烘干加工。射频技术具有低温下均匀烘干的能力，不会过热也不会移染（对不牢固的直接染料有限制），烘干效果优异。每千瓦高频能量每小时抽走 1.3～1.4kg 水，运输带式连续操作，保持高产量，节能省时。

常见染整设备烘燥强度见表 6-7。

表 6-7　常见染整设备烘燥强度

烘燥设备	蒸发量 [kg/（m² · h）]
烘筒烘燥机	11
热风烘燥机	9
电热红外线烘燥（25～35kW/m²）	20
煤气红外线烘燥（100kW/m²）	60

第四节　传热模型

升温过程控制是染色工艺的重要组成部分，印染厂热源一般都是饱和蒸汽，传热设备装置在染缸中，常见的是沉浸式蛇管换热器与列管式换热器。

沉浸式蛇管换热器是将盘成的蛇管安装在染缸中，蛇管中通入热载体-饱和蒸汽加热，降温时通入冷却水。列管式换热器又称管壳式换热器，主要由管壳、管束、管板、折流挡板和封头组成，传热过程是染液走管内或管束，加热蒸汽走管间或走壳体，两种流体通过管子间壁换热，撑架为了固定管束之间的距离，折流挡板是为增加流程长度，也提高了流体的流速。列管式换热器的优点是传热面积大，传热效率高，制造简单，应用广泛。

一般传热问题只分析流体与微通道壁面之间的对流传热以及传导传热与黏性热耗散对传热过程的影响，对这类问题的研究很多，有不少学者运用数值模拟方法研究了流体流动与固—液相传热过程的影响，认为固—液相之间传热率取决于湍流传热的状态。

一、湍流能量方程

湍流传热过程中，不仅流速存在高频脉动，温度以及其他与温度有关的物理量也都存

在高频脉动，因此湍流传热要比层流传热复杂
得多，求解湍流能量方程非常困难，目前工程
上解决湍流传热问题仍以实验数据为基础，估
算传热系数，用于设计计算。但一些基本概念
和湍流能量方程的分析，传热混合长理论以及
应用类比律估算传热系数的方法可以有助于理
解分析传热过程。

湍流和层流最大不同之处，在于层流时每
一个流体微元处于各自层流层中，有序流动
着，而湍流是由于存在高频脉动，流体微元在
流层中来回穿梭。以至于很难称为层流层。但
从流体微元水平而言，层流和湍流均符合连续
性方程，传热符合能量方程：

$$\frac{\mathrm{D}T}{\mathrm{D}\theta} = \alpha\left(\frac{\partial^2 T}{\partial x^2} + \frac{\partial^2 T}{\partial y^2} + \frac{\partial^2 T}{\partial z^2}\right) \quad (6\text{-}105)$$

其中，　　　　　$\alpha = \dfrac{\kappa}{\rho c_p}$

对于湍流传热问题，由于其机理的复杂
性，无法用纯数学方法求得，一般用类比的
方法或由经验公式计算对流热系数。根据三
传的类似性，建立一些物理量间的定量关系，
该过程即为三传类比。它一方面将有利于进
一步了解三传的机理，另一方面在缺乏传热
和传质数据时，只要满足一定的条件，可以
用流体力学实验来代替传热或传质实验，也
可由一已知传递过程的系数求其他传递过程
的系数。

二、雷诺类似律

1874 年，雷诺通过理论分析，首先提出
了类似律概念。雷诺认为，当湍流流体与壁
面间进行动量、热量和质量传递时，湍流中
心一直延伸到壁面，故雷诺类似律为单层
模型。

设单位时间单位面积上，流体与壁面间所
交换的质量为 m，若湍流中心处流体的速度、
温度和浓度分别为 u_b、t_b 和 c_a，壁面上的速
度、温度和浓度分别为 u_s、t_s 和 c_s，则单位时
间单位面积上交换的热量为：

$$\left(\frac{q}{A}\right)_s = Mc_p(t_b - t_s)$$

$$= \frac{h}{\rho c_p}(\rho c_p t_b - \rho c_p t_s) = h(t_b - t_s)$$

$$(6\text{-}106)$$

其中，$M = \dfrac{h}{c_p}$

由于单位时间单位面积上所交换的质量相
同，求解得：

$$M = \frac{f}{2}\ell u_b = h/c_p = \ell k_c^{\,0}$$

或写成　$\dfrac{f}{2} = \dfrac{2h}{\ell c_p u_b} = k_c^{\,0}/u_b$ 　(6-107)

即　　　　　$\dfrac{f}{2} = St$ 　　　(6-108)

式中：S 为传质的斯坦顿数，式（6-107）
和式（6-108）即为湍流情况下，热量和质量
传递的雷诺类似律表达式。

应予以指出，雷诺类似律把整个边界层作
为湍流区处理，但根据边界层理论，在湍流边
界层中，紧贴壁面总有一层流内层存在，在层
流内层进行分子传递，只有在湍流中心才进行
涡流传递，故雷诺类似律有一定的局限性。只
有当 $Pr = l$ 及 $Sc = l$ 时，才可把湍流区一直延伸
到壁面，用简化的单层模型来描述整个边
界层。

三、普朗特—泰勒类似律

前已述及，雷诺类似律只适用于 $Pr = 1$ 和
$Sc = 1$ 的条件下，然而许多工程上常用物质的
Pr 和 Sc 明显地偏离1，尤其是液体，其和往往
比 1 大得多，这样，雷诺类似律的使用就受到
很大的局限。为此，泰勒—普朗特对雷诺类似
律进行了修正，提出了两层模型，即湍流边界
层由湍流主体和层流内层组成。根据两层模
型，泰勒—普朗特导出以下类似律（动量和热
量传递类似律）关系式：

$$St = \frac{h}{\rho c_p u_b} = \frac{f/2}{1 + 5\sqrt{f/2}\,(Pr - 1)}$$

$$(6\text{-}109)$$

式中：u_b 为圆管的主体流速。

由式（6-104）和式（6-105）可见，当 $Pr=Sc=1$ 时，则两式可简化为式（6-107），回到雷诺类似律。对于 $Pr=Sc=0.5\sim2.0$ 的介质而言，泰勒—普朗特类似律与实验结果相当吻合。

四、卡门类似律

泰勒—普朗特类似律虽考虑了层流内层的影响，对雷诺类似律进行了修正，但由于未考虑到湍流边界层中缓冲层的影响，故与实际不十分吻合。卡门认为，湍流边界层由湍流主体、缓冲层、层流内层组成，提出了三层模型。根据三层模型，卡门导出以下类似律关系式：

热量传递类似律：

$$St = \frac{k_c^o}{u_b}$$

$$= \frac{f/2}{1+5\sqrt{f/2}\{(Sc-1)+\ln[(1+5Sc)/6]\}}$$

$$(6-110)$$

染色过程中，染缸内各点温度的集合称为温度场，它是时间和空间的函数，染色温度场是一种非稳态温度场。如果温度场内温度梯度大，容易造成色花，因此控制染液温度场均匀是影响染色均匀性的主要因素。

第五节　传质传热理论在染色中的应用

一、染缸及其历史演变

染缸可视为是由被染物、染液、气相、容器、传动机构和管路组成的传质、传热系统。从宏观意义上说，在这个系统内，染色即完成染料从液相对织物固相的传质，通过热交换器完成传热对染液的升降温，从前面理论的讨论中，染色快慢取决于边界层厚度。同时要对染缸保温，控制系统内温度场和浓度均匀。

染整技术的进步可以从传质理论和传热理论中得到更深的理解，而现代染整技术的设计开发更离不开这些基础理论的指导，从而实现节能减排。

据史料记载，早期的染整设备非常简单，如图6-19（a）所示就是非常典型的染缸及染色容器，染色作坊里放置许多陶制大缸，配好的染液靠人工搅拌调匀，绳状织物浸没在染缸中，工人借助挂杆滑轮机构上提拉、下放绳状织物，使之反复浸渍，不断调整织物在染缸中的位置。娴熟的工匠要维持整个染缸内染料浓度一致、温度一致、上染时间一致。以现代观点来看，无论是用水量、加热染液用的热能都是非常大的。从传质理论上看，由于染液很难循环，染液与织物间相对运动缓慢，传质、传热以传导为主，对流较少，扩散边界层厚，传质困难，传热也非常困难，染色变得缓慢，因此浴比要维持在30：1以上。

电动机的出现使工人从繁重的体力劳动中解放出来，如图6-19（b）所示是早期绞盘式绳状染色机示意图。提拉织物、搅动染液都通过电动机带动椭圆形的花栏辊筒完成，提布变得轻而易举，染液与织物相对运动加快，液流流动以湍流部分增多。由传质公式可知，染液受迫对流，染色效率提升，染液的加热也通过蒸汽排管进行，染色速率也有所提升，为了通过维持染色均匀，还需要较大的用水量，染液浴比可以达到1：20。通过加装分布杆，织物可以在染缸中多次循环，容布量也大幅提升，经过改进，这种染缸由于结构简单，造价低，并可以直接观察织物的染色情况，得到广泛应用，目前在毛染整厂，经过改进的绞盘式绳状染色机仍有应用。

观察绞盘式染色机的染槽，染液与空气接触界面积很大，增大了用水量，散热快，并使织物与染液相互运动缓慢。20世纪70年代初，出现了常温O型染缸［图6-19（c）］，仍保留提布轮为绳状织物运行提供动力，并增加了靠高位染液溢流推动织物运行的设计，显著增加了染液的对流传质和传热效率，扩散边界层变薄，染色过程加快，使用水量大幅降低，浴比可以达到1：15，但容布量仍显不足，染缸使用效率不高。

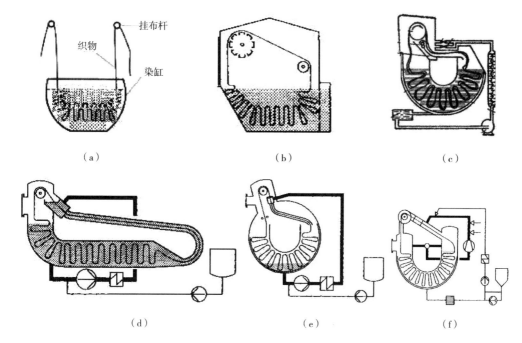

图 6-19 染缸演变

随着涤纶纤维获得广泛应用，涤纶织物染色需求大幅增长，首先考虑的是在传统绳状染机的罐体上加装了密封盖，以获得高温高压的染色条件。为进一步提升容布量将织物运行的管路拉长，由此设计了高温高压 J 型缸，如图 6-19（d）所示，比较 O 型缸的缸体加长很多，容布量大幅提升，同时将染液增压，高速染液通过文丘里管冲击绳状织物，获得充沛动力的同时染液与织物间相对运动更加剧烈，扩散边界层更薄，传质传热效率更高。从传热学角度看，增加叶轮强制对流以使染缸中的染液浓度在染缸各处均匀一致。浴比可以达到 1∶10。

一般而言，染厚重织物，浴比不宜太小，厚重织物重量较大，同样空间织物密度高，互相挤压，容易引起织物的折皱，经历了染色高温过程后，折皱在后面很难修正。所以厚重织物一般采用相对比较大的浴比，使织物尽量减少织物间相互挤压。染轻薄织物，浴比宜小些，轻薄织物克重小，下沉力不足，浮在染液中或液面上，织物不能有序堆置，容易缠布、堵布和打结。提布辊摩擦力小，带动作用弱，织物打滑使织物局部受到冲击强，影响织物组织变化。

进入新世纪，环境保护和生态染整成为发展的主题，对染色节能减排技术不断提出要求，通过改变染罐的形状角度，增加罐体的容布量，J 型缸的加工浴比不断降低，改进型的染缸增加容布量，缩短织物中染液，同时逐渐流行起来的布液分离设计，也使染色浴比逐渐降低。基本稳定在 1∶8，如图 6-19（e）所示。

从液流染缸过渡到气流染缸，是染色技术上的一大飞跃。从布液分离到用特氟龙作为染缸衬底，直至发展出染液气雾输送织物运行，染缸采用气流气雾传质可以使染液与织物相对运动速度更快，气流染色机喷嘴内染液与主缸内染液形成单独回流管路。在喷嘴处染液微滴冲击纤维表面，气流对带液织物增加渗透压，推动传质加快。气流染色一举使浴比降低到 1∶2、1∶4。参见图 6-19（f）。

在新型染色设备设计以及工艺控制过程中，建立数学模型，从理论上推算动量。热量和质量传递速率，分析相关因素间作用规律，模拟实际生产过程。对确定工艺条件限定范围、保证染色过程平纹可控以及提高产品质量都非常关键。

从染缸的演变历程不难看出，技术进步使资源消耗大幅降低，生产效率大幅提高，可以加深对染色技术发展的理解，掌握其发展进步的内在规律，并指导染色过程的设计。

二、织物与染液的相对运动

控制被染物均匀上色，需要最大限度地保证染缸内染液的温度场均匀，被染物接触的染液浓度均一。然而染液中的染料被织物不断吸附形成浓度梯度，接触染缸壁热量损失，造成温度梯度，应保证染色过程温度场变化及对敏感色变化，主缸体内部总是存在温度差异。染色机一般是依靠电能驱动，通过泵使染液循环流动或者绞盘带动织物在染液中运行，染液与被染物长时间、多循环相对运动。

染色是传质过程，固液两相相互运动接触，使液相中的某个组分扩散到固相表面并被吸附的过程。从传热学角度看，增加被染物与染色介质间强制对流有助于染缸中的染液浓度在染缸各处均匀一致，是保证染色质量的重要因素。观察染色过程中，被染物和染液可以有不同的相对运动方式：

（1）被染物主动运动，染液在被染物带动下相对运动，如绞盘式绳状染色机、卷染机等。

（2）被染物相对固定，只有染液运动，如筒子纱染色机、经轴染色机、散毛染色机等。

（3）染液强制对流，染液带动被染物运动，如喷射染色机、溢流染色机等。

（4）织物主动运动，染液也在运动。染液运动方向有不同的选择，如图6-20所示。圆弧箭头指示织物运行方向，短箭头则表示染液的不同流向。意大利生产的多向缓流染色机就是遵循此设计理念，如图6-21所示。被染物运行方向与液流方向交叉，可以加大湍流，增加涡流传质、传热从而提升染色效率。

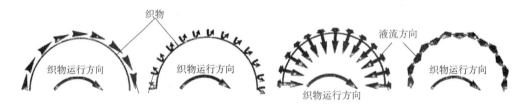

图6-20　织物运行方向与染液运行方向示意图

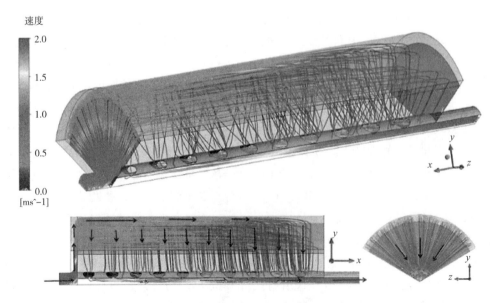

图6-21　经轴染色中液流流速计算机仿真图

（5）染液雾化，气流与染液液滴冲击织物，染液只在喷嘴内迅速完成。气流与花栏绞盘带动织物运行。

近年来出现的染色新技术，染色介质有了新的选择，如 D5 非水介质染色、超临界二氧化碳染色等，气流染色发生的是气雾传质，部分有液泡（泡沫）传质等。

三、染缸中的流速分布

染缸的形状设计有一定考虑，就是尽量做到染液浓度均匀分布，特别是在被染物持续吸附染料的情况下维持染液均匀是非常复杂的。一般来说，离染缸壁面越近，染液流速越慢，黏性剪切力越大，在紧邻壁面的层流底层，流体阻力主要来自黏性，在管中心区的湍流主流，流体阻力主要来源于雷诺应力；在这两者之间的过渡区，雷诺应力与黏性剪应力共同作用。

染液在管道中的平均流速：

$$平均流速（u）= \frac{体积流量（q_v）}{管路截面积（A）}$$

湍流和层流有不同的运动规律，当雷诺数 $Re < 2100$ 时，染色液流管内流动为层流，当 Re 逐渐增大到某一数值时，就变为湍流了。

湍流流速方程，对于湍流来说，流体质点杂乱无章，仅在管壁处存在速度梯度，速度分布服从尼库拉则定律：

$$\frac{u_\tau}{u_{max}} = \left(\frac{y}{R}\right)^{\frac{1}{7}}，应用范围是 Re > 1.1 \times 10^5$$

$$（6-111）$$

式中：u_τ 为染液离管壁距离为 y 处的速度；u_{max} 为最大流速；R 为缸体的染缸缸体半径。

得近似解平均流速是最大流速的 0.8 倍。

对于大多数染色过程，雷诺数 $Re > 4000$ 及染缸粗糙度 $\frac{\varepsilon}{d} \leq 0.005$ 可借助式（6-108）修正公式，估算摩擦因子与摩擦阻力。

$$\lambda = 0.100\left(\frac{\varepsilon}{d} + \frac{68}{Re}\right)^{0.23} \quad （6-112）$$

可见，湍流摩擦因数 λ 不仅与雷诺数有关，还与粗糙度有关，雷诺数 Re 是一个十分重要的无量纲数群，雷诺（O Reynolds）是英国流体力学家，主要贡献是发现了流体的流动具有相似性，各种流动只要雷诺数相同，则这些流动的动力学相似。

染缸缸体内的摩擦力是个不可忽略的因素，染缸内壁局部出现不平整，或者粗糙度大，不仅会改变染液的流速，造成织物在染缸内翻转缠结，还可能造成织物的擦伤。严重时或者大批织物擦伤损伤。

在气流染缸中，织物轧液率低，与染缸的内壁没有水膜的隔绝，高速运行很容易造成织物擦伤，在选择了表面张力非常小的有机氟材料作为内壁衬里后，才可以使气流染色成为可能。储布槽衬有光滑的聚四氟乙烯管，槽内不存放染液（图 6-22）。聚四氟乙烯管表面的摩擦系数低，同时又由于储布槽截面为变径圆弧设计，堆置有序的绳状织物可以依靠自重自动向前滑行，因此不会缠布、堵布和打结。

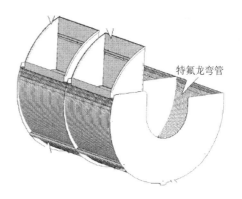

特氟龙弯管

图 6-22　气流染缸聚四氟乙烯管衬底容布槽

四、染色速率控制与加热系统冷却系统

染色时，总是希望既能在一个较短的时间内完成上染过程和染料吸尽，又能把纺织物染得匀透而不引起纺织物的变形或损伤。但两者往往是有矛盾的，为了在这两方面都获得满意的结果，就必须很好地控制上染过程和采用适当的染色方法。快速循环染液使各处染液趋向

保持温度均匀，然而，织物的温度是在喷嘴系统内进行染液交换后获得的。织物和染液之间实际上存在温度差异，又由于织物本身也有一个循环周期，故织物各处的温度事实上也存在瞬间差异。假如染液的升温速率为 2℃/min，织物的循环周期为 2.5min，那么织物循环一圈后，织物首尾最大温差就可能达 5℃。这个织物表面瞬间温度的差异就有可能造成染料上染差异而产生染色匹差或段差。

温度升高到 T_g 附近时，上染速率随温度变化迅速增加，升温速度太快，就极易造成染色不匀。因此，对染色的温度需要精确控制，在升温过程中染料快速上染的温度段，减小织物的瞬间温度梯度，使织物各处的温度趋于一致是关键。减慢升温速率、提高染液的循环频率和提高织物的运行速度，是获得匀染的重要措施。在降温过程中，缸体内部也存在温度差，如果温度差过大，会使织物因布面收缩不均匀产生折痕。

高温高压染色机染液从纺织物外层向内层转移，这就是所谓的"移染"现象。保温时间可以提供足够的移染，如图 6-23 所示。

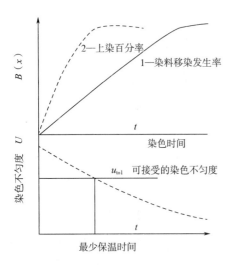

图 6-23 上染与移染速度变化示意图

染料的溶解和染色一般都在一定温度下完成，一般都是加热排管进行间接加热。加热换热面积可以根据染缸容积大小来确定，以保障

在规定时间内达到工艺要求的温度，换热器的蒸汽排管一般安装在循环管路上底部，用温控电磁阀控制加热的快慢自动调节染液温度。染色机的升降温，都是通过热交换器来完成。而升降温的速率受多种因素影响，如热交换器的传热面积、循环泵的流量、循环泵的扬程。

常见换热器有：沉浸蛇管换热器，将盘成的蛇管放在容器中，蛇管内可以通入热载体，如饱和蒸汽，也可以通入冷载体，如冷却水。加热或冷却染缸中的染液，达成工艺要求的染液加热和降温。沉浸式蛇管换热器结构简单，成本低，经常安排在染槽底部或染槽内壁。

喷淋式换热器，直接在加热排管上打孔，热冷流体直接通入染浴，加热降温速率大幅提升。冷却水用量小，给热系数比沉浸式的大，其优点是结构简单，造价便宜，能承受高压，缺点是加热或冷却很难均匀。列管式换热器，又称管壳式换热器，主要由壳体、管束、管板、折流挡板和封头组成，传热过程是染液走管内或走管束，加热蒸汽或冷却水走管间或走壳体，两种流体通过管子间壁进行换热，花板就是为了固定管束之间的距离，折流挡板是增加管间流体的流道长度，也能够提高管间流体的流速。

与其他换热器相比，列管换热器单位体积提供的传热面积大，并且传热效果好，制造简单，对材料要求也不高。

五、热损失

保温层保温：为了减少热损失，提高热效率，改善工作环境，缸体一定会外设缸体隔离保温层。

污垢热阻：污垢的存在将增大传热阻力，污垢热阻一般由实验测定，其数值可参照下式：

$$\frac{1}{K} = \frac{1}{\alpha_0} + R_{d_0} + \frac{b}{\lambda} + R_{d_i} + \frac{1}{\alpha_i} \tag{6-113}$$

式中：R_{d_0}，R_{d_i} 为管壁两侧的流体的污垢热阻。

罐体保温：由于换热器、染槽、汽水管道、管道等部件的温度>周围环境温度，通过自然对流和辐射向周围所散失的热量。影响因素包括：染缸的外表面积、表面温度、染缸结构、保温层的隔热性和厚度、周围环境温度。强迫对流传热，是指由于机械（泵或风机等）的作用或其他压差而引起的相对运动。自然对流传热，是指流体各部分之间由于密度差而引起的相对运动。大空间自然对流传热，是指传热面上边界层的形成和发展不受周围物体的干扰时的自然对流传热。

【实例1】节能、高效是现代染整设备的发展趋势，但棉织物煮漂联合机多采用不锈钢箱体。试计算每平方米 304 不锈钢表面积在每小时内浪费的热量。

设：箱内温度 97℃，箱体外表面温度 60℃，箱体壁厚 3mm。当采用保温层后，箱体外表面温度为 95℃，可节约多少吨蒸汽。饱和蒸汽温度为 115℃，蒸汽 230 元/t。

【实例2】冬天，经过在太阳底下晒过的棉被，晚上盖起来人会感到很暖和，并且经过拍打以后，效果更加明显。试解释原因。

答：棉被经过晾晒以后，可使棉花的空隙里进入更多空气，因而效果更明显。而空气在狭小的棉絮空间里的热量传递方式主要是导热，由于空气的导热系数较小［20℃，1.01325×10^5 Pa 时，空气导热系数为 0.0259W/（m·K）］，具有良好的保温性能。而经过拍打的棉被可以让更多的空气进入。

应当指出的是，对流传质和传热本质上是一门经验学科。要靠有量纲分析归纳出来的实验数据才能完成工程设计。过去的 30 年中，对流分析的方法已经取得巨大进展。至今实验更多地被认为是扮演检验理论模型是否正确的角色。这并不是说直接实验数据对工程设计已不重要，但完全依赖直接实验数据的现象已大幅减少。

思考题

1. 什么是传质？请分析传质在染色过程的重要性。

2. 如何计算染色体系中的物料、传质、传热物理量？

3. 染色过程动力学计算非常重要，如何进行数学建模研究染色过程？

4. 试述染色过程中的扩散模型。

5. 简述扩散系数的求解方法，并计算在无限染浴中用分散蓝 2BLN 染料于 130℃ 染涤纶的扩散系数。

6. 分析三种烘干设备的传热机理和特点，针对染整加工中各个工序，应该如何选择烘干设备。

7. 毛织物针织物为何不宜采用紧式加工设备进行加工？

8. 对于溶解性低、聚集趋势大、扩散速率慢的染料染针织物时，应选择何种染色方法？为什么？

9. 卷染机经向张力不匀是主要问题，请问哪些因素决定织物张力？为什么会出现张力不匀？

10. 分析比较气流染色机比普通气流染色机节能减排的原理以及优缺点。

11. 解释气流染色机为何可以节能减排。

12. 印染厂主要热源有哪些？饱和蒸汽作为热源有哪些优势？

13. 试分析溢流染缸的散热过程，在各环节中有哪些热量传递方式？

参考文献

［1］SHAMEY R，ZHAO X. Modelling, Simulation and Control of the Dyeing Process［M］. Sawston Cambridge：Woodhead Publishing Series in Textiles，2014.

［2］黑木宣彦. 染色物理化学［M］. 陈水林，译. 北京：纺织工业出版社，1983.

［3］格·叶·克里切夫斯基. 染色和印花过程的吸附与扩散［M］. 高敬琮，译. 北京：纺织工业出版社，1985.

［4］ARTHUR D. Broadbent Basic Principles

of Textile Coloration ［M］. England：Society of Dyers and Colourists，2001.

［5］HANS-KARI ROUETTE. 纺织百科全书 ［M］. 北京：中国纺织出版社，2008.

［6］Л·И·别林基. 染整工艺计算 ［M］. 钱润琴，何明籍，译. 北京：中国纺织工业出版社，1989.

［7］祁存谦，丁楠，吕树申. 化工原理 ［M］.2 版. 北京：化学工业出版社，2009.

［8］曾作祥. 传递过程原理 ［M］. 上海：华东理工大学出版社，2013.

［9］江圣义，方元祥. 印染机械 ［M］. 北京：中国纺织出版社，1985.

第七章　染色过程的影响因素及控制

本章重点

染色过程控制的主要目的是提高上染速率和上染率，改善染色均匀性、染透性和重现性。本章主要讨论染料吸附纤维过程的影响因素及控制，温度对染色过程的影响及控制，电解质对染色过程的影响及控制，纤维内扩散（渗透）的影响因素及控制，染料结构对染色的影响及控制等。

关键词

染色过程控制；表面活性剂；乳化剂；分散剂；匀染剂；固色剂；荧光增白剂；防泳移剂；盐效应；温度效应；电解质；染料结构

一般而言，染料上染过程经历四步（详见第三章），染料在染液中扩散→染料越过扩散边界层→染料吸附到纤维表面→染料由纤维表面向纤维内部渗透（扩散）、固着。其中，染料在纤维内扩散比较慢，是决定染色快慢的关键一步。控制染色过程的目的是提高上染速率和上染率，改善染色均匀性、透染性和重现性。

第一节　染料吸附到纤维上的过程控制

一、直接、活性染料对纤维素纤维吸附的影响因素及控制

棉、麻、黏胶等纤维素纤维用直接染料、活性染料等阴离子染料染色时，吸附过程符合弗莱因德利胥吸附模式。影响吸附的有染色温度和电解质用量。

（一）染色温度控制

染色温度设定取决于纤维和染料的性能。纤维素纤维是亲水性纤维，在水中发生溶胀，温度低，溶胀慢；温度高，溶胀快；染料结构、大小不同，溶解度不同，对染色温度的要求也不同，分子结构小的染料，染色温度低；

分子结构较大的染料，染色温度高。活性染料的分子结构比直接染料和还原染料小，活性染料的染色温度一般在 $30\sim60℃$，直接染料和还原染料（隐色体）染色温度在 $50\sim90℃$。分子结构大的染料溶解性较差，易发生聚集，提高染色温度有利于染料的溶解，也提高染料的上染率；但染色温度过高，会导致染料对纤维的亲和力降低，因此，要兼顾染料的溶解性、染料对纤维的亲和力等因素确定染色温度。

（二）电解质用量控制

纤维素纤维在水中电离形成—OH^-，与染料阴离子之间存在电荷斥力，加入电解质 $NaCl$、Na_2SO_4，可提高纤维对染料的吸附能力，起到促染作用。电解质用量的控制是弗莱因德利胥吸附过程控制的关键之一。

对直接染料而言，直接染料具有分子结构大、线性、共平面性好等特点，对纤维素纤维亲和力高，通过分子间范德瓦尔斯力和氢键力结合上染，但纤维素纤维表面所带负电荷与染料阴离子间存在电荷斥力，对染料上染有一定的阻碍作用。加入 $NaCl$，电离形成 Na^+，增加了染液中 Na^+ 浓度，一方面，可有效削弱染料和纤维间的电荷斥力，有利于染料阴离子通过扩散边界层到达纤维表面，因染料对纤维的亲

和力高，吸附过程快速完成，适量的电解质起促染作用；另一方面，若电解质用量过多，会导致染料的聚集，不利于染料上染。主要原因在于：染料阴离子之间也存在电荷斥力，这种斥力有利于染料离子在染液中稳定，不发生聚集。随着电解质增加，大量 Na^+ 削弱染料与纤维间电荷斥力和染料阴离子间的电荷斥力，导致通过染料分子间范德瓦尔斯力和氢键力结合而聚集，减小染液中的单分子染料浓度，不利于染料的上染。对于分子结构较大的染料，电解质用量要严格控制，有些时候不能加电解质促染。

对于活性染料而言，分子结构较小，电解质用量可多些，染深色时，电解质用量大于 $100g/L$。但必须注意电解质对活性染料促染也有一个度，不能无限制增大电解质用量，造成盐污染。

二、酸性染料、阳离子染料对纤维吸附的影响因素及控制

第四章已叙及，酸性染料染蛋白质纤维和锦纶、阳离子染料染腈纶等均符合朗缪尔吸附。这种吸附是典型的定位吸附，当达到染色平衡时，纤维上能吸附染料的位置（也称染座）全部被染料分子所占据。这类吸附的主要影响因素有染色温度、升温速度、pH 值、电解质或缓染剂等。

（一）染色温度控制

对于羊毛纤维，由于纤维表面有鳞片层，结构致密，在温度低于50℃时很难溶胀，染料上染困难，酸性染料染羊毛时，一般温度控制在低于50℃。鳞片层溶胀充分，染料顺利穿过鳞片层，吸附上染羊毛纤维，100℃保温染色20~30min，可染透纤维，并有较好的色牢度。蚕丝纤维虽然也是蛋白质纤维，但形态结构不同于羊毛纤维，可以于室温放入蚕丝织物，升温染色使染料吸附上染纤维，由于蚕丝纤维比较娇嫩，高温染色会导致柔和的光泽受损，因此染色温度低于羊毛染色温度，一般控制在

90℃左右。

锦纶大分子中酰胺键与蛋白质纤维中的肽键结构相同，大分子末端有羧基和氨基，因此可以用酸性染料染色。锦纶的 T_g 在45~50℃之间，当染色温度高于 T_g，纤维表面和内部同时吸附染料，上染率显著提高，95℃保温一段时间，染透纤维。

第二、第三单体腈纶结构疏松，聚丙烯腈纤维的 T_g 在80~100℃之间，但带有阴离子基团，阳离子染料通过与纤维上阴离子吸附结合上染腈纶。由于两者之间是库仑力结合，一旦吸附，很难解吸，因此要满足均匀染色，需要严格控制升温速度或在低于80℃分段保温染色，使染料逐渐吸附，最后于100℃保温一段时间，染透纤维。

（二）升温速度控制

羊毛、蚕丝等天然蛋白质纤维是亲水性纤维，染色时纤维充分溶胀，纤维内孔道中充满了水介质，亲水性的酸性染料通过孔道进入纤维，与纤维进行吸附或解吸，升温不宜太快，升温速度控制在1℃/min左右，以确保染色的均匀性。

锦纶和腈纶等合成纤维，在其玻璃化温度附近上染率快速提升，必须严格控制升温速度在0.5~1℃/min，以便染料均匀上染。

（三）染液 pH 值控制

羊毛的等电点为4.2~4.8，蚕丝的等电点为3.5~5.2，当染色 pH 值低于等电点时，纤维以—NH_3^+ 与染料阴离子通过库仑引力结合；当染色 pH 值高于等电点时，需要加入电解质，电解质电离出 Na^+ 削弱纤维和染料之间的作用力。提高染料的吸附即提高上染量，纤维以—COO^- 形式与染料阴离子之间以库仑斥力结合。羊毛纤维的耐酸性强，可以在强酸性浴、弱酸性浴和中性浴中染色，蚕丝纤维比较娇嫩，强酸性条件对纤维有损伤，只能在弱酸性浴或中性浴中染色。酸性染料上染羊毛机制参见第三章式（3-27）。

锦纶一般在弱酸性浴（pH 值为 4~5）或

中性浴（pH 值为 6~7）中染色，强酸性浴会使纤维大分子链中酰胺键发生酸水解，纤维强力降低；腈纶阳离子染料染色一般控制 pH 值为 4~5，阳离子染料的上染速率随 pH 值下降而降低，上染速率过高会造成染色不均匀，故调节 pH 值为弱酸性，使染料缓慢上染。

（四）电解质和助剂控制

一般情况下，酸性染料染羊毛时加入电解质 NaCl，在强酸性条件下，Cl^- 先于染料阴离子与纤维上的 $—NH_3^+$ 结合，起到缓染作用；在弱酸性条件下，Cl^- 缓染作用不显著；在中性浴条件下，pH 值高于羊毛纤维等电点，纤维表面带 $—COO^-$，此时电解质中的 Na^+ 能削弱纤维和染料之间的电荷斥力，起到促染作用。蚕丝和锦纶在弱酸性和中性浴染色时，一般不加电解质，往往要加阴离子/非离子复合的匀染剂，改善染色的匀染性。

阳离子染料上染腈纶时，由于染料的阳离子与纤维中的阴离子有库仑引力的作用，当温度升到 T_g 时，上染速率剧增，库仑力大于范德瓦尔斯力和氢键力，一旦染料与纤维结合上染，很难解吸，易导致染色不匀，需要在控制升温速度的前提下适当加入缓染剂，减缓染料的上染，达到匀染的目的。缓染剂种类与作用详见第八章。

三、分散染料对热塑性纤维吸附的影响因素及控制

前已叙及，分散染料上染热塑性合成纤维（涤纶、锦纶）时，分散染料在纤维和染液中的分配犹如溶质在两个互不相溶的溶剂中分配，服从分配定律，即符合能斯特吸附，又称溶解吸附模型。纤维和水相当于两种互不相溶的溶剂，染料在纤维上吸附实际上是一个溶解过程。

能斯特吸附包括纤维表面和纤维内部纤维大分子对染料分子的吸附。对热塑性合成纤维

而言，当温度 $<T_g$ 时，染料很难进入纤维内部，因此，染色温度和升温速度是决定吸附的主要因素，需要严格控制。

（一）分散染料染涤纶的控制

分散染料染涤纶时，染色温度必须高于玻璃化温度 20~30℃，纤维大分子链充分运动，才有利于染料分子进入纤维内部，在接近 T_g 时会迅速上染，升温速度控制不当会造成染色不匀。如涤纶的 T_g 为 78℃❶：当染色温度接近 78℃，分散染料开始进入纤维内部，吸附程度提高，这时要严格控制升温速度，或在 75~80℃保温 10~20min，使染料逐步、均匀进入纤维，并与纤维结合，上染过快会导致染色不匀。前已叙及，染料上染是吸附、解吸的动态平衡。染色初期染浴中染料浓度高，纤维上染料浓度低时，以吸附上染为主；染色后期纤维上染料浓度高于染浴中染料浓度，上染纤维的染料则会发生解吸。因此，在染色后期，染色温度过高或时间过长，会导致染料过多解吸，使上染率降低，表面得色降低。

（二）分散染料染锦纶的控制

锦纶是一种热塑性纤维，除了可以用中性、弱酸性染料、活性染料染色外，还可以用分散染料染色，其染色机理与涤纶染色相似，当温度高于 T_g 时，分散染料才能上染锦纶。与涤纶不同的是，锦纶结晶度低、T_g 低，可在常压条件下用分散染料染色，但耐日晒色牢度不如分散染料染涤纶优良。

第二节 温度对染料上染纤维的影响

一、温度对染料上染纤维素纤维的影响及控制

（一）温度对直接染料上染纤维素纤维的影响及控制

染色温度对直接染料染棉的上染率的影

---

❶ 涤纶的 T_g 不同测试方法不同，不同文献有差异，大多为 68~82℃。

响,如图7-1所示,直接绿BB要在90℃左右达到最高上染率,直接红4B在70℃左右达到最高上染率,而直接黄GC在40℃左右就达到了最高上染率。从三只染料的结构看,直接黄GC的分子结构最简单,对纤维的亲和力最低;直接绿BB的分子结构最复杂,对纤维的亲和力最高;直接红4B则介于两者之间。因此,对于结构比较简单的染料,其溶解性好,对纤维亲和力较低,扩散速率比较高,在比较低的温度就可以达到最高上染率,温度继续提高,上染率反而降低。而对于分子结构比较复杂的染料,其溶解性较差,易聚集,对纤维亲和力高,扩散速率低,需要较高的温度才能达到最高上染率。

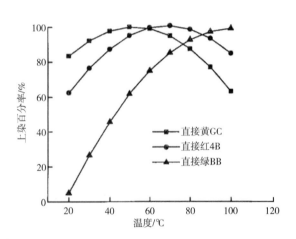

图7-1 染色温度对上染率的影响

[染料2%(owf),NaCl 2%,染色时间1h,浴比20∶1]

在染料上染过程中,由阿累尼乌斯方程 $\ln D_r = \ln D_0 - E/RT$ 可知,温度升高,扩散系数增大。而扩散速率高的,半染时间短,上染速率提高;扩散速率低的,半染时间长,上染比较缓慢。要达到同样的上染速率,扩散速率低的染料便需要较高的上染温度。

扩散速率的高低是染料的一种上染特性。扩散速率高的染料,移染性能比较好,容易染得均匀,而耐水洗色牢度则比较低。扩散速率低的染料,移染性能较差,一旦上染不匀就很难通过移染的方法达到匀染,但它们的耐水洗色牢度较高。为了使它们均匀地上染,必须很好地控制上染过程。

(二)温度对活性染料上染纤维素纤维的影响及控制

温度是影响活性染料反应的重要因素之一。提高温度可使染料与纤维的反应速率以及染料的水解速率都增高,但对水解的影响更为显著,如棉、黏胶纤维的 k_t/k_h 都是20℃比40℃高(图3-10)。

温度越高,染料的亲和力或直接性就越低,染料的平衡吸附量也会降低。如果用竭染常数(SR)来表示直接性也有类似结果,如图7-2所示。

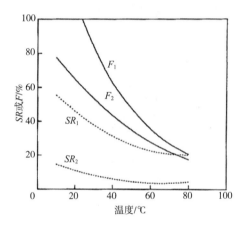

图7-2 竭染常数、固色率与温度的关系

1—活性红BB 2—活性艳橙RR

即温度越高,竭染常数或固色率越低。另外,温度变化还会引起纤维内外相溶液中离子浓度分配的变化,对纤维溶胀性能也有影响。总之,温度越高,固色率越低,固色效率越低;在保证一定固色速率的情况下,固色温度不宜太高。

二、温度对染料上染蛋白质、锦纶的影响及控制

(一)温度对酸性染料上染蛋白质、锦纶的影响及控制

羊毛的外层是结构紧密的鳞片层,对染料扩散有很大的阻力,当染浴温度低于50℃时,羊毛鳞片层的溶胀度小，染料的扩散速率很低，羊毛的始染温度一般在50℃。当温度高于50℃后，羊毛的溶胀随温度的提高而不断增加，且在酸性条件下纤维间的氢键被打开，纤维中孔隙增大，染料可以顺利进入纤维内部。要染透羊毛纤维，需要在100℃沸染45~60min。

蚕丝纤维表面比较娇嫩，真丝绸质地轻薄，长时间沸染后因表面擦伤而失去光泽，容易出现灰伤疵病，因此一般宜采用90~95℃染45~60min，有时需要用醋酸—醋酸钠缓冲体系调节染液 pH 值至等电点，以减少对蚕丝的损伤。

锦纶的 T_g 为50~60℃，始染温度一般不高于40~50℃，同时升温要慢些，也可以采用分段升温（升温过程设定几个温度点），在这些温度下让锦纶保温一段时间再升温，最终染色温度控制在98~100℃，染色时间30~45min。随着染色温度升高，染色速率加快，染料的移染性和遮盖性也提高，高温下保持一段时间有利于染料更好地扩散进入纤维内部，有效改善锦纶结构差异造成的染料上染量的差异和条花现象。

匀染性酸性染料的移染性和匀染性较好，在低温的染浴中主要以分子或离子的状态存在，低温染色可获得一定的上染率。在升温过程中造成的染色不匀，可通过高温保温一段时间达到匀染。

当温度低于50℃时，耐缩绒性酸性染料聚集程度较高，随着温度升高，染料聚集体逐渐解聚，转变成分子状态，染料在纤维中的扩散速率明显增加。耐缩绒性酸性染料对纤维的亲和力高，移染性差，在临界温区内（60~80℃）控制 0.5℃/min 的升温速度是很重要的。达到染色温度后，通过延长保温时间，可有效提高染色的匀染性。

（二）温度对毛用活性染料染羊毛的影响及控制

羊毛纤维上存在鳞片层，阻碍毛用活性染

料向纤维内部扩散，另外，羊毛纤维在温度低于50℃时膨化度很小，鳞片膨化前对分子结构很小的酸的吸收和扩散也有很大阻力，因此必须控制染色温度高于50℃。另外，提高染色温度，可使羊毛染色上染率和固色率上升。温度不同，染料与纤维之间的亲和力及染料分子的活化能不一样，染料的染色速率随之发生变化，但温度过高会造成染料上染过快，染色不匀。

三、温度对阳离子染料染腈纶的影响及控制

只有当温度高于 T_g 时，腈纶大分子的链段运动加剧，提供染料的扩散、渗透的瞬时空间，有利于染料分子扩散进入纤维内部，与分子内酸性基团通过库仑力结合而固着。

不同品牌的腈纶，因第二、第三单体品种和比例的不同，或纺丝工艺不同，T_g 一般为75~80℃，需要控制染色温度高于玻璃化温度20~30℃。所以腈纶的染色温度为100℃沸染。当温度高于 T_g 时，分子链运动显著加剧，吸附上纤维的阳离子染料与纤维上酸性基团以库仑力结合，上染速率急剧上升，温度每升高1℃，上染速率提高30%，出现在一个狭窄的温度区间快速上染的现象，易造成染色不匀。针对这个问题，当温度高于75℃时，要求严格控制升温。染色结束后必须缓慢降温，快速降温会由于冷却程度不一致导致纤维硬化程度不同，影响手感。

四、温度对分散染料染涤纶的影响及控制

温度对分散染料染色影响依据染色方法不同而不同。分散染料染色方法主要有高温高压染色、载体染色和热熔染色三种方法，高温高压染色和载体染色为间歇式浸染，热熔染色为连续式轧染。

（一）温度对高温高压染色的影响及控制

涤纶高温高压染色指织物在密闭的染色设备（如溢流、气流、液流染色机等）中，温度

130℃，压力高于 $1.01×10^5$ Pa（1 atm）的条件下进行染色的方法。高温高压染色匀染性和透染性好，适用的染料品种也很多，加工方法以松式为主，产品手感柔软、丰满，特别适合于手感要求柔软的仿真丝织物及超细纤维织物的染色，是目前应用最广泛的涤纶染色方法之一；还有高温高压卷染、高温高压经轴染色、高温高压绞纱染色和高温高压筒子纱染色等。

高温高压染色可选用 SE 型和 S 型分散染料，适用于纱线（绞纱或筒子纱）染色和织物染色。影响染色的因素有染色温度、时间、pH 值、助剂和设备。

温度是高温高压染色的最主要因素之一。高温高压染色分三个阶段：

（1）初染阶段。染液升温到纤维的 T_g，这个阶段有 20% 的染料被纤维吸附。

（2）吸附阶段。温度上升至 T_g 到设定的染色温度之间，这是最重要的阶段，有 80% 染料被吸附，并有部分染料扩散进入纤维内部。

（3）保温染色阶段。当染色温度（如涤纶为 130℃，超细涤纶为 110～120℃）保持适当时间，染料分子遵循孔道扩散模型扩散进入纤维内部透染纤维。

（二）温度对载体染色的影响及控制

载体染色是指通过降低纤维的 T_g 和提高染料的溶解度实现分散染料 100℃ 染色的过程。载体分子比染料分子小，扩散速率高，染色时先于染料进入纤维内部，以氢键或范德瓦尔斯力与纤维结合，削弱纤维大分子链间的结合力，降低纤维的 T_g，增大瞬时空穴产生的概率，使染料的扩散速率提高，上染率提高；载体对纤维亲和力高，染色时载体吸附在纤维表面形成液状载体层，由于载体对染料的溶解性较强，因此纤维表面形成浓度较高的染液层，提高了染料在纤维内外的浓度梯度，加快染料的上染速率。

（三）温度对热熔染色的影响及控制

热熔染色是指涤纶织物通过浸轧、红外线预烘、热风（或烘筒）烘干、高温焙烘固色和水洗（还原清洗）等一系列流程的染色方法，是一种干态高温固色的染色方法。热熔染色是连续化生产，固色快，加工效率高，与高温高压染色相比，固色率稍低，色泽鲜艳度和织物手感稍差，适合于大批量加工。热熔染色优选升华牢度高的 S 型分散染料，也可选用 SE 型分散染料。适用于涤纶织物及涤棉混纺织物染色。

为了防止或减少染料泳移，浸轧染液后织物采用红外线预烘、热风烘干相结合来烘干织物。红外线加热穿透性强，可使织物内外同时受热，水分均衡蒸发。红外线预烘使织物带液率降低到 20% 左右，再进行热风烘干或烘筒烘干，尽可能避免发生明显的泳移现象。浸轧液中防泳移剂的加入，可更有效地防止染料的泳移。

分散染料上染涤纶主要是在焙烘阶段完成的，浸轧染液烘干后的织物表面吸附染料，进入焙烘箱，当温度高于 T_g 时，纤维大分子链运动加剧，原来分散的微小空穴合并成较大的空穴，这些"瞬时空穴"的存在，有利于染料分子跳跃式进入纤维内部，完成扩散过程，染透纤维。

根据染料的升华牢度不同而设定固色所需温度，一般在 190～225℃。通常情况下，升华牢度高的染料固色温度比较高，升华牢度低的染料固色温度比较低。低温型（E 型）分散染料在 180～195℃，高温型（S 型）分散染料在 200～220℃，中温型（SE 型）分散染料介于两者之间。升华牢度低的 E 型染料在高温焙烘时会升华损失，固色率降低，升华的染料会沾污焙烘设备，给设备的清洗造成困难，一般不建议选择低温型分散染料进行热熔染色。

第三节　电解质对染色过程的影响及控制

一、电解质对纤维素纤维染色的影响及控制

（一）电解质对直接染料染纤维素纤维的影响及控制

前几章曾经提起，可以通过加入 NaCl、

Na₂SO₄ 等电解质，有效控制直接染料的上染过程。直接染料对盐的敏感程度随种类不同而有差异，在不同的纤维素纤维上的敏感程度也不一样。如直接天蓝 FF 在染浴里不加 Na₂SO₄ 或 NaCl，染料对纤维素纤维是很难上染的。要使它很好地上染，必须加入适量的 Na₂SO₄ 或 NaCl，而且平衡上染率随着所加 NaCl 的数量而增加。图 7-3 所示为 NaCl 用量对直接天蓝 FF 在各种纤维素纤维上平衡上染率的影响。

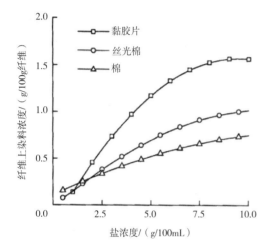

图 7-3　染料上染率与 NaCl 浓度的关系
（直接天蓝 FF0.05g/L，染色温度 90℃）

从图 7-3 可见，在 NaCl 浓度很低时，三种纤维的平衡上染率都很低。随着染液中 NaCl 浓度的提高，三种纤维的平衡上染率大幅提高。在 NaCl 浓度很低时，黏胶的平衡上染率比棉和丝光棉都低。当 NaCl 浓度较高时，黏胶的平衡上染率大幅超过棉和丝光棉。其主要原因是黏胶无定形区所占比例较高，染料的可及度较高。直接红紫 4B 的情况和直接天蓝 FF 不同，只要在一定的温度条件下即使在不含 NaCl 的染浴中，它也能对纤维素纤维上染，加入 NaCl 则可以获得更高的上染率。需要指出的是商品直接染料中都混合一定比例的 Na₂SO₄，但在一般染色过程中仍需要另加 Na₂SO₄ 或 NaCl 以提高上染率。

纤维素纤维在中性或弱碱性染浴中带有负电荷，Na₂SO₄ 或 NaCl 对直接染料上染有促染作用，一个很重要的原因是 Na⁺ 能屏蔽纤维表面的阴荷性，降低或克服上染过程中纤维上的电荷对染料色素离子的库仑斥力。在纤维带有负电荷的情况下进行染色，纤维周围的 Na⁺ 由于库仑引力，向纤维界面转移。在界面附近作扩散层状分布，在界面上浓度最高，随着距离的增大，浓度逐渐降低，直到和染液本体一样，如图 7-4 所示，这样便造成纤维周围染液中的电位变化。

图 7-4　盐效应示意图

众所周知，范德瓦尔斯力与分子间距离的 6 次方成反比。染料与纤维有效距离是很小的，距离越近，作用力越大。而库仑力与分子间距离的 2 次方成反比，作用距离比它大得多。染料阴离子在接近纤维界面时，首先受到纤维所带电荷的斥力影响。只有那些通过分子碰撞在瞬时间具有更高的动能，足以克服这种斥力的染料阴离子才能突破障碍进入一定距离以内。这时对它们作用的范德瓦尔斯力大于库仑斥力，染料阴离子便发生吸附。在这种情形下，染料阴离子所受的电荷斥力大小和它们本身所带的电荷数有关。即电荷效应和染料分子所含磺酸基的多少有关。如前面所说的直接天蓝 FF 分子结构中含有 4 个磺酸基，如果染浴中没有 NaCl，是很难对纤维素纤维上染的。直接红紫

4B 分子结构中只有 2 个磺酸基，即使染浴不含 NaCl，它也能上染。

向染浴中加入 NaCl 或 Na₂SO₄，染液里就增加了额外的 Na⁺和 Cl⁻（或 SO₄²⁻），前者受纤维电荷的吸引，而后者则受到排斥，其分布如图 7-4 所示。在 Na⁺的屏蔽作用下，染料阴离子接近纤维表面所受斥力大幅减弱，染料阴离子在吸附过程中位能会发生变化（图 2-16）。当染料离子从无限远的距离要靠近纤维表面时，必须具有一定的能量（ΔE），才能克服由于静电斥力产生的能阻，提高吸附速率。染液中加入中性盐所起的盐效应具体表现在以下三个方面：

（1）染浴中加有适量 NaCl 时，电离产生的 Na⁺对染料阴离子和纤维表面发生电荷屏蔽效应，降低由于库仑斥力而产生的能阻 ΔE，提高染料的上染速率。

（2）染液中加入 NaCl 或 Na₂SO₄ 后，可以增大染液中的染料活度（$\alpha_s = [Na^+]_s^z \cdot [D^{z-}]_s$），提高染料的平衡吸附量，从而提高平衡上染率。

（3）加入电解质，会使得染料胶粒的动电层电位的绝对值降低，染料在水中的溶解度降低，提高染料在纤维上的吸附密度，从而提高平衡上染率。

（二）电解质对活性染料染纤维素纤维的控制

活性染料的直接性一般较低，所以电解质的用量应较直接染料高。通常在染色浴中加入一定量的中性电解质 Na₂SO₄ 或 NaCl，以提高染料的上染率。工业 NaCl 价廉，但纯度不高，含有较多钙、镁等金属离子，会降低某些染料的色泽鲜艳度和溶解度，而且由于含有氯，会腐蚀设备，一般很少用。Na₂SO₄ 较纯，但用量要适中，过高会引起染料在溶液中的聚集而降低上染率、匀染及透染效果，甚至有可能使溶解度低的染料沉淀。电解质的用量随染料用量的增加而增高，加入方式是部分染料上染后，分次分批加入。

二、电解质对蛋白质纤维染色的影响及控制

（一）电解质对酸性染料染蛋白质纤维的影响及控制

在酸性染料染色过程中，染料 NaD 离解成 Na⁺和 D⁻；加入盐酸或硫酸以调节染液的 pH 值，染液中还有 H⁺、Cl⁻（或 SO₄²⁻）。H⁺在纤维上发生吸附时，必然伴随着相当数量的阴离子一起进入纤维中，阴离子 Cl⁻和 D⁻可与纤维上的—NH₃⁺离子键结合发生吸附。由于 Cl⁻和 D⁻对纤维的亲和力不同，在纤维中的扩散性能不同，因此在染液和纤维中的浓度分布随时间的变化有不同的变化（图 7-5）。

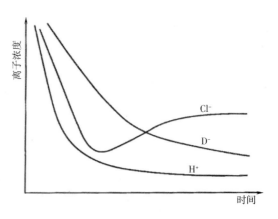

图 7-5　酸性染料染蛋白质纤维时
染液中离子浓度与时间的关系

由图 7-5 可见，当酸性染料染蛋白质纤维时，染浴中加入 HCl，在较短时间内溶液中的 H⁺浓度快速下降，主要源于 H⁺被纤维快速吸附所致。Cl⁻浓度在染色初始阶段有显著下降，随着染色时间延长，Cl⁻浓度逐渐提高，D⁻浓度则随着染色时间延长逐渐降低，直至平衡。这是因为 Cl⁻的结构小，扩散速率比 D⁻快，导致初始阶段 Cl⁻浓度的下降速率比 D⁻浓度快，但由于 D⁻对纤维的亲和力远高于 Cl⁻，因此随着染色时间的延长，Cl⁻逐渐被 D⁻所取代，即发生了离子交换作用，其作用机理参见第三章式（3-27）。

（二）电解质对毛用活性染料染羊毛的影响及控制

在水溶液中，常用的电解质——盐的离解可以改变染浴的电离平衡，使纤维表面带电荷情况发生变化，在弱酸性条件下起到一定的缓染作用；在中性条件下起一定的促染作用，因为当 pH 值高于等电点时，纤维以—COO^- 形式存在，与染料阴离子间产生电荷斥力，电解质电离的 Na^+ 有利于削弱纤维和染料离子间电荷斥力，从而提高染料的吸附量，起促染作用。因此，应根据不同的染色工艺合理使用电解质。

第四节　纤维内扩散过程控制

染料在纤维内扩散的动力来源于浓度梯度（或浓度差），浓度梯度大，染料由纤维表面向纤维内部扩散（渗透）的扩散系数大，扩散就快；随着染色温度升高，扩散系数增加，即有利于扩散的进行。根据亲水性纤维和疏水性纤维的不同，按孔道扩散模型和自由体积扩散模型（见第四章第六节）分别论述，纤维内扩散过程的控制包括温度、纤维结构的控制和助剂的合理使用。

一、温度对染料在纤维内扩散的影响及控制

棉、黏胶、莫代尔等纤维素纤维和羊毛、蚕丝等蛋白质纤维的亲水性好，具有良好的吸湿溶胀性能，染料在纤维内扩散遵循孔道扩散模型。以水为介质染色时，纤维的孔道内充满水，染料阴离子在纤维的孔道溶液中扩散转移，由于扩散活化能较低，因此染色温度较低。分子结构较小的活性染料 40℃ 就能上染；分子结构较大的直接染料需要在温度高于 80℃ 时上染。分子结构大的染料容易发生聚集，染色温度高有利于染液中染料的溶解，同时提高在纤维内的扩散系数。酸性染料需要在温度高于 50℃ 时上染羊毛，因为羊毛纤维表面有鳞片层，在温度高于 50℃ 时方可充分溶胀，染料分子通过鳞片层，进入纤维内部，沸染有利于短时间内染透纤维；蚕丝织物于 90℃ 染色，高温会损伤蚕丝纤维的柔和光泽。

对涤纶、锦纶、腈纶等热塑性合成纤维而言，用分散染料染色时，在染色温度高于纤维的 T_g 时，染料分子按自由体积扩散模型扩散染透纤维。不同的合成纤维具有不同的 T_g，一般染色温度要比 T_g 高 30℃，分散染料 130℃ 染涤纶。温度越高，染色温度与 T_g 的差值越大，纤维内部的自由体积越大，染料的扩散速率越快。但温度高会导致染料对纤维的亲和力下降，使平衡上染率降低，因此要合理选择染色温度，不宜过高。

另外，酸性染料 95℃ 染锦纶，阳离子染料 95℃ 染腈纶。有关情况已在第二节做讨论，这里不再赘述。

二、纤维结构对染料在纤维内扩散的影响及控制

棉、麻、毛、蚕丝等天然纤维均为亲水性纤维，可以通过在水中充分溶胀提高扩散系数，有利于染料分子向纤维内部的扩散。涤纶、锦纶等合成纤维在纤维成型过程中，可以通过牵伸控制纤维的结晶度和取向度，结晶度高，无定形区比例就低，染料的可及度就低，扩散阻力大，不易上染；取向度高，染料扩散困难。因此从染色的角度看，纤维成型加工控制结晶度、取向度非常重要。

三、助剂对染料在纤维内扩散的影响及控制

染色过程往往需经过一系列的乳化（emulsification）、分散（dispersion）、润湿（wetting）、渗透（penetration）、吸附（adsorption）等作用，要求染色均匀、色泽鲜艳、具有一定的牢度。染色过程涉及的助剂种类很多，主要包括乳化剂（emulsifier）、分散剂（dispersant）、匀

染剂（leveling agent）、固色剂（color fix agent）、荧光增白剂（fluorescent whitening agent）、防泳移剂（migration preventing agent）等。下面主要介绍乳化剂、匀染剂、固色剂、荧光增白剂等对染料在纤维内扩散的影响和控制。

（一）乳化剂的影响及控制

众所周知，两种互不混溶的液体，一相以 $0.1\sim10\mu m$ 的微粒状态分散于另一相中所形成的体系称为乳液。乳液中以微粒状态存在的一相称为分散相或内相、不连续相，将微粒包围的连成一片的另一相称为分散介质或外相、连续相。形成乳液时由于两液体的界面积增大，这种体系在热力学上是不稳定的。能够降低体系的界面能，提高乳液稳定性的物质称为乳化剂。由于乳化剂的主要作用在于降低被乳化的两种液体的表面张力，因此，一般都用表面活性剂做乳化剂。

常见的乳液，一相是水，另一相是与水不相混溶的有机物，如油脂、有机硅等。根据其分散情况，水和油形成的乳液可分为两种：当油被分散在水中成为内相时，称为水包油型乳液，以 O/W（油/水）表示；当水被油分散为内相时称为油包水型乳液，以 W/O（水/油）表示。当情况介于两者之间，分辨不清何为外相，何为内相时，称为双重乳液或二元乳液。决定乳化液类型的形成条件有以下几点：

（1）与使用的乳化剂有关。使用亲水性强的乳化剂，易形成 O/W 型乳化液，使用亲油性强的乳化剂，易形成 W/O 型乳化液。

（2）取决于进行乳化的液体本身的性质。一般说，植物油易于形成 O/W 型乳液，矿物油易形成 W/O 型乳液。

（3）取决于不相溶的两种液体的容积比。在不使用乳化剂时，一般容积大的一相为外相。

（4）乳化容器的器壁为亲水性表面时，易形成 O/W 型乳化液；器壁为疏水性表面时，易形成 W/O 型乳化液。

（5）溶液的 pH 值、溶液中的无机盐、乳化的搅拌条件等对乳化液类型的形成也有影响。

阴离子和非离子表面活性剂是使用较多的乳化剂。一般阴离子型乳化剂亲水性较强，主要适用于 O/W 型乳化，主要品种有蓖麻油硫酸酯盐、烷基磺酸盐、烷基苯磺酸盐、烷基萘磺酸钠等。非离子型乳化剂耐酸、碱性良好，受盐和电解质的影响小，特别是由环氧乙烯缩合制得的乳化剂，通过调节分子量大小可以随意制成 O/W 型或 W/O 型乳液，而且可以与阴离子型乳化剂配合使用。主要品种有脂肪醇聚氧乙烯醚（如平平加O）、脂肪醇聚氧乙烯醚、脂肪酸失水山梨醇酯（如斯盘）、脂肪酸失水山梨醇酯聚氧乙烯醚（如吐温）等。阳离子型乳化剂使用较少，多适宜于制备 W/O 型乳液。

（二）分散剂的影响及控制

与乳液两项均为液体不同，分散是指将固体颗粒均匀分布分散液的过程。被分散的固体颗粒称分散相，分散的液体称分散介质。能提高分散液稳定度的助剂称为分散剂，也常称扩散剂。分散剂是染料加工和应用中不可缺少的助剂。分散染料与还原染料几乎不溶于水，原染料颗粒（染料滤饼）较大，不能直接用于染色，要进行研磨加工。研磨加工时加入分散剂，作用是使染料颗粒分散，有助于颗粒粉碎，同时阻止已粉碎的颗粒再凝聚，保持染料分散体的稳定。木质素磺酸盐类分散剂如分散剂 M-9，是染料加工用重要的分散剂品种。亚甲基萘磺酸类扩散剂是生产较早、用量较大的分散剂，如分散剂 N、CNF、MF 等；酚醛缩合物磺酸盐类分散剂有很好的高温分散能力，如分散剂 SS，用途广泛。

在染色工艺中，分散剂起均匀分散染料和防止染料聚集的作用，有些分散剂兼有移染、匀染作用。分散剂多数是各种类型的表面活性剂，以阴离子表面活性剂为主，其次是非离子表面活性剂，尤以高分子型为多。非离子表面活性剂类的分散剂如脂肪酸聚氧乙烯醚硅烷型的分散剂 WA，可防止染料沉淀，同时可改善手感。此外，一些聚合物，如聚丙烯酸及其酯类、聚乙烯醇类也可作分散剂使用。

（三）匀染剂的影响及控制

印染加工过程中如何避免产生不均匀现象是印染工艺质量的重要指标之一。广义的匀染是指染料在染色产品表面以及在纤维内各部分分布的均匀程度；狭义的匀染仅指染料在被染物纤维表面各部分的均匀程度，而染料在纤维内部的均匀分布称为透染。产生染色不均匀的原因除纤维、纱支、织物和染色条件、方法的影响外，受染料分子结构的影响也很大，如染料分子量大、结构复杂，特别是分子中具有酰胺（—CONH—）结构，对纤维亲和力高，初染速率高，在纤维上扩散性差，容易造成染色不匀，拼色时如所用染料上染速率不一致也易造成色差。

为了使染料在被染物上达到均匀染色的目的而使用的助剂称为匀染剂。上染速率太快，尤其是初染速率太快是造成染色不匀的重要原因，匀染剂的作用之一就是能使染料较缓慢地被纤维吸附，其次是当染色不均匀时，使深色部分染料向浅色部分移动，最后达到匀染。因此，缓染与移染是匀染剂的两个最重要作用。匀染剂化学结构不同，作用机理也不相同。根据作用机理不同可以分为纤维亲和性匀染剂和染料亲和性匀染剂两类。

1. 纤维亲和性匀染剂 纤维亲和性匀染剂对纤维的亲和力大于染料对纤维的亲和力。在染浴中，匀染剂与染料对纤维发生竞染作用，匀染剂优先与纤维结合，延缓了染料上染。随着染浴温度的升高，染料才逐渐将匀染剂从纤维上置换下来，从而达到缓染、匀染的目的。腈纶用阳离子染料染色时使用的季铵盐类阳离子表面活性剂、羊毛用强酸性染料染色和锦纶用弱酸性染料染色时使用的含磺酸基的阴离子表面活性剂都属于纤维亲和性匀染剂。

2. 染料亲和性匀染剂 染料亲和性匀染剂对染料的亲和力大于染料对纤维的亲和力。在染料被纤维吸附之前，先与匀染剂结合生成稳定的聚合体，在高温时，这种聚合体与纤维接触产生分解作用释放出染料，再使染料与纤维结合，从而达到缓染匀染作用。这种匀染剂对已经上染于纤维的染料还具有"拉力"，可将深色部分的染料"拉回"到染浴中再转移到浅色部分，通过转移作用而达到匀染。高级醇聚氧乙烯酯等非离子表面活性剂都属于染料亲和性匀染剂，常用于还原染料、分散染料的染色。

除以上两种主要类型外，还有对染料和纤维都有亲和力的匀染剂，一些两性表面活性剂即属于此类。

根据应用于纤维的种类，匀染剂还可分为天然纤维（棉、毛丝等）匀染剂、锦纶用匀染剂、腈纶用匀染剂、涤纶用匀染剂及混纺织物用匀染剂等。

（四）固色剂的影响及控制

直接染料、酸性染料等阴离子水溶性染料色谱较齐全，色光较鲜艳，但是湿处理牢度不好，褪色、沾色现象严重。染料从已染色的湿纤维上掉下来，不仅使织物本身色泽变浅淡，而且会沾污已染成其他色泽的纤维。为了提高染色织物的湿牢度，常在染色后使用助剂进行固色处理，能提高染色织物湿牢度的助剂称为固色剂。固色剂通常为阳离子性物质，阳离子表面活性剂或阳离子树脂。它的作用机理是与染料阴离子生成不溶性盐，在纤维上生成色淀，或使染料分子增大而难溶于水，由此提高染料的湿牢度。按照分子结构，固色剂可分为以下几类：

1. 阳离子表面活性固色剂 阳离子表面活性固色剂大多数为阳离子表面活性剂，使用较多的为烷基吡啶盐、硫盐和鏻盐。这类固色剂能增进耐酸、耐碱、耐水洗牢度，但不耐皂洗，耐日晒色牢度也有所下降，因此已较少使用。

2. 季铵盐型固色剂（无表面活性） 季铵盐型固色剂（无表面活性）一般含有不少于两个季铵基，属于多乙烯多胺类衍生物，如—N⁺（CH₃）₂—CH₂—CH₂—N⁺（CH₃）₂—，还有聚胺与三聚氯氰的高分子缩合物等。这类固色剂不仅能提高湿处理牢度，对织物色泽、耐日晒色牢度的影响也较小。

3. 阳离子树脂型固色剂　阳离子树脂型固色剂是具有立体结构的水溶性树脂，由苯酚、尿素、三聚氰胺和甲醛类缩合而生。如固色剂Y，即是双氰胺与甲醛初缩体的水溶液，具有阳离子性，能与直接染料上的阴离子结合成不溶于水的色淀，达到固色的目的。

使用固色剂后往往会影响耐日晒色牢度，在树脂型固色剂中加入铜盐，可以弥补这一缺陷。如固色剂M，是水溶性阳离子含铜双氰胺甲醛树脂初缩体，它用于直接染料、酸性染料等的固色处理，在可以提高水洗、皂洗等湿处理牢度的同时，还可以提高耐日晒色牢度。树脂型固色剂目前使用量很大，超过固色剂总用量的70%。

除以上三种主要类型外，还有适用于活性染料的固色交联剂、阴离子型锦纶固色剂等。固色交联剂既具有能与纤维键合的活性基团，又具有能与染料阴离子结合的阳离子基团，具有优良的固色作用。

（五）荧光增白剂的影响及控制

白色纤维光线中的蓝色部分有选择性吸收，因而表面往往带有不纯的黄褐色。有些情况下，为使织物达到洁白的要求，在漂白后还需进一步增白处理，也称上蓝处理或荧光增白处理。

上蓝即用蓝色涂料来吸收太阳光谱中的黄色部分，提高白度，但同时降低了对光线的反射率，易使织物显得暗淡。漂白后再进行荧光增白，或轻度漂白与荧光增白同时进行，是当前采用较多的增白工艺。

荧光增白剂是一种无色的荧光染料，也有的将其归入染料类。它能吸收太阳光中的紫外线而产生可见的蓝紫色荧光，利用这种荧光与黄褐色互补，消除黄光，使织物显得洁白、鲜丽。

一般而言，荧光增白剂结构比较复杂，分子中必须含有较长的共轭双键体系，并且基本处于一个平面。荧光取决于其化学结构和引入的取代基。杂环化合物中的氮、氧以及羟基、氨基、烷氧基等取代基的引入有助于增强荧光，硝基、偶氮基的引入会减弱荧光。产量最大、使用最广的一类荧光增白剂是三嗪基氨基二苯乙烯衍生物，如荧光增白剂VBL（又称增白剂BSL）、荧光增白剂VBU（又称耐酸增白剂VBU）等，其次有杂环香豆素衍生物、萘二甲酰胺衍生物、吡唑啉衍生物、噁唑啉衍生物等。

（六）防泳移剂的影响及控制

为了防止高温烘干（焙烘）过程中染料泳移而造成的边、中色差，阴、阳面等病疵，分散染料、活性染料、还原染料对纯棉、涤/棉、涤/黏等织物连续轧染，涤纶织物热熔染色工艺等需要加入防泳移剂。防泳移剂一般要求使用方便，不沾辊，对色光无影响，且具有增深效果。丙烯酸系共聚物是常用的防泳移剂种类，如Levalin TM。

第五节　染料结构特性影响与染色控制

一、直接染料的结构特性与染色控制

直接染料是指在不加任何助剂的情况下能对纤维直接上染的染料。直接染料是纤维素纤维染色最早使用的染料之一，直接染料色谱齐全，染色工艺简单，价格便宜，曾被广泛用于棉织物的染色。但直接染料的湿牢度较差，40℃的耐皂洗色牢度只有3级左右，有的还低于3级，用后处理的方法，可以提高1级左右。耐日晒色牢度随品种不同有很大差异，有的可达6~7级，有的却只有2~3级。目前主要用于染浅色以及涤/黏的一浴法染色。某些直接染料也是蚕丝染色的常用染料，特别是深色品种。此外，直接染料还用于皮革及纸张的染色。

直接染料属于阴离子型水溶性染料，染料分子结构中含磺酸基、羧酸基等水溶性基团，80%左右都是偶氮结构，一般是双偶氮、三偶氮和多偶氮类的染料。直接染料分子具有线性和芳环共平面性，对纤维素纤维具有较高的亲和力。染料分子上有氨基、羟基等极性基团，使直接染料和纤维素分子之间靠范德瓦尔斯力和氢键相互结合上染。分子结构较大的直接染料由于染料分子间的范德瓦尔斯力和氢键作用导致在染液中有较大的聚集倾向，溶解度下降。

直接染料分子中的磺酸基或羧基具有较强的水溶性，上染纤维后，仅依靠范德瓦尔斯力和氢键固着在纤维上，键能较低，当染色物与水接触时，染色物上的部分染料便有可能重新解吸而向水中扩散，并重新溶解在水中，因而直接染料染色物的湿处理牢度较低，易造成褪色或沾色现象，不仅使纺织品本身外观陈旧，还会沾污其他纤维或织物。为改进直接染料的湿处理牢度或其他牢度，通常进行固色处理。但有些品种具有很好的耐日晒色牢度，特别是一些含铜染料和铜盐直接染料经过铜盐后处理，耐日晒色牢度可与还原染料媲美。

直接染料根据浸染时的匀染性及其对染色温度和中性电解质的敏感性等染色性能的不同按 SDC（英国染色工作者学会）分成三类，见表 7-1。

将相同质量的染色和未染色棉织物放入含有常规盐浓度、不含染料的空白染液，在低于 90℃ 的条件下处理一定时间，解吸的染料会不断上染到白织物上，使染色织物上的染料浓度不断降低，白织物上的染料浓度不断提高，最后达到染色平衡。通过上面对三类染料进行移染或匀染测试，发现它们的移染性能差异很大（图 7-6），A 类染料的移染性最好，B 类和 C 类染料较难移染。

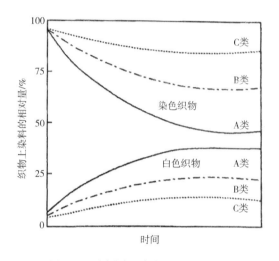

图 7-6　不同种类的直接染料的移染性能

表 7-1　直接染料的分类

类别	匀染性直接染料	盐效应直接染料	温度效应直接染料
结构特征	单偶氮或双偶氮	双偶氮或三偶氮	多偶氮
—SO_3^- 的含量	中等	大	小
亲和力	低	较高	高
扩散系数 D	大	较小	小
盐效应	一般	大	小
温度效应	小	较大	大
匀染性	好	较差	差

二、活性染料的结构特性与染色控制

(一) 活性染料的优点

活性染料的离子或分子中含有反应性基团（即活性基团），能和纤维素纤维上的羟基、蛋白质纤维及聚酰胺纤维上的氨基等发生化学反应，在染料和纤维之间以共价键的方式结合。活性染料具备其他纤维素纤维可染染料无法比拟的优点，如色谱广、色泽鲜艳、适用性强、各项色牢度优异（特别是湿牢度），因此在纤维素纤维用染料的发展和使用过程中具有重要地位。除用于纤维素纤维染色外，活性染料还可用于蛋白质纤维、聚酰胺纤维的染色。具有特殊活性基团的活性染料还能用于涤纶等纤维的染色。按照染料索引分类，该类染料称为反应性染料，我国称为活性染料。

（二）活性染料的结构特点

活性染料与其他类染料最大的差异在于其分子中含有能与纤维的某些基团（羟基、氨基）通过化学反应形成共价结合的活性基，可用下列通式表示活性染料的结构：W—D—B—Re。

其中，W 为水溶性基团，一般为磺酸基；D 为染料发色体或母体结构；B 为母体染料与活性基的连接基或称桥基；Re 为反应性基团，可与纤维反应形成共价键。

（三）活性染料的主要类型

活性染料按活性基类型可分为卤代杂环类（halogenate heterocyclic，HH）和乙烯砜（vinyl sulfone，VS）类，卤代杂环类主要有二氯均三嗪（dichlorotriazine，DCT）、一氯均三嗪（monchlorotriazine，MCT）、一氟均三嗪（monofluorine triazineo，MIT）、二氟一氯嘧啶嗪（difluorine chloro pyrimidine，DFCP）和烟酸离去基型（nicotinic acid，NT）等；还可按活性基数量来分类，分为单活性基、双活性基和三活性基型活性染料等。一些常用活性染料的结构和性能见表 7-2。

**表 7-2　常用活性染料的结构和性能*

大类	小类	结构通式	国内型号	国外型号
均三嗪类活性染料	二氯均三嗪		X 型	Procion MX
	一氯均三嗪		K 型、KD 型（部分）	Procion SP、Cibacron Pront
	一氟均三嗪			Cibacron F
卤代嘧啶类活性染料			F 型	Drimarene R、Verofix、Levafix P-A
乙烯砜类活性染料		D—SO₂—CH₂CH₂—OSO₃Na	KN 型	Remazol
膦酸基型活性染料			P 型	Procion T

续表

大类	小类	结构通式	国内型号	国外型号
α-卤代丙烯酰胺型活性染料		D—NH—CO—CH—CH$_2$—X 或 $\underset{X}{\mid}$ D—NH—CO—CH=CH$_2$ $\underset{X}{\mid}$	PW 型	Lanasol、Lanasyrein
多活性基类活性染料		一氯均三嗪和 β-乙烯砜硫酸酯异双活性基活性染料	M 型	Sumifix Supra、Procion Supra（部分）、Cibacron FN
		两个一氯均三嗪基的同双活性基活性染料	KE 型、KP 型、KD 型	Procion Supra

*均三嗪类活性染料是卤代均三嗪（triazine）的衍生物，连接基通常是亚氨基，离去基为卤素基团。这是一类最早大量应用的活性染料，结构通式可表示如下：

$$D—NH—C\overset{N}{\underset{N}{\diagup\diagdown}}C—X_1 \quad 简写为 \quad D—NH\diagdown\!\!\!\diagup X_1 \atop X_2$$

*a. 二氯均三嗪（X 型）活性染料的反应性较强，在较低温度和碱性较弱的条件下即可与纤维素纤维反应，又称为冷染型活性染料。

*b. 一氯均三嗪（K 型）活性染料的反应性较低，稳定性较好，中性溶解时可加热近沸而无显著水解，要求在较高的温度条件下固色，因此又称为热固型活性染料。用烷氧基取代的反应性较高，但会降低染料—纤维键的耐碱性水解的稳定性。

*c. 一氟均三嗪活性染料在相同条件下，其反应速率高出一氯均三嗪型活性染料 50 倍左右，染料—纤维键的稳定性与一氯均三嗪型相似。

*d. 二氟一氯嘧啶型活性染料反应性较高，染料—纤维键耐酸、碱的稳定性均较好，但价格较高。

*e. 乙烯砜类活性染料，反应性介于一氯均三嗪和二氯均三嗪型活性染料之间，在酸性和中性溶液中非常稳定，即使煮沸也不发生水解，但染料或染料—纤维键的耐碱性水解的能力较差。

*f. 膦酸基型活性染料，在高温下，膦酸基能在双氰胺存在下，在弱酸性介质中与纤维素纤维的羟基发生共价键结合，故适用于和分散染料一浴法对涤棉混纺织物的染色，其与纤维形成的共价键很稳定，但由于在高温下酸催化固色往往会使纤维变黄和降解，色光不够鲜艳，耐日晒色牢度也较差。

*g. α-卤代丙烯酰胺型活性染料反应性强，染色物稳定性好，色牢度较好。主要用于蛋白质纤维的染色。

*h. 一氯均三嗪基和 β-乙烯砜硫酸酯基活性染料，一氯均三嗪活性基在高温固色条件下，耐碱；乙烯砜硫酸酯基在中温固色，耐酸。这类染料可兼顾两者的长处，提高了与纤维的反应概率，固着率高。同时，染料—纤维键的耐酸及耐碱稳定性较 K 型、KN 型活性染料好。

*i. 二氯均三嗪活性基活性染料，对纤维具有较高的亲和力，反应性、稳定性与一氯均三嗪型相似，但固色率较高，染料—纤维键的稳定性较好。由于可在较高的温度下染色，因此，染料在纤维上的扩散性能增加，匀染性提高。它们是以范德瓦尔斯力、氢键、共价键的混合方式固着在纤维上的，较适合用于黏胶纤维、蚕丝的染色。KP 型活性染料的直接性很低，主要适用于印花。

（四）活性基与染料的反应性、固色性

活性染料的反应性主要由活性基团决定，活性基团不仅决定固色速率，在一定条件下还决定固色率和固色效率，并与染料的断键牢度也有直接关系。各种类型活性染料活性基有明显区别，其中二氯均三嗪染料是活泼性最强的活性染料，而且容易水解，非常不稳定，其染色、固色温度相对较低，一般是在 20～30℃，在固色方面的要求相对不是很高，弱碱（碳酸钠）条件下即可；一氯均三嗪型染料是一类比较稳定、不易水解的活性染料，其染色温度在 40～60℃，固色温度需要 80～90℃，固色条件要用氢氧化钠等强碱。二氟一氯嘧啶型染料的反应性则介于一氯均三嗪型和二氯均三嗪型之间。乙基砜型活性染料的反应性也在一氯均三嗪型和二氯均三嗪之间，一般情况下其染色温度和固色温度均在 60℃左右。这几类活性染料的反应活性大小顺序为：X 型>F 型>KN 型>K 型。

针对活性染料的结构而言，有单活性基活性染料、双活性基活性染料、多活性基活性染料，目前应用较多的是双活性基活性染料。活性基团（R）与染料母体（D）的连接方式如下：

单侧型　D—R$_1$—R$_2$

双侧型　R$_1$—D—R$_2$

架桥型　D—R$_1$—A—R$_2$

（A 为连接基或架桥基）

双活性基活性染料以架桥型结构居多，其次是单侧型，双侧型较少。对于异双活性基团染料，固色温度要确保两个活性基团均可完成共价键结合反应，一般在 60～80℃，同双活性基团则选择一氯均三嗪活性基的固色温度即可。

活性染料色谱齐全，色泽鲜艳，使用方便，具有优异的各项色牢度，尤其是湿处理牢度。但深浓色的耐湿摩擦色牢度、中浅色耐日晒色牢度和耐汗光色牢度还不够理想，部分染料的耐氯色牢度达不到市场要求。单活性染料固色率较低，双活性染料固色率大于 80%。

三、还原染料的结构特性与染色控制

还原染料不溶于水，在染料分子的共轭体系中至少含有两个羰基，可以在碱性条件下被还原成可溶的、对纤维素纤维有亲和力的隐色体钠盐（简称色体）上染纤维，染色后再经氧化恢复为原来不溶性的还原染料，固着在纤维上。

还原染料大都属于多环芳香族化合物，其芳环共平面性强，在分子的共轭体系中，含有不少于 2 个羰基，分子中不含磺酸基、羧基等水溶性基团。其氧化还原反应可逆，可表示如下：

悬浮体　　　隐色体　　　隐色酸

悬浮体不溶于水，还原成隐色体后可溶于水，在酸性介质中， —CO$^-$ 变成隐色酸 —COH，也不溶于水。

还原染料的色泽鲜艳，色谱齐全，有较高的染色坚牢度，特别是在纤维素纤维上的耐日晒和耐洗色牢度尤为突出。但是某些黄色染料在日晒过程中，会使纤维素纤维发生光氧化脆损，而染料颜色没有变化，染料起到催化剂的作用，这种现象称为还原染料的光敏脆损，又称染料的光脆性。还原染料也是一种高级颜料，可作为汽车用油漆。

还原染料又称瓮染料，这是由于最早这类染料染色时必须在空气接触面积较小的瓮中进行。植物靛蓝染料在松蓝植物中以配糖体的形式存在，用水将其浸出，经过发酵、水解、氧化制得。还原染料主要用于棉及涤/棉类纺织品中棉纤维的染色，包括纱线、机织物及针织物。由于还原染料染色要在碱性介质中，故一般不适用于蛋白质纤维的染色。还原染料的染色方法主要有如下几种。

（一）隐色体染色

隐色体染色是先将还原染料还原成隐色体

再上染的染色方法。可采用浸染和轧染两种方法染色。隐色体浸染的工艺过程包括染料还原、上染、氧化和皂煮后处理等。染料先在烧碱和连二亚硫酸钠（俗称保险粉）作用下充分还原成隐色体，以阴离子形式通过与纤维之间的范德瓦尔斯力和氢键等被吸附在纤维表面，再向纤维内部扩散，并与纤维结合。然后空气氧化，形成不溶于水的状态固着在纤维上。隐色体轧染的工艺过程包括浸轧隐色体液、汽蒸、氧化、皂煮后处理等，由于还原染料属于暂溶性染料，隐色体液中含有的中性电解质易使染料聚集，很难得到深浓色，只适用于染浅色。

（二）悬浮体染色

悬浮体染色是将还原染料的超细粉配成的悬浮体溶液直接浸轧在织物上，烘干，然后浸轧还原液，在汽蒸条件下使染料被还原成隐色体，从而吸附、上染纤维的染色方法。悬浮体染色一般采用轧染和浸染两种染色方法。

悬浮体轧染的工艺过程包括浸轧悬浮体液、烘干、浸轧还原液、汽蒸、氧化、皂煮后处理等，是还原染料的主要染色工艺。先制备稳定的颗粒直径小于 $2\mu m$ 的染料悬浮液。染料粒径越小，染料悬浮液稳定度越高，对织物的透染性越好。此外，染料粒径越小，比表面积越大，汽蒸时染料还原速率越快。染料用量一般是：染浅色，染料用量小于 $10g/L$；染中等色，染料用量 $10 \sim 25g/L$；染深色，染料用量大于 $25g/L$。在配制染料悬浮液时，一般要加入 $0.5 \sim 1.5gL$ 的分散剂，以增强染料悬浮液的稳定性，常用的分散剂有分散剂 NNO、平平加 O 等；加入 $1 \sim 2g/L$ 的渗透剂，帮助染料快速完成气液交换；加入 $10 \sim 20g/L$ 的防泳移剂，防止烘干时染料泳移。

浸轧还原染料悬浮液时，一般是一浸一轧，带液率一般控制在 75% 左右。先用红外线烘燥或热风烘燥，使带液率降到 20% 左右，再用烘筒烘干，可减少染料的泳移。烘干后的织物应先透风冷却，再进入还原液，以避免还原

液温度上升，导致保险粉分解损耗。还原液应保持较低温度，保证还原液的稳定。浸轧还原液的织物立即进入含饱和蒸汽（$102 \sim 105℃$）的蒸箱内汽蒸 $20 \sim 30s$，使染料还原、上染。还原蒸箱进布及出布口应采用液封或者水封，防止空气进入蒸箱。汽蒸完毕，再进行水洗、氧化和皂洗等后处理。

悬浮体浸染是将悬浮液不断循环，使染料悬浮体缓慢均匀地沉积在纱线组织空隙，然后加入 NaOH、保险粉，在一定温度下还原上染的染色方法。目前主要用于棉纤维的筒子纱染色，而且该法已不常用。

（三）靛蓝染色

靛蓝染料又称靛青染料，国际上称为印地科（Indigo）染料，是牛仔布经纱染色最常用的染料之一。靛蓝隐色体对纤维的亲和力较低，不易染得深浓的色泽，同时移染性差，用于纱线染色时大多呈环染状，且耐湿摩擦色牢度较差，因此牛仔布成衣经石磨洗或其他助剂处理，可获得均匀或局部剥色的效果，显露出一定程度的白芯，形成蓝里透白的"石磨蓝""雪洗"等特殊外观，使牛仔服装风格独特，颇受年轻人喜爱。

牛仔布经纱靛蓝染色常采用两种方式，一种是用片状经纱染色机（又称浆染联合机），纱线染色时以相互平行的状态呈片状行进，且纱线染色与色纱上浆可以在同一设备上完成；另一种是用绳状染色机（又称球经染色机），纱线染色时以数百根经纱聚集在一起的绳状方式进行，可以克服片状染色机由于横向挤压不匀而导致边中边色差、条花等染疵，具有透染性好、匀染程度高、染色牢度好的优点，生产效率是浆染联合机的 $2 \sim 3$ 倍。

与普通还原染料相似，靛蓝染料的染色也包括染料还原、隐色体上染、隐色体氧化及后处理四个过程。靛蓝染料的还原方法一般采用发酵法、保险粉法及二氧化硫法等，其中保险粉法应用最普遍，而二氧化硫脲法则具有较好

的发展前景。

由于靛蓝隐色体对棉纤维的亲和力低，上染困难，若采用提高染液浓度和温度的方法来促使上染，不但会使纱线色光泛红、色泽鲜艳度变差、色光变得不稳定，同时还会造成大量浮色，降低色纱的耐摩擦色牢度。因此经纱染色时，一般都采用低浓度、常温（或低温）、多次浸轧氧化的连续染色方法。即每浸轧染液一次，氧化后再进行第二次浸轧染色，依此类推，经过 6～8 次染色方能达到所需的色泽深度。

吸附在纤维表面的隐色体向纤维内部扩散，当纱线离开染液后，因碱性减弱，隐色体钠盐即水解成隐色酸，与空气接触时，即被氧化成不溶性靛蓝染料而固着在纤维上。由于靛蓝隐色酸的氧化较容易，因此，一般都采用空气氧化法。

经纱用靛蓝染色后，一般都无须皂煮，因为靛蓝隐色体氧化后，染料在纱线上已呈结晶状态，且皂煮前后色光变化不大，因此只需要充分的水洗，即可达到染色要求。

四、酸性染料的结构特性与染色控制

酸性染料是指含有酸性基团的水溶性染料，所含酸性基团大多数是以磺酸钠的形式存在于染料分子中，仅有个别品种是以羧酸钠盐的形式存在。酸性染料具有色谱齐全、色泽鲜艳的特点，主要用于羊毛、真丝等蛋白质纤维和锦纶的染色和印花，也可用于皮革、纸张、化妆品和墨水的着色。

（一）强酸性浴、弱酸性浴、中性浴酸性染料

按照酸性染料的化学结构和染色条件的差异性，酸性染料又可以分为：强酸性浴酸性染料、弱酸性浴酸性染料和中性浴酸性染料，或分为匀染性酸性染料、耐缩绒性酸性染料或非匀染性酸性染料三种类型（表 7-3）。它们的主要应用性能差异见表 7-3，从匀染性酸性染料到耐缩绒性酸性染料，染料相对分子质量、对纤维的亲和力、湿处理牢度逐渐增加，但染料分子中磺酸基所占比例、移染性、匀染性、溶解度逐渐降低。

表 7-3　酸性染料的分类及主要应用性能

性能	强酸性浴酸性染料（匀染性酸性染料）	弱酸性浴酸性染料（耐缩绒性酸性染料）	中性浴酸性染料
分子结构	较简单	较复杂	较复杂
相对分子质量	小	中等	较大
磺酸基在分子中的比例	较大	较小	小
溶解性	好	稍差	差
在溶液中的聚集度	基本不聚集	聚集	低温聚集
对纤维的亲和力	较小	较大	很大
匀染性	好	中等	差
移染性	好	较差	差
染液 pH 值	2.5～4	4～5	6～7
染羊毛常用酸剂	硫酸	醋酸	硫酸铵
元明粉的作用	缓染	缓染作用小	促染
湿处理牢度	很差	中等	较好
耐缩绒性	不好	较好	很好

酸性染料在羊毛、蚕丝和锦纶上的染色性能并非一致。通常情况下，染锦纶的匀染性差，而湿处理牢度则较好；染蚕丝的匀染性较好，但湿处理牢度逊于羊毛。在实际应用中，强酸性浴染色的酸性染料主要用来染羊毛，而弱酸性浴和中性浴染色的酸性染料可用于羊毛、蚕丝和锦纶的染色。

酸性媒染染料和酸性含媒染料是酸性染料的衍生产物，解决了酸性染料染色耐水洗色牢度差的问题，但颜色鲜艳度受到影响，且色谱不全。

（二）酸性媒染染料

酸性媒染染料是一类能与金属媒染剂形成螯合结构的酸性染料。酸性媒染染料可溶于水，能在酸性条件下上染蛋白质纤维和锦纶，上染纤维的染料和金属媒染剂作用形成螯合物后，具有很高的耐湿处理色牢度和耐日晒色牢度。常用媒染剂是重铬酸盐。绝大多数酸性媒染染料属于偶氮类结构，其中主要是单偶氮染料，少量的为三芳甲烷、蒽醌和硫氮蒽结构。能与金属离子形成螯合结构的配位基主要有水杨酸结构和羟基偶氮类结构，蒽醌类结构的是在 α 位上具有羟基、氨基、取代氨基等基团。

水杨酸结构　蒽醌类结构　o,o'-二羟基偶氮染料

酸性媒染染料价格低廉，耐皂洗和耐日晒色牢度高，是羊毛制品染色的重要染料，但色泽不鲜艳，常用于一些灰暗颜色的染色。由于染色时采用重铬酸盐类媒染剂，染色废水对环境的污染大，故目前几乎被高坚牢度的活性染料所取代。

（三）酸性含媒染料

酸性含媒染料又称金属络合染料，是分子中含有金属螯合结构的酸性染料，即合成时已将金属离子引入染料。由于染料分子中引入了金属离子，使染料能获得某些深色谱，如黑色、海军蓝色和棕色等，并能改进和提高染料

的牢度性能与染色性能，如耐光色牢度、湿处理牢度和耐缩绒牢度等，染色织物色泽较酸性媒染染料鲜艳。

按染料分子与金属离子的比例不同，酸性含媒染料可分为1∶1型含媒染料和1∶2型含媒染料。1∶1型酸性含媒染料一般是用单偶氮染料和金属盐溶液在高压体系中加热合成的。

染料与纤维结合的方式一般有三种：一是染料上的磺酸基与纤维上离子化的氨基以离子键结合；二是染料上金属离子与纤维上的氨基（或羧基）形成配位键；三是染料与纤维之间由范德瓦尔斯力和氢键结合。

染料和羊毛结合的方式并不是都同时存在，需要根据染料的结构和染色的情况而定。若羊毛与染料结合得过快，容易造成染色不匀的现象。为了解决染色不匀的问题，染色时就会在体系里加入大量的酸，使羊毛上的氨基充分离子化，未离子化的氨基和金属离子之间生成配位键的可能性减小，同时酸也可抑制羊毛上羧基的解离，减少了与金属离子之间的结合，通过这样的方式达到匀染的目的。染色后在水洗的过程中，酸性降低，染料中铬离子又可以与羊毛上的游离氨基（—NH$_2$）以及离子化的羧基结合，使染料与纤维结合得更为紧密，从而提高染色牢度。

1∶2型酸性含媒染料是由单偶氮染料在近中性染液中与金属的络合物（如水杨酸铬钠等）一起加热合成的。在弱酸性或中性条件下染色，又称中性金属络合染料，简称中性染料。该类染料的母体结构主要是 o, o'-二羟基偶氮染料，两个染料母体可以相同，也可以不同，分别称为对称型和不对称型。

这类染料的分子中含有不电离的亲水基团，如磺酰胺甲基（—SO$_2$NHCH$_3$）、磺酰氨基（—SO$_2$NH$_2$）等。染料的亲水性小、溶解性差、牢度差、相对分子质量大、匀染性差。染料和纤维的结合力主要是靠氢键和范德瓦尔斯力。它们的染色机理与中性浴染色的酸性染料相似。在中性浴中染色用醋酸铵或硫酸铵作为

助染剂,染色时间短、染品光泽较好、手感柔软、工艺简便,但成本较高。

酸性含媒染料中含有 Cr^{3+}、Co^{3+} 等对环境有害的重金属离子,在染料合成及应用过程中随废水进入环境中,严重危害周围水系的生态环境,自 20 世纪 80 年代以来,各国对纺织品中重金属离子 Cr^{3+}、Co^{3+} 含量进行了严格的限制。因此,研究开发环境友好的金属络合染料替代传统的铬、钴等金属络合染料,已成为国内外研究与开发的一个重要方向。近年来我国开发了一些能满足欧盟生态标签新标准的金属络合染料,如青岛双桃精细化工有限公司的尤丽特高级中性染料,浙江省杭州恒升化工有限公司的丽华素(Levasol)系列、丽华特(Levat)系列和丽华特 PA(Levat PA)系列品种等,这些染料上染率高,工艺控制容易,匀染性能良好,拼色效果佳,色光与一般中性染料相比更鲜艳,能满足染色印花的要求。

五、阳离子染料结构特性与染色控制

阳离子染料(cationic dyes)是一种为腈纶开发的专用染料,染色性能优良,各项牢度均良好,尤其是耐日晒色牢度十分优异。染料分子中带正电的基团与共轭体系(发色体系)以一定方式连接,再与阴离子基团成盐。

(一)按正电荷基团位置分类

根据正电荷基团在共轭体系中的位置可将阳离子染料分为以下两大类。

1. 隔离型阳离子染料 隔离型阳离子染料母体和带正电荷的基团通过隔离基连接,正电荷是定域,类似于在分散染料的末端接入季铵基($-N^+R_3$)。因正电荷集中,容易和纤维相结合,上染百分率和上染速率都比较高,但匀染性欠佳,一般色光偏暗,摩尔吸光度比较低,色光不够浓艳,但耐热性和耐日晒性能优良,牢度很高,常用于染中、淡色。可用下式表示:

$$D-CH_2CH_2-\overset{\overset{\displaystyle CH_3}{|}}{\underset{\underset{\displaystyle CH_3}{|}}{N^+}}-CH_3 \qquad (7-1)$$

2. 共轭型阳离子染料 共轭型阳离子染料的正电荷基团直接连在染料的共轭体系上,正电荷是离域的,其染料的色泽十分艳丽,摩尔吸光度较高,但有些品种耐光性、耐热性较差,在使用种类中,共轭型的占比大于 90%,还有其他种类的,主要有三芳甲烷、噁嗪、多甲川结构等。

(二)按应用性能分类

从应用的角度,阳离子染料分为普通型、迁移型、分散型、活性和功能性阳离子染料。

1. 普通型阳离子染料 普通型阳离子染料包括 X 型阳离子染料和用于腈纶染色的碱性染料。大部分普通型阳离子染料染色牢度优良,对腈纶的亲和力高,初染率高,但匀染性较差。染色时,由于腈纶中的酸性基团电离使纤维表面带负电荷,与带正电荷的阳离子染料产生库仑引力的作用,使染料在纤维表面吸附。随着染色温度的升高,当温度高于腈纶的 T_g 时,染料扩散进入纤维内部,并与纤维大分子上的酸性基团以离子键结合而上染固着纤维。普通型阳离子染料的最大问题是当温度高于腈纶的 T_g 时染料上染速度太快,一旦阳离子染料与腈纶中的酸性基团结合,迁移性很差,因此在接近 T_g 时要严格控制升温速度,从而控制染色速率,防止染色不匀。有时还需要加缓染剂,以确保染色均匀性。

2. 迁移型阳离子染料 迁移型阳离子染料(M 型)对腈纶的上染和结合与普通阳离子染料不同,染料的相对分子质量较小,通常在 230~280,对腈纶的亲和力低,扩散性好,移染性好,匀染性优良,可使染色升温时间大幅缩短,在沸染过程中具有良好的迁移性,适用于含不同酸性基团的腈纶,对于解决易染花的色泽如咖啡色、豆沙色、红棕色等,有特殊的意义。

3. 分散型阳离子染料 分散型阳离子染料是阳离子染料与阴离子物质反应生成不溶于水的染料色淀,所用的阴离子物质(Y^-)有 α-萘磺酸、对硝基苯磺酸等,最常用的是 α-萘

磺酸与阳离子染料（D+）结合生成溶解度很低的沉淀（DY），过滤后，加入木质素磺酸钠等分散剂，研磨至一定细度制成分散型阳离子染料。这类染料在水中呈悬浮状，对腈纶的亲和力低，容易在纤维表面均匀吸附，随染色温度升高，逐渐电离生成阳离子染料，并扩散进入纤维，与腈纶上的酸性基团反应形成离子键在纤维内部固着。分散型阳离子染料（SD型）比一般阳离子染料具有更高的移染性，初染率低，匀染性好，可少用或不用缓染剂，与其他染料进行同浴一步法染色，可染含腈纶或常压可染涤纶的混纺织物，还可染含羊毛、涤纶、锦纶等纤维的混纺或交织产品。

4. 活性阳离子染料　活性阳离子染料分子内含有活性基团和季铵阳离子基团，可同时对羊毛和腈纶两类纤维进行染色，获得均一的颜色。染色时，染料溶于水呈阳离子性，向纤维扩散转移，首先吸附羊毛，随着温度提高，有相当部分的染料由羊毛纤维表面转移到腈纶上，并向纤维内部渗透，染料中的阳离子基与腈纶中的酸性基团形成离子键，活性基团与羊毛纤维上的氨基反应形成共价键，实现一种染料染两种纤维的目的，活性阳离子染料主要用于羊毛和腈纶混纺产品的染色。

5. 功能型阳离子染料　功能型阳离子染料是一类集染色和功能整理于一体的新型染料，是在普通的阳离子染料上引入功能性基团，可在腈纶或改性涤纶及其混纺织物染色时，获得防水、抗紫外、抗菌等功能效果。

六、分散染料结构特性与染色控制

分散染料是一类分子结构小，不含水溶性基团，仅含有极性基团，水溶性很低，染色时在水中主要以微小颗粒呈分散状态存在的非离子染料。由于染料需借助分散剂的作用才形成均一的水分散液，故称为分散染料。

分散染料已广泛应用于各类合成纤维及其混纺织物的染色中。分散染料对聚酯纤维（PET）、醋酯纤维及聚酰胺纤维（PA）有良好

的亲和力。分散染料色谱齐全，染得的产品色泽鲜艳，各项色牢度良好，已成为年消耗量最大的染料品种。新合纤染色用染料主要有快速型、高牢度、高发色强度型分散染料，这些染料对超细涤纶具有较好的发色性、相容性和匀染性，并有一定的染色牢度。

分散染料分类方法比较多，主要根据染料的升华性能，结合染料分子大小和染色性能进行分类。

（一）E型、SE型和S型分散染料

瑞士科莱恩公司把分散染料分为E型、SE型和S型三类。

S型分散染料升华牢度很好，适合热熔染色，也可用于高温高压染色，不建议用于载体染色；SE型分散染料升华牢度比较好，匀染性中等，热熔染色温度不宜太高，可与E型和S型染料拼色，适用性广泛；E型分散染料匀染性好，升华牢度不高，后定形温度高的产品不宜选用。可用于载体法染色或汽蒸法印花固色。

（二）高温型（S/H）、中温型（SE/M）和低温型（E）分散染料

我国根据分散染料对涤纶的染色温度分为高温型（S/H）、中温型（SE/M）和低温型（E）三类。

高温型（S/H）染料分子结构大，扩散慢，升华牢度好，适合于热熔染色（200~220℃）和高温高压染色；中温型（SE/M）染料分子结构中等，扩散速率和升华牢度介于高温型和低温型染料之间，适合于高温高压染色和热熔染色（190~205℃），热熔染色温度略低，也可用于载体染色；低温型（E）染料分子结构小，扩散快，升华牢度较低，适合于载体染色和高温高压染色。

（三）其他分类方法

为适应新纤维和短流程新工艺的开发，又增加了快速染色分散染料、碱性可染分散染料、超细纤维染色用分散染料等类型。

商品分散染料有粉状、颗粒状、浆状和液

状等多种形式，最常见的是粉状和颗粒状。粉状分散染料在称量和化料过程中有粉尘污染问题；颗粒状染料在粉尘污染方面有很大改善；浆状和液状染料可避免这些问题，且染料加工中不需要干燥，可节约能源，在染色自动化管理系统中有很大优势，但运输成本比较高。

思考题

1. 从提高上染率和上染速度的角度分析染色过程的影响因素及其控制方法。

2. 染料越过扩散边界层被纤维吸附也是提高上染率的重要步骤，在这个过程影响因素有哪些？如何控制这些影响因素？

3. 纤维吸附酸性染料、阳离子染料过程受哪些因素制约？如何实施匀染？

4. 温度对染色过程有重要的影响，试述温度对活性染料上染棉织物的影响及控制。

5. 电解质如何影响直接染料、活性染料上染棉织物？

6. 在酸性染料染羊毛时，NaCl 有什么作用？分析其作用原理。

7. 匀染剂有哪几种类型？它们如何影响染色匀染性？

8. 在制订染色工艺时，哪些染料染色需要考虑固色剂？试述固色剂的种类和作用原理。

9. 试分析还原染料的结构特性，染色工艺和影响因素及控制。

10. 从染料结构、升华性能角度看，分散染料可以分为哪几类？试述这些分散染料的染色影响因素及控制。

参考文献

［1］王菊生. 染整工艺原理［M］. 北京：纺织工业出版社，1984.

［2］宋心远，沈煜如. 活性染料染色［M］. 北京：中国纺织出版社，2009.

［3］陈英，管永华. 染色原理与过程控制［M］. 北京：中国纺织出版社，2018.

［4］赵涛. 染整工艺与原理：下册［M］. 北京：中国纺织出版社，2009.

［5］宋心远. 新合纤染整［M］. 北京：中国纺织出版社，1997.

［6］ARTHUR D B. Basic Principles of Textile Coloration［M］. England：Society of Dyers and Colourists，2001.

［7］房宽俊. 染料应用手册［M］. 2 版. 北京：中国纺织出版社，2013.

［8］陈溥，王志刚. 纺织染整助剂手册［M］. 北京：中国轻工业出版社，1995.

［9］JOHNSON A. The Theory of Coloration of Textiles［M］. 2nd. Bradford：The Society of Dyers and Colourists，1989.

［10］CHAMBERS R D. Flourinated heterocyclic compounds［J］. Dyes and Pigments，1982，3：183-190.

［11］RAMSAY D W. Reactive Dyes in the 80's［J］. Journal of the Society of Dyers & Colourists，1981，97（3）：102-106.

［12］LEWIS D M. The dyeing of wool with reactive dyes［J］. J S D C，1982，98：165.

［13］HUNTER A，RENFREW M. Reactive dyes for textile fibers［M］. Bradford：Society of Dyers and Colourists，1999.

［14］刘辅庭. 酸性染料染色［J］. 现代丝绸科学与技术，2017，32（2）：36-40.

［15］何瑾馨. 染料化学［M］. 2 版. 北京：中国纺织出版社，2016.

第八章　染色产品质量评价与控制

本章重点

匀染性、透染性、染色牢度是染色产品的核心指标，除此以外，印染厂还关注上染百分率、染色速率、产品疵病等性能指标。本章重点介绍印染产品的质量指标（包括色泽、匀染性、透染性和色牢度）评价及其控制，还涉及染色产品常见疵病及其预防措施。

关键词

色泽；匀染；透染；移染；缓染；色牢度；耐水洗色牢度；耐摩擦色牢度；耐日晒色牢度；疵病；色差；色花；风印；色渍；色点

染色工作者关心染色速率和平衡上染百分率，希望染色速率快，平衡上染百分率高，染料利用率高；同时关心染色产品的质量问题，要求染色纺织品匀染性好、变形小、损伤小；还需要考虑染色成本和污染问题。但有些问题之间往往存在矛盾，如染料上染速率太快，会导致染色产品匀染性难控制；染色温度升高，染色速率提高，但纤维损伤可能增大，耗能也会增加。为了在各方面都得到较为满意的效果，必须制订科学合理的染色工艺，采用合适种类和用量的染化料助剂，较好地控制染料的上染过程。染色加工不仅需要获得尽可能高的上染百分率及固色率，而且应获得均匀和坚牢的色彩。通常产品颜色色光、均匀性、透染性、色牢度是衡量产品质量优劣的重要指标。

第一节　染色产品质量要求

随着社会经济的不断发展，人们对纺织产品特别是染色产品质量的要求也越来越高。在纺织印染行业中，产品质量格外重要，只有切实提高染色纺织产品的质量，才可以提高印染厂的市场竞争力，增加企业的经济效益。明确染色产品质量要求是对染色产品进行生产和有效控制的前提。只有明确了质量标准和要求，才能正确地评价产品质量，才能对产品染整加工的各个环节提出具体的要求和措施，使染色产品质量得到保证，以满足客户的要求。产品质量指标分为外观质量指标和内在质量指标。外观质量指标主要包括色泽和均匀性，内在指标一般包括透染性和色牢度。

一、色泽

色泽一致是对染色产品质量最主要、最基本的评价要求。色泽归纳为色调（色相）、纯度（饱和度）、亮度（明度）三项基本特征，又称颜色的三要素，用这三要素描述和比较色泽准确而且方便。

色调又称色相，表示颜色的种类，如红、黄、蓝、绿、蓝、紫等。色调是色的最基本特征，是颜色之间最主要的差别。物体表面的色调由该物体选择吸收光的波长所决定。

纯度又称饱和度、鲜艳度和彩度，表示颜色的鲜艳度。纯度和颜色中彩色成分与非彩色成分的比例有关，通常可见光谱中的单色光是纯度最高的颜色，光谱色中掺入白光的成分越多，纯度降低越多；物体色的纯度取决于该物体反射光（透射光）中的彩色成分，物体颜色中的彩色成分越大，则纯度越高。纯度低的颜色称为灰，纯度高的颜色称为艳。中性灰、黑色、白色这些非彩色的纯度最低，为0。

亮度又称明度，表示颜色的明亮程度，与物体所反射的光的强度有关，可区分颜色的浓淡。凡物体吸收的光越少，反射率越高时，对视神经刺激越强，明度越高，该物体的颜色越淡。非彩色中，白色的明度最高，黑色的明度最低；在彩色中，黄色的明度较高，蓝色的明度较低。

色泽的三要素是相互联系的。色调决定了颜色的质，亮度和纯度都是量的变化，只有当亮度适中时，颜色才能体现出最好的鲜艳度。任何一种色泽只要确定了它的色调、纯度和亮度，就可以精确地判断它的颜色。倘若三要素中有一个不同，则会表现出两种互不相同的色泽。

色泽通常依照色度学原理用数字来表示，如翠蓝可表示为色调 $\lambda_{max} = 590nm$，纯度30%，亮度20%。其中任一数值变更，色泽即发生变化，这种数字表达的方法准确可靠。

在现代测色配色技术上，则依据色度学原理，用三刺激值来表示一种色泽。在染整企业的实际生产中，色泽要求在一定的条件下（标准对色光源）与来样色泽对比相一致，即可认为符合要求，但对于要求高的产品，要将生产样在测色仪下测定。只有其数值与客户来样一致或相近（在允许误差范围内）时，才能认为符合客户要求。

二、匀染性

匀染性又称匀染度，包括染色产品表面色泽的均匀一致和染色产品内外色泽的均匀一致。广义的定义是指织物、纱线、纤维表面及内部各部位颜色均匀一致的程度；狭义的定义是指织物、纱线、纤维表面各部位颜色均匀一致的程度。染色产品不仅要求色泽对样，而且要求染色产品颜色均匀一致、无色差、色渍、色花、条花、色点、深浅边等疵病，且外观均

匀，色光柔和一致。

三、透染性

透染性是指染料在织物、纱线、纤维内部各个部位分布的均匀程度。通常染色纺织品不仅要求匀染，而且要求织物、纱线、纤维内外颜色均匀，即内外达到匀染，无环染等现象。

染料的透染性虽然通常不易观察到，但它对产品的质量有很大影响。若透染性不好，会造成"环染"或"白芯"，使产品的耐摩擦色牢度和耐皂洗色牢度下降。

四、色牢度

（一）染色牢度的含义

纺织品的染色牢度（又称染色坚牢度，简称色牢度），是指染色或印花织物在使用或加工过程中，经受外部因素，如挤压（squeeze）、摩擦（friction）、水洗（washing）、雨淋（rain drenching）、曝晒（insolation）、光照（illumi-nation）、海水浸渍（seawater soaking）、唾液浸渍（saliva soaking）、水渍（water stain）、汗渍（sweat stain）等作用下保持原来色泽的能力（即不褪色，不变色的能力），它是衡量染色产品质量的重要指标。色牢度好，纺织品在后加工或使用过程中不容易掉色；色牢度差，则会出现掉色或沾色等情况，不仅影响穿着美观，还会影响健康。

染整加工过程中的牢度指标分为耐酸碱牢度（fastness to acid and alkali treating）、耐氯漂牢度（fastness to chlorine bleaching）、耐升华牢度（fastness to sublimation）、耐缩绒牢度（fast-ness to milling）等。有的染色制品在染后还要经过其他加工处理，如色纱织好以后，还要经过复漂，所用染料就要具有一定的耐漂牢度。涤纶织物染色后的定形温度高，要求染料有较高的升华牢度。羊毛制品染后要进行缩绒处理，要求染料具有较高的耐缩绒牢度等。

使用过程中的牢度指标包括耐日晒牢度（fastness to sunlight）、耐气候牢度（fastness to

weather）、耐皂洗牢度（fastness to soaping）、耐汗渍牢度（fastness to perspiration）、耐摩擦牢度（fastness to rubbing）、耐熨烫牢度（fastness to ironing）、耐烟气牢度（fastness to fumes）、耐海水牢度（fastness to seawater）等。对染色产品的染色牢度要求依染色产品的用途不同而有所不同。如窗帘布是用来遮挡阳光的，经常接受日晒，对染料的耐日晒牢度要求较高，而其他牢度则较为次要。一些夏季服装面料，则要求染色产品具有较高的耐日晒、汗渍和皂洗色牢度。婴幼儿服装及内衣要求有较高的耐皂洗色牢度。汽车用布则要求有良好的耐日晒及耐摩擦色牢度。可见染色制品的染色牢度对不同的产品有不同的要求，不同的用途有不同的要求。

染色牢度测试标准和测试方法较多，主要有中国GB标准，由国家标准化组织（International Organization for Standardization，ISO）制定的国家标准以及各国制定的标准，如美国AATCC（American Association of Textile Chemists and Colorists）标准、日本JIS（Japanese Industrial Standards）标准等。由于纺织品的实际服用情况较复杂，因此这些试验方法只是一种近似的模拟。对纺织品牢度进行检测时，应根据其适用范围来选用不同的标准，同时明确执行该标准方法的原理、适用的设备和材料、实验样品的制备、操作方法和程度以及实验报告的要求等。

（二）纺织品常见色牢度和强制性色牢度检测项目

纺织品色牢度的检测项目很多，技术规范或产品标准中经常考核的内容主要有：GB/T 5713—2013《纺织品 色牢度试验 耐水色牢度》、GB/T 3921—2008《纺织品 色牢度试验 耐皂洗色牢度》、GB/T 3920—2008《纺织品 色牢度试验耐摩擦色牢度》、GB/T 8427—2019《纺织品 色牢度试验 耐光色牢度：氙弧》、GB/T 3922—2013《纺织品 色牢度试验 耐汗渍色牢度》、GB/T 18886—2019《纺织品 色牢度试验 耐唾液色牢度》、GB/T 5711—2015《纺织品 色牢度试验 耐干洗色牢度》、GB/T 31127—2014《纺织品 色牢度试验 拼接互染色牢度》、GB/T 5714—1997《耐海水色牢度》等。

纺织品必须要检测的色牢度项目在GB 18401—2010《国家纺织产品基本安全技术规范》和GB 31701—2015《婴幼儿及儿童纺织产品安全技术规范》这两个强制性国家标准中做了详细规定。其中，GB 18401—2010适用于在我国境内生产、销售的服用、装饰用和家用纺织品，色牢度检测项目包括耐水色牢度、耐酸汗渍色牢度、耐碱汗渍色牢度、耐干摩擦色牢度、耐唾液色牢度（婴幼儿纺织产品）；GB 31701—2015适用于在我国境内销售的婴幼儿及儿童纺织产品，色牢度检测项目，除GB 18401—2010中的色牢度项目外，婴幼儿纺织产品和直接接触皮肤的儿童纺织产品还应考核耐湿摩擦色牢度。

耐唾液色牢度一般只考核婴幼儿纺织产品；耐干洗色牢度一般只考核服装使用说明中标注可以干洗的产品；耐皂洗色牢度一般只考核服装使用说明中标注可以水洗的产品；耐日晒色牢度一般只考核在使用过程中外露的纺织产品，如夹克、帽子、床品等，内衣类产品不考核；拼接互染色牢度一般只考核深浅色相互拼接的服装；耐海水色牢度一般只考核泳衣面料。

（三）常见染色牢度

1. 耐水洗色牢度 耐水洗色牢度（colour fastness to washing）又称皂洗牢度是纺织品染色牢度的常见测试项目之一，衡量纺织品（面料、服装、家纺产品、衣片等）经过一定条件的洗涤（如皂液、温度、时间、机械搅拌、冲洗等）、一次或多次模拟家庭洗涤和商业洗涤和烘干后，原样的变色（褪色）和对标准贴衬的沾色性能。我国作为纺织品生产加工大国，生产的纺织品除满足内销外还将出口到世界各地，故需要关注GB/T 3921—2008、ISO 105

C10：2006 和 AATCC 61：2010 三种耐水洗色牢度测试标准。

耐水洗色牢度主要衡量洗涤对织物色牢度的影响。测试方法是将试样与标准贴衬织物缝合在一起，经洗涤、清洗和干燥，将试样再置于合适的温度、碱度、漂白和摩擦条件下进行洗涤，使在较短时间内获得测试结果，洗涤过程中的摩擦作用是通过小浴比和适当数量的不锈钢珠的翻滚、撞击来完成的，取出试样，用变色灰卡评定试样的变色（褪色）程度，用沾色灰卡评定贴衬的沾色程度（级数），分 5 级 9 档，每档相差半级，以 5 级最好，1 级最差，介于两级之间的为半级，如 3~4 级、4~5 级。

在耐水洗色牢度测试中，ISO 标准、AATCC 标准、GB 标准各自都有 5 种不同的项目（水洗参数）。3 种标准的相同点在于，项目可以由客户自己选择，也可以由第三方检测公司根据客户所提供的面料将这 5 个项目都测试一遍，再选出测试结果最好的项目作为洗唛推荐；不同点在于，ISO 标准和 GB 标准的 5 个项目相同，分别有方法 1、2、3、4、5，AATCC 标准则不一样。ISO 标准、AATCC 标准、GB 标准 3 种标准水洗参数差异主要表现为洗涤剂的组成、温度、钢球数量、时间等因素不同，AATCC 标准水洗参数见表 8-1，ISO 标准、GB 标准水洗参数见表 8-2。

表 8-1 AATCC 标准水洗参数

编号	温度/℃	溶液体积/mL	洗涤剂 WOB 浓度/%	有效氯含量/%	钢球、橡皮数量/粒	时间/min
1A	40	200	0.37	无	10	45
2A	49	150	0.15	无	50	45
3A	71	50	0.15	无	100	45
4A	71	50	0.15	0.015	100	45
5A	49	150	0.15	0.027	50	45

表 8-2 ISO 标准、GB 标准水洗参数

标准编号	温度/℃	浴比	皂液浓度/(g/L)	钢球/粒	时间/min
ISO105 C10：A（1）GB/T 3921.1	40	50：1	5	—	30
ISO105 C10：B（2）GB/T 3921.2	50	50：1	5	—	45
ISO105 C10：C（3）GB/T 3921.3	60	50：1	5	—	30
ISO105 C10：D（4）GB/T 3921.4	95	50：1	$5+2g/L\ Na_2CO_3$	10	30
ISO105 C10：E（5）GB/T 3921—2008	95	50：1	$5+2g/L\ Na_2CO_3$	10	240

由表 8-1、表 8-2 可知，AATCC 标准的洗涤剂主要是洗涤剂 WOB（不含荧光增白剂）、漂白剂次氯酸钠、无水碳酸钠、去离子水，ISO 标准和 GB 标准的洗涤剂主要是肥皂、无水碳酸钠、三级水；AATCC 标准有两种温度，而 GB 标准与 ISO 标准只有一种温度；溶液体积的差异并不大；钢球数量 AATCC 标准比 GB 标准、ISO 标准的数量要多；AATCC 标准的洗涤时间都一致，而 ISO 标准、GB 标准洗涤时间则会根据项目不同而有所变化。

关于洗涤方法，AATCC 标准的要求是洗涤时先将标准洗涤剂 WOB（不含荧光增白剂）和钢球预热至所需的洗涤温度，再将组合试样按照要求的参数进行洗涤，洗后用 40℃ 水漂洗 3 次，每次 1min，然后放在 ≤60℃ 的环境中干燥；ISO 标准、GB 标准则是先将皂洗液预热至

所需的洗涤温度，再将组合试样按规定的参数进行洗涤，洗后用冷水漂洗 2min，然后在 ≤60℃的环境中干燥。3 种标准都将试样放在 ≤60℃的环境中干燥，洗涤前都要先将洗涤剂预热，不同的是，AATCC 标准中钢球也要一起预热，而 GB 标准、ISO 标准则不需要预热钢球。

2. 耐水色牢度　耐水色牢度（colour fastness to water）是指染色产品经水浸后，在一定温度和压力下，保温一定时间后原样的变色和对贴衬布沾色的性能。耐水色牢度可参照 GB/T 5713—2013《纺织品　色牢度试验　耐水色牢度》试验方法评定。原样褪色牢度和白布沾色牢度评定同样分为 5 级 9 档，以 5 级最好，1级最差。

3. 耐汗渍色牢度　耐汗渍色牢度（colour fastness to perspiration）是指染色产品在模拟人体汗液条件下颜色的保持程度。包括原样褪色和白布沾色两种情况。耐汗渍色牢度可参照 GB/T 3922—2013《纺织品　色牢度试验　耐汗渍色牢度》试验方法评定。原样褪色牢度和白布沾色牢度评定同样分为 5 级 9 档，以 5 级最好，1 级最差。

4. 耐摩擦色牢度　耐摩擦色牢度（colour fastness to rubbing）分为干摩擦牢度和湿摩擦牢度两种。干摩擦牢度指用干的白布在一定压强下摩擦染色织物时白布的沾色情况，湿摩擦牢度指用含水率 100%的白布在相同摩擦条件下摩擦染色织物时白布的沾色情况。耐摩擦色牢度测试可参照 GB/T 3920—2008《纺织品　色牢度试验　耐摩擦色牢度》试验方法。干摩擦牢度和湿摩擦牢度按 GB/T 251—2008《纺织品　色牢度试验　评定沾色用灰色样卡》的规定评定，同样分为 5 级 9 档，以 5 级最好，1级最差。

5. 耐日晒色牢度　耐日晒色牢度（colour fastness to light），又称耐光色牢度，是指染色纺织品在日光照射下保持原来色泽的能力。将纺织品试样在同一规定条件下（光源、相对湿度）与参考标准（蓝色标准羊毛）同时进行暴晒，然后将试样和蓝色羊毛标准进行变色对比，耐日晒色牢度等级通过同时暴晒的蓝色羊毛的牢度标准来确定。耐日晒色牢度可参照 GB/T 8426—2008《纺织品　色牢度试验　耐光色牢度：日光》和 GB/T 8427—2008《纺织品　色牢度试验　耐人造光色牢度：氙弧》评定。有关暴晒方法的选择有 5 种方法。耐日晒色牢度分为 8 级，以 8 级最高，1 级最低。

其他染色牢度除耐气候色牢度分为 8 级外，其余均分为 5 级，各种试验方法可参见国家标准（GB）。

第二节　匀染性的影响因素及控制

一、染色速度对匀染性的影响

上染过程控制主要通过扩散控制、吸附控制等实现快速、均匀染色的目的。由于纤维内扩散是上染过程中最慢的环节，所以提高纤维内扩散速率是提高上染速率的重点，提高扩散系数是关键。前已叙及，蛋白质纤维与该类阴离子酸性染料之间除了有较大的范德瓦尔斯力和氢键作用力之外，还有静电引力作用，致使染料吸附上染羊毛的速率太快，容易造成染色不均匀；分子量大、共平面性的直接染料与纤维素纤维的亲和力大，上色快，容易造成染色不匀；阳离子改性后棉织物对活性染料吸附力提高，上染速度快，对容易造成染色不匀。

二、匀染性的影响因素及控制

除染色速度外，影响产品匀染性的因素较多，有纤维和织物结构、染料结构、染色工艺条件及染色设备种类及运行状况，在上染过程控制中需要综合考虑、全方位设计工艺条件。这里主要分析一下纤维和织物结构对匀染性的影响。

（一）纤维对匀染性的影响及控制

习惯上来说，匀染是指染料在被染物表面均匀分布；透染是指染料在纤维内部的匀染情况，其对产品质量有较大影响。染料在纤维束内部的不同分布情况如图8-1所示。其中，（a）为理想的匀染状态，染料在纤维束以及每根纤维内都均匀分布；（b）为环染状态，染料在纤维束内均匀分布，但只分布在单根纤维的表面，环染可近似看作匀染，且染色深度一般比匀染浓；（c）为白芯状态，仅外层纤维染色，即纤维束环染；（d）为纤维束外围的纤维环染或不均匀染色，而内部纤维基本未上染。（c）、（d）两种情况属于匀染和透染性较差的情况，该类产品通常不耐洗涤和摩擦。

　　（a）　　　　　（b）　　　　　（c）　　　　　（d）

图8-1　纤维束内染料的分布情况

　　纤维的不均匀是造成染色不匀的重要因素。例如，对棉纤维而言，成熟度、产地、品种等对染色性能影响较大；对羊毛而言，不同产地、品种、不同部位甚至毛尖和毛根的染色性能也存在差异；对化学纤维而言，如在制造时聚合组分不同以及拉伸热处理等条件的差异，就会造成纤维结构的不同，染色性能的差异，导致染色不匀。

　　纤维的分子结构和聚集态结构决定了纤维的染色行为。纤维的结构具有非均一性，如纤维聚集态结构具有结构致密的结晶区和结构相对疏松的无定形区，有的纤维具有皮芯结构，羊毛外层各处性质不同。这些结构的差异都将对纤维的染色匀染性造成影响。

　　涤纶、腈纶、锦纶等热塑性纤维，均存在玻璃化温度，在温度低于玻璃化温度时，纤维结构紧密，染料很难进入纤维内部，上染速率很慢；当达到玻璃化温度时，纤维结构松弛，若所用染料对纤维亲和力大，将导致大量染料在较短时间内迅速进入纤维内部上染纤维，染色速率显著增加，容易造成匀染性差。因此，为改善匀染性，染色中要严格控制升温速率，尤其在合成纤维玻璃化温度附近。

　　纤维纺丝过程的均匀性直接影响纤维的均匀性，从而影响染色均匀性，如锦纶熔融纺丝过程（包括原料的熔融、喷丝、热牵伸和并丝等过程）中有可能导致锦纶分子链末端氨基含量的不同，从而引起上染速率及阴离子染料的最终吸附量差异。为确保纤维的匀染性，原材料性能的一致非常重要。

　　纤维细度的影响，纤维越细，纤维表面积越大，因而染色速度越快，容易染花，如超细纤维的染色匀染性较差。

　　（二）织物结构对匀染性的影响及控制

　　织物结构，如织物的经纬向密度不均匀、纱线支数不等、纱线捻度差异、纱线中纤维的根数或纤维的线密度不同、纱线中单根纤维的末端卷曲或多根纤维末端卷曲之间的差异都可能对其染色的匀染性产生影响。

三、助剂和染料对匀染性的影响及控制

（一）助剂对匀染性的影响及控制

　　助剂会影响染色的匀染性。当染料与纤维之间的亲和力大、上染速率过快，则易于引起不匀，通常可以加入起匀染作用的助剂。如强酸性浴中酸性染料染色羊毛织物、阳离子染料染色腈纶、酸性染料染色腈纶时，加入纤维亲和性助剂或染料亲和性助剂，以控制染料对纤维的吸附速率，使染料顺利均匀地上染纤维。

　　染液中加入对染料扩散有利的助剂，如渗透剂、助溶剂、扩散剂、纤维膨化剂，可促进染料透染纤维。但若加入的助剂使染料凝聚，

如直接染料染色时加入大量中性盐，染料凝聚减缓了染料的扩散，就会影响透染效果，甚至会造成严重的环染现象，还会导致匀染性降低。

此外，染色时织物与染液的相对运动、染液循环速率、染液浓度、染色浴比及纤维自身的吸湿膨化性能，也会不同程度地影响匀染性。总之，凡是影响染料吸附速率和扩散速率的因素都会影响到纤维、织物的匀染、透染效果。

（二）染料对匀染性的影响及控制

染料是影响匀染性的最重要因素。匀染性与染料和纤维之间的亲和力及其扩散性能密切相关。染料对纤维的吸附主要受染料和纤维之间的亲和力影响；在纤维内部的扩散则一方面受到纤维分子引力的作用；另一方面受到纤维内部空间阻力的影响，所以染料的扩散在染色的整个过程中是最慢的阶段。若染料分子结构简单，体积小，染料对纤维的亲和力较小，则染料对纤维的移染性较好、匀染性较高，同时染料的扩散速率大，透染性好，如活性染料对纤维素纤维的染色；反之，体积大，对纤维的亲和力大，易于吸附，染料扩散速率则慢，移染性差、透染性差，容易造成染料在纤维表面及内外分配不匀，造成环染，如还原染料的隐色体对纤维素纤维的上染。因此，与纤维亲和力适当、扩散性性能较好的染料染色匀染性较好。

四、染色设备对匀染性的影响及控制

连续染色设备对匀染性的影响主要为设备车速、烘燥条件、压力控制、张力等。为改善匀染性，在染色过程中，应尽可能浸轧均匀，降低轧余率，烘燥均匀并避免中间急剧烘燥以防止泳移，车速稳定并与染料的上染性能相匹配，张力适宜均匀。

间歇式染色设备对匀染性的影响主要因素为浴比、张力、染液的循环控制情况，染液和织物的相对运动情况。如溢流染色机染色过程中易产生泡沫，使染料分散性遭到破坏，造成染料的凝聚，导致染色不匀不透。筒子纱染色设备对匀染性的影响因素主要包括升降温速率、络筒张力、卷装密度、染液的液流分布等。在筒子纱染色中，通过控制加捻参数、络筒张力和卷装密度的方法，可以提高匀染性。对加捻参数的研究显示，适当提高卷绕角和偏转角，可以提高筒纱的染液渗透性，进而提高匀筒纱从内到外卷装密度降低，有助于提高匀染性，将卷装外层密度设为最低，有助于提高液流的径向渗透。

五、染整加工对匀染性的影响及控制

（一）染整前处理

棉、毛、涤纶等纤维在染色前需要经过相应的前处理以满足后续加工的要求，前处理的程度及均匀性对染色产品的匀染性有很大影响，前处理质量直接影响后续纤维制品的染色质量。如织物退煮不充分，浆料去除不干净或不均匀，极易造成染色不匀和不透等疵病；若棉纱或棉织物丝光不均匀，或丝光条件不一致，或丝光后织物去碱不均匀，都会影响丝光棉纤维的微结构，造成织物上不同区域染色性能的差别，从而出现染色不匀的情况；涤纶热定形时，若温度和张力不均匀，将引起涤纶织物不同部位的结构差异，也会造成染色不匀。

为改善匀染性，需加强前处理，纤维上的杂质应去除干净、均匀，如棉纤维上的天然杂质（纤维素伴生物）和浆料、污物等、合成纤维在纺丝过程中引入的纺丝油剂、织造过程中的浆料以及生产过程中沾污的油迹和尘埃等，棉纤维的丝光、合成纤维的热定形工艺合理，确保待染织物的润湿性能、白度等性能均匀一致且能满足染色要求。

针对上述情况，可采取一定措施避免染色不匀的情况。例如，加强织造前的原料管理，提高染色半成品的质量，改善设备的运行情况，选择扩散性能好且遮盖力强的染料、符合要求的染色介质以及合适种类和用量的染色助剂，并优化染色方法和操作等。

（二）染色温度对匀染性的影响及控制

温度的高低直接影响纤维的膨化程度、染料的性能（溶解性、分散性、上染速率、上染率、色光等）、助剂性能的发挥。每种纤维、每种染料均有其最适宜的染色温度，温度或升温速率控制不当，都会严重影响染色产品的匀染性。

提高温度有利于纤维的膨化、纤维分子的热运动，有利于染料在纤维内部的扩散，提高透染性。但是如果始染温度太高，染色时染料初染速率太快，会给匀染性带来负面影响；染色温度太高，会使染料快速染着纤维表面，阻碍染料进一步向内渗透，也会造成透染差的问题。热塑性合成纤维的染色速率与温度有很大关系，在玻璃化温度附近染料的上染速率提升显著，容易染花，如阳离子染料染腈纶，当染色温度达到80℃以上时，每提高1℃，上染速率有较大的提升，短时间内大量染料快速上染导致染色不匀，且腈纶移染性差，因此需要严格控制在纤维玻璃态转化温度附近的升温速率。

（三）染色时间对匀染性的影响及控制

染色时间的确定与染料在纤维上的扩散、结合有关。延长染色时间使染料由纤维表面向内部充分扩散，有利于提高透染性；同时染色中，纤维表面存在吸附—解吸—再吸附的不断循环往复过程，延长时间，可通过染料的充分移染改善染色初期的上染不匀现象和透染性能。但延长染色时间，生产效率降低，经济性较差，一般只作为匀染和透染的辅助手段。而且，并不是所有染料都能通过移染方法获得匀染和透染。在染料分子结构复杂、染料与纤维之间形成较强的结合力等情况下，如活性染料与纤维发生固着反应后，染料的移染性能大幅降低，此时，再延长时间，对改善匀染和透染性都不会有显著效果。

（四）染色pH值对匀染性的影响及控制

pH值是影响匀染性的重要因素。如活性染料对纤维素的染色，通常首先在中性条件下上染，而后提高染液pH值到碱性，染料与纤维发生共价反应固着，有利于染料充分扩散到纤维内部，提高匀染性；酸性染料染羊毛，染液pH值越低，羊毛纤维所带正电荷越多，则呈负电性的酸性染料上染速度加快，染花的可能性增加；pH值也可能会影响助剂从而影响染料的匀染性。

六、基于移染和缓染控制匀染

匀染（leveling）是染色产品很重要的评价指标。染色过程中，上染速率高，生产效率就高，但易产生染色不匀。在浸染的上染过程中，初染速率太高或上染速率太快是造成染色不匀的重要原因。对于浸染过程，控制匀染的主要途径是缓染（retarding dyeing）和移染（migration dyeing）。其匀染效果和上染率随时间的变化如图8-2所示。

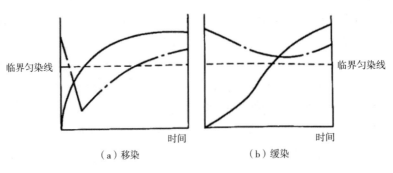

（a）移染　　　　　　　（b）缓染

图8-2　匀染程度及上染率与时间的关系

由图 8-2 可见，通过缓染可控制上染速率，以使整个上染过程中，织物的匀染程度均高于临界匀染程度。可以通过控制上染温度和加入一定量的缓染剂可以达到缓染、控制匀染的目的。

（一）缓染控制匀染

所谓缓染，就是控制染色工艺条件，使染料逐步上染纤维，防止染料上染过快导致染色不匀；移染是指上染纤维的染料从高浓度部位解吸，借助染液转移到低浓度的纤维表面，使染料在纤维（或织物）上分布均匀，即染色均匀。但有些染料对纤维具有很高的亲和力（如阳离子染料上染腈纶），一旦吸附上染，很难解吸，因此无法通过移染实现匀染，只能采用缓染的方式实现匀染。

1. 调整升温速率　上染温度越高，染料对纤维的吸附越快，越容易引起上染不匀。将具有延缓染料上染作用的助剂称为缓染剂。

对阴离子染料上染纤维而言，主要选用非离子表面活性剂作缓染剂，这些缓染剂在染液中对染料阴离子产生吸附，形成胶团（主要通过疏水组分间的范德瓦尔斯力、氢键等发生结合或聚集），这样减少了染液中的自由上染的染料阴离子，上染速率变慢；阴离子染料加入阳离子型缓染剂或阳离子染料加入阴离子型缓染剂，缓染作用也都较明显，它们可和染料离子在溶液中结合，减少自由上染的染料离子，但由于这种缓染作用很强，大幅降低了染料的上染百分率，在染液中甚至引起染料沉淀，故较少单独选用。

阴离子染料上染带有正电荷的纤维（如强酸性浴酸性染料上染蛋白质纤维）或阳离子染料上染带有负电荷的纤维（阳离子染料上染腈纶）时，可分别选用阴离子表面活性剂或阳离子表面活性剂作缓染剂，它们分别和染料离子对纤维上的阳离子染座或阴离子染座发生竞染作用，从而使上染速率减慢。

当染色温度>纤维玻璃化温度（T_g）时，由于分子链运动显著增加，合成纤维中瞬时空穴剧增，上染速率急剧上升，出现在一个狭窄的温度区间快速上染的现象，易产生染色不匀，一般需要严格控制升温速率，减缓染料上染速率，防止上染过快导致的染色不匀。对于涤纶织物，一般在 90~100℃控制上染速率 1℃/min（超细涤纶则控制上染速率 0.5~1℃/min），并确保染液充分循环，防止染色不匀现象的出现。

2. 添加缓染剂　有些染料对纤维具有很高的亲和力，如腈纶织物，吸附上纤维的阳离子染料与纤维上的酸性基团以库仑力结合，一旦上染，造成染色不匀，很难用其他方法改善，必须从源头预防，采用升温速率控制法或恒温快速染色法，有时还需要再加入阳离子缓染剂共同作用减缓染料上染，确保染色均匀。可作为缓染剂的有电解质和表面活性剂两类。常用缓染剂的电解质有硫酸钠和氯化钠，可作缓染剂的表面活性剂有阳离子、阴离子和非离子表面活性剂。如在强酸性染料染羊毛时，电解质加入可起缓染作用。电解质中电离的 SO_4^{2-} 或 Cl^- 先于染料阴离子（D^-）与纤维上—NH_3^+ 结合，随着染色时间的延长，由于染料大分子与纤维的亲和力使染料阴离子（D^-）逐步取代 SO_4^{2-} 或 Cl^-，最终与纤维上的—NH_3^+ 结合上染，电解质的存在减缓了染料的上染速率，缓染作用保证了匀染性。

阳离子染料上染腈纶时控制不当很容易造成染色不匀，特别是染浅色时。因为腈纶是合成纤维，具有热塑性，当染色温度高于 T_g，有一个快速上染的温度区间，而且阳离子染料与纤维上阴离子基团（第三单体）以库仑力结合，一旦上染纤维很难解吸，因此控制升温速度及加缓染剂是解决匀染的主要办法。阳离子型缓染剂（如缓染剂 1227）在染浴中相当于无色的阳离子染料，通过竞染先于阳离子染料与纤维上的阴离子基团弱结合，随着染色过程的进行，逐渐被阳离子染料所取代，从而减缓阳离子染料的上染速率，起到缓染作用。阴离子表面活性剂（如匀染剂 CN）能与染料阳离子弱结合，减少阳离子染料与纤维以库仑力结合的染料量，降低染料的上染速率，从而起到缓染的作用。非离子表面活性剂通过疏水基团与阳离子染料的疏水基团间形成范德瓦尔斯力弱结合，减少与纤维以库仑力结合的染料量，降低阳离子染料的上染速率，从而起到缓染的作用，当然效果不如离子型表面活性剂。

还原染料隐色体浸染时，上染百分率及上染速率都较高，特别是初染率很高。染色时，吸附在纤维表面的还原染料隐色体不易扩散进入纤维内部，容易产生环染，即染料隐色体主要吸附在纤维表面，扩散进纤维内部的很少，没有染透，这种现象又称为白芯现象。其主要原因是隐色体相当于阴离子染料，上染纤维具有明显的盐效应，而烧碱、保险粉及其分解产物具有明显的促染作用，使初染速率很高，染料大量吸附纤维表面，即使延长上染时间，也难以染透。加入缓染剂可以增加隐色体的黏度，降低其在扩散边界层中的扩散速率，减缓隐色体的吸附速率。当然，染料隐色体比较稳定，可以适当提高温度和延长染色时间，提高扩散系数，实现透染。

（二）移染控制匀染

1. 移染及其种类 移染是浸染时实现匀染的主要方法之一。所谓移染是指染料从纤维上染料浓度高的位置解吸，通过染液转移到纤维上染料浓度低的位置，最终实现均匀染色。移染分为界面移染和全过程移染两种。

当染料被吸附在纤维表面，还未扩散进入纤维内部时，部分染料从纤维表面染料浓度高的部位解吸下来，通过染液转移到染料浓度低的部位，重新被吸附到纤维上，这种现象称为界面移染。每种染料都存在一定程度的界面移染，只是移染能力强弱的区别。

所谓全过程移染是指被吸附到纤维上，并扩散到纤维内部的染料，先反向扩散到纤维表面，再解吸到染液中，通过染液转移到染料浓度低的部位，然后重新被吸附上纤维的移染过程。全过程移染中染料迁移路径长，且只有与纤维亲和力较低的染料才能实现全过程移染。例如，分散染料染超细涤纶，分散染料分子结构小，与纤维的亲和力较低；超细涤纶细，扩散进纤维的染料从纤维内部向表面扩散转移距离短；超细纤维的比表面积大，染料解吸速度快，有利于全过程移染。染料在纤维上的两种移染途径如图8-3所示。

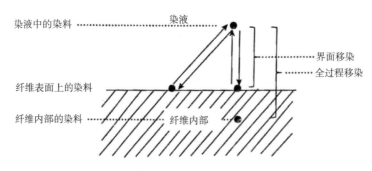

图8-3 染料在纤维上的两种移染途径

界面移染和全过程移染都与染料在纤维表面的吸附、解吸有关，由于染料的上染过程是可逆的，染料在纤维表面存在吸附和解吸的平衡过程，所以如果能实现移染就能解决匀染问题。影响移染的因素有染料对纤维的亲和力、染色温度和染色时间。在染料和纤维确定的情况下，主要手段是控制染色温度和染色时间。

染色温度高，染料在染液中溶解度提高，染料对纤维的亲和力降低，有利于染料从纤维上解吸，通过染液转移到纤维的其他部位，实现界面移染；染色温度高，同样有利于扩散进纤维的染料向纤维界面逆向转移，然后解吸到染液中，转移到纤维的其他部位，即全过程移染。所以，染色温度高有利于通过移染达到匀染的效果。

在一定温度条件下，适当延长染色时间，上染纤维的染料有足够的时间进行界面移染和全过程移染，有利于匀染。但实际应用中，延长时间是有限的，所以染色温度是移染的更重要条件，未达到相应的温度，即使延长时间也无益于匀染。

在染色初期，如果工艺条件控制不当或染料对纤维的亲和力较高都会产生染色不匀的现象，但随着染色时间的延长，纤维界面染料吸附解吸的反复进行，染料的移染使纤维表面得色均匀。移染性好的染料匀染性好，但由于易解吸而使上染率降低，耐水洗色牢度较低。因此要合理选择染料和染色工艺。理想的染色应具有较高的上染率、良好的匀染性和色牢度。

对于匀染性不好的染料，可以通过加入匀染剂、提高染色温度和延长染色时间来提高匀染性，如还原染料隐色体染色时，加入乙醇、三乙醇胺等匀染剂，以提高隐色体的分散性能，降低隐色体的聚集，提高其扩散性和移染性。另外，染料隐色体比较稳定的，可以适当提高染色温度和延长染色时间，促进移染，因为温度越高，移染性越好，但以 70~80℃ 为限，否则会降低染料的吸尽率及加速保险粉的分解。

2. 移染性测试 移染率的测试方法：取两块材质、大小完全一样的白色织物，一块先在一定条件下染色，然后将已染色的织物和白色织物一起放到同一浴液中，该浴液中含有染色所需的助剂但不含染料。在原染色条件下处理一段时间，取出织物，测定两块织物的表面色深 K/S 值，按式（8-1）计算移染率 M，以判断移染性好坏（表8-3）。

$$M = \frac{[K/S]_{白}}{[K/S]_{色}} \times 100\% \qquad (8-1)$$

式中：$[K/S]_{白}$ 为移染后白色织物的表面色深；$[K/S]_{色}$ 为移染后染色织物的表面色深。

表8-3 移染率与移染性关系

移染率	≥75%	65%~74%	55%~64%	≤54%
移染性	优	良	中	差

移染性测试过程中，相对染料量与移染时间的关系如图8-4所示。图8-4中曲线（1）表示已染色织物在处理过程中织物上染料量的变化，曲线（2）表示白色织物在处理过程中织物上染料量的变化，曲线（3）表示处理过程中染浴中染料量的变化。由图8-4（a）可知，随着染色时间延长，染色织物上染料解吸到水中，然后转移到白色织物上，最后两块织物上的染料量相当，表示移染性好，匀染性就好。图8-4（b）中染色织物上染料解吸量很少，白色织物上得到的染料量也很少，染浴中染料量为零，移染性很差，匀染性就差。移染性差的主要原因是染料对纤维的亲和力很高，一旦吸附上纤维就很难解吸，延长时间也不能发生移染，对于这种染料染色，就必须通过控制升温速度等方法使染料缓慢、均匀地上染到纤维上。

（三）泳移及其控制

织物浸轧染色时布面湿度和烘焙温度控制不当，会因染料泳移（migration）导致染色不匀。泳移是指织物在浸轧染液后烘干时，织物表面水分蒸发，染料随水分子向受热面迁移，从而产生受热面和非受热面之间颜色差异的现象。织物表面受热风或烘筒烘干时，受热面水分蒸发剧烈，为了补充表面干燥部分的水分，织物内部被水溶胀的毛细管中的水分则向受热面移动，同时染料颗粒随水分一起向受热面迁移，并在织物表面沉积，引起阴阳面、深浅色斑等染疵。织物在烘燥过程中，被水溶胀的毛细管收缩至染料颗粒尺寸时，染料颗粒停止泳移。这也是为什么轧染时往往需要先预烘控制带液率再焙烘的原因。均匀浸轧染液后的织物，

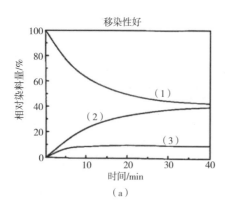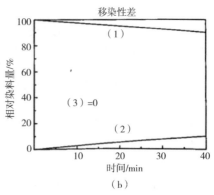

图 8-4　相对染料量与移染时间的关系

烘干时一般先用红外线辐射器进行预烘，它能从内部加热、均匀去除部分水分，然后再结合热风烘燥，至含水率为 20%~30% 时，再用烘筒烘干，可以防止染料的泳移。

染料颗粒在织物上的泳移程度与染料的平均颗粒直径、纤维的比表面积、织物总的轧液率、纤维吸附或滞留在毛细管中的染液量（非自由流动的染液）等有关。在相同的烘干条件下，颗粒越细，泳移倾向越大。轧液率越高，表面水（游离水）含量越高，也容易产生泳移。因此，在染液中加入适量防泳移剂，如海藻酸钠，降低轧液率，或采用合理的烘干方式都有利于减少烘干过程中染料的泳移。海藻酸钠主要是通过使分散的染料颗粒形成絮凝来控制泳移的。由于产生较大的絮凝体，以致不能在织物的毛细管空间中移动。用接触式烘干设备（如烘筒烘干机）会产生泳移。

综上所述，可以通过以下方法防止泳移现象的发生。

（1）尽量降低带液率防止泳移现象。带液率<30%，基本可以避免泳移。

（2）采用非接触式烘干设备，如红外线烘干或热风烘干预烘，使织物两面同时受热，水分蒸发速率一致。

（3）降低染料的可移动性防止泳移。在染液中加入防泳移剂（如海藻酸钠），浸轧到织物上后，防泳移剂对纤维有高亲和力，烘干时可阻碍染料分子随水分子的移动，达到防泳移的目的。

第三节　色牢度的影响因素及控制

影响染色制品色牢度的因素很多，但主要取决于染料的化学结构，染料在纤维上的物理状态（染料的分散程度、与纤维的结合情况），染料浓度，染色方法和工艺条件。纤维的性质对染色牢度有很大影响，同一染料染色不同纤维往往色牢度不同。

一、耐皂洗（水洗）色牢度的影响因素及控制

染色制品的皂洗褪色是织物上的染料在肥皂液中经外力和洗涤剂的作用，破坏了染料与纤维的结合，使染料从织物上脱落下来，再溶解到洗涤液中的过程。

（一）染料对耐皂洗色牢度的影响

染料是影响染色制品耐皂洗色牢度的最重要原因。

1. 染料与纤维的结合性能对耐皂洗色牢度的影响　不同染料染同一纤维，如纤维素纤维，活性染料的耐皂洗色牢度优于直接染料，原因在于活性染料与纤维素纤维发生共价键结合，而直接染料与纤维的结合力主要为范德瓦尔斯力和氢键；同种染料因结构类型不同，对同一纤维的耐皂洗色牢度有所不同。如含有不同活性基的活性染料，不同活性基与棉纤维反

应形成的共价键耐酸碱的稳定性不同。通常活性基的反应活泼性越高，成键后的稳定性越差。例如，X型均三嗪类染料和纤维反应形成酯键，耐碱不耐酸；KN型乙烯砜类染料和纤维以醚键结合，耐酸不耐碱；含双活性基团的染料具有互补作用，耐酸碱的稳定性较高。对于活性染料而言，活性基团成键的差异也将影响染色制品的耐皂洗色牢度。分散染料的耐皂洗色牢度与染料的扩散迁移性有关，如分散蓝2BLN和分散红3B的扩散系数较大，染色织物在进行高温皂洗时，从纤维内扩散迁移到皂洗液中的染料量较多，导致牢度变差。相反，分散艳红S-2GFL的扩散系数较小，耐皂洗色牢度较好。从染色纤维结构出发，合理选用与纤维之间具有高亲和力、高结合力的染料，有助于提高染色纤维的耐皂洗色牢度。

2. 染料的溶解性对耐皂洗色牢度的影响

染料分子上的水溶性基团越多，染色过程中越有利于染料的溶解和上染，但染色结束后，水溶性基团的存在会使染料分子易脱离纤维而溶解于水，因此，染料的亲水性越好，染料的耐洗色牢度越差。如酸性染料、直接染料由于含较多的水溶性基团，皂洗色牢度较低，而还原、硫化、分散等不溶性染料，皂洗色牢度较高；酸性媒染染料由于染料和金属络合，使染料的水溶性降低、染料与纤维间的结合力增大，皂洗色牢度提高。可通过降低染料的水溶性或者增加染料与纤维之间的结合力以提高染色制品的耐皂洗色牢度。

3. 染料浮色对耐皂洗色牢度的影响 染色过程中，有部分染料未能真正扩散进入纤维内部或发生反应而固着。如活性染料对棉纤维染色，经过了皂洗和水洗处理，棉纤维上仍有部分未固着或水解的染料附着（浮色），遇水时（如浸泡、洗涤等），它们较易脱离所染纤维，沾污到其他织物上，从而引起耐皂洗色牢度下降。从颜色角度而言，黑色、藏青、咖啡等深色织物的染色牢度较差。另外，染料对纤维的吸附有一个极限值，即染色饱和值，若染料用

量超过染色饱和值，只能使过多的染料聚集在纤维表面，导致浮色染料增多。如阳离子染料对腈纶的染色，酸性染料对蛋白质纤维、锦纶的染色等。因此，应选择具有高提升力、高固色率的染料，注意纤维的染色饱和值，且无论哪类染料染色都需要经过充分皂洗、水洗去除浮色，色牢度可提高0.5级。

（二）水质对耐皂洗色牢度的影响

在染色过程中，活性染料与硬水中的钙、镁离子等结合，形成细小的难溶的染料沉淀。这些小颗粒在浓度较高的电解质存在下，会逐步凝聚并吸附沉积在纤维表面，从而增大了纤维表面摩擦力。清洗阶段尤其是皂煮中的水质也不容忽视，如钙、镁等金属离子将水解染料的水溶性基团封闭后，表面浮色将难以洗除，这也是影响耐皂洗色牢度的一个重要因素，因此纤维染色所用染液和后处理用水应采用软水以提高耐皂洗色牢度。

（三）染色工艺对耐皂洗色牢度的影响

染料上染纤维时，需通过吸附、扩散进入纤维内部，染料扩散不充分，大部分浮着于纤维表面，易从纤维上脱落，皂洗色牢度就差。如活性染料的轧烘—轧蒸法，织物在烘燥过程中，活性染料会随着水分的蒸发而泳移，造成染料在纤维表面形成不均匀的堆积，直接影响染品的耐皂洗色牢度，因此，在加工中应注意轧液率要尽可能低，防止高温急烘和接触式烘干，必要时染液中可加入适量防泳移剂；固色工艺，应最大限度促进染料与纤维之间的反应，并最大限度地抑制水解反应，从而获得最高固色率及良好的色牢度，可采用102~103℃的饱和蒸汽汽蒸一定时间。活性染料浸染工艺可采用较高温度吸色，有利于染料的匀染和透染，温和的固色工艺有利于高固色率、减少水解。因此制订染色工艺时需根据染料的特性，采用合适的染色温度、升温速率、恰当的时间及染色助剂保证染料充分染透纤维。

（四）整理工艺对耐皂洗色牢度的影响

柔软整理等有时会影响织物的耐皂洗色牢

度，分散染料染色涤纶织物，采用阳离子柔软剂会造成耐洗色牢度下降 1~2 级，且下降的程度随温度的提高而增大。这是由于热定形使纤维大分子链热运动加剧，部分具有较高运动能量或自由化程度较高的染料向纤维表面迁移，加入阳离子柔软剂后，可能由于阳离子柔软剂所带正电荷及疏水基团对染料的亲和性，加剧了热迁移现象，使染料向表面迁移的量增加，从而使织物的色牢度进一步降低。

因此，为提高染色产品的耐皂洗色牢度，可采取以下措施。

（1）加强前处理，确保半制品毛效匀、透符合染色要求。

（2）合理选用染料，根据染色产品的耐皂洗色牢度要求选择合适的染料。

（3）合理制订和控制染料上染工艺。确保染料向纤维内部充分渗透，表面色少，选择必要、合理的染色助剂的种类和用量。如在染料分子较大、难渗透、纤维结构紧密难膨胀的情况下，需要添加合适的膨化剂、渗透剂等；合适的染色温度与染色时间保证染料的充分渗透。

（4）严格控制染后洗涤工艺和操作。选择合理的温度、时间、清洗助剂和方法，确保浮色清洗干净充分。如活性染料可通多次水洗去除所有未反应的染料以及水解染料，洗涤剂在较高温度下充分清洗去除难溶于水的还原染料浮色难溶于水，还原清洗分散染料浮色等。

（5）合理固色。非反应性水溶性染料如直接染料、酸性染料等染色牢度不达标时，可加入适当的固色剂固色，以提高耐皂洗色牢度。

（6）在后整理中，应选择合适的整理剂，尽可能减轻对皂洗色牢度的影响。

二、耐摩擦色牢度的影响因素及控制

织物的摩擦褪色是在摩擦力的作用下使染料脱落而引起的，湿摩擦除了外力作用，还有水的作用。织物的摩擦牢度取决于织物表面浮色、染料分子量的大小、染料与纤维的结合情

况、染料渗透的均匀度、染料在织物表面的分布情况等因素。

（一）染料对耐摩擦色牢度的影响

1. 染料和纤维的结合力　结合力越大，摩擦色牢度越好，如活性染料对纤维素纤维的摩擦色牢度远优于直接染料对纤维素纤维的染色牢度。

2. 染料的染着状态　染料充分渗透入纤维内部，摩擦色牢度好。如为表面染色则易脱色。另外，进行修色、追加染料，染色时间短均不利于摩擦色牢度的提高。

3. 颜色深度　一般染深色织物的摩擦色牢度相对较低。染深色时，所用的染料浓度较高，但不能远超染色饱和值，因为过量的染料并不能与纤维结合，只能在织物表面堆积而形成浮色，严重影响织物的耐湿摩擦色牢度。

（二）纤维性能对耐摩擦色牢度的影响

棉纤维在湿态条件下会发生膨润，纤维之间的摩擦力增大，分子间氢键断裂，使部分纤维易受损，这些为有色纤维的断裂、脱落和颜色的转移创造了良好的条件，故湿摩擦色牢度比干摩擦色牢度低。黏胶比棉更易膨润，摩擦色牢度更低。对涤纶而言，由于其吸湿性极低，使水无法渗透到纤维内部，水的膨润效应不明显，而此时游离在表面的水分反而起到了提高润滑作用，这使涤纶织物耐湿摩擦色牢度结果可能会好于耐干摩擦色牢度。高温高压色分散染料会沉淀于织物表面，促使耐摩擦色牢度低下，可用还原清洗加以改进。

（三）织物表面形态和结构对耐摩擦色牢度的影响

由于未固着染料是造成耐摩擦色牢度差的主要原因，在干态条件下，对于表面粗糙或磨绒、起毛织物、提花织物，若进行干摩擦极易将织物表面堆积的染料等磨下来，甚至造成部分有色纤维断裂并形成有色微粒，使耐干摩擦色牢度下降。轻薄型织物（通常都是合成纤维或丝绸类织物）的试样表面，由于织物结构相

对比较疏松,在进行干摩擦时,样品在压力和摩擦力的作用下会随摩擦头的运动而发生部分滑移,从而使摩擦阻力增大,摩擦色效率提高,摩擦色牢度下降。布面较光滑的平纹、府绸、高支高密织物摩擦力较小,有利于提高耐摩擦色牢度。由于织物结构不容改变,只有加强其他方面的工艺。

(四)染料的染色条件对耐摩擦色牢度的影响

如果染色用水硬度过高,则染料溶解度降低,易出现表面浮色,必须添加软水剂加以解决;通常提高染色温度能促进染料向纤维内部渗透,有利于提高耐摩擦色牢度;染液中添加浓度较高的电解质将促进染料凝聚,逐渐吸附在纤维表面,易产生色点、浮色等,使耐摩擦色牢度降低;染色后的充分皂洗有利于去除表面浮色,提高耐摩擦色牢度。

(五)整理工艺对耐摩擦色牢度的影响

研究表明,柔软整理等有时会影响织物的耐摩擦色牢度。如分散染料染色涤纶染色织物,非离子有机硅柔软剂对干、湿耐摩擦色牢度影响较小,而阳离子柔软剂会造成耐摩擦色牢度下降,阳离子柔软剂增大了染料向织物表面热迁移的趋势,浮色增加,从而使织物的耐摩擦色牢度进一步降低。

为保证耐摩擦色牢度,可采取以下措施:

(1)前处理工艺时,烧毛彻底,提高表面光洁度,毛效符合染色要求。

(2)染色时必须选择适合的染料,使用软水,制订合理的染色工艺,特别是染色温度和染色时间要适当、渗透助剂的选择和用量要适当,以保证染料充分渗入纤维内部,染后根据不同的纤维、染料选择水洗、皂洗、还原清洗等适当的方式和工艺条件把表面浮色充分洗净。

(3)必要时可加入平滑固色交联剂,使染料与纤维结合得更牢固,减少织物表面的摩擦力,同时使纤维表面形成一个包覆染料的柔软薄膜,使其在摩擦时染料不易脱落,提高摩擦色牢度。

(4)控制染料粒度和染料在纤维上的存在状态。染料粒度要尽量小,尽量保证在纤维上以分子状态分布,有利于提高摩擦色牢度。

三、耐日晒色牢度的影响因素及控制

染色制品经日晒后的褪色、变色是一个比较复杂的过程。在日光作用下,染料吸收光能,分子处于激发状态,它是不稳定的,必须待能量以不同的形式释放出去,才能变成稳定态。一种情况:染料接收光能后直接分解,染料发色体系遭破坏、变化;另一种情况:染料分子在光的作用下经氧化或还原而褪色。例如偶氮染料在纤维素纤维上的褪色是氧化过程,而在蛋白质纤维上的褪色则是还原作用的结果。

1. 染料结构对染料耐日晒色牢度的影响 还原染料中靛系类染料耐日晒色牢度相对较差,而蒽醌类染料耐日晒色牢度大多优良;其他染料中,蒽醌、酞菁、金属络合结构的染料耐日晒色牢度一般较高,如直接耐晒染料分子中含有金属原子,其耐日晒色牢度要比普通直接染料高;由于偶氮基光照后易被氧化,偶氮结构染料的耐日晒色牢度相对较低。又如染料分子结构中导入给电子基氨基、羟基等基团,将促使染料吸收光能而氧化褪色,其耐日晒色牢度降低;而引入吸电子基硝基、卤素、羧基等基团后却不易褪色,使耐日晒色牢度提高。活性染料中已与纤维键合的染料比水解染料和未反应的染料耐日晒色牢度高。

2. 同一染料在不同纤维上的耐日晒色牢度有很大差异 分散染料染色聚丙烯腈、聚酯纤维的耐日晒色牢度比醋酯纤维高,其他染料也类似。染料以同一浓度分别染色棉和黏胶纤维的耐日晒色牢度不同,黏胶纤维的耐日晒色牢度比棉高。又如还原染料染色纤维素纤维耐日晒色牢度很好,但染色聚酰胺纤维却很差。这是因为染料在不同纤维上所处的物理状态以及和纤维的结合牢度不同的缘故。

3. 拼色对耐日晒色牢度的影响　由于染料在耐日晒色牢度方面存在协同效应，染料组合时，只要其中任何一个组分，尤其是用量最少的组分（也称辅色染料）的耐日晒色牢度水平达不到要求，就有可能会使最终染色物的耐日晒色牢度无法达标。如活性染料在染色深度相同的情况下，2~3只染料拼混染色的耐日晒色牢度通常比单一染色的耐日晒色牢度要低。这是由于活性染料三原色中的红色组分，由于其母体结构多为偶氮类，光稳定性较低，致使三原色组合在耐日晒色牢度试验中产生不同步的褪色，导致视觉性加成变褪色，使耐日晒色牢度较低。多数还原染料拼色后，会导致耐日晒色牢度下降，但也存在例外，少数染料如还原橄榄绿B等，对其他染料具有保护作用，会使耐日晒色牢度提高。因此，染料色卡上标明的耐日晒色牢度，只能在选择染料时做参考。且在选用染料进行拼色组合时，尽可能使选用的每个组分染料的耐日晒色牢度水平相当。

4. 染色浓度对耐日晒色牢度的影响　无论是单色或是组合色，染色试样的耐日晒色牢度会随染色浓度变化而有所不同，同一种染料在同一种纤维上染色的试样，它的耐日晒色牢度随染色浓度的增加而提高，主要是由于染料在纤维上的聚集体颗粒大小分布变化所引起的，聚集体颗粒越大，单位重量染料暴露于空气—水分等的面积越小，耐日晒色牢度越高。染色浓度的增加会使纤维上的大颗粒聚集体的比例增高，耐日晒色牢度也相应增高。浅色织物的染色浓度低，染料在纤维上聚集体比例较低，大部分染料呈单分子状态，也就是染料在纤维上的分散度很高，每个分子都有同样的概率受到光、空气和水分的作用，耐日晒色牢度相应也趋于下降。

5. 染料的染着状态对耐日晒色牢度的影响
染料与纤维的结合情况对耐日晒色牢度有影响，如较之织物表面的染料，扩散进入纤维内部的染料对日光相对稳定，较之水解染料，与纤维共价结合的活性染料相对稳定，耐日晒色牢度相对较高；因此若染色皂洗不彻底，织物表面残留浮色染料多，耐日晒色牢度降低。

6. 助剂对耐日晒色牢度的影响　有的固色剂会使染制品易吸收光能而褪色，降低其耐日晒色牢度，而紫外光屏蔽剂，可使染色产品不易吸收光能，能提高日晒牢度。

为改善染色产品的牢度，可采取以下措施：

（1）加强对坯布的前处理，促使染料能充分渗透到纤维内部而固着。

（2）注意染料的选用，在选用染料时要根据染色产品对耐日晒色牢度要求的高低选择相应结构的染料。

（3）染料拼混使用时要考虑染料之间日晒牢度的相互影响。

（4）优化染色工艺，严格染色操作规程，做到染色均匀，染料纤维内部渗透充分，加强水洗、皂洗，尽可能减少表面浮色。

（5）合理选用助剂，特别是染色后的固色剂及后整理助剂选用时要考虑助剂对染料耐日晒色牢度的影响，避免选用能促进染料对光能的吸收，使耐日晒色牢度下降的助剂。

四、其他色牢度的影响因素及控制

（一）耐汗渍色牢度的影响因素及控制

耐汗渍色牢度反映纺织品上染料通过人体汗液从织物上脱落或变化的情况。由于人体的汗液刚排出时呈碱性，一段时间后经细菌作用渐呈酸性，因此要检验碱性和酸性两种条件下纺织品的耐汗渍色牢度。耐汗渍色牢度的高低主要取决于染料结构，如活性染料中，若染料与纤维的结合键在酸性条件下易断裂，则耐汗渍色牢度差；染料中所含微量杂质会引起别的染料触媒分解，耐汗渍色牢度可能会有所下降。

耐汗渍色牢度由人工配制的汗液来测试，组分不尽相同，因而一般除单独测定外，还与其他色牢度结合起来考核，如近年来较受重视的耐汗—光复合色牢度。某些活性染料的耐日晒色牢度很好，但耐汗—光色牢度很差，这是因为在汗液和日光双重作用下，汗液中的氨基酸或相关物质与金属络合染料的金属离子螯合，使其脱离染料母体，引起褪色或变色。使用固色剂能提高汗渍牢度0.5~1级，但耐光色牢度会下降。

为改善汗渍色牢度及汗—光色牢度，可采取以下措施：

（1）优选具有高耐汗渍色牢度的染料、高耐汗—光色牢度的染料。

（2）多只染料拼染时必须选择配伍性和染色牢度相近或相似的染料。

（3）优化染色工艺，严格染色操作规程，做到染色均匀，染料纤维内部渗透充分，加强水洗、皂洗，尽可能减少表面浮色。

（二）耐升华色牢度的影响因素及控制

染料的升华指染料在干热状态下固体状态的染料从纤维内部直接以气体状态脱离现象。耐升华色牢度主要取决于染料的汽化性和染着性两大因素。染料结构越小，越易汽化，升华温度越低，则染色产品的染色耐升华牢度越低；染料的浓度越高，其耐升华牢度往往越低；涤纶的预缩和预定形可以均衡纤维内部结构，充分降低纤维结晶部分的结晶度，提高非结晶区域的整列程度，使纤维内部各区域之间的结构趋于一致，染料进入纤维内部以后与纤维之间的结合更加均匀，从而提高染料的耐升华牢度；染色过程中染料是否充分扩散到纤维内部，与纤维之间的相互作用力大小直接影响染料的耐升华色牢度；后整理助剂的影响，如涤纶织物的柔软整理在使用阳离子类型的柔软剂以后，就有可能因分散染料的热迁移而导致分散染料升华牢度下降。因此为改善染料的耐升华色牢度，可采取以下措施：

（1）选择相对分子质量较大，染料的基本结构与纤维结构相近或相似的染料。

（2）优化预定形、预缩工艺，改善纤维内部结构的均匀性。

（3）采取合理的染整工艺，确保染料充分扩散到纤维内部。

（4）适当降低染色后的定形温度，减少染料向纤维表面的迁移。

（5）整理过程尽可能选择对染料耐升华牢度没有影响的助剂。

（三）耐氯漂色牢度

耐氯漂色牢度高低主要取决于染料本身的结构。如活性染料的结构特性决定了它的耐氯漂色牢度偏低，主要原因是氯会使母体染料氧化降解，造成偶氮基断裂，发色基团被破坏呈无色。如以吡唑酮为母体的活性染料则很容易被氯破坏，耐氯漂色牢度较差；而酞菁、蒽醌结构和金属络合结构的活性染料的耐氯漂色牢度结构的则较好；在偶氮基邻位或对位引入磺酸基可以提高染料的耐氯性，引入的磺酸基越多，耐氯性提高得也越大。可通过染料结构筛选和使用耐氯漂助剂提高耐氯漂牢度。

五、染色后处理对染色牢度的影响及控制

染色后洗涤的目的是去除未固着的染料（也称浮色）和残留的助剂，提高染色产品的各项色牢度、鲜艳度和手感。染色后应洗除的物质主要是未固着的染料和水解染料，各种化学品，如染料商品化时加入的分散剂、润湿剂等，还有染色时加入的渗透剂、匀染剂、中性电解质、酸或碱、缓冲剂或pH调节剂、络合剂或螯合剂等以及固色时加入的固色剂、专用牢度提升剂等。根据不同染料上染不同纤维，染色后处理一般包括：水洗（多次）、皂洗（或还原清洗）等。

（一）水洗对染色牢度的影响及控制

实际生产时，水洗过程包含多道、不同温度的水洗。水洗去除纤维表面及与纤维结合不牢固的染料，对去除水溶性染料比较有效，如直接染料、活性染料、酸性染料、阳离子染料等。水洗时大体上洗去三类染料：一是纤维表面或纤维间毛细网络染液中的染料；二是纤维孔道中的染料先从纤维孔道染液中扩散到纤维表面，经解吸再被水稀释交换去除；三是通过

机械力脱离纤维去除纤维表面一些难溶的染料。

对于活性染料而言，水解染料对纤维具有一定直接性，它不仅存在于纤维表面，更多的是在纤维内部孔道中，洗涤时除纤维表面通过水的稀释交换，更多的是通过解吸、扩散，从纤维内孔道壁上解吸，扩散到纤维表面，然后再通过水的稀释交换去除。

1. 水洗温度、浴比、机械搅拌（或水流速度）和 pH 值 水洗温度高、水流循环快或水洗时间长、浴比大都有利于对染料溶解稀释，快速洗去纤维上的未固着的染料和水解染料，对电解质、表面活性剂的去除同样有利。但温度高、水流快、浴比大导致能耗、水耗高，在大力提倡节能减排的大环境下，低温水洗、小浴比水洗已成为研究的热点。

2. 酸洗或碱洗 水洗过程经常包含酸洗或碱洗，以中和去除残留在织物上的碱或酸；水洗过程对染（固）色时加入的电解质、表面活性剂类添加剂也有良好的去除作用。酸洗或碱洗的 pH 控制取决于染（固）色过程的酸碱度，合理选择酸、碱中和去除织物上残留的碱和酸，一般选择具有良好渗透性的有机酸、碱作为中和剂，不仅中和纤维表面酸、碱，还可渗透到纤维芯部中和残留酸、碱，去除效率高，还不会对纤维造成损伤，洗涤温度一般控制在低于 50℃。

3. 机械搅拌 机械搅拌作用是影响水洗效果的另一重要因素。机械作用促进织物内外溶液的交换，减小边界层厚度，加速染料由内向外扩散。如溢流染色机内织物的运转速度高，织物与染液的相对运动加剧，使染料浮色与纤维的结合力减弱，浮色被洗脱。

（二）皂洗对染色牢度的影响及控制

皂洗是通过表面活性剂作用于染料分子，通过乳化、分散去除未固着或水解染料产生的浮色的过程。各种水溶性和非水溶性染料均可通过皂洗去除浮色，主要通过皂洗温度、机械搅拌（或水流速度）和浴比等因素控制皂洗过程。

1. 皂洗温度 对亲水性纤维而言，温度高，纤维溶胀充分，染料的扩散系数高，亲和力低，有利于染料的解吸，并从溶胀的孔道中向纤维表面扩散；对于疏水性纤维，高温使染料对纤维的亲和力降低，有利于纤维表面未固着染料的解析，然后通过表面活性剂的乳化、分散作用去除；高温条件下染料、助剂的溶解性高，因此传统皂洗在 95℃。但高温使活性染料的稳定性下降，水解加剧，特别是在有残留碱的情况下，高温还使表面活性剂乳化，分散能力下降，与水解染料形成的胶束稳定性下降。所以近年来的研究热点为 60℃ 及以下的低温皂洗，一方面降低能耗；另一方面对于活性染料而言可减少染料的水解。当然低温皂洗剂是关键，研究表明，高分子表面活性剂或复配型表面活性剂在低温条件下具有良好的乳化、分散效果，有利于染料浮色的洗脱，达到预期的色牢度和表面色度。

2. 机械搅拌 机械搅拌作用同样可提升皂洗效果，作用原理同前所述。目前应用较多的溢流染色机、气流染色机是利用溢流喷射和汽化喷雾的原理强化染液和纤维的相对运动，实现减少扩散边界层厚度，加速染料由内向外扩散的目的。

3. 浴比 浴比大，水流循环速度快，皂洗作用好，但耗水量大。小浴比皂洗需要选择高效皂洗剂。

（三）还原清洗对染色牢度的影响及控制

分散染料为非水溶性染料，水洗和皂洗很难将浮色洗去，需要还原清洗法洗去浮色。还原清洗主要利用还原剂（保险粉、连二亚硫酸钠）在碱性条件下将吸附在纤维表面、未固着的分散染料浮色分解加以去除。还原清洗通过还原剂、温度、时间、机械作用和浴比等因素控制水洗效果。

还原剂保险粉在碱性条件下是强还原剂，能很好地分解分散染料。但还原清洗是为了去除纤维表面未固着的染料，所以必须合理选择用量，达到既分解浮色，又不分解上染到纤维上的染料，也不损伤纤维。一般还原清洗条件：保险粉 2g/L，NaOH 2g/L，70℃，10min。

温度决定了还原剂的还原效能，温度太高，分解过快，有效还原作用减小，同时还有造成纤维强力下降的危险；还原剂的反应时间很短，10min 以内反应足以完成，因此不需要过长的时间；机械搅拌作用将加速还原反应的进行，也有利于纤维表面浮色均匀去除，但不宜过分剧烈。浴比同样影响还原清洗效果，浴比大，清洗效果好，小浴比可节能减排，原理同前所述。

（四）活性染料水洗对色牢度的影响及控制

活性染料的水洗是整个染色工艺过程的重要环节。活性染料加碱固色时，一方面，染料和纤维发生固色反应；另一方面，染料发生水解，水解染料多数是无活性的阴离子染料，具有结构简单、直接性低、耐水洗色牢度差的特点，需经水洗后处理去除。

水解染料的去除取决于水解染料在纺织品上的分布，处于纤维表面或纤维间毛细网格孔道溶液中的水解染料，水洗时被水溶液稀释交换而去除。还有相当多的一部分水解染料已扩散进纤维内部，处在纤维内部孔道中，有的吸附在孔道壁纤维素分子链上，有的分散在孔道溶液中。在水洗时发生解吸过程，染料先从孔道扩散到纤维表面，再从表面解吸，然后在纤维外溶液中扩散、稀释而去除。

前已叙及，水洗时不仅需除去未固着的水解染料，还要洗去电解质和碱剂，少数情况还有助剂和固色后不溶性的色淀浮色。中性盐对纤维基本上没有直接性，主要通过水洗液与它发生稀释交换作用而去除，在纤维内孔道溶液中的电解质则先从孔道中扩散到纤维表面，然后稀释交换去除。碱剂对纤维素纤维有一定的直接性，扩散出来相对较慢一些，并随水溶液 pH 值的降低而去除。纤维表面一些难溶的染料聚集体或颗粒、色淀等则主要通过机械力脱离纤维，分散到洗液中。

活性染料的水洗过程一般包括冷水洗、热水洗、皂煮、热水洗、冷水洗等。皂洗以前一般要先经过冷水洗 10min 和热水洗（40～50℃）10min 的一个阶段，使毛细管水中溶解状态的染料和少量吸附在纤维表面的染料发生解吸。同时，尽可能从织物上去除盐、碱及纤维表面未固着的染料，这样可使下一阶段的皂洗更有效。热水洗涤时间一般只需 10min，延长洗涤时间不会提高洗涤效果。有些染料与纤维之间的共价键耐碱性较差，皂洗前最好用醋酸进行中和，可以防止染料在皂洗过程中水解，也可避免碱剂去除不净。因为染色物上若含有残碱，烘干后会影响色光，如许多红色染料色光偏黄、萎暗。若皂洗液中电解质的含量高于 2g/L，会降低水解染料从纤维内部向纤维表面扩散，从而降低染色物的耐洗色牢度。

皂煮过程是促使纤维内部未固着的水解染料扩散到纤维表面，同时解吸到洗涤液中。提高温度不但可以提高水解染料的扩散速率，还可以降低水解染料的亲和性，提高染料的解吸速率。皂洗工艺条件通常为 95℃，15min。对于深色织物必须皂煮两次。皂煮后一般先进行热水洗（70℃），再冲淡水、去除黏附在纤维上的染料溶液。洗涤时间不超过 10min。最后进行冷水洗，让溶胀的孔道收缩。

（五）还原染料染色后处理对色牢度的影响及控制

还原染料隐色体被氧化后，需要进行皂煮后处理。皂煮的目的是去除浮色，并改变染料在纤维上的状态，使其充分发色。有研究表明，高温皂煮后染料聚集到纤维的胞腔中，染料分子的取向也从原来与纤维链的平行状态向与纤维分子链垂直状态转变。另外，高温高湿条件下，染料分子发生移动，形成聚集体，甚至形成微晶体，晶体增大到胞腔大小，降温时，孔道收缩，染料颗粒机械地沉积在纤维的无定形区中。

皂煮液中含有的分散剂以分散浮色去除之，但去浮色前，需先用温水冲洗，以避免染料在高温下聚集，反而更难去除。皂煮后，有些染料的色泽会有所变化。如还原金黄 GK 会产生深色效应，而还原蓝 BO 则生浅色效应。总体来说，皂煮后颜色更鲜艳，耐水洗色牢度更好。此外，在皂洗过程中，有些染料分子还可能发生构型的变化，如还原染料轧染，经汽蒸、水洗、氧化后，纤维上的染料处于亚稳态，必须通过高温皂洗，使染料由亚稳态转为稳定态，才能充分发色。

第四节 染色产品色光的影响因素及控制

一、染色纺织品色光的影响因素

染色过程中，染色产品色光的准确性和稳定性受各种因素的影响，染料、纤维、各项工艺条件波动将直接影响染色织物色光的准确性、稳定性，往往会造成色光不符的情况。

（一）染料

1. 染料的配伍性 因染料分子量、分子结构与纤维的直接性差异，导致各染料上染速率不同，拼混染色时出现前后色光的变化。分散染料拼混时，如果染料的结构不同，混合染料的染色饱和值具有加和性，其上染量是两只染料分别染色的上染量之和；如果两种染料的结构差别较小，混合染料的染色饱和值没有加和性，混合染料的上染量与它们分别单独染色时基本一致。

2. 染料浓度与提升率 拼混时，即使拼混染料配伍性良好，但配方中每种染料浓度的高低会引起各单色染料上染速率的改变，所以对于有主色的鲜艳颜色中，只控制深浅，色光会发生改变。染深色时，染料的提升率差异会对颜色产生影响，比如活性染料染深红色时，随浓度的增加会变得灰暗。

3. 染料色变不确定性 外界储存条件对染料稳定性、色光也会产生影响。如活性染料会受到回潮率、布面温度、pH、光敏感和空气中的氧化还原气体等因素的影响；染色后一部分

染料分子会产生顺式和逆式的可逆反应，如光敏色变；一部分染料分子处于能量很高的激化分子状态，需要吸收光子才能迅速地将能量通过转化成热和辐射的方式消散，转化成能量低的稳定态，色光也会随之发生变化；一部分染料分子因受氧化还原气体的影响而发生电子的转移而产生色变，活性染料一般耐光色牢度不如还原染料，光敏感性不易发觉和控制，通常黄色耐光性较差，所以往往出现成品后色光变红、变灰暗的现象。回潮后有水分子的参与，这种光化学反应会更迅速，所以控制布面回潮度很重要。

（二）染色工艺

不同纤维有各自适合的染料，常用染色加工方式包括轧染和浸染。按照染料的上染过程不同，轧染和浸染又可分为多种染色方法，不同方法涉及的工序和影响因素有所不同。下述分别以还原染料的浸染和活性染料的轧染说明各工艺条件的影响。

1. 还原染料的工艺条件对色光的影响

（1）还原条件对色光的影响。染料还原溶解和染色的条件是影响还原染料色光稳定性的重要因素，如正常条件下还原蓝 RSN，得色为艳蓝色，当还原和染色温度高于 65℃，或还原时间超过 15min，或烧碱、保险粉用量大于正常用量时，其得色开始变暗淡，主要是由于还原蓝 RSN 发生了过度还原，对纤维染色的直接性下降造成的；正常条件下还原蓝 BC，得色为艳蓝色，过度还原将引起还原蓝 BC 结构上的氯原子脱落，得色开始变暗并且色光偏绿。

（2）氧化条件对色光的影响。还原染料隐色体上染纤维后，必须经过氧化才能显示出应有的颜色，生成不溶性染料固着在织物上。氧化条件的控制对得色色光也有较大的影响。此外，氧化液的浓度和温度不均匀或局部过早氧化，也容易造成染料的色光变化。

（3）皂煮条件对色光的影响。皂煮除了具有去除染料浮色、助剂，提高色泽牢度和色泽鲜艳度的作用外，还可促使染料发色，从而获

得真实的色光。如还原蓝 RSN 染色后皂煮不充分时，色光严重偏黄、偏暗；还原桃红 R 皂煮不充分，则色光不鲜亮。

（4）烘干条件对色光稳定性的影响。某些还原染料的色光对热及纤维含潮率比较敏感，容易在烘干受热不均、纱线含潮率不一致、过烘等情况下产生色变。因此，一般烘干温度不高于120℃。绿色染料受热时色光偏蓝光并且色暗，冷却后色光偏黄光（还原艳绿 FFB 尤为明显）；还原桃红 R、还原紫 2R 过烘后偏蓝光，滴水或冷却后转红光；还原灰 M 过烘后偏绿光，冷却后偏红光，并且湿度越大，红光越重，在纱线干潮不匀时容易产生青红条；所以，在对热、湿敏感的染料进行仿样、大车试样和正常生产修正染色处方时，要等被染纤维冷却、自然回潮后根据实践经验再判断色光，对处方进行修正。

2. 活性染料染料工艺条件对色光的影响

活性染料连续轧染可分为一浴法和两浴法，连续轧染法中的两浴法又可分为两浴轧蒸法、焙固法和短流程湿蒸法，其中两浴轧蒸法因工艺稳定成为连续染色中最常用的工艺之一。轧槽液位、车速、轧车、预烘和烘干、碱剂、电解质、汽蒸时间和染色后处理等诸多因素都会对色光产生影响。如预烘温度、预烘时间的变化，染色样品的 K/S 值、L、a、b 也会发生波动；固色为轧染中重要的一环，固色汽蒸的温度和时间、固色液的组成及其用量、固色液中加原液的多少对色光的一致性影响明显。活性染料是反应性染料，染色过程中存在竞染现象。染中浅色时，染座较充分，染料上染百分率高，在固色槽中脱落相对比较少，一般平衡浓度低于补充浓度，色光较浅；染中深色品种时，刚开始染色时固色槽中的染料浓度较低，随着染色的进行，脱落到固色槽中的染料越来越多，重新上染的染料也增多，导致色光变深，同时色相发生变化；另外固色液中所加染料浓度变化对色光的影响很大，随着补充染料的加入，浓度增大，颜色往往变深，三原色拼

色偏蓝绿，即色光一般偏向拼色染料中直接性小和浓度高的染料。

3. 染色后净洗对色光的影响

（1）洗净纤维上的浮色。附着在纤维表面的染料（含染料对不同纤维的沾色）对热、光、后整理的化学药品、环境的酸碱性以及温度、湿度等比较敏感，容易发生色光变化。

（2）织物洗出水质要求。织物出水不清，带酸性或碱性，对布面染料色光也会产生明显的影响。如果是活性染料染色，染后出水不清或布面带酸碱性，在高温高湿条件下烘干时，尤其是烘筒接触式烘干，会明显加重染料的水解断键，从而使染料在纤维表面发生严重泳移。这不仅会使布面色光发生变化，还会造成布面匀净度和色牢度的严重下降。如果是棉/锦或棉/涤织物，以分散染料单染锦纶或涤纶深色时，若染后出水不清，纤维上留有较多的浮色和沾色，一旦遇到有机溶剂（洗涤油污），如酒精、丙酮、苯、N，N-二甲基甲酰胺（DMF）等，便会发生萃取作用。即有机溶剂将纤维上的浮色和沾色溶解下来，待有机溶剂挥发后，就在布面形成色斑和色圈。即使在有机溶剂的气体中进行干洗，也会发生色光的显著改变。

（三）热定形的影响

合成纤维染色后定形对色光会产生一定的影响。如分散染料染色涤纶织物经过定形后，织物色泽均会不同程度地变浅。这是由于分散染料染色在高温高压下进行，纤维分子间隙增大，部分染料分子会从增大的分子间隙迁移出，造成织物色泽偏浅，且牢度下降。所以合成纤维定形温度和时间的选择非常重要。

（四）后整理的影响

染色后整理对色布的色光可能会产生影响。若选用的助剂不当（如柔软剂泛黄性大等）或实施的工艺条件不当（如焙烘温度过高、焙烘时间过长等），对色光的影响明显。如活性染料染棉织物，加入柔软剂 S-400 后，织物色泽普遍变浅，其中活性蓝浅了 14.7%；

棉织物染色后进行纤维素酶处理后，大多数试验用还原、直接染料染色织物的 ΔE 为 $2\sim4.5$，而活性染料染色织物的 ΔE 则在 1 左右；棉/涤或涤/黏织物中，涤纶染深色而棉（黏）染浅淡色时，在 $130℃$ 以上的后整理过程中，由于纤维表层存在整理剂（特别是硅油柔软剂），会导致染着在涤纶内部的分散染料大量地向涤纶表面迁移，造成棉纤或黏纤严重污染，从而使布面色光发生显著改变。

二、色光的控制

（一）选择直接性相近、配伍性好的染料进行拼色

避免拼色染料选择不当导致的色光差。对于如翠绿、湖蓝、大红等这些有主色调、各单色浓度差异明显的颜色要充分考虑各单色上染速率的不同会给颜色带来的影响，深浅和色相要结合在一起考虑。

（二）根据所使用染料的特性制订合理、适宜的工艺

浸染中，温度、时间、助剂、浴比、洗涤等工艺条件视具体染料特性而定。如活性染料因为反应基团的不同可分成 X 型、K 型、KN型等，每种类型用的固色液碱浓度各异；活性翠蓝 G 的酞菁分子易与水中的钙镁离子及其他重金属离子结合而影响色光，可采用酸洗去除杂质离子，使翠蓝 G 的色光更纯正。轧染中，需对轧液率、固色液、汽蒸时间、车速、洗涤等工艺严格要求，使生产的纤维色光稳定，提高符样率。如拼混时为解决色光一般向直接性小和浓度高的染料方向走的问题，可在固色槽中加入原液和采用小固色槽，让染料在脱落和重新上色间尽快达到动态平衡。

（三）对色前处理

对于某些易受温度、干湿度、光照时间影响的染料的色光，对色前进行一定的处理。如活性染料染棉织物的色光随着回潮时间趋于稳定，对色前要在常温条件下充分回潮、冷却；光敏感染料染色产品对色前可在强光下照射一段时间，一般只要 10s 即可，维持色光的稳定性。

（四）后整理

重视柔软、防水等后整理对色光的影响。尽量选择对色光影响可以忽略的助剂和工艺条件，若影响不可避免，仿色时需提前考虑并控制。

（五）色光修正

染色完成后，色光与标准样存在差异，可采取色光修正。色光修正的方法主要有加法、减法、消色三种方法。若染色产品色光与标准样相比偏浅，可采用加色方法补救。加色方法一般有轧料和回染两种方法，修正时需要注意"跳光"现象，尽量选用"跳光"现象小的染料；染色产品色光较标准样深时，则考虑采用减色方法。如活性染料染棉织物，减色可采用汽蒸水洗、碱洗和氧化剂减色法和还原剂减色法。汽蒸水洗需严格确定车速、温度、皂洗剂用量等工艺条件；碱洗利用活性染料的水解反应特性，将染色织物轧一定量的 NaOH 溶液汽蒸水洗，使织物表面部分染料水解后达到色浅的目的；氧化减色是利用一些活性染料不耐氧化剂的性质。还原染料染色棉织物采用还原剂减色法，通过两次浸轧还原液使染料造成过度还原后降低染料的得色量，但此种方法易使染色织物色光萎暗，需特别注意；染色产品和标准样基本一致，但色光有差异时可采用消色方法修正，一般有轧补色染料消色和轧增白剂消色两种方法。

第五节　染色产品常见疵病及防止方法

一、色差的影响因素及防止方法

（一）色差现象

染色制品所呈现的色泽深浅不一，色光不同称为色差。色差是印染产品中出现最频繁的质量问题之一，控制不严会给企业带来严重的经济损失。色差疵病的种类繁多，常见的色差情况如下：

1. 匹间色差　同批同色号的产品中，颜色色光应完全相同，但因种种原因常出现一个色号的产品箱之间、包之间或匹之间出现色差。间歇式染色设备生产的两车染色品之间存在的整车产品之间的色光差异，工厂中称缸差。

2. 同匹内色差　同匹内色差是指同匹产品中的左中右、前后、正反面存在色差。如深浅头、边深浅，左右深浅，不规则色花等。

（二）色差影响因素

1. 坯布质量　坯布原材料性能不均一或坯布局部受到不同程度的擦伤会造成色差。坯布采用的化学纤维的生产过程，棉花产地、品质和成熟度，纱线捻度等的变化以及上浆情况对染色均有较大影响。如研究显示光照充足、生长期长和成熟度好的棉花，其织成品染色得色率高，染色均匀，无白星、死棉；反之，生长不充分的棉花，死棉和蜡质较多，染色后白星严重，易染花，且色泽萎暗。另外，不同厂家或同厂家不同时期的坯布在相同的染色工艺下加工所得色泽有可能深浅不一。

2. 半制品质量　前处理半制品的质量对色差的产生有重要的影响。半制品去杂不匀、织物吸水性不匀、烘干程度不匀等会使织物染色时吸收染液不均匀，从而造成各种色差。如高毛效区域吸液量多，得色深，低毛效区域吸液量少，得色浅，产生色差。

半制品白度不匀、布面 pH 值不匀也会使染料的色光变化不同，造成色差。如棉布的 pH 值过高（带碱），会引起染色不匀，pH 值过低（带酸），则得色浅，因此半成品在入染前 pH 值要控制在 7 左右（中性），否则会造成染色后严重色差。

3. 染料性能　在染色时，不同染料存在上染速率的高低、色光变化的快慢、配伍的稳定性以及不同色样同色异谱的变化大小等问题。拼色时选择的多种染料若上染速率差异较大、配伍性不好，对温度、助剂等染色工艺条件的敏感程度相差较大，则在平幅染色时容易产生边深浅或头深浅，在间歇式染色时容易引起缸差。如还原染料染色时，个别染料因上染速率慢而在染槽中沉积，染色织物色光逐渐向上染速率慢的染料色光靠近，造成前后色差。

4. 染色设备　设备的性能不合要求或设备保养不当、使用不当会造成多种情况的色差。

连续式设备轧染时由于轧车轧辊的磨损、控制系统的老化、滚动摩擦的提高、轧辊压力不一等问题，造成织物带液率不一，出现色差；红外线预烘、热风预烘箱温度不均引起的烘燥不匀而造成染料泳移形成的色差；高温焙烘发色时焙烘箱温度左、中、右差别等引起的色差，汽蒸箱汽蒸温度前后、左右温度不同会引起前后、左右色差；卷染机不加罩或保温性能不好会造成边深浅。

间歇式染色设备升温、降温系统的稳定性对染色的稳定性影响显著。不同染缸，体积、泵和缸内结构可能存在差异，织物在染色加工时循环速度不同，续缸织物的颜色稳定性难以控制，容易产生色差。筒子纱染色机络筒时要保证筒纱卷绕密度，若卷绕硬度过小，染色过程中受气流的冲击会损伤纱，导致成形不良，也会造成染液局部短路，使筒纱染色深浅不一，产生染花；若卷绕硬度过大，染液不易渗透造成内外色差。

5. 染色操作　染色操作工操作不当，致使染色工艺条件不稳定而造成各种色差。

因计量不准确，染化料称量不准；染液、碱液和还原液等染化料不均匀，加料方式不当；间歇式染色时，两车间加料、升温速度、染色过程温度等条件控制不一、染色时间、水洗固色时间存在差异；轧染时浸轧时间、液位、汽蒸时间、温度等未严格控制；浸轧染液、预烘等过程发生擦伤；染后水洗、皂洗、固色等操作效果不均匀；卷染时上布不齐造成边深浅；换缸时染缸清洗不净等。

6. 后整理　整理剂对色泽的影响越大，在生产中受条件的影响越大，生产工艺不稳定，容易产生色差。

不恰当的后整理工艺也会产生色差。织物

进行热定形时，开车预热时间太短、温度不稳定会造成色差。在浸轧整理液时，若织物浸轧前含湿不同，轧车左右压力不同及轧辊表面光洁度不够等，则浸轧整理液不均匀，从而导致局部折射率不同、染料的迁移不同。

（三）色差防止方法

1. 坯布　染色坯布的质量虽然对避免色差非常重要，然而在染色前因不易发现其质量差异而常被忽视，这是造成大批色差疵布的重要原因，因此要重视加强染色织物的坯布检验和前处理管理工作。同一色号所用的坯布尽量为同一纺织厂、同一产地批次配棉或纤维的坯布，保证染色坯布纤维材料性能统一、均匀，无损伤；若为不同厂家的坯布，则应及时调整工艺。确保染色坯布前处理工艺要煮透、煮匀，其吸水性、色光、pH 值、干燥程度等尽量均匀一致。

2. 染化料　拼色时要选择上染性能接近的染料，即染料的亲和力、移染性、上染速率、上染温度、上染曲线相近的染料。

加入合适的助剂改善因坯布、染料和设备等原因造成的色差。如上染快、匀染性差的染料浸染时可选合适的匀染助剂，以降低始染速度，避免产生前后色差；亲和力小的染料轧染时，可采用适当的防泳移剂，改善由于风房、烘干温度不匀造成的染料泳移而导致的色差。

3. 染色设备　机械设备要及时保养维修和测定，保持设备处于良好的工作状态。

连续式轧染机轧辊压力均匀，使浸轧时布面各部位的带液均匀；确保红外线发生器正常运行，改进相关送风系统，使风力分布均匀、烘房温度一致，防止温度不匀或急烘引起的染料泳移。

间歇式浸染设备定期对水、汽等阀门进行检查，并确保开启灵活，关闭密实。筒子纱染色机筒纱成形严格把关，杜绝哑铃纱、喇叭纱、重叠纱、漏眼纱及硬边纱，卷绕密度控制在要求范围之内，过硬过松的要挑出，筒纱大小一致。

4. 染色操作　加强计量、称量管理，确保

浸染、轧染时不仅染化料要化匀，而且向车中倒料的方式要恰当，比如分批加料、左右同时加料，及时搅拌均匀等。

间歇式染色机染色过程的染化料、蒸汽、设备、工艺条件应严格控制。对于续缸织物，要尽量采用同性能染缸染色，以减少因设备存在微细结构差异而造成的影响。操作时，对各个回液阀和喷头压力的调整要一致，以保证同一染缸不同缸次的织物循环过程基本一致，以提高颜色的稳定性。换缸时则染缸务必清洗不净。卷染机上布布边要整齐，要盖罩染色，加热染液的蒸汽出口的大小、方向要调节好，尽量保证染浴中布面各部位温度一致。

连续式轧染染色用半成品干湿程度一致，严格控制浸轧时间、液位、预烘温度和时间、汽蒸温度和时间等工艺条件；汽蒸箱的速度、温度和浓度需前后一致，特别是活性汽固液和还原染料还原液都离不开的烧碱；浸轧染液、预烘等过程无擦伤；同一色泽、同一品种织物的染色，要尽量避免停车、换班和工艺条件的波动，以免造成大批量的前后色差。

染色半成品避免长时间与空气接触。染后水洗、皂洗、固色等严格按照工艺条件进行，确保充分均匀。染色织物对色光源要稳定、对色条件要一致，以免造成缸差。

5. 后整理　选用对色泽影响小的整理助剂，避免后整理过程对色泽的影响。不恰当的后整理工艺会产生色差，有时甚至比不均匀的染色更为严重。由于整理剂浓度的变化也会引起色泽变化，为了保证织物浸轧的均匀性和吸液的稳定性，织物浸轧前含湿要均匀，浸轧槽要保持较多且稳定的液量，保证织物浸渍匀透，减少整理对色泽的影响。轧车的轧辊一定要均匀、光滑，轧车压力要左右一致，而且生产过程压力不变、车速不变。

二、色花的影响因素及防止方法

（一）色花现象

颜色色泽均一是染色产品的基本质量要

求，由于种种原因，染色制品常出现不同情况的色泽不匀现象，称为色花疵病。从广义讲，染色制品上出现的各种色泽不匀的现象都应该称为色花。色花有多种情况，如边深浅色差、色柳、色档、色渍和色点等，都应该是色花的一种。此处所指色花则指一些形态不规则的色泽不匀疵病。

（二）色花的影响因素

1. 织物的前处理　织物前处理工艺是否合理直接影响染色质量。前处理不均匀、不充分，如棉纤维上的油脂、蜡质去除得不均匀导致的润湿性不匀，很容易使染色不匀，另外，氧漂后碱洗不净、不匀导致布面 pH 值不匀也会造成色花，并且这种色花不易回修；染色坯布的润湿性能差将造成织物被染液润湿和染料吸附扩散上染的困难，从而容易引起色花。

2. 染料的影响　染料与纤维若上染速度高，尤其初染速率太快、扩散性差，染液及被染织物不同部分的染料浓度容易产生差异，从而导致染料上染不匀；拼色时选择的多只染料若结构、染色性能差异大，则易出现色花。

3. 染色工艺及操作　染料和助剂在化料时搅拌不好或加入过快，致使染液各部分所含染料浓度和助剂浓度不一致形成色花。

间歇式染色时，染物及染液各部分的温度不一致，即染液循环不充分或染液和纤维接触不均匀的条件下升高温度，则由于上染速率快而导致不定形态的色花；浴比过小，升温速度过快，尤其合成纤维其玻璃化温度附近升温过快，易产生色花；对于还原染料而言，还原染料隐色体对纤维的亲和力大，上染率高，染料隐色体一旦吸附于纤维表面，移染性差，易产生色花现象；活性染料染色时，特别加碱后保温时间太短也易染花，因为部分染料没有充分固着，一旦皂煮也易形成色花。

连续式轧染时，由于轧辊的不平或轧辊上黏附固体杂质，使轧余率不匀，会造成间距规律的色花；由于压力不够，轧余率偏高，使染液泳移形成不规则色花。

（三）色花的防止方法

1. 前处理　染色前务必保证前处理的质量，加强织物前处理，提高染色半制品的润湿、渗透性能，并做到染色坯布各方面性能均匀一致。

2. 染料　对于单只染料，尽量选择上染速度不太高、匀染比较好的染料；拼色时，尽量选择扩散性、匀染性、上染速率相近的染料，则染色过程中不易出现色花。

3. 染色工艺与操作　容易产生色花的染料上染时，应加入适合的匀染剂，匀染剂对染料有吸附和增溶作用，达到缓染作用。

染料和助剂化料要匀，缓慢加入并及时搅匀，使染液各部分所含染料浓度和助剂浓度均匀一致。

间歇式染色时，应合理控制浴比、保证合适的染液循环速度和织物状态变化速度，严格控制升温速度。还原染料注意还原剂的用量和用法，防止高亲和力的还原染料隐色体快速上染；活性染料加碱后保温时间要满足染料固着的反应时间，减少浮色染料。

连续式轧染时，保证轧辊的弹性均匀、表面无固体杂质，合理控制轧液率。

4. 染色设备　加强设备的维修和保养，保证设备完好。

三、色泽不符样的影响因素及防止方法

（一）色泽不符样现象

染色生产要按客户来样或指定色泽生产，如果染色品的色泽与客户指定的色泽误差偏大，超出允许色差范围，造成客户不认可，这也算是染色疵病的一种。它与前述色差疵病是有区别的：色差疵病是指同一批次染色产品的色泽不同，无须对照客户来样或标样就可确认，而色泽是否符样则必须对照染色标样才可确认。即使染色制品无色差、色花疵病，也会产生色泽不符样的问题。

色泽不符样的情况有：

（1）不符同类布样。与客户提供的纤维、

组织均相同的色样色泽不符。

（2）不符参考样。与客户提供的原料不同或织物组织不同的色样色泽不符。

（3）不符数字样。与客户提供的测配色系统的数字样色泽数字不符。

（二）色泽不符样的影响因素

1. 对色 根绝客户来样进行小样仿色时要准确对色；同时由于色光会受温度、干湿度、光照时间和后整理工艺等因素的变化而改变，生产过程中，也要不断采样对色，如果对色不准，就会产生色泽与来样不符的问题。

在对色中，由于不同染料具有不同的结构，对不同的光源，有不同的吸光反光性，会呈现不同色泽效果，这是来样和染色小样以及生产打样在不同的光源下对色时产生色泽不符的最常见原因，因此明确对色光源、统一对色光源非常重要。

当客户要求用两种不同光源对色，甚至要求两种光源同时开启，用混合光源对色时，染料往往会出现明显的跳灯问题，导致某一光源下色泽符合，另一光源下出现色泽不符样的情况。

对色常用标准灯箱，使用标准灯箱时需要注意以下问题：

（1）由于不同品牌的灯箱和灯管，对对色色光存在着一定的差异。

（2）准确使用标准灯箱。如在灯箱的灰色底板上，摆放色卡样卡，甚至在灯箱灰色内壁上，贴处方纸和色样板等，会给对色色光造成一定的影响，从而在标准灯箱对色时，出现在工厂灯箱里色光相符，而在客户公司的灯箱里产生色光偏差，导致小样和大样色光认可困难。

（3）需要注意 D_{65} 光源为人造日光光源，与自然光源相比，它们对染色色光的反应并非完全一致，不可混为一谈，需统一光源，否则打样和验收时易发生色泽不符现象。

对色人员对色彩的感觉不同也会造成对色结果差异，从而造成人为的对色不准。

对色操作和条件是否符合规范，如对色布样的织物组织、折叠层数、放置方向、环境色光的不同也会造成对色结果的差异。

2. 染化料 染料、助剂品质的一致性是稳定染色色光的基本保证。不同厂家、不同批次的染料不经分析、对比试验，等同混用会引起配色小样和染色大样色泽不相符。因为不同的厂家在生产染料时，所采用的原料产地、合成的工艺路线、商品染料的混合成分等有可能不同，致使不同厂家生产的同一品名的染料色光有差异。即使同一厂家、同一品名的不同生产批号的染料，也会存在色光上的差异。

3. 染色工艺 根据客户来样进行仿样对色制订相应的染色工艺，获得染料、助剂处方和工艺条件。染色配方工艺合理与否直接影响染色织物与来样的色泽是否相符。一旦出现下述情况则将出现色泽不符样。

（1）小样和来样对色不准导致配色处方有误，产生染色产品的色泽与小样相符，但与来样不符。

（2）小样与来样色泽相符，但由于染小样与实际染色生产条件的差别，同样的染化料处方打小样与大生产染得的色泽往往存在差别。放样和大生产时处方的调整考虑染色生产实际情况不够时，会使染色大样和配色小样不相符。

（3）染色后织物与来样相符，但染色后某些后处理，如柔软、固色、树脂或高温处理工序等使色泽发生变化。

（4）打样所用坯布与生产所用坯布润湿性、白度、染色性能等差别较大，易造成小样和染色大样色泽不符。

4. 染色用水 如果实际生产用水和打配色小样用水水质差别较大也会造成配色小样和染色大样色泽不相符。

5. 染色操作 不严格按工艺操作是造成大批产色色泽不符小样的常见原因。如染色设备和工具清洁工作未做好；染化料计量不准确，染色用水量与工艺要求差别较大；染色温度、压力、车速等与工艺要求不相符;染后皂洗等处理不严格按工艺要求操作。

(三)色泽不符样的防止方法

1. 对色　正确选择对色光源和对色方法。客户标样、配色小样、染色大样尽可能都按客户要求采取的指定标准光源下进行对色;若客户要求用两种不同光源对色,甚至要求两种光源同时开启,用混合光源对色时,客户标样、配色小样、染色大样也应多光源对色;对色光有严格要求的特定产品可在标准光源下对色后再按客户要求采用指定的测色系统测定色光数据进行对色。

标准灯箱特别是灯管,选用符合国际标准的产品,使用灯管要正确,以消除灯管光源不标准和灯箱使用不当而造成的标准灯箱不标准,产生对色差异。注意打样和验收小样(或大样)应采用同一光源。

对色时,确保对色人员无色盲色弱,无视觉障碍,并确保操作规范,如织物的含水量、折叠层数、纹路方向要一致,环境色也要一致。

2. 染化料　严格染料、助剂的管理。染化料要分类、分批存放,严防相互影响和相互混淆。

3. 染色工艺

(1)打样用布必须采用生产计划部门指定的半制品布,由于不同厂家的坯布,即使组织规格完全相同,其染色结果也并非完全一样,同一色单中的同一色号,应采用同一纺织厂同一批号的坯布。且半制品布的前处理条件和质量要完全一致。

(2)打样方法必须符合生产计划部门批定的生产方式,如溢流染色、卷染或轧染。掌握小样和生产大样之间在上染条件和染色所得色泽等方面的差别规律,进行小样和大样工艺处方的适当调整。

(3)按照客户色单的质量要求,尽可能选择上染性能稳定、重现性好、光源配伍性好、无跳灯或跳灯小、色光稳定性好的染料。

(4)打小样与大批生产所使用染化料应完全相同。要按批次需用染化料量备足,对于一个色号的染色产品,不论批量的大小,都要求使用同一产地、同一批次、同一色光以及同一力份的染料。助剂也如此。

4. 染色操作与管理　严格执行生产工艺。如严格做好染色设备和工具的维护、保养和清洁工作;染化料称量要绝对准确,配色打小样与大生产所用水质,按工艺要求放用。严格控制染色工艺条件,如染色温度、压力、车速等工艺条件与工艺要求相符。染后皂洗等处理严格按工艺要求操作。

重视多环节对样检查工作,如染色下车前、烘干整理等工序的对样工作,形成严格的制度,以便及时发现问题及时解决,保证出厂染色产品色泽符合标样。

四、风印的影响因素及防止方法

(一)风印现象

风印一般是指印染厂家染色加工后的纺织品在烘燥、存放过程中所产生的一种部分变色或出现疵点的现象。"风印"没有固定的形状,平幅折叠落布通常呈纬向条状,绳状散堆落布通常呈无规则的散射状。

(二)风印的影响因素

1. 染料　纺织品产生风印的原因主要与染料有关。少数还原染料、纳夫妥染料和部分活性染料及绝大多数直接染料由于染料本身对日晒和氧化的色牢度较差,故能产生风印。某些活性染料,尤其乙烯砜型活性染料,其已经与棉纤维发生反应生成共价键的染料仍然对碱敏感,在碱性条件下仍有可能发生水解断键现象,这是造成乙烯砜型活性染料在棉布染色加工过程中产生风印的根本原因。因此,活性染料对棉布固色完成后,色布若因为平洗设备安排不过来而需要等待清洗、堆置等待期间,色布会因碱剂清洗不及时而带有较强的碱性。尤其是暴露在外面的色布部分,往往因布上水分蒸发而导致色布上碱性变得更强,并且还是不均匀分布，这时乙烯砜型活性染料就容易发生断键现象，包括已经与棉纤维发生反应生成共价键的染料也可能会发生部分断键现象，从而产生风印问题。倘若采用卷染机染色，烘干后以折叠式落布，放置时间过长，则对外界环境中化学物质敏感的一些活性染料浮色，便会由于织物的折叠处外露，受到侵蚀而发生色光（色泽）异变，显现出纬向条状"风印"。

涤纶织物连续化生产时不易产生风印，而间歇式生产易产生风印。涤纶面料的风印多数在布匹脱水开幅后、定型前这一环节产生，位置往往出现在堆车存放时的往复折叠印处。由布面 pH 值过高，分散染料的水解抑或离解化，和助剂对分散染料的热迁移的综合效应引起所致。

2. 助剂 选用的助剂不当有可能会导致风印现象，如荧光增白剂 VBL 本身的影响，荧光增白剂 VBL 耐酸性能较差（耐酸程度 pH=6），容易遇酸变黄，产生风印；某些柔软剂呈中性偏微酸性，使坯布微带酸性，降低了坯布耐酸雾的能力。

3. 环境 当环境中含有 CO_2、SO_2 等酸性气体，且具有一定的湿度时，容易形成酸雾，易于被坯布吸收。

（三）风印的防止方法

1. 染化料 选用高固着率、易洗除的活性染料，耐碱性好的分散染料，不影响织物耐酸能力的助剂。

2. 染色工艺及管理 染色后织物要加强水洗，布面不要带碱或带酸，尽量维持布面 pH 值在 7 左右。

染色后处理中使用到的酸应尽量用冰醋酸或有机代用酸，尽量不用含硫酸、盐酸等无机强酸代用酸，碱选择时也要尽量选择一些缓和的弱碱。

妥善安排生产计划，加快染色半制品的流转，避免染色半制品长时间堆置，以预防风印的产生。如布匹染色出缸后应立刻脱水烘干，避免和空气中的酸碱结合产生风印；含涤织物

尽量避免出缸后的坯布长期放置等待定型；另外定的堆布车要放在背风口；若放置时间较长堆布车上最好罩一个防风套。

3. 环境 形成酸雾必须具备两个条件，第一有酸性气体，第二要有一定的湿度，即要有水汽。因此，保持坯布库通风干燥，可使 CO_2、SO_2 等酸性气体难以形成酸雾，从而降低坯布的吸收；另外，在环境条件气候下，可采用"布罩"的方法减少坯布与酸雾接触的机会；成品坯布可打卷装入塑料袋内，避免其与空气中酸雾结合产生风印。

五、色渍的影响因素及防止方法

（一）色渍形态

色渍是指染整过程中织物上形成块状的、雨状的形状大小不一，颜色深浅不同的现象，色渍一旦形成，难以修复，严重影响染成品的质量。

（二）色渍影响因素

1. 染料 染料溶解性差、溶解不彻底或发生聚集是产生色渍的主要原因。首先，如果染料未完全溶解就投入染色，未溶解的或未分散的染料颗粒黏附于织物上就会形成色点；其次，染料溶解或分散后重新凝聚，染料聚集体一旦黏附于织物，也将形成色渍。

2. 水质 染液配制用水硬度太高，硬水中 Ca^{2+}、Mg^{2+} 可与阴离子染料，如活性染料、直接染料和酸性染料等染料分子上的磺酸根、羧酸根等阴离子反应生成难溶于水的化合物，降低染料的溶解度和上染能力，容易形成色渍而影响染色质量和颜色的重现性。Ca^{2+}、Mg^{2+} 还与一些阴离子助剂反应，生成难溶或不溶的钙镁盐，吸附于织物表面造成色渍、助剂斑。

3. 前处理 短纤维织物不经烧毛或烧毛不净，在染色过程中绒毛过多脱落于溶液中，绒毛聚集后吸附染料并黏附在织物上容易产生色渍。

有时织物前处理不彻底或前处理后水洗不彻底而遗留的杂质在染色中脱落于染液中引起

染料的聚集而产生色渍。如织物在织造过程中为减少摩擦力而加入的润滑油类物质，若前处理未充分洗除，则染色过程中织物上的油剂会漂浮于染液表面，吸附染料颗粒导致凝聚形成色渍。

4. 染色工艺　操作不当，未正确配制染液。如分散染料染液用过热的水和沸水或直接蒸汽煮沸，使得染液分散不良，染料颗粒凝聚，产生色渍。

染色助剂对染料的溶解性影响显著，如电解质会促进染料的聚集、匀染剂过多会降低染料的溶解度、难溶染料或高浓度染液所用助溶剂量不够。活性翠蓝浸染固色浴中的盐碱混合质量浓度一旦超过 80g/L，染液中的染料不仅会发生严重的絮凝，而且会在染液液面形成含有染料絮聚体的大量泡沫。这些泡沫一旦黏附到织物上，便会造成色渍。分散染料中加有大量分散剂，使染料颗粒在染液中保持分散状态，但若遇到织物上的残留物（如织造用机油）或电解质（浓度较高），则分散染料和分散剂形成的双电层结构易受到破坏，染料颗粒相互剧烈碰撞引起染料凝聚造成色渍。

染色温度对染料，尤其分散染料的分散状态影响显著。分散染料具有热聚性，在高温条件下，使微小的染料晶粒不经溶解，直接碰撞形成更大的染料颗粒，倘若染料的聚集度过大，而且在保温染色的过程中又无力"解聚"，就会残留在织物上，形成色渍。另外，高温下染液剧烈快速的循环，会使染液中浊点低的非离子表面活性剂产生沉淀，也会破坏染液的稳定性，形成凝聚物黏着织物上成为难以去除的色渍。

涤纶高温高压染色过程中，涤纶低聚物在 130℃高温条件下容易从纤维内部逐渐向纤维表面迁移。低聚物可溶解在染液中并从溶液中结晶析出，与凝聚的染料颗粒结合，冷却时沉积到机械或织物的表面上形成色渍、色斑等问题。

浸染中染色浴比小、染浴中染料浓度较高

时，染料粒子在高温染色时热碰撞概率相对增多，易产生色渍。

5. 染整设备　溢流染色机布速、压力很大时，染液搅动剧烈，容易产生大量泡沫，使织物运转不正常，剧烈搅动的染液拍打着织物，造成包围着分散染料的分散剂胶束破裂，形成凝聚物，并通过泡沫牢固地粘在织物上，导致色渍形成。

每一次染色加工中，染色机中将残留一些染料、助剂等，需要进行设备清洗。若清洗不彻底，尤其设备先染深色产品，接着染浅色产品时，残留在染色设备（染槽或管道）中的染料、色淀颗粒一旦黏附到染色织物上，就会造成色点或色渍。黏附在烘干机烘筒上的带色纤维绒毛，烘浅色时也会传色产生色渍。

6. 生产环境　染料粉尘飞落到助剂或织物上造成色渍；车间中的灰尘等杂质落在染液中或在织物上造成色渍；相邻染色机间染液飞溅到织物上产生色渍。

（三）色渍防止方法

1. 染料　确保染料充分溶解后再倒入染缸染色。重视化料工作，通过染料研磨使染料颗粒度匀细，使用软水溶解染料，严格控制化料条件和操作程序保证染料充分溶解或分散；尽量选择溶解性能好的染料，对溶解性能差的染料要合理选用分散剂、增溶剂的种类和用量，保证增溶效果，防止染料凝聚；拼色时，染料溶解性差别大时最好分别溶解，选用热聚集性较小的分散染料配伍染色。

2. 前处理　加强前处理工艺，尤其短纤维织物的烧毛和前处理后的水洗，保证烧毛效果，确保前处理后水洗干净，待染物上无残留杂质和油剂。

3. 染整工艺条件和处方　合理选用染色助剂的种类和用量，避免助剂引起染料聚集。如活性染料染浴中注意电解质的用量；尽量减少使用起泡性高的助剂；加入适量高温分散匀染剂减小分散染料在高温染浴中的凝聚性，克服染料凝聚所导致的色渍问题；确保高温保温时间充分，有利于染料聚集逐步"解聚"，削弱色渍现象；采取高温排液来减少涤纶染色中低聚物对色渍形成的影响。

由于浸染中浴比越大越不利于节能低耗，因此根据染料和纤维的染色特性，制订合适的浴比。

4. 染整设备　缩短染色设备清洗周期，做好染色设备的清洁。尤其当由深色换浅色时，更要认真做好染缸、管道等的清洗工作；清洗含涤织物染色后的设备，清洗液中应加入能够洗除低聚物的洗涤剂。

5. 生产环境　染料存放和称量间要与助剂和生产车间绝对隔离，防止染料粉尘飞到助剂或织物上。加强工器具（即盛具）管理。染料桶、化料桶等盛具用前确保清洗干净，洗涤不净不得盛放其他染料助剂。各类设备间注意间隔距离，避免相互影响。

六、色点现象的影响因素及防止方法

（一）色点现象

色点指在染色织物上呈现色泽较深或较浅的细小点瑕疵，呈规则状、不规状或零乱分布。一旦出现该类疵点，采取回染很难修复。

（二）色点的影响因素

1. 坯布　因清花过程中死棉未彻底除去、轧棉中残留棉籽等原因，布面存在类似接头大小的棉粒、深色的非纤维碎片点、粗结、飞灰等，因其染色性能不同染色后易形成色点。

在织造过程中，布面上存在紧密打结的小圆球，经纱或纬纱断裂后接合形成凸出于布面的接头，坯布布面出现浆料干块或斑点，染色后形成色点。

2. 染料　染料溶解不完全，吸附于被染物表面形成色点；染料粒子细度不够，在化料或染色过程中发生凝集和沉淀，导致染色色点的出现。染料在车间内飞扬，落于存放物上，形成色点。

3. 前处理　短纤维织物烧毛不匀不净，在尖端成为熔团，吸色性较强，得色深，染中浅色时尤为突出，在织物表面会产生鲜明的小色点；若烧毛过剧发生熔珠四溅，则溅落在织物上的熔珠也会产生染白点。

前处理不充分或处理后水洗不充分，织物表面残留杂质，染色后布面呈深浅扩散点状的色点。

4. 水质　染液配制用水硬度太高，硬水中 Ca^{2+}、Mg^{2+} 可与阴离子染料如活性染料、直接染料和酸性染料等染料分子上的磺酸根、羧酸根等阴离子反应生成难溶于水的化合物，降低了染料的溶解度和上染能力，容易形成色点。另外，若布面上含 Ca^{2+}、Mg^{2+}，一旦发生聚集，会进一步造成染料分子的聚集，从而在布面形成色点。

5. 染色工艺和操作　操作不当，未正确配制染液，使染液分散不良，染料颗粒凝聚，只能附着在待染物表面，产生色点。

染料助剂搭配不当，促使染料絮凝，形成色点。另外浊点较低的表面活性剂在高温下失去活性作用，产生沉淀，导致色点。

染色升温速度过快，一旦破坏染浴中染料的分散状态，造成染料聚集，将导致色点的产生，以高浓度染浴更为明显；同时高温长时间染色，分散染料的热聚性导致染料聚集而引起色点。

涤纶高温高压染色过程中，涤纶低聚物扩散进入染浴，黏附于纤维表面引起染料凝聚产生色点。

6. 染整设备　溢流喷射染色机染液高速循环产生大量泡沫，使分散剂破裂、分散染料聚沉，造成色点。分散染料卷染中织物平幅运转而染液不运动，小浴比条件下容易产生色点，染浅中色时尤甚。

染色机的清洗工作对色点的产生有一定的影响。染色后，染色机中会残留染料、助剂等，换色时若未彻底洗除，残留染料、色淀颗粒黏附于染色织物将会形成色点；即使同一色泽多缸染色时，也需注意分散染料在高浓条件下经较长时间重复染色后，易产生高温凝聚而

部分沉淀，沉积在染机缸体内的一些管道和死角处，严重时甚至会形成结皮结硅状，高温染色到一定程度时这些聚集物会脱落下来又沾到织物上形成色点。

（三）色点防止方法

1. 染料　改进化料方法使染料溶解或分散充分、均匀。如采用软水，通过适当提高化料温度、加强搅拌，添加助溶剂促进染料溶解（如尿素）、配制分散染料染液时添加分散剂改善分散情况。对于颗粒较大的染料加强研磨，染液进机前进行筛网过滤后加入染缸。染料拼混时，选择相容性好，不易产生凝聚的染料进行拼色。

2. 前处理　加强前处理工艺，尤其短纤维织物的烧毛和前处理后的水洗，确保前处理后水洗干净，待染物上无残留杂质和油剂。

3. 染色工艺　改进染色处方和工艺条件，防止色点的产生。如容易产生色点的分散染料，添加高温匀染剂防止染料在染色过程中产生二次凝聚；活性染料浸染时，适当延长加料的时间间隔，延长染料的吸附扩散过程，降低染浴中的染料浓度，使染料分子发生集聚的趋势降低。此外，对于直接性不高的活性翠蓝类染料，适当提高染色的初染温度，也可一定程度增大其在棉纤维上的吸附量，使加入电解质前的染料浓度有所降低，并选用具有分散和匀染双重功效的匀染剂，防止染料聚集；如中温型活性艳蓝染色时为避免色点出现，可采用容量小的小轧槽浸轧固色液，以加快新、老固色液的更新速度，使固色液中的染料浓度保持较低水平，并降低染料的聚集程度。

4. 染色设备　缩短染色设备清洗周期，做好染色设备的清洁。染色前检查染缸是否干净，特别是在染浅色时要注意洗缸。在连缸染色的中途也应对染机进行有效清洗。

思考题

1. 染色质量评价包括哪些方面？
2. 试分析影响纺织品色泽的影响因素。
3. 广义匀染性包括哪些方面？在实际生产过程中如何控制纺织品的均匀上染？
4. 试分析染色产品色牢度的影响因素。
5. 什么是耐水洗色牢度？耐皂洗色牢度和耐水色牢度有什么区别？在染色过程中如何提高织物的耐水洗牢度？
6. 简述纺织品耐汗渍色牢度及其测试标准和方法。
7. 简述纺织品耐摩擦色牢度及其测试标准和方法。
8. 简述纺织品耐日晒色牢度及其测试标准和方法。
9. 试评述染色纺织品的疵病及防止方法。
10. 为什么要选择直接性相近、配伍性好的染料进行拼色？

参考文献

［1］曹修平. 印染产品质量控制［M］. 北京：中国纺织出版社，2017.

［2］冒亚红. 染色工艺与质量控制［M］. 北京：中国纺织出版社，2014.

［3］伍壮妃，黄宇君. 提升染色织物色牢度的措施分析［J］. 化工管理，2019（6）：53-54.

［4］王少辉. 专家解读纺织品染色牢度相关标准及检测［J］. 中国纤检，2018，1：72-73.

［5］季媛. 纺织品耐水洗色牢度测试方法对比［J］. 江苏工程职业技术学院学报（综合版），2017，17（3）：20-23.

［6］赵涛. 染整工艺与原理：下册［M］. 北京：中国纺织出版社，2009.

［7］顾春香，齐开宏. 锦/棉交织物匀染性的进展［J］. 山西纺织，2001（2）：25-27.

［8］蒋家松，侯秀良，杨一奇. 筒子和经轴染色的液流分布及其匀染性［J］. 印染，2014（3）：45-50.

［9］陈英，管永华. 染色原理与过程控制［M］. 北京：中国纺织出版社，2018.

[10] 万震, 周红丽. 改善棉花散纤维染色牢度的实践探讨 [J]. 针织工业, 2006 (11): 28-30.

[11] 霍瑞亭, 董振礼. 分散染料扩散性能对染色牢度的影响 [J]. 纺织学报, 2007, 28 (4): 76-79.

[12] 崔浩然. 提高染色牢度的实践 (二) [J]. 印染, 2004 (22): 15-20.

[13] 汪青, 周伟涛, 武绍学. 染色后处理对涤纶织物色牢度的影响 [J]. 山东纺织科技, 2006 (5): 4-7.

[14] 朱挺. 影响染色织物耐摩擦色牢度的几个因素的分析 [J]. 轻纺工业与技术, 2011, 40 (4): 83-84.

[15] 潘志超. 浅析影响染色织物干湿摩擦色牢度差异的几个因素 [J]. 中国纤检, 2019 (9): 88-89.

[16] 陈一飞. 影响染色坚牢度的相关因素分析与研究 [J]. 国外丝绸, 2001 (2): 25-27.

[17] 陈一飞, 黄春霞, 郑裴鸿. 影响染色坚牢度的相关因素分析与研究 [J]. 齐齐哈尔大学学报, 2001, 17 (2): 27-29.

[18] 汪青, 周伟涛, 武绍学. 染色后处理对涤纶织物色牢度的影响 [J]. 山东纺织科技, 2006 (5): 4-7.

[19] 魏丽丽. 影响活性染料染色织物的日晒牢度因素分析 [J]. 染料与染色, 2007, 44 (3): 17-19.

[20] 崔浩然. 提高染色牢度的实践 (二) [J]. 印染, 2004 (22): 15-20.

[21] 郑玉玲, 贺良震. 纺织品加工中的色牢度控制 [J]. 丝绸, 2009 (1): 18-20.

[22] 于广涛. 提高棉织物活性染料染色牢度 [J]. 印染, 2006 (7): 21-23.

[23] 王江波, 罗敏亚. 活性和分散染料实验室打样的色光控制 [J]. 印染, 2013 (1): 24-26.

[24] 赵旭光. 活性染料连续染色色光一致性初探 [J]. 染整技术, 2006, 28 (11): 23-24.

[25] 陈丽星, 才英杰, 田志颖, 等. 还原染料筒子纱染色的色光控制 [J]. 河北工业科技, 2005, 22 (2): 68-70.

[26] 冯燕, 周忠祥. 固色液对色光一致性的影响 [J]. 染整科技, 2005 (3): 21-24.

[27] 吴军玲, 崔淑玲. 轧液温度和预烘条件对活性染料色光的影响 [J]. 印染, 2014 (13): 30-32.

[28] 张瑞萍. 纤维素酶对色光的影响 [J]. 印染, 2006 (13): 2-4.

[29] 崔浩然, 提高色光的准确性与稳定性. 印染, 2003 (6): 18-22.

[30] 赵旭光. 活性染料连续染色色光一致性初探 [J]. 染整技术, 2006, 28 (11): 23-24.

[31] 包燕梅. 纯棉染色织物的色光修正 [J]. 印染, 2005 (8): 29-30.

[32] 赵利强, 靳建彬, 王素霞. 染色色差色条色花的预防与控制 [J]. 印染, 2006 (9): 19-20.

[33] 谭冰, 陈小丽, 郑波, 等. 全棉宽幅织物染色色差产生的原因及预防 [J]. 广西纺织科技, 2001, 30 (3): 23-24.

[34] 廖选亭. 浅析控制和减少染色色差的有效途径 [J]. 科研与生产, 2019 (3): 10-13.

[35] 刘庆云, 温新芳, 刁永生. 筒子染色内外色差色花原因分析及预防措施 [J]. 山东纺织科技, 2006 (1): 30-31.

[36] 程远军. 针织物活性染料溢流染色色花浅析 [J]. 河南纺织科技, 2002, 23 (3): 14-15.

[37] 叶琳, 石晶, 曹连平, 等. 溢流染色色花分析及回修 [J]. 印染, 1999 (11): 22-23.

[38] 徐蔚, 杨军浩, 魏巍, 等. 活性染料的风印问题和解决办法浅探 [C]. 上海染整

新技术、节能环保交流研讨会论文集，2013：
126-129.

[39] 崔浩然. 如何预防活性染料染色风
印 [J]. 印染，2015（8）：59-60.

[40] 刘建刚. 涤纶织物产生风印的根本
原因及解决办法 [C].2005"汽巴精化杯"第
二届全国中青年染整工作者论坛，2015：228-
230.

[41] 徐蔚，杨军浩，魏巍，等. 活性染
料的"风印"问题和解决办法浅探 [C]. 上海
染整新技术、节能环保交流研讨会论文集，
2013：126-129.

[42] 刘建刚. 涤纶织物产生风印的根本
原因及解决办法 [J]. 染整技术，2005，27
（4）：14-17.

[43] 付强. 特白棉针织物风印产生的原
因及解决的方法 [J]. 针织工业，1992（3）：
18-19.

[44] 赵云瑞，付光荣. 织物风印、折皱、
脆损的解决方法 [J]. 针织工业，2013
（1）：43.

[45] 刘影，罗艳，张国兴，等. 涤及涤
氨针织物色渍现状及其改善途径 [J]. 针织工
业，2015（4）：42-46.

[46] 崔浩然. 如何预防中温型活性翠蓝
浸染时产生色点和色渍 [J]. 印染，2015，41
（15）：60-61.

[47] 崔浩然. 为什么涤纶高温高压染色
会产生色点、色渍和焦油斑 [J]. 印染，2013
（24）：54.

[48] 游炳荣. 色点瑕疵分析及改善政策
[J]. 染整科技，1998（4）：34-39.

[49] 吴金石，周凉仙. 分散红 S-5BL 高
温高压卷染色点病疵的成因与防止 [J]. 丝绸
技术，1997，5（2）：31-33.

[50] 张修强. 翠蓝类活性染料染色色点
的预防 [J]. 印染，2006（24）：27-28.

[51] 崔浩然. 如何解决中温型活性艳蓝
连续轧染时的色点疵病？ [J]. 印染，2015
（11）：60.

[52] 刘喜悦. 纯棉筒子纱活性染料染色
色花的形成原因及解决方法 [J]. 针织工业，
2002（4）：79-80.

第九章　硅基非水介质染色

本章重点

以水为介质的棉纺织品活性染料染色存在耗水多、排放多的问题，为了改变这种情况，业界一直努力研究开发少水、无水染色技术。本章简要介绍了少水、无水染色研究现状；着重讨论十甲基环五硅氧烷（D5）非水介质体系下活性染料染色性能、动力学和热力学，活性染料的水解行为；总结 D5 非水介质体系下活性染料染色的技术特征和节能减排效果。

关键词

非水介质染色体系；污水零排放；活性染料；棉织物；棉纱线；十甲基环五硅氧烷

在纺织印染领域，水资源的巨大消耗和污染的排放已成为制约行业可持续发展的重要难题。虽然传统水浴染色通过设备的改进、污水回用、盐回用或纺织品的前处理来减少污水的排放，但人们已经意识到只关注生产过程中的末端，采用常规的污水处理方法来控制污染显然是不够的，必须对整个染色加工过程及其工艺方法进行重新评价，并研究开发新的技术对这些传统加工过程和工艺进行改革，才能从源头控制污染的产生、有效减少污染排放并确保产品的生态品质。目前，有关无水少水染色技术研究主要涉及有机溶剂染色、超临界二氧化碳流体染色、乙醇/水体系、离子液体染色、D5（十甲基环五硅氧烷，decamethyl cyclopentasiloxan）非水介质染色等。

早期的溶剂染色（solvent dyeing），选用的介质是氯代烯烃（如全氯乙烯、三氯乙烯等），采用浴中竭染方法，适用于分散染料对合成纤维的染色。由于溶剂染色较难平衡控制染料在纤维上和溶剂中的分配系数，造成分散染料对合成纤维染色的上染率较低，且溶剂本身的毒性使生产过程的安全性下降，产生新的生态和环境问题；另外，不能溶解亲水性染料的溶剂不适用，天然纤维难以实施溶剂染色。因此该

方法未能得到进一步发展。曾报道采用 N, N-二甲基甲酰胺（DMF）、二甲基亚砜（DMSO）等为溶剂进行的棉纤维染色，但都没有解决上染率低、溶剂回收难度大、成本高的问题。

超临界二氧化碳（CO_2）染色已研究发展了 30 年，一直是非水介质染色研究的热点，在一些运动品牌的产品上已有少量产业化应用。该法选用的介质是非极性 CO_2 超临界流体，对非极性的分散染料有较高的溶解能力，通常采用染料直接溶解在介质中的竭染工艺，对疏水性纤维如涤纶等的染色有很好的效果。但是，由于超临界 CO_2 不能溶解亲水性的染料，该技术很难应用于天然纤维的染色；目前还存在设备投资高、安全性和连续性差，染色工艺难以控制等问题，在实际应用推广中有较大的局限。

乙醇/水体系无盐低碱染色技术（salt-free and low-alkali dyeing technique）是将经过水预溶胀的纤维，以一定的带液率浸入乙醇/水（体积比 1∶4）的体系中，实现活性染料无盐低碱的染色方法。无盐的情况下，该染色体系使用的碱量是传统染色的 1/10，活性染料获得 95% 以上的上染率，80% 以上的固着率。但该体系解决了无盐低碱问题，没有解决用水问

题；由于染残液中乙醇/水的体积比难以控制，染色可控性难以把握；且乙醇易燃易爆，存在安全隐患。因此，该项技术在可预见的未来，也难以成为一种普适性的染色方法。

离子液体（ionic liquid）是由有机阳离子和无机/有机阴离子组成的，且在室温或低温下为液体状态的盐类化合物。它是近几年发展起来的新型环保溶剂。与传统溶剂相比，离子液体具有不挥发、宽液程、低熔点、选择性溶解力、易回收等优点，使得其成为诸多领域的研究热点。在纺织行业，目前主要用离子液体作为纤维素新型溶剂。陈普等利用溴代离子液体对苎麻织物进行预处理，提高了织物的上染率和上染速率。袁久刚等利用离子液体对羊毛角蛋白有良好的溶液性能，用于羊毛改性。改性后的羊毛比传统沸染具有较高的上染速率和上染率，基本实现了低温染色。但离子液体应用于染色还存在较多问题，如离子液体的合成成本过高；对其结构和性质的研究仍在探索阶段；无法完全保证使用的安全性；在反应物分离及离子液体回收时仍无法避免常规溶剂的大量使用等。因此，离子液体真正应用于染色还需更多的研究和论证。

综上所述，现有的多数所谓"无水/少水"染色由于种种原因，无法得到大面积工业化应用。主要原因是研究者没有找到一种合适的技术，既能从根本上解决印染行业污水量大的问题，且在满足大生产的经济可行性下，对这些传统加工过程和工艺进行改革，实现纺织品真正的生态加工和清洁生产。

第一节 非水介质染色的内涵

一、水在染色过程中的作用

传统水浴染色中，水的作用至关重要（表9-1）。其染色的基本方法是把染料溶解在水中，然后把纤维置于染料溶液中进行染色，这样的染色实质上是染料在纤维和水这两相间的分配过程。由于溶解在水中的染料与水有高度相容性，因此染料留在水中而不上染纤维的倾向较大，需要添加大量的电解质来促染。电解质促染的效果是有限的，当染色平衡时，仍有一定量的染料留在水中，即染料对纤维的上染远不能达到100%。此外，活性染料在水浴中还容易发生水解，形成浮色，必定会产生大量的含未上染纤维的染料以及水解染料的有色废水。这是水溶性染料采用水浴染色方法不可避免的问题。

表9-1 水在水浴染色中的功能解析

功能分类	在染色中的作用	需要量占比/%
载体	染料助剂输送、体系均质和热能传导	>90
溶剂	溶解染料和助剂	<10
渗透剂	促进染料的扩散渗透	
溶胀剂	溶胀纤维	
反应媒介	提供染料与纤维反应的必要条件	

为解决上述问题，能否改用与水性质不同的其他介质呢？水溶性染料染色方法的基本原理认为：纤维溶胀、染料助剂溶解和助染等功能所需要的那部分水（占比约10%）是无法替代的，而只具有介质功能即物质输送和能量传导功能的那部分水（占比约90%），则是可以用不同于水的介质来替代的。从有利于提高染料上染率的角度出发，选用一种既不能溶解染料，也不能和水相溶的非极性溶剂来替代水是比较理想的，不仅可以大幅度减少水的用量，还可以解决介质与染料之间亲和力过高的问题，有利于染料对纤维的上染。在这样的体系中，存在三个不同的相：非水介质相、水相和纤维固体相。由于实现溶解染料、溶胀纤维和助渗助染功能所需的水量很小，因此体系中的总水量可以控制得很低，能够完全被亲水性的纤维吸收，且因与周围的非水介质互不相溶而不易从纤维上脱落。当体系中加入染料时，由

于亲水性染料完全不溶于非水介质，却与纤维上的水以及纤维本身有很高的亲和力，因此，染料具有弃介质而亲含水纤维的强烈趋势，也即染料在纤维上的分配率相对于介质具有绝对优势。这一上染机理（图 9-1）与传统水浴中的上染机理有很大差别，可以完全不需要电解质促染就达到近 100% 的上染率，而且体系中的水在染色后基本被纤维带走，不会产生染色废水排放。该染色方法原则上适用于所有的水溶性染料对亲水性纤维的染色，具有很高的普适性。同时，对于活性染料来说，由于染色可以在水量很少、温度较低的条件下和较短的时间内完成，染料的水解得到控制，大幅提高了染料的固着率，优势尤为明显。

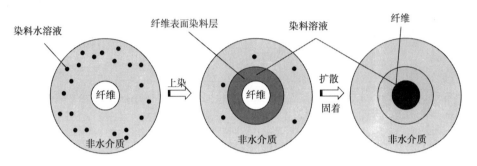

图 9-1　非水介质染色原理示意图

综上所述，非水介质染色是保留染色中用于纤维溶胀、染料溶解、渗透、扩散和固着所必需的少量的水，用一种既不能溶解染料，也不能和水相容的非极性介质取代具有物质传送和能量传导功能的大部分水的一种新型染色方法。本章主要讨论硅基非水介质十甲基环五硅氧烷（D5）活性染料染棉的情况。

二、非水介质染色体系对介质的基本要求及适用性

基于非水介质染色（nonaqueous medium dyeing）的体系研究，非水介质的基本性质须满足以下几点要求：

（1）非水介质不能溶解染料，从而确保染料具有弃介质趋纤维的最大动力。

（2）非水介质不能溶胀纺织纤维，即非水介质不能扩散到纤维内部，仅能吸附在纤维表面，从而避免介质在纤维内部的滞留，有利于介质的分离和回收。

（3）非水介质应具有比水更低的表面张力，也即它更容易在纤维表面铺展、在缝隙和毛细管中渗透，有利于均匀染色。

（4）非水介质应具有比水高得多的沸点，不属于易挥发有机溶剂（VOC）。

（5）其密度比水低，有利于染色后的分离和提纯。

根据以上五点要求，经严格优选的烷烃类（alkanes），如异辛烷（isooctane）、石蜡（paraffin）、白油（white oil）、植物油（vegetable oil）等，硅氧烷类（siloxanes）、醚类（ethers）、砜（sulfones）及亚砜类（sulfoxides）等都可以作为非水介质应用于上述非水介质染色体系。

非水介质染色技术适用于所有水溶性染料对亲水性纤维的染色，比如活性染料、酸性染料、还原染料（靛蓝、硫化）、碱性染料等对棉、麻、黏胶、羊毛、蚕丝、锦纶等的染色，具有很好的应用普适性。此外，该染色体系也同样具有对不同形态纺织品染色的普适性，不仅可用于活性染料对棉纤维的染色，也可用于酸性染料、还原染料和阳离子染料对相应纤维的染色；不仅可用于散纤维的染色，也可用于筒子纱和织物的染色；不仅可以加工常规的产品，也可以加工特殊外观和功能的新产品（如

已经中试开发成功的腈纶匀染纱、靛蓝散棉染色等），适用范围广，加工质量稳定。

三、D5 非水介质在纤维中的分布

活性染料在非水介质中的染色不同于传统的水浴，在传统水浴中，水分子可以很好地溶胀纤维，且借助促染剂（无机盐）来完成对纤维的吸附。在非水介质染色体系中，介质是否能够溶胀纤维，染色介质对染液扩散的作用如何等尚不清楚。本章选取了不同表面张力的非水介质，采用荧光标记的方法，研究染色介质对染料吸附的影响及纤维的溶胀；并对染料如何穿过纤维表面的介质膜，吸附于纤维表面的

染料能否重新迁移至染浴中做了深入研究。下面以黏胶纤维为例分析 D5 介质的溶胀性能和纤维内部的分布情况。

（一）染色介质对纤维的溶胀性能

黏胶纤维是亲水性的纤维，其传统染色过程中，水分子首先扩散到纤维的表面，在纤维表面铺展；同时溶解在水中的染料将扩散到纤维的表面。为了分析非水介质染色体系中纤维的溶胀机制，分别选取几种不同的非水介质，用荧光染料香豆素 6 进行标记，水用罗丹明 B 标记。将黏胶纤维分别在不同非水介质与水浴中进行处理，用激光共聚焦显微镜观察纤维直接的变化，结果如图 9-2 所示。

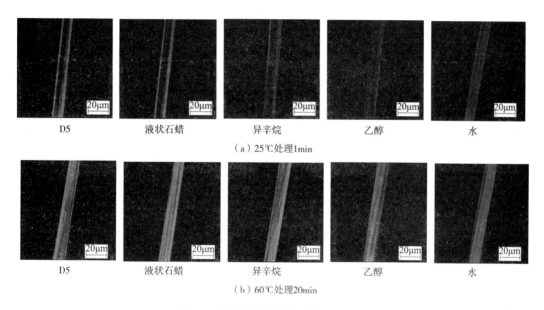

（a）25℃处理1min

（b）60℃处理20min

图 9-2　黏胶纤维在染色介质中的溶胀性能

由图 9-2 可见，在非水介质与水浴中，荧光染料可以很好地吸附在纤维的表面。在传统水浴中，黏胶纤维经过 60℃ 处理后，纤维的直径明显增加。

黏胶纤维在 D5、液状石蜡、异辛烷、乙醇和水中的溶胀情况，如图 9-2 和图 9-3 所示。

由图 9-3 可见，黏胶纤维在 D5、液状石蜡和异辛烷中的溶胀率≤0.7%，表明黏胶纤维在这些非水介质中基本不溶胀。但黏胶纤维在

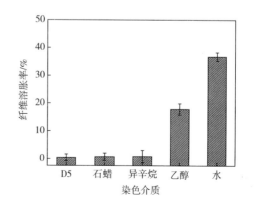

图 9-3　黏胶纤维在不同介质中的溶胀率

60℃乙醇中处理 20min 后溶胀率为 17.8%；在水中的溶胀率为 36.8%，表明纤维在乙醇及水浴中可以很好地溶胀。

在非水介质中，纤维的溶胀不仅与其表面张力有关，而且还与介质的极性有关。D5、液状石蜡和异辛烷分子结构中没有极性基团，因此，纤维难以溶胀；乙醇分子结构中含有极性的羟基（—OH）基团，可以与纤维分子结构中的羟基形成氢键，乙醇分子可以扩散到纤维的内部，从而能够很好地溶胀纤维；在水浴中，形成的氢键较多，且水分子较小，因此水分子可以很好地扩散到纤维内部，完成对纤维的溶胀。

（二）D5 和水在纤维内部的分配

黏胶纤维在非极性的非水介质中难以溶胀，荧光染料只能吸附在纤维表面（图 9-3）。

为了分析非水介质在纤维内外的分布情况，将非水介质和水分别用香豆素 6 和罗丹明 B 标记，在激光共聚焦纤维镜下观察荧光染料在纤维内外的分布情况，经水处理过的黏胶纤维或棉纤维的横截面可以检测到明显的荧光，即水溶性的荧光染料可以扩散到纤维的表面，同时迁移至纤维内部，从而能够溶胀纤维（图 9-4）。经过 D5 处理过的黏胶、棉纤维，香豆素 6 只能吸附至纤维表面，即不能通过 D5 扩散到纤维内部，表明 D5 未能扩散到纤维内部，对纤维进行溶胀。

活性染料在 D5 非水介质中染色，D5 未能溶胀纤维，说明该体系主要依靠分散或乳化体系中的水来溶胀纤维，完成在纤维表面的吸附和向纤维内部无定形区的扩散和固着。

（a）黏胶纤维水浴混合通道　（b）黏胶纤维水浴荧光通道　（c）黏胶纤维D5混合通道　（d）黏胶纤维D5荧光通道

（e）棉纤维水浴混合通道　（f）棉纤维水浴荧光通道　（g）棉纤维D5混合通道　（h）棉纤维D5荧光通道

图 9-4　D5 与水分子在纤维表面内部的分配

第二节　D5 非水介质体系中活性染料染色理论

一、在非水体系中活性染料对棉纤维的染色过程

活性染料在非水介质染色体系中对棉纤维的染色主要分为以下三个阶段。

第一阶段：活性染料从非水介质染浴向棉纤维表面转移、溶解于纤维表面的自由水，染料被纤维表面吸附。

第二阶段：由于纤维内外浓度差驱动染料由表及里渗透的过程。

第三阶段：活性染料与纤维发生反应而固着的过程。

在优选出两只染料的最佳染色工艺的基础

上，观察 K/S 值、上染率及总固着率随时间变化的情况，研究活性染料在 D5 非水介质染色体系中对棉纤维染色的过程。

活性红 3BS 和翠蓝 KN-G 在 D5 非水介质染色体系中对棉纤维的染色性能，如图 9-5 所示。两只染料在最佳工艺条件下，织物 K/S 值、上染率及固着率随时间变化规律有一致性。在染色第一阶段，即染料上染的过程中，上染率随时间延长而逐渐提高。在最初的时间，分散于 D5 介质中的染料颗粒随着染浴运动，与含水棉织物不断碰撞并逐渐溶解，由于活性染料颗粒具有较好的水溶性，能在短时间内溶解于纤维表面的自由水中。而棉纤维对水

有一定的抱合力，因此短时间的上染率就较高。随时间推移，吸附于纤维表面的染料逐渐渗透入纤维。第一阶段结束后染料上染率均大于 90%。固着过程仍伴随着染料的吸附和由表及里地渗透及固着，上染率仍逐渐提高直至接近 100%。第二阶段主要为活性染料在合适温度下的固着过程。在整个染色过程中，染料的固着率曲线与 K/S 值曲线有相似的变化，但在合适的温度下，染料活性基团与纤维反应速率明显提高，可观察到固着率及织物 K/S 值快速增加。在后续保温时间内，固着率及 K/S 值缓慢增加直至最高值。

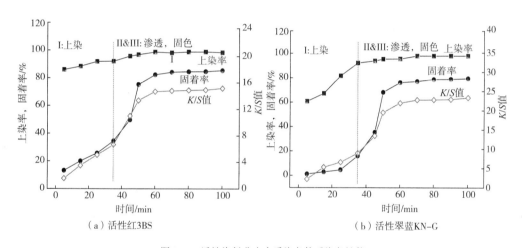

（a）活性红3BS　　　　　　　　（b）活性翠蓝KN-G

图 9-5　活性染料非水介质染色体系染色性能

二、在非水体系中棉纤维润湿性对吸附动力学的影响

高浓度活性染料水溶液在表面活性剂的作用下较稳定地分散在非水介质中，但由于水强烈的亲纤维而憎非水介质的性质，导致活性染料在非水介质染色体系的上染速率很快，一般在常温下进行上染。由图 9-6 可见，在 D5 非水介质染色体系中，活性红 3BS 和活性蓝 KN-R 的上染速率和上染平衡值都随着棉纱线润湿性能的提高而逐渐增大。这主要是因为棉织物的润湿性越好，吸附水的能力越强，活性染料水溶液能越快地被纤维吸附。在传统水浴染色

中，润湿性不同的棉纱线上染速率曲线几乎是重叠的，说明在传统水浴染色中，棉纱线的润湿性对活性染料的上染速率影响不大（图9-6）。活性红 3BS 和活性蓝 KN-R 达到平衡吸附量均在 9mg/g 左右，即上染率为 45% 左右，明显低于 D5 非水介质染色体系。

（一）准一级吸附动力学模型的拟合

为了分析纱线润湿性对活性染料/D5 反向乳液染色体系的吸附动力学特性，提高对该工艺下活性染料在棉纱线上染过程的控制及染色工艺优化的理论指导作用，以找到最适合描述此染色过程的动力学模型，选用准一级和准二级动力学模型对实验数据进行拟合。

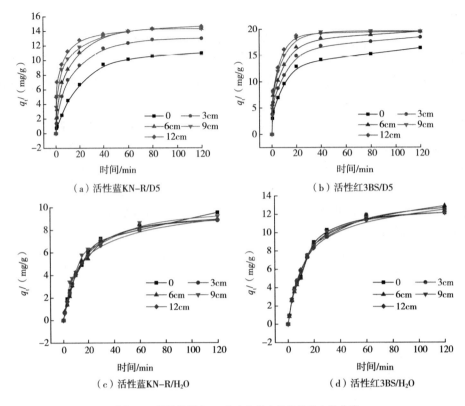

图9-6 活性染料在D5和水介质中的染色动力学曲线

准一级动力学模型如下式所示：

$$\frac{dq_t}{dt} = k_1 (q_e - q_t) \qquad (9-1)$$

式中：q_e 为吸附平衡时纤维上活性染料的含量（mg/g）；q_t 为时间 t 时纤维上活性染料的含量（mg/g）；k_1 为一级反应速率常数（min^{-1}）。

在 $0 \sim t$ 内对式（9-1）积分得到式（9-2）：

$$\ln(q_e - q_t) = \ln q_t - k_1 t \qquad (9-2)$$

对图9-6数据进行准一级动力学线性拟合，若拟合相关系数较高，说明此反应符合该动力学模式；反之不符合。结果如图9-7和表9-2所示，活性染料在两种介质中的准一级动力学拟合系数 R^2 较低，这就说明准一级动力学模型并不能准确地描述高浓度活性染料水溶液在这两种介质中对棉纤维的上染行为，即高浓度活性染料水溶液在两种介质中对棉纤维的上染速率不与其浓度的一次方成正比。

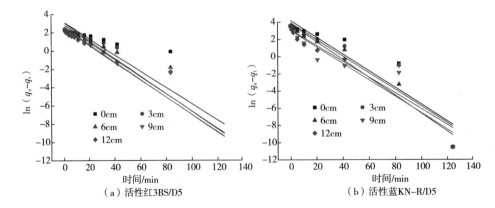

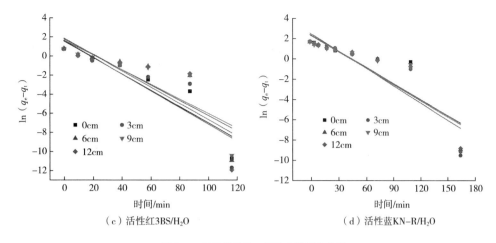

（c）活性红3BS/H$_2$O   （d）活性蓝KN-R/H$_2$O

图9-7 活性染料准一级动力学拟合曲线

表9-2 活性染料在D5、水介质中的准一级动力学拟合 R^2

染色介质	染料	毛效/cm				
		0	3	6	9	12
D5	活性红 3BS	0.9140	0.9782	0.9531	0.9481	0.8640
	活性蓝 KN-R	0.8220	0.8645	0.8309	0.8908	0.9419
水	活性红 3BS	0.8621	0.8525	0.7222	0.7349	0.6898
	活性蓝 KN-R	0.7693	0.8079	0.7915	0.7826	0.8111

（二）准二级吸附动力学模型的拟合

准二级动力学模型基于吸附速率由纤维表面未占有的吸附空间数目的平方值决定的假设，准二级动力学模型如下所示：

$$\frac{\mathrm{d}q_t}{\mathrm{d}t} = k_2 \ (q_e - q_t)^2 \qquad (9-3)$$

式中：q_e 为吸附平衡时纤维上活性染料的含量（mg/g）；q_t 为染色时间 t 时纤维上活性染料的含量（mg/g）；k_2 为二级动力学反应速率常数 [g/(mg·min)]。

将式（9-3）积分后简化得到式（9-4）和式（9-5）：

$$\frac{t}{q_t} = \frac{1}{k_2 q_e^2} + \frac{1}{q_e} t \qquad (9-4)$$

$$h_i = k q_e^2 \qquad (9-5)$$

式中：h_i 为染料初始上染速率 [mg/(g·min)]。

织物的染色速率还可用半染时间来表示。

半染时间是染料上染达到平衡吸附量一半时所需的时间，可反应染色达到平衡的快慢。代入准二级动力学方程推导出：

$$t_{1/2} = \frac{1}{k_2 \cdot q_e} \qquad (9-6)$$

式中：q_e 为纤维的平衡上染量；k 为染色速率常数。

对图9-6数据进行准二级动力学线性拟合结果如图9-8所示，若拟合相关系数较高，说明此反应符合该动力学模式；反之不符合。

由图9-8和表9-3可见，准二级动力学线性拟合相关系数 R^2 均大于0.99，实验上染吸附平衡量 q_{exp} 与理论上染吸附平衡量 q_{cal} 相近，说明活性棉纱线在非水介质染色体系中的吸附满足准二级动力学模型，即棉纱线对活性染料的吸附速率由吸附剂表面未被占有的吸附空位数目的平方值决定。

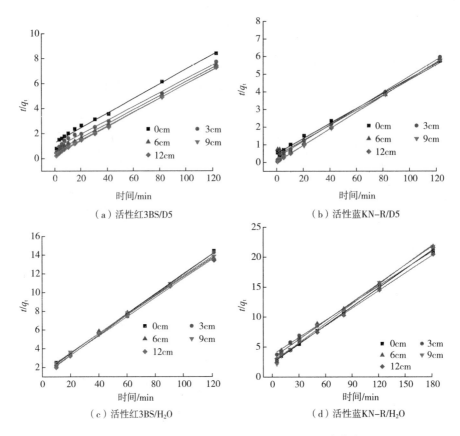

图 9-8　活性染料在 D5 介质中的准二级动力学拟合曲线

表 9-3　在 D5、水介质中活性染料棉纱线染色的准二级动力学拟合参数

染料	染色介质	参数	毛效/cm				
			0	3	6	9	12
活性红 3BS	D5	R^2	0.997	0.998	0.999	0.999	0.999
		$k_2 \times 10^{-2}/[g/(mg \cdot min)]$	0.60	1.15	1.46	2.27	2.78
		$q_{exp}/(mg/g)$	11.10	12.98	14.31	14.31	14.65
		$q_{cal}/(mg/g)$	12.85	13.77	14.97	14.68	15.48
		$t_{1/2}/min$	12.92	6.29	4.56	3.01	2.33
	H_2O	R^2	0.998	0.999	0.998	0.999	0.997
		$k_2 \times 10^{-2}/[g/(mg \cdot min)]$	1.15	1.04	0.91	0.95	1.08
		$q_{exp}/(mg/g)$	8.37	8.27	8.42	8.30	8.56
		$q_{cal}/(mg/g)$	8.90	8.41	9.33	9.20	9.20
		$t_{1/2}/min$	10.94	11.62	10.03	12.64	10.79
活性蓝 KN-R	D5	R^2	0.998	0.999	0.999	0.999	0.999
		$k_2 \times 10^{-2}/[g/(mg \cdot min)]$	1.14	1.24	1.49	2.42	3.06
		$q_{exp}/(mg/g)$	16.40	18.44	19.52	19.59	19.51
		$q_{cal}/(mg/g)$	16.80	18.92	19.94	20.04	19.82
		$t_{0.5}/min$	5.35	4.37	3.44	2.11	1.67

染料	染色介质	参数	毛效/cm				
			0	3	6	9	12
活性蓝 KN-R	H_2O	R^2	0.998	0.997	0.997	0.997	0.999
		$k_2 \times 10^{-2}/[\mathrm{g/(mg \cdot min)}]$	0.60	0.49	0.49	0.64	0.51
		$q_{exp}/(\mathrm{mg/g})$	8.28	8.11	7.93	7.94	8.44
		$q_{cal}/(\mathrm{mg/g})$	9.12	9.78	9.18	8.76	9.72
		$t_{1/2}/\mathrm{min}$	20.00	25.02	25.75	19.82	23.05

准二级动力学参数计算公式如式（9-7）至式（9-9）所示：

$$q_{cal} = \frac{1}{\tan\alpha} \qquad (9-7)$$

$$k_2 = \frac{1}{b \cdot q_e^2} \qquad (9-8)$$

$$t_{0.5} = \frac{1}{k \cdot q_{cal}} \qquad (9-9)$$

式中：q_{cal} 为染色平衡理论值；k_2 为染色速率常数；$t_{1/2}$ 为半染时间；$\tan\alpha$ 和 b 分别为准二级动力学线性拟合的斜率和截距。

准二级动力学参数计算结果见表9-3。

由表9-3可见，随着棉纱线的润湿性的提高，棉纱线对活性染料的吸附速率逐渐增大，这主要是因为非水介质染色特殊的上染过程决定的。活性染料溶解在极少量的水中形成高浓度的染液，由于极性的高浓度染液与非极性的D5不能相溶，需借助表面活性剂的乳化作用使其能在D5介质中较为稳定均匀地分散一段时间，当染色体系中加入棉纱线时，被乳化的高浓度染液具有亲纤维而憎D5的趋势，染液被纤维表面吸附，被溶解的活性染料随即被棉纤维吸附。棉纤维的亲水性（即润湿性）越好，那么从D5中"萃取"高浓度染液的能力越强，染液上染纤维的速度越快，染色速率常数 k 值就越大。活性红3BS的上染速率常数 k 比活性蓝 KN-R 的 k 值小，即相同染色条件下，活性红3BS 比活性蓝 KN-R 的上染速率慢，原因分析可能是因为两种活性染料形成的高浓度染液性质上稍有差异，活性染料本身与表面活性剂相互作用改变了乳液颗粒的表面性质，导致棉纱线对乳液颗粒的吸附能力有差异。

半染时间（$t_{1/2}$）为其染料平衡吸附量一半所需的染色时间，它是染料对某一纤维染色时趋向平衡的速度量度，半染时间越短，则趋向平衡的染色速度越快。由表9-3可见，随着棉织物润湿性的提高，半染时间越短。当棉纱毛效从0增加至12cm时，活性红3BS半染时间缩短6倍，而活性蓝 KN-R 缩短了3倍，说明棉纤维润湿性显著影响了活性染料的上染。实际染色过程中，可通过控制染料的上染速率来提高染色的匀染性。

由图9-8和表9-3可见，活性染料在传统水浴中的上染率曲线的准二级动力学拟合的拟合系数 R^2 都 > 0.99，平衡上染量的实验值（q_{exp}）与理论值（q_{cal}）也较为接近，说明准二级动力学模型可以较准确地表示活性染料在传统水浴中的上染。由表9-3中上染速率常数 k 可见，活性红3BS的上染速率常数在 $1.0 \times 10^{-2} \sim 1.2 \times 10^{-2} \mathrm{min}^{-1}$，活性蓝的上染速率常数基本在 $0.5 \times 10^{-2} \sim 0.6 \times 10^{-2} \mathrm{min}^{-1}$，说明在传统水浴染色体系中，棉织物的润湿性对活性染料的上染速率没有明显的影响，但活性红3BS的上染速率常数明显大于活性蓝 KN-R，这主要是因为活性红3BS的分子量较大，平面性较好，与纤维具有更大的亲和力，导致活性红3BS的上染速率常数大于活性蓝 KN-R。由半染时间 $t_{1/2}$ 可见，活性蓝 KN-R 在传统水浴染色中上染量达到平衡上染量的一半时所需要的时间是活性红3BS的2倍。

三、在非水体系中温度对活性染料上染速率的影响

在活性染料/D5非水介质体系染色工艺中毛效9cm纱线的匀染性最优，所以选用该纱线探究温度对上染速率的影响，活性蓝KN-R和活性红3BS在两种介质中上染棉纱线，温度对染色动力学曲线的影响如图9-9所示。

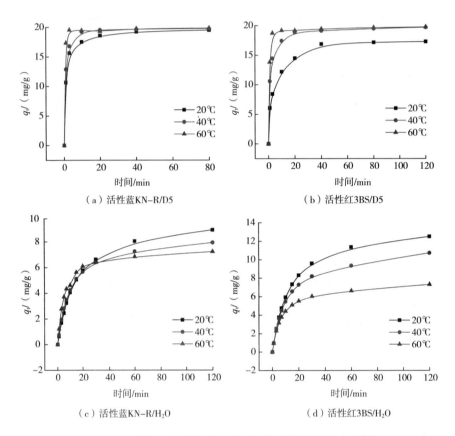

图9-9　活性染料在不同介质不同温度下染色棉纱线的动力学曲线

由图9-9可知，在活性染料/D5非水介质体系中，两只活性染料都表现出上染速率随温度的提高而增大，平衡上染量也随着温度的提高而增大接近20mg/g，上染率接近100%，原因是随着染色的温度升高，微粒运动加快，染料微粒更容易与纤维碰撞而被纤维吸附。高浓度的染液均匀地分散在D5介质中，在低温条件下，有少量的染料不易被纤维吸附，当体系温度提高时，染料在D5非水介质中变得不稳定，且染料的扩散变得剧烈，染液被纤维吸附，上染平衡量增大。

在传统水浴染色中，平衡上染时间和平衡上染量均随着温度的提高而减小。主要是因为温度升高，分子的热运动加快，染料与纤维的吸附和解吸速率都增大，能更快地达到上染平衡；温度的升高也增大了染料在水中的溶解度，减小了染料与纤维之间的亲和力，使染料的平衡上染量减小。活性红3BS的分子量比较大，平面性较好，所以与纤维的直接性较好，在相同染色工艺下的平衡上染量比活性蓝KN-R大。

40℃染色条件下，活性蓝KN-R和活性红3BS在D5非水介质体系中染色的平衡吸附量约相当于传统水浴中的2倍，说明活性染料在D5非水介质体系中无盐条件下就可达到

很高的上染率。活性染料的结构中，母体是简单酸性或直接染料，与纤维的直接性较低，分子中含有一个或多个水溶性基团，所以活性染料易溶于水，导致传统水浴中上染率较低，所以需要加入无机盐促染。水浴中是在40g/L的氯化钠促染条件下染色的，但是上染量还是偏低，可见电解质的促染效果有限。活性染料在D5非水介质体系中染色，水和D5两者极性相差悬殊，溶解活性染料的水溶液很容易被亲水性的棉纤维吸附，纤维对活性染液的吸附基本是完全的，因而染料的上染率很高。

（一）准一级吸附动力学模型的拟合

活性染料在不同介质中的上染速率曲线准一级动力学模型如图9-10所示，准一级动力学拟合系数 R^2 见表9-4。

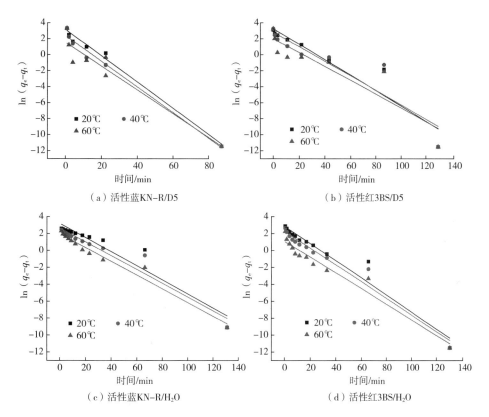

图9-10　活性染料在不同介质中的准一级动力学拟合曲线

表9-4　活性染料在不同介质中的准一级动力学拟合系数 R^2

染料	染色介质	温度/℃	R^2	染料	染色介质	温度/℃	R^2
活性蓝 KN-R	D5	20	0.986	活性红 3BS	D5	20	0.900
		40	0.985			40	0.848
		60	0.922			60	0.835
	水	20	0.919		水	20	0.951
		40	0.941			40	0.962
		60	0.959			60	0.953

由图9-10和表9-4可见，两只染料在D5非水介质体系中和水浴中染色的准一级动力学拟合均不存在线性关系，水浴中的拟合系数R^2值在0.9190～0.96290之间，D5中R^2在0.8359～0.9863之间，总体偏低。综上，活性蓝KN-R及活性红3BS在D5非水介质体系中对棉纤维的吸附和在水浴中对棉纺织品的吸附不遵循准一级吸附方程。

（二）准二级吸附动力学模型的拟合

活性染料在不同介质中的上染速率曲线准二级动力学模型如图9-11所示，准二级动力学拟合参数见表9-5。

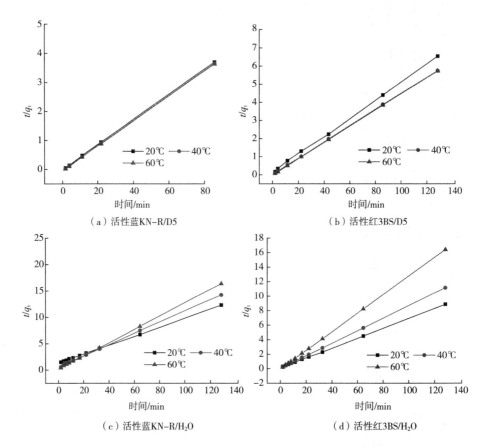

（a）活性蓝KN-R/D5 （b）活性红3BS/D5

（c）活性蓝KN-R/H₂O （d）活性红3BS/H₂O

图9-11　活性染料在不同介质中的准二级动力学拟合曲线

表9-5　活性染料在不同介质中的准二级动力学拟合系数

染料	染色介质	温度/℃	q_{exp}/(mg/g)	准二级动力学参数			
				$k_2 \times 10^{-2}$/[g/(mg·min)]	q_{cal}/(mg/g)	$t_{1/2}$/min	R^2
活性蓝KN-R	D5	20	19.503	4.939	19.736	1.038	0.999
		40	19.762	11.778	19.881	0.430	0.999
		60	19.835	24.207	19.869	0.208	0.999
	水	20	9.742	0.712	10.020	14.414	0.998
		40	8.422	1.175	8.591	10.170	0.999
		60	7.324	2.642	7.536	5.169	0.999

续表

染料	染色介质	温度/℃	q_{exp}/ (mg/g)	准二级动力学参数			
				$k_2 \times 10^{-2}$/[g/(mg·min)]	q_{cal}/(mg/g)	$t_{1/2}$/min	R^2
活性红 3BS	D5	20	17.301	1.786	17.819	3.237	0.999
		40	19.716	4.280	19.857	1.185	0.999
		60	19.763	11.137	19.806	0.454	0.999
	水	20	13.517	0.567	13.914	13.049	0.999
		40	10.739	0.950	10.925	9.802	0.999
		60	7.312	2.078	7.362	6.582	0.999

由图 9-11 和表 9-5 可见，两只染料在非水介质中和水浴中的线性拟合曲线线性很好，水浴中的拟合系数达到 0.998 以上，D5 非水介质中的拟合系数达到 0.999 以上。平衡吸附量实验值 q_{exp} 与公式计算值 q_{cal} 相近。可得，活性蓝 KN-R 及活性红 3BS 在 D5 非水介质体系中对棉纤维的吸附和在水浴中对棉纱线的吸附均遵循准二级吸附方程。两只染料在非水介质染色体系和传统水浴中染色，都呈现出温度越高，半染时间越短。这是因为温度升高，染料的热运动加快，染色速率提升，所对应的半染 $t_{1/2}$ 时间越短。

四、在非水体系中无机盐对棉织物染色性能的影响

（一）无机盐对棉织物染色深度和牢度的影响

D5 非水介质染色体系内，在染色后的织物上随机选取染色样品上的 12 个点，测试其在最大吸收波长下的 K/S 值，计算该 12 点 K/S 值的标准偏差，计算不同盐浓度下，活性黑 5 和活性红 120 在 D5 非水介质染色体系中染棉的 K/S 值和匀染性，如图 9-12 所示。

由图 9-12 可知，在 D5 非水介质染色体系中，活性染液中加盐或者不加盐染色对染色后织物得色深度影响不大，但对织物的匀染性有一定的影响。对于双乙烯砜硫酸酯型染料（活性黑 5）来说，当 D5 非水介质染色体系中 Na_2SO_4 浓度 <7.8%（owf）时，表示染料匀染效果的 $\sigma_\gamma(\lambda)$ 在 0.04 左右，表明染色织物具有良好的匀染性，当 Na_2SO_4 浓度 ≥7.8%（owf）时，随着 Na_2SO_4 浓度的增加，织物匀染性逐渐变差；对于双一氯均三嗪型染料（C.I. 活性红 120），染色后织物匀染效果随着 Na_2SO_4 浓度的增加逐渐变差，这有可能是因为随着 Na_2SO_4 浓度的增加，克服了染料与纤维之间的斥力，加速了染料的上染，染料过快上染导致织物的匀染性变差。

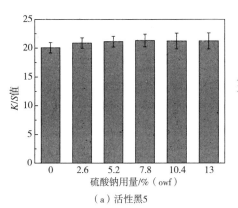

（a）活性黑5

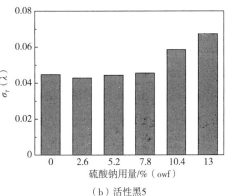

（b）活性黑5

图 9-12

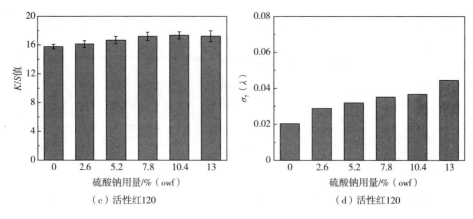

图 9-12　不同 Na_2SO_4 浓度下活性染料染棉的 K/S 值和匀染性

不同 Na_2SO_4 浓度下，采用活性黑 5 和活性红 120 在相同的条件下对棉织物染色试验，比较不同 Na_2SO_4 浓度对染色后织物色牢度的影响，结果见表 9-6。

表 9-6　染色织物的色牢度

染料	Na_2SO_4/% (owf)	耐摩擦色牢度/级		耐皂洗色牢度/级		
		干	湿	变色	棉沾	丝沾
活性红 120	0	4	3~4	4~5	4~5	4~5
	2.6	4	3~4	4~5	4~5	4~5
	5.2	4	3~4	4~5	4~5	4~5
	7.8	4~5	4	4~5	4~5	4~5
	13.0	4~5	4	4~5	4~5	4~5
活性黑 5	0	4	3~4	4	4	4
	2.6	4	3~4	4	4	4
	5.2	4	3~4	4	4	4
	7.8	4	3~4	4	4	4
	13.0	4	3~4	4	4	4

由表 9-6 可知，在 D5 非水介质染色体系中，不同盐浓度条件下，染色棉织物的耐干摩擦色牢度大于 4 级，湿摩擦牢度都达到 3 ~ 4级，变色牢度和棉沾色牢度、丝沾色牢度达到 4 级以上，各项色牢度优良。因此，活性染料在 D5 非水介质染色体系中对棉织物染色的色牢度均达到国标要求。

（二）无机盐对棉织物染色 K/S 值和匀染性的影响

不同 Na_2SO_4 浓度下，D5 非水介质染色体系中活性黑 5 染色后棉织物的 K/S 值和匀染性结果如图 9-13 所示。

图 9-13 表明了在 D5 非水介质染色体系中，不同盐浓度对中试织物染色匀染性的影响。可见染液中加入不同浓度的 Na_2SO_4 对染色后的棉织物的匀染性有较大影响。对比不加 Na_2SO_4 和加入 5.2% (owf) Na_2SO_4 的染色情况，染色后棉织物 K/S 值相差不大，不同棉织物层的匀染性最大变化 +0.08，可以达到染色织物所需质量，当 Na_2SO_4 浓度增加至 7.8%

（owf）时，匀染性最大变化+0.06，织物匀染效果差，出现染花、染不匀的情况。因此，在

该体系中，棉织物的染液中盐用量低于5.2%（owf）时，织物可获得良好的匀染性。

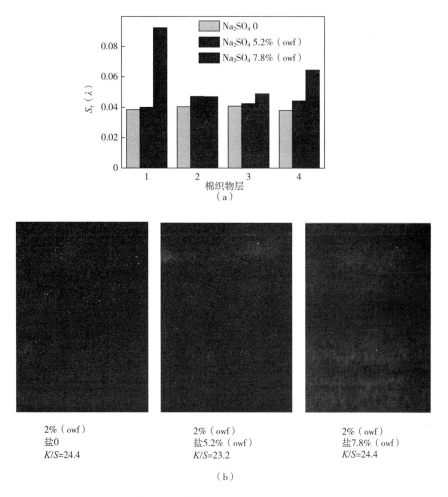

（a）

2%（owf）
盐0
K/S=24.4

2%（owf）
盐5.2%（owf）
K/S=23.2

2%（owf）
盐7.8%（owf）
K/S=24.4

（b）

图9-13　不同盐浓度下染色后织物的匀染性和染色后织物 K/S 值

（三）无机盐浓度对染色棉织物上染速率的影响

在不同盐浓度下，活性染料在 D5 非水介质染色体系中的上染速率曲线如图9-14所示。D5 非水介质体系活性染料染色中染料的上染一般在室温条件下进行，与传统水浴染色不同的是在该体系中染料的上染包括染料的转移的过程，体系中含有的少量的水仅是用来溶解染料，形成高浓度的染液，染液在染色过程中分散在 D5 体系中，染料通过机械作用力与纤维的不断碰撞，上染到纤维上，并通过纤维表面自由水的流动达到较好的匀染性。若染料配方中含盐量过高，染料加速上染纤维，在温度与

碱剂的作用下固着，导致染色棉织物的匀染性较差。

由图9-14中可见，在 D5 非水介质染色体系中，从染料吸附量来说，在染色初始阶段，纤维表面的染料量迅速增加，盐浓度对染料吸附速率影响较小，当体系中无盐存在时，15min 后染料基本完成吸附过程，当盐浓度逐渐增加时，活性染料在 10min 内基本完成吸附过程。表明当增加盐浓度时，可提高活性染料在 D5 非水介质体系中的吸附速率，但染色过程中是否有盐的存在对该体系中染料的平衡上染量影响不大。

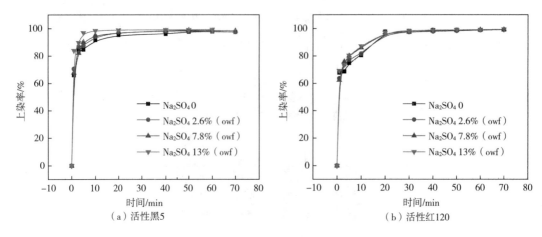

图9-14 不同盐浓度下活性染料的上染速率曲线

活性染料在 D5 非水介质染色体系中，5~10min 内，染料基本从染浴中扩散到棉纤维上，在染色体系中加盐或不加盐，染料上染率均能达到将近 100%，但加入少量盐染料上染到棉纤维上面的速率提升，表明在非水介质体系中加入少量的盐会加快染料上染。

1. 准一级吸附动力学模型的拟合　为了分析 D5 非水介质染色体系中，不同盐浓度对活性染料染棉吸附动力学的影响，选取准一级动力学模型和准二级动力学模型对实验数据进行拟合。

准一级动力学线性拟合后，若拟合相关系数较高，说明此反应符合该动力学模式；反之不符合。结果如图 9-15 和表 9-7 所示。

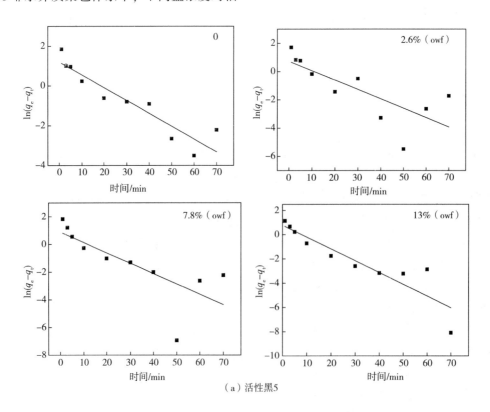

（a）活性黑5

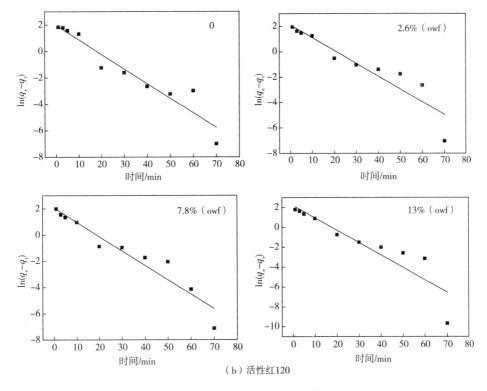

图9-15 活性染料染棉的准一级动力学拟合曲线

表9-7 不同盐浓度下活性染料染棉的准一级动力学拟合系数 R^2

Na_2SO_4/%（owf）	0	2.6	7.8	13
活性黑5	0.8576	0.5287	0.5182	0.8097
活性红120	0.9133	0.8604	0.9183	0.8147

由图9-15和表9-7可知，D5非水介质染色体系中加入不同浓度的 Na_2SO_4 染棉的准一级动力学拟合系数 R^2 均小于0.999，说明准一级动力学模型并不能准确地描述加入不同浓度 Na_2SO_4 下高浓度活性染料水溶液在 D5 非水介质染色体系中对棉纤维的上染行为。

2. 准二级吸附动力学模型的拟合 D5 非水介质体系中加入不同（浓度的） Na_2SO_4 染色棉织物的准二级动力学线性拟合结果如图9-16所示，若拟合相关系数较高，说明此反应符合该动力学模式；反之不符合。

由图9-16和表9-8可见，D5 非水介质体系中加入不同浓度的 Na_2SO_4 染棉的准二级动力学拟合系数 R^2 均大于0.999，实验上染吸附

平衡量 $q_{e,exp}$ 与理论上染吸附平衡量 $q_{e,cal}$ 相近，说明活性黑5、活性红120在 D5 非水介质体系中加入不同浓度 Na_2SO_4 染棉的吸附遵循准二级动力学吸附方程。

由表9-8可知，在 D5 非水染色体系中，增大 Na_2SO_4 浓度，染料在织物表面的吸附量接近理论上的染料吸附平衡值，表明在 D5 非水介质染色体系中，Na_2SO_4 浓度对染料的上染率影响较小。当不加 Na_2SO_4 时，活性黑5的吸附速率为 7.5474×10^{-2} g/（mg·min），当 Na_2SO_4 的浓度为13%（owf）时，染料的吸附速率达到 18.5189×10^{-2} g/（mg·min），染料吸附速率是不加 Na_2SO_4 时的2.45倍，活性红120染液中加13%（owf）Na_2SO_4 的吸附速率是不加 Na_2SO_4 时的1.31倍，表明活性染料的吸附速率随着染色配方中浓度的增加而加快，因此在 D5 非水介质染色体系中 Na_2SO_4 浓度越高，其染料的吸附速率越快，达到吸附平衡所用的时间就越少。当不加 Na_2SO_4 时，染料的半上染时间为 0.6760min，而当

Na$_2$SO$_4$ 的浓度为 13%（owf）时，染料的半上染时间为 0.2717min，表明活性染料在高浓度染色时加入一定浓度的 Na$_2$SO$_4$ 可以短时间完成吸附。

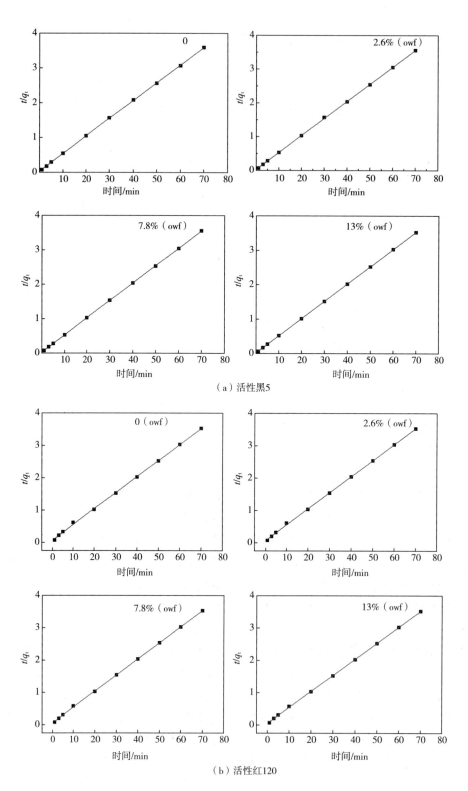

（a）活性黑5

（b）活性红120

图 9-16　活性染料染棉的准二级动力学拟合曲线

表9-8　D5非水介质体系活性染料染棉的准二级动力学拟合参数

染料	参数	Na$_2$SO$_4$ 用量/%（owf）			
		0	2.6	7.8	13
活性黑5	$k_2 \times 10^{-2}$/[mg/(g·min)]	7.5474	9.1406	10.3301	18.5189
	q_{exp}/(mg/g)	19.6000	19.6700	19.7850	19.8750
	q_{cal}/(mg/g)	19.7044	19.7083	19.8728	19.9441
	$t_{1/2}$/min	0.6760	0.5553	0.4893	0.2717
	R^2	0.9999	0.9999	0.9999	0.9999
活性红120	$k_2 \times 10^{-2}$/[g/(mg·min)]	3.8500	4.0036	4.7796	5.0419
	q_{exp}/(mg/g)	19.8440	19.8330	19.8480	19.8870
	q_{cal}/(mg/g)	20.2881	20.1857	20.1654	20.1979
	$t_{1/2}$/min	1.3089	1.2594	1.0541	0.9973
	R^2	0.9994	0.9996	0.9998	0.9998

（四）无机盐浓度对染料吸附的影响

为了探讨盐浓度对 D5 非水介质中活性染料吸附的影响，分别在 20℃、40℃、60℃研究活性黑 5 对棉纤维的上染情况。图 9-17 为 D5 非水介质染色体系中不同 Na$_2$SO$_4$ 浓度下活性黑 5 的吸附等温线。其中，C_f 为纤维上染料浓度，C_s 为染液浓度。

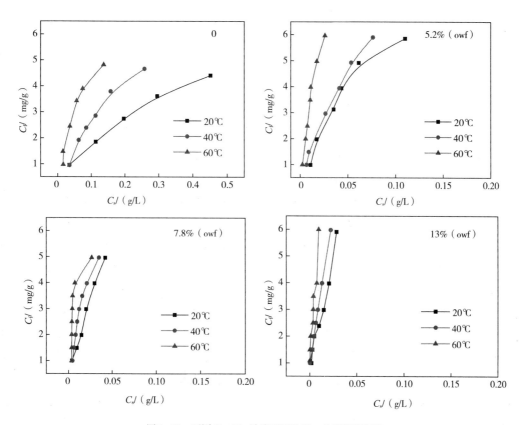

图9-17　不同 Na$_2$SO$_4$ 浓度下活性黑 5 的吸附等温线

由图 9-17 可知，在相同 Na_2SO_4 浓度下，随着染液浓度的增大，纤维上染料浓度逐渐增大；随着 Na_2SO_4 浓度的增大，染料颗粒更容易上染纤维；温度的升高，增加了染料的热运动，有利于染料上染纤维。

（五）无机盐浓度对染色热力学的影响

染料吸附上染纤维必然引起纤维和染料体系中的物质分子间的作用力的拆散和重建，并伴随热量的放出或吸收，即发生染色热效应或体系焓的变化。染色热是指染料自染液转移到纤维上引起体系总的热效应，染色热（$\Delta H^{\ominus}$）大小可以反映染料和纤维分子之间结合力的强弱。染料从染液上染到纤维上体系的紊乱程度会发生变化，而染色熵（$\Delta S^{\ominus}$）是反应体系内部运动紊乱程度的状态函数，体系的紊乱程度越大，熵也就越大。活性染料在不同 Na_2SO_4 浓度、不同温度下的染色亲和力、染色熵和染色热等染色热力学的相关参数见表 9-9。

表 9-9 活性染料在不同 Na_2SO_4 浓度、不同温度下的染色亲和力、染色熵和染色热

Na_2SO_4 浓度/%（owf）	温度/℃	染色亲和力/（kJ/mol）	染色熵/[kJ/（K·mol）]	染色热/（kJ/mol）
0	20	6.854	-0.106	-25.280
	40	8.030		
	60	10.106		
5.2	20	9.645	-0.126	-27.615
	40	11.200		
	60	14.688		
7.8	20	11.622	-0.141	-30.119
	40	13.052		
	60	17.258		
13	20	12.665	-0.150	-31.808
	40	14.308		
	60	18.675		

由表 9-9 可见，活性染料在不同 Na_2SO_4 浓度、不同温度下的染色亲和力、染色热和染色熵可以得知，活性染料在 D5 非水介质染色体系中染料亲和力随温度的升高逐渐增大；在相同温度下，染色亲和力随着 Na_2SO_4 浓度的增加而增加，这也证明了随着体系内 Na_2SO_4 浓度的增加，染料上染到纤维上的速率加快，从而导致织物的匀染性逐渐变差这一结果。染色熵反应体系内部紊乱程度的大小。染色热为负值说明活性染料在该体系中均为放热反应，且随着体系中 Na_2SO_4 浓度的增加，染色热逐渐降低，说明随着 Na_2SO_4 浓度的增加，染料被吸附上染纤维，与纤维分子间的作用力越强。

五、在非水体系中活性染料染色热力学

配制不同浓度的活性染料/非水介质染色体系和传统水浴染液，在不同温度下进行染色实验。两只染料在不同介质中染色的吸附等温线如图 9-18、图 9-19 所示。

由图 9-18 和图 9-19 可知，随着染浴中染料浓度的增加，纤维上染料含量也随之增加，达到一定值后，纤维上染料增加的趋势变缓，基本达到饱和值。在非水介质染色体系中，随着温度升高，染料颗粒更易上染纤维。而传统水浴染色中，由于活性红 3BS 及活性翠蓝 KN-

G 的亲和力和直接性不同，活性红 3BS 随温度升高，纤维上染料含量降低；而温度升高活性翠蓝 KN-G 更易上染纤维。吸附等温线反应的规律同上染速率曲线一致。

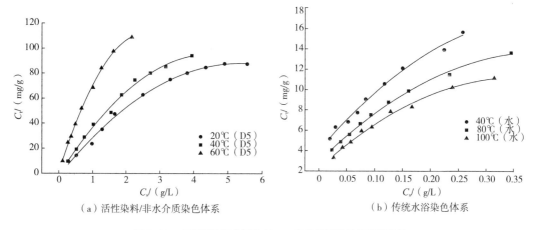

（a）活性染料/非水介质染色体系　　　　（b）传统水浴染色体系

图 9-18　在不同体系中活性红 3BS 染色棉纤维的吸附等温线

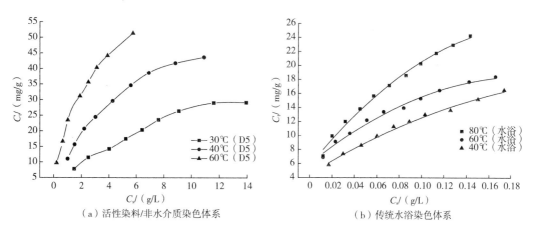

（a）活性染料/非水介质染色体系　　　　（b）传统水浴染色体系

图 9-19　在不同体系中活性翠蓝 KN-G 染色棉纤维的吸附等温线

在液—固体系的吸附平衡研究中，描述吸附等温线最常用的模型是弗莱因德利胥（Freundlich）和朗缪尔（Langmuir）等温吸附模型。

（一）弗莱因德利胥型等温吸附

弗莱因德利胥（Freundlich）型等温吸附的特征是纤维上的染料浓度随染液中的染料浓度增加而不断增加，但增加速率越来越慢，属于物理吸附。纤维上的染料浓度与染浴中的染料浓度可以用下式描述：

$$[C]_f = K [C]_s^{\frac{1}{n}} \qquad (9-10)$$

式中：上染料浓度；$[C]_s$ 为染液中染料浓度；$[C]_f$ 为织物上染料浓度；K 可以作为吸附能力的一个概略的指标，为常数；$\frac{1}{n}$ 为吸附强度。

其线性形式为：

$$\ln[C]_f = \ln K + \frac{1}{n}\ln[C]_s \qquad (9-11)$$

式中：$0 < \frac{1}{n} < 1$，以 $\ln[C]_f$ 对 $\ln[C]_s$ 作图，K 和 $\frac{1}{n}$ 可以通过 $\ln[C]_f$ 对 $\ln[C]_s$ 所做直线的斜率和截距求得。

指数 $\frac{1}{n}$ 的大小提供了吸附的倾向的指示，

$n>1$ 说明染料在体系中获得了有力的吸附条件。由表 9-10 可知，$n>1$，说明活性染料在非水介质染色体系中和传统水浴加盐促染条件下均获得有力的吸附条件。而相对而言，传统水浴中的 n 值稍高于染料在非水介质染色体系中染色的 n 值。其原因可能是传统水浴染色是在盐促染条件下，染料与纤维间的斥力明显减弱，染料更易吸附。非水介质染色体系染色通过物理方式实现了染料极高的上染率，但染料与纤维表面的斥力仍存在，因为 n 值相对较低。

由表 9-10、图 9-20 和图 9-21 可知，在不同体系、不同温度下活性染料染色棉纤维的 Freundlich 等温吸附拟合参数均在 0.99 左右，说明活性染料在非水介质染色体系与传统水浴染色体系均符合 Freundlich 型等温吸附方程。

表 9-10　在不同体系、不同温度下活性染料染色棉纤维的 Freundlich 等温吸附拟合参数

染料	染色介质	温度/℃	n	R^2
活性红 3BS	D5	20	1.15	0.9817
		40	1.17	0.9803
		60	1.18	0.9910
	水	40	1.98	0.9938
		80	2.18	0.9992
		100	2.02	0.9935
活性翠蓝 KN-G	D5	30	1.64	0.9818
		40	2.24	0.9929
		60	1.98	0.9957
	水	40	2.26	0.9937
		60	2.72	0.9960
		80	2.09	0.9959

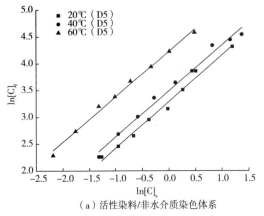

（a）活性染料/非水介质染色体系

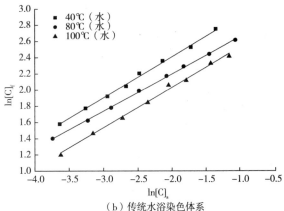

（b）传统水浴染色体系

图 9-20　在不同体系、不同温度下活性红 3BS 染色棉纤维的 Freundlich 吸附曲线

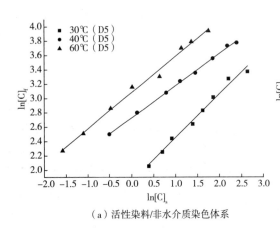

（a）活性染料/非水介质染色体系

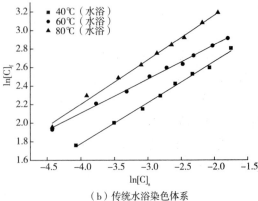

（b）传统水浴染色体系

图 9-21　在不同体系、不同温度下活性翠蓝 KN-G 染色棉纤维的 Freundlich 吸附曲线

(二) 朗缪尔型等温吸附

朗缪尔 (Langmuir) 型等温吸附的基本假设是纤维表面存在一定的吸附位, 染料分子只能单层吸附于吸附位上, 一旦吸附位被染料分子占据, 则此吸附位不再发生进一步吸附。因而理论上, 当所有吸附位均被占据时, 存在一个吸附饱和值。Langmuir 型等温吸附方程可以用下式表示:

$$[C]_f = \frac{K[S][C]_s}{1+K[C]_s} \qquad (9-12)$$

其线性形式为:

$$\frac{1}{[C]_f} = \frac{1}{K[S][C]_s} + \frac{1}{[S]} \qquad (9-13)$$

式中: S 为单位质量纤维上所能吸附染料的最大值, 即饱和吸附量; $[C]_f$ 为平衡时, 单位质量纤维上吸附的染料量; K 为 Langmuir 常数, 和结合部位的亲和力相关。以 $\frac{1}{[C]_f}$ 对 $\frac{1}{[C]_s}$ 作图得一直线。

根据不同温度下 $\frac{1}{[C]_f}$ 对 $\frac{1}{[C]_s}$ 所做不同直线的斜率计算得到 S 和 K 值, 其结果见表 9-11。

由表 9-11、图 9-22 和图 9-23 可知, 饱和吸附量 S 代表当布面被染料分子完全覆盖时实际吸附能力极限。K 值与染料和纤维结合部位的亲和力有关。

表 9-11 不同体系、不同温度下活性染料染色棉纤维的 Langmuir 等温吸附拟合参数

染料	染色介质	温度/℃	S/(mL/mg)	K/(mL/mg)	R^2
活性红 3BS	D5	20	76.95	0.103	0.9779
		40	98.41	0.289	0.9966
		60	116.65	0.361	0.9965
	水	40	21.55	8.529	0.9884
		80	13.92	16.443	0.9777
		100	12.38	12.383	0.9855
活性翠蓝 KN-G	D5	30	40.21	0.160	0.9836
		40	59.17	0.251	0.9747
		60	65.45	0.552	0.9749
	水	40	16.25	30.612	0.9418
		60	18.26	48.451	0.9708
		80	26.38	49.620	0.9808

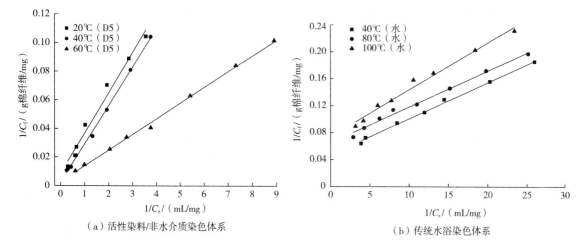

(a) 活性染料/非水介质染色体系   (b) 传统水浴染色体系

图 9-22 活性红 3BS 在不同体系、不同温度下在棉纤维上 Langmuir 吸附曲线

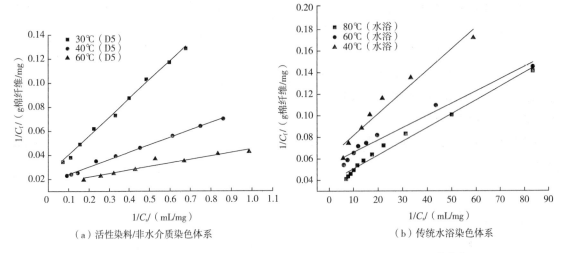

图9-23　不同体系、不同温度下活性翠蓝 KN-G 染色棉纤维的 Langmuir 吸附曲线

对比活性染料在水浴和非水介质染色体系中的吸附饱和量，活性染料在 D5 非水介质染色体系中染色的吸附饱和量远大于传统水浴染色，说明活性染料在 D5 非水介质染色体系中，在无盐促染的条件下的确可以显著提高染料上染率。对比两者 K 值发现，活性染料在水浴中的 K 值明显高于 D5 非水介质染色体系，这是由于实验中水浴染色是在元明粉促染条件下测定的，电解质的存在减小了染料与纤维间的斥力，提高染料与纤维结合部位的亲和力，而活性染料在 D5 非水介质染色体系中，染料和纤维间的斥力仍存在，因而 K 值较低。

从拟合系数来看，在不同体系、不同温度下活性染料染色棉纤维的 Langmuir 等温吸附拟合系数稍低于 Freundlich 等温吸附拟合系数，但整体也较高，说明活性染料 D5 非水介质染色体系与传统水浴染色也基本符合 Langmuir 型等温吸附方程。综合 Freundlich 和 Langmuir 吸附等温拟合结果可知，活性染料在不同体系中的上染以非定位吸附为主，但也存在一定的定位吸附，这与活性染料作为一种反应性染料有关。

（三）染色亲和力、染色热和染色熵

染色亲和力是指染料从它在溶液中的标准状态转移到它在纤维上的标准状态的趋势和量度，亲和力越大，表示染料从染液向纤维转移趋势越大，即推动动力越大。可以用下式表示：

$$-\Delta\mu^{\ominus} = RT\ln\left(C_{f}/C_{s}\right) \tag{9-14}$$

式中：C_{f}，C_{s} 分别为染料在纤维上和染浴中的浓度。

如果已知亲和力，染色热、熵的变化可按下式进行计算：

$$-\Delta\mu^{\ominus} = T\Delta S^{\ominus} - \Delta H^{\ominus} \tag{9-15}$$

在一定的温度范围内，$\Delta H^{\ominus}$ 为定值，将 $-\Delta\mu^{\ominus}$ 对温度 T 作图可得到一直线，从直线的斜率和截距可求得染色热和染色熵。染色热力学参数的计算结果列于表9-12中。

表9-12　在不同体系中活性染料染色的染色亲和力、染色热和染色熵

染料	染色介质	温度/℃	染色亲和力/ （kJ/mol）	染色热/ （kJ/mol）	染色熵/ ［kJ/（K·mol）］
活性红 3BS	D5	20	-8.70	-6.41	-0.095
		40	-9.42		
		60	-12.49		

续表

染料	染色介质	温度/℃	染色亲和力/ （kJ/mol）	染色热/ （kJ/mol）	染色熵/ [kJ/(K·mol)]
活性红 3BS	水	40	-13.57	-11.19	-0.059
		80	-14.01		
		100	-15.94		
活性翠蓝 KN-G	D5	30	-4.68	-1.34	-0.143
		40	-7.06		
		60	-9.92		
	水	40	-16.16	-13.08	-0.085
		60	-18.77		
		80	-19.55		

　　由表9-12可见，活性染料在D5非水介质染色体系中的染色亲和力相对于传统水浴染色有所下降，说明活性染料在D5非水介质染色体系中并没有改变染料本身亲和力较低这一性质，而亲和力的下降与活性染料在非水介质中形成高浓度的染浴有关，染料浓度升高会导致染料亲和力下降。D5非水介质染色体系中活性染料的染色亲和力值也说明，该体系中的染料上染率的提高是通过物理方式。染色热为负值说明活性染料在两种体系中的上染均为放热反应。活性染料在两种体系中的染色熵为负值。染色熵是反映体系内部大量质点运动紊乱程度的状态函数。一般染料在水中的紊乱度比在纤维中的紊乱度高，故大多数染色熵为负值。

第三节　活性染料在D5非水介质中的水解机制

　　在D5非水介质染色体系中活性染料染色后织物的颜色深度及染料的固着率明显高于传统水浴。为了分析活性染料在D5非水介质染色体系中获得较高固着率的原因。选取三种不同结构的活性染料（K型、KN型及M型），利用高效液相色谱分析了活性染料在D5非水介质染色体系中的水解动力学，研究活性染料在不同D5非水染色体系（分散体系和乳液体系）的水解性能，并用质谱法分析了活性染料在D5非水介质染色体系中的水解机理。

一、活性染料在D5非水体系中的水解行为

（一）活性染料的水解差异

　　通过高效液相色谱对染色体系中各水解组分进行分离，其结果如图9-24所示。图9-24（a）为在80℃、pH=11、水浴条件下分别水解5min、15min、30min、60min、120min的色谱图，可以观察到不同形式染料水解组分的量随着时间而显著变化。随着水解反应的进行，HPLC谱图中依次在保留时间 t_R 为7.50min、5.93min和3.68min处出现三个色谱峰，且 t_R =7.50min的色谱峰的峰高和峰面积随着水解时间延长而不断减小，且在60~120min时间段中消失。t_R =5.93min的色谱峰的峰高和峰面积随着水解时间而逐渐增加，当水解到一定时间时，其峰高和峰面积逐渐减小。在 t_R =3.68min处的色谱峰，峰高和峰面积随着水解时间的延长逐渐增大。

　　图9-24（b）为80℃、pH=11、D5非水

介质体系中活性红 2 水解不同时间的色谱图。简短地分析，染料水解前，$t_R = 7.50$min 的色谱峰的峰高和峰面积随着水解时间变化较慢，且在 120min 后仍有一定比例存在。$t_R = 5.93$min 和 $t_R = 3.68$min 的色谱峰的峰高和峰面积随着水解时间延长而不断增加，在水解 30min 后，$t_R = 3.68$min 的峰高和峰面积随着水解时间不断增加。

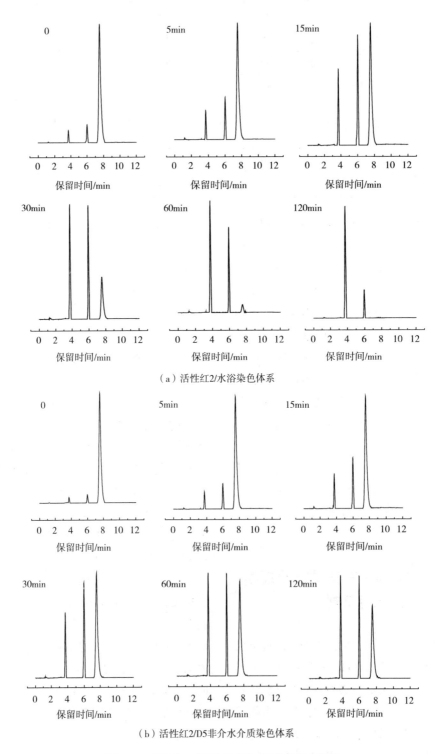

（a）活性红2/水浴染色体系

（b）活性红2/D5非介质水介质染色体系

图9-24 活性红 2 在不同染色体系中的水解色谱图

活性红 2 为双卤代型活性染料，其水解过程如图 9-25 所示，D 为染料母体。Tam 的研究表明，双卤代均三嗪型活性染料（Ⅰ）在碱性环境中先水解为一卤代一羟基染料（Ⅱ）。一卤代一羟基染料（Ⅱ）进一步水解得到双羟基均三嗪染料（Ⅲ）。一卤代一羟基染料与纤维素纤维还具有一定的反应性；而双羟基的水解染料已不能与纤维素纤维发生亲核取代反应。

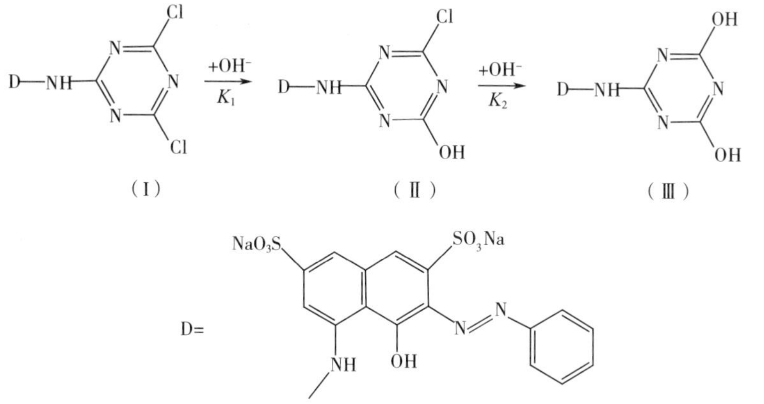

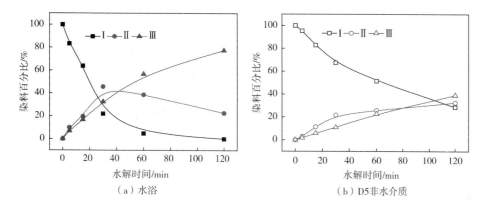

图 9-25　活性红 2 的水解过程

实验采用的是 C-18 反相流动相柱子，由色谱原理可知，极性强的物质先出峰，极性弱的物质后出峰。—OH 的极性大于—Cl，因此 $t_R = 7.50\text{min}$ 为双氯代均三嗪（Ⅰ）的色谱峰；$t_R = 5.93\text{min}$ 为一氯一羟基的染料色谱峰（Ⅱ）；$t_R = 3.68\text{min}$ 为双羟基均三嗪染料的色谱峰（Ⅲ）。

双氯均三嗪型活性染料在 D5 非水介质染色体系与水浴中的水解差异如图 9-26 所示。水浴中（pH = 11，温度 = 80℃），双氯均三嗪活性染料（Ⅰ）快速水解为一氯一羟基均三嗪染料（Ⅱ）或二羟基均三嗪结构染料（Ⅲ）。水解 60min 后，水浴中的双氯均三嗪活性染料几乎全部水解为一氯一羟基均三嗪染料或二羟基均三嗪结构的染料，保持反应性的一羟基均三嗪染料占 38.64%。D5 非水介质中，有 51.52% 的双卤代均三嗪结构的染料仍保持较高的反应性，且 25.76% 的一氯一羟基可以继续与纤维素纤维发生反应，只有 22.72% 的染料全部水解为二羟基均三嗪结构染料。表明在 D5 非水介质染色体系中，有效降低了双氯代均三嗪活性染料的水解。

图 9-26　活性红 2 在 D5 非水介质染色体系与传统水浴中的水解差异（pH = 11，80℃）

（二）活性染料质谱谱图分析

为了对二氯均三嗪型活性染料在 D5 非水介质染色体系中各组分进行定性的分析，将染料在 80℃，pH = 11 的条件下水解 30min 的各组分进行分离，与其他研究者所用的 MS 进行分析。其各组分的质谱谱图如图 9-27 所示。

由图 9-27（a）可知，分别在 [M—H]⁻ = 615.3，596.1，578.3 处出现准分子的离子峰，其分别为活性红 2 的未水解及水解的染料。$m/z = 615.3$ 应为活性红 2 未水解的准分子量，在 $m/z = 307.5$ 出现了一个多电荷峰，即 [M—2H]²⁻/2 = 307.5，可以确定 $m/z = 615.3$ 为活性红 2 未水解的组分。

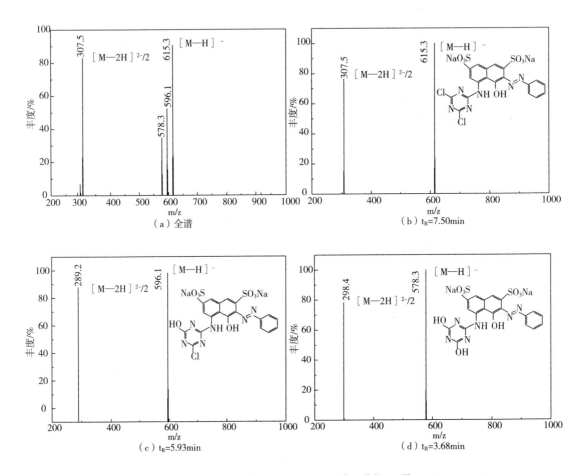

图 9-27　活性红 2 在 D5 非水介质体系中水解 30min 时各组分的 MS 图（80℃，pH = 11）

由图 9-27（b）可知，$m/z = 615.3$ 为准分子峰，$m/z = 307.5$ 为染料的一个多电荷峰，这与二氯均三嗪活性染料的分子量相同，说明 $t_R = 7.50$min 出现的色谱峰为染料 I。

由图 9-27（c）可知，$m/z = 596.1$ 处出现一个主要的准分子峰，且在 $m/z = 289.2$ 处出现一个离子峰，经分析该离子峰为一氯一羟基的一个多电荷的离子峰，则在 $m/z = 596.1$ 处出现的色谱峰为染料 II。由图 9-27（d）可知，经分析该离子峰为染料 III，即为二羟基染料的色谱峰。

二、活性染料在不同 D5 非水染色体系中的水解性能

前已叙及，活性染料在 D5 非水介质中的水解速率明显低于传统水浴，为了研究活性染料在 D5 非水介质的水解机理，配制硅基悬浮体系（水、活性染料和 D5）和乳液体系（水、

活性染料、D5、表面活性剂及助表面活性剂），研究活性染料（乙烯砜型活性染料活性蓝19和异双活性基团染料活性红195）在不同D5非水介质体系中的水解性能。

由图9-28（a）可见，在D5非水介质染色体系中，无表面活性剂（AEO-3）和助表面活性剂（正辛醇）时，即染料的水溶液分散在D5非水介质中时，乙烯砜型活性染料（活性蓝19）的水解速率较快，水解60min后，有67.27%的染料被水解为伯醇结构的水解染料。当在D5非水介质中只加入一定量的助表面活性剂（正辛醇）时，染料的水解速率仍比较快，水解60min后，有61.73%的染料被水解，说明助表面活性剂对活性染料的水解速率影响不大。当在D5非水介质中加入表面活性剂（AEO-3）时，水解60min后，有52.02%的染料被水解，说明加入表面活性剂，活性染料在硅基染色介质中的水解得到了进一步降低。

当在D5非水介质中加入AEO-3和正辛醇时，60min后，乙烯砜型染料的水解染料只有48.48%。

异双活性基团活性染料（活性红195）在不同硅基染色体系的水解如图9-28（b）所示，当染料的水溶液分散在硅基介质中时，异双活性基团染料的水解速率较快，水解60min后，有67.42%的染料已发生水解。当在染色介质中只加入一定量的助表面活性剂（正辛醇）时，染料的水解速率仍比较快，水解60min后，有63.91%的染料被水解，说明助表面活性剂对活性染料的水解速率影响不大。当在硅基染色介质中加入表面活性剂（AEO-3）时，水解60min后，有54.37%的染料发生水解，说明加入表面活性剂，活性染料在D5染色介质中的水解得到了进一步的抑制。当在D5非水介质中加入AEO-3和正辛醇时，水解60min后，有49.81%的活性染料发生水解。

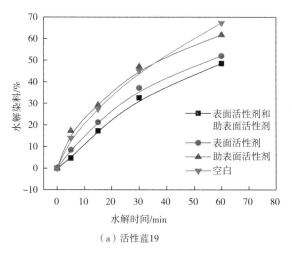

（a）活性蓝19

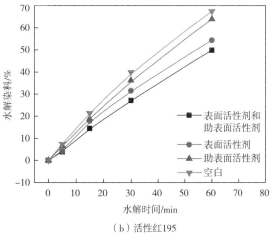

（b）活性红195

图9-28 活性染料在不同D5非水染色体系的水解性能

三、在D5非水介质体系中染料浓度对其水解性能的影响

D5非水介质染色时，活性染料溶于少量水形成高浓度的染液，将其分散或乳化在硅基介质中。染液中，染料浓度明显高于传统水浴

染色，这可能影响染料的水解。选取异双活性基团染料（活性红195），研究不同染料浓度对其水解的影响。

如图9-29所示，不同染料浓度下，活性红195水解的反应快慢不同。活性染料浓度为较高时，异双活性基团染料的水解速率较慢，

在传统水浴中 [图9-29 (a)]，当染料浓度为50g/L，水解60min后，有75.75%的染料被水解，表明较高染料浓度下，活性染料的水解速率较低。当降低染料的浓度时，异双活性基团染料的水解速率明显加快，例如传统水浴中，当染料浓度为5g/L时，水解60min后，异双活性基团染料已全部水解。

与传统水浴不同染料浓度的水解相比，在D5非水介质色体系中 [图9-29 (b)]，异双

活性基团染料的水解较慢，例如当染料浓度为50g/L，水解60min后，只有35.75%的染料被水解，而传统水浴中有75.75%的染料发生水解。由此可以说明，在D5非水介质体系中，不仅染料浓度对活性染料的水解有一定影响，并且体系中的染色介质以及表面活性剂或助表面活性剂对活性染料的水解也会产生一定的影响。

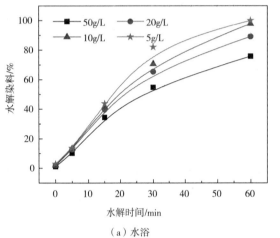

（a）水浴

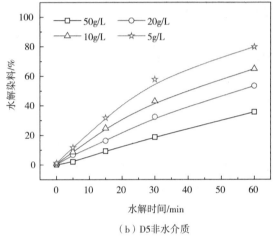

（b）D5非水介质

图9-29　染料浓度对活性红195水解的影响（pH=11，80℃）

D5乳液中，当水与D5介质的比例为1∶50，即D5介质中被乳化的染液浓度最低时，乳液体系中染液颗粒尺寸最小，只有3.45μm，则平均吸附于染料水溶液表面的表面活性剂/助表面活性剂越多，形成的W/O型复合膜越致密，则在水解过程中，W/O型复合膜不易破裂，降低了染料的水解速率。当增大染液在D5介质中的比例时，反相乳液中染液小颗粒的尺寸增大，例如，当水∶D5为1∶5时，D5乳液中，染液小颗粒尺寸为48.78μm，则平均吸附于染料分子的表面活性剂/助表面活性剂较少，形成的W/O型复合膜流动性较差，则乳液不够稳定，在加热的过程中，乳液非常容易破乳，则会加快活性染料的水解速率。

D5非水介质体系中，染液在表面活性剂

和助表面活性剂的作用下被乳化到D5非水介质中，即染液以小颗粒的形式分散于D5非水介质中。其颗粒尺寸的大小表示了被乳化在非水介质中染料的量，将对染料的水解速率造成一定的影响。活性蓝19在不同比例的D5乳液中染液颗粒尺寸大小的影响如图9-30所示。

四、在D5非水介质体系中的棉纤维对染料水解的影响

前面研究的活性染料水解是在无棉纤维存在下的水解情况，为了探究活性染料在正常染色情况下，即棉纤维存在下的水解情况，本章同时也研究了在D5非水介质染色体系中，棉纤维存在下活性染料的水解，其结果如图9-31所示。

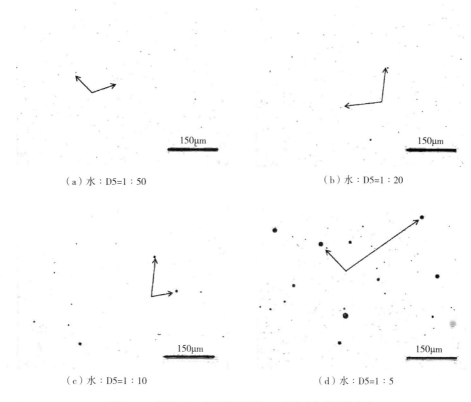

（a）水：D5=1:50　　　　　　　　　（b）水：D5=1:20

（c）水：D5=1:10　　　　　　　　　（d）水：D5=1:5

图9-30　活性蓝19在不同比例的D5乳液中染液颗粒大小

由图9-31（b）可知，低温环境下（60℃），加入5g棉纤维，在D5乳液体系中，乙烯砜型活性染料的水解与无棉纤维存在的情况下相差不大，反应60min后，只有0.54%的差异，说明低温下染色体系中被染物是否存在对乙烯砜型活性染料的水解影响较小。将体系温度分别升高到70℃与80℃，在D5乳液体系中，染料的水解分别降低了8.58%和12.23%，表明在一定温度下，适量被染物的存在降低了活性染料的水解。与D5乳液染色体系相比，在传统水浴中［图9-31（a）］，当固着温度为80℃时，反应60min后，染色体系中加入棉纤维后，乙烯砜型活性染料的水解降低了51%，说明棉纤维的存在明显降低了乙烯砜型染料的水解程度。这主要是在染色体系中加入棉纤维后，一部分染料与棉纤维发生了亲核加成反应，从而有效降低了水解染料的比例。

活性红195分子结构中含有两个活性基，其水解包括乙烯砜的水解（Ⅱ）与一氯均三嗪结构的水解（Ⅲ），因此，研究染色过程中被染物对异双官能团结构染料的水解影响时，将其三种水解染料和桥基断裂生成物作为水解染料，结果如图9-31所示。

由图9-31可知，低温染色环境中（60℃，pH=11），在传统水浴中与D5乳液体系中加入5g棉纤维，异双官能团结构染料的水解与无纤维存在情况下相差较小，水浴中只有5.29%的改善，D5乳液体系中只有1.40%的改善，说明低温下染色体系中被染物是否存在对异双官能团结构染料的水解影响较小。将染色温度分别升高到70℃与80℃，传统水浴中染料的水解分别降低了16.01%和14.26%，而D5反相乳液体系中分别降低了5.01%和8.62%。表明在一定温度下，棉纤维的存在降低了活性红195的水解。

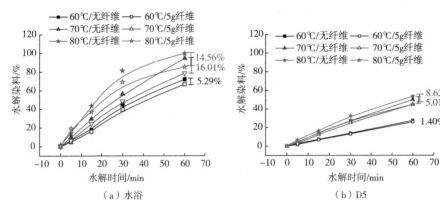

图9-31 被染物存在下对异双活性基团活性染料水解的影响

染色体系中加入棉纤维时，活性染料在一定的温度和pH值下，除了发生水解反应之外，更多的是与棉纤维发生亲核取代或亲核加成反应，使更多的染料固着在纤维上。因此，在织物存在下，部分染料会吸附到纤维表面，并渗透到纤维内部，与棉纤维反应固着，从而使参与水解的染料的比例下降。低温时棉纤维的存在对染料的水解影响较低，主要是低温时纤维的溶胀程度较低，纤维与染料之间的反应速率较低；温度升高，提高了纤维的溶胀，而且加快了染料与纤维之间的反应，因此染料的水解得到了改善。在不同的染色体系中，被染物的存在对传统水浴的影响程度高于D5乳液体系，这主要是少量的水存在于D5非水介质中，温度的升高对纤维的溶胀程度较低，因此对纤维与染料之间

的反应程度影响较小。在实际生产中，染色体系中织物的加入量比上述实验要高出许多倍，因此，在硅基乳液体系中染色时，染料水解的比例还可以进一步降低。

五、在D5非水介质体系中异双活性基团染料的水解动力学分析

β-乙烯砜硫酸酯染料（异双活性基团染料）在较短的时间内全部转化为乙烯砜型染料。在研究乙烯砜型活性染料的水解动力学时，忽略此过程，仅考虑乙烯砜型染料的水解动力学。以 $t_0 = 5\min$ 峰面积为峰的初始面积。根据HPLC的结果做 $\ln(A_0/A)$ 对 t 的关系图，结果如图9-32（a）所示。表9-13列出不同体系的乙烯砜型染料在pH=11，不同温度条件下的水解速率常数。

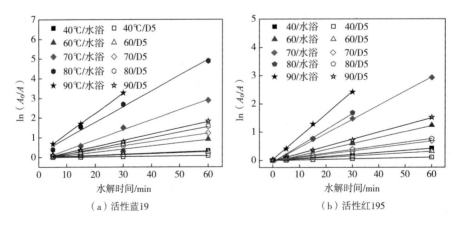

图9-32 不同温度下活性蓝19和活性红195染料 $\ln(A_0/A)$ 与水解时间关系曲线

由图 9-32（a）可见，$\ln(A_0/A)$ 与时间成较好的线性关系，且各线的斜率与表 9-13 中的水解反应速率常数 k 非常吻合，表明该水解反应为准一级动力学反应。

表 9-13　不同温度下活性蓝 19 染料的水解速率常数

温度/℃	水浴		D5	
	$k/\min^{-1}$	R^2	$k/\min^{-1}$	R^2
40	0.68×10^{-2}	0.998	0.06×10^{-2}	0.999
60	1.93×10^{-2}	0.997	0.59×10^{-2}	0.999
70	2.60×10^{-2}	0.995	0.98×10^{-2}	0.994
80	5.19×10^{-2}	0.996	2.26×10^{-2}	0.991
90	8.60×10^{-2}	0.998	3.69×10^{-2}	0.994

由表 9-13 可知，在较低温度下，乙烯砜型活性染料在水浴和硅基乳液体系中的水解速率均较低，水浴中的染料水解速率是硅基乳液体系中的 3 倍左右。温度升高时，两种体系中的染料水解速率加快。例如温度从 40℃升高到 60℃，水浴中染料的水解速率提高了 3 倍左右，硅基乳液体系中，染料的水解速率提高了 2 倍左右。由此可见，在 D5 非水介质中，温度每升高 10℃，染料在水解速率大概提高 1～2 倍。原因可能是在较高温度和 pH 值下，亲核的阴离子浓度增加，碳碳双键更容易发生醇解反应，从而增大乙烯砜型染料的水解速率。

由表 9-14 可知，温度越高，水解速率越快，水解越明显。温度从 40℃升高至 60℃，D5 乳液体系中的水解速率是原来的 2.94 倍，传统水浴中的水解速率是原来的 2.98 倍。温度从 60℃升高至 70℃，D5 乳液体系中的水解速率是原来的 2.19 倍，传统水浴中的水解速率是原来的 2.35 倍。

表 9-14　不同温度、不同体系下活性红 195 染料的水解速率常数

温度/℃	水浴		D5	
	$k/\min^{-1}$	R^2	$k/\min^{-1}$	R^2
40	0.71×10^{-2}	0.996	0.18×10^{-2}	0.998
60	2.12×10^{-2}	0.991	0.53×10^{-2}	0.998

续表

温度/℃	水浴		D5	
	$k/\min^{-1}$	R^2	$k/\min^{-1}$	R^2
70	4.98×10^{-2}	0.996	1.16×10^{-2}	0.997
80	5.72×10^{-2}	0.997	1.27×10^{-2}	0.999
90	8.02×10^{-2}	0.995	2.53×10^{-2}	0.998

对比不同温度下，不同染色体系中的水解速率常数可得：染色温度分别为 40、60、70、80 和 90℃时，异双活性基团染料在传统水浴中的水解速率常数是 D5 乳液中的 3.94、4、4.29、4.50 与 3.17 倍，说明异双活性基团染料在硅基乳液体系中的水解速率远低于传统水浴，活性染料可以在 D5 非水介质中较长时间内保持反应性，从而实现比传统水浴更高的固着率。

第四节　活性染料/D5 乳液体系中活性染料的染色性能

一、染料与棉纤维键合速率

活性染料/D5 乳液染色和传统水浴染色采用完全不同的染色工艺，上染机理也完全不同，活性染料在两种染色体系中的固着速率曲线如图 9-33 所示。

由图 9-33 可知，在 D5 非水介质体系中染色是边升温边固着的染色工艺，由于染色初期温度较低，两只染料的固着速率较慢，到达固着温度时固着速率明显增大，直至固着到达平衡值，活性红 3BS 的固着率大于活性蓝 KN-R。在传统水浴中染色采用的是先升温至固着温度后加碱剂固着，所以在染色 30min 内活性染料几乎不与纤维键合，固着率几乎为 0，加入碱剂之后，两只染料的固着速率大幅度增加，且活性红 3BS 的增大速率和最终的固着率均明显高于活性蓝 KN-R。

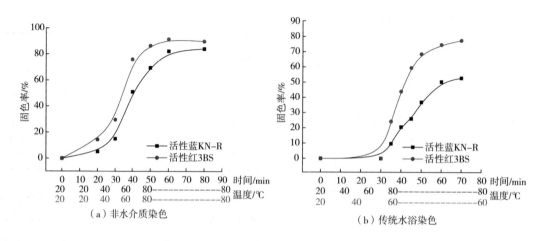

图9-33 活性染料在不同染色体系的固着速率曲线

二、棉纤维润湿性对匀染性的影响

将不同润湿性能的纱线分别在 D5 介质和水浴中染色，在相同的介质中染色工艺完全相同，纱线的润湿性对匀染性的影响如图 9-34 所示，标准偏差越大，染色越不均匀，匀染性越差。

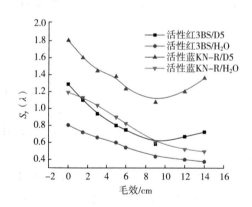

图9-34 棉纱线润湿性对匀染性的影响

由图 9-34 可知，活性蓝 KN-R 和活性红 3BS 在 D5 非水介质染色体系中染色都呈现出随着棉纱线润湿性的增加，K/S 值的标准偏差呈现出先减小后增大的趋势，匀染性则先增加后减小，毛效 9cm 纱线的匀染性最好，这是因为润湿性越好，染料的上染速率越快，同时纱线表面扩散能力增强，纱线的上染速率虽然很快，但是有很好的扩散能力。由图 9-34 还可见，活性红 3BS 的匀染性要优于活性

蓝 KN-R，原因是活性红 3BS 的结构中含有的水溶性基团多于活性蓝 KN-R，这使活性红 3BS 可以均匀地溶解于染液中。活性蓝 KN-R 在碱性较强的溶液中容易脱去水溶性的硫酸酯基，导致染料分子的溶解度降低，染料分子间的静电斥力减弱，染料集聚程度增大更易造成匀染性下降。这两只染料在传统水浴中的匀染性随着纱线润湿性的增大而增大，且传统水浴染色纱线的匀染性均优于 D5 乳液体系染色。

三、棉纤维染色的提升力

提升力是指染料在纤维上的颜色深度随所使用的染料量增加而递增的性质。提升力好的染料具有较好的染深性，可以通过增加染料用量来获得浓色染色效果。染料提升力可以通过测量以一定浓度梯度染色后织物表面的表观色深（K/S 值）来测定，随着染料浓度的提高，织物的 K/S 值增加得越快，则染料的提升力越大，越容易染浓色。两只染料在两种介质中的提升力如图 9-35 所示。

由图 9-35 可知，活性蓝 KN-R 和活性红 3BS 在 D5 乳液体系和传统水浴中的固着率随着染料浓度的升高而降低。两只染料在 D5 介质中的固着率明显大于传统水浴。随着染料浓度的增大，活性染料在 D5 介质中的 K/S 值比传统水浴中更快趋于平衡值。

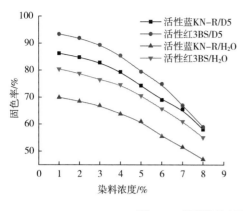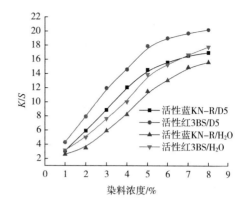

图9-35　活性染料在不同介质中的染色提升力

在 D5 染色体系染料浓度为 1%（owf）时，活性蓝 KN-R 的固着率比活性红 3BS 低 8 个百分点，随着染料浓度的增大，固着率差值越来越小，当染料浓度提高至 8%（owf）时两只染料的固着率相近，这是因为在 D5 介质中染料的水解较少，染料的固着率本身较高，染料浓度高达 8% 时棉纤维上的染座已经被占饱和，即使活性红 3BS 的固着效率大于活性蓝 KN-R，但是棉纤维上的染座是一定的，所以活性蓝 KN-R 和活性红 3BS 的固着率差别不大。而传统水浴中活性蓝 KN-R 和活性红 3BS 在 1%（owf）和 8%（owf）浓度时固着率差值基本相同，这是因为染料在传统水浴中容易发生水解而导致固着率低，当染料浓度提高至 8%（owf）时纤维上的染座仍有剩余。

四、纱线的拼色性能

在染色加工中单一染料的使用难以满足染色要求，常需要通过两种或两种以上染料的混拼来获得生产所需要的色泽。染料拼色是指采用两种及两种以上的染料按一定比例拼成一定色光及强度的染料。在需要拼色时，选用染料应注意其成分、溶解度、色牢度、上染率等性能。由于各类染料的染色性能有所不同，在染色时往往会因温度、溶解度、上染率等的不同而影响染色效果。因此进行拼色时，必须选择性能相近的染料，并且越相近越好，这样有利于工艺条件的控制、染色质量的稳定。活性染

料拼色要求拼色染料的染色特征值 S、E、F、R 值要相近，其中：S 值：加碱剂前的上染率，一般为加盐 30min 后的上染率；E 值：加碱剂后的最终上染率；F 值：皂煮后的最终固着值；R 值：加碱剂 10min 后的固着率。

实验所用的两只染料的染色特征值见表 9-15。

表9-15　活性染料染色特征值

染料名称	S	E	F	R
活性红 3BS	36.17	85.03	77.49	43.98
活性蓝 KN-R	30.50	76.57	52.78	20.61

由表 9-15 可见，两种染料的染色特征值具有较大的差异，不适合在传统水浴中拼色使用，两只染料在 D5 非水介质和水浴中的拼色效果如图 9-36 和表 9-16 所示。

活性蓝 KN-R 最大吸收波长为 600nm，活性红 3BS 最大吸收波长为 560nm，两者在 D5 非水介质中和传统水浴中的 K/S 值吸收光谱变化趋势不同。D5 介质中红光的变化范围明显大于水浴中，蓝光在两种介质中的变化趋势相近。由表 9-16 可见，在两种染色介质中，随着配比中活性红 3BS 比例的增加，L^*、a^*、b^* 值均逐渐增大，说明染色样品亮度逐渐增加，颜色越来越偏红偏黄。在相同复配比例下，在 D5 非水介质中染色的样品颜色比水浴染色 a^*、b^* 值偏大，说明在 D5 非水介质中染色的样品更偏红偏黄。

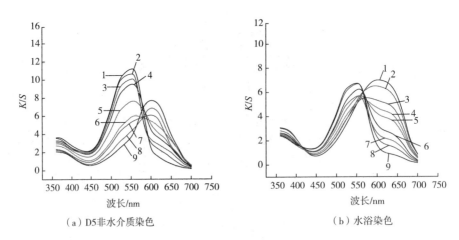

（a）D5非水介质染色   （b）水浴染色

图 9-36　活性染料在不同介质中拼色的 K/S 值吸收光谱

表 9-16　温度对活性染料在不同介质中拼色的 L^*、a^*、b^* 值的影响

染色介质	$m_{蓝}:m_{红}$	L^*	a^*	b^*	颜色
D5	9:1	35.42	4.90	-34.24	
	8:2	36.77	10.33	-31.58	
	7:3	37.87	14.93	-31.25	
	6:4	38.32	17.51	-28.21	
	5:5	39.33	23.30	-26.78	
	4:6	40.25	25.97	-24.47	
	3:7	40.28	29.68	-20.31	
	2:8	41.80	37.46	-18.64	
	1:9	45.43	40.00	-13.80	
水浴	9:1	36.78	2.35	-35.24	
	8:2	37.90	5.83	-34.62	
	7:3	38.35	8.57	-33.14	
	6:4	39.31	11.02	-30.43	
	5:5	40.61	14.24	-30.50	
	4:6	40.73	18.57	-28.61	
	3:7	40.76	22.49	-26.03	
	2:8	41.70	27.06	-21.68	
	1:9	43.73	36.40	-18.86	

　　两种染料在不同介质中的最大吸收波长对应的 K/S 值如图 9-37 所示。

　　由图 9-37 可见，随着活性红 3BS 的比例增大，红光的 K/S 值增大，且在 D5 中的变化范围更大；蓝光的 K/S 减小，在两种介质中变化趋势相似。原因可能是由于活性染料在 D5

非水介质中有更高的固着率，且活性红 3BS 的固着率明显大于活性蓝 KN-R，活性红 3BS 占据染座的能力更强，所以随着活性红 3BS 的含量增多，与纤维结合的活性红 3BS 的数量越多，表现出的红光越强；活性蓝 KN-R 在 D5 非水介质中的固着率也大于传统水浴，但是在 D5 介质中能占据的染座较少，综合结果导致蓝光变化趋势不明显。活性蓝 KN-R 和活性红 3BS 拼色时的上染率和固着率分布如图 9-38 和图 9-39 所示。

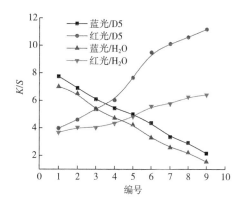

图 9-37　活性染料在不同介质中拼色的最大 K/S 值

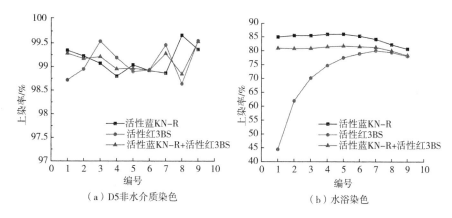

（a）D5非水介质染色　　　　　（b）水浴染色

图 9-38　活性染料在不同介质中拼色的上染率曲线

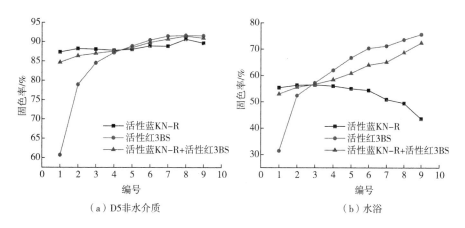

（a）D5非水介质　　　　　　（b）水浴

图 9-39　活性染料在不同介质中拼色的固着率曲线

由图 9-38 可知，活性染料在 D5 非水介质中的上染率在 99% 左右浮动，而在水浴染色中，随着活性红 3BS 含量的增多，活性蓝 3BS 的上染率逐渐增大，而活性蓝 KN-R 的上染率变化幅度较小。这是因为在 D5 非水介质中，

棉纤维对染料的吸附主要是因为纤维与水之间的亲和性，由于棉纤维强烈的亲水而憎 D5 的性质，所以水溶液中的染料浓度对上染率的影响很小，上染率几乎为 100%，而在水介质中，活性 3BS 由于分子量比较大，平面性比较好，

所以 3BS 的上染率比较高。

由图 9-39 可知, D5 介质中染色时, 随着活性红 3BS 含量的增多, 活性蓝 KN-R 的固着率基本保持不变, 在 86%左右; 而活性红 3BS 的固着率变化范围较大, 从 60%增加到 93%, 总固着率从 84%增加到 91%。在水浴染色中, 随着活性红 3BS 含量的增多, KN-R 的固着率有略微下降的趋势, 从 85%降至 80%, 3BS 的固着率变化范围较大, 从 44%增加到 78%, 总固着率从 53%增加到 72%。产生这个现象的原因主要是活性红 3BS 的固着率明显优于活性蓝 KN-R, 随着活性红 3BS 含量的增多, 必然导致总固着率的提高。而造成活性蓝 KN-R 的固着率在两种介质中的变化趋势差异的原因可能是两只染料在拼色时会相互制约, 两只染料与纤维的固着是一种竞争关系。活性染料在 D5 非水介质中有更高的上染率不受染料配比的影响, 且染料的水解程度较小, 在活性红 3BS 占据较多的染座的情况下, 活性蓝 KN-R 仍能较好地与纤维键合。在传统水浴染色中活性红 3BS 的上染率和固着率明显大于活性蓝 KN-R, 说明活性红 3BS 占据染座的能力更强, 所以随着活性红 3BS 的含量增多, 与纤维结合的活性红 3BS 的数量越多, 导致活性蓝 KN-R 与纤维键合的概率减小, 水解概率增大, 导致活性蓝 KN-R 的固着率减小。

固定活性染料用量为 2% (owf), 活性红 3BS 与活性蓝 KN-R 的复配比例为 5:5, 探究固着温度对活性染料在不同介质中染色性能的影响, 其结果如图 9-40 和表 9-17 所示。

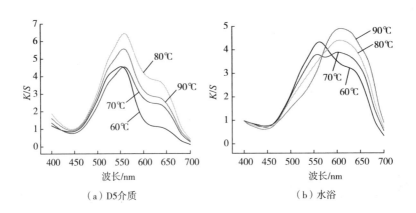

（a）D5介质　　　　　　（b）水浴

图 9-40　温度对活性染料在不同介质中拼色的 K/S 值吸收光谱的影响

表 9-17　温度对活性染料在不同介质中拼色的 L^*、a^*、b^* 值的影响

染色介质	温度/℃	L^*	a^*	b^*	颜色
D5 浴	60	50.18	32.38	-16.88	
	70	44.82	28.65	-20.20	
	80	40.80	23.23	-26.01	
	90	43.15	25.80	-23.24	
水浴	60	54.84	11.77	-27.26	
	70	42.00	10.91	-31.22	
	80	40.14	10.36	-32.55	
	90	39.33	9.96	-33.61	

由图 9-40 和表 9-17 可见，在两种介质中，不同固着温度对染色织物的色光影响较大。在 D5 介质中，最大吸收波长不随温度的变化而变化，随着温度从 60℃ 提高到 80℃ 时，温度的提高使织物的明度减小，色光偏绿偏蓝；温度进一步提高至 90℃ 时，织物的明度增加，色光偏红偏黄。主要原因是活性红 3BS 和活性蓝 KN-R 在 D5 非水介质中的最佳固着温度相同均为 80℃，且活性红 3BS 在较低的固着温度下仍能有较好的固着率，而活性蓝 KN-R 在较高温度下仍能保持较好的固着率，所以在低温时亮度较高，色光偏红；温度较高时，亮度较暗，色光偏蓝。在传统水浴染色中，最大吸收波长随着温度的提高不断向长波方向移动，亮度逐渐减弱，色光逐渐偏绿偏蓝。主要原因是在传统水浴染色中，活性红 3BS 的最佳固着温度为 60℃，活性蓝 KN-R 的最佳固着温度为 90℃，随着染色温度的提高，活性红 3BS 的固着率降低，活性蓝 KN-R 的固着率提高。

第五节 活性染料在非水介质染色体系中的扩散动力学

随着量子化学的快速发展和计算机性能的提升，越来越多的研究者采用计算机模拟方法来实现物理实验方法难以观察到的动力学过程与现象。计算机模拟方法又称分子模拟，分子模拟是从分子和原子级别观测系统中的微观结构，可以从这些分子模拟中获得物质在分子水平上的结构和性质，从而用来解释物理实验现象或者用来预测实验结果，分子模拟在生物学、物理学、化学等多个领域都有广泛的应用。分子动力学方法（molecular dynamic，MD）和蒙特卡罗（Monte Carlo，MC）法是分子模拟方法中最为常用的两种方法。

使用 Material Studio 软件对双乙烯砜型活性染料 C.I. 活性黑 5 分子进行建模，对染料分子构型进行优化，将经过能量优化后的染料分子构型作为初始构型。所有的模拟和分析都在 GROMACS 2019.6 中进行，溶剂模型采用 SPC 模型，力场采用的是 OPLS-AA 全原子力场，模拟中采用周期边界条件，截断半径 1.05nm。模拟温度为一个标准大气压，模拟过程中 C.I. 活性黑 5 染料的质量浓度为 100g/L，系统中染料分子的个数设置为 10 个。

一、均方位移

模拟平衡时染料分子的均方位移（mean square displacemen，MSD），结果如图 9-41 所示，通过比较不同盐浓度下染料的 MSD，可以间接地比较不同盐浓度染液中染料的扩散系数的大小。均方位移曲线斜率越大，表示在该体系中染料分子的扩散系数越大，表明染料分子没有聚集或者形成的聚集体很小，导致染料分子在溶液中扩散速度较快；相反，均方位移曲线斜率越小，表示染料分子的扩散系数越小，表明染料分子形成的聚集体较大，导致染料分子在溶液中的扩散速度变慢。

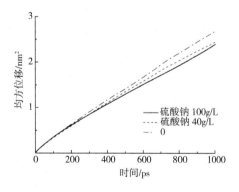

图 9-41 不同 Na_2SO_4 浓度染液中染料的均方位移

二、径向分布函数（RDF）和溶剂可及表面积（SASA）

在模拟体系达到稳定状态之后，分析了不同 Na_2SO_4 浓度溶液中 C.I. 活性黑 5 染料分子质心的径向分布函数结果如图 9-42 所示。

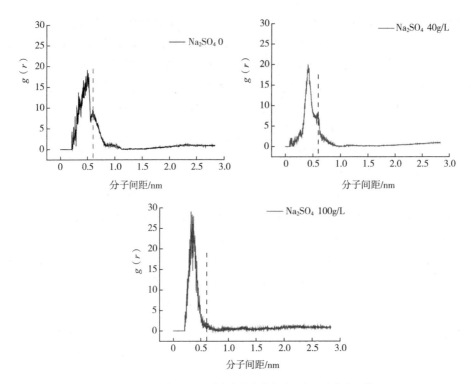

图 9-42　不同 Na_2SO_4 浓度染液中染料分子的径向分布函数

染料分子在水中的可及表面积描述的是染料分子在与水接触后暴露在水中的表面积。染料在溶液中的可及表面积越大，表明在该体系中染料分子之间的聚集程度越大，反之，染料在溶液的可及表面积越小，表明溶剂分子之间聚集程度越小。取 5000～10000ps 模拟时间内的染料分子的溶剂可及表面积数据进行作图，得到不同盐浓度下染液中染料的溶剂可及表面积如图 9-43 所示。

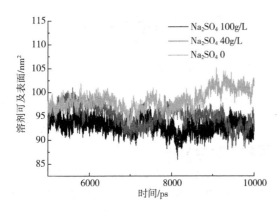

图 9-43　不同 Na_2SO_4 浓度染液中
染料分子的溶剂可及表面积

由图 9-43 可知，随着溶液中 Na_2SO_4 浓度的增加，染料分子的溶剂可及表面积减小，说明体系中随着 Na_2SO_4 浓度的增加，染料分子的聚集程度越大。

三、盐浓度对活性染料聚集形态的影响

为了探索溶液中无机盐浓度对活性染料的聚集形态，分别模拟了 Na_2SO_4 浓度为 0、40g/L、100g/L 溶液中活性染料在平衡阶段的聚集形态。模拟构象如图 9-44 所示。

由图 9-44 可知，染料浓度为 100g/L，Na_2SO_4 浓度为 0 时，溶液中染料分子以单分子状态和二聚体形式存在；Na_2SO_4 浓度为 40g/L 时，染料分子主要以单分子和多聚体形式存在；Na_2SO_4 浓度为 100g/L 时，染料分子之间有明显的聚集现象，染料分子主要以三聚体和多聚体形式存在。

四、盐浓度对活性染料在纤维表面吸附过程的影响

不同 Na_2SO_4 浓度体系中，时间与活性染料

分子在纤维表面的吸附状态，如图9-45所示。

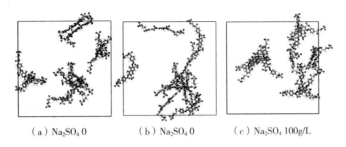

（a）Na₂SO₄ 0　　　　（b）Na₂SO₄ 0　　　　（c）Na₂SO₄ 100g/L

图9-44　不同 Na₂SO₄ 浓度的溶液中活性染料的聚集形态

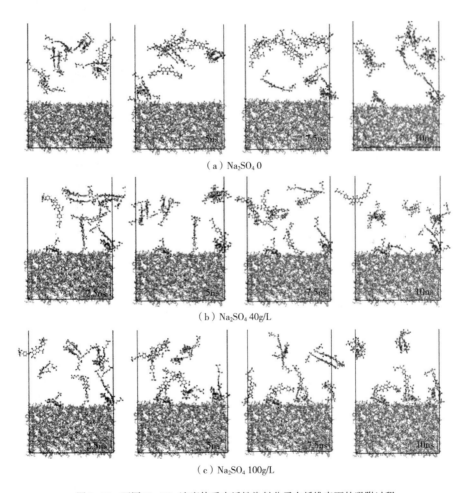

（a）Na₂SO₄ 0

（b）Na₂SO₄ 40g/L

（c）Na₂SO₄ 100g/L

图9-45　不同 Na₂SO₄ 浓度体系中活性染料分子在纤维表面的吸附过程

由图9-45（a）可见，Na₂SO₄ 浓度为0时，染料分子在不同模拟时间段模拟体系中随机分布的模型，在模拟初期（2.5ns），由于水层的存在，染料分子主要分配在水相，随着模拟时间的增加（5ns，7.5ns，10ns），染料分子逐渐从水相向固相（纤维）迁移，但由于染料分子在水相中电离成染料阴离子和 Na⁺，Na⁺ 与水分子形成水合物在纤维表面形成能垒，导致染料阴离子难以向纤维靠近，从而在水中自身聚集形成染料聚集体，导致染料分子难以脱离

聚集结构迁移至纤维表面。由图 9-45（b）、
（c）可见，Na_2SO_4 浓度分别为 40g/L 和 100g/L
时，不同模拟时间所对应的染料分子在纤维表
面的吸附状态差异较大。随着模拟时间的增
加，反应向着有利于染料分子上染纤维的方向
移动；随着体系内 Na_2SO_4 浓度的增加，水相
迁移到固体表面的染料分子数量增多，一部分
染料分子在水相聚集，另一部分染料分子形成
聚集体吸附于纤维表面。这是因为体系内的
Na_2SO_4 经电离后形成 Na^+，随着 Na^+ 浓度的增
加，克服了纤维与染料水溶液之间存在的能垒
而进入纤维内，从而使染料分子上染纤维。

五、分子表面静电势分布

计算采用 Dmol3 模块。用 B3LYP 泛函，基
组为 DND，采用 All Electron 核势能方法计算，
能量优化收敛标准为 2×10^{-5}，Ha SCF 收敛标
准为 1×10^{-5}Ha，并采用隐式水溶剂化处理。

体系中有无 Na_2SO_4 存在的条件下，活性染
料和棉纤维表面静电势结果如图 9-46 所示。图
中负数表示负静电势区域，正数为正静电势区
域，当 Na^+ 加入后，活性染料和棉纤维正静电势
区域明显增加，削弱了染料与纤维分子表面负
电势，有利于染料与纤维分子之间的静电吸引。

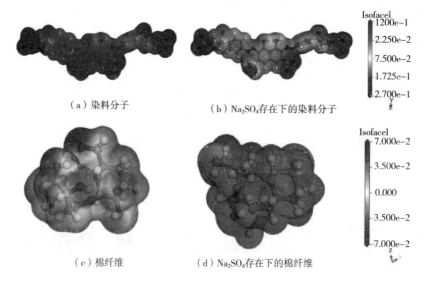

（a）染料分子　　　（b）Na_2SO_4存在下的染料分子

（c）棉纤维　　　（d）Na_2SO_4存在下的棉纤维

图 9-46　活性染料与纤维素分子表面静电势

六、盐浓度对纤维与染料分子之间的相互作用能的影响

相互作用主要指的是范德瓦尔斯作用力
和库仑作用力这些非键作用力，物质之间相

互作用时存在相互作用能。染料分子与纤维
之间的相互作用是染料在纤维上吸附的主要
因素之一，模拟计算不同 Na_2SO_4 浓度体系中
纤维与染料、染料之间的相互作用能结果见
表 9-18。

表 9-18　不同 Na_2SO_4 浓度体系的相互作用能

Na_2SO_4/(g/L)	Coul-SR/(kJ/mol)		LJ-SR/(kJ/mol)	
	纤维—染料	染料—染料	纤维—染料	染料—染料
0	-38.22	-6718.40	-131.29	-630.08
40	-113.85	-6699.61	-382.92	-531.48
100	-198.98	-6697.97	-462.64	-545.26

相互作用能计算结果为负值表示结合作用，正值表示排斥作用，其绝对值越大表示作用强度越大。由表9-18可知，不同 Na_2SO_4 浓度体系中的纤维与染料、染料与染料相互作用值为负值，体现了纤维与染料、染料之间相互吸引的作用，说明染料与纤维之间存在不同的结合作用，并且随着体系中 Na_2SO_4 浓度的增加这种结合作用能力越强。从变化幅度来看，范德瓦尔斯作用能由 $-131.29kJ/mol$ 变化至 $-465.64kJ/mol$，变化幅度较静电作用幅度大，表明 Na_2SO_4 的加入，对范德瓦尔斯作用影响较大，负值随之增大，表明染料与纤维间的排斥力越来越小。

第六节　D5 非水介质染色的应用前景

由于非水介质与染料无亲和力，上染过程不再是传统水浴中染料在介质和纤维两相间进行平衡分配的过程，而是染料舍弃介质向被染物单向转移的过程，在完全无盐促染的条件下，染色上染率可接近100%；同时，由于该体系中水的含量很低，活性染料再发生水解的概率大幅度降低，染色固着率可达90%以上，匀染性、色牢度以及染色效率和能耗都与传统水浴染色相当。采用该工艺，可比传统工艺节约用盐100%，节约染料20%以上，减排染色阶段废水近100%，减排漂洗阶段废水95%以上，能大幅度节水减排并降低废水末端治理的强度。染色介质可以循环使用，配备适当的水处理装置，可以做到染色全过程污水零排放，染色成本和传统水浴染色基本相当。

非水介质染色与传统水浴染色的详细对比见表9-19。

表9-19　非水介质染色与传统水浴染色性能指标对比

对比因素	传统水浴染色	非水介质染色
上染率/%	约80	约100
固着率/%	50~70	90以上

续表

对比因素	传统水浴染色	非水介质染色
耗盐量/%（owf）	80%~100%	0
污水排放（每吨待染物）/t	>50	0
相同染色深度节约染料量/%	0	20以上

非水介质适合包括棉散纤维，棉筒纱，棉针织物、机织物等几乎覆盖整个市场需求的产品，且非水介质染色质量，包括染色纤维的可纺性、各项色牢度等染色指标均与传统水浴染色质量相当。目前浙江绿宇纺织科技有限公司已建成了一条年产3000t的非水介质散棉染色生产示范线，并配备了250t/d的介质回收/水处理系统，已持续稳定的投入生产，产业化可行性已得到验证。染色均匀性、棉纤维可纺性等染色指标得到了下游企业的认可，成本略低于传统水浴染色。

非水介质染色技术的成功产业化意味着近30年来，绿色环保染色技术的研究终于从实验室走向大规模生产，该技术不论从技术可行性和经济可行性上都可以大规模产业化推广，且在一定程度可完全代替现有的水浴染色技术。

思考题

1. 水在活性染料染色棉纺织品时起到哪些作用？

2. 试述非水介质染色的定义。

3. 试分析棉纤维在D5非水介质体系中的溶胀机制。

4. 试分析活性染料在非水介质染色体系中的扩散过程。

5. 试述无机盐对活性染料在D5非水介质染色体系中对棉纺织品染色的影响机制。

6. 简要分析活性染料在非水介质染色体系中的水解性能。

7. 试分析活性染料在非水介质染色体系中的分子扩散动力学。

8. 请说明棉纤维润湿性对纤维吸附动力学的影响。

9. 试述温度对活性染料在非水介质染色体系中扩散及染色匀染性的影响。

参考文献

[1] CHAVAN R B, SUBRAMANIAN A. Dyeing of alkali swollen and alkali swollensolvent exchanged cotton with a reactive dye [J]. Textile Research Journal, 1982, 52 (12): 733-737.

[2] HANG C, He J. Study on desorption of hydrolyzed reactive dyes from cotton fabrics in ethanol-water solvent system [J]. Coloration Technology, 2014, 130 (2): 81-85.

[3] 何瑾馨, 杭彩云, 刘保江. 一种活性染料无盐染色的加工方法 [P]. CN102899929A, 2012.

[4] 陈璐怡. 棉和羊毛在非水溶剂中的活性染料循环染色 [D]. 上海: 东华大学, 2015.

[5] TANG A Y L, KAN C W. Non-aqueous dyeing of cotton fibre with reactive dyes: A review [J]. Coloration Technology, 2020: 136.

[6] TSUJI W, NAKAO T, OHIGASHI K, et al. Chemical modification of cotton fiber by alkali-swelling and substitution reactions—acetylation, cyanoethylation, benzoylation, and oleoylation [J]. Journal of Applied Polymer Science, 2010, 32 (5): 5175-5192.

[7] 邓勇, 张玉高, 王际平. 一种免湿后处理的活性染料非水溶剂染色方法: 中国, 201510053852.1 [P]. 2015.

[8] 邓勇, 张玉高, 王际平. 一种高固着率的活性染料非水溶剂染色方法: 中国, 201510053854.0 [P]. 2015.

[9] 周小明, 张玉高, 陈玉洪, 等. 一种免水洗活性染料非水溶剂染色方法: 中国, 201610310166.4 [P]. 2016.

[10] 张玉高, 周小明, 陈玉洪, 等. 一种免水洗活性染料非水溶剂染色设备及其染色方法: 中国, 201610634616.3 [P]. 2016.

[11] CHEN L, WANG B, RUAN X, et al. Hydrolysis-free and fully recyclable reactive dyeing of cotton in green, non-nucleophilic solvents for a sustainable textile industry [J]. Journal of Cleaner Production, 2015, 107: 550-556.

[12] 祝勇仁, 王循明. 超临界二氧化碳染色技术研究进展 [J]. 化工进展, 2012, 31 (9): 1892.

[13] BACH E, CLEVE E, SCHOLLMEYER E. Past, present and future of supercritical fluid dyeing technology-an overview [J]. Review of Progress in Coloration and Related Topics, 2002, 32 (1): 88-102.

[14] BANCHERO M. Supercritical fluid dyeing of synthetic and natural textiles-a review [J]. Coloration Technology, 2013, 129 (1): 2-17.

[15] DESIMONE J M, GUAN Z, ELSBERND C S. Synthesis of fluoropolymers insupercritical carbon dioxide [J]. Science, 1992, 257 (5072): 945-947.

[16] SAUS W, KNITTEL D, SCHOLLMEYER E. Dyeing of textiles in supercriticalcarbon dioxide [J]. Textile Research Journal, 1993, 63 (3): 135-142.

[17] 冉瑞龙, 张莉莉, 龙家杰, 等. 天然纤维在超临界 CO_2 流体中的染色研究 [J]. 蚕学通讯, 2006, 26 (2): 5-9.

[18] 张晓超, 李学敏, 王瑛, 等. 天然纤维超临界二氧化碳无水染色 [J]. 染料与染色, 2016 (4): 11-16.

[19] 何瑾馨, 杭彩云, 刘保江. 一种溶剂水体系去除棉织物上水解活性染料的加工方法 [P]. CN102888766A, 2013.

[20] 杭彩云, 何瑾馨. 溶剂水体系在活性染色清洗中的应用 [J]. 印染, 2013, 39 (20): 23-26.

[21] ENDRES F. Ionic liquids: Solvents for

the Electrodeposition of Metals and Semiconductors [J]. Chemphyschem, 2002, 3 (2): 144-154.

[22] SWATLOSKI R P, SPEAR S K, HOLBREY J D, et al. Dissolution of Cellulose with Ionic Liquids [J]. Journal of the American Chemical Society, 2002, 124 (18): 4974-4975.

[23] 陈普, 汪青, 钱畅, 等. 溴代离子液体预处理对苎麻织物染色性能的影响 [J]. 中原工学院学报, 2009, 20 (3): 33-35.

[24] 袁久刚, 王强, 范雪荣. 离子液体预处理对羊毛纤维染色性能的影响 [J]. 印染, 2007, 23: 6-8.

[25] 包伟良, 王治明. 离子液体的研究现状与发展 [J]. 中国科协第 143 次青年科学家论坛-离子液体与绿色科学, 2007: 1-7.

[26] 王际平, 刘今强, 詹磊, 等. 一种适用于活性染料的非水介质固色方法: 中国, 201610590566.3 [P]. 2016.

[27] 缪华丽, 付承臣, 刘今强, 等. 棉织物的活性染料/十甲基环五硅氧烷悬浮体系染色 [J]. 纺织学报, 2013, 34 (4): 64-69.

[28] 裴刘军. 硅基非水介质中活性染料微乳液染棉机理研究 [M]. 杭州: 浙江理工大学, 2017.

[29] 缪华丽, 付承臣, 刘今强, 等. 活性染料/D5 悬浮体系应用于蚕丝织物染色的研究 [J]. 蚕业科学, 2012, 38 (6): 1051-1057.

[30] 蒲冬洁, 缪华丽, 刘今强, 等. 酸性染料 D5 介质对蚕丝织物的染色工艺研究 [J]. 丝绸, 2014, 51 (1): 26-30.

[31] LIU J, MIAO H, LI S. Non-Aqueous Dyeing of Reactive Dyes in D5 [J]. Advanced Materials Research, 2012, 441: 138-144.

[32] 万伟, 李莎, 刘今强, 等. D5 反胶束活性染料染色研究 [J]. 浙江理工大学学报, 2010, 27 (5): 697-702.

[33] PEI L, LUO Y, GU X, et al. Diffusion mechanism of aqueous solutions and swelling of cellulosic fibers in silicone non-aqueous dyeing system [J]. Polymers, 2019, 11, 411.

[34] WANG Y, LEE C H, TANG Y L, et al. Dyeing cotton in alkane solvent using polyethylene glycol-based reverse micelle as reactive dye carrier [J]. Cellulose, 2016, 23 (1): 965-980.

[35] WAWRZKIEWICZ M. Comparison of the Efficiency of Amberlite IRA 478RF for Acid, Reactive, and Direct Dyes Removal from Aqueous Media and Wastewaters [J]. Industry Engineering Chemistry Research, 2012, 51 (23): 8069-8078.

[36] CHEN L Y, RUAN X H, CHEN J G, et al. Recyclable Reactive Dyeing of Wool Fabrics in Environmental Friendly Non-aqueous Medium for a more Sustainable Textile Industry [J]. Key Engineering Materials, 2015, 671: 78-87.

[37] 缪华丽. 活性染料非水介质染色及理论研究 [M]. 杭州: 浙江理工大学, 2013.

[38] 刘娟娟. 棉制品润湿性对活性染料在硅基非水介质中染色质量的影响 [M]. 杭州: 浙江理工大学, 2017.

[39] CHAIRAT M, RATTANAPHANI S, BREMNER J B, et al. An adsorption and kinetic study of lac dyeing on silk [J]. Dyes & Pigments, 2005, 64 (3): 231-241.

[40] RATTANAPHANI S, CHAIRAT M, BREMNER J B, et al. An adsorption and thermodynamic study of lac dyeing on cotton pretreated with chitosan [J]. Dyes & Pigments, 2007, 72 (1): 88-96.

[41] CHIOU M S, LI H Y. Equilibrium and kinetic modeling of adsorption of reactive dye on cross-linked chitosan beads [J]. Journal of Hazardous Materials, 2002, 93 (2): 233-248.

[42] SUN Q, YANG L. The adsorption of basic dyes from aqueous solution on modified peat-resin particle [J]. Water Research, 2003, 37 (7): 1535-1544.

[43] HO Y S, MCKAY G. Sorption of dye from aqueous solution by peat [J]. Chemical Engineering Journal, 1998, 70 (2): 115-124.

[44] PEI L, LIU J, GU X, et al. Adsorption Kinetic and Mechanism of Reactive Dye on Cotton Yarns with Different Wettability in Siloxane Non-aqueous Medium [J]. Journal of the Textile Institute, 2019, 111 (7): 925-933.

[45] 沈吉芳, 裴刘军, 朱磊, 等. 硅基非水介质染色体系中无机盐对活性染料吸附动力学的影响 [J]. 浙江理工大学学报（自然科学版）, 2021, 45 (2): 172-177.

[46] WANG J, GAO Y, ZHU L, et al. Dyeing property and adsorption kinetics of reactive dyes for cotton textiles in salt-free non-aqueous dyeing systems [J]. Polymers, 2018, 10: 1030.

[47] PEI L, GU X, WANG J. Sustainable dyeing of cotton fabric with reactive dye in silicone oil emulsion for improving dye uptake and reducing wastewater [J]. Cellulose, 2021, 28 (4): 2537-2550.

[48] 肖金秋. 含多羧酸基团黑色染料在棉纤维上的染色研究 [D]. 大连: 大连理工大学, 2008.

[49] 郭娟, 隋淑英, 朱平. 再生麻纤维的染色热力学 [J]. 印染, 2009, 35 (8): 8-10.

[50] RATTANAPHANI S, CHAIRAT M, BREMNER J B, et al. An adsorption and thermodynamic study of lac dyeing on cotton pretreated with chitosan [J]. Dyes & Pigments, 2007, 72 (1): 88-96.

[51] SUN Q, YANG L. The adsorption of basic dyes from aqueous solution on modified peat-resin particle [J]. Water Research, 2003, 37 (3): 1535-1544.

[52] HO Y S, MCKANG. Sorption of dye from aqueous solution by peat [J]. Chemical Engineering Journal, 1996, 70 (2): 115-124.

[53] 刘娟娟, 裴刘军, 吴雪, 等. 活性染料在硅基非水介质中增溶性能的研究 [J]. 浙江理工大学学报, 2016, 35 (5): 643-647.

[54] TAM K Y, SMITH E R, BOOTH J, et al. Kinetics and mechanism of dyeing processes: the dyeing of cotton fabrics with a procion blue dichlorotriazinyl reactive dye [J]. J. Colloid Interf Sci., 1997, 186 (2): 387-398.

[55] PEI L, LIU J, WANG J. Study of Dichlorotriazine Reactive Dye Hydrolysis in Siloxane Reverse Micro-emulsion [J]. J. Clean Prod, 2017, 165: 994-1004.

[56] PEI L, LIU J, CAI G, et al. Study of hydrolytic kinetics of vinyl sulfone reactive dye in siloxane reverse micro-emulsion [J]. Text Res J., 2017, 87: 2638-2378.

[57] WANG J, ZHANG Y, Dou H, et al. Influence of Ethylene Oxide Content in Nonionic Surfactant to the Hydrolysis of Reactive Dye in Silicone Non-aqueous Dyeing System [J]. Polymers, 2018, 10: 1158.

[58] 张永波. 硅基非水介质染色体系中活性染料水解、键合机理及密度泛函理论研究 [M]. 杭州: 浙江理工大学, 2017.

[59] LINDA J, VICKI C, GREGORY G. Effect of added co-surfactant on ternarymicroemulsion structure and dynamics [J]. Colloids and Surfaces A: Physicochemical and Engineering Aspects, 1997, 129-130: 311-319.

[60] CID-SAMAMED A, GARCÍA-RÍO L, FERNÁNDEZ-GÁNDARA D, et al. Influence of n-alkyl acids on the percolative phenomena in AOT-based microemulsions [J]. J Colloid Interf Sci., 2008, 318 (2): 525-529.

[61] MANTANIS G I, YOUNG R A, ROWELL R M. Swelling of compressed cellulose fiber webs in organic liquids [J]. Cellulose, 1995, 2 (1): 1-22.

[62] MA Y J, YUAN X Z, HUANG H J,

et al. The pseudo-ternary phase diagrams and properties of anionic-nonionic mixed surfactant reverse micellar systems [J]. J Mol Liq, 2015, 203: 181-186.

[63] TONG K, ZHAO C, SUN Z, et al. Formation of Concentrated Nanoemulsion by W/O Microemulsion Dilution Method: Biodiesel, Tween 80, and Water System [J]. ACS Sustain Chem Eng, 2015, 3 (12): 3299-3306.

[64] 余艳娥. Lanasol CE 染料对羊毛染色提升力的研究 [J]. 毛纺科技, 2014, 42 (12): 17-20.

[65] 赵雪, 陈美芬, 简卫, 等. 低盐活性染料深三原色的复配研究 [J]. 国际纺织导报, 2012 (8): 59-60.

[66] 彭志刚, 陈钟秀. 多活性基活性染料及其拼混应用 [J]. 染料与染色, 2003, 40 (4): 205-208.

[67] 陈荣圻. 三原色染料 (一) [J]. 印染, 2002, 28 (4): 30-33.

[68] 崔浩然. 活性染料浸染的配伍技术 (下) [J]. 染整技术, 2007, 29 (2): 34-37.

[69] CUI HAORAN. Compatible effects in exhaustion of reactive dyestuff [J]. Textile Dyeing and Finishing Journal, 2007 (2): 34-37.

[70] CRABBE J. Molecular modelling: Principles and applications [J]. Computers and Chemistry, 1997, 21 (3): 185.

[71] 杨小震. 分子模拟与高分子材料 [M]. 北京: 科学出版社, 2002.

[72] 徐光宪, 黎乐明, 王德民. 量子化学基本原理和从头算 [M]. 北京: 科学出版社, 1985.

[73] PEI L, LUO Y, MUHAMMAD A, et al. Sustainable pilot scale reactive dyeing based on silicone oil for improving dye fixation and reducing discharges [J]. J Clean Prod, 2021, 279: 123831.

[74] 裴刘军, 刘今强, 王际平. 活性染料非水介质染色的技术发展和应用前景 [J]. 纺织导报, 2021 (5): 32-40.

第十章 结构生色与生态染整

本章重点

结构生色源于自然界中的一些生物体因其自身特有的物理结构对光的衍射、干涉或散射等物理作用而产生颜色。结构色通常具有高明亮度、高饱和度、虹彩效应等特点，并具有光化学稳定性、不褪色的性能，只要材料自身的物理结构不遭破坏，其颜色就不会消减。本章主要介绍结构色产生的机理、光子晶体结构色材料、结构生色纺织材料的开发等。

关键词

结构生色；干涉；光散射；衍射光栅；光子晶体；结构生色方法

自然界中有些生物体皮肤、眼睛、羽毛等和一些矿物材料无须应用染料、颜料等化学着色剂（色素）就能显现出绚丽多彩的颜色，这些奇妙的色彩归属为结构生色。这种结构生色具有高饱和度、高亮度、不褪色的独特性能。结构生色是自然进化过程中与生俱来的，近年来引起研究者的广泛关注。本章通过阐述结构生色的原理、自然界中存在的结构色材料、人工制备结构色的方法、光子晶体的发展、制备方法和主要性质，使人们认识到结构生色技术的研发和应用可为生态纺织的发展起到积极的推动作用。

第一节 物体颜色及其产生

一、色素着色与结构生色

众所周知，常规纺织品着色主要是通过对纺织品施加染料或颜料等化学着色剂（色素）而实现，故又称为化学着色（chemical coloring）或色素着色（dye or pigment coloring），其基本原理是着色剂分子内特定的化学结构（发色体系）对光产生选择性吸收而致，所产生的颜色相应地称之为化学色或色素色（图10-1）。能够产生化学色的分子结构通常较为复杂，并且对外部环境刺激十分敏感，因此化学色对环境的抵抗力较差，容易褪色。如色素分子在长时间的光照作用下，其分子内的发色基团易发生光化学变化，导致颜色的光褪色。

与色素着色的原理完全不同，自然界中的一些生物体因其自身特有的物理结构对光的衍射（diffraction）、干涉（interference）或散射（scattering）等物理作用而产生颜色（color），称为结构生色（structural coloring）或物理生色（physical coloration），相应的颜色被称为结构色或物理色（图10-2）。结构色通常具有高明亮度（high brightness）、高饱和度（high saturation）、虹彩效应（iridescence）等特点，并具有光化学稳定性（耐光稳定性），只要材料自身的物理结构不遭到破坏，其颜色就不会消退。

二、自然界中的化学色与结构色

颜色普遍存在于自然界的生物和人类的生活中，而且发挥着不可或缺的作用。例如，自然界中大多数植物的叶子呈现出绿色。植物细胞中的叶绿素能够吸收除绿色以外的其他大部分波段的光，绿色光被反射出来，因此呈现出绿色，这也使叶绿素在植物的光合作用中发挥着关键作用；雄性孔雀利用自己五彩缤纷、色泽艳丽的尾部吸引异性，以实现求偶的生物学功能，在遇到危险时耀眼的颜色还可以发挥警示、防御的作用。

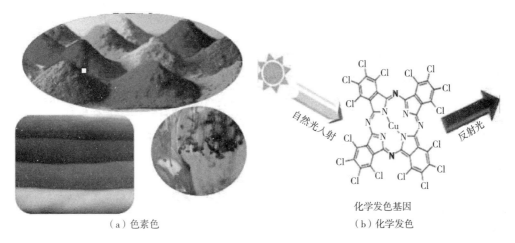

（a）色素色　　（b）化学发色

图 10-1　色素色与化学发色基团

角蛋白
皮质
海绵层
黑色素层

周期性微纳结构

（a）结构色　　（b）物理生色

图 10-2　结构色与物理生色

根据产生机理的不同，可观察到的颜色大致可以分为两大类：化学色和结构色。化学色产生的机理是，材料内部分子中的电子对光选择性吸收后在不同能级轨道上跃迁，其余不被吸收的光反射回来作用于视觉神经而呈现出不同的颜色。植物叶片中的叶绿素（chlorophyll）、类胡萝卜素（carotenoid）、花青素（anthocyanin）等天然色素产生的颜色属于化学色，从胭脂虫中提取的天然染料胭脂虫红（cochineal）的颜色也属于化学色。由于化学生色过程需要特定的分子结构吸收相应频率的光，分子结构中一般包括发色团和助色团等化学基团，通常较为复杂，且生色过程存在能量

耗散。同时，这类分子结构通常对外部环境较为敏感，会随着外部刺激（如光或热等）发生分子结构的转变而褪色，环境抵抗性较差。

结构色的产生机理与化学色截然不同，周期性微米/纳米结构通过衍射、干涉或散射等物理相互作用控制光的传播行为，当处于可见光范围内的反射光被人眼感知时，即可观察到结构色。经过亿万年的进化，很多动物、植物或天然矿石都能够通过精巧的微观结构呈现出绚丽的结构色。大闪蝶（Morpho）翅膀表面的鳞片具有多层周期性片状和脊状结构，光能够在其表面发生多层干涉、衍射和散射等多种相互作用，产生亮丽的金属蓝色，如图 10-3 所示。

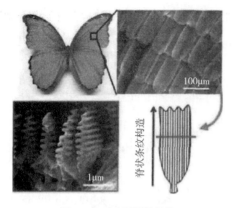

图 10-3 大闪蝶翅膀结构

东部蓝鸽（eastern blue pigeon）背部羽毛的蓝色 [图 10-4（a）] 和斑喉伞鸟（spot-throated umbrella bird）羽毛生动的青绿色 [图 10-4（b）] 分别源自羽枝髓细胞内海绵状 β-角蛋白管状和球状准有序纳米结构对光的散射作用。孔雀尾部羽毛上眼状图案生动亮丽的颜色 [图 10-4（c）] 则是由嵌入在角蛋白内部的黑色素棒组成的二维光子晶体结构对光的衍射而产生的。

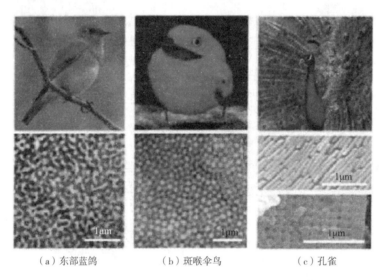

（a）东部蓝鸽　　　（b）斑喉伞鸟　　　（c）孔雀

图 10-4 东部蓝鸽、斑喉伞鸟、孔雀

镶宝石（chrysina gloriosa）甲虫和康登萨塔（pollia condensata）果实细胞中的几丁质层或纤维素层能够组装成高度均一的螺旋形堆叠结构，从而选择性地反射特定波长的圆偏振光，展现出耀眼的结构色（图 10-5）。

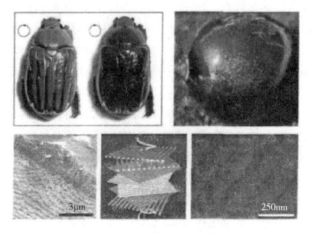

图 10-5 镶宝石甲虫和康登萨塔果实

香龄草花瓣表面角度相关的虹彩色源自细胞表面的一维衍射光栅对光的衍射作用（图10-6）。自然界中的天然蛋白石（opal）也可以利用二氧化硅微球组成的三维光子晶体结构显示出五彩斑斓的结构色，如图10-6所示。

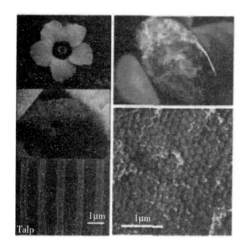

图10-6　香龄草花瓣和天然蛋白石

自然界中，有些生物还可以根据所处环境的不同动态地调节自身结构色，以实现伪装、捕食、择偶或信号传递等生物学功能，更好地满足生存和繁殖的需求。七彩变色龙（furcifer pardalis）是典型的实例，如图10-7所示。当成年的雄性变色龙从放松状态进入战斗状态时，皮肤的背景色会从绿色变为黄色，水平条纹颜色从蓝色变为白色。研究表明，在变色龙真皮虹膜细胞中鸟嘌呤晶体以面心立方晶格的方式堆积排列，在进入战斗状态时，晶格的间距增加，引起反射波长从短波长向长波长移动，从而使结构色发生变化。

与化学色相比，结构色的产生不涉及能量的转换过程，能量耗散几乎为零，极大提高了光能的利用效率。微米/纳米级有序结构可以通过简单的物理或化学过程制备，不需要复杂的化学合成，可以减少材料制备过程中有害物质的产生。通过调节有序结构的周期性参数可以方便地调节结构生色材料的颜色，从而实现同种材料多色输出的效果。只要有序结构不被破坏，结构色将永不褪色。结构生色材料高效、环保、成本低、不易褪色及易于调节的特点吸引了研究者的极大兴趣。

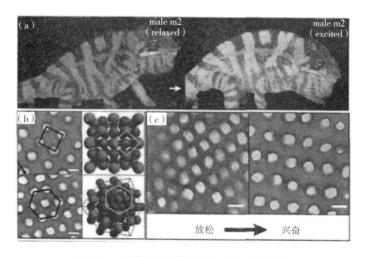

图10-7　七彩变色龙根据外部环境调节结构色

第二节　结构色产生的机理

根据光与周期性结构相互作用方式的不同，结构生色主要通过三种基本的光学过程以及它们的结合来实现：干涉，如单层薄膜干涉（monolayer thin film interference）、多层薄膜干涉（multilayer thin film interference）；散射，如瑞利散射（rayleigh scattering）、米氏散射（Mie scattering）；衍射，如衍射光栅（diffraction gratings）、光子晶体（photonic crystal）。

一、干涉结构生色的基本原理

光的干涉是指波长相同，传播方向一致，且相位差恒定的两列甚至几列光波在空间相遇时相互叠加产生的现象。干涉是生物界中大量虹彩现象的来源。虹彩色这一名词强调多重色彩（与彩虹和薄皂泡中看到的一样），且颜色随观察视角变化而发生变化。基于光干涉原理产生结构色的典型现象是薄膜干涉结构生色，可分为单层和多层薄膜干涉。

薄膜干涉是指由薄膜，如透明液体、固体或两块玻璃所夹的气体薄层产生的干涉。Kinoshita 和 SYoshioka 等给出了单层膜干涉的机理（图10-8）。

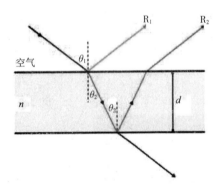

图10-8　薄膜干涉原理图

单层薄膜干涉的产生：因薄膜本身的折射率不同于空气折射率，光到达薄膜时会经历反射和折射的过程。一定的光程差（p）总是存在于从薄膜上表面出来的一次反射光（R_1）和经过下表面反射再经上表面折射出的光（R_2）之间。当满足特定条件时，光 R_1 和 R_2 之间会发生相长干涉（最亮条件）和相消干涉（最暗条件），进而产生亮和暗的变化，呈现五颜六色的彩色条纹。

最亮条件下满足：$p = 2nd\cos\theta_2$

$$= (2n + 1)\frac{1}{2}\lambda$$

$$(10\text{-}1)$$

最暗条件下满足：$p = 2nd\cos\theta_2$

$$= 2m\frac{1}{2}\lambda \qquad (10\text{-}2)$$

式中：n 为薄膜的折射指数；m 为非零整数；d 为薄膜厚度；θ_1 为入射角；θ_2 为折射角。

由于薄膜的折射率与空气折射率不同，光经过薄膜的上层后会发生折射，折射光与薄膜下层接触发生反射，反射光在重新进入空气中的过程中会再一次发生折射，由于不同颜色的光的波长不同，所以在经过两次折射后，人们就可以通过肉眼观察到颜色了。

经薄膜干涉而形成的相长干涉光进入人的视觉系统，便会产生相应的结构色视觉效果。在自然界，单层薄膜干涉结构生色的现象很常见，如水面上的油膜、阳光下的肥皂泡和蜻蜓翅膀等。

多层膜干涉是指由高折射率层和低折射率层交替排列组成的周期性多层膜引起的干涉现象。常见的多层膜堆叠又称布拉格反射镜，当堆叠结构无限重复时，则变为一维光子晶体结构。多层膜干涉现象在自然界中比较常见，如生物体为了得到更宽的反射带宽，演变出了多种形式的多层膜结构，基本有以下三种形式：

（1）不同种规则多层膜组合，每种多层膜对应一个相应的波段。

（2）每层厚度规则变化的多层膜，即啁啾层堆。

（3）在一个平均厚度附近随机变化，即混沌层堆。

Denton 和 Land 在1971年曾经讨论过前两种情况，第一种在鱼类（大西洋鲱鱼）中可以找到，啁啾层堆可以在甲虫和蜘蛛中找到。Kinoshita 和 SYoshioka 等在文章中给出了多层膜干涉的机理图，其原理同单层膜干涉相似，只是发生折射的次数增多，如图10-9所示。

多层薄膜通常由两种不同折射指数的薄

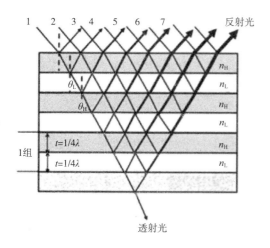

图 10-9　多层膜干涉原理图

膜交替叠加组成，反射波长与两种薄膜的折射指数、厚度和折射角相关。多层薄膜通常是由两种具有不同折射指数的薄膜交替叠加而成。反射波长（λ）与两种薄膜的厚度（d_H 和 d_L）、折射角（θ_H 和 θ_L）和折射指数（高折射指数 n_H 和低折射指数 n_L）之间的关系如下式所示：

$$m\lambda = 2(n_H d_H con\theta_H + n_L d_L con\theta_L) \quad (10-3)$$

式（10-3）表明，对于特定的入射光，多层膜干涉呈现的结构色随观察角度的增加，反射色向短波长移动（蓝移）。这是因为虽然随着观察角的增加，反射光穿过各层的传播距离增大，但总光程差减小，因此会在较短的波长处出现相长干涉。随着层数的增加，干涉作用对光的选择性增强，因此，多层薄膜干涉产生的结构色通常具有尖锐的反射峰和较强的角度依赖性。与单层薄膜干涉相比，多层膜干涉产生的结构色更加亮丽，饱和度更高，形式也更加多样，如镶宝石甲虫由于规则的多层膜干涉作用能够强烈地反射处于绿色波长范围内的可见光。

另外，反射波长（λ）决定结构色的色调，反射强度（R）决定结构色的亮度。反射强度（R）与两种薄膜的指数比值（n_L/n_H）、基质

材料的折射指数（n_s）和重叠的对数（N）之间的关系如下式所示：

$$R = \left[\frac{\left(n_s - \dfrac{n_L}{n_H}\right)^{2N}}{n_s + \left(\dfrac{n_L}{n_H}\right)^{2N}} \right]^2 \quad (10-4)$$

在自然界，存在一类生物，其颜色会随着所处环境的变化而变化。如蝴蝶翅膀（butterfly wings）、红莲灯（red lotus lantern）、鞭尾蜥蜴（whiptail lizard）、蓝魔（blue devil）、龟甲虫（tortoise beetle）等，原理也属于多层膜干涉的范畴。例如红莲灯通常显现出由于表面有序堆积的微结构对光的干涉所引起的青色结构色。在有压力的条件下，这些有序堆积的微结构就会发生挤压，从而使这种鱼的表面颜色变为黄色。进一步研究表明，流动的水可能导致这些微结构的膨胀，致使鱼的表面颜色产生了变化。龟甲虫和独角仙的颜色变化过程也和这个过程相似。

薄膜干涉，无论是单层薄膜干涉还是多层薄膜干涉，所产生的结构色均鲜艳明亮，并具有虹彩效应。

二、光散射结构生色基本原理

光散射是另一种结构色的来源，描述了光与散射体相互作用的基本过程。如果散射体是球形粒子且尺寸与入射光波长相当，称为米氏散射；如果粒子尺寸小于入射光波长的 1/10，则被称为瑞利散射。在瑞利散射中，散射体的散射截面与入射光波长的四次方成反比，因此光波长越短，瑞利散射作用越强。瑞利散射被认为是各种随机介质中呈现出蓝色的原因。与薄膜干涉和衍射光栅不同，光散射源自结构的不规则性。根据产生结构色机理的不同，光散射可以分为相干散射（coherent scattering）和非相干散射（incoherent scattering），如图 10-10 所示。

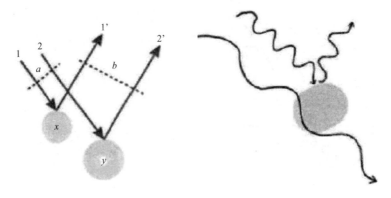

图 10-10　光的相干散射和非相干散射

在相干散射中，被有序散射体散射的光波之间存在相位关系，通常会产生角度相关的虹彩结构色。非相干散射是散射体无序分布导致的，在散射时存在漫反射的现象，散射光谱与入射角或观察角无关。牛奶的白色和天空的蓝色都是由非相干散射引起的。此外，当散射体为准有序结构时，可以观察到相干散射产生的非虹彩散射结构色的中间态。金刚鹦鹉（araararauna）蓝色和黄色的羽毛就是由羽枝髓质细胞中非晶态（准有序）的 β-角蛋白纳米结构和空气的相干散射产生的非虹彩结构色。

三、衍射光栅结构生色的基本原理

衍射光栅是指沿某一方向具有平行条纹结构的周期性平面。光与衍射光栅相互作用时，可能偏离原来的透射或反射方向。衍射光栅的着色机理与多层薄膜干涉相似，只是周期性方向不同。如两束平行的射线（分别标记为 1 和 2）照射到条纹间距为 d 的衍射光栅上时，在波前 A 处具有的相位，在衍射光栅上发生衍射时，如果光程差 $d\sin\theta_0 + d\sin\theta_3$ 等于波长的整数倍，即产生相长干涉，衍射光束在衍射波前 B 处的相位也是相同的（图 10-11），此时的衍射光栅方程可以表示为：

$$m\lambda = d(\sin\theta_0 + \sin\theta_3) \qquad (10-5)$$

式中：θ_0 和 θ_3 分别为入射角和衍射角；λ 为衍射波长；m 为衍射级数（正整数）。

由式（10-5）可见，衍射波长随入射角和衍射角的改变而发生变化，因此衍射光栅产生

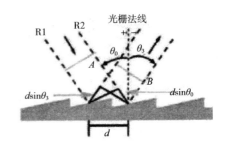

图 10-11　衍射光栅

的结构色具有角度相关性。当入射光为白色光时，衍射光谱中最接近光栅法线的为一级衍射光谱，一级衍射光谱的衍射角小于二级衍射光谱，颜色的亮度和饱和度也更高。自然界中通过衍射光栅获得的结构色包括花的虹彩色，蝴蝶翅膀的鳞片及软体动物的壳。衍射光栅能够产生精细可控、多样化的光学效果且难以仿制，已在科学研究和商业应用中发挥出了重要价值。

四、光子晶体

光子晶体（photonic crystals，PCs）是指介质折射率在亚微米尺度上呈周期性交替变化的阵列结构，这个的概念最早是由 Yablonovitch 和 John 在 1987 年提出的。

根据介质折射率周期性变化维度的不同，光子晶体可以分为一维光子晶体（1D PCs）、二维光子晶体（2D PCs）和三维光子晶体（3D PCs）（图 10-12）。前已叙及，当多层薄膜干涉的堆叠层无限重复时，即为一维光子晶体结构，此时，介质的折射率仅在垂直于平面

的方向上周期性变化，另外两个方向保持不变，如图 10-12（a）所示。自然界中，家鸽颈部羽毛和大闪蝶翅膀的亮丽颜色都是由一维光子晶体产生的结构色。二维光子晶体是由折射率在两个方向上周期性变化的介质组成的有序阵列，如图 10-12（b）所示，光子带隙可以在两个方向上调控入射光的传播行为。自然界中，雄性孔雀的羽毛和 polychaete 蠕虫刚毛的虹彩色就是由二维光子晶体产生的结构色。三维光子晶体是指介质折射率在三维空间的三个方向上都呈现周期性变化的有序阵列结构，如图 10-12（c）所示，三维光子晶体的光子带隙可以在三个方向上限制光的传播行为，可以产生完全光子带隙。

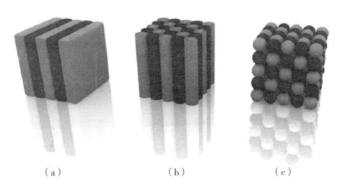

（a）　　　　（b）　　　　（c）

图 10-12　三类光子晶体的结构示意图

自然界中，天然蛋白石绚丽的色彩和甲虫的翅膀上的绿色斑点都是源自三维光子晶体的结构色。与其他结构着色机理相比，光子晶体产生的结构色通常具有更高的亮度和饱和度，且易于调节。因此，光子晶体作为主要的结构生色材料吸引了国内外研究者的广泛关注。

类似于在半导体材料中有序原子晶格产生的电子带隙能够调控电子的传播行为，光子晶体的周期性阵列也具有能带结构，会产生光子带隙（photonic bandgap，PBG），入射光通过光子晶体时的传播行为可以被光子带隙有效地调制：当特定波长的入射光在光子晶体中传播时，光子晶体结构的每一层都会部分反射入射光，位于光子带隙内的反射光的相位相同，通过相长干涉互相叠加而使振幅增强，与入射光结合后会产生不能穿过材料的驻波（图 10-13），因此无法继续传播而被选择性地反射。

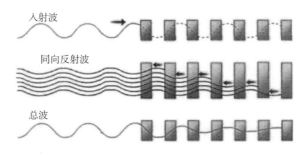

图 10-13　波长位于光子带隙范围内的光波在光子晶体中传播

位于光子带隙外的反射光的相位不同，互相抵消后导致入射光穿过光子晶体只有少量的振幅衰减（图 10-14）。

综上分析，当光子带隙位于可见光的波长范围（400~700nm）时，禁带内的可见光被禁止传播，被选择性反射，进而在周期性排列的光子晶体表面形成相干衍射，相长干涉的反射光刺激人眼，以致产生结构色效果。光子晶体产生的结构色通常鲜艳明亮，具有虹彩效应（颜色随观察角度变化而变化）。在纺织品上构建仿生光子晶体生色结构，具有以下优点：

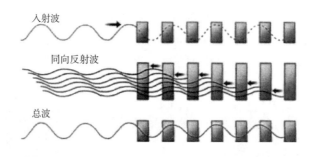

图 10-14 波长位于光子带隙外的光波在光子晶体中传播

（1）光子晶体结构生色无须应用染料或颜料等化学着色剂，是一种可持续的生态着色技术。

（2）可获得鲜艳明亮、灵动多变的着色效果，有助于开发绚丽多彩、栩栩如生的高品质纺织产品。

（3）开发响应性光子晶体，赋予对外界环境刺激具有可视化响应能力，是智能纺织品开发的重要途径之一。

近年来，因胶体纳米微球组装过程的可控性及其优异的光学性质，以胶体纳米微球为组装基元构筑仿生光子晶体结构而成为纺织品仿生着色的重要途径。然而，要使光子晶体结构生色在纺织领域真正具有实际应用价值，必须解决两个问题：一是突破光子晶体结构稳定性难题，二是胶体自组装的效率问题。通过胶体纳米微球自组装而形成的光子晶体结构，在微球之间以及微球—纺织基材之间主要通过氢键和范德瓦尔斯力等弱作用力结合，光子晶体的结构稳定性较差，在弯折、摩擦、水洗等外力作用下结构易损坏甚至完全脱落，结构色也随之变化甚至消色。胶体微球自组装需经历复杂的结晶成核和晶体生长过程，耗时长，一般需数小时以上，且难以实现大面积规整组装，通常只能获得厘米级的有序规整结构。

第三节 光子晶体结构色材料

一、一维光子晶体结构色材料

（一）多层膜光子结构

一维光子晶体（1D photonic crystal）通常是由不同折射率的介质交替排列而成的多层膜结构，因此也被称为 Bragg 堆叠或 Bragg 反射器。其在垂直于介质层平面方向呈现周期性的介电常数变化，而在平行于介质层方向的介电常数则不随空间位置变化。布拉格堆积一维光子晶体结构的光子禁带位置（即反射峰位置，λ_{Bragg}）可由 Bragg 公式进行计算：

$$m\lambda_{Bragg} = 2D\sqrt{n_{eff}^2 - \sin^2\theta} \qquad (10\text{-}6)$$

$$n_{eff}^2 = n_h^2 f_n^2 + n_l^2 f_l^2 \qquad (10\text{-}7)$$

$$f_l = \frac{d_l}{d_h + d_l} \qquad (10\text{-}8)$$

式中：m 为衍射级数；λ_{Bragg} 为反射光波长；D 为晶格单元的厚度（$D = d_h + d_l$，d_h 和 d_l 分别为堆叠结构中高折射率层和低折射率层的厚度）；n_{eff} 为有效折射率；θ 为入射角；n_h 和 n_l 分别为堆叠结构中的高折射率层和低折射率层的折射率，f_h 和 f_l 分别为堆叠结构中高折射率层和低折射率层的体积分数。

由式（10-6）、式（10-7）可见，一维光子晶体的反射波长由介质折射率（n_h 和 n_l）、入射角（θ）及不同折射率介质的层厚度（d_h 和 d_1）决定，因此，通过改变介质折射率或层厚度等结构参数可以调控一维光子晶体的结构色。Ma 等通过旋涂法将低折射率的 P（MMA—AA—EGDMA）聚合物乳胶粒子与高折射率的无机 TiO$_2$ 纳米粒子层层交替旋涂到基材表面制备得到有机/无机复合一维光子晶体，其过程及结构如图 10-15 和图 10-16 所示。

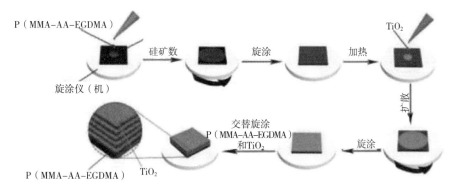

图 10-15　旋涂法制备 P（MMA—AA—EGDMA)/TiO$_2$ 一维光子晶体的示意图

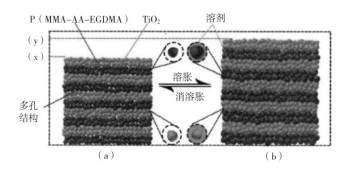

图 10-16　一维光子晶体在有机溶剂中溶胀与消溶胀的示意图

通过 5 个周期旋涂所制备的一维光子晶体结构可以呈现出鲜艳的结构色效果，由于有机溶剂可对其有机层产生溶胀作用，而导致其有机层厚度的增加，因而可对不同的有机溶剂或蒸汽产生不同的可视化颜色响应，如图 10-17 和图 10-18 所示。

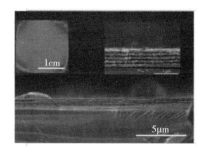

图 10-18　5 层堆积的一维光子晶体的数码照片及截面 SEM 照片

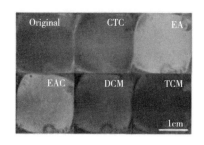

图 10-17　一维光子晶体对不同溶剂的响应

（二）磁性光子纳米链

Yin 等研究以磁场调控组装的一维光子晶体纳米链。主要以粒径为 30～180nm 的磁性 Fe$_3$O$_4$ 纳米团簇为自组装基元，该团簇被聚丙烯酸（PAA）配体所覆盖，因而表面具有大量的负电荷，如图 10-19 所示。

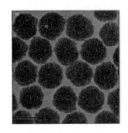

图 10-19 Fe$_3$O$_4$ 胶体纳米团簇（CNCs）的 TEM 图

在外加磁场的作用下，其表面 PAA 配体所提供的强静电斥力可与磁场的偶极作用力形成平衡，从而组装形成所示的一维磁性纳米链（图 10-20）。该磁性纳米链可与入射光发生布拉格衍射作用，呈现出鲜艳的结构色效果，且结

构色可通过磁场的强度进行调节。如图 10-21 所示，当磁场较弱时，纳米链中纳米粒子间的距离较大，其反射波长较长呈现出均匀的红色；当外加磁场逐渐增强时，粒子间的距离逐渐减小，反射光的波长逐渐蓝移（图 10-22），其结构色逐渐变为绿色至紫色。其颜色的变化规律符合布拉格衍射定律（图 10-23）。

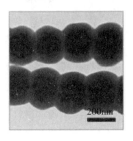

图 10-20 CNCs 光子纳米链的 TEM 图

图 10-21 不同外加磁场作用下 CNCs 分散液的颜色的光学照片（由左至右磁场强度逐渐增加）

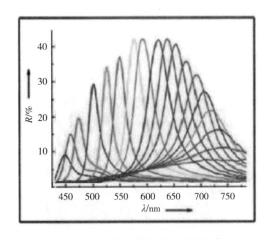

图 10-22 反射光谱随磁场强度的变化

$$\lambda = 2nd\sin\theta \qquad (10-9)$$

式中：λ 为衍射波长；n 为体系的折光指数；d 为粒子间距；θ 为布拉格衍射角。

这种以磁性 Fe$_3$O$_4$ 纳米团簇为基元的一维光子晶体由于其快速的磁响应能力，在光子印刷、智能响应等领域具有广泛的应用前景。

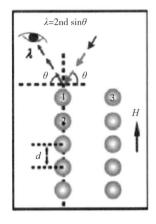

图 10-23 1D 光子纳米链结构的布拉格衍射原理图

（三）手性向列纤维素液晶

纤维素酸解后所得的纤维素纳米晶可通过自组装形成一维手性螺旋向列结构（胆甾相）的纤维素液晶。纤维素纳米晶在悬浮液中以各向异性取向形式稳定存在；随着溶剂的挥发，胶体体系中纤维素纳米晶的溶度升高，限制了

各向异性的纤维素纳米晶的自由运动，逐渐形成手性左旋向列结构，一旦溶剂完全挥发即可得到具有鲜艳结构色的固态手性向列光子晶体膜。手性向列结构的光学性质在其结构螺旋方向成一维周期性变化。

可通过调节结构的螺距 P 调控纤维素纳米晶膜的结构色。其周期性的左旋结构对偏振光具有特殊的识别能力，其在自然光、左旋光和右旋光下呈现不同的结构色效果。由于纤维素纳米晶可由自然界中广泛获取且生态环保，因而基于此结构螺距的调节而开发的光学传感器日益引起了研究人员的广泛关注。

（四）一维光子晶体的构筑

一维光子晶体在制备时，通常是将高、低折射率组分配制成分散液，再通过浸涂法、浸渍-提拉法、旋涂法、喷涂法等方法交替沉积在基材上得到一维光子晶体阵列。由于无机材料具有较宽的折射率范围，能够提供较大的折射率差值，从而使一维光子晶体呈现更加亮丽的结构色，因此通常采用折射率较高的无机氧化物纳米粒子作为一维光子晶体的高折射率层，包括二氧化钛（TiO_2），无定型 $n = 1.8 \sim 2.0$，锐铁矿相 $n = 2.4$，金红石相 $n = 2.9$；氧化锌（ZnO）$n = 2.1 \sim 2.2$，二氧化锆（ZrO_2）$n = 2.17$ 等。有机聚合物通常折射率较低，但具有良好的成膜性，而且聚合物中丰富的官能团既能响应各种外部刺激，又有利于功能性官能团的接枝改性，因此常用有机聚合物纳米粒子作为一维光子晶体的低折射率层。常用的有机聚合物材料包括聚甲基丙烯酸甲酯（PMMA）、聚苯乙烯（PS）、聚丙烯酸（PA）、聚丙烯酰胺（PAM）、聚乙烯（PE）、聚对苯二甲酸乙二醇酯（PET）、聚二甲基硅氧烷（PDMS）等。

二、二维光子晶体结构色材料

二维光子晶体（2D photonic crystal）的介质折射率在两个方向上呈周期性变化。在目前的研究中，常见的二维光子晶体的结构类型主要包括二维平面上周期性的圆柱阵列

[图 10-24（a）]、空气穴阵列 [图 10-24（b）]和单层胶体微球阵列 [图 10-24（c）]。

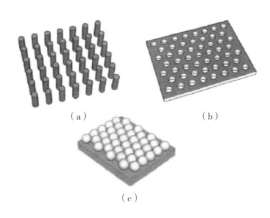

（a）　　　　　　　（b）

（c）

图 10-24 不同结构类型的二维光子晶体

其中圆柱阵列、空气穴阵列的二维光子晶体通常需要经过精密的刻蚀技术才能得到，一般用于光波导或光子晶体光纤的研究。

二维胶体晶体通过两种不同的机理显示结构色：薄膜干涉和光栅衍射。

（一）薄膜干涉二维胶体晶体

单层胶体微球（monolayer colloidal microspheres）和空气（或其他基质）组成的薄膜有效折射率为胶体微球和基质的平均折射率。当入射光从薄膜的上表面和底部反射时，相位相同的反射光将产生相长干涉，如图 10-25 所示，此时，干涉波长 λ 的计算方程为：

$$m\lambda = 2Dn_{eff}\cos\theta_b \qquad (10-10)$$

式中：m 为干涉级数；θ_b 为入射光在薄膜中的折射角；D 为微球直径；n_{eff} 为薄膜的有效折射率。

图 10-25 薄膜干涉二维胶体晶体生色机理示意图

二维胶体晶体通过薄膜干涉产生结构色时，入射光和反射光位于薄膜平面法线的两侧

（即镜面反射效果），且通常具有较低的反射率，导致结构色暗淡。

对于以六边形密堆积排列的二维胶体晶体，$d=\frac{\sqrt{3}}{2}D$（D 为微球直径）。根据 Littrow 模式，当入射角与衍射角相同时，二维胶体晶体在空气中的衍射方程变为：

$$m\lambda = \sqrt{3}D\sin\theta \qquad (10\text{-}11)$$

此时，入射光线与衍射光线位于胶体晶体平面法线的同一侧，因此，可以在光源的同侧观察到结构色，即产生逆向反光结构色。由式（10-12）中可知，当入射角与衍射角相同时，二维胶体晶体的衍射波长由微球直径 D 和入射角 θ 决定，产生的结构色随观察角的变化而改变，且可以通过改变微球间距调节。通常将二维光子晶体阵列附着在响应性聚合物或水凝胶表面，外部刺激与响应性聚合物或水凝胶相互

作用使其体积发生变化，从而改变二维胶体晶体的晶格间距，引起衍射波长的移动和结构色的变化。

构筑二维胶体晶体的胶体微球应满足以下条件：微球直径在 $0.1\sim2.0\mu m$ 之间可控调节；微球形貌规整，尺寸均一，分散性较好；微球表面带有适量的表面电荷以利于组装。

研究较多的二维光子晶体是由胶体纳米微球在两相界面排列形成了单层胶体晶体结构。气/液界面自组装由于操作简单、成功率高，是当前制备二维胶体晶体结构最主要的方法之一。先将胶体微球的水分散液与表面张力小、蒸发速率快的分散剂（如乙醇、正丙醇、异丙醇和正丁醇）混合，再将分散液注入水面上，胶体微球会迅速在水面上铺展，在空气—水界面上形成六边形密堆积排列的单层胶体晶体阵列，如图 10-26 所示。

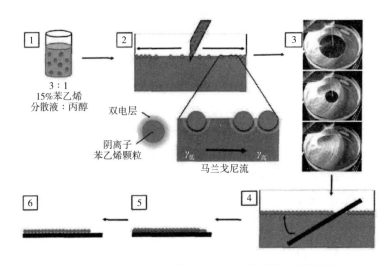

图 10-26 气液界面自组装法制备二维胶体晶体流程示意图

胶体微球在水面上扩散的驱动力与 Marangoni 效应有关。Marangoni 效应是由于表面张力梯度而导致的沿两种流体界面的传质作用。当含有低表面张力分散剂的微球悬浮液与水表面接触时，产品的表面张力差会形成强大的 Marangoni 力，溶剂会快速在液面上铺展，同时带动胶体颗粒从表面张力较低的区域迅速向外扩散（图 10-26）。由微球之间的弯液面

引起的毛细管力组装成胶体晶体，直到覆盖整个水面。

（二）二维衍射光栅

入射光束被阵列中的胶体微球散射到各个方向，当相邻微球的散射光束相位相同时，会发生相长干涉，从而产生结构色，此时干涉波长应满足以下条件，如图 10-27 所示。

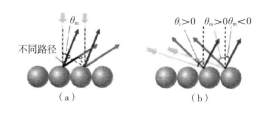

图 10-27　光栅衍射二维胶体晶体生色机理示意图

$$m\lambda = dn(\sin\theta_{\mathrm{i}} + \sin\theta_{\mathrm{m}}) \qquad (10-12)$$

式中：m 为干涉级数；d 为晶格常数；n 为周围介质折射率。

对于空气中的二维胶体晶体，$n=1$，θ_{i} 和 θ_{m} 分别为入射角和衍射角。与一维、三维光子晶体及二维胶体晶体的薄膜干涉机理不同，光栅衍射在光线垂直入射时无法产生结构色，因为此时入射光和衍射光的光程差为零（$\theta_{\mathrm{i}}=\theta_{\mathrm{m}}=0$）。

Sung-Hoon Ahn 等开发了一种弹性拉伸应力传感器，先通过离子束在硅片基材的表面刻蚀出间距为 520~780nm 的周期性孔洞，再通过 PDMS 对其表面进行浇筑固化，最后脱模得到表面具有纳米柱周期性排列的二维衍射阵列（图 10-28）。

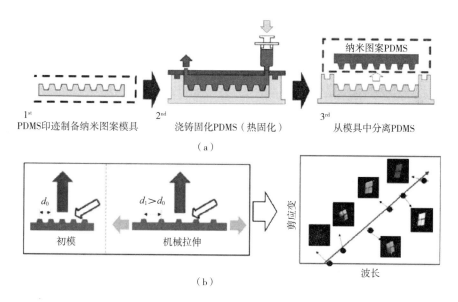

图 10-28　PDMS 二维衍射光栅的制备及其力致变色性能

由图 10-28 可见，通过增加硅片表面离子束刻蚀时表面图案的间距，使制备 PDMS 二维衍射光栅的晶格间距增加，结构色发生红移；对弹性 PDMS 基质进行机械拉伸，其表面衍射光栅的晶格间距随机械强力的大小有效增加，结构发生相应的红移。

三、三维光子晶体结构色材料

三维光子晶体（3D photonic crystal）在自然界中的典型代表是天然蛋白石，如图 10-29 所示，蛋白石绚丽的色彩来自其结构内部 SiO_2 粒子（直径 150~400nm）的有序面心立方排列结构。

（一）蛋白石和反蛋白石晶体结构

三维光子晶体的介质折射率在空间的三个方向上呈周期性变化。受天然蛋白石微观结构的启发，研究者将微球呈密堆积排列的三维光子晶体结构称为蛋白石光子晶体，包括以下几种密堆积方式：六方密堆积结构（HCP）、面心立方密堆积结构（FCC）、体心立方密堆积结构（BCC）等，如图 10-30 所示。除蛋白石三维光子晶体以外，反蛋白石光子晶体也是一类重要的三维光子晶体结构色材料。反蛋白石（inverse opal）光子晶体是指以蛋白石光子晶体作为模板，将填充物渗透到微球阵列的缝隙中，经固化后除去模板，得到的三维有序大孔结构，如图 10-31 所示。

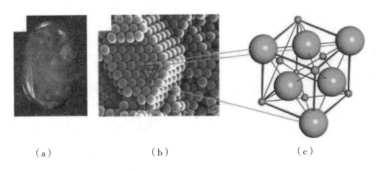

（a）　　　　　　（b）　　　　　　（c）

图 10-29　天然蛋白石及其微观结构

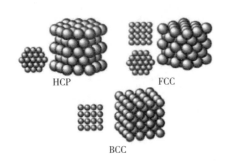

HCP　　　　FCC

BCC

图 10-30　蛋白石光子晶体不同密堆积方式的示意图

渗透

模板洗脱

图 10-31　反蛋白石光子晶体的制备流程示意图

蛋白石和反蛋白石光子晶体由于三维有序阵列对光的衍射作用可以呈现出亮丽的结构色。由 Bragg-Snell 定律可知，反射波长可以通过式（10-14）计算得到。

$$m\lambda = 2n_{eff}d\cos\theta \qquad (10-13)$$

式中：m 为反射级数；λ 为反射波长；n_{eff} 为体系的有效折射率；θ 为入射角；d 为晶面间距。

$$m\lambda = \sqrt{\frac{8}{3}}D(n_{eff}^2 - \sin^2\theta)^{1/2} \qquad (10-14)$$

由于在蛋白石和反蛋白石光子晶体中胶体微球通常自组装成面心立方密堆积结构，因此，反射波长也可以通过（111）晶面中两个相邻球体中心之间的距离 D（即微球直径）来计算，此时布拉格方程可用式（10-14）表示。体系的有效折射率 n_{eff} 可以通过式（10-15）计算得到：

$$n_{eff} = [n_p^2 V_p + n_m^2(1 - V_p)]^{1/2} \qquad (10-15)$$

式中：n_p 和 n_m 分别为胶体微球和填充介质的折射率；V_p 为胶体微球在体系中所占的体积分数。

由式（10-13）和式（10-14）中可见，蛋白石和反蛋白石光子晶体的结构色可以通过改变结构参数进行调节，主要的调节方式可以概括为以下几种：

（1）改变胶体光子晶体的晶格间距（微球尺寸），通常情况下，当蛋白石光子晶体嵌入聚合物中或形成反蛋白石聚合物薄膜时，聚合物在外界刺激下发生体积膨胀会导致晶格间距增加，使结构色发生变化。

（2）有效折射率的变化也会改变结构色，在有序阵列结构中填充新物质、温度诱导胶体微球或填充物的相转变是改变有效折射率的两种方式。

（3）改变入射角导致结构色变化，一般情况下，三维光子晶体产生的结构色都具有角度依存性。

基于上述结构色调节方式可设计出不同类型的刺激—响应性光子晶体，根据外界刺激动态的调节光子晶体的结构色以实现特定的功能性。

（二）三维光子晶体的构筑

三维光子晶体的构筑方法可以概括为自上而下法和自下而上法。自上而下法通常使用精密的宏观仪器，如光刻、电子束或离子束刻蚀、纳米压印等，虽然这些方法能够精确控制微观结构的有序性和缺陷位置，但在大规模生产时成本高、耗时长，不适用于普通实验。自下而上法可通过单分散微球间的相互作用自发组装成周期性有序阵列，无须精密的仪器，更适合三维光子晶体的大规模制备。常用的胶体微球自组装法主要包括重力沉积法、水平蒸发诱导自组装法、垂直沉积法、浸渍-提拉法等。

1. 重力沉积法　重力沉积法是利用胶体微球与分散介质之间的密度差，在重力作用大于浮力作用时，使微球沉降组装成为规则的有序阵列结构［图 10-32（a）］，操作较为简便，但组装过程通常需要较长时间，而且容易受微球颗粒布朗运动的影响而产生缺陷。

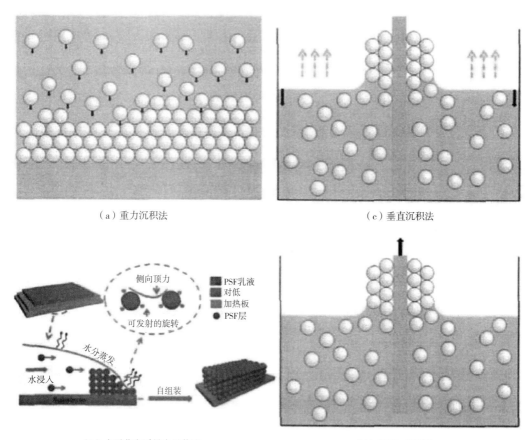

（a）重力沉积法

（b）水平蒸发诱导自组装法

（c）垂直沉积法

（d）浸渍—提拉法

图 10-32　三维光子晶体组装方法示意图

2. 水平蒸发诱导自组装法　水平蒸发诱导自组装法是直接将微球分散液铺展在基材上，再蒸发溶剂得到有序阵列图 10-32（b），通过加热提高溶剂蒸发速率可进一步缩短组装过程的时间。该方法操作简便、组装快速、不依赖特殊设备，但在组装过程中会出现边缘厚、中间薄的"咖啡环"效应，影响结构色的均匀性。

3. 垂直沉积法　垂直沉积法是将基材垂直浸没在胶体微球分散液中，利用溶剂蒸发引起的毛细管力驱动胶体微球在静置的基材上组装胶体晶体的过程［图 10-32（c）］，通过调节微球浓度和尺寸参数，实现胶体晶体厚度和组装层数的精确控制。垂直沉积法操作简便、胶体晶体缺陷密度低、薄膜厚度和层数可控,但在组装过程中,随着溶剂的挥发,剩余分散液中胶体微球的浓度会逐渐升高,导致薄膜的厚度呈梯度变化。

4. 浸渍—提拉法　浸渍—提拉法是在垂直沉积法的基础上,使用自动提拉装置将基材以恒定的速度缓慢提拉出分散液,如图10-32(d)所示。由于提拉速度远高于溶剂挥发速度,溶剂挥发导致的剩余分散液浓度增加不会对光子晶体阵列的厚度造成影响。通过调节提拉速度、微球分散液浓度、组装温度等参数可以更加精确地控制光子晶体的厚度和层数,还可以通过在不同胶体微球分散液中的多次反复提拉,制备由不同粒径、不同材质微球组成的复合光子晶体结构。浸渍-提拉法已成为蛋白石光子晶体构筑最常用、最有效的方法之一。

第四节　纺织品结构生色方法

一、静电纺丝法

将单分散乳胶粒和聚合物混合溶液作为纺丝液,静电纺丝过程喷出混合物射流,在溶剂蒸发过程中纤维细化,裹挟的胶体微球在纤维形成过程中组装成有序结构,形成光子晶体纤维。

张克勤等采用聚(苯乙烯—甲基丙烯酸甲酯—丙烯酸)[P(St—MMA—AA)]微球和PVA混合溶液静电纺丝体系,制备出具有结构色的光子晶体纤维,P(St—MMA—AA)微球在纤维表面以六边形紧密排列,如图10-33所示。直接静电纺形成的纤维膜呈白色,经水处理后,大量PVA被溶解,折射率对比度增加,纤维膜呈现结构色:由220nm、246nm和280nm P(St—MMA—AA)制备的电纺纤维膜分别呈现非虹彩的绿色、红色和紫红色。静电纺纤维膜的结构色主要归因于规则排列的胶体微球形成的光子带隙和无序排列的胶体微球引起的米散射。

图10-33　P(St—MMA—AA)的PVA分散液静电纺光子晶体纤维膜

王京霞等将P(St—MMA—AA)微球和聚乙烯醇(PVA)混合分散液进行静电纺丝制备光子晶体纤维膜,通过喷墨打印技术可在纤维膜上直接绘写结构色图案。由265nm和180nm的胶体微球组装的光子晶体纤维膜分别呈现红色和蓝色(图10-34)。较厚的静电纺纤维膜经过乙醇和水的双重处理才能呈现明显的结构色,未经处理的纤维膜排列蓬松无序,其间的空气界面增加了散射作用,影响了胶体微球有序组装产生的选择性反射;乙醇处理过程可去除纤维间的空气间隙,降低光散射作用。经水处理纤维膜后,大部分PVA溶解,从而最大限度地压缩了纤维之间的空隙,呈现高对比度的结构色。在乙醇处理后的纤维膜上进行喷墨打印即可得到具有清晰结构色的图案。

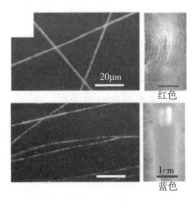

图10-34　P(St—MMA—AA)的PVA分散液通过静电纺丝制备的纤维膜

张克勤等采用 PS 微球和 PVA 的混合液进行静电纺丝，通过调控 PS 微球和 PVA 的质量比及 PVA 溶液的浓度制备得到形态各异的静电纺丝纤维。当 PVA 所占比例较大时，形成的纤维直径与 PS 微球直径相当；随着 PVA 溶液浓度的增加，纤维形态从串珠形变为项链状；当 PS 微球所占比例大时，随着 PVA 溶液浓度的增加，纤维从黑莓状聚集体向均匀的光子晶体纤维形态转变，如图 10-35 所示。还采用 P（St—MMA—AA）微球和 PVA 混合溶液静电纺丝体系，制备出具有结构色的光子晶体纤维。

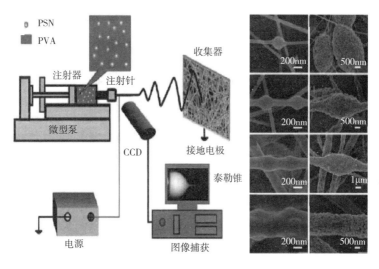

图 10-35　PS 微球的 PVA 分散液静电纺丝制备纤维的示意图和纤维的 SEM 图

二、织物加工法

织物通过浸渍法、喷涂法、刮涂法、喷墨印花法和膜转移法等技术在织物表面组装胶体微球制备以光子晶体结构为基础单元的结构色织物。

在织物表面雾化沉积 SiO$_2$ 微球的 PVA 分散液，得到具有非晶光子晶体结构的织物图案。SiO$_2$ 分散液在雾化器中由高频网状振动推出，产生气凝胶，快速蒸发使微球无法形成长程有序的组装结构，形成具有非虹彩结构色的非晶光子晶体结构。分散液中添加炭黑（CB）能够增强织物的结构色饱和度，添加聚丙烯酸酯（PA）能增加胶体微球之间的黏合力，使织物表面的非晶光子结构不会因为变形而发生破坏。SiO$_2$ 在真丝织物上组装的非虹彩结构色图案，如图 10-36 所示。图案化织物具有很好的形变性，在反复拉伸后不会产生结构色的改变，同时具有良好的机械稳定性，经过反复摩擦和洗涤不会发生褪色。

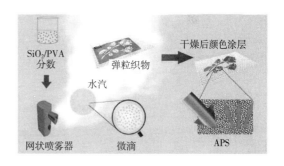

图 10-36　真丝织物上沉积 SiO$_2$ 微球
呈现非虹彩结构色图案

喷涂技术是一种快速便捷、低成本制备结构色织物的方法，可以抑制胶体微球间的静电力作用、干扰胶体微球的长程有序排列，形成短程有序的非晶光子结构。张克勤课题组采用喷涂工艺在织物表面组装 P（St—MMA—AA）胶体微球，制备了可洗涤的非虹彩光子晶体织物。图 10-37 中的 SEM 图像显示了喷涂处理后织物的表面形态，PA 在胶体微球之间进行连接，且单根纤维表面的微球呈现准非晶排列。通过控制胶体微球的直径可以改变织物的结构色，控制喷涂时间调整织物的色彩亮度，如图 10-37 所示。

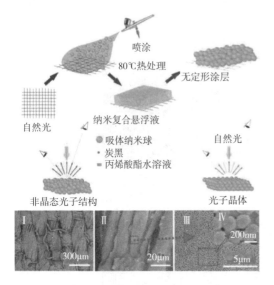

图 10-37　喷涂法制备非虹彩结构色纤维织物

邵建中等利用喷墨打印技术在织物表面构造光子晶体图案。将 P（St—MAA）胶体微球胶乳喷墨墨水中添加甲酰胺（FA），有效抑制"咖啡环"效应。添加 FA 到分散体系后可以使液滴边缘区域的表面张力＜中心区域的表面张力，从而使微球在毛细作用力下向中心移动，抵消了向外的毛细管流动，有效地抑制了"咖啡环"效应。通过改变微球的直径可以制备不同结构色的光子晶体图案。如图 10-38 所示，使用纳米材料喷墨打印机所得的虹彩图案具有很高的结构色分辨率。

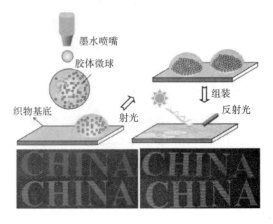

图 10-38　在织物表面喷墨打印虹彩结构色图案

将白色聚酯纤维织物置于 PS@ PDA 类黑色素球分散液中，织物上类黑色素球在重力作用下部分组装，纤维底部的类黑色素球在溶剂蒸发过程中的毛细作用力下组装，所得织物上下表面均获得明亮的结构色，如图 10-39 所示。黑色素球可以吸收微球之间的杂散光和来自白色基底的反射光，起到提高结构色色彩饱和度的作用。

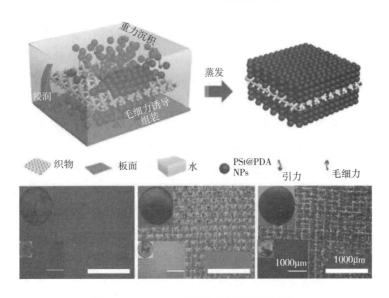

图 10-39　PS@ PDA 类黑色素球织物结构着色

三、毛细管组装法

毛细管组装法是指以毛细管为模板，将胶体微球通过重力或毛细力作用组装到毛细管内壁（或外壁）形成光子晶体纤维的方法。

Yang 等在毛细管中注入 SiO$_2$ 的乙氧基化三羟甲基丙烷三丙烯酸酯（ETPTA）分散液，利用表面活性剂排出悬浮液，胶体微球在毛细管内壁自发组装，再经紫外线照射后薄膜聚合，得到中空的 SiO$_2$—ETPTA 复合膜。随后在毛细管内壁进行多层涂覆，便可得到不同结构色组合的光子晶体纤维（图 10-40）。

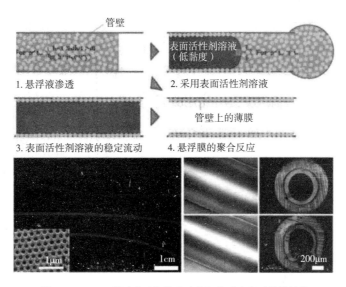

图 10-40　SiO$_2$ 微球在毛细管内壁自组装形成光子晶体纤维

顾忠泽等在蒸发速度快的乙醇中分散 SiO$_2$ 颗粒，由于微球组装速度与固—液—气界面下降速度非同步，形成环形条纹图案，如图 10-41 所示。

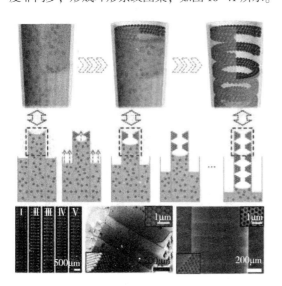

图 10-41　SiO$_2$ 胶体微球在毛细管内部组装
形成环形条纹状结构纤维

由图 10-41 可见，SiO$_2$ 微球组装成面心立方（fcc）结构，具有缺陷少、堆叠层多的特点。通过调节自组装参数（如毛细管内径、SiO$_2$ 微球溶液的浓度、蒸发温度等）可以控制所形成的条纹宽度和间距。另外，采用不同的 SiO$_2$ 微球溶液在毛细管内部进行多级组装，可获得不同结构色组合的条纹图案，这些条纹样品有望应用于防伪编码。

李耀刚等将玻璃纤维置于含有 SiO$_2$ 胶体微球的分散液中，随溶剂蒸发，SiO$_2$ 微球在毛细作用力下组装到玻璃纤维上，得到蛋白石结构的光子晶体纤维，如图 10-42 所示。

由图 10-42 可见，SiO$_2$ 微球沿着纤维周期性排列并形成面心立方的晶格结构。采用不同直径的二氧化硅微球进行组装，可以得到不同结构色的光子晶体纤维。

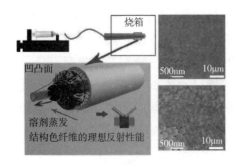

图 10-42 受毛细作用力在纤维
表面自组装形成光子晶体纤维

四、微流控纺丝法

微流控纺丝技术是指通过微通道加工将胶乳微球的聚合物分散液纺丝组装制备光子晶体纤维的方法。陈苏等利用瑞利不稳定性驱动微流控纺丝纤维表面的 PS 微球，得到具有串珠结构的光子晶体纤维，如图 10-43 所示。

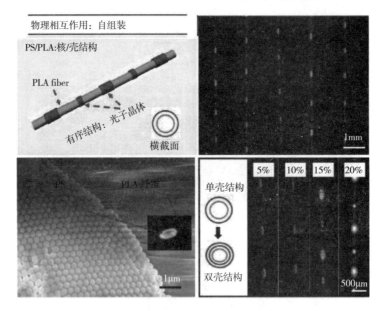

图 10-43 瑞利不稳定性驱动微流控纺丝法制备的串珠状纤维

由图 10-43 可见，PS 微球在聚乳酸（PLA）纤维表面呈单分散有序组装，同时研究了不同浓度的 PS 微球溶液对珠状纤维形态的影响，随微球浓度增加，珠状纤维从单壳到多壳转变。

将 SiO_2 微球和 PVP 进行微流控纺丝，通过煅烧去除 PVP 得到 SiO_2 组装的光子晶体纤维，如图 10-44 所示。由 228nm 和 279nm SiO_2 微球组装的光子晶体纤维分别呈现绿色和红色。聚丙烯酰胺（PAM）具有湿度响应功能，将 PAM 引入光子晶体纤维中，纤维能够在湿度变化下呈现不同的结构色。

五、浸涂组装法

浸涂组装法是指将纤维模板浸入胶体微球分散液中缓慢提拉纤维模板，经纤维的提起及溶剂的蒸发，胶体微球在纤维表面进行有序组装，得到光子晶体纤维的方法。

张克勤等采用浸涂法将裸纤维从胶体微球分散液中提拉得到具有结构色的光子晶体纤维：在微球分散液中浸入亲水化处理的聚酯（PET）纤维，溶液蒸发过程形成的对流作用，将微球带入弯月牙尖端，微球间的横向毛细作用力将微球紧密连接，形成周期性排列的光子晶体结构，如图 10-45 所示。

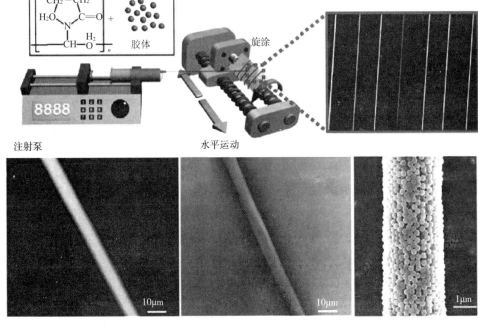

图 10-44 微流控纺丝法制备的 SiO₂ 光子晶体纤维

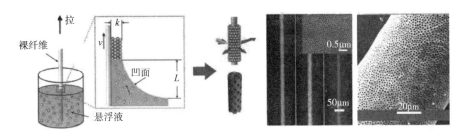

图 10-45 组装制备蛋白石结构和反蛋白石结构光子晶体纤维

Yang 等将玻璃纤维浸入胶体微球分散液中，并将纤维从分散液中缓慢提起，实现胶体微球在毛细力作用下在纤维表面进行组装；接着采用聚氨酯（PU）预聚物填充微球间隙、聚合固化预聚物、刻蚀聚苯乙烯（PS）微球，得到具有反蛋白石结构的含有玻璃芯的光子晶体纤维；也可采用 SiO₂ 微球作为牺牲模板，制得空心的反蛋白石结构光子晶体纤维。通过改变浸涂过程中的工艺参数（如提升速度、胶体微球分散液浓度、裸纤维直径等）可以调节纤维表面胶体微球的组装层数。研究发现，采用软壳硬核的 P（ST—BA—AA）微球组装的光子晶体纤维相比 PS 微球组装的光子晶体纤维更具优势：涂层光

滑无裂纹，形变能力好，可打结、弯曲、编织，在机械变形下显示出可重复的颜色变化。这种高弹性的光子晶体纤维在可穿戴传感器方面有应用潜力。

彭慧胜等提出了一种连续制备光晶体纤维的方案：采用硬核软壳的聚苯乙烯/聚甲基丙烯酸甲酯/聚丙烯酸乙酯（PS/PMMA/PEA）微球作为组装材料，将氨纶置于微球分散液中，并通过电动机的传动结构带动纤维不断通过分散液，这样胶乳微球在连续传动的氨纶上有序组装以连续制备光子晶体纤维，如图 10-46 所示。

采用直径为 216nm、273nm 和 324nm 的微球，可分别制备得到蓝色、绿色和红色的纤

维。这种制备方法可以适用于圆形、三角形、矩形等其他形状纤维。由于采用硬核软壳的微球组装，微球排列紧密，所制备的纤维具有弹性，在机械变形下能够产生可逆的颜色变化并且在洗涤后不会发生结构色的改变，可用于开发各种纺织品。

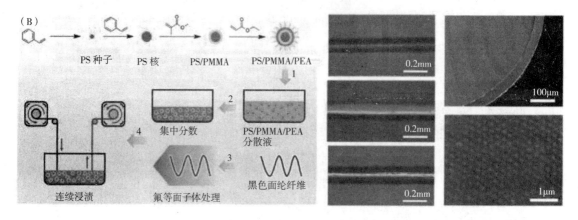

图 10-46 氨纶浸入胶体微球分散液中制备光子晶体纤维

六、多层卷曲组装法

多层卷曲组装法是将双层薄膜或图案化薄膜缠绕纤维卷曲制备光子晶体纤维的方法。

Vukusic 等采用多层卷曲组装法制备了一维光子晶体结构纤维。玻璃纤维上缠绕两种不同折射率的弹性体电介质材料 [PDMS 和聚异戊二烯聚苯乙烯三嵌段共聚物 (PSPI)] 组装的双层薄膜，形成多层结构的光子晶体纤维，如图 10-47 所示。

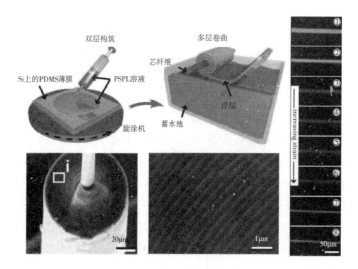

图 10-47 多层卷曲组装法制备光子晶体多层纤维

由图 10-47 可见，纤维的多层结构，去除纤维中的玻璃芯后，纤维展现很好的机械应变能力；纤维在拉伸过程中呈现结构色的改变。所制备的纤维的高饱和度结构色应变响应及柔性使其在智能纺织品、应变传感器等方面有应用潜力。

Jeon 等为研究黑嘴喜鹊羽毛弱虹彩结构色的原因，先采用激光干涉在平板上光刻制备一维光栅图案，再依次涂覆 PVA 和 PMMA 层，溶解去除 PVA 层，得到具有一维光栅图案的

PMMA 层；以光栅平行于纤维轴的形式缠绕 PMMA 层于裸纤维上，得到类黑嘴喜鹊羽毛小羽枝结构的二维光子晶体纤维，如图 10-48 所示。其中光栅缠绕在纤维上形成的二维密集排列的气柱，类似于黑嘴喜鹊羽毛中的黑色素管。

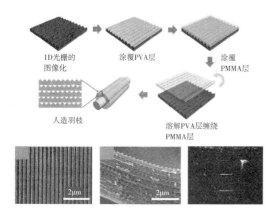

图 10-48　模仿黑嘴喜鹊羽毛小羽枝制备的人造小羽枝

由图 10-48 可见，激光干涉光刻形成的光栅和人造小羽枝的横截面，通过控制光栅聚合物膜的厚度可以改变纤维的结构色，从红色、绿色到蓝色变化。

七、挤出组装法

挤出组装法是指通过模具（或针孔）将胶乳微球分散液挤出到空气或溶剂中制备光子晶体纤维的方法。

Hart 等将 PS 微球的分散液从针头挤出，PS 微球在基板表面自下而上组装，随着微球组装的进行，基板向下移动，停止针头中分散液的流动即可终止纤维的制备。由半径为 500nm PS 微球组装得到的独立式光子晶体纤维的 SEM 和光学显微镜图像，如图 10-49 所示。

由图 10-49 可见，通过调整 PS 微球的半径可以得到具有不同结构色的光子晶体纤维，光学显微镜图像从左到右分别为微球半径 95nm（紫色）、105nm（蓝色）、110nm（绿色）、140nm（红色）和混合球（110nm + 140nm）制备的光子晶体纤维。

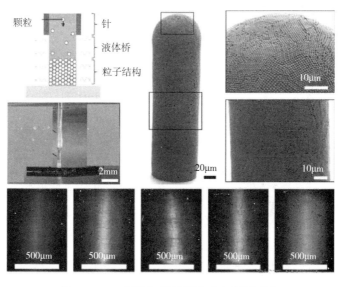

图 10-49　3D 打印技术制备独立式光子晶体纤维

Baumberg 等利用挤出机将聚苯乙烯—甲基丙烯酸丙酯—聚丙烯酸乙酯（PS—ALMA—PEA）、炭黑颗粒和二苯甲酮混合溶液挤出，紫外光固化交联后得到光子晶体纤维。其中炭黑颗粒可增强纤维结构色饱和度，二苯甲酮起交联作用。该纤维具有很好的机械强度和柔性，有望织成结构色织物（图 10-50）。所制备的纤维具有应变响应性，直径为 1000μm 的红色纤维在应变逐渐增加时，结构色依次变为黄绿色、蓝色、浅灰色。

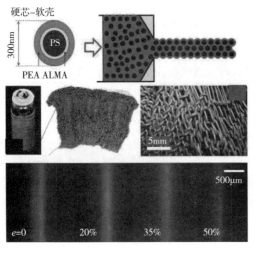

图 10-50 挤出 PS—ALMA—PEA 硬核软壳微球溶液
制备柔性光子晶体纤维

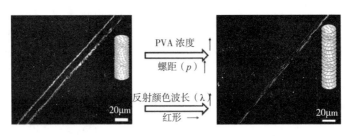

图 10-51 采用湿法纺丝制备胆甾相纤维素纳米晶体光子晶体纤维

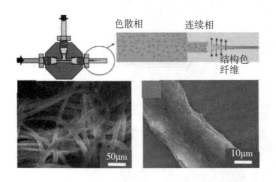

图 10-52 P (St—DVB) @PDA 类黑色素微球组装的纤维

八、电泳沉积法

电泳沉积法是指将导电纤维作为电极置于胶体微球分散液中，胶体微球在直流电场作用下向阳极（或阴极）移动，在纤维表面沉积形成三维周期性结构。

朱申敏等利用注射器将 CNC 与 PVA 混合分散液注入乙醇凝固浴中，CNC 进行自组装得到 CNC 定向排列的光子晶体纤维。调整 PVA 的含量可以改变 CNC 的螺旋间距及纤维反射的颜色，偏光模式下不同 PVA 含量的光子晶体纤维的虹彩色对比如图 10-51 所示。

Kohri 等在聚苯乙烯—二乙烯基苯 [P (St—DVB)] 微球表面聚合多巴胺，得到核壳结构的类黑色素颗粒 P (St—DVB) @ PDA。将 P (St—DVB) @PDA 溶液和 PVP 溶液的混合液作为分散相，四氢呋喃（THF）作为连续相，通过两个注射泵将两相液体挤出，分散相中的水扩散到 THF 中，形成以 PVP 为基质，P (St—DVB) @ PDA 类黑色素微球组装的光子晶体纤维，如图 10-52 所示。

李昕等采用电泳沉积法在石墨烯纤维表面沉积不同直径的（198nm、233nm、287nm）PS 微球以六方密堆积（HCP）的方式紧密排列，得到不同结构色的（蓝、绿、紫红）光子晶体纤维，具有较高的亮度和色彩饱和度（图 10-53）。

张克勤等通过电泳沉积法在碳纤维上组装 PS 微球得到只有结构色的光子晶体纤维：将导电碳纤维浸入 PS 微球的分散液中，在两电极施加电压，PS 微球在电场力的作用下向碳纤结运动并在其表面组装。选用直径为 185nm、230nm 和 290nm 的 PS 微球，分别制得蓝色、绿色和红色的光子晶体纤维，如图 10-54 所示。该方法可用于制备具有结构色的导电织物，可屏蔽紫外线和红外光，还具有电磁屏蔽的性能。

图 10-53 在石墨烯纤维表面沉积 PS 微球形成
较高明度和饱和度结构色纤维

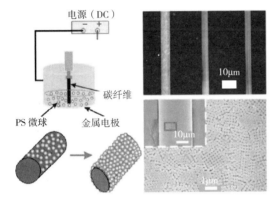

图 10-54 在碳纤维表面沉积 PS 微球
得到结构色光子晶体纤维

金武松等将聚（N—异丙基丙烯酰胺—共
聚丙烯酸）（PNIPAM—co—AAc）水凝胶微球
沉积到碳纤维表面得到具有溶剂响应的光子晶
体纤维。通过调节水凝胶微球的直径可以实现
对纤维结构色的调控，调节电泳沉积的电压大
小可以调控微球的组装速度。将纤维暴露于有
机溶剂（如丙酮、乙醇），水凝胶微球溶胀，
微球直径增大，微球间间隙减小，因而产生结
构色的变化，并且该颜色变化随溶剂的挥发可
恢复（图 10-55）。

Wu 等使用 460nm 和 660nm 两种直径的 PS
微球电泳沉积在碳纤维表面，得到光子晶体纤
维，如图 10-56 所示。

图 10-55 电泳沉积 PNIPAM—co—AAc 水凝胶
微球到碳纤维表面形成纤维

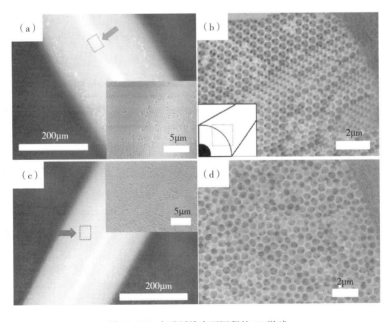

图 10-56 在碳纤维表面沉积的 PS 微球
（a），（b）—直径 460nm （c），（d）—直径 660nm

由图 10-56 可见，两种纤维具有不同的结晶度，460nm 的 PS 微球组装结构呈现半结晶结构，而 660nm PS 微球组装结构呈现无定形结构。这是由于较小直径的胶体微球更容易在弯曲的基底上有序排列，同时不同的结晶度会对光子带隙和反射率产生影响。

李耀刚等还制备了一种电致变色纤维：首先将电致变色材料［聚（3，4-亚乙基二氧噻吩）、聚（3-甲基噻吩）和聚（2，5-二甲氧基苯胺）］沉积到不锈钢纤维表面，然后将聚合物凝胶电解质涂覆到电致变色层，在纤维表面缠绕一根不锈钢丝，形成双电极螺旋缠绕结构。电致变色材料在氧化或还原状态均显示不同的颜色，聚（3，4-亚乙基二氧噻吩）（PEDOT）在正负电压下会因是否掺杂离子而呈现深蓝色或天蓝色，在不同电压梯度下呈现不同的蓝色调（图 10-57）。

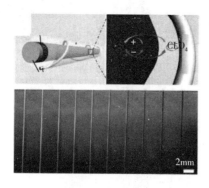

图 10-57　在不锈钢丝表面沉积电致变色材料形成的电致变色纤维

彭慧胜等将 PS 微球沉积在取向排列的碳纳米管上，然后将碳纳米管缠绕在聚二甲基硅氧烷（PDMS）纤维表面，再将表层的 PS 微球嵌入 PDMS 基质中，得到具有芯鞘结构的光子晶体纤维由于 PDMS 的弹性基质，光子晶体纤维能够产生大的形变而不断裂，这些大形变会引起微球间距及结构色的改变，如图 10-58 所示。

由图 10-58 可见，由 200nm PS 微球组装的光子晶体纤维初始状态呈绿色，当经 30% 的机械变形后变为蓝色。这种颜色转变具有高灵

敏度和可逆性，可以经历超过 1000 次的形变循环而不老化，该光子晶体纤维还可以编织成各种图案或织物。

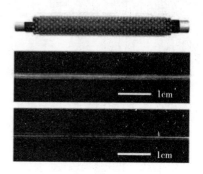

图 10-58　由 PS 微球、碳纳米管和 PDMS 组装的芯鞘结构的光子晶体纤维

九、磁场组装法

磁场组装法是指将磁性纳米颗粒在磁场力作用下规则排列在纤维表面或内部，同时将聚合前驱体填充在磁性颗粒间隙聚合制备光子晶体纤维的方法。

李耀刚等采用磁场诱导在管状微空间内制备了磁性颗粒的光子晶体纤维。毛细管中（其中毛细管内部放置有柔性纤维）注入含有磁性纳米颗粒 $Fe_3O_4@$ 的聚乙二醇二丙烯酸酯（PEGDA）树脂分散液，磁性粒子 $Fe_3O_4@C$ 在磁场作用下沿磁场规则排列，使毛细管内呈现结构色，此时对其进行紫外线光聚合，并除去毛细管即得到具有固定结构色的光子晶体纤维，如图 10-59 所示。

在相同磁场下，用直径为 120nm、145nm 和 180nm 的 $Fe_3O_4@C$ 微球分别制备出蓝色、绿色和红色的光子晶体纤维。

该课题组还研究了在丙烯酰胺溶液中分散磁性纳米粒子 $Fe_3O_4@C$ 磁性粒子，在磁场作用下将混合液注入聚四氟乙烯管中，得到聚丙烯酰胺基质的光子晶体纤维。该弹性纤维在拉伸或压缩过程中会随一维链状排列的 $Fe_3O_4@C$ 磁性粒子的间距变化而调控结构色，如图 10-60 所示。

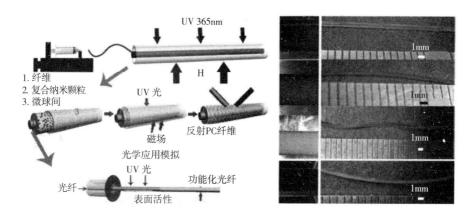

图 10-59 磁场诱导制备光子晶体纤维

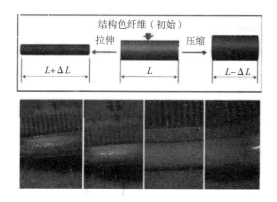

图 10-60 具有机械应变响应的光子晶体纤维

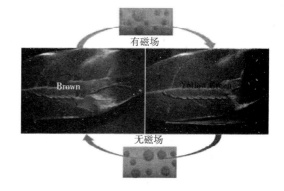

图 10-61 具有磁场响应的光子晶体纤维

纤维拉伸后会由初始状态的橙色转为黄绿色、绿色，压缩后会由橙色转为红色，压力释放后又恢复初始颜色。这种具有机械响应的光子晶体纤维在机械应变传感器方面有潜在应用。

2016 年，该课题组通过将含有 $Fe_3O_4@C$ 磁性粒子的乙二醇溶液嵌入 PDMS 纤维中，得到具有磁响应的光子晶体纤维。纤维中的 $Fe_3O_4@C$ 存在于乙二醇液滴中：当无磁场时 $Fe_3O_4@C$ 做布朗运动，纤维呈现棕色；施加磁场后，$Fe_3O_4@C$ 磁性粒子在磁场的作用下呈现一维链状排列，纤维呈现与树叶颜色相近的黄绿色，具有伪装作用（图 10-61）。由于纤维具有弹性基质，拉伸后，乙二醇液滴由圆形变为椭圆形，但磁性粒子的间距不发生改变，因此纤维拉伸后结构色不会发生改变。

思考题

1. 什么是结构生色？结构生色有什么特点？试分析结构色对自然界生物多样性的保护和发展有什么意义？

2. 试详细分析色素着色和结构生色的原理，并比较其优缺点？

3. 试述结构生色的途径。

4. 什么是光子晶体结构色材料？试分析光子晶体结构色材料的制备原理。

5. 举例说明一维光子晶体结构色材料的制备途径。

6. 试述二维光子晶体结构色材料制备原理和方法。

7. 蛋白石和反蛋白石光子晶体材料有什么区别？制备结构色材料有什么现实意义？

8. 举例说明三维光子晶体结构色材料的

构筑。

9. 简要分析结构色纺织材料的制备和应用。

10. 试分析纺织材料结构色制备技术能否取代现有的色素着色技术。

参考文献

［1］李义臣. 柔性纺织基材表面结构生色光子晶体的稳定性及快速大面积组装研究［D］. 杭州：浙江理工大学，2021.

［2］PAULING L. A theory of the color of dyes［J］. Proceedings of the National Academy of Sciences of the United States of America, 1939, 25 (11): 577.

［3］HUNGER K. Industrial dyes: chemistry, properties, applications［M］. New York: John Wiley & Sons, 2007.

［4］KINOSHITA S, YOSHIOKA S, FUJII Y, et al. Photophysics of structural color in the Morpho butterflies［J］. Forma, 2002, 17 (2): 103-121.

［5］SATO O, KUBO S, GU Z-Z. Structural color films with lotus effects, super-hydrophilicity, and tunable stop-bands［J］. Accounts of Chemical Research, 2009, 42 (1): 1-10.

［6］SHANG L, ZHANG W, XU K, et al. Bio-inspired intelligent structural color materials［J］. Materials Horizons, 2019, 6 (5): 945-958.

［7］张业广. TiO$_2$基光子晶体结构生色材料的制备及性能研究［D］. 大连：大连理工大学，2021.

［8］KINOSHITA S, YOSHIOKA S, MIYAZAKI J. Physics of structure colors［J］. Reports and Progress in Physics, 2008, 71 (7): 076401.

［9］王晓辉，刘国金，邵建中. 纺织品仿生结构生色［J］. 纺织学报，2021，42 (12): 1-14.

［10］韩朋帅，鲁鹏，刘国金，等. 纺织品结构生色的研究进展［J］. 丝绸，2020，58 (3): 41-51.

［11］PRUM RO, TORRES R H. A fourier tool for the analysis of coherent light scattering by bio-optical nanostructures［J］. Integrative and Comparative Biology, 2003, 43 (4): 591-602.

［12］YABLONOVITCH E. Photonic crystals: semiconductors of light［J］. Scientific American, 2001, 285 (6): 47-51.

［13］KOU D, ZHANG S, LUTKENHAUS J L, et al. Porous organic/inorganic hybrid one-dimensional photonic crystals for rapid visual detection of organic solvents［J］. Journal of Materials Chemistry C, 2018, 6 (11): 2704-2711.

［14］BAKER J E, SRIRAM R, MILLER B L. two-dimensional photonic crystals for sensitive microscale chemical and biochemical sensing［J］. Lab on a Chip, 2015, 15 (4): 971-990.

［15］LIU Z, WU L, WANG X, et al. Improving efficiency and stability of colorful perovskite solarcells with two-dimensional photonic crystals［J］. Nanoscale, 2020, 12 (15): 8425-8431.

［16］SMITH N L, COUKOUMA A, DUBNIK S, et al. Debyering diffraction elucidation of 2D photonic crystal self-assembly and ordering at the air-water interface［J］. Physical Chemistry Chemical Physics, 2017, 19 (47): 31813-31822.

［17］SCRIVEN L E, STEMLING C V. Marangoni effects［J］. Nature, 1960, 187 (4733): 186-188.

［18］KIM J B, LEE S Y, LEE J M, et al. Designing structural-color patterns composed of colloidal arrays［J］. ACS Applied Materials & Interfaces, 2019, 11 (16): 14485-14509.

［19］QUAN Y J, KIM Y G, KIM M S, et al. Stretchable biaxial and shear strain sensors using diffractive structural colors [J]. ACS Nano, 2020, 14 (5): 5392-5399.

[20] MARLOW F, MULDARISNUR, SHARIFI P, et al. Opals: status and prospects [J]. Angewandte Chemie International Edition, 2009, 48 (34): 6212-6233.

[21] Cong H L, Cao W X. Array patterns of binary colloidal crystals [J]. Journal of Physical Chemistry B, 2005, 109 (5): 1695-1698.

[22] STEIN A, WILSON B E, RUDISILL S G. Design and functionality of colloidal-crystal-templated materials - chemical applications of inverse opals [J]. Chemical Society Reviews, 2013, 42 (7): 2763-2803.

[23] FU Y, TIPPETS C A, DONEV E U, et al. Structural colors: from natural to artificial systems [J]. Wiley Interdiscip Rev Nanomed Nanobiotechnol, 2016, 8 (5): 758-775.

[24] LI F, TANG B, WU S, et al. Facile synthesis of monodispersed polysulfide spheres for building structural colors with high color visibility and broad viewing angle [J]. Small, 2017, 13 (3): 1602565.

[25] 裴广晨. 仿生光子晶体纤维的研究进展 [J]. 化学学报, 2021, 79: 414-429.

[26] YUAN W, ZHOU N, SHI L, et al. Structural Coloration of Colloidal Fiber by Photonic Band Gap and Resonant Mie Scattering [J]. ACS Applied Materials & Interfaces, 2015, 7 (25): 14064-14071.

[27] YUAN W, ZHANG K Q. Structural Evolution of Electrospun Composite Fibers from the Blend of Polyvinyl Alcohol and Polymer Nanoparticles [J]. Langmuir, 2012, 28 (43): 15418-15424.

[28] LI Q S, ZHANG Y F, Shi L, et al. Additive Mixing and Conformal Coating of Noniridescent Structural Colors with Robust Mechanical Properties Fabricated by Atomization Deposition

[J]. ACS Nano, 2018, 12 (4): 3095-3102.

[29] ZENG Q, DING C, LI Q S, et al. Rapid Fabrication of Robust, Washable, Self-Healing Superhydrophobic Fabrics with Non-Iridescent Structural Color by Facile Spray Coating [J]. RSC Advances, 2017, 7 (14): 8443-8452.

[30] LIU G J, ZHOU L, ZHANG G Q, et al. Fabrication of Patterned Photonic Crystals with Brilliant Structural Colors on Fabric Substrates Using Ink-Jet Printing Technology [J]. Materials & Design, 2016, 114: 10-17.

[31] WANG X H, LI Y C, ZHOU L, et al. Structural Colouration of Textiles with High Colour Contrast Based on Melanin-Like Nanospheres [J]. Dyes and Pigments, 2019, 169: 36-44.

[32] KIM S H, HWANG H, YANG S M. Fabrication of Robust Optical Fibers by Controlling Film Drainage of Colloids in Capillaries [J]. Angewandte Chemie International Edition, 2012, 51 (15): 3601-3605.

[33] ZHAO Z, WANG H, SHANG L R, et al. Bioinspired Heterogeneous Structural Color Stripes from Capillaries [J]. Advanced Materials, 2017, 29 (46): 1704569.

[34] LIU Z, ZHANG Q, WANG H, et al. Structural Colored Fiber Fabricated by a Facile Colloid Self-Assembly Method in Micro-Space [J]. Chemical Communications, 2011, 47 (48): 12801-12803.

[35] ZHANG Y, TIAN Y, XU L L, et al. Facile Fabrication of Structure Tunable Bead-Shaped Hybrid Microfibers Using a Rayleigh Instability Guiding Strategy [J]. Chemical Communications, 2015, 51 (99): 17525-17528.

[36] LI G X, SHEN H X, LI Q, et al. Fabrication of Colorful Colloidal Photonic Crystal Fibers via a Microfluidic Spinning Technique [J]. Materials Letters, 2019, 242: 179-182.

[37] MOON J H, YI G R, YANG S M. Fabrication of Hollow Colloidal Crystal Cylinders and Their Inverted Polymeric Replicas [J]. Journal of Colloid and Interface Science, 2005, 287 (1): 173-177.

[38] YUAN W, LI Q, ZHOU N, et al. Structural Color Fibers Directly Drawn from Colloidal Suspensions with Controllable Optical Properties [J]. ACS Applied Materials & Interfaces, 2019, 11 (21): 19388-19396.

[39] ZHANG J, HE S S, LIU L M, et al. The Continuous Fabrication of Mechanochromic Fibers [J]. Journal of Materials Chemistry C, 2016, 4 (11): 2127-2133.

[40] KOLLE M, LETHBRIDGE A, KREYSING M, et al. Bio-Inspired Band-Gap Tunable Elastic Optical Multilayer Fibers [J]. Advanced Materials, 2013, 25 (15): 2239-2245.

[41] HAN C, KIM H, JUNG H, et al. Origin and Biomimicry of Weak Iridescence in Black-Billed Magpie Feathers [J]. Optica, 2017, 4 (4): 464-467.

[42] TAN A T L, BEROZ J, KOLLE M, et al. Direct-write Freeform Colloidal Assembly [J]. Advanced Materials, 2018, 30 (44): 1803620.

[43] FINLAYSON C E, GODDARD C, Papachristodoulou E, et al. Ordering in Stretch-Tunable Polymeric Opal Fibers [J]. Optics Express, 2011, 19 (4): 3144-3154.

[44] MENG X, PAN H, LU T, et al. Photonic-Structured Fibers Assembled from Cellulose Nanocrystals with Tunable Polarized Selective Reflection [J]. Nanotechnology, 2018, 29 (32): 325604.

[45] KOHRI M, YANAGIMOTO K, KAWAMURA A, et al. Polydopamine-Based 3D Colloidal Photonic Materials: Structural Color Balls and Fibers from Melanin-Like Particles with Polydopamine Shell Layers [J]. ACS Applied Materials & Interfaces, 2018, 10 (9): 7640-7648.

[46] 孟佳意, 李昕, 龚龑, 等. 石墨烯基光子晶体纤维的制备及性能调控 [J]. 高分子学报, 2018 (3): 389.

[47] ZHOU N, ZHANG A, SHI L, et al. Fabrication of Structurally-Colored Fibers with Axial Core-Shell Structure via Electrophoretic Deposition and Their Optical Properties [J]. ACS Macro Letters, 2013, 2 (2): 116-120.

[48] YUAN X F, LIU Z F, SHANG S L, et al. Visibly Vapor-Responsive Structurally Colored Carbon Fibers Prepared by an Electrophoretic Deposition Method [J]. RSC Advances, 2016, 6 (20): 16319-16322.

[49] LAI C H, YANG Y L, CHEN L Y, et al. Effect of Crystallinity on the Optical Reflectance of Cylindrical Colloidal Crystals [J]. Journal of the Electrochemical Society, 2011, 158 (3): 37-40.

[50] LI K R, ZHANG Q H, WANG H Z, et al. Red, Green, Blue (RGB) Electrochromic Fibers for the New Smart Color Change Fabrics [J]. ACS Applied Materials & Interfaces, 2014, 6 (15): 13043-13050.

[51] SUN X M, ZHANG J, LU X, et al. Mechanochromic Photonic-Crystal Fibers Based on Continuous Sheets of Aligned Carbon Nanotubes [J]. Angewandte Chemie-International Edition, 2015, 54 (12): 3630-3634.

[52] LIU Z F, ZHANG Q H, WANG H Z, et al. Magnetic Field Induced Formation of Visually Structural Colored Fiber in Micro-Space [J]. Journal of Colloid and Interface Science, 2013, 406 (18): 18-23.

[53] SHANG S L, LIU Z F, ZHANG Q H, et al. Facile Fabrication of a Magnetically Induced Structurally Colored Fiber and Its Strain-Responsive Properties [J]. Journal of Materials Chemistry

A，2015，3（20）：11093-11097.

［54］SHANG S L, ZHANG Q H, WANG H Z, et al. Facile Fabrication of Magnetically Responsive PDMS Fiber for Camouflage［J］. Journal of Colloid and Interface Science，2016，483：11-16.